中国科学院科学出版基金资助出版

"十三五"国家重点出版物出版规划项目
大气污染控制技术与策略丛书

工业烟气多污染物深度治理技术及工程应用

李俊华　姚　群　朱廷钰　著

科 学 出 版 社

北 京

内 容 简 介

我国钢铁、建材、有色、石油化工及电力等行业烟气成分复杂、多污染物深度治理难度大且排放标准日益严格。本书系统阐述了大气主要污染物颗粒物、硫氧化物、氮氧化物、挥发性有机物（VOCs）、重金属及多污染物协同控制等深度治理技术，详细介绍了相关技术原理、关键材料、关键装备及配套工艺设计优化等内容。结合不同行业的排放特征，并通过对电力、冶金、建材等行业超低排放工程案例的分析，给出了重点行业工业烟气深度减排的设计思路、减排技术、工程装备及运行情况。

本书可供工业烟气污染物控制研究相关专业的科研人员及学生阅读，也可供政府环境保护等有关部门及企事业单位相关科研及工程技术人员参考使用。

图书在版编目（CIP）数据

工业烟气多污染物深度治理技术及工程应用／李俊华，姚群，朱廷钰著.
—北京：科学出版社，2019.8
　（大气污染控制技术与策略丛书）
　"十三五"国家重点出版物出版规划项目
　ISBN 978-7-03-061989-1

　Ⅰ. ①工… Ⅱ. ①李… ②姚… ③朱… Ⅲ. ①工业废气–废气治理
Ⅳ. ①X701

中国版本图书馆 CIP 数据核字（2019）第 159000 号

责任编辑：霍志国／责任校对：杜子昂
责任印制：徐晓晨／封面设计：黄华斌

科学出版社 出版
北京东黄城根北街 16 号
邮政编码：100717
http://www.sciencep.com
北京虎彩文化传播有限公司 印刷
科学出版社发行　各地新华书店经销
*
2019 年 8 月第　一　版　开本：720×1000　1/16
2021 年 4 月第二次印刷　印张：38
字数：764 000
定价：198.00 元
（如有印装质量问题，我社负责调换）

丛书编委会

主　编：郝吉明

副主编（按姓氏汉语拼音排序）：

柴发合　陈运法　贺克斌　李　锋　刘文清

朱　彤

编　委（按姓氏汉语拼音排序）：

白志鹏　鲍晓峰　曹军骥　冯银厂　高　翔

葛茂发　郝郑平　贺　泓　李俊华　宁　平

王春霞　王金南　王书肖　王新明　王自发

吴忠标　谢绍东　杨　新　杨　震　姚　强

叶代启　张朝林　张小曳　张寅平　朱天乐

丛 书 序

当前，我国大气污染形势严峻，灰霾天气频繁发生。以可吸入颗粒物（PM_{10}）、细颗粒物（$PM_{2.5}$）为特征污染物的区域性大气环境问题日益突出，大气污染已呈现出多污染源多污染物叠加、城市与区域污染复合、污染与气候变化交叉等显著特征。

发达国家在近百年不同发展阶段出现的大气环境问题，我国却在近 20 年间集中爆发，使问题的严重性和复杂性不仅在于排污总量的增加和生态破坏范围的扩大，还表现为生态与环境问题的耦合交互影响，其威胁和风险也更加巨大。可以说，我国大气环境保护的复杂性和严峻性是历史上任何国家工业化过程中所不曾遇到过的。

为改善空气质量和保护公众健康，2013 年 9 月，国务院正式发布了《大气污染防治行动计划》，简称为"大气十条"。该计划由国务院牵头，环境保护部、国家发展和改革委员会等多部委参与，被誉为我国有史以来力度最大的空气清洁行动。"大气十条"明确提出了 2017 年全国与重点区域空气质量改善目标，以及配套的十条 35 项具体措施。从国家层面上对城市与区域大气污染防治进行了全方位、分层次的战略布局。

中国大气污染控制技术与对策研究始于 20 世纪 80 年代。2000 年以后科技部首先启动"北京市大气污染控制对策研究"，之后在"863"计划和科技支撑计划中加大了投入，研究范围也从"两控区"（酸雨区和二氧化硫控制区）扩展至京津冀、珠江三角洲、长江三角洲等重点地区；各级政府不断加大大气污染控制的力度，从达标战略研究到区域污染联防联治研究；国家自然科学基金委员会近年来从面上项目、重点项目到重大项目、重大研究计划各个层次上给予立项支持。这些研究取得丰硕成果，使我国的大气污染成因与控制研究取得了长足进步，有力支撑了我国大气污染的综合防治。

在学科内容上，由硫氧化物、氮氧化物、挥发性有机物及氨等气态污染物的污染特征扩展到气溶胶科学，从酸沉降控制延伸至区域性复合大气污染的联防联控，由固定污染源治理技术推广到机动车污染物的控制技术研究，逐步深化和开拓了研究的领域，使大气污染控制技术与策略研究的层次不断攀升。

鉴于我国大气环境污染的复杂性和严峻性，我国大气污染控制技术与策略领域研究的成果无疑也应该是世界独特的，总结和凝聚我国大气污染控制方面已有的研究成果，形成共识，已成为当前最迫切的任务。

　　我们希望本丛书的出版，能够大大促进大气污染控制科学技术成果、科研理论体系、研究方法与手段、基础数据的系统化归纳和总结，通过系统化的知识促进我国大气污染控制科学技术的新发展、新突破，从而推动大气污染控制科学研究进程和技术产业化的进程，为我国大气污染控制相关基础学科和技术领域的科技工作者和广大师生等，提供一套重要的参考文献。

2015 年 1 月

前　　言

　　我国环境保护已经取得阶段性进展，但目前环境形势依然严峻，区域性大气污染问题日趋明显，长三角、珠三角和京津冀地区等大气污染呈现明显的区域性特征。当前工业烟气排放成为我国大气污染物的主要来源，然而我国钢铁、焦化、水泥等主要工业的烟气污染物控制技术与装备水平参差不齐，导致生产过程产生的污染物总量大、排放浓度高，颗粒物（PM）、NO_x、SO_2、挥发性有机物（VOCs）及非常规污染物二噁英和汞等成为我国区域雾霾和光化学烟雾污染的主要前体物。因此，重点行业工业烟气多污染物的排放控制及系统解决方案成为改善我国当前空气质量的关键。

　　我国钢铁、水泥、焦化、玻璃等工业品产量位居全球首位，不同行业的工业生产工艺过程差异明显，造成烟气污染物排放特征差异大，烟气流量及温度等波动范围大，烟气成分复杂多变且腐蚀性强，对大气污染深度治理技术及工艺提出了更高要求。国外对工业烟气多污染物深度治理的研究较早，对污染物的控制多集中在单一污染物控制技术，包括除尘、脱硫与脱硝。随着环保加严及技术进步，除了PM、NO_x和SO_x外，非常规污染物的脱除也亟待解决，给后处理技术带来了更大挑战。本书基于国内外最新研究进展，以及本书作者多年的研究和创新性成果，从基础科学研究到工程应用示范，详细介绍了颗粒物、硫氧化物、氮氧化物、VOCs、重金属及多污染物协同控制等深度治理技术，重点涉及相关技术原理、关键材料、关键装备及配套工艺设计优化。

　　本书作者李俊华、姚群与朱廷钰长期从事烟气多污染物深度治理基础理论研究和新技术的研发工作，在烟气多污染物协同控制理论、关键材料、关键装备及工艺开发与系统集成等方面积累了许多成果，掌握国内外最新研究动态，主要技术成果在燃煤电厂、钢铁、水泥及玻璃等工业烟气深度治理开展了工程示范。本书作者合作筹建了烟气多污染物控制技术与装备国家工程实验室，分别在清华大学和江苏盐城建立了烟气减排联合研究中心和环境工程技术研发中心，形成"理论—技术—产品—装备"的技术创新链。在长期合作研究与实践中，希望能够共同完成一部从基础理论到工程实践的工业烟气深度治理新技术及应用示范专著，为从事大气污染控制的学者和工程师提供参考。

　　本书各章节的具体执笔如下：第1章由甘丽娜、陈雪、马永亮共同撰写；第2章由姚群、单良、陈建军共同撰写；第3章由朱廷钰、林玉婷、佟童共同撰写；第4章由李俊华、王栋、彭悦共同撰写；第5章由李俊华、杨雯皓、洪小伟、宋华共同撰写；第 6 章由李俊华、熊尚超共同撰写；第 7 章由朱廷钰、李俊华、姚群、魏进超共同撰写；第 8 章由姚群、李俊华、朱廷钰、刘东辉共同撰写。

在本书成稿过程中，清华大学晏涛、刘帅、尹荣强、苏子昂等博士研究生对本书的资料收集、内容修订、图表编辑和文献校对做了大量工作，并提出了不少的宝贵意见；科学出版社霍志国编辑对本书的立项和出版的各个环节提供了诸多的建议、鼓励和帮助，在此一并表示衷心感谢。

本书涉及的部分内容和研究成果，得到国家高技术研究发展计划（"863"计划）、国家科技支撑计划、国家自然科学基金等项目的资助，项目团队包括清华大学、中国科学院过程工程研究所、中钢集团天澄环保科技股份有限公司、中冶长天国际工程有限责任公司、中国建材国际工程集团有限公司等单位的研发人员，以及产学研合作创新的成果，在此一并深表谢意。

恳请读者在阅读中发现本书的问题，并且提出批评和建议，以便作者更新知识及再版时改正和完善。

著　者

2019 年 5 月于清华园

目　　录

第1章 工业烟气污染物排放特征及标准

近年来,随着石化能源、有机原料的大量消耗及机动车的日益普及,我国城市空气污染依然严峻,常见的大气环境污染物包括 NO_x(NO 和 NO_2 总称)、CO、CO_2、SO_2、O_3、颗粒物、挥发性有机物(volatile organic compounds, VOCs)等。随着工业化的发展和城市化进程的加快,大气中挥发性有机物(VOCs)和 NO_x 的浓度大幅上升,导致了我国以细颗粒物 $PM_{2.5}$(空气动力学直径小于等于 2.5μm 的颗粒物)和臭氧(O_3)为特征的复合型大气污染[1-3]。大气污染物与环境问题之间的相关性见表 1-1。

表 1-1 大气污染物与环境问题之间的相关性

环境问题 ＼ 污染物名称	SO_2	NO_x	NH_3	VOCs	PPM (一次颗粒物)
酸雨	√	√	√		
富营养化		√	√		
近地面臭氧		√		√	
细粒子健康影响	√	√	√	√	
气候变化	√	√	√	√	√

2013 年我国经历了一次极其严重的灰霾污染,影响了 130 万 km^2 范围内的 8 亿人口[4];当年 74 个重点监测城市中有 69 个城市 $PM_{2.5}$ 平均浓度超过世界卫生组织(WHO)建议的指导值[5];2016 年,全国 338 个地级及以上城市中,有 254 个城市环境空气质量超标,占 75.1% 的比例[6]。

当前,我国面临的区域性复合型大气污染问题是长期积累造成的,对于其有效治理需要付出长期且艰苦不懈的努力。2016 年 1 月,我国修订实施的《中华人民共和国大气污染防治法》,被称为"史上最严"污染防治法。目前,主要污染源的排放迅速下降,也取得了公认的阶段性成绩。从 $PM_{2.5}$ 和 O_3 的前体物控制来看,近年来,全国 SO_2、NO_x 和 $PM_{2.5}$ 控制取得明显进展。例如,全国火电厂的 SO_2、NO_x 和 $PM_{2.5}$ 排放从 2000 年到 2012 年分别下降 61%、32% 和 80%[7]。然而,大气污染物防治刚刚走出第一步,依然任重而道远。

研发有效的工业烟气防治技术,可为实现大气污染物深度减排,改善空气质量,提供打赢蓝天保卫战技术支撑,促进经济高质量发展和美丽中国建设。

1.1 工业烟气污染物来源及危害

1.1.1 细颗粒物

可吸入颗粒物是指能够通过鼻和嘴进入人体呼吸道的颗粒物的总称,用 PM_{10} 表示(空气动力学直径小于 $10\mu m$ 的颗粒)。其中更细的为 $PM_{2.5}$,又称为细微颗粒物或可入肺颗粒物。PM_{10} 污染已成为严峻的大气环境问题,会导致大气能见度降低、酸沉降、光化学烟雾等重大环境问题,并对人类的健康有严重危害[8]。工业生产活动是形成 PM_{10} 的重要污染源,工业烟气中颗粒物主要来自电厂、钢铁厂、化工厂、建材厂、焦化厂、有色金属冶炼厂等工业部门的生产及燃料燃烧过程[9]。

2011～2017 年,全国烟尘排放总量如图 1-1 所示,自 2014 年烟尘排放总量开始呈现下降趋势。如表 1-2 所示,其中,2015 年,全国烟尘排放量 1538.0 万 t,比 2014 年减少 11.6%。工业烟尘排放量 1232.6 万 t,比 2014 年减少 15.4%,占全国烟尘排放总量的 80.1%。生活烟尘排放量 249.7 万 t,比 2014 年增加 10.0%,占全国烟尘排放总量的 16.2%。机动车颗粒物排放量 55.5 万 t,比 2014 年减少 3.2%,占全国烟(粉)尘排放总量的 3.6%。集中式污染治理设施烟尘排放量 0.1 万 t。

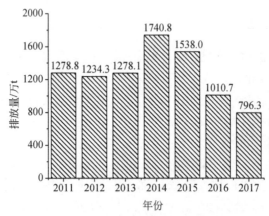

图 1-1 2011～2017 年间全国烟尘排放总量

(数据来源:国家统计局官网)

表 1-2　全国烟(粉)尘排放量　　　　(单位:万 t)

年份	工业源	生活源	机动车	集中式	合计
2011	1100.9	114.8	62.9	0.2	1278.8
2012	1029.3	142.7	62.1	0.2	1234.3
2013	1094.6	123.9	59.4	0.2	1278.1
2014	1456.1	227.1	57.4	0.2	1740.8
2015	1232.6	249.7	55.5	0.1	1538.0
相对 2014 年变化率/%	15.4	10.0	3.2	16.7	11.6

注:①自 2011 年起不再单独统计烟尘和粉尘,统一以烟尘进行统计。②机动车的烟尘排放量指机动车的颗粒物排放量。③2015 年工业源明确将钢铁冶炼和水泥制造企业无组织烟尘纳入调查(数据来源:2015 年环境统计年报)。

以 2014 年数据为例,工业烟气中颗粒物的排放总量占全国总排放量的 80% 以上,工业烟气排放具有排放地点集中、颗粒物连续排放等特点。电厂、钢铁厂、化工厂、建材厂、焦化厂、有色金属冶炼厂等企业,由于生产规模大,颗粒物排放量也非常大。下面分行业简单介绍工业烟气中颗粒物的来源及特点。

(1)电力行业

电厂采用不同的动力能源进行发电,所产生的废气量及废气中污染物的种类也不尽相同,其中水力发电厂、核电厂、风力发电厂对大气环境的影响比较小,而在我国火力发电厂多使用煤作为动力能源,排放废气量大,烟气成分复杂,对大气造成的污染也最严重。燃煤电厂是电力工业中最主要的废气污染源。燃煤电厂产生的颗粒物主要来源于锅炉燃烧、气力输灰系统及原煤破碎、输送和存储过程,其中锅炉燃烧过程产生的烟气排放量最大,气态污染物的浓度相对较低,烟气中颗粒物主要来自煤中的灰分,约 85% ~90% 的灰分转化成颗粒物,其化学成分主要为二氧化硅和三氧化二铝,二者总量一般在 60% 以上。

(2)钢铁行业

钢铁工业废气主要来源于原料的运输、装卸及加工等过程,各种冶炼窑炉的生产过程和生产工艺过程中的化学反应等。钢铁工业废气的排放量大,污染面广,每炼制 1t 钢产生废气约 6000m³,颗粒物 15 ~50kg,废气中的颗粒物多为含氧化铁的烟尘,具有粒度小、吸附力强等特点,这也加大了废气治理难度,而在高炉出铁、出渣等及炼钢过程中的一些工艺,其烟气排放还具有一定的挥发性,且以无组织排放为主。

(3)化工行业

化工工业废气主要来自各行业产品的生产及加工过程,各化工厂的每个生产环节都会因各种原因而产生或排放废气,具有种类繁多、排气量大、组成复杂等特点,且废气中常含有多种有毒、致畸、致癌、恶臭、强腐蚀性及易燃易爆的组分,其中化肥工业、无机盐工业、氯碱化工、石油化工、精细化工、涂料工业等排放的废气量较大。化工工业中颗粒物种类主要由各行业产品所决定,如氮肥工业中造粒尾气中含有尿素粉尘,磷肥工业中磷矿石粉碎过程中产生含尘废气,石油化工工业中催化裂化再生烟气中含有大量催化剂粉尘。

(4)建材行业

建材工业废气主要来自原材料运输、装卸、加工过程及生产窑炉,具有涉及行业多、产品繁杂、废气排放量大、废气成分复杂等特点。以水泥工业废气为例,其大气污染源主要包括水泥窑、研磨机、烘干机、熟料冷却机等,水泥厂最大的颗粒物污染源是水泥烧成系统,约30% ~50%的含尘气体来源于烧成系统,每生产1t水泥需要处理大约2.6 ~2.8t 不同物料,如黏土质原料、石灰质原料、矿化剂、高炉矿渣、熟料、粉煤灰及燃料煤等,在这些物料加工成粉体的过程中,约有5% ~10%的粉体需要混合搅拌,从而产生大量含尘气体;以建筑陶瓷工业为例,其废气大致可以分为两类,一是以生产性粉尘为主的工艺废气,主要来自坯料、色料、釉料制备过程中的破碎、筛分、造粒及喷雾干燥等,二是来自各种窑炉烧成设备,具有排放量大、排放点多、颗粒物中游离二氧化硅含量高、颗粒物分散度高等特点。

(5)焦化行业

焦化工业废气主要分布于焦炉顶、机焦两侧、熄焦及加热系统燃烧废气。焦炉废气中颗粒物主要发生于装煤、炼焦、推焦、熄焦过程中,通常,装煤工序产生的颗粒物约0.2 ~2.8kg/吨焦,炼焦工序中老式6m 高的炭化室在一个结焦周期内产生颗粒物约49g,推焦工序中颗粒物产生量约0.4 ~3.7kg/吨焦,在熄焦工序中采用湿法熄焦和干法熄焦分别可产生的颗粒物量约为0.6 ~0.9kg/吨焦和3 ~6.5kg/吨焦。焦化工业废气治理难度较大,主要具有如下特点:①污染物种类多,废气中含有煤尘、焦尘和焦油等物质;②危害性较大,焦化厂附近空气颗粒物中可以检测到苯、甲基萘、二甲基萘及乙基萘等致癌性物质,而细微的煤尘和焦尘等颗粒物也都具有吸附苯系物的性能,从而增大了此类废气的危害性;③污染物发生面广、源多、分散,阵发性和连续性并存;④焦化工业颗粒物中的焦粉磨损性强,易磨损管道和设备,颗粒物中含有的焦油类还会堵塞除尘器滤袋。

(6)有色金属行业

有色金属工业废气主要来自开采矿山含粉尘废气和金属冶炼废气,废气中的污染物主要以无机物为主,成分复杂且排放量大,但是污染物浓度低,所以治理难度较大,此外,汞、镉、铅、砷等通常与其他有色金属伴生,在高温冶炼过程中会挥发,随载气排入大气,对环境造成严重污染。

1.1.2　硫氧化物(SO$_x$)

硫氧化物是硫的氧化合物的总称。在大气污染中比较常见的是 SO_2 和 SO_3,其

混合物用 SO_x 表示。大气中的硫氧化物大部分来自煤和石油的燃烧,其余来自自然界中的有机物腐化。硫氧化物是全球硫循环中的重要化学物质。它与水滴、粉尘并存于大气中,由于颗粒物(包括液态的与固态的)中铁、锰等起催化氧化作用,而形成硫酸雾,严重时会发生煤烟型烟雾事件,如伦敦烟雾事件,或造成酸性降雨。SO_x 是大气污染、环境酸化的主要污染物。化石燃料的燃烧和工业废气的排放物中均含有大量 SO_x。

在中国,煤炭、石油、天然气等在能源结构中占据重要地位,化石燃料的大量使用导致我国大气污染严重,根据环境保护部(现生态环境部,后同)2015 年《全国环境统计公报》,全国废气中 SO_2 排放量 1859.1 万 t。燃煤电厂、钢铁冶金等重工业是主要的 SO_2 排放污染源。控制 SO_2 的排放已成为社会和经济可持续发展的迫切要求。

硫氧化物对人体的危害主要是刺激人的呼吸系统,吸入后,首先刺激上呼吸道黏膜表层的迷走神经末梢,引起支气管反射性收缩和痉挛,导致咳嗽和呼气道阻力增加,接着呼吸道的抵抗力减弱,诱发慢性呼吸道疾病,甚至引起肺水肿和肺心性疾病。如果大气中同时有颗粒物质存在,颗粒物质吸附了高浓度的硫氧化物,可以进入肺的深部。因此当大气中同时存在硫氧化物和颗粒物质时,其危害程度可增加 3~4 倍。

在 2015 年,调查统计的 41 个工业行业中,二氧化硫排放量位于前 3 位的行业依次为电力、热力生产和供应业,非金属矿物制品业,黑色金属冶炼及压延加工业[10]。3 个行业共排放二氧化硫 883.2 万 t,占重点调查工业企业二氧化硫排放总量的 63.1%。

据中国电力企业联合会公布数据[11],2017 年我国火电发电量 4.55 万亿 kW·h,占全年发电量的 71%。电力行业是燃煤消耗的主体,煤燃烧产生的 SO_2 等污染物是我国大气环境的主要污染[12-15]。2014 年 9 月,国家发改委、环境保护部、国家能源局联合发布《煤电节能减排升级与改造行动计划(2014—2020 年)》。2015 年 12 月,三部委又联合印发了《全面实施燃煤电厂超低排放和节能改造工作方案》(环发[2015]164 号),要求将东部地区超低排放改造任务总体完成时间提至 2017 年前,中部地区力争在 2018 年前基本完成,西部地区在 2020 年前完成[16]。

非金属矿物制品业所涉及的建材、水泥、混凝土等行业排放的大量颗粒物、SO_2 及其他污染物,造成酸雨、化学烟雾等严重空气污染。以平板玻璃行业为例,截至 2017 年底,我国平板玻璃行业资产总额达 750 亿元,约为同期钢铁行业的 11.4%,水泥行业的 41.6%,其 SO_2 排放总量占钢铁行业的 9.3%,水泥行业的 38.9%[17]。虽体量较小,而排放总量不容小视。2011 年 10 月 1 日起开始执行的《平板玻璃工业大气污染物排放标准》(GB 26453—2011),要求 $NO_x \leq 700 \text{mg/m}^3$、$SO_2 \leq 400 \text{mg/m}^3$、颗粒物 $\leq 50 \text{mg/m}^3$;2017 年 6 月 13 日环境保护部发布《关于征求〈钢铁烧结、球团工业大气污染物排放标准〉等 20 项国家污染物排放标准修改单(征求意见稿)意见的函》(环办大气函[2017]924 号),对平板玻璃等行业大气污染物排放标准增加了排放特别限值,其中平板玻璃主要污染物颗粒物由 50mg/m³ 提高到 20mg/m³,SO_2 由 400mg/m³ 提高到 100mg/m³,NO_x 由 700mg/m³ 提高到 400mg/m³,并于 2018 年 6 月 1 日正式开始执行[18]。

目前,钢铁企业的二氧化硫(SO_2)排放量位居全国 SO_2 总排放量的第二位,占 11%,排放量约 150~180 万 t/年,仅次于煤炭发电。长流程钢铁生产包括炼焦、烧结、炼铁、炼钢、轧钢等工序,生产过程排放的 SO_2 是环境空气污染的重要来源之一,是减少 SO_2 排放量的重点行业。钢铁生产企业 SO_2 排放主要来源于烧结、炼焦和动力生产:①烧结过程原料矿和配用燃料煤中的硫分氧化成 SO_2,存在于烧结烟气中;②炼焦过程焦煤中的硫分生成 H_2S,存在于焦炉煤气中,焦炉煤气燃烧后生成 SO_2;③动力生产燃料煤中的硫分燃烧直接生成 SO_2。

烧结工序外排 SO_2 占钢铁生产总排放量的 60% 以上,是钢铁生产过程中 SO_2 的主要排放源。烧结原料中的硫分主要来源于铁矿石和燃料煤,含硫量因产地的不同变化幅度高达十倍。适当选择、配入低硫的原料,可有效减少 SO_2 排放量。《清洁生产标准 钢铁行业(烧结)》(HJ/T 426—2008)于 2008 年 8 月 1 日正式实施,明确了生产 1t 烧结矿产生的 SO_2 量标准:一级 ≤0.9kg/t,二级 ≤1.5kg/t,三级 ≤3.0kg/t。

1.1.3 氮氧化物(NO_x)

氮氧化物(统称 NO_x)主要包括 N_2O、NO、NO_2、N_2O_3、N_2O_4 和 N_2O_5,是造成大气污染的主要污染物之一,其中污染大气的主要是 NO 和 NO_2[19]。NO 的毒性不太大,但在大气中会缓慢转化成 NO_2,其毒性是 NO 的 5 倍[20]。大气中 NO_x 与碳氢化合物达到一定浓度后,在太阳光辐射下通过一系列光化学反应,会形成光化学烟雾,其特征是包含高浓度的 O_3 和细颗粒物。光化学烟雾对眼睛和喉咙等人体器官有强烈的刺激作用,引起头痛和呼吸道疾病恶化,严重的会造成死亡。由于光化学烟雾可以长距离传输,导致区域性的氧化剂污染和细颗粒污染,使区域空气质量恶化,对生态系统造成破坏。另一方面,大气中 NO_x 可形成硝酸和硝酸盐细颗粒物,加速了区域性酸雨的恶化。此外,氮沉降量的增加还会造成地下水污染,使地表水富营养化并对陆地和水生生态系统造成破坏[21,22]。

大气中的 NO_x 主要来自于移动源(机动车)和固定源(主要为火力发电厂、工业燃烧装置)两个方面,全球 95% 的 NO_x 来源于机动车排放(49%)和电厂排放(46%)[23]。目前,随着 SO_2 排放控制技术与措施的实施和推广,我国 SO_2 排放已逐步得到控制。然而,我国 NO_x 排放量却在快速增加,其中燃煤成为 NO_x 的最大来源,全国 NO_x 排放量的 67% 来自煤炭燃烧。我国以煤为主的能源结构,决定了今后相当长的时期内,燃煤发电是我国的主要发电形式[19,24,25]。2007 年全国 NO_x 排放量为 1640 万 t,工业排放 NO_x 1260 万 t,其中火电厂排放 810 万 t,占全国 NO_x 排放量的 49.4%,占工业 NO_x 排放的 64.3%[26,27]。而 2008 年,我国火电装机容量 6.03亿 kW,占总装机容量的 76.05%,其装机容量同比增长 8.41%[28],相应地,NO_x 排放量增加显著。由于 NO_x 的排放控制要求与发达国家和地区相比差距较大,随着我国 NO_x 排放量不断增加,酸雨污染已由硫酸型向硫酸、硝酸复合型转变,一些城市大气中二次污染物臭氧和细粒子浓度时常超标。氮氧化物污染问题对环境影响的复杂性,使得控制火电厂 NO_x 排放变得越来越迫切。

各种燃料燃烧过程中产生的氮氧化物主要是 NO 和 NO_2,通常统称为 NO_x,此外,还有少量的氧化二氮(N_2O)产生。最初燃烧生成的 NO_x 中,NO 占 90% ~ 95%左右,NO_2 占 5% ~ 10%,而 N_2O 仅占 1% 左右。从化学生成机理来看,燃烧过程产生 NO_x 的途径有 3 种:热力型 NO_x(Thermal- NO_x)、燃料型 NO_x(Fuel- NO_x)和快速型 NO_x(Prompt- NO_x)。

(1)热力型 NO_x

热力型 NO_x 是燃料燃烧时空气中的 N_2 和 O_2 在高温下生成的 NO 和 NO_2 的总和,其化学生成机理可由 Zeldovich 等提出的不分支自由链式反应机理来表达[29,30]:

$$O_2 + M \Longleftrightarrow 2O + M \qquad (1-1)$$

$$O + N_2 \Longleftrightarrow nO + N \qquad (1-2)$$

$$N + O \Longleftrightarrow NO + O \qquad (1-3)$$

$$N + OH \Longleftrightarrow NO + H \qquad (1-4)$$

热力型 NO_x 的生成反应基本上是在燃料燃烧完了以后的高温区中进行的,燃烧温度对热力型 NO_x 的生成量具有决定性的影响。

(2)燃料型 NO_x

燃料型 NO_x 是由化学结合在燃料中的杂环氮化物热分解并进而与氧结合生成的,其生成机理非常复杂。在通常的燃烧条件下,燃料中的杂环氮化物受热分解并在脱除过程中大量的气相燃料 N 随挥发分释放出来而被氧化成 NO。大量研究表明,气相燃料氮的系列反应是从燃料 N 中的氮化物迅速而大量的转化为 HCN 和 NH_3 开始的[31]。对燃煤而言,燃料型 NO_x 的生成和破坏过程不仅与煤种特性、燃料结构、燃料中的 N 受热分解后在挥发分和焦炭中的比例、成分和分布有关,而且大量反应过程还与燃烧条件,如温度和氧及各种成分的浓度等密切相关。研究还发现,燃料 N 转换成 NO_x 的量主要取决于空气/燃料混合比,而对燃烧温度的依赖性较弱。另外,燃料型 NO_x 的生成量不仅取决于燃料 N 的氧化过程,而且与燃烧过程生成的还原性物质对 NO 的还原破坏过程有关[32-33]。

(3)快速型 NO_x

快速型 NO_x 是 1971 年由费尼莫尔(Fenimore)通过实验发现的[30,34,35]。当燃料在过浓燃烧时,在反应区附近产生的烃(CH_i)等撞击燃烧空气中的 N_2 分子而生成 CN、HCN、NH、N 等中间产物,然后再被氧化成 NO_x。快速型 NO_x 的生成机理十分复杂,中间反应过程存在时间十分短暂,其总体生成过程如图 1-2 所示。

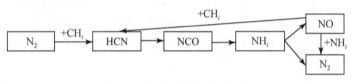

图 1-2　快速型 NO_x 的生成机理

快速型 NO_x 产生于燃烧时 CH_i 类原子团较多、O_2 浓度相对较低的富燃料区燃烧情况,多发生在内燃机的燃烧过程。研究表明,快速型 NO_x 对温度的依赖性很弱。通常,对不含 N 的碳氢燃料在较低温度燃烧时,重点考虑快速型 NO_x。当燃烧温度超过 1500 ℃ 时,热力型 NO_x 将起主导作用。对煤燃烧设备,快速型 NO_x 与热力型和燃料型 NO_x 相比,其生成量要小得多,一般在 NO_x 生成总量的 5% 以下。

(4)N_2O 的生成机理

N_2O 主要是在较低温度下形成,温度范围在 727 ~ 927 ℃ 左右,当超过 927 ℃ 后生成的 N_2O 很少。循环流化床燃烧过程中生成的 N_2O 占总的 N_2O 排放量的大部分,而在煤粉燃烧锅炉中排放的 N_2O 相对很少,其区别主要在于燃烧温度。据报道,流化床燃烧过程排放的 N_2O 浓度在 50 ~ 250 mg/L 左右[36,37]。在流化床燃烧中 NO_x 主要来源于燃料中的氮,由于燃烧温度很低,空气中的氮气对 NO_x 总的生成量的贡献很小。燃料在燃烧过程首先是挥发分氮以 HCN 和 NH_3 气相的反应及焦炭 N 的反应有关。

N_2O 的生成机理目前还缺少统一的认识。一般认为,N_2O 的生成包括均相反应和异相反应两个途径。图 1-3 示出了它们的反应过程[38]。

热力型、燃料型和快速型三种不同类型 NO_x 的生成机理各不相同,主要表现在 N 的来源不同、生成的途径不同和生成的条件不同。因此,控制 NO_x 的生成应根据不同的燃料及燃烧方式,针对主导型 NO_x 的生成机制,选择能够抑制或破坏 NO_x 生成的条件,达到削减 NO_x 排放的目的。

氮氧化物的排放给人类生产生活及自然环境带来极大的危害。在人体健康方面,NO 易于结合血红蛋白,造成人体缺氧;NO_2 主要刺激人体肺部和呼吸道,造成

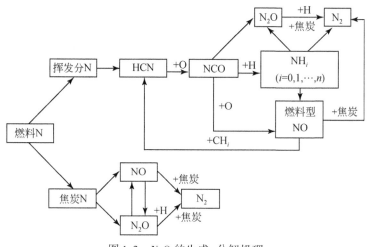

图 1-3　N_2O 的生成-分解机理

人体器官的腐蚀损害,严重时会导致死亡;此外 NO_2 还会导致支气管炎症、哮喘、慢性支气管炎。在生态环境方面,NO_x 会引发酸雨、酸雾及光化学烟雾,促进全球变暖。此外,氮沉降量的增加,会导致地表水的富营养化和陆地、湿地、地下水系的酸化和毒化,进一步对陆地和水生态系统造成破坏。其影响范围已经由局地性污染发展成为区域性污染,甚至成为全球性污染。鉴于氮氧化物对人类和生态环境存在的危害,控制氮氧化物的生成和排放是十分重要的问题。

1.1.4　挥发性有机物(VOCs)

　　挥发性有机物(volatile organic compounds，VOCs)是一大类含碳元素的化合物的总称。我国目前普遍沿用世界卫生组织(WHO)对于 VOCs 的定义:室温下以蒸汽的形式存在,饱和蒸气压大于 133.32 Pa,且沸点在 50~250 ℃之间的一类有机化合物。针对有机物的挥发性不同,WHO 将其扩展为三类:①沸点在 240~400 ℃左右为半挥发性有机物(semi-volatile organic compounds，SVOCs),如多氯联苯;②沸点在 50~260 ℃左右为挥发性有机物(VOCs),如苯、甲醛;③沸点在 100 ℃以下为易挥发性有机物(very-volatile organic compounds，VVOCs),如丁烷、乙烯。而对于实际情况下,我们还是习惯性将它们统一称为 VOCs。

　　针对 VOCs 不同的结构和官能团可以大致将其分为 10 类:饱和脂肪烃、不饱和脂肪烃(烯烃)和环烷烃、芳香烃、酮类、醛类、醇类、酯/羧酸、醚/酚/环氧类、胺/腈类和卤代烃及其他。表 1-3 列出了其中常见的几种工业源 VOCs。

表 1-3　常见的工业源 VOCs

类别	常见的 VOCs
饱和脂肪烃	丙烷、丁烷、正己烷
不饱和脂肪烃(烯烃)和环烷烃	丙烯、丁烯、环己烷
芳香烃	苯、甲苯、二甲苯、乙苯
酮类	丙酮、甲基乙基酮、环己酮
醛类	甲醛、乙醛
醇类	甲醇、乙醇、乙二醇、丙醇
酯/羧酸	乙酸乙酯、乙酸、丁酸
醚/酚/环氧类	乙醚、苯酚、苯二酚、环氧乙烷
胺/腈类	甲胺、苯胺、乙腈、丙烯腈
卤代烃及其他	三氯甲烷、氯苯、氟氯烃、甲硫醇

1. 挥发性有机物的危害和环境影响

从 1940 年美国洛杉矶烟雾事件开始,光化学烟雾的形成和危害开始受到人们的广泛关注。我国在 20 世纪 80 年代至 20 世纪末京津冀、珠三角及长三角地区也出现了大规模的区域性光化学烟雾污染事件。近年来的灰霾及近地面 O_3 污染问题也逐渐凸显,这都与 VOCs 排放有着密不可分的关系。大多数 VOCs 一旦进入大气环境就会体现出很强的光化学反应活性,能够在太阳可见光与紫外线的作用下与空气其他常规组分和 NO_x 等污染组分发生反应生成多种二次污染物(O_3、CO、羰基化合物、过氧乙酰硝酸酯等),同时它也是大气中 $RO·$、$RO_2·$、$O·$、$HO·$、$HO_2·$ 等自由基的主要来源,其在大气光化学反应中的作用如图1-4 所示。进一步的,如图 1-5 所示,VOCs 与其他污染组分及大气强氧化剂相互作用通过一系列的链引发反应、自由基生成、自由基传递及链终止反应生成光化学烟雾及二次有机气溶胶(secondary organic aerosol,SOA),这一过程是形成灰霾的重要步骤[39]。在我国经济发达地区和城市群如京津冀、珠三角、长三角等地,VOCs 均是光化学烟雾形成的主导因素。同时有研究表明,VOCs 对 SOA 的生成和 $PM_{2.5}$ 的产生及浓度变化、化学组成等性质都有明显影响,是近年来备受人们关注的热点。其中,由 VOCs 转化生成的 SOA 大约占颗粒物中有机组分质量浓度的 20% ~50%,虽然对于 SOA 的直接前驱体目前还没有定论,但是学者们普遍认为高含碳的 VOCs 和芳香烃类 VOCs 对 SOA 的生成起主要贡献作用[40]。

对于卤代烃及其衍生物,如 DDT、多氯联苯及二噁英等物质,它们主要与 SOA 的形成有一定关联。部分低碳卤代 VOCs 对平流层臭氧的损耗有很大贡献,同时也是全球变暖及气候变化的影响因素。其中氟氯烃类物质(chlorofluorocarbons,

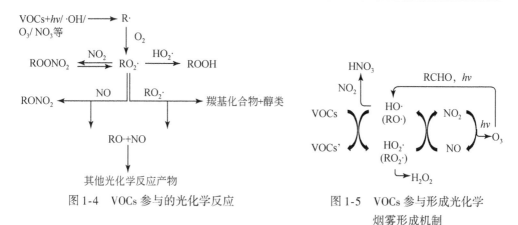

图 1-4　VOCs 参与的光化学反应

图 1-5　VOCs 参与形成光化学
烟雾形成机制

CFCs)由对流层排放产生,由于其有较长的寿命,可以扩散至平流层,进而在平流层光解产生游离氯原子,氯原子作为催化平流层 O_3 分解的催化剂,不断促使平流层 O_3 的消耗,形成 O_3 空洞[41,42]。CFCs 在平流层中的光化学过程如图 1-6 所示。此外,CFCs 也是重要的温室气体,CFC-11 和 CFC-12 对红外线的吸收能力相对于 CO_2 更强,并且 CFCs 在"大气辐射窗口区域"有明显吸收,能够明显阻拦地面长波辐射,从而加剧温室效应。可见 VOCs 对大气环境有明显影响,并且可以与其他污染组分共同参与复杂污染天气的形成,增强大气氧化性。

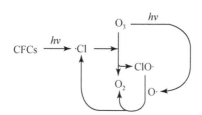

图 1-6　CFCs 在平流层中催化破坏 O_3 的机制

多数 VOCs 具有一定的氧化性,能够影响人体细胞的正常代谢。长期处于高浓度的 VOCs 暴露下,会对人体产生致畸、致癌、致突变的"三致"作用,其中大气中常见代表性工业源 VOCs 及其主要危害如表 1-4 所示[43]。

表 1-4　大气中常见工业源 VOCs 及其危害

VOCs 种类	分子式	对人体的危害
丙酮	CH_3COCH_3	致癌
甲醛	$HCHO$	引起咽痛、眩晕、头痛等神经系统疾病
1,2-二氯乙烷	$(CH_2Cl)_2$	引起中枢神经系统麻痹
三氯乙烯	$HClC=CCl_2$	引起肝脏、肾脏疾病及中枢神经系统麻痹

续表

VOCs 种类	分子式	对人体的危害
四氯乙烯	$Cl_2C=CCl_2$	可能引起心脏、肝脏疾病及皮肤刺激
苯	C_6H_6	致癌
甲苯	$C_6H_5CH_3$	引起头痛、眩晕等神经系统疾病
邻二甲苯	$C_6H_4(CH_3)_2$	引起头痛、眩晕等神经系统疾病
苯乙烯	$C_6H_5CH=CH_2$	可能致癌

世界卫生组织国际癌症研究机构归类的四类致癌物中就包含多种 VOCs 类物质[44],也有越来越多的研究证明 VOCs 对人体健康有不同程度的危害,例如长期暴露于含甲苯空气中,特别是某些敏感期(如产前和儿童发育期),可能会对内分泌等生理过程产生有害影响[45]。

2. 工业源挥发性有机物排放现状

我国改革开放深度发展以来,从 1980 ~ 2000 年工业生产尤其是涉及 VOCs 排放的行业迅猛发展,其排放量也保持着每年 4% ~ 5% 的增长率[46]。至2001 ~ 2002 年之后,由于外资企业在我国投产、社会经济的高速发展及人民生活水平提高,油墨、涂料、纺织助剂等含 VOCs 原料的使用也大幅增加,我国人为源 VOCs 排放量就已呈明显上升趋势,在 2005 年就已经达到 1940 万 t。工业源 VOCs 的排放主要来自以下四个过程:VOCs 的生产、VOCs 的储存和运输、以 VOCs 为原料的工艺加工过程和含 VOCs 产品的使用和排放。各过程的主要排放源如表 1-5 所示。

表 1-5　四个主要的工业过程 VOCs 排放来源

工业过程	排放的主要来源
VOCs 的生产	石油产品生产加工(原油、半成品及成品油加工)、天然气开采、基础化工原料(精甲醇、乙烯、苯、合成氨)生产等,石油炼制行业为主要贡献源
VOCs 的储存和运输	原油、汽油、有机溶剂和其他油品储存(静止呼吸排放、温差呼吸排放、收发作业、罐车装卸、蒸发损耗)及运输(管道泄漏、罐车泄露)等
以 VOCs 为原料的工艺加工过程	食品加工行业(白酒及啤酒生产、成品糖、精制植物油)、化学试剂生产、橡胶制品生产、塑料及聚合物生产、洗涤剂合成、胶黏剂生产及金属冶炼行业等
含 VOCs 产品的使用和排放	喷涂行业、建筑装饰、焦炭生产、能源消耗、纺织印染、合成革、制鞋、印刷业、木材加工等

2011 ~ 2014 年,这四个过程对于工业 VOCs 总排放量的占比如图 1-7 所示。含 VOCs 产品的使用和排放对于工业 VOCs 贡献一直居于首位,尤其是在 2013 年对排放总量贡献高达约 76% ,可见此过程是工业 VOCs 排放控制的重点关注

对象[47]。

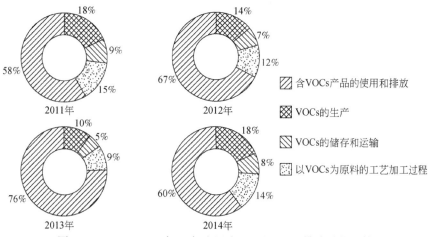

图 1-7　2011～2014 年四个过程对于工业 VOCs 排放量的贡献

截至 2015 年,我国 VOCs 总排放量中工业源 VOCs 占比已经高达 43%[48]。其中石油化工、包装印刷、油墨生产、涂料生产、合成材料、胶黏剂生产、食品饮料生产、日用品生产、医药化工、轮胎制造、黑色及有色金属冶炼、纺织印染、塑料合成、皮革羽绒制品制造、制鞋、造纸、木材加工、家具制造、通信设备及电气机械制造、交通运输设备制造与维护、电子设备制造、建筑装修、废物处理等重点行业的 VOCs 排放特征总结如表 1-6 所示。

表 1-6　重点行业 VOCs 排放特征

序号	行业名称	排污环节	特征排放 VOCs
1	石油化工	封点泄露、挥发损失、工艺有(无)组织排放、采样排放、火炬燃烧等	丙烯腈、环氧乙烷、苯、甲苯、二甲苯、丁二烯、1,2-二氯乙烷等
2	包装印刷	油墨调制、印色、产品烘干等	苯、甲苯、二甲苯等苯系物;甲醇、丁醇等醇类;乙酸乙酯、丙酮等酯类与酮类等
3	油墨生产	搅拌、研磨、包装过程	苯、甲苯、二甲苯等苯系物;乙醇、异丙醇、丁酮、乙酸乙酯、乙二醇醚等及石油系烷烃类和松节油,缩醇类等
4	涂料生产	称量、混合、着色、稀释、颜料干燥、包装等	苯、二甲苯、丙酮、丁醇、环己酮、乙酸丁酯、乙二醇、乙二醇醚、丙二醇醚、二氯甲烷、煤油等
5	合成材料	合成橡胶:胶料裂解	烷烃及烯烃类;3,4-苯并[a]芘、甲苯、二甲苯等
		合成纤维:单体残留	苯、甲醛等

序号	行业名称	排污环节	特征排放 VOCs
6	胶黏剂生产	投料、反应釜、真空泵间断排气	甲醛、甲苯、四氯化碳、丁酮、苯酚、乙酸乙酯等
7	食品饮料生产	有机溶剂浸出工序、粕残留	植物油生产:己烷、环己烷、戊烷等
			酒类酿造:乙醇、丙醇、乙醛、糠醛、苯甲醛、异丁酸乙酯等
			调味及发酵品制造:乳酸乙酯、糠醇、4-乙基愈创木酚、异戊醛、戊酸等
8	日用品生产	原料储存及处理	菜籽油等脂肪酸;低碳烷基表面活性剂;乙醇、丙三醇、芳香醛类等
9	医药化工	溶剂转运、储存无组织排放等	苯、苯胺、硝基苯、三氯甲烷、甲醇、正丙醇、乙酸乙酯、正丙酯、丙酮、四氢呋喃、叔丁胺、乙腈等
10	轮胎制造	压制胎面、轮胎成型、硫化成品化	甲苯、二甲苯、三甲苯等6~8碳 VOCs
11	黑色及有色金属冶炼	炼焦、烧结、热轧、冷轧	苯、甲苯、乙苯、三甲苯、异戊烷、丁烯等
12	纺织印染	印花、上浆、烘干、机械或化学	苯系物、醇类、甲醛等
13	塑料合成	原料准备、塑料合成及塑料产品制造	苯系物、烯烃单体、醛类和酯类等
14	皮革羽绒制品制造	鞣前准备、鞣制工段、湿态染整工段、干态整饰工段	甲酸、甲醛和有机溶剂等
15	制鞋	油墨挥发、高频压型、鞋底材料合成及喷漆、清洗	苯、甲苯;环己烷等烃类;丙酮、环己酮等酮类;二氯乙烷、三氯甲烷等卤代烃;石油醚及汽油类等
16	造纸	纤维蒸汽分离过程	甲硫醇、甲硫醚、二甲硫醚、甲醇、萜烯等
17	木材加工	制材、干燥、制胶、热压、油漆等	甲醛、甲苯、二甲苯等
18	家具制造	涂料干燥、喷涂及刷涂等涂装过程、胶水使用	苯、甲苯、苯酚、甲醛、乙酸丁酯、醇类及酮类等
19	通信设备及电气机械制造	油漆喷涂烘干、胶黏剂及密封剂挥发	苯、甲苯、甲醇、丁醇、丙酮、环己酮、异氟尔酮、二丙二醇甲醚、丙二醇苯醚等
20	交通运输设备制造与维护	汽车制造:漆料喷涂和烘干、塑料件加工	二甲苯、异丙醇、丁醇、石脑油等
		船舶制造:清洗、涂刷、工具清洗	甲苯、乙苯、正己烷、乙二醇、丁酮等

续表

序号	行业名称	排污环节	特征排放 VOCs
21	电子设备制造	电路板清洗、喷漆、机壳注塑等	甲苯、二甲苯、丙酮、环己酮、乙醇、二氯甲烷、三氯乙烯、乙酸丁酯、漆雾等
22	建筑装修	建筑涂料有机溶剂挥发	甲醛、乙醛、苯、甲苯、乙苯、萘、三氯甲烷、四氯化碳、三氯乙烯、苯乙烯等
23	废物处理	市政废水处理:格栅、沉砂池及污泥浓缩池	甲苯和甲硫醚、乙硫醇等恶臭物质
		城市生活垃圾处理　垃圾填埋	己烷、庚烷、十二烷、二硫化碳、苯、甲苯、乙苯、三甲苯、甲基苯乙烯、萘、茚、一氯甲烷、氯乙烯、氯苯等
		城市生活垃圾处理　堆肥	甲酸、乙酸、丁酸、甲醛、丁醛、丙酮及含硫 VOCs 等
		城市生活垃圾处理　焚烧	不完全燃烧的高分子碳氢化合物、氯化芳香族碳氢化合物,如多氯代二苯并二噁英和多氯代二苯并呋喃等

1.1.5　重金属

重金属是指密度大于 5 g/cm^3 的金属元素,大气中常见的有害重金属元素包括铅(Pb)、汞(Hg)、砷(As)、镉(Cd)和铬(Cr)等。其中砷虽然不是金属元素,但是其具有与重金属元素相似的性质,因此也被归属于重金属元素中。重金属污染与其他常见的大气污染物不同,大多数常见大气污染物都可以通过自然界自身的调节能力,经过物理、化学或生物手段降解。但重金属具有难降解性,难以通过自然界的自净手段降解,因此重金属可以通过食物链富集,严重危害人体健康。

大气中的重金属大多存于可吸入颗粒物中,通过呼吸系统进入人体后,可引起人工技能障碍并诱发各种疾病。重金属中的 Pb、Cd、Cr、Ni 和 As 等都具有致癌性,As 和 Cd 还具体致畸性,Pd 和 Hg 则对胎儿具有明显的人体毒性作用[49-51]。大气中的重金属还可以通过沉降、吸收等方式进入水体和土壤,从而引起更为严重的环境危害。

除重金属的种类和理化性质外,重金属的浓度、存在形态及价态也是影响重金属毒性的主要因素。部分有益的金属元素在浓度超过一定限值时也会产生明显的毒性,使动植物中毒甚至死亡。重金属的有机类化合物(如有机铅、有机汞、有机砷等)的毒性远高于重金属无机类化合物,可溶性的重金属毒性又显著高于颗粒态的重金属。部分重金属的化合价对其毒性的影响也很显著,如 Cr^{6+} 的毒性明显高于 Cr^{3+}。

重金属经过各种途径进入人体后,能对人体内的蛋白质发生强烈的毒害作用,使得人体内蛋白质失活。此外,重金属在人体中可能会富集在某些器官中,视重金属的种类、形态和浓度而言,可造成人体的急性中毒、亚急性中毒和慢性中毒。部分重金属还可以经过乳汁、血液等途径遗传给胎儿,造成胎儿畸形、智力障碍甚至死亡。日本 1956 年爆发的水俣病(汞污染)和 1956 年起爆发的骨痛病(镉污染),可使人产生畸形、感觉障碍、视觉丧失等症状,直至死亡。水俣病和骨痛病共导致多人死亡,致残致畸 500 余人,这两次事件也被计入"世界八大公害事件"。

近年来,我国的重金属污染事件也频频发生,2010 年全国环境保护工作会议上报告了 2009 年我国重金属污染事件的情况,据统计 2009 年环境保护部共接收 12 起重金属、类金属污染事件的报告,导致 4035 人血铅超标,182 人镉超标,同时还引发了 32 起群体事件[52]。2011 年初,《重金属污染综合防治"十二五"规划》获得国务院的正式批复,规划要求重点控制 5 种常见重金属汞(Hg)、铅(Pb)、镉(Cd)、铬(Cr)和砷(As)的排放,同时兼顾铜(Cu)、镍(Ni)、锌(Zn)、钒(V)、银(Ag)、钴(Co)、锰(Mn)、锑(Sb)、铊(Tl)等其他重金属污染物排放。这是我国首个"十二五"专项规划项目,充分体现了我国政府已开始高度重视重金属污染排放问题。

工业烟气排放,尤其是粉尘排放是重金属的重要人为源之一,但长期以来中国对重金属污染和排放问题重视不足。例如,我国未对大气中重金属污染物含量进行常规监测,导致目前污染状况不明;2007 年开展的第一次全国污染源普查中也没有将重金属污染排放纳入普查范围,导致目前排放源不清;目前大多数排放标准中都未将重金属纳入排放限值,或排放标准极为宽松,《环境空气质量标准》也仅将重金属 Pb 纳入控制标准;目前尚未有成熟的重金属污染控制技术和相关文件,控制技术不足。

中国科学院计算地球动力学重点实验室于 2012 年统计了 40 篇具有一定有效性的 SCI 论文,并结合重点实验室的相关研究和工作成果,列出了 2001～2012 年中国多个重点城市或省大气中部分重金属的质量浓度(如表 1-7 所示)[53]。该研究中有效性的定义为:①采样时间为 2001～2012 年;②颗粒物监测结果包括 $PM_{2.5}$、PM_{10} 和总颗粒物浓度三项;③监测时长大于 1 个月或样品数量大于 20;④采用电感耦合等离子体质谱、电感耦合等离子体发射光谱或荧光光谱等具有较高精确度和普适性的检测手段;⑤论文中有严格的质量控制;⑥针对大中型城市进行监测。采样点一般位于商业区和生活区等人口密集区域,能够代表整体的城市污染状况。浓度值是采样时日均值的算术平均值,能够代表较长时间的污染状态。此外,虽然汞是对人体健康影响最为显著的重金属元素之一,但表 1-7 中没有给出 Hg 污染浓度值,这是因为 Hg 主要存在于气态中,且目前国内对大气中汞浓度的报道较少[54,55],因此该研究中未对大气环境中汞浓度进行报道。

表 1-7　我国主要城市大气颗粒物中重金属元素浓度特征　（单位：ng/m³）

城市或省	Pb	V	As	Mn	Ni	Cr	Cd
北京	231.9	20.5	18.2	79.4	12.7	108.6	4.5
上海	108.5	10.3	30.8	60.3	10.0	27.3	2.9
广州	417.3	19.7	39.2	134.6		53.6	10.4
深圳	291.2	10.2	28.6	98.3		24.1	13.4
南京	190.0		85.0	225.0			
重庆	327.1		39.8	140.0			70.0
杭州	569.0			245.0		25.0	17.0
成都	182.2		5.9	87.1	3.7	11.3	6.6
天津	291.0	12.0		220.0	25.0	352.0	
武汉	415.6	11.5	46.9	155.6	6.5	14.0	9.0
哈尔滨	200.0	10.0	120.0	100.0	80.0	90.0	
沈阳	346.0		30.2	40.1	26.9	35.5	1.9
合肥	199.0			555.0	38.7	74.3	
济南	76.5	18.8	19.9	85.6	47.3	57.9	
大连	193.0		12.3	41.0	7.0	26.4	1.6
乌鲁木齐	67.1			76.9	213.6		3.2
青岛	166.0	30.7		245.2	15.3		2.5
厦门	119.0	15.0	7.0	57.0	9.0	90.0	9.0
呼和浩特	248.0	13.0		186.0	20.0		
南宁	184.3		22.7			60.3	4.7
郑州	1572.0		185.2	781.4	40.6	128.4	47.4
石家庄	462.0	78.8		577.0	73.0	321.0	
拉萨	37.0	4.8	1.8	27.0	7.2	19.0	0.5
长沙	92.5			33.3	38.9		
佛山	765.3	43.7	96.9	170.9			60.5
抚顺	218.0		12.1	40.6	5.7	22.3	2.3
太原	106.8	7.4	38.4	105.3	39.9	69.9	
鞍山	376.0		36.9	47.4	11.4	40.8	5.9
韶关	960.0	10.0	10.0	200.0	40.0	430.0	
惠州	203.6	19.1	16.3	76.4		51.8	4.0
银川	143.3		200.0	107.5			
锦州	264.0		29.3	49.9	18.3	35.3	3.4

城市或省	Pb	V	As	Mn	Ni	Cr	Cd
衡阳	381.7	5.3		43.3			
肇庆	216.2	15.4	31.8				
台湾	66.5			15.5		328.0	
平均值	304.2	18.7	46.6	151.7	33.7	97.4	12.9

铅(Pb)是可在人体组织中不断蓄积的有毒重金属,其主要来源包括蓄电池、燃油、燃煤、油漆、机械、涂料、膨化食品、冶炼、五金、化妆品、电镀、染发剂、餐具、釉彩碗碟、自来水管等。Pb 可通过皮肤、呼吸道和消化道等途径进入体内,与多种器官亲和后可造成神经机能失调、贫血症和肾损伤等症状。表 1-7 统计的我国主要大中型城市或省大气颗粒物中重金属 Pb 的平均浓度约为 304.2ng/m³,整体低于2012 年新修订的《环境空气质量标准》(GB 3095—2012)和世界卫生组织规定的500ng/m³ 排放限值。这主要归功于我国于 2000 年起实施的汽油无铅化。研究者监测天津在 1998 年实现汽油无铅化时,大气颗粒物中铅的年均浓度为 440ng/m³,远低于 1994 年时的 1720ng/m³[56]。但郑州、杭州、韶关等城市的大气颗粒物中 Pb浓度高于 500ng/m³ 的排放限值,表明除去机动车外,其他污染源对大气颗粒物中Pb 浓度的贡献也不可忽视。

砷(As)为剧毒物质,大量接触会迅速致死。若长期少量接触 As,也可导致慢性中毒和一定的致癌性。研究显示燃煤是重金属 As 最为重要的来源[57]。我国大气颗粒物中 As 浓度均值约为 46.6ng/m³,远远高于我国最新的《环境空气质量标准》(6ng/m³)和 WHO(6.6ng/m³)排放限值。表 1-7 中仅拉萨的大气环境中 As 浓度符合质量标准,其他城市都有不同程度的 As 污染情况。

铬(Cr)主要来源于燃煤、燃油、劣质化妆品原料、金属部件镀铬、皮革制剂、鞣革、橡胶和陶瓷原料和颜料等。大气环境中过量的 Cr 可刺激或腐蚀呼吸道,引起呼吸系统炎症。经常接触或过量摄入 Cr,可导致鼻炎、支气管炎、皮炎、腹泻和结核病等。环境中 Cr 主要以 6 价和 3 价形态存在,其中 Cr^{6+} 的毒性远远强于 Cr^{3+},具有强烈的致癌作用。目前《环境空气质量标准》和 WHO 都只规定了 Cr^{6+} 浓度限值,均为 0.025ng/m³。目前文献中报道的大气环境中 Cr 浓度均以总 Cr 浓度为主。利用多篇文献中 Cr^{6+}/总 Cr 浓度的平均值 0.13 进行估算,我国大中型城市大气环境中 Cr^{6+} 浓度均值约为 10.5ng/m³,远远高于《环境空气质量标准》和 WHO 标准限值(0.025ng/m³),尤其是韶关、天津和石家庄等城市大气环境中 Cr 浓度较高。

镉(Cd)不是重要的人体元素,其毒性极强,可蓄积在人体的肾脏中,引起肾脏功能失调。Cd 还能取代骨质中的钙质,使骨骼软化。Cd 的主要排放来源包括工业烟气(燃煤、燃油、冶炼、垃圾焚烧等)和工业废水(燃料、采矿、电镀、冶炼、电池等)两方面。我国大气颗粒物中 Cd 浓度均值约为 12.9ng/m³,远高于《环境空气质量标准》和 WHO 标准限值(5ng/m³),其中重庆、佛山和郑州的 Cd 污染尤其严重。

镍(Ni)遇到热的 CO,可生产剧毒且易挥发的致癌物质羰基镍[Ni(CO)₄]。燃油、燃煤烟气是 Ni 的主要排放源,另外冶炼含 Ni 矿石(尤其是钢铁冶炼行业)时可排放大量含 Ni 粉尘。我国大气环境中重金属 Ni 含量约为 33.7ng/m³,超过了 WHO 的限值(25ng/m³),其中哈尔滨、乌鲁木齐和石家庄的 Ni 污染更为严重。我国《环境空气质量标准》中没有 Ni 浓度的限值。

钒(V)的主要排放源的燃煤和燃油烟气[58]。中国主要大中型城市大气环境中 V 的平均浓度约为 18.7ng/m³,远低于 WHO 的限值(1000ng/m³),我国未制定相关浓度限值。

锰(Mn)主要来源于金属冶炼、燃煤和汽油抗爆剂(甲基环戊二烯三羰基锰)。我国大气颗粒物中 Mn 的平均浓度约为 151.7ng/m³,接近于 WHO 的浓度限值(150ng/m³),我国未制定相关浓度限值。部分城市如石家庄、合肥和郑州的 Mn 污染状况较为严重。

除表 1-7 中列出的重金属污染物外,重金属汞(Hg)也是重要的大气污染物之一。Hg 单质及其化学物都具有强烈的人体毒性,且不易被自然环境的净化作用降低。环境中的汞可通过食物链富集至人体中并逐步蓄积至脑部,最终损害脑部组织,造成智力障碍等疾病,另一部分汞离子则会转移至肾脏。目前,认为排放的汞主要来源于含汞的生产工艺(水银温度计、电池、电石法聚氯乙烯等)、燃料燃烧(燃煤、石油、天然气和生物质燃烧等)和其他生产过程(有色金属冶炼、钢铁生产等)。20 世纪后半叶,有色金属冶炼和燃煤排放的汞增长最为迅速,目前全球汞排放量可达 2000 t,其中燃煤约占 40%[59]。联合国环境规划署于 2013 年发布了《全球汞评估报告》[60],指出我国的大气汞排放量约为 500~800 t,占全球的 20%~40%,为世界各国之首。我国除西部地区外,城市地区的大气汞浓度可达欧美地区(2~4ng/m³)的 2~6 倍[61]。其中长春等重工业密集城市的汞污染情况最为严重,大气汞浓度可达到 20ng/m³。其他经济发达城市的汞污染情况也不容乐观,如北京、广州和南京等城市的大气汞浓度可达 8~14ng/m³。但我国东部沿海城市的汞污染情况较为轻微,如上海、宁波的大气汞浓度与欧美城市相近,仅为 3~4ng/m³。我国西南地区由于有色金属含量丰富,因此其大气汞污染程度也较为严重,大气汞浓度可达 7~10ng/m³[62]。

整体而言,我国大气环境中主要重金属污染物除 Pb 和 V 外,其他重金属污染情况都较为严重,重金属污染治理情况不容乐观,急需针对重金属污染进行专项治理。

1.2　工业烟气排放控制法规与政策

针对不同的污染源,世界各国相继制定了严格的排放法规和标准以控制污染物的排放。与发达国家相比,中国对大气污染物排放控制起步较晚,且排放标准限值宽松,但发展速度快。1973 年,我国颁布了《工业"三废"排放标准(试行)》(GB J4—73),这是我国第一个大气污染物排放标准。标准规定了 13 类气体有害物质的排放限值,同时针对电厂 7 种不同高度排气筒所对应的二氧化硫和烟粉尘允许排放速率(kg/h)进行了限定。近年来,我国相继出台了日益严格的大气污染物控制排放标准,其中,燃煤电厂的污染物排放控制一直走在各行业的前列。

　　因此,在控制大气污染时,不仅要求各类排放源达到相应的排放标准,还要求根据二次污染物的削减目标来制定区域污染物的排放总量。排放标准本身的制定就同时考虑了环境要求和相关控制技术的经济性、可行性和费用有效性。下面分行业对比介绍美国、欧盟等发达国家和地区的排放法规和我国的相应排放标准和政策。

1.2.1　电力行业

　　随着火电行业的迅速发展,我国出台了日益严格的火电厂大气污染物排放标准,其中,2011 年颁布的燃煤发电厂烟气排放标准是史上最严格的电力行业大气污染排放标准。通过多年的努力,我国火电厂已经能够达到 2011 年的火电厂大气污染物排放标准,并且到 2017 年年底已有 71% 的煤电机组容量满足了超低排放要求[63],三大污染物烟尘、SO_2、NO_x 基本实现了燃煤电厂与燃气电厂同等清洁的目标。

　　中国火电厂大气污染物排放标准限值的演变经历了以下 6 个阶段[64,65](详见表 1-8)。

　　第一阶段:1973 年颁布了《工业"三废"排放标准(试行)》(GB J4—1973),火电厂大气污染物排放指标仅涉及烟尘和 SO_2,对排放速率和烟囱高度有要求,但对排放浓度无要求。

　　第二阶段:1991 年颁布了《燃煤电厂大气污染物排放标准》(GB 13223—1991),首次对烟尘排放浓度提出限值要求,针对不同类型的除尘设施和相应燃煤灰分制定不同的排放标准限值。

　　第三阶段:1996 年颁布了《火电厂大气污染物排放标准》(GB 13223—1996),首次增加 NO_x 作为污染物,要求新建锅炉采取低氮燃烧措施。烟尘排放标准加严,新建、扩建和改建中高硫煤电厂要求增加脱硫设施。

　　第四阶段:2003 年颁布的《火电厂大气污染物排放标准》(GB 13223—2003),污染物排放浓度限值进一步加严。对燃煤机组提出了全面进行脱硫的要求。

　　第五阶段:2011 年颁布的《火电厂大气污染物排放标准》(GB 13223—2011),被称为中国史上最严标准,燃煤电厂不仅要进行脱硫,还要进行烟气脱硝,并对重点地区的电厂制定了更加严格的特别排放限值,并首次将 Hg 及其化合物作为污染物。

第六阶段:2014～2020 年的超低排放阶段。2014 年 6 月国务院办公厅首次发文要求新建燃煤发电机组大气污染物排放接近燃气机组排放水平。由此拉开了中国燃煤电厂超低排放的序幕。同年 9 月,国家发改委、环境保护部、国家能源局联合印发《煤电节能减排升级与改造行动计划(2014—2020 年)》的通知。

表 1-8　火电厂大气污染物排放标准或要求发展历程

阶段	标准名称(编号)	燃煤机组最严格的浓度限值要求/(mg/m³)		
		烟尘	SO₂	NOₓ
第一阶段	《工业"三废"排放标准(试行)》(GB J4—1973)	无要求	无要求	不涉及
第二阶段	《燃煤电厂大气污染物排放标准》(GB 13223—1991)	600	无要求	不涉及
第三阶段	《火电厂大气污染物排放标准》(GB 13223—1996)	200	1200	650
第四阶段	《火电厂大气污染物排放标准》(GB 13223—2003)	50	400	450
第五阶段	《火电厂大气污染物排放标准》(GB 13223—2011)	30/20	100/50	100
第六阶段	《煤电节能减排升级与改造行动计划(2014—2020 年)》	10/5	36	50

2015 年 12 月国务院常务会议决定,在 2020 年前,对燃煤机组全面实施超低排放和节能改造,东、中部地区提前至 2017 年和 2018 年完成。此后,国家发改委出台了超低排放环保电价政策。环境保护部、国家发改委、能源局联合印发《全面实施燃煤电厂超低排放和节能改造工作方案》,将"燃煤电厂超低排放与节能改造"提升为国家专项行动,即到 2020 年,全国所有具备改造条件的燃煤电厂力争实现超低排放(即在基准含氧量 6% 条件下,烟尘、SO_2、NO_x 排放浓度分别不高于 $10mg/m^3$、$35mg/m^3$、$50mg/m^3$),全国有条件的新建燃煤发电机组达到超低排放水平。

如表 1-9 和表 1-10 所示,将中国燃煤电厂超低排放限值与美国、欧盟燃煤电厂最严格的排放限值比较,与美国《新建污染源的性能标准》(New Source Performance Standard,NSPS)中最严排放限值(适用于 2011 年 5 月 3 日以后新、扩建机组,美国排放标准中以单位发电量的污染物排放水平表示,为便于比较将其进行了折算)相比,中国超低排放限值更加严格,颗粒物占美国排放标准的 81.3%;SO_2 仅占美国排放标准的 25%,NO_x 限值占美国排放标准的 52%。与欧盟 2010/75/EU《工业排放综合污染预防与控制指令》[Directive on Industrial Emissions (Integrated Pollution Prevention and Control)]中最严排放限值(适用于 300MW 以上新建机组)相比,中国烟尘 $10mg/m^3$ 的超低排放限值与之相当,但部分省市新建机组和一定规模以上机组执行 $5mg/m^3$,仅为欧盟最严排放标准限值的 50%;SO_2 仅占欧盟排放标准的 23%,NO_x 占欧盟排放标准的 33%[65]。

表1-9　火电厂大气污染物特别排放限值

序号	燃料和热能转化设施类型	污染物项目	适用条件	限值	污染物排放监控位置
1	燃煤锅炉	烟尘	全部	20	
		二氧化硫	全部	50	
		氮氧化物(以 NO_2 计)	全部	100	
		汞及其化合物	全部	0.03	
2	以油为燃料的锅炉或燃气轮机组	烟尘	全部	20	烟囱或烟道
		二氧化硫	全部	50	
		氮氧化物(以 NO_2 计)	燃油锅炉	100	
			燃气轮机组	120	
3	以气体为燃料的锅炉或燃气轮机组	烟尘	全部	5	
		二氧化硫	全部	35	
		氮氧化物(以 NO_2 计)	燃气锅炉	100	
			燃气轮机组	50	
4	燃煤锅炉,以油、气体为燃料的锅炉或燃气轮机组	烟气黑度(林格曼黑度,级)	全部	1	烟囱排放口

表1-10　国内外火电厂大气污染物排放限值比较

	烟尘	二氧化硫	氮氧化物
中国一般地区新建	30	100	100
中国重点地区	20	50	100
发改能源[2014]2093 号	10	35	50
燃机排放(氧量15%)	5	35	50
美国(2005-2-28~2011-5-3)	0.015Ib/MBtu(耗煤量热值排放)	0.15Ib/MBtu(耗煤量热值排放)	0.11Ib/ MBtu(耗煤量热值排放)
折算结果	18.5	185	135
美国(2011-5-3 及以后新建、扩建)	0.090Ib/MWh(发电排放,最高除尘效率99.9%)	1.0 Ib/MWh(发电排放,最高脱硫效率97%)	0.70 Ib/MWh(发电排放)
折算结果	12.3	136.1	95.3
德国	20	200	200
日本	50	200	200
澳大利亚	100	200	460

可见,中国目前实施的超低排放限值明显严于美国、欧盟现行排放标准限值。但更值得关注的是,中国超低排放限值符合率的评判标准为小时浓度,而美国排放标准限值的评判标准为 30 天滚动平均值,欧盟排放标准限值的评判标准为月均值。因此,从符合率评判方法来说,中国短期内要求符合的超低排放限值比美国和欧盟长时间段内平均浓度要求符合的标准限值严格得多[65]。

1.2.2　工业锅炉

工业锅炉作为供热、冶金、造纸、建材、化工等行业的主要设备,主要分布在工业和人口集中的城镇及周边等人口密集地区,以满足居民采暖和工业用热水和蒸汽的需求为主,但是,由于工业锅炉的平均容量小,排放高度低,燃煤品质差,治理效率低,污染物排放强度高,其环境影响持续受到关注。

为了加强对工业锅炉大气污染物排放的控制,2014 年 7 月,我国对锅炉大气污染物排放标准进行修订,发布了《锅炉大气污染物排放标准》(GB 13271—2014)。该标准具体适用于以燃煤、燃油和燃气为燃料的单台出力 65 t/h 及以下蒸气锅炉、各种容量的热水锅炉及有机热载体锅炉;各种容量的层燃炉、抛煤机炉。该标准规定,2014 年 7 月 1 日起,对于新建锅炉,燃煤锅炉、燃油锅炉、燃气锅炉中颗粒物、二氧化硫、氮氧化物、汞及其化合物和烟气黑度均分别执行表 1-11中的限值。重点区域锅炉执行大气污染物特别排放限值。执行大气污染物特别排放限值的区域范围、时间,由国务院环境保护主管部门或省级人民政府规定。

表 1-11　新建锅炉大气污染物排放浓度限值

[单位:mg/m³(烟气黑度除外)]

污染物项目	限值			污染物排放监控位置
	燃煤锅炉	燃油锅炉	燃气锅炉	
颗粒物	50	30	20	烟囱或烟道
二氧化硫	300	200	50	
氮氧化物	300	250	200	
汞及其化合物	0.05	—	—	
烟气黑度(林格曼黑度,级)	≤1			烟囱排放口

1.2.3　建材行业

我国是世界上最大的建筑材料生产国和消费国,截至 2015 年底,我国水泥、玻璃和陶瓷的产量分别约占全世界总产量的 55%、50% 和 60%,而我国目前建材行业烟气排放量大,造成对空气中主要污染物的贡献率上升,如水泥行业 NO_x 排放总量已经跃居各类污染物之首。

1. 水泥行业

世界上水泥产量较大的国家有中国、印度、美国、土耳其、越南、日本等。2000年,欧洲规定协同处置固废的水泥厂氮氧化物排放标准限值为老厂 $800mg/Nm^3$,新厂 $500mg/Nm^3$。2011 年起,新标准更新为 $500mg/Nm^3$。瑞士、奥地利等国家执行 $500mg/Nm^3$ 的水泥窑氮氧化物排放标准。世界上水泥产量较大的国家中,美国水泥窑氮氧化物排放标准为 $900mg/Nm^3$。德国是水泥窑氮氧化物减排技术较先进的国家,其氮氧化物排放标准比欧洲标准更为严格:从 2013 年起,新建厂和由重大改进的老厂将执行 $200mg/Nm^3$ 的新标准。近年来,在"Best Available Techniques For The Cement Industry"等氮氧化物减排技术文件的指导下,德国水泥窑氮氧化物的平均排放水平大幅下降[66]。

如表 1-12 所示,2013 年,我国对水泥行业排放标准进行了修订,新颁布了《水泥工业大气污染物排放标准》(GB 4915—2013),水泥行业氮氧化物排放标准收紧至 $400mg/Nm^3$(重点地区 $320mg/Nm^3$),二氧化硫排放标准收紧至 $200mg/Nm^3$(重点地区 $100mg/Nm^3$),烟尘排放(水泥窑等热力设备)收紧至 $30mg/Nm^3$(重点地区 $20mg/Nm^3$),该限值低于世界上绝大部分国家的排放要求(图 1-8)。我国尚未出台对水泥行业氮氧化物减排的扶持政策,部分省份发布了水泥行业的脱硝减排期限和具体实施方案,但就如何扶持、补贴、鼓励水泥企业实施脱硝工程的政策的推动还有很长的路。

表 1-12　水泥行业大气污染物特别排放限值

生产过程	生产设备	颗粒物	二氧化硫	氮氧化物 (以 NO₂ 计)	氟化物 (以总 F 计)	汞及其 化合物	氨
矿山开采	破碎机及其他通风生产设备	20	—	—	—	—	—
水泥制造	水泥窑及窑尾余热利用系统	30	200	400	5	0.05	10①
	烘干机、烘干磨、煤磨及冷却机	30	600②	400②	—	—	—
	破碎机、磨机、包装机及其他通风生产设备	20	—	—	—	—	—

生产过程	生产设备	颗粒物	二氧化硫	氮氧化物（以 NO₂ 计）	氟化物（以总 F 计）	汞及其化合物	氨
散装水泥中转站及水泥制品生产	水泥仓及其他通风生产设备	20	—	—	—	—	—

注：①适用于使用氨水、尿素等含氨物质作为还原剂，去除烟气中氮氧化物。②适用于采用独立热源的烘干设备。

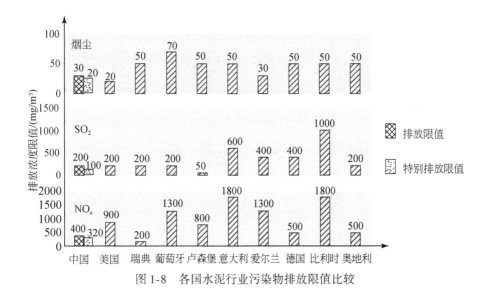

图 1-8　各国水泥行业污染物排放限值比较

2. 玻璃行业

截至 2015 年底，全国浮法玻璃生产线共 346 条，总产能为 12.25 亿重量箱，约占全球产能的 50% 以上；但实际正常在产生产线约 216 条、产能为 8.24 亿重量箱。

如表 1-13 所示，在 2011 年 4 月颁布的《平板玻璃工业大气污染物排放标准》（GB 26453—2011）中规定，现有企业在 2014 年 1 月 1 日前对玻璃炉窑进行冷修重新投入运行的，自投入运行之日起执行新建企业大气污染物排放限值；自 2011 年 10 月 1 日起，新建企业也执行新建企业大气污染物排放限值。在干烟气氧含量为 8% 下，颗粒物和氮氧化物的排放限值限值分别为 50mg/Nm³ 和 700mg/Nm³。如图 1-9 所示，通过对比分析国内外平板玻璃行业污染物排放限值可以发现，我国在平板玻璃行业大气污染物排放控制方面已经与发达国家持平。

表 1-13　新建企业大气污染物排放限值

[单位：mg/m³（烟气黑度除外）]

序号	污染物项目	排放限值			污染物排放监控位置
		玻璃熔窑①	在线镀膜尾气处理系统	配料、碎玻璃等其他通风生产设备	
1	颗粒物	50	30	30	
2	烟气黑度（林格曼，级）	1	—	—	
3	二氧化硫	400	—	—	
4	氯化氢	30	30	—	车间或生产设施排气筒
5	氟化物（以总 F 计）	5	5	—	
6	锡及其化合物	—	5	—	
7	氮氧化物（以 NO₂ 计）	700	—	—	

注：①指干烟气中 O_2 含量8%状态下（纯氧燃烧为基准排气量条件下）的排放浓度限值。

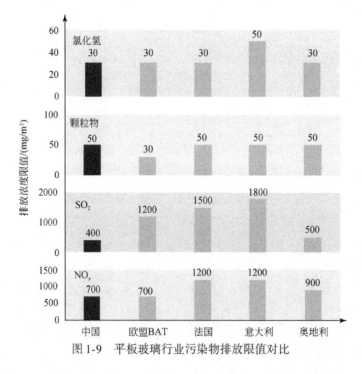

图 1-9　平板玻璃行业污染物排放限值对比

2018 年 7 月 12 日，生态环境部发布了《日用玻璃工业污染物排放标准（征求意见稿）》，现有企业自 2020 年 1 月 1 日起及新建企业自 2019 年 10 月 1 日起执行更为严格的大气污染物排放限值，如表 1-14 所示，颗粒物和氮氧化物的排放限值限值分别为 50mg/Nm³ 和 700mg/Nm³。

表 1-14　大气污染物排放限值

[单位:mg/m³(烟气黑度除外)]

序号	污染物项目	适用条件	原料称量、混合等其他通风生产设备	玻璃熔窑① 排放浓度	玻璃熔窑① 单位产品排放量(kg/t玻璃液)	污染物排放监控位置
1	颗粒物	全部	30	50	0.16	
2	烟气黑度(林德曼黑度,级)	全部	—	1	—	
3	二氧化硫	全部		400 200②	1.3	
4	氮氧化物(以 NO₂ 计)	全部		700	2.2/5③	车间或生产设施排气筒
5	氯化氢	全部		30	0.1	
6	氟化物(以总 F 计)	全部		5	0.016	
7	砷及其化合物	使用砷化合物作为澄清剂	—	0.5	0.0016	
8	锑及其化合物	使用锑化合物作为澄清剂		1	0.003	
9	铅及其化合物	铅晶质玻璃制品		0.5	0.0016	

注:①电熔窑监测项目:颗粒物、二氧化硫、氯化氢、氟化物、砷及其化合物、铅及其化合物、锑及其化合物。②电熔窑二氧化硫执行该限值。③硼硅玻璃器皿执行该限值。

3. 陶瓷行业

我国是陶瓷王国,截至 2015 年底,全国共有建筑陶瓷生产线 3000 多条,陶瓷总产量达 101.8 亿 m²,占全球陶瓷总产量约 60%。

2010 年 9 月,我国颁布了《陶瓷工业污染物排放标准》(GB 25464—2010),规定了颗粒物、二氧化硫以及氮氧化物的排放限值,如表 1-15 所示,分别为 50mg/Nm³、300mg/Nm³ 和 240mg/Nm³。该项标准是我国首次对陶瓷行业的大气污染物排放控制进行了规定,也是我国首个针对陶瓷行业在生产过程中污染物排放控制的国家标准。图 1-10 给出了我国陶瓷工业大气污染物特别排放限值与国外排放限值的对比,可以看出我国排放控制更严格。

表 1-15　新建企业大气污染物排放浓度限值

[单位:mg/m³(烟气黑度除外)]

生产工序	原料制备、干燥		烧成、烤花		监控位置
生产设备	喷雾干燥塔		辊道窑、隧道窑、梭式窑		
燃料类型	水煤浆	油、气	水煤浆	油、气	
颗粒物	50	30	50	30	车间或生产设施排气筒
二氧化硫	300	100	300	100	

续表

生产工序	原料制备、干燥		烧成、烤花		监控位置
生产设备	喷雾干燥塔		辊道窑、隧道窑、梭式窑		
燃料类型	水煤浆	油、气	水煤浆	油、气	
氮氧化物(以 NO₂ 计)	240	240	450	300	
烟气黑度(林格曼黑度,级)	1				
铅及其化合物	—	0.1			车间或生产设施
镉及其化合物	—	0.1			排气筒
镍及其化合物	—	0.2			
氟化物	—	3.0			
氯化物(以 HCl 计)	—	25			

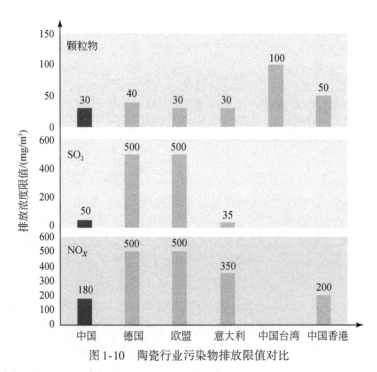

图 1-10　陶瓷行业污染物排放限值对比

1.2.4　钢铁行业

　　世界上钢铁主要生产国有中国、日本、美国、印度、俄罗斯、韩国和德国等。改革开放以来,我国钢铁工业取得了举世瞩目的成就。截至 2015 年底,全国粗钢总产量为 8.04 亿 t,钢材产量为 11.2 亿 t,接近世界总量的 50%。2015 年,全国环境

统计年报显示,钢铁冶炼企业二氧化硫排放量为 136.8 万 t,氮氧化物排放量为
55.1 万 t,烟(粉)尘排放量为 72.4 万 t。钢铁行业排放的废气污染物中约有 40%
以上的粉尘,70% 以上 SO_2,50% 以上 NO_x 来自烧结机。钢铁行业是继火力发电、机
动车、水泥行业之后的第四大氮氧化物排放源。

　　从钢铁工业排放标准的内容来看,发达国家(如美国)规定得非常详细、具体,
不仅规定每道生产工序的排放限值,甚至对不同排放点都做了规定,而我国钢铁工
业现行排放标准则显得过于粗糙。2012 年,我国颁布了《钢铁烧结、球团工业大气
污染物排放标准》(GB 28662—2012),其中对大气污染物的排放限值规定如
图 1-11、表 1-16 和表 1-17 所示。

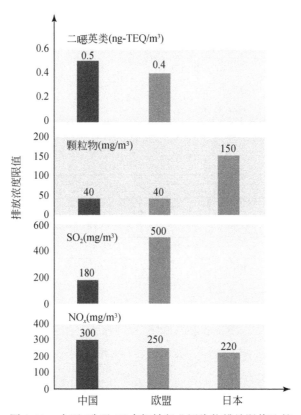

图 1-11　中国/欧盟/日本钢铁行业污染物排放限值比较

　　"十二五"规划中,对钢铁行业排放污染物从排放标准和总量控制两个方面进
行要求,长远看来,对于大型钢铁企业烧结工序,单纯靠燃料、烧结过程控制减排已
经难于满足要求,采用高效、经济、适用的烧结烟气污染物控制技术成为我国烧结
烟气污染物减排的发展趋势。

　　2018 年 5 月初,我国生态环境部办公厅发布关于征求《钢铁企业超低排放改

造工作方案(征求意见稿)》意见的函,PM、SO_2、NO_x超低排放浓度将分别小于 10mg/m³、35mg/m³、50mg/m³,成为世界上钢铁行业最严苛的排放标准。钢铁行业 超低排放标准及工作规划的推出,标志着非电行业在全国范围内的大气治理工作 即将拉开序幕;而与此前系列政策相比,此次历史最严的排放标准也显示了政府坚 定控制大气污染、打赢蓝天保卫战的决心;环保税、差异化电价、"有差别限产"等 多维度奖惩政策为超低排放改造的执行力和持续性提供了有力保障。

表1-16　钢铁烧结、球团工业大气污染物排放浓度限值(现有企业)

[单位:mg/m³(烟气黑度和二噁英类除外)]

生产工序或设施	污染物项目	限值	污染物排放监控位置
烧结机 球团焙烧设备	颗粒物	80	车间或生产设施排气筒
	二氧化硫	600	
	氮氧化物(以 NO_2 计)	500	
	氟化物(以 F 计)	6.0	
	二噁英类(ng-TEQ/m³)	1.0	
烧结机机尾 带式焙烧机机尾 其他生产设备	颗粒物	50	

表1-17　钢铁烧结、球团工业大气污染物排放浓度限值(新建企业)

[单位:mg/m³(烟气黑度和二噁英类除外)]

生产工序或设施	污染物项目	限值	污染物排放监控位置
烧结机 球团焙烧设备	颗粒物	50	车间或生产设施排气筒
	二氧化硫	200	
	氮氧化物(以 NO_2 计)	300	
	氟化物(以 F 计)	4.0	
	二噁英类(ng-TEQ/m³)	0.5	
烧结机机尾 带式焙烧机机尾 其他生产设备	颗粒物	30	

1.2.5　有色冶金行业

我国是锡、锑、汞生产大国,锡、锑产量均居世界首位,锡、锑、汞工业属于"两高 一资"有色冶金行业,不但排放常规环境污染物,还排放重金属等有毒有害污染物, 危害人体健康和环境安全。《重金属污染综合防治规划》已经明确列出该行业是我国重点控制的涉重金属排放行业之一。

为了加强有色金属行业污染防治工作,环境保护部大力推进有色金属工业污染物排放标准的制定工作。在 2010 年、2011 年先后发布了《铝工业污染物排放标准》(GB 25465—2010)、《铅、锌工业污染物排放标准》(GB 25466—2010)、《铜、镍、钴工业污染物排放标准》(GB 25467—2010)、《镁、钛工业污染物排放标准》(GB 25468—2010)、《稀土工业污染物排放标准》(GB 26451—2011)、《钒工业污染物排放标准》(GB 26452—2011)等 6 项污染物排放标准。环境保护部于 2013 年 12 月发布了《铅、锌工业污染物排放标准》(GB 30770—2014)等六项有色金属行业排放标准修改单:在国土开发密度较高、环境承载力开始减弱或大气环境容量较小、生态环境脆弱,容易发生严重大气环境污染问题而需要采取特别保护措施的地区,应严格控制企业的污染物排放行为,在重点区域的企业执行大气污染物特别排放限值,见表 1-18。执行大气污染物特别排放限值的地域范围、时间,由国务院环境保护行政主管部门或省级人民政府规定。

表 1-18　大气污染物特别排放限值　　　　　(单位:mg/m³)

序号	生产过程	污染物名称及排放限值											污染物排放监控位置
		二氧化硫	颗粒物	硫酸雾	氮氧化物	氟化物	锡及其化合物①	锑及其化合物①	汞及其化合物①	镉及其化合物①	铅及其化合物①	砷及其化合物①	
1	采选	—	10										
2	锡冶炼	100	10	—	100	3	4	1	0.01	0.05	2	0.5	车间或生产设施排气筒
3	锑冶炼	100	10	—	100	—	1	4	0.01	0.05	0.05 2②	0.5	
4	汞冶炼	100	10	—	100			1	0.01	—	0.5		
5	烟气制酸	100	10	10	100	3	1	1	0.01	0.05	0.5	0.5	
6	单位产品基准排气量 冶炼 (m³/t 产品)	63000											排气量计量位置与污染物排放监控位置一致

注:①金属及其化合物均以金属元素计。②以脆硫锑铅矿为原料的锑冶炼企业。

2018 年 1 月,《关于京津冀大气污染传输通道城市执行大气污染物特别排放限值的公告》中要求在京津冀大气污染传输通道城市执行大气污染物特别排放限值;执行地区为京津冀大气污染传输通道城市行政区域"2+26"城市[67]。对有色行业新建项目,自 2018 年 3 月 1 日起,新受理环评的建设项目执行大气污染物特别排放限值。对于有色(不含氧化铝)行业现有企业,自 2018 年 10 月 1 日起,执行二氧化硫、氮氧化物、颗粒物特别排放限值;"2+26"城市现有企业应采取有效措施,在规定期限内达到大气污染物特别排放限值。2017 年"2+26"城市中电解铝产能为 1415 万 t,占全国总产能的 31.51%;"2+26"城市中精铅、精铜产能在全国产能中也占一定的比例。"2+26"城市现有有色企业 2018 年 10 月 1 日执行二氧化硫、氮氧化物、颗粒物特别排放限值,对涉及的有色企业是个严峻的考验。

1.2.6　焦化行业

我国炼焦行业是煤炭消费结构中重要的一环,截至 2015 年,国内焦炭实际产量已达到 4.48 亿 t,占世界总量的 60% 以上。焦炭行业仍处于多、小、散的状况,80% 的企业产能 <100 万 t。《工业领域煤炭清洁高效利用行动计划》中指出,焦化占煤炭消耗量 29%,到 2020 年,力争节约煤炭消耗 1.6 亿 t 以上,减少烟尘排放量100 万 t、二氧化硫排放量 120 万 t、氮氧化物 80 万 t。

2012 年 10 月,我国颁布了《炼焦化学工业污染物排放标准》(GB 16171—2012)。标准规定:新建企业自 2012 年 10 月 1 日起,现有企业自 2015 年 1 月 1 日起,其大气污染物排放控制按本标准的规定执行;根据环保工作要求,在国土开发密度较高、环境承载力开始减弱,或大气环境容量较小、生态环境脆弱,容易发生严重大气环境污染问题而需要采取特别保护措施的地区,应严格控制企业的污染物排放行为,在重点区域的企业执行大气污染物特别排放限值,见表 1-19。执行大气污染物特别排放限值的地域范围、时间,由国务院环境保护行政主管部门或省级人民政府规定。

表 1-19　大气污染物特别排放限值　　　　　　(单位:mg/m³)

序号	污染物排放环节	颗粒物	二氧化硫	苯并[a]芘	氰化氢	苯[①]	酚类	非甲烷总烃	氮氧化物	氨	硫化氢	监控位置
1	精煤破碎、焦炭破碎、筛分及转运	15	—	—	—	—	—	—	—	—	—	车间或生产设施排气筒
2	装煤	30	70	0.3 μg/m³	—	—	—	—	—	—	—	
3	推焦	30	30	—	—	—	—	—	—	—	—	
4	焦炉烟囱	15	30	—	—	—	—	—	150	—	—	
5	干法熄焦	30	80	—	—	—	—	—	—	—	—	
6	粗苯管式炉、半焦烘干和氨分解炉等燃用焦炉煤气的设施	15	30	—	—	—	—	—	150	—	—	

续表

序号	污染物排放环节	颗粒物	二氧化硫	苯并[a]芘	氰化氢	苯[①]	酚类	非甲烷总烃	氮氧化物	氨	硫化氢	监控位置
7	冷鼓、库区焦油各类贮槽	—	—	1.0	—	50	50	—	10	1	车间或生产设施排气筒
8	苯贮槽	—	—	—	—	6	—	50	—	—	
9	脱硫再生塔	—	—	—	—	—	—	—	10	1	
10	硫铵结晶干燥	50							10	—	

注:①待国家污染物监测方法标准发布后实施。

河北省是焦化大省,焦炭产量在全国排第二位,全省焦化产能超亿吨。2018年4月,河北省发布了《炼焦化学工业大气污染物排放标准(征求意见稿)》。河北省方案设定的指标值均严于其他排放标准。河北省标准中焦炉烟囱颗粒物、SO_2、NO_x 设定的排放限值为 $10mg/m^3$、$15mg/m^3$、$100mg/m^3$,分别比现行国标中的特别排放限值低 33.3%、50%、33.3%;装煤工序颗粒物设定的 $10mg/m^3$,比现行国标中的特别排放限值低 66.7%;推焦工序颗粒物设定为 $10mg/m^3$,比特别排放限值低 66.7%。征求意见稿引发了行业的高度关注,对于企业来说,超低排放已然成为一种趋势。

1.2.7 石油化工行业

石油化工行业不仅担负着为社会提供燃动能源的重任,并且其生产的各种化工原料也广泛应用于全国各个生产领域,对国家能源安全、社会经济发展起着直接的影响。石油化工工业主要包括石油炼制行业和石油化工行业,排放的大气污染物主要有 SO_x、NO_x、总悬浮颗粒物(TSP)、烃类、恶臭物质及 CO、VOC 等。

2014 年,我国颁布了《石油炼制工业污染物排放标准》(GB 31570—2015)和《石油化学工业污染物排放标准》(GB 31571—2015)。标准规定:新建企业自 2015年 7 月 1 日起,现有企业自 2017 年 7 月 1 日起,其大气污染物排放控制按本标准的规定执行,不再执行《大气污染物综合排放标准》(GB 16297—1996)和《工业炉窑大气污染物排放标准》(GB 9078—1996)中的相关规定;根据环保工作要求,在国土开发密度较高、环境承载力开始减弱,或大气环境容量较小、生态环境脆弱,容易发生严重大气环境污染问题而需要采取特别保护措施的地区,应严格控制企业的污染物排放行为,在重点区域的企业执行大气污染物特别排放限值,见表 1-20 和表 1-21。执行大气污染物特别排放限值的地域范围、时间,由国务院环境保护行政主管部门或省级人民政府规定。通过国内外石油炼制工业大气污染物排放限值对比分析(图 1-12),可知我国污染物排放限值接近发达国家的标准要求,特别排放限值达到国际领先或先进水平。

表 1-20　石油炼制工业大气污染物特别排放限值　　（单位：mg/m³）

序号	污染物项目	工艺加热炉	催化裂化催化剂再生烟气①	重整催化剂再生烟气	酸性气回收装置	氧化沥青装置	废水处理有机废气收集处理装置	有机废气排放口②	污染物排放监控位置
1	颗粒物	20	30	—	—	—	—	—	
2	镍及其化合物	—	0.3	—	—	—	—	—	
3	二氧化硫	50	50	—	100	—	—	—	
4	氮氧化物	100	100	—	—	—	—	—	
5	硫酸雾	—	—	—	5③	—	—	—	车间或生产设施排气筒
6	氯化氢	—	—	10	—	—	—	—	
7	沥青烟	—	—	—	—	10	—	—	
8	苯并[a]芘	—	—	—	—	0.0003	—	—	
9	苯	—	—	—	—	—	—	4	
10	甲苯	—	—	—	—	—	—	15	
11	二甲苯	—	—	—	—	—	—	20	
12	非甲烷总烃	—	—	30	—	—	—	120	去除效率≥97%

注：①催化裂化余热锅炉吹灰时，再生烟气污染物浓度最大值不应超过表中限值的 2 倍，且每次持续时间不应大于 1h。②有机废气中若含有颗粒物、二氧化硫或氮氧化物，执行工艺加热炉相应污染物控制要求。③酸性气体回收装置生产硫酸时执行该限值。

表 1-21　石油化学工业大气污染物特别排放限值　　（单位：mg/m³）

序号	污染物项目	工艺加热炉	有机废气排放口			污染物排放监控位置
			废水处理有机废气收集处理装置	含卤代烃有机废气	其他有机废气①	
1	颗粒物	20	—	—	—	
2	二氧化硫	50	—	—	—	
3	氮氧化物	100	—	—	—	车间或生产设施排气筒
4	非甲烷总烃	—	120	去除效率≥97%	去除效率≥97%	
5	氯化氢	—	—	30	—	

续表

序号	污染物项目	工艺加热炉	有机废气排放口			污染物排放监控位置
			废水处理有机废气收集处理装置	含卤代烃有机废气	其他有机废气①	
6	氟化氢	—	—	5.0	—	
7	溴化氢②	—	—	5.0	—	车间或生产设施排气筒
8	氯气	—	—	5.0	—	
9	废弃有机特征污染物	—	表 1-20 所列有机特征污染物及排放浓度限值			

注:①有机废气中若含有颗粒物、二氧化硫或氮氧化物,执行工艺加热炉相应污染物控制要求。②待国家污染物监测方法标准发布后实施。

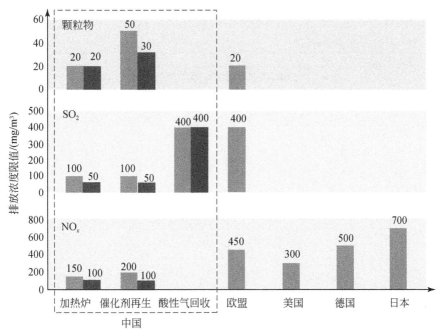

图 1-12　石油炼制工业大气污染物排放限值对比分析

1.2.8　垃圾焚烧

近二十年来,中国的垃圾焚烧发电业务得到大力发展。截至 2017 年,我国垃圾焚烧发电累计装机容量约 730 万 kW,垃圾焚烧发电项目 339 个,年发电量约 375 亿 kW·h,年处理垃圾量超过 1 亿 t。2018 年 1~6 月,新签约的垃圾焚烧发电项目约50个,足以印证我国生活垃圾焚烧发电行业的发展之迅猛。到2020年底,城市生活垃圾焚烧处理能力占无害化处理总能力的50%以上,其中东部地区达到60%以上。随着人们的环保意识不断加强,且其对周围环境的影响,垃圾发电厂作为厌恶性设施产生了一定的邻避效应,所以,一些地方建设垃圾焚烧发电厂受到当地居民的反对,一些项目迟迟不能开工建设,吸引了社会舆论和媒体的关注。但垃圾围城困境确实是各地发展中面临的现实问题,亟待解决。为了回应社会诉求,尽量规避垃圾发电厂带来的环境影响,同时顺利开展项目建设和运营,妥善处理社会关心的重点问题,各地垃圾焚烧发电厂的建造和运营标准都大幅度提高。同时,国家对垃圾焚烧发电项目的排放标准也更加严格。

　　2014年7月我国新修订的《生活垃圾焚烧污染控制标准》(GB 18485—2014)扩大了标准适用范围,规定了一氧化碳既作为运行工况指标也作为污染控制指标,明确了烟气排放在线监控要求以及焚烧炉启、停炉和事故排放要求,进一步提高了污染控制要求(表1-22),其中二噁英类控制限值采用国际上最严格的0.1ng-TEQ/m^3。通过实施新标准,生活垃圾焚烧产生的氮氧化物可减排25%,二氧化硫可减排62%,二噁英类可减排90%。

表1-22　生活垃圾焚烧炉排放烟气中污染物限值

序号	污染物项目	限值	取值时间
1	颗粒物	30	1h 均值
		20	24h 均值
2	氮氧化物(NO$_x$)	300	1h 均值
		250	24h 均值
3	二氧化硫(SO$_2$)	100	1h 均值
		80	24h 均值
4	氯化氢(HCl)	60	1h 均值
		50	24h 均值
5	汞及其化合物(以 Hg 计)	0.05	测定均值
6	镉、铊及其化合物(以 Cd+Tl 计)	0.1	测定均值
7	锑、砷、铅、铬、钴、铜、锰、镍及其化合物(以 Sb+As+Pb+Cr+Co+Cu+Mn+Ni 计)	1.0	测定均值
8	二噁英类(ng-TEQ/m^3)	0.1	测定均值
9	一氧化碳(CO)	100	1h 均值
		80	24h 均值

1.2.9　典型行业挥发性有机物(VOCs)

我国相对于世界其他发达国家而言,对于 VOCs 的减排控制起步相对较晚,还未形成全面的体系。

在 2010 年 5 月,国务院办公厅转发环境保护部《关于推进大气污染联防联控工作改善区域空气质量指导意见的通知》(国办发〔2010〕33 号)首次将 VOCs 治理管控提升至国家层面,并将其设为重点防控对象。2012 年,将全面开展 VOCs 污染防治列入《重点区域大气污染防治"十二五"规划》中。2013 年 9 月,国务院发布的《大气污染防治行动计划》(简称"大气十条")在 2017 年也到了收官之时,其第一阶段目标已经全面实现,尤其是 VOCs 的污染防治取得了明显进展。2016 年国家财政部、工信部两部委联合印发了《重点行业挥发性有机物削减行动计划》,指出到 2018 年,工业行业 VOCs 排放量比 2015 年削减 330 万 t 以上。同年《"十三五"节能减排综合工作方案》表明石油化工企业到 2020 年需基本完成 VOCs 治理。2017 年 9 月国家发改委、环境保护部等六部门联合下发《"十三五"挥发性有机物污染防治工作方案》提出了大力促进 VOCs 和 NO_x 的协同减排,并计划到 2020 年,建立健全以改善环境空气质量为核心的 VOCs 污染防治管理体系,并且实施重点行业、重点地区 VOCs 的污染减排,将排放总量削减 10% 以上。

在国家政策方针的指导下,山西、河北、浙江、山东等地紧跟着制定了《大气污染防治 2017 年行动计划》、《河北省挥发性有机物污染整治专项实施方案》、《浙江省挥发性有机物深化治理与减排工作方案(2017～2020 年)》、《山东省重点行业挥发性有机物综合整治方案》等地方性法律法规,这些计划及方案的出台说明了全国各地 2017 年 VOCs 减排防控工作已经得到充分重视,并进一步加强。

《国家环境保护标准"十三五"发展规划》极其重视 VOCs 的污染控制,制修订了包装印刷、汽油运输、纺织印染、家具制造、汽车涂装等行业的大气污染物排放标准,并特别制定了 VOCs 的无组织排放控制标准。国家层面对于 VOCs 排放的标准制定工作异常复杂,加上涉及 VOCs 排放标准的基础科研支撑较为薄弱,虽然近年来多个重点行业标准制定工作都已立项,但是整体的进程还是比较缓慢的。新增VOCs 排放标准(管控项目已涉及 76 项)强调从源头、生产中间过程和末端进行全过程管理和控制,进一步将常规污染物排放限值严格化,并大幅增加涉及 VOCs 的排放限值。截至 2017 年底,已经发布的 VOCs 大气固定源排放国家标准达到 15 项(表 1-23),其余标准的制定和完善也在积极推进中。全国各省市也紧随其后进一步明确了各地方的产业结构与减排方向,并加大了涉及 VOCs 的标准制修订力度。2017 年底,已经正式发布的 VOCs 相关的地方排放标准有:北京 13 项,天津 3 项,上海 10 项,重庆 6 项,广东 5 项,浙江 4 项,山东、湖南、江苏各 3 项,河北 2 项,四川、陕西各 1 项,并且尚有一批标准正在积极制定当中。同时,各地配套源头产品限值标准规范,过程控制规范,检/监测标准规范体系排污许可制度相关规范指南等也在制修订和发布中。

表 1-23　涉及 VOCs 的国家大气污染物排放标准

标准编号	标准名称
GB 16297—1996	大气污染物综合排放标准
GB 14554—1993	恶臭污染物排放标准
GB 31570—2015	石油炼制工业污染物排放标准
GB 31571—2015	石油化学工业污染物排放标准
GB 20950—2007	储油库大气污染物排放标准
GB 20951—2007	汽油运输大气污染物排放标准
GB 20952—2007	加油站大气污染物排放标准
GB 16171—2012	炼焦化学工业污染物排放标准
GB 28665—2012	轧钢工业大气污染物排放标准
GB 27632—2011	橡胶制品工业污染物排放标准
GB 31572—2015	合成树脂工业污染物排放标准
GB 21902—2008	合成革与人造革工业污染物排放标准
GB 15581—2016	烧碱、聚氯乙烯工业污染物排放标准
GB 30484—2013	电池工业污染物排放标准
GB 18483—2001	饮食业油烟排放标准(试行)

如表 1-24 所示,《广东省大气污染物排放限值》(DB 44/27—2001)和 GB 16297—1996 的最高允许排放质量浓度和无组织排放监控质量浓度相同,其他地区地方综合排放标准均严于此标准。《北京市大气污染物综合排放标准》(DB 11/501—2017)实施日期为 2018 年 1 月 1 日,其最高允许排放质量浓度和无组织排放监控质量浓度最严。对于最高允许排放质量浓度,北京市、上海市、厦门市和重庆市的 NMHC 最高允许排放质量浓度分别是 GB 16297—1996 的 42%、58%、83% 和 100%,各城市的苯最高允许排放质量浓度分别是 GB 16297—1996 的 8%、8%、100% 和 50%。对于无组织排放监控质量浓度,北京市、上海市、厦门市和重庆市的 NMHC 无组织排放监控质量浓度分别是 GB 16297—1996 的 25%、100%、80% 和 100%。由此可见,我国地方综合排放标准限值差异较大,但是同一类治理技术的 VOCs 最低排放质量浓度差异不大,这给 VOCs 污染治理企业在不同城市开展治理工作带来了难度。

表 1-24　国家和地方大气污染物综合排放标准比较

序号	排放标准名称	标准号	最高允许排放质量浓度/(mg/m³)				无组织排放监控质量浓度/(mg/m³)			
			NMHC	苯	甲苯	二甲苯	NMHC	苯	甲苯	二甲苯
1	大气污染物综合排放标准	GB 16297—1996	120	12	40	70	4.0	0.40	2.4	1.2
2	广东省大气污染物排放限值	DB 44/27—2001	120	12	40	70	4.0	0.40	2.4	1.2
3	重庆市大气污染物综合排放标准	DB 50/418—2016	120	6	40	70	4.0	0.40	2.4	1.2
4	厦门市大气污染物排放标准	DB 35/323—2011	100	12	40	40	3.2	0.3	0.6	0.8
5	上海市大气污染物综合排放标准	DB 31/933—2015	70	1	10	20	4.0	0.1	0.2	0.2
6	北京市大气污染物综合排放标准	DB 11/501—2017	50	1.0	10	10	1.0	0.10	0.20	0.20

1.2.10　其他行业

除以上涉及的火电、建材、钢铁等行业以外,碳素、耐火材料等工业部门也是固定源中污染物排放的来源。2018 年 1 月 23 日,环境保护部和河北省人民政府等单位联合印发的《京津冀及周边地区 2017—2018 年秋冬季大气污染综合治理攻坚行动方案》以及《河北省 2017—2018 年秋冬季大气污染综合治理攻坚行动方案》相关规定,采暖季碳素企业达不到特别排放限值的,全部停产,达到特别排放限值的,限产 50% 以上(以生产线计)。进一步明确了碳素行业执行标准,确定在 2017~2018 秋冬采暖季,碳素行业大气污染物排放执行《铝工业污染物排放标准》(GB 25465—2010)修改单中大气污染物特别排放限值。此外,中国碳素行业协会也在起草专门针对碳素行业的国家标准《碳素工业大气污染物排放标准》。针对耐火材料行业,2018 年 8 月 29 日,辽宁省率先发布了地方标准《镁质耐火材料工业大气污染物排放标准》(DB 21/3011—2018),规定了行政区域内镁质耐火材料工业企业的大气污染物排放管理,以及镁质耐火材料工业建设项目的环境影响评价、环境保护设施设计、环境保护工程竣工验收、排污许可证核发及其投产后的大气污染物排放管理。

同时,我国一些大气污染物排放的重点省市也针对地区性重点行业陆续推出了一系列的大气污染物排放标准。这些地方标准与国家标准正在逐步构建相对完整的大气污染物排放标准体系,该体系的建立无疑将为我国实现大气污染物减排提供有力的法律支撑。我国针对各行业制定的特别排放限值或超低排放限值已经处于世界领先或先进水平。通过加强企业排污监管,督促企业严格执行排放标准。通过环境信息披露制度,在政府、企业与公众之间形成相辅相成的良性互动,达到更好的污染防治效果。

参 考 文 献

[1] Wang S, Hao J. Air quality management in China: Issues, challenges, and options. Journal of Environmental Sciences, 2012, 24(1): 2-13.

[2] 郝吉明,程真,王书肖. 我国大气环境污染现状及防治措施研究. 环境保护, 2012 (9): 16-20.

[3] Zhang Q, He K, Huo H. Policy: Cleaning China's air. Nature, 2012, 484(7393): 161.

[4] Huang R J, Zhang Y, Bozzetti C, et al. High secondary aerosol contribution to particulate pollution during haze events in China. Nature, 2014, 514(7521): 218-222.

[5] 中华人民共和国环境保护部. 2013 年中国环境状况公报, 2014.

[6] 中华人民共和国环境保护部. 2016 年中国环境状况公报, 2017.

[7] Huo H, Zhang Q, Guan D, et al. Examining air pollution in China using production- and consumption-based emissions accounting approaches. Environmental Science Technology, 2014, 48(24): 14139-14147.

[8] 郝吉明,段雷,易红宏,等. 燃烧源可吸入颗粒物的物理化学特征. 北京:科学出版社,2008,1.

[9] 王纯,张殿印. 除尘工程技术手册. 北京:化学工业出版社, 2016, 975.

[10] 中华人民共和国环境保护部. 2015 年全国环境统计公报,2016.

[11] 中国电力企业联合会. 2017 年电力统计基本数据 http://www.cec.org.cn/guihuayutongji/tongjxinxi/yuedushuju/2017-1219/176259.html.

[12] 刘阳,邓学峰. 浅析火电厂脱硫脱硝技术与应用. 环境研究与监测, 2017(3): 25-27.

[13] 刘志强,陈纪玲. 中国大气环境质量现状及趋势分析. 电力科技与环保, 2007, 23(1): 23-27.

[14] 宦宣州,何育东,王少亮,等. 湿法脱硫吸收塔协同除尘试验. 热力发电, 2017, 46(7): 97-102.

[15] 郑婷婷,周月桂,金圻烨. 燃煤电厂多种烟气污染物协同脱除超低排放分析. 热力发电, 2017, 46(4):10-15.

[16] 韩敏. 燃煤电厂烟气脱硫系统的运行优化分析. 化工管理, 2017,(33):180.

[17] 中华人民共和国环境保护部. 2015 年环境统计年报,2016.

[18] 茆令文,陆少锋. 平板玻璃行业现状及污染治理. 中国硅酸盐学会环境保护分会换届暨学术报告会会议,2014.

[19] 郝吉明,马广大. 大气污染控制工程. 北京:高等教育出版社, 1989.

[20] 钟秦. 燃煤烟气脱硫脱硝控制技术及工程实例(第二版). 北京:化学工业出版社, 2007.

[21] 吴忠标. 大气污染控制工程. 北京:科学出版社, 2002.

[22] Hao J M, Tian H Z, Lu Y Q. Emission inventories of NO$_x$ from commercial energy consumption in China, 1995—1998. Environ. Sci. Technol. , 2002, 36:552.

[23] Schneider H, Scharf U, Wokaun A, et al. Chromia on titania: IV. Nature of active-sites for selective catalytic reduction of NO by NH$_3$. J. Catal. , 1994, 146: 545.

[24] 毕玉森. 电站锅炉 NO$_x$ 排放现状、预测及技术改造. 中国电力, 1998:12.

[25] 曾汉才. 燃烧与污染. 武汉: 华中理工大学出版社, 1992.

[26] Energy Information Adminstration (EIA). International energy outlook 2006. Washington D C: EIA, 2006.

[27] Hao J M, Tian H Z, Lu Y Q, et al. Anthropogenic nitrogen oxides emissions in China in the period 1990—1998. Abstracts of Papers of American Chemistry Society, 2001:221, 45-Fuel Part 1.

[28] 国家电力监管委员会, 国家发展和改革委员会, 国家能源局, 环境保护部. 2008 年电力企业节能减排情况通报. 2009.

[29] Zeldovich J. The oxidation of nitrogen in combustion and expolsions. Acta Physiochim, USSR. , 1946, 21: 4.

[30] Zelkowshi J. 煤的燃烧理论与技术. 袁钧卢, 张佩芳译. 上海: 华东化工学院出版社, 1990.

[31] Bowman C T. Kinetics of pollutant formation and destruction in combustion. Prog. Energy Combust. Sci. , 1975, 1: 33.

[32] 毛健雄, 毛健全, 赵树民. 煤的清洁燃烧. 北京: 科学出版社, 1998.

[33] Bozzuto C R. NO$_x$ formation basics, NO$_x$ Control V Conference, Council of Industrial Boiler owners, Long Beach, California, 1992, 1.

[34] Pohl J H, Sarofim A F. Devolatilization and oxidation of coal nitrogen. In: 16th Symposium (International) on Combustion, The Combustion Institute, Pittsburgh, 1977, 491.

[35] Pershing D W. Wendt J O L. Pulverized coal combustion: the influence of flame temperature and coal composition on thermal and fuel NO$_x$. In: 16th Symposium (International) on Combustion, The Combustion Institute, Pittsburgh, 1977, 389.

[36] Bowman C T. Kinetics of pollutant formation and destruction in combustion. Prog. Energy Combust. Sci. , 1975, 1: 33.

[37] Fenimore C P. Formation of nitric oxide in premixed hydrocarbon flames. In: 13th Symposium (International) on Combustion, The Combustion Institute, Pittsburgh, 1971, 373.

[38] Gustavsson L, Leckner B. Proc. 11th Int. Conf. on FBC, Montreal, Canada, ASME, 1991, 677.

[39] Shao P, An J, Xin J, et al. Source apportionment of VOCs and the contribution to photochemical ozone formation during summer in the typical industrial area in the Yangtze River Delta, China. Atmospheric Research, 2016, 176: 64-74.

[40] Rollins A W, Browne E C, Min K E, et al. Evidence for NO$_x$ control over nighttime SOA

formation. Science,2012,337（6099）:1210-1212.

[41] Anderson J G, Toohey D W, Brune W H. Free-radicals within the antarctic vortex - the role of CFCs in antarctic ozone loss. Science,1991,251(4989):39-46.

[42] Newman P A, Oman L D,Douglass A R, et al. What would have happened to the ozone layer if chlorofluorocarbons (CFCs) had not been regulated?. Atmospheric Chemistry and Physics,2009, 9(6):2113-2128.

[43] Vandenbroucke A M, Morent R, De Geyter N, et al. Non-thermal plasmas for non-catalytic and catalytic VOC abatement. Journal of Hazardous Materials,2011,195:30-54.

[44] Lim S K, Shin H S, Yoon K S, et al. Risk assessment of volatile organic compounds benzene, toluene, ethylbenzene, and xylene (BTEX) in consumer products. Journal of Toxicology and Environmental Health-Part a-Current Issues,2014,77(22-24):1502-1521.

[45] Marchetti F, Eskenazi B, Weldon R H, et al. Occupational exposure to benzene and chromosomal structural aberrations in the sperm of Chinese men. Environmental Health Perspectives,2012,120 (2): 229-234.

[46] 叶代启. 工业挥发性有机物的排放与控制. 北京:科学出版社 , 2017.

[47] 黄薇薇. 我国工业源挥发性有机化合物排放特征及其控制技术评估研究. 杭州:浙江大学硕士学位论文, 2016.

[48] 关丽萍, 工业源 VOCs 排放特征及控制思路浅析. 现代化工, 2018,38(10):20-22.

[49] 李凤菊, 邵龙义, 杨书申. 大气颗粒物中重金属的化学特征和来源分析. 中原工学院学报,2007,18(1):7-11.

[50] Hu X, Zhang Y, Ding Z H, et al. Bioaccessibility and health risk of arsenic and heavy metals (Cd, Co, Cr, Cu, Ni, Pb, Zn and Mn) in TSP and $PM_{2.5}$ in Nanjing, China. Atmospheric Environment,2012,57:146-152.

[51] Hu Z J, Shi Y L, Niu H Y, et al. Synthetic musk fragrances and heavy metals in snow samples of Beijing urban area, China. Atmospheric Research,2012,104:302-305.

[52] 周生贤. 打好决胜战—谋划新发展积极探索中国环境保护新道路—在 2010 年全国环境保护工作会议上的讲话（节选）. 环境保护,2010:8-18.

[53] 谭吉华, 段菁春.中国大气颗粒物重金属污染、来源及控制建议. 中国科学院大学学报,2013,30(2): 145-155.

[54] Streets D G, Hao J M, Wu Y, et al. Anthropogenic mercury emissions in China. Atmospheric Environment,2005,39(40):7789-7806.

[55] Wu Y, Wang S X, Streets D G, et al. Trends in anthropogenic mercury emissions in China from 1995 to 2003. Environmental Science & Technology,2006,40(17): 5312-5318.

[56] 李文君, 刘彩霞, 王莉. 汽油无铅化与环境空气中铅污染的变化趋势. 城市环境与城市生态,2000,(3):61-62.

[57] Nriagu J O, Pacyna J M. Quantitative assessment of worldwide contamination of air, water and soils by trace metals. Nature,1988,333(6169):134-139.

[58] Wang G, Oldfield F, Xia D, et al. Magnetic properties and correlation with heavy metals in

urban street dust: A case study from the city of Lanzhou, China. Atmospheric Environment, 2012,46(1):289-298.

[59] Pacyna E G, Pacyna J M, Sundseth K, et al. Wilson S, Steenhuisen F, Maxson P. Global emission of mercury to the atmosphere from anthropogenic sources in 2005 and projections to 2020. Atmospheric Environment,2010,44(20):2487-2499.

[60] Technical Background Report for the Global Mercury Assessment 2013. United Nations Enviroment Programe,2013:4-37.

[61] Fu X W, Feng X B, Sommar J, et al. A review of studies on atmospheric mercury in China. Science of the Total Environment,2012,421-422(1):73-81.

[62] Wang S X, Zhang L, Wang L, et al. A review of atmospheric mercury emissions, pollution and control in China. Frontiers of Environmental Science & Engineering,2014,8(5):631-649.

[63] 中国环境保护产业协会脱硫脱硝委员会. 2017 年度燃煤烟气脱硫脱硝产业信息.

[64] 朱法华, 王圣, 赵国华, 等. GB 13223—2011《火电厂大气污染物 排放标准》分析与解读. 北京: 中国电力出版社, 2013.

[65] 郦建国, 朱法华, 孙雪丽. 中国火电大气污染防治现状及挑战. 中国电力, 2018, 51; 595(06):6-14.

[66] 富丽. 国内外水泥行业氮氧化物减排比较分析. 建材发展导向,2012,(8):9-11.

[67] 任锋. 有色行业执行大气污染物特别排放限值的思考. 环境与发展, 2018,(5):8-81.

第 2 章　烟气颗粒污染物控制与除尘工艺

随着工业的快速发展,每年建材、电力、冶金、化工等行业相继产生近千万吨的粉尘,对人们健康、生态环境和气候的影响日益严重,全国各地频繁出现雾霾现象,尤其是空气中漂浮着各式的尘埃粒子如气溶胶、PM_{10}、$PM_{2.5}$ 及微生物,对人体的危害性极大。随着我国经济与社会的发展,人们对生活环境及健康要求越来越高,并开始关注环境问题,我国开始陆续发布了一系列的环境保护和节能减排规划方案。规划要求加强工业烟粉尘控制,推进大气中 $PM_{2.5}$ 治理,加大工业烟粉尘污染防治力度,这对烟尘的控制技术及相应的设备提出了更高的要求。传统的除尘技术及设备不再能满足高标准排放兼顾经济性能方面的要求,因此,在传统的烟尘控制技术的基础上,改进和创新除尘控制技术、提高除尘效率、满足超低排放要求势在必行。

2.1　工业烟气颗粒物的来源、性质与控制

2.1.1　颗粒污染物来源与成因

颗粒物是大气污染物的一部分,也是当前影响我国大气环境的最主要污染物。颗粒物的粒径很小,可以携带大量病毒和细菌等物质,对环境和人体健康造成较大的影响,且已经严重影响人们的正常生活。有资料显示,在秋冬季节,雾霾严重的天气状态下,医院儿科呼吸科门诊量会大幅增加。其中细颗粒物 $PM_{2.5}$ 产生的源头多、区域分布性广、季节变化性明显,且化学成分复杂,是危害健康的隐形杀手。雾霾主要成分也包含 $PM_{2.5}$,对能见度造成直接影响。剖析颗粒物的来源对防治大气细颗粒物 $PM_{2.5}$ 污染具有重要的意义。

1. 颗粒污染物来源

就一次颗粒物排放而言,我国大气颗粒物主要来源于四个方面:燃煤烟尘、工业烟尘、汽车尾气、无组织排放颗粒物。研究成果表明,燃煤、工业生产、机动车等是京津冀及周边地区秋冬季 $PM_{2.5}$ 重污染的主要来源。

污染物颗粒的来源主要是在建筑、工业生产和物料运输过程及燃料燃烧过程中产生的。如工业生产活动中排放的固体微粒,通常称为粉尘;燃料燃烧过程中产生的颗粒物。

工业粉尘是指能在空气中浮游的固体微粒。在冶金、机械、建材、轻工、电力等

工业行业的生产中均产生大量粉尘。粉尘的来源主要有以下几个方面：

①固体物料的机械粉碎和研磨过程,如选矿、矿石破碎、研磨加工过程;

②粉状物料的混合、筛分、包装及运输,如水泥、面粉等的生产过程;

③物质的燃烧,例如煤燃烧时产生的烟尘;

④物质加热、烧成和冶炼时产生的烟尘,例如矿石烧结、金属冶炼、焙烧、煅烧等过程产生的烟尘;

⑤无组织排放产生的粉尘,如料场扬尘、施工工地扬尘、道路扬尘等[1]。

生产性颗粒污染物,即人类在生产过程中释放的颗粒污染物,其中以电站锅炉、工业与民用锅炉、冶金工业、建材工业等重点行业最为严重,也是本书重点阐述的内容。

2. 颗粒污染物的成因

(1)燃烧过程中颗粒物的形成

我国是目前世界上最大的煤炭消费国,煤炭在能源消费结构的比例依然很高,是我国电力等各工业及北方冬季采暖所使用的主要能源,燃煤锅炉在生产、供电、采暖的同时会产生大量的粉尘颗粒。

燃煤尾气中飞灰的浓度和粒度与煤炭质量、烟气流速、燃烧的方式、燃烧是否充分、锅炉运行负荷及锅炉结构等多种因素有关。表 2-1 显示了几种燃烧方式产生的烟尘占灰分的百分比。

表 2-1 几种燃烧方式的烟尘占灰分比

燃烧方式	占燃烧中的灰分/%
手烧炉	15 ~ 20
链条炉	15 ~ 20
抛煤机炉(机械风动)	24 ~ 40
沸腾炉	40 ~ 60
煤粉炉	75 ~ 85

由表 2-1 可以看出燃烧方式不同,排尘浓度可以相差较大,其中煤粉炉的烟尘量最大。燃烧方式对烟尘颗粒分布影响也很大,其中煤粉炉的烟尘颗粒最细。

燃煤烟气含有大量微细颗粒(粒径小于 $50\mu m$),其中 PM_{10} 的比例可达 40%,而 PM_{10} 中细颗粒 $PM_{2.5}$ 占比 40%~70% 不等,$PM_{2.5}$ 主要来源于煤的高温燃烧。

煤质(灰分和水分含量及热值)对排尘浓度的影响比较大。一般含水量越少,灰分越高,则排尘浓度就越高。

燃煤锅炉主要有工业锅炉和电站锅炉,大型燃煤电站颗粒物的排放控制技术和设备仍是以电除尘为主,工业锅炉颗粒物净化主要以袋式除尘为主。燃煤电厂

75%采用电除尘器,出口浓度约 30 ~ 50mg/m³,经石灰石/石膏法脱硫和湿式电除尘洗涤后,颗粒物排放浓度小于 5mg/m³,实现了超低排放。

(2)生产和输送过程中粉尘

一般来说生产和输送过程产生的原因主要有以下几种:

①物料间剪切压缩引起的尘化作用。当物料间受到剪切压缩作用时,物料表面会产生粉尘扬起。如破碎岩石的时候会有粉尘喷出;筛分物料用的振动筛上下往复振动时,疏松的物料会不断被挤压,因此物料会被间隙中的空气猛烈挤压出来。当这些气流向外高速流动时,就会带动粉尘一起逸出。

②诱导空气造成的尘化作用。物体或块、粒状物料在空气中高速运动时,能带动周围空气随其流动,这部分空气为诱导空气。如车辆高速运行时,大量地扬起灰尘。

③加热、烧成、冶炼过程产生粉尘。工业炉窑生产过程中将产生大量含尘烟气,工艺过程包括加热、烧结、焙烧、煅烧、熔炼等,由于原料、生产方式和生产品种不同,烟尘的产生机理和理化性质也不相同。工业窑炉形式多样、大小不一,例如钢铁炉窑有高炉、烧结机、焦炉、转炉、炼钢电炉、精炼炉、加热炉、铁合金电炉、石灰窑等,名目繁多。

冶金过程中产生大量颗粒物,有些是气态金属冷凝离子,有些是纳米级粒子,温度高、粒径细、波动大、阵发性是其共同特征,工业烟气中通常含有 SO_2、NO_x、CO 等污染物,治理难度较大。

④热气流上升造成的尘化作用。工业炉窑在加料、吹氧、出钢、金属浇铸等过程中产生高温烟尘,热烟气上升时,会混合大量空气与粉尘一起上浮运动,同时在车间里扩散,形成无组织排放,烟气捕集难度较大。

通常,使粉尘颗粒由静止状态进入空气中浮游的尘化作用称为一次尘化作用,该作用给予粉尘的能量不能使粉尘扩散飞扬,只能造成局部地点空气污染。因此,二次气流是造成粉尘扩散的主要原因。

2.1.2　工业烟气颗粒物的性质

工业烟气颗粒物是指人类在生产过程中释放入大气环境的颗粒物,称之为粉尘。工业烟气粉尘的来源主要包括火力发电厂、钢铁厂、金属冶炼厂、化工厂、水泥厂、陶瓷厂、工业及民用锅炉的排放。除尘这一概念最早就是针对工业烟气颗粒物的排放控制而提出的,现在这一概念已经普遍适用于所有颗粒物的排放控制。人类在控制工业烟气粉尘的实践活动中,获得了对大多数粉尘物质性质的认识,已经建立了一套比较完善的科学防治体系。粉尘的许多理化性质都与除尘过程有密切关系,重要的是如何充分利用对除尘过程有利的粉尘理化性质,或采取适当措施改变对除尘过程不利的粉尘理化性质,从而可以大大提高除尘器的除尘效果,保证设备的可靠运行。充分了解粉尘的理化性质是研究除尘器除尘机制和特性,正确选择、设计和使用除尘器的重要基础[1]。

1. 粉尘的粒径和粒径分布

(1)粒径

粉尘的粒径通常是指粒子的大小。粉尘的大小不同,对除尘装置的设计及性能影响很大,所以粒径大小是粉尘的最基本特性之一。大多数粉尘的形状是不规则的,有类球形、片状、针状、粗粒不规则状、链状等。一般也用"粒径"来衡量不规则颗粒的大小,但需要采用一定的方法确定一个表示粉尘大小的代表性尺寸,作为粉尘的直径,简称粒径。常用的表示粒径的方法主要包括显微镜粒径、平均粒径、沉降粒径、等体积粒径、筛分粒径、中位径及最高频率径等[2],粉尘按不同定义和测试方法所得的粒径,不但数值不同,应用场合也不同。因此,在除尘装置的设计过程中,考虑测试方法本身的准确度、操作难易程度等因素外,还需关注应用的场合和最终目的。在分析粒径结果时,也应说明采用的测试方法,例如,用显微镜法测定粒径时,有定向面积等分粒径(d_M)、定向粒径(d_F)和投影面积粒径(d_A),同一粉尘的 $d_F>d_A>d_M$;然而用沉降法测出的粒径一般定义为斯托克斯(Stokes)粒径(d_s)和空气动力粒径(d_a),这两种粒径与粉尘在流体中的动力学行为密切相关,也是除尘设计中应用最多的两种粒径。

(2)粒径分布

粉尘颗粒的粒径分布也称分散度,是指不同粒径范围内颗粒物的个数(或质量)占总颗粒物数(或总质量)的比例。以颗粒的个数表示所占比例时称为粒数粒径分布;以颗粒的质量表示所占比例时称为质量粒径分布。在除尘技术中,多采用粉尘粒径质量分布。粒径分布在数值上可分为微分型和积分型两种,分别对应粉尘的频率分布和累积分布。粉尘的粒径分布表示方法有列表法、图示法和函数法等[3]。其中,函数法主要包括正态分布函数式、对数正态分布式和罗辛-拉姆勒(Rosin-Rammler)分布式三种。一般来说,在除尘技术中所遇到的粉尘,是细颗粒物成分多,并不完全符合正态分布函数,而是更适合对数正态分布式和罗辛-拉姆勒分布式函数。在实际应用中最常用的是列表法,一般是先按粒径分布区间测量出粉尘个数分布关系,然后通过作图和统计计算方法得到粉尘的粒径分布函数。

2. 粉尘的物理性质

(1)密度

单位体积粉尘的质量称为粉尘的密度,单位为 g/cm^3 或 kg/m^3。若定义中的单位体积不包括粉尘颗粒之间和粉尘颗粒体内部的空隙体积,而是粉尘自身的真实体积,则称为真密度,以 ρ_p 表示;若定义中的单位体积包括粉尘颗粒之间和粉尘颗粒体内部的空隙体积,则称为堆积密度,以 ρ_b 表示。由此可见,对于同一种粉尘,$\rho_b \leqslant \rho_p$。此外,将粉尘颗粒的空隙体积与堆积粉尘的总体积之比称为空隙率,以 ε 表示,则 ρ_b 与 ρ_p 之间的关系为:

$$\rho_b = (1-\varepsilon)\rho_p \tag{2-1}$$

对于同一类粉尘,ρ_p 为一定值,ρ_b 随着 ε 的变化而变化。ε 则与粉尘颗粒的种类、填充方式、粒径大小及分布等因素有关。粉尘颗粒越小,吸附的空气越多,ε 值越大;填充过程中进行振动或加压,ε 值越小。粉尘颗粒的 ρ_p 在除尘工程中有广泛用途,主要用于研究颗粒在气体中的运动、分离和去除。除尘设备的设计与选择不仅要考虑粉尘的粒度大小,还要考虑粉尘的 ρ_p。粉尘的 ρ_b 主要应用于储仓或灰斗的容积确定等方面。

(2)比表面积

粉尘的许多理化性质与其比表面积密切相关。颗粒越小,其物理和化学活性越好。如通过粉尘层的流体阻力会随着粉尘比表面积的增大而增大;吸附、氧化、溶解、催化活性、爆炸性、黏附性和毒性等,也会随着粉尘比表面积的增大而被加速或增强。

粉尘的比表面积是指单位体积(或质量)粉尘所具有的表面积。通常有三种表示方式,分别为以粉尘净体积为基准表示的比表面积(S_v),粉尘质量为基准表示的比表面积(S_m)和堆积体积为基准表示的比表面积(S_b)。以显微镜法测得的数据为基准,计算公式如下:

$$S_v = \frac{\bar{S}}{\bar{V}} = \frac{6}{d_{SV}} \ (\text{cm}^2/\text{cm}^3) \tag{2-2}$$

$$S_m = \frac{\bar{S}}{\rho_p \bar{V}} = \frac{6}{\rho_p \bar{d}_{SV}} \ (\text{cm}^2/\text{g}) \tag{2-3}$$

$$S_b = \frac{\bar{S}(1-\varepsilon)}{\bar{V}} = (1-\varepsilon)S_v = \frac{6(1-\varepsilon)}{\bar{d}_{SV}} \ (\text{cm}^2/\text{cm}^3) \tag{2-4}$$

式中,$\bar{S}$——粉尘的平均表面积,cm^2;$\bar{V}$——粉尘的平均净体积,cm^3;$\bar{d}_{SV}$——粉尘的表面积-体积平均粒径,cm;ρ_p——粉尘的真密度,g/cm^3;ε——孔隙率。

粉尘的比表面积值变化范围很广,大部分工业烟气产生的粉尘比表面积在 $1000\text{cm}^2/\text{g}$(粗粉尘)到 $10000\text{cm}^2/\text{g}$ 之间(细烟尘)。

(3)安息角与滑动角

粉尘自漏斗连续落到水平面上,会自然堆积成圆锥体,圆锥体母线同水平面的夹角定义为粉尘的安息角,也称堆积角或休止角。安息角表示粉尘间的相互摩擦性能,大小一般为 35°~55°。自然堆放在光滑平面的粉尘,随平面倾斜时粉尘开始滑动的倾斜角定义为滑动角,也称静安息角。滑动角表示粉尘与固体壁面间的摩擦性能,大小一般为 40°~55°。安息角与滑动角是评价粉尘流动特性的一个非常重要的指标。安息角越小的粉尘,其流动性越好;安息角越大的粉尘,其流动性越差。粉尘的安息角和滑动角是设计除尘器灰斗(或储仓)锥度、除尘管路或输灰管路倾斜角的主要依据。为使粉尘可以自由流动,通常把灰斗的角度设计为比粉尘的安息角小于 3°~5°,底部设计成圆锥形或方锥形,其锥顶角通常要小于 180°−2×滑动角;输灰管路与铅垂线之间的夹角也要小于 190°−2×滑动角。影响粉尘安息角和滑动角的因素,主要包括粉尘粒径、含水率、粉尘颗粒形状、粉尘表面光滑程度及粉尘黏性等。对于同一类型的粉尘,粒径越小,其接触表面增大,相互之间黏附性增大,安息角越大;粉尘含水率越大,安息角越大;粉尘越接近球形,安息角越小;表面越光滑,安息角越小[1]。

(4)荷电性及导电性

工业烟气粉尘颗粒物基本带有一定的负电荷或正电荷,也有电中性的。粉尘荷电的因素千差万别,例如粉尘吸附高温产生的离子或电子,再加上粉尘颗粒间的相互碰撞或者与管道壁面之间摩擦产生静电。粉尘获得的电荷受制于周围介质的击穿强度,在干燥空气条件下,粉尘表面带的最大电荷量约为 $1.66×10^{10}$ 电子(e)/cm^2 或 $2.7×10^{-9}$ C/cm^2。粉尘被荷电后,有些物理性能也被改变,如凝聚性、附着性及其在气流中的稳定性,同时,对人体的危害性也增强。粉尘的电荷量随着温度的升高、比表面积的增大及含湿率的减小而增大,也与其化学组成紧密相关。粉尘的荷电性对除尘具有重要的作用,电除尘器利用粉尘的荷电性将粉尘去除的。袋式除尘器和湿式除尘器中也越来越多地利用粉尘或液滴的荷电性来提高对细粉尘的捕集效率。在实际工况中,由于粉尘的自然荷电量很小且具有两种极性,并不能满足电除尘的工艺要求。因此,为了达到高效捕集粉尘的目的,需要利用外加的条件使粉尘荷电,最常用的方法是高压电晕放电。

粉尘的导电性常以电阻率表示,单位是 Ω·cm:

$$\rho_d = \frac{V}{J\delta} \tag{2-5}$$

式中,V——通过粉尘层的电压,V;J——通过粉尘层的电流密度,A/cm^2;δ——粉尘层的厚度,cm。

粉尘导电机理有体积电阻率和表面电阻率两种。在较高温度(200℃以上)下,体积电阻率占主导,粉尘层的导电主要依赖粉尘本体内部的电子或离子,粉尘的电阻率随着温度的升高而降低,其大小与粉尘的化学组成有关;在较低温度(100℃以下)下,表面电阻率占主导,粉尘的导电主要靠粉尘表面吸附的水分或其他化学物质中的离子,粉尘的电阻率值随着烟气温度的升高而增加;在中间温度段,两种导电机制均有所体现且均较弱,粉尘的电阻率值达到最大。粉尘的电阻率是其粉尘的重要特性之一,对电除尘器性能有很大影响,最佳捕集的电阻率范围为 $10^4 \sim 2 \times 10^{10}\Omega \cdot cm$。当粉尘的电阻率不在此范围内时,需要采取一定辅助措施来调节粉尘的电阻,使其处于适合于电除尘器捕集的范围内。

(5)含水率和浸润性

粉尘的含水率定义为粉尘中所含水分质量与粉尘总质量(干粉尘与水分质量和)之比。粉尘的含水率大小,直接影响粉尘的黏附性、导电性、流动性等物理性质。粉尘的含水率与粉尘的吸湿性有关,对于工业烟气中的粉尘,通常是不溶于水的,粉尘的吸湿过程开始是粉尘表面对水分子的吸附,并在毛细管力和扩散力作用下逐渐增加对水分的吸收,最终达到粉尘表面水蒸气分压与周围烟气中的水蒸气分压相平衡为止。因此,工业烟气中粉尘的含水率通常是指在一定相对湿度下粉尘的平衡含水率。

粉尘的润湿性是指粉尘颗粒与液体接触后相互附着或附着难易程度的性质。粉尘的浸润面是由于原来的固气界面被新的固液界面所取代后而形成的。粉尘的浸润性与粉尘的种类、粒径及形状、化学组成、温度、含水率、荷电性及表面粗糙度等性质有关。例如,水对锅炉飞灰的浸润性要比对滑石粉大得多;球形粉尘的浸润性比不规则粉尘要差;粉尘越细,润湿性越差;粉尘的润湿性能随着压力的升高而增大,随温度的升高而下降。此外,还与接触液体的表面张力、液体与粉尘之间的接触方式及黏附力有关。表面张力越小的液体,越容易对粉尘粒子进行浸润。

粉尘的润湿性可以用液体对试管中粉尘的浸润速度来表示:

$$v_{20} = \frac{L_{20}}{20} \tag{2-6}$$

通常取润湿时间为 20min,式(2-6)中,L_{20} 为润湿高度,mm。

按润湿速度 v_{20} 评价粉尘的润湿性能,将粉尘分为四类:Ⅰ——绝对憎水,$v_{20} < 0.5mm/min$,如沥青、聚四氟乙烯等;Ⅱ——憎水,$0.5 < v_{20} < 2.5mm/min$,如石墨、煤粉等;Ⅲ——中等亲水,$2.5 < v_{20} < 8mm/min$,如玻璃微珠、石英粉等;Ⅳ——强亲水,$v_{20} > 8mm/min$,如锅炉飞灰、水泥飞灰等。选用湿式除尘设备的选型主要依据之一就是粉尘的润湿性。对于润湿性比较好的粉尘($v_{20} > 2.5mm/min$),可选用湿式除尘器;对于某些润湿性差的憎水性粉尘,在选用湿式除尘器时,为了加速水对粉尘的浸润,通常需要加入某些表面活性剂,以减少固液界面之间的表面张力,增加粉尘的润湿性。

(6)黏附性

粉尘附着在固体表面上或粉尘彼此之间相互附着的现象称为黏附性。粉尘的黏附性是一种非常常见的现象。例如,如果粉尘没有黏附性,那么地面上的粉尘就会连续被大气流带回到大气中,达到很高的浓度。许多除尘器的捕集机理都是依赖于施加捕集力后粉尘对除尘器壁面的黏附性。但是,在含尘气流输送管道和净化设备中,又需要防止粒子在管道壁面上的黏附,避免造成管道和设备的堵塞。由于黏附性的存在,粉尘的相互碰撞会导致粉尘的凝并,这种作用有利于在各种除尘器中对粉尘进行高效捕集。黏附性的影响在电除尘器中及袋式除尘器中更为突出,因为除尘效率在很大程度上依赖于从收尘极或滤料上清灰的能力。

克服粉尘附着现象所需要的力称为黏附力,粉尘之间的黏附力可分为 3 种(不包括化学黏合力):分子力(Van der waals 力)、毛细力和静电力(Coulomb 力)。3 种力的综合效果为粉尘的黏附力。粉尘的黏性以粉尘层的断裂强度表征,断裂强度值等于粉尘层断裂力除以断裂接触面积,以断裂强度大小为依据,可将粉尘分成四类:断裂强度<60Pa,Ⅰ——不黏性,常见的粉尘有干矿渣粉、石英粉等;Ⅱ——微黏性,60Pa<断裂强度<300Pa,常见的粉尘有含有未燃烧完全产物的飞灰、页岩灰、高炉灰、炉料粉等;Ⅲ——中等黏性,300Pa<断裂强度<600Pa,常见的粉尘有完全燃尽的飞灰、泥煤灰、黄铁矿粉、干水泥、炭黑等;Ⅳ——不黏性,断裂强度>600Pa,常见的石膏粉、孰料灰等。此外,粉尘的含水率、粒径大小、润湿性、表面粗糙度、形状规则度及荷电大小等因素均对粉尘黏附性有较大影响。

(7)磨损性

粉尘的磨损性是指粉尘在流动过程中对器壁或管壁的磨损度,主要包括两种:一是粉尘直接冲击器壁所引起的磨损,当粉尘以 90° 直接冲击器壁时最为严重,对硬度高的金属尤为严重,所以宜选用韧性好的钢材;二是粉尘与器壁摩擦所引起的磨损,粉尘以 30° 冲角击器壁时最为严重,30° ~50° 次之,75° ~85° 时就没有摩擦磨损了,所以宜选用硬度高的材料。粉尘的磨损性与其硬度、形状、大小、密度、浓度等因素有关。密度大、硬度高、表面粗糙、形状不规则的粉尘比表面光滑、球形粉尘的磨损性大数倍;粒径越大,磨损性也就越大;粉尘的磨损性与气流速度的 2 ~3 次方成正比,气流速度越高,磨损性越大;气流中粉尘浓度增加,磨损性也增加,但当浓度达到一定值时,由于粉尘自身之间的碰撞可以减轻粉尘对管壁的磨损性。为了减轻粉尘的磨损性,在除尘器管道设计中,需要选择适当的流速和壁厚,对于磨损性大的粉尘,可以在容易磨损的部位(管道的弯头、旋风除尘器的内壁等)采用耐磨材料作为内衬。

(8)光学特性

粉尘的光学特性主要是粉尘对光的散射和吸收作用,与粉尘的粒径、成分及混合状态等性质有关。粉尘颗粒的粒径越小,反射能力越强。在通风除尘设计中可以利用粉尘的光学特性来对粉尘的浓度、分散度等性能进行研究。例如,丁达尔测尘依据的是光的散射原理;偏光显微镜则是利用粉尘晶体的偏光性质对粉尘进行研究。

3. 粉尘的化学性质

(1)化学组成

粉尘的成分主要是指其化学组成,取决于工业烟气排放源中发生的物理化学反应。因此,粉尘的成分十分复杂,各种粉尘均不相同。例如,燃煤工业锅炉或电站排放的粉尘主要是由矿物的氧化物组成的飞灰。即使煤的品质相似,也会因所采用的排放控制措施不同,导致粉尘的化学组成相差很大。Si、Ca、Fe 等地壳元素在燃煤锅炉排放的粉尘中的含量是地壳物质中相应元素含量的 30% ~ 50%,Al 的含量相近或更高,其他元素如 P、K、Ti、Cr、Mn、Sr、Zr、Ba 等的含量则均低于 1%[4]。一般来说,粉尘的化学组成常影响燃烧、爆炸、腐蚀、露点等。

(2)水解性

粉尘的水解性是指粉尘吸收烟气中水分而水解的性质。粉尘的水解性本质上是粉尘的化学反应,之后形态变黏、变硬,粉尘的黏结性增大,对除尘设备正常工作造成不利影响。许多除尘器由于粉尘水解而导致不能正常工作。如袋式除尘器的糊袋现象,情况严重时会使袋式除尘器失效。

(3)放射性

粉尘的放射性产生通常有两种来源:一是粉尘初始组分中含有的放射性核素,称为粉尘的原生放射性;二是粉尘吸附了天然或人工放射性核素从而具有的放射性,称为次生放射性。常见的天然放射性核素主要是氡及其子体;而次生放射性粉尘主要来源于核试验产生的放射性灰尘,其中主要是有锶-90、铯-137、碘-131 等多种放射性核素、核能工业企业排放的放射性废物等,除放射性气体可扩散至较大范围外,其余仅造成较小范围内的局部污染。

(4)自燃性和爆炸性

粉尘的自燃性是指粉尘在常温存放过程中,放热反应散热的速度超过排热速度,热量经长时间的累积,达到该粉尘的燃点而引起的燃烧现象。粉尘的自燃温度差别很大,按自燃温度不同可将其分为两种:第一种粉尘是它的自燃温度大于周围环境温度,只有在加热的条件下才能引起燃烧;第二种粉尘是它的自燃温度小于周围环境温度,甚至在不发生质变时都有可能引起自燃,此类粉尘引发的火灾危险性最大,如烷基铝、还原镍粉、黄磷、还原铁粉等。粉尘的自燃性不仅取决于粉尘本身结构和物化性质,还取决于粉尘的自身状态与周边环境。悬浮状态的粉尘自燃温度要比堆积粉末的自燃温度高得多;悬浮粉尘的浓度越高、粒径越小、比表面积越大,越易自燃。

粉尘的爆炸性是指可燃性粉尘在爆炸极限范围内,遇到热源(明火或高温),在瞬间产生大量的热量和燃烧产物,在密闭空间内造成很高的温度和压力,系统的能量转化为机械能及光和热的辐射,具有很强的破坏力,故也称为化学爆炸。粉尘的粒度分布对爆炸性有较大的影响,大颗粒粉尘不可能爆炸。煤粉的爆炸性的研究表明,粉尘的爆炸压力与比表面积之间几乎呈线性关系。粉尘的爆炸性还与是否含有不燃尘粒、是否含有挥发性可燃气体排出及周围环境湿度有关。不燃尘粒会因消耗部分生成热和隔断热辐射等作用,而降低粉尘的爆炸性;水分不仅比不燃尘粒要多吸收四倍的热量,还可以促进微细粉尘的凝并从而减少粉尘的总表面积,不燃颗粒周围环境湿度增加,可以降低粉尘的爆炸性;挥发性可燃气体的排放也会提高粉尘的爆炸性。对于有爆炸危险的粉尘,在进行通风除尘设计时必须要给予充分关注,采取必要的防范措施。

2.1.3　烟气颗粒物捕集理论基础

烟气粉尘捕集的机理是将含尘烟气引入具有一种或几种作用力的除尘器内,使粉尘颗粒偏离气流,经足够的时间移到分离界面上并被分离界面所捕集,且附在界面上的颗粒不断被除去,而不会重新返混入气体内。粉尘所受外力一般包括重力、离心力、静电力、惯性力等,而粉尘在运动过程中所受的流体阻力,对于所有的捕集过程来说均是最基本的作用力[5]。

1. 流体阻力

在不可压缩的连续流体中,稳定运动的粉尘均会受到流体阻力的作用。流体阻力通常包括两种:一是由于颗粒具有一定的形状,在运动时排开周围流体导致前面压力较后面大而产生的形状阻力;二是由于颗粒与流体之间存在摩擦而导致的摩擦阻力。流体阻力的大小取决于粉尘的形状、粒径大小、流体速度及流体的种类和性质。流体阻力方向总是和速度方向相反[1],可用下述标量方程计算:

$$F_D = \frac{1}{2} C_D A_p \rho \ u^2 \ (N) \tag{2-7}$$

式中,C_D——阻力系数,根据实验确定,量纲为 1;A_p——粉尘在其运动方向上的投影面积,m^2;ρ——流体的密度,g/cm^3;u——粉尘与流体间的相对运动速度,m/s。

式(2-7)中,阻力系数是粉尘雷诺数的函数,为

$$C_D = f(Re_p) = f\left(\frac{d_p \rho u}{\mu}\right) \tag{2-8}$$

式中,d_p——粉尘的定性尺寸,m;μ——流体的黏度,Pa·s。C_D 随 Re_p 的变化,通常可以分为三个区域:

①当 $Re_p \leqslant 1$ 时,粉尘运动处于层流状态,C_D 与 Re_p 近似呈线性关系:

$$C_D = \frac{24}{Re_p} \tag{2-9}$$

上述关系即为著名的斯托克斯(Stokes)阻力定律,通常把这一区域称为斯托

克斯区域。

②当 $1<Re_p<500$ 时,粉尘运动处于湍流过渡区,C_D 与 Re_p 呈曲线关系,C_D 可以由多种经验公式计算得到,如伯德(Bird)公式:

$$C_D = \frac{18.5}{Re_p^{0.6}} \tag{2-10}$$

③当 $500 \leqslant Re_p<2\times10^5$ 时,粉尘运动处于湍流状态,C_D 几乎不随 Re_p 变化,可以近似取值 0.44,即为牛顿区域,流体阻力的计算公式为

$$F_D = 0.055\pi\rho\, d_p^2 u^2 (\text{N}) \tag{2-11}$$

2. 重力沉降

利用粉尘与流体的密度不同,使粉尘依靠自身的重力从气流中沉降下来,达到分离或捕集粉尘的目的。以粉尘重力沉降为基础的,从气流中分离粉尘是一种最简单,也是效果最差的一种机理。为使粉尘从气流中依靠重力自然沉降,常采用的方法是在输送气流的管道中置入扩大部分,在此扩大部分气流流动速度降低,一定粒径范围的较重粉尘即可在重力作用下从气流中沉降下来。设计重力沉降室的模式有层流式和湍流式。层流式沉降室通常假定沉降室内的气流为柱塞流,流动状态保持在层流范围内,粉尘在烟气中均匀分布,在垂直方向忽略气体浮力,仅在重力和气流阻力作用下沉降,在烟气流动方向,粉尘与气流具有相同的速度;湍流式沉降室则假定沉降室内的气流为湍流状态,在垂直于气流方向的每个横截面上粉尘完全混合,即各种粒径的粉尘均匀分布于气流中。依靠粉尘的重力沉降分离机理可用于分离直径大于 $100\sim500\mu m$ 的粉尘,可用于高效除尘器的预除尘装置。

3. 离心沉降

旋风除尘器是一种典型的应用离心沉降分离机理的除尘装置,除尘器构造须使粉尘在除尘器内的逗留时间足够短。由于气流介质在除尘器内快速旋转,气流中悬浮粉尘达到极大的径向迁移速度,从而使粉尘有效地得到分离。因此,离心式除尘器的直径一般较小,否则会导致粉尘在除尘器中短暂的停留时间内不能到达器壁。例如,直径约 $1\sim2m$ 的旋风式除尘器,可以有效地捕集 $10\mu m$ 以上的粉尘。增加气流在旋风除尘器壳体内的旋转圈数,可以达到延长粉尘停留时间的目的,但这往往会导致被净化气体的压力损失增大,同时气流在除尘器内达到极高的压力。当旋风除尘器内气流圆周速度增大到超过 $18\sim20m/s$ 时,除尘效率一般不会再有明显改善。其原因主要是,气体湍流强度增大导致对粒子的阻滞作用;压力损失增大可能造成旋风除尘器装置磨损加剧。

4. 静电沉降

静电沉降分离原理在于利用高压电场产生的静电力(即库仑力)与荷电粉尘

之间的相互作用实现粉尘的捕集。在电除尘器的强电场中,常忽略重力和惯性力等的作用,荷电粉尘所受的作用力主要是静电力和气流阻力,静电力为

$$F_E = qE(N) \tag{2-12}$$

式中,q——粉尘的电荷,C;E——粉尘所处位置的电厂强度,V/m。

利用静电沉降原理工作的电除尘器主要包括气体电离、粉尘荷电、粉尘沉降及清灰等过程。高压直流电晕是使粉尘荷电最有效的方法之一,广泛应用于电除尘的设计中。粉尘获得的电荷与粉尘的粒径相关,通常直径为 $1\mu m$ 左右的粉尘可以获得 30000 个电子的电量。通常具有分离作用的高压电场应是直流不均匀电场,构成电场的放电极为表面曲率很大的线状电极,集尘极则是面积较大的管状电极或板状电极。在放电极与集尘极之间施加很高的直流电压时,两极间所产生的不均匀高压电场使放电极附近电场强度很大,当电压达到一定值时,放电极形成电晕放电,产生的大量电子及阴离子在电场力作用下向集尘极迁移,在迁移过程中粉尘很容易捕获这些电子或阴离子形成荷电粉尘,荷电粉尘在电场中受静电力的作用被驱往集尘极,在集尘极表面尘粒释放出电荷后沉积其上,当沉积粉尘达到一定厚度时,可用机械振打等方法将其清除,并使其落入下部灰斗中。利用静电沉降机理实现粉尘分离时,只有使粉尘在电场内停留时间足够长才能达到高效率。因此,电除尘器的尺寸一般十分庞大,相应地设备造价也较高。

5. 惯性沉降

粉尘惯性沉降分离机理在于当载有粉尘的气流绕过某种形式的障碍物时,障碍物可以使气体产生绕流,同时可能使粉尘粒子从气流中分离出来。粉尘能否沉降到障碍物上,取决于粉尘的质量及相对于障碍物运动速度及位置。图 2-1 所示的粉尘 1 随气流一起绕过障碍物;距停滞流线较远的粉尘 2,也能避开障碍物;距停滞流线较近的粉尘 3,因其惯性较大而脱离气流,保持自身原来运动方向而与障碍物碰撞,继而被捕集。通常将粉尘 3 捕尘机制称为惯性碰撞,而粉尘 4 和 5 刚好避开与障碍物碰撞,但其表面与障碍物表面接触时可以保持附着状态,这种捕集机制称为拦截[1]。

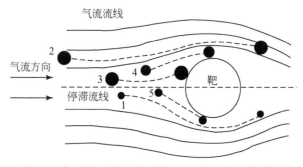

图 2-1　气流接近障碍物时粉尘运动的几种可能情况

惯性碰撞和拦截均是唯一依靠障碍物来捕集粉尘的重要除尘机制。

对于惯性碰撞,其捕集效率主要取决于以下 3 个因素。

①气流速度在障碍物周围的分布,主要随气体相对于障碍物流动的雷诺数(Re_D)的变化而变化。Re_D定义为

$$Re_D = \frac{u_0 \rho\, D_C}{\mu} \qquad\qquad (2\text{-}13)$$

式中,u_0——未被扰动的上游气流相对于障碍物的流速,m/s;D_C——障碍物的定性尺寸,m。

②粉尘的运动轨迹,取决于粉尘的质量、气流阻力、障碍物的尺寸、形状及气流速度。粉尘的运动特征参数可以采用量纲为 1 的惯性碰撞参数(S_t)表示,定义为粉尘运动的停止距离(x_s)与捕集体直径(D_C)之比。

③粉尘对障碍物的附着,通常假定与障碍物碰撞的粉尘能 100% 的附着。

对于拦截,一般恰好发生在粉尘距离障碍物表面 $d_p/2$ 的距离内,用一量纲为 1 的直接拦截比(R)来表示为

$$R = \frac{d_p}{D_C} \qquad\qquad (2\text{-}14)$$

在气流速度相等的条件下,障碍物的尺寸越小,惯性力越大。因此,障碍物的横截面尺寸越小,沿着障碍物方向运动的粉尘达到其表面的概率就越大。由此可见,利用气流横截面方向上的小尺寸沉降体,可以有效地实现粉尘的惯性分离,同时也会给气流带来较大的压力损失。

6. 扩散沉降

对于粒径较小的粉尘,扩散沉降机理往往要比惯性沉降机理估计的结果更为有效,这是由于布朗扩散的结果。由于粒径较小的粉尘受到周围气体分子的无规则碰撞,粉尘微粒在某种程度上参加其周围气体分子的布朗运动,故而粉尘不断地向沉积表面运动,使浓度差趋向平衡。粉尘的扩散类似气体分子的扩散过程,以微分方程式来描述如下:

$$\frac{\partial n}{\partial t} = D\left(\frac{\partial^2 n}{\partial x^2} + \frac{\partial^2 n}{\partial y^2} + \frac{\partial^2 n}{\partial z^2} \right) \qquad\qquad (2\text{-}15)$$

式中,n——粉尘的个数或质量浓度,个/m³ 或 g/m³;t——时间,s;D——粉尘的扩散系数,m²/s。

粉尘的扩散系数 D 取决于气流的种类和温度,以及粉尘的粒径,其数值比气流的扩散系数小几个数量级,可以根据两种理论方程计算。

对于粒径大于或等于气体分子平均自由程的粉尘,可由爱因斯坦(Einstein)公式计算得到:

$$D = \frac{CkT}{3\pi\mu\,d_p} \quad (\mathrm{m}^2/\mathrm{s}) \tag{2-16}$$

式中, k——玻耳兹曼常数, $k = 1.38 \times 10^{-23}\mathrm{J/K}$; T——气体温度,K。

对于粒径大于气体分子且小于气体分子平均自由程的粉尘,可由朗缪尔(Langmuir)公式计算得到:

$$D = \frac{4kT}{3\pi\mu\,d_p^2 p}\sqrt{\frac{8RT}{\pi M}} \quad (\mathrm{m}^2/\mathrm{s}) \tag{2-17}$$

式中, p——气体的压力,Pa; R——摩尔气体常数, $R = 8.314\mathrm{J/(mol \cdot K)}$; M——气体的摩尔质量,kg/mol。

绝大多数悬浮的粉尘在触及捕集体表面后就会留在表面上,而从该表面附近的粉尘粒子总数中分离出来,同时在捕集体表面产生粉尘粒子浓度梯度。悬浮在气流中的粒子粒径尺寸越小,参与分子布朗运动的程度就越强,粉尘向捕集体表面的运动也相应地显得更剧烈。

7. 过滤除尘

过滤除尘是使含粉尘气流通过多孔滤料,将气流中的粉尘截留下来,从而使气流得到净化。过滤除尘机理通常是筛滤、惯性沉降、扩散沉降、重力沉降及静电沉降等机理的综合作用结果。在工业烟气粉尘治理方面,主要设备为袋式除尘器,多采用纤维织物为滤料,具有除尘效率高(一般>99%)、性能稳定可靠、操作简单、适应性强等特点。滤料是袋式除尘器的核心部分,选择滤料时需要考虑粉尘的粒径、粒度分布、气流的温度及湿度等特征。性能优异的滤料应具有容尘量大、效率高、阻力低、使用寿命长等特点,同时具有耐高温、耐磨损、机械强度高等优点。过滤除尘按过滤粉尘的方式不同可以分为内部过滤与外部过滤:内部过滤是指把松散多孔的滤料填充在净化设备中作为过滤层,尘粒在滤层中被捕集;外部过滤则是指用纤维织物等作为滤料,含尘气流穿过织物时,粉尘在滤料表面被捕集。清灰也是过滤除尘中十分重要的一个操作环节,常见的清灰方式有机械振动式、逆气流清灰和脉冲喷吹清灰。

2.1.4 我国除尘技术的发展与行业应用

1. 除尘技术的发展

为了使环境和经济协调可持续发展,相应的除尘设备应运而生。除尘设备主要是通过其产生的外力将工业粉尘从烟气中分离出来并加以清除,从而降低大气中的烟尘含量,减少大气污染,达到大气净化的目的。

工业干法除尘器按照除尘机理可以分为机械式除尘器(重力、惯性力、离心力)、电除尘器、过滤式除尘器、复合式除尘器。

（1）机械式除尘器

在我国工业发展初期，企业的规模较小，环保意识不强，排放标准宽松。机械式除尘器因其结构简单、造价成本低，且能够满足当时烟尘的排放要求，因此成为当时主要的除尘器。

①重力沉降除尘器。重力沉降除尘器是利用重力作用使烟气中颗粒物沉降分离的装置。工业烟尘在进入重力沉降室后，气体流速随着流动截面积逐渐扩大而降低，在重力作用下较重的颗粒物优先沉降在灰斗底部。该设备具有结构简单、投资成本低、阻力小、建设周期短且维护费用低等优点，缺点是除尘效率低，适用于中等烟气量的常温或者高温气体的处理。在实际工程应用中，常常作为前端预除尘装置，去除烟尘中较大且重的粉尘。

②惯性除尘器。在惯性除尘器内设置各种类型的挡板，急速改变烟尘气流的方向，由于颗粒物的惯性作用，粉尘运动轨迹与气流轨迹不一致，从而使得粉尘与气流分离。相比重力沉降除尘器，惯性效应大大提高，细颗粒脱除效率得到改善，可以捕集到 $10 \sim 20 \mu m$ 以上颗粒物，而且除尘器的体积和占地面积大为缩小，缺点是除尘的精度和效率比较低，实际应用在多级除尘器中前端用于分离密度和粒度较大的矿物粉尘。目前的惯性除尘器类型有百叶沉降式除尘器、钟罩式除尘器、蜗壳浓缩分离器和百叶窗式除尘器[6]。

③旋风除尘器。普通旋风除尘器是由进气管、筒体、锥体、排气管和集尘室（灰斗）等组成。

自 1885 年 Moiss 设计发明了世界上第一台旋风除尘器以来，已有 132 年的历史[7]。旋风除尘主要利用离心力将旋转烟气中的粉尘从气流中分离出来的一种气-固相分离的干式技术。它适用于去除大于 $10 \mu m$ 的粉尘，其结构简单，体积较小，压降小，维修方便，在实际应用中，相比其他除尘器，特别地适用于高温高压场合，可应用于某些特殊高温除尘行业，缺点是对粒径小于 $10 \mu m$ 的脱除效率不高，单台除尘器的处理量有限。旋风除尘器一般作为预除尘装置或火花捕集，有时也起粉料分级的作用。常用的旋风除尘器有切流式和轴流式两种。

（2）电除尘器

静电除尘器主要是利用高压电场电离烟尘气体，使得尘粒荷电，在静电的作用下沉积到集尘板上，达到烟气净化的目的。与其他除尘机理相比，电除尘过程中直接作用力于粉尘表面，因此在粉尘颗粒的电阻的适当的范围内，除尘效率高，阻力小，处理烟气量大，能直接应用在高温含火花的烟气工况下。由于电除尘器一次性投资与占地面积大，存在绝缘、电极腐蚀、对粉尘的比电阻要求高等问题限制了其应用。

1960 年我国使用的电除尘器还不足 60 台，我国第一次有组织并系统的对电除尘技术进行试验和研究开始于1965年,开展了电除尘器对含有稀土成分的粉尘净化回收工作,经过试验研究,探索出了电除尘性能的一些基本规律、影响电除尘器性能的主要因素以及极配形式的优化等,为设计选型提供了依据。

进入21世纪,节能减排成为我国经济发展的关键词。2003年我国颁布了《火电厂大气污染物排放标准》(GB 13223—2003),对电站锅炉烟尘的排放由之前的200mg/Nm³降至50mg/Nm³。面对环保新形势,电除尘委员会编制了《燃煤电厂电除尘器选型设计指导书》和《电除尘器供电装置选型设计指导书》。这两份材料全面论述了本体、供电装置的选型设计经验,提高了指导书的实用性和可操作性,提出了提高除尘效率的技术途径,强调了采用电除尘新技术及多种新技术集成,为电除尘出口烟气含尘浓度限值为20mg/Nm³提供对策。火电厂纷纷开展了电除尘提效改造,适当增加比集尘面积和电场数量,同时为满足烟气协同治理超低排放要求,相继引进和开发了低温除尘技术、高效电源、移动电极和湿式电除尘技术等提效技术。

目前,我国已成为世界电除尘大国,不论是在生产的数量上还是使用的数量上,均是世界第一,技术水平也跨进了国际先进行列。电除尘器的除尘效率普遍由20世纪80年代的98%~99%提高到99%~99.5%,特别是30万kW以上机组的电除尘设备,一般都在99.5%以上。

(3)过滤式除尘器

过滤式除尘是使含尘气体通过过滤层或滤料,气流中的尘粒被阻截下来,从而实现含尘气体净化的过程。袋式除尘是过滤式除尘的一种形式,指使用纤维性材料作为滤料,使含尘气体通过时将粉尘颗粒物截留下来的过程。

袋式除尘器是治理大气污染的高效除尘设备,特别是解决工业烟气细颗粒物超低排放的重要技术与装备,袋式除尘基于过滤的原理,净化效率高达99.99%以上,净化后颗粒物浓度可达10mg/m³以下,甚至达到5mg/m³,设备阻力低于1000Pa成为常态化。袋式除尘器可用于各种风量的含尘气体净化,也用于气固分离和粉体回收,能够很好地适应当烟气量、烟气温度、粉尘比电阻等烟尘工况变化和波动时,能够保持稳定的净化性能。脉冲喷吹类袋式除尘器作为主流设备,具有清灰能力强、过滤风速高、设备紧凑、钢耗少、占地少等优点,广泛应用于钢铁、水泥、有色、垃圾焚烧、医药和食品加工等各个工业领域,在电力行业也有一定比例的应用。

我国袋式除尘技术研究始发于20世纪60年代,经历了国外技术引进、移植、消化、应用和再创新的过程,并实现了产品国产化。60年代中期开展了高压脉冲袋式除尘器引进、试验和研制工作,首次形成了MC型系列化产品;70年代重点开展了反吹风类袋式除尘器研究,回转反吹扁袋除尘器基本定型,并实现了系列化,同时,70年代末引进了长袋低压脉冲除尘器和环隙脉冲除尘器;80年代初,上海宝钢引进日本反吹风袋式除尘技术,移植开发了我国首套反吹风系列产品,在工业领域广泛使用,并实现了设备大型化,机械回转反吹除尘器也广泛采用,它们成为当时主流产品,持续20余年,与此同时,1988年我国铝行业分别从法国引进菱形袋式除尘器、从日本消化移植旁插扁袋除尘器、建材行业从美国引进箱式脉冲除尘器等,极大地丰富了袋式除尘器品种;90年代是我国袋式除尘快速发展的重要时段,1995年宝钢150T电炉烟气净化引进法国反吹风袋式除尘器,过滤面积28000m²,1997年上钢五厂100T电炉烟气成功采用我国自行设计的大型长袋低压脉冲除尘器,过滤面积14100m²等,标志着我国袋式除尘真正步入大型化、产业化和大规模工业化应用;21世纪伊始我国袋式除尘行业进入跨越式发展的新时期,创新驱动成为行业发展的主旋律,继2001年内蒙古丰泰电厂200MW机组成功引进德国回转喷吹袋式除尘技术和设备之后,2003年焦作电厂200MW机组采用“863”成果的长袋低压脉冲袋式除尘技术,成功实现了电厂锅炉烟气净化,至此,我国电力行业袋式除尘进入前所未有的快速发展的新时期,相继出现了“电改袋”、直通均流式袋式除尘器、电袋除尘器、超细面层滤料、大型化设计、计算机三维设计、气流分布CFD数模等一大批创新成果,其中电袋除尘成为电力行业主要技术,在1000MW锅炉机组上成功应用;21世纪初期,深圳开始了垃圾焚烧烟气袋式除尘技术和装备的消化移植,同时在工业上得到成功应用,净化效果达到欧盟标准,形成了典型工艺和系列化产品;21世纪以来,水泥行业通过创新开发了高效、低阻和长寿命袋式除尘技术和产品,袋式除尘应用比例超过85%,广泛用于5000~12000t/d规模水泥生产线,技术水平达到国际先进;21世纪以来,钢铁行业袋式除尘应用比例达到90%~95%,特别是高炉煤气袋式除尘干法净化取得了重大成果,广泛应用于2500~5000m³高炉煤气净化,技术性能和水平国际先进;21世纪以来,以电解铝冶炼为代表的有色行业加快了除尘技术创新和改造,加快了电改袋进程,在袋式除尘气流分布、精细滤料和烟气均布过滤等方面取得了显著进展,其成果应用于电解铝HF烟气净化,达到超低排放[8]。

在过滤材料方面,1974年我国首次成功研制出208工业涤纶绒布,1985年成功生产脉冲清灰用针刺毡滤料,1986年成功研制出729滤料,1994年研制成功覆膜滤料,1998年成功研制氟美斯复合滤料,2005年以来,我国袋式除尘高端滤料取得了举世瞩目的重大成就,相继自主研发了间位芳纶、芳砜纶、PPS、PTFE、PI、玄武岩纤维、超细玻纤、海岛纤维等特种纤维及滤料,并实现了规模化生产,为提高过滤效率和滤料强度,2010年开始引进了水刺滤料生产线,研制了超细面层梯度结构滤料产品,滤料的表面处理和后处理技术也得到明显提升,较好地满足了日益增长的市场需求,滤料的性能质量达到或接近国外水平,产品也销售到国外。

在脉冲阀、喷吹装置、滤袋框架等配件方面,10年来研制了大口径脉冲阀、无膜片脉冲阀、回转喷吹除尘器用脉冲阀、滤袋框架及有机硅喷涂生产线,产业能力快速提升。

　　"十二五"期间,城市雾霾污染频频告急,电力行业开始实施超低排放,钢铁、水泥、有色、化工等行业开始执行新的排放标准,进一步推动了袋式除尘技术创新进程,针对烟气 $PM_{2.5}$ 细颗粒物高效控制和节能降耗问题,相继研发了预荷电袋滤器、嵌入式电袋复合除尘器、海岛纤维及其滤料、超细纤维面层水刺滤料等,同时,袋式除尘委员会编制了一大批工程技术规范、产品标准、排放标准、设计手册和培训教材等,为工业行业实现特殊排放及超低排放提供了设计、技术、装备和材料的支撑。

　　提高袋式除尘器与脱硫、脱硝、脱汞、脱二噁英等协同控制,强化袋式除尘与VOCs 控制的联合,一体化技术成为方向。袋式除尘器有效捕集 PM_{10}、$PM_{2.5}$ 细颗粒的同时,还可以兼顾脱除硫氧化物,二噁英、汞、氟化氢等非常规污染物,近几年,我国在多个工业领域进行尝试多种污染物协同治理,如在垃圾焚烧行业,颗粒物排放浓度可控制在 $4.0mg/Nm^3$ 左右,二噁英排放浓度控制在 $0.04ng\text{-}TEQ/Nm^3$;在干法脱硫系统中,滤袋表面粉饼层含有未反应完全的脱硫剂,形成微型脱硫层,与其他除尘器相比,袋式除尘器可以提高脱硫效率大约 10% 左右。燃煤电厂行业,袋式除尘对总汞、颗粒汞、气态汞的去除率分别可达到 70%、96%、35% 以上,除尘协同脱硝方面,有美国的戈尔公司开发的具有脱硝的催化功能的滤袋,丹麦的托普索、中国台湾的富利康开发的除尘脱硝一体化陶瓷纤维滤管。今后袋式除尘还将在工业烟气多污染物协同净化、细颗粒物深度净化、空气超净等方面起到举足轻重的作用。

　　(4)电袋复合除尘器

　　电袋复合除尘器是将电除尘与袋式除尘复合的除尘技术,是 2019 年以来开发的一种新技术。它通常保留原有静电除尘器的前置电场,再配置袋式除尘,通过两者复合作用来去除烟尘[9]。该技术利用静电除尘器处理高浓度烟尘,将大部分粗粒径的烟尘除去,较细的粉尘进入袋式除尘进行二次除尘,提高了除尘效率,降低了设备阻力,延长了滤袋的寿命。

　　电袋复合式除尘器前端电除尘器发挥了预除尘与荷电作用,进入袋区域前,大部分的粉尘颗粒已经去除,大幅度降低了袋除尘区的粉尘浓度,进入袋区的粉尘带电,在电荷效应的作用下在滤袋表面形成疏松的滤饼,可提高过滤效率,降低气流的阻力,延长了清灰周期和滤袋的寿命。

　　我国烟尘排放标准的日趋严格化,使得许多火力发电企业的除尘设备面临改造升级,电袋复合除尘器结构紧凑,占地面积小,大部分企业采取在原电除尘器基础上改造成电袋复合除尘器,是一种经济适用的改造方案。

　　2. 除尘技术的应用

　　(1)钢铁行业

　　钢铁工业是我国国民经济最重要支撑之一,产能 10 亿 t,全球第一。我国钢铁工业除尘技术以袋式除尘为主,占比95%以上。

随着钢铁行业的快速发展,生产过程中产生的烟粉尘危害逐渐显现。每生产 1t 钢铁所需的原燃料中有大约80%转变成排弃物,其中部分排弃物会伴随各种生产窑炉以烟粉尘的形式排出,对大气环境造成较大危害,钢铁生产过程中粉尘的产生的原理,大致可以分为两类,第一类是工业燃料在炉窑中燃烧产生的烟尘,第二类是原燃料在各工序中运输、装卸和熔炼产生的。

烟粉尘来源首先是在生产工艺过程中发生化学反应产生的废气中含有烟粉尘,如炼焦、烧结、球团、炼铁、炼钢、轧钢等生产过程中产生的烟粉尘;其次是各种燃料在窑炉中燃烧产生的废气。烟尘颗粒粒径小,一般为 $0.01 \sim 1\mu m$。烟、粉尘排放来源详见表2-2。

表2-2　钢铁工业各生产过程处理含尘气体量

序号	工序	烟粉尘性质	处理气体量/(m^3/h)	浓度/(g/m^3)
1	原料	铁矿粉、煤粉、石灰粉	$(10 \sim 15) \times 10^5$	$5 \sim 10$
2	烧结	焦粉、矿粉、烧结粉、煤粉、焦油	$(25 \sim 28) \times 10^5$	$5 \sim 20$
3	焦化	石灰、白云石、氧化镁	$(30 \sim 35) \times 10^5$	$5 \sim 20$
4	石灰	焦粉、矿粉、氧化铁粉、烟尘	$(6 \sim 10) \times 10^5$	$10 \sim 50$
5	炼铁	含铁粉尘、耐火粉尘	$(45 \sim 50) \times 10^5$	$1 \sim 10$
6	炼钢	矿渣、烟尘	$(45 \sim 60) \times 10^5$	$1 \sim 10$
7	轧钢	氧化铁粉、焊烟	$(1.0 \sim 1.5) \times 10^5$	$1 \sim 5$

袋式除尘器在钢铁工业中应用十分广泛,主要体现在以下几个方面:

①高炉和转炉原料系统除尘。

高炉和转炉原料,如球团、烧结矿、杂矿、焦粉、黏土、铁合金和石灰等,在上料和转运过程中扬尘严重,温度常温,浓度为 $5 \sim 15g/Nm^3$。使用低压脉冲袋式除尘器可使浓度降到 $10mg/Nm^3$。

②高炉出铁场除尘。

高炉出铁的出铁口、主沟、撇渣器、渣沟、摆动流嘴、铁水罐处会产生大量含尘烟气,浓度为 $5 \sim 15g/Nm^3$,使用低压长袋脉冲除尘器,滤料采用针刺毡,可浓度降低到 $10mg/Nm^3$。

③煤粉制备系统的除尘与收集。

采用球磨机对烟煤进行粉磨,粉磨时对煤粉采用袋式除尘器回收,既收尘又能除尘。烟煤粉磨后排出的烟气中的烟煤粉的浓度在 $800 \sim 1000mg/Nm^3$,温度为 $70 \sim 100℃$,且易燃易爆,使用低压长袋脉冲除尘器,滤料采用防静电针刺毡或防水防油防静电的三防毡后,排放浓度可小于 $10mg/Nm^3$,效果很好。

④高炉煤气净化。

高炉煤气浓度为 8 ~ 12g/Nm³,采用干式筒形长袋脉冲除尘器,工作压力 0.2MPa,在国内大中型高炉上得到广泛应用。烟气浓度为 3 ~ 10mg/Nm³。

⑤烧结烟气除尘。

烧结及球团是粉矿造块的两种工艺,即将高品位粉矿通过烧结法或球团焙烧法制成适合高炉冶炼的块矿的工艺过程。

烧结主要原料为铁精粉、煤和煤气,由于铁精粉、煤和煤气中含硫,所以烧结过程中会排放出细颗粒物、二氧化硫、氮氧化物等多种污染物,其中,机头烟气除尘普遍使用电除尘器,机尾烟气净化普遍使用袋式除尘器,除尘后排放物基本为小于 $PM_{2.5}$ 的细颗粒物。

国内对于烧结烟气的治理,机头主要采用高效电除尘,但由于烟气中部分颗粒物粒径小、轻、细、黏或成絮状的粉尘更易被气流带出,大多数净化效果不够理想。烧结机尾烟气多采用袋式除尘,目前排放浓度可以控制在 10mg/m³ 以内。

烧结机头烟气烟气量大,烟气温度范围 100 ~ 150℃,温度波动大,可达 200℃;烟气温度过低时(80℃),烟气湿度很大,易结露,粉尘容易板结,不易清灰;含有 SO_2、NO_x、HCl、HF 等酸性气体,氧含量 14% ~ 18%,酸露点 110℃,湿度(体积百分比)8% ~ 10%,腐蚀问题严重;机头烟气含尘浓度 0.5 ~ 5g/m³;含碱金属多(氧化钙、氧化钾、氧化钠),比电阻较高;烟气负压大,一般在 -10000 ~ -14000Pa,易漏风,除尘器结构变形大;烧结机(包括球团)机头烟气含铅、锌、汞、铬等重金属,含二噁英等污染物。

烧结机尾烟尘来自烧结机尾部卸料、热矿冷却破碎、筛分和储运设备。机尾除尘传统上采用电除尘器,目前主流技术是采用袋式除尘或电袋除尘。气体温度,80 ~ 200℃,含湿量较低,含尘浓度 5 ~ 15 g/m³,含铁 50%,含 CaO 10%,具有回收价值,粉尘比电阻 10^6 ~ 10^{12} Ω·cm。

⑥焦化烟气除尘。

煤焦化又称煤炭高温干馏,是在隔绝空气条件下,以煤为原料,加热到大约 950℃,经高温干馏生产焦炭,同时获得煤气、煤焦油并回收其他化工产品的一种煤转化工艺。焦炭的主要用途是炼铁,少量用作化工原料制造电石、电极等。

焦炉通常由耐火砖和耐火砌块砌成的炉子,是用煤炼制焦炭的窑炉,是炼焦的主要设备。焦炉由炭化室、装煤、推焦、熄焦等设备组成,由于装煤方式、供热方式和使用的燃料不尽相同,又可以分成许多类型。在炉顶装煤、炉侧拦焦和熄焦过程中产生烟尘、SO_2、NO_x、H_2S、苯并芘(BaP)等污染物。

装煤过程中,从炉顶装煤孔产生荒煤气和烟尘,具有阵发性和周期性,产尘点会移动,主要污染物有煤尘、荒煤气、焦油、BaP、苯(BSO)等,粉尘排放量约 1.14 ~ 7.55kg/t 焦,稀释冷却后烟气温度 120℃。

　　炼焦过程中,有部分荒煤气和烟气从炉门、耐火砖墙体等不严密处逸散出来,为无组织排放。

　　拦焦烟气中主要污染物为焦粉,并含有少量焦油雾及 BaP、BSO。烟尘 $10 \sim 40\mu m$ 占 20.1%,>$40\mu m$ 占 78.5%。粉尘堆积密度约 $0.4g/cm^3$,烟气温度 150~200℃。

　　推焦时焦炭温度高达 950~1100℃,为了皮带运输和储存,必须使焦炭温度降到 300℃。降温方法有两种,一是湿法熄焦,二是干法熄焦。

　　湿法熄焦是采用洒水的方法对火红焦炭降温,由于是急剧冷却,大量水蒸气夹杂着焦粉从熄焦塔顶部排出,即使有折流板或格栅除尘,排放仍然严重,排放的颗粒物粒径大多小于 $10\mu m$。湿法熄焦对焦炭质量有影响,红焦显热没有利用,因此是一种粗放式熄焦方法。

　　干法熄焦熄焦塔顶部装焦口和底部排焦口产生一定量焦尘,粒径较粗,塔顶所产生的气体是间歇性的,含有一定量 CO、H_2 可燃气体,底部排焦和排气是连续的。焦炉环境除尘通常采用长袋低压袋式除尘器,排放 $10mg/Nm^3$。焦炉烟气半干法脱硫配套采用脉冲袋式除尘器,排放 $10mg/Nm^3$。

　　⑦转炉炼钢二次(三次)烟气除尘。

　　转炉炼钢是将铁水和废钢装入转炉进行冶炼,炼钢生产包括兑铁水、加废钢、融化、氧化、脱氧、脱硫与出钢等过程,还包括炉外精炼。

　　炼钢在兑铁水、加废钢、融化、吹氧、脱硫、出钢和精炼等过程中会产生大量阵发性二次烟尘,若控制不力,便会形成无组织排放。二次烟气是指转炉兑铁水、加废钢、出钢、排渣和吹氧过程中产生的颗粒污染物。二次烟气分布在炉体四周,其特点是分散、不同期、发散、无组织,捕集难度较大,二次产尘量约 $0.35 \sim 0.4kg/t$。兑铁水时烟气发生量最大,烟气温度 100~230℃,烟尘浓度 $3 \sim 5g/m^3$,烟尘成分 FeO、Fe_2O_3 占 40%~60%,含石墨粉尘。

　　采用低压长袋脉冲除尘器后,浓度降低到 $10mg/Nm^3$。预荷电袋滤器作为除尘新技术,特别适合转炉烟气的超低排放控制,节能 40% 以上。

　　⑧电炉炼钢烟气除尘。

　　电炉主要用于废钢冶炼,电炉在加料、冶炼和出钢过程中散发大量烟尘,产尘量约 $12 \sim 16kg/t$。电炉排烟一般分为炉内排烟和屋顶排烟两种。炉内排烟烟气成分主要有 CO、CO_2、O_2、N_2、二噁英等,烟气中含有部分 CO,烟气温度可达 1200~1500℃,吹氧期含尘浓度 $15 \sim 35g/m^3$,粉尘细而黏,粒径小于 $10\mu m$ 粉尘在 90% 以上,粉尘真密度 $4.45 \ g/cm^3$。

　　采用预荷电袋式除尘器可使排放浓度降低到 $10mg/Nm^3$ 以下。

　　⑨铁合金烟气净化。

　　铁合金烟尘是最主要的污染物。电炉烟尘极其细微,烟尘粒径<$1\mu m$ 占 90%,传统的除尘技术很难达标排放。烟尘的成分主要是氧化钙、氧化镁、氧化硅、氧化

铝、氧化铁等金属氧化物和游离碳。按照炉型大小和冶炼产品的不同,主要分为全封闭铁合金炉和半封闭铁合金炉两种,对应的烟尘理化性质也不同。

冶炼硅铁、结晶硅等产品采用半封闭铁合金电炉,属于燃烧法,所产生的炉气属于烟气范畴,烟气量大。半封闭铁合金电炉在加料、捣炉、冶炼、吹氧、出铁过程中产生阵发性烟尘,当出现刺火、塌料时烟气量和烟气温度急剧升高。冶炼过程产生的硅粉非常细微,可达到纳米级,回收价值很高。烟气温度 150 ~ 400℃,含尘浓度 3 ~ 4g/m³,烟气成分以 CO_2、N_2、O_2 为主,粉尘 SiO_2 含量大于 90%,真密度 2.23 g/cm³,堆积比重 0.12 ~ 0.25g/cm³,烟尘粒径 <1μm 占 90%,比电阻很高。

铁合金烟气净化采用预荷电袋式除尘器、长袋低压脉冲袋式除尘器和反吹风袋式除尘器,排放浓度小于 10mg/Nm³。

(2)水泥行业

我国水泥产量和消费量处于世界首位。颗粒物排放几乎存在于水泥生产的各个环节之中,窑头和窑尾是水泥厂最大的颗粒物排放源,水泥生产过程中 70% 的颗粒物有组织排放都集中在水泥窑系统。

粉尘主要是由于水泥生产过程中原材料、燃烧物料和水泥成品储运,物料的破碎、烘干、粉磨、煅烧等工序产生的含尘废气排放或外逸而引起的。

近年来,水泥厂袋式除尘器应用比例超过 90%,新建水泥厂中 100% 采用袋式除尘设备,并趋于大型化。新型干法水泥生产线工艺先进、设备优良、产生规模比较大,有利于对烟尘、粉尘的控制。2015 年以后立窑将基本退出水泥工业舞台,老厂也在加快电除尘改造,现在不少窑头、窑尾的电除尘器达不到新的排放标准,需要改为袋式除尘器或电袋复合除尘器。

选择除尘器的种类主要取决于使用环境,如生料粉磨车间、回转窑、熟料冷却机、水泥粉磨车间等的除尘。为使除尘器能够达到高的除尘效率,其主要取决于气体成分、体积流量、粉尘负荷、气体温度、除尘面积负荷及分压等参数而定。各个工艺生产部位袋除尘器选型参见表 2-3。

表 2-3 各个工艺生产部位袋除尘器选型

生产设备	优选除尘器
新型干法窑尾	高温袋除尘器
篦式冷却机	高温袋除尘器
机立窑	袋除尘器
烘干机	抗结露袋除尘器
煤磨	防静电袋除尘器
生料磨	袋除尘器

续表

生产设备	优选除尘器
水泥磨	高浓度袋除尘器
包装机	袋除尘器
各散点	袋除尘器

根据烟气性质,选择适合于应用工况的滤料。通常当烟气温度低于120℃,同时要求滤料具有耐酸性和耐久性的情况下,选用涤纶针刺毡;在处理高温烟气(<250℃)时,主要选用P84和玻璃纤维覆膜滤滤料。覆膜滤料、P84、玻璃纤维覆膜滤料在回转窑窑尾袋式除尘器上应用广泛,其后处理技术多样化,防油、防水、阻燃、抗水解等处理较为普遍,使滤料能适应多种复杂环境。表面过滤料料的出现和应用,使袋式除尘过滤的机理有所变化。它对微细粉尘有更高的捕集率,并将粉尘阻留于滤料表面,容易剥离,使设备阻力降低。

(3) 电力行业

电力工业是国民经济发展中关系国计民生的基础产业,2017 年火力发电量46627 亿 kW·h。

火力发电站多使用燃煤锅炉,机组 300～1000MW 不等,废气量大,温度 120～140℃,烟气颗粒物浓度 20～40g/m³,是电力行业中最主要的污染物。燃煤电厂废气主要来源于锅炉燃烧产生的烟气、气力输送系统和煤场产生的含尘废气,以及煤场、原煤破碎及煤输送所产生的煤尘。燃煤锅炉燃烧产生的烟气量及其所含的污染物原始排放量非常大,主要污染物是飞灰、煤尘、SO_2 和 NO_x。

对燃煤电厂废气颗粒物净化主要采用电除尘器,应用比例75% 左右,电袋除尘器和袋式除尘器应用比例占 25%。电除尘器在我国电力行业已有数十年的使用历史,其优点是阻力损失小,通常只有 200～300Pa,除尘效率较高,可达到99.5% 左右,出口浓度一般在 20～50mg/m³ 范围,电除尘效率受粉尘比电阻的影响较大,不够稳定。目前燃煤电厂推崇低低温电除尘器,通过减少烟气量、降低电场风速、改善比电阻等来提高除尘效率。同时采用高频电源、三相电源和脉冲电源等提高捕集效率、降低能耗。

袋式除尘器的突出优点是除尘效率高、除尘效率稳定,不受煤种、飞灰性质的影响,可保证出口粉尘质量浓度 10mg/m³ 以下。

目前,我国燃煤电厂烟气净化多采用 SCR 脱硝+低低温电除尘 ESP+石灰石/石膏法脱硫 FGD+湿式电除尘的技术路线,通过系统中诸多装置协同作用来实现超低排放,颗粒物排放浓度小于 5mg/m³。

袋式除尘器在国外有广泛的应用,尤其是在粉尘排放要求严格的地区,如澳大利亚 90% 以上的电厂都采用袋式除尘器。

（4）炭黑行业

炭黑是烃类在严格控制的工艺条件下经气相不完全燃烧或热解而成的黑色粉末状物质。橡胶用炭黑约占总用量 94%。使用普遍的油炉法生产工艺。

炭黑对环境污染主要为尾气排放、设备泄漏和包装中烟气和粉尘污染。尾气排放中有 CO、NO_x、SO_x、H_2S 和油蒸气等有害气体的污染。炭黑对环境的污染可采取多种措施治理。如用高效袋滤器收集炭黑、消除设备跑冒滴漏及采用湿造粒、散装运输等治理烟气和粉尘污染；尾气净化后作燃料、燃烧后高空排放等治理尾气污染。

炭黑工业中炭黑炉的烟气工况是比较恶劣的，炭黑的初始浓度比较高，温度也很高，烟气中还含有 CO，很容易发生爆炸和中毒。炭黑行业普遍都采用袋式除尘器进行尾气的除尘、脱硫。滤料多采用玻纤膨体纱滤料、玻纤针刺毡滤料和 Nomex 耐高温针刺毡，覆膜滤料应用日益广泛。袋式除尘器不仅作为除尘装置，还成为炭黑生产工艺过程中不可缺少的工艺设备，回收炭黑，过滤效率在 99% 以上，排放浓度小于 $10mg/m^3$。

（5）垃圾焚烧行业

垃圾焚烧发电是国际上人口密度大、土地资源短缺的经济发达国家和地区的必然选择，垃圾焚烧发电是垃圾处理无害化、减量化（减重达 70%，减容达 90%）、资源化最适宜的方案。

我国垃圾焚烧技术规范中明确规定生活垃圾焚烧烟气净化必须采用袋式除尘器。通常采用低压脉冲袋式除尘器，在线清灰，分仓室离线检修。

垃圾焚烧污染物的构成和特点：

①烟气温度高，一般在 160～240℃；

②烟气湿度大，烟气相对湿度接近饱和，即为 90%～95%；含湿量为 20%～30%；

③脱酸反应生成物容易板结、流动性差；

④烟气成分复杂，含有 O_2、HCl、HF、SO_2、NO_x、Hg、二噁英/呋喃等多种气态污染物；

⑤粉尘入口浓度较高，一般在 6～12g/m^3。

由于燃烧过程中可能产生致癌物质如二噁英和呋喃等，对人体伤害极大。一般采用在袋式除尘器前喷入活性炭来吸附，其排放的烟尘粒径小、黏度值高。排放浓度一般控制在 $5mg/m^3$ 左右。

滤料有 PTFE 覆膜、玻璃纤维覆膜等。

（6）有色金属冶炼行业

有色金属是重要的基础原材料，铜、铝、铅、锌、镍、锡、锑、镁、钛、汞是产量多且最常用的 10 种有色金属。其中铝占的比重最大，比重超过 50%。近年来，我国有色金属产业迅速发展,已成为全球最大的有色金属生产和消费国。

有色金属工业废气按其所含主要污染物的性质,大体上可分为三大类:第一类为含工业粉尘为主的采矿和选矿工业含尘废气;第二类为含有毒有害气体(含氟或硫、氯)与尘为主的有色金属冶炼废气;第三类为含酸、碱和油雾为主的有色金属加工工业废气。具体情况见表2-4。

表2-4　有色金属工业废气的种类和来源

废气名称		主要污染物	主要来源
采选工业废气	采矿场选矿厂	粉尘、柴油机尾气等 粉尘	采矿、爆破、矿岩装运作业工作面 矿石破碎、筛分、包装、储存和运输过程
冶炼 废气	轻金属冶炼	粉尘、烟尘、含氟烟气、沥青烟、含硫废气等	原料制备、熟料烧结、氢氧化铝煅烧和铝电解,碳素和氟化盐制造
	重金属冶炼	粉尘、烟尘、含硫烟气、含汞、砷、镉废气等	原料制备、精矿烧结和焙烧,冶炼、熔炼和精炼,含硫烟气回收制硫酸
	稀有金属冶炼	粉尘、烟尘、含氯烟气	原料制备、精矿焙烧、氯化、还原和精制
加工 废气	有色金属加工	粉尘、烟尘、含酸、碱和油雾烟气等	原料准备、金属熔化和轧制、洗涤和精整过程

目前,袋式除尘器是有色冶金工业应用最广的除尘设备,其使用数量约占各种除尘器总量的60%以上。需净化处理并制造硫酸的场合,目前多用电除尘器净化。

铜冶炼。火法冶炼是主要的炼铜工艺。现代的火法炼铜是将浮选铜精矿熔炼为铜锍(俗称冰铜),再经吹炼产出粗铜,粗铜火法精炼后浇铸成阳极板,再经电解精炼获得品位99.9%以上的电解铜。铜冶炼的流态化焙烧炉、鼓风炉、反射炉、电炉、闪速炉、转炉、连续吹炼炉等烟气均含SO_2,需净化处理并制造硫酸,目前多用电除尘器净化。

铅冶炼。传统炼铅法主要时烧结鼓风炉还原熔炼法,目前我国90%的粗铅主要由烧结鼓风炉还原熔炼法生产。该法最大劣势是烧结烟气中的SO_2回收利用比较困难。铅冶炼的烟尘中绝大部分为铅的氧化物,通常采用袋式除尘器来收集。氧气底吹炼铅反应器及鼓风返烟烧结机的烟气含SO_2浓度较高,一般采用电除尘器。

锌冶炼。锌冶炼有火法和湿法两种,湿法炼锌占世界总产量的80%以上,其次为火法中的鼓风炉炼锌,约占12%。火法炼锌中流态化焙烧炉烟气温度为1100℃,含尘量可达200~300g/Nm³,烟气含SO_2为8%~10%,一般采用电除尘器收尘后送去制酸;其他窑炉烟气可采用烟气降温+袋式除尘的技术路线。

铝冶炼。炼铝的原料主要是铝土矿,冶炼工艺主要是氧化铝的制备及其熔盐电解。目前世界上 90% 以上的氧化铝都由拜耳法生产。电解铝生产采用冰晶石-氧化铝熔盐电解法。中间加料预焙烧阳极铝电解槽已成为我国电解铝厂建设的唯一推荐槽型。氧化铝生产的工序会产生粉尘,具体工序如原材料破碎、石灰制备、转运、配料、烧结、氢氧化铝焙烧、氧化铝转运及包装。在电解铝生产中,氧化铝转运过程也会产生粉尘。以上工序均采用袋式除尘器。电解槽烟气含有粉尘和氟化氢气体。铝冶炼采用电解法制取金属铝,以氧化铝为原料,氟化盐为熔剂,碳素材料作导体。电解槽是最主要的污染源,产生氟化物和粉尘,去除氟化物是治理电解槽烟气的重点。铝电解含氟烟气的干法净化,是利用其生产原料氧化铝吸附烟气中的氟化氢,然后氧化铝返回到生产工艺中,直接回收氟,在该流程中,袋式除尘器具有除尘和净化氟化物的双重功能。铝电解烟气净化主要采用聚酯针刺毡,也可采用高密面层聚酯针刺毡,滤袋的纵缝采用高温热熔技术粘接,粉尘排放浓度低于 $5mg/Nm^3$。曾有试验采用覆膜滤料,结果表明,覆膜滤料不适用于铝电解烟气净化。

2.2　电　除　尘

2.2.1　电除尘工作原理

电除尘器(简称 EP 或 ESP)是一种通过使用静电力实现粒子与气流分离的除尘装置。此电除尘器的放电极(又称为电晕极)和收尘极(又称为集尘极)连接着直流电源,如若有含尘气体通过两极间非均匀高压电场时,气体则会在放电极周围强电场力的作用下,先被电离,并使尘粒荷电,荷电的尘粒在电场力的作用下在电场内向集尘极一端迁移并由此沉积在集尘极上,这样尘粒得以从气体中分离并被收集,从而达到除尘目的。

电除尘器除尘原理如图 2-2 所示。电除尘器除尘过程主要包括 4 个阶段:①气

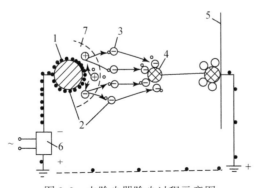

图 2-2　电除尘器除尘过程示意图
1-电晕极;2-电子;3-离子;4-粒子;5-集尘极;6-供电装置;7-电晕区

体的电离;②获得离子的粉尘发生荷电;③产生的荷电粉尘向电极移动;④将电极上的粉尘清除到灰斗中去。

(1)电晕放电

静电除尘器的组成实质上是两个极性相反的电极,其中包括一个表面曲率很大的线状电极,这种电极称作电晕极,又称为放电极,亦称为电晕线;另一个是管状或板状电极,这个电极通常为接地电极,称作集尘极。一般情况下,直流电源的负极一般通电晕极,集尘极接直流电源的正极,两极之间形成高压电场。随着存在于电极间空气中的少量自由电子获得极高的能量,作用于电场下,集尘极一端有自由电子迅速向集尘极运动过来,撞击电极间的气体分子并使之电离,形成大量的自由电子及其他负离子和正离子,通常称该过程为雪崩过程。电晕极表面出现一种青紫色的光,并不断发出嘶嘶声,电晕线中大量的电子不断逸出,称这种现象称为电晕,该过程称为电晕放电。带电粒子向电极移动,形成电流,即电晕电流。如果在电晕极上加的是负电压,则产生的是负电晕;反之,则产生正电晕。

出现电晕后,电场内有两个作用不同的区域形成,这两个区域即电晕区和电晕外区。电晕极附近能引起气体分子离子化的区域,称为电晕区,电晕区仅限于电晕极表面 2~3mm 范围内,由于放电电极表面电场强度高,使在该区域内的气体发生电离,产生大量自由电子和正离子。在电晕区以外且达到另一电极的范围内,称电晕外区,这类区域占有电极间的大部分空间,其中电场强度急剧下降,并不产生气体电离。电场力作用下的自由电子及其他负离子,向极性相反的集尘极运动,它们就成为粉尘颗粒荷电的电荷来源。随着离开电晕极表面距离的增加,电场强度迅速减弱。

在达到起始电晕电压的基础上,如果进一步升高电压,则电晕电流会发生急剧增加,电晕放电的过程更加激烈。当电压升至某一特定值时,电场击穿,发生火花放电现象,电路短路,所有的电除尘器停止工作。在相同的情况下,正电晕的击穿电压比负电晕的击穿电压低得多。由于负电晕起晕电压低,电晕电流大,击穿电压高,所以工业用的电除尘器,全部采用负电晕极。但是,正电晕产生的臭氧量小,从维护人体健康这方面来考虑,用于空气调节的小型电除尘器大部分都采用正电晕极。

许多因素影响着电晕特性,包括:①电极的形状、电极间的距离;②气体组成、压力、湿度;③气流中要捕集的粉尘的浓度、粒度、比电阻及它们在电晕极和集尘极上的沉积等。

(2)尘粒的荷电

一般认为有两种尘粒的荷电机理,第一种是电场荷电,第二种是扩散荷电。电场荷电是指电晕电场中的电子在电场力的作用下做定向运动,与尘粒碰撞后使尘粒荷电的方式。扩散荷电是指电子因为热运动与粉尘颗粒表面接触,使粉尘荷电的方式。

粒径影响着尘粒的荷电方式。电场电荷以粒径大于 5μm 的尘粒为主,小于 0.2μm 的尘粒以扩散荷电为主。由于工程中大多应用的电除尘器,处理粉尘的粒径一般大于 0.5μm,而且进入电除尘器的粉尘由于颗粒大多凝并成团,所以粒尘的荷电方式一般是电场荷电为主。

(3)荷电尘粒的运动和捕集

尘粒荷电发生后,在电场力的作用下,根据每个尘粒所带电荷的极性而向极性相反的电极运动,并沉积在此电极上。在电晕区内,向电晕极运动的气体正离子路程极短,因此只有极少数的尘粒与之相遇并使之荷正电沉积在电晕极上;在电晕外区内,大量的粉尘颗粒与向正极迁移的自由电子、负离子相撞击而荷负电,并且由于电场力的驱动向集尘极一端运动,它们到达集尘极板失去电荷后,沉降在集尘极上。

粉尘颗粒发生荷电后,由于电场力的驱动下而向集尘极运动,如果尘粒所受的静电力和尘粒在运动中所受到的气流阻力相等时,尘粒向集尘极做匀速运动,此时的运动度就称为驱进速度,一般用 ω 表示。

影响粉尘驱进速度的因素很多。图 2-3 ~ 图 2-8 分别表示了粒径、电场数目、电压与电流、极板间距、收尘阳极板面积、粉尘比电阻与驱进速度的定性关系。由于驱进速度 ω 与除尘效率的关系十分紧密,故对 ω 的分析,实际上是对 η 的分析[10]。

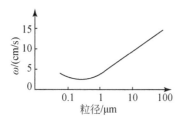

图 2-3　粒径与驱进速度关系

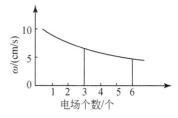

图 2-4　电场数目与驱进速度关系

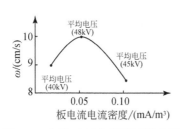

图 2-5　电压、电流与驱进速度关系

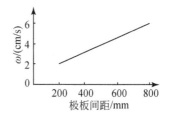

图 2-6　极板间距与驱进速度关系

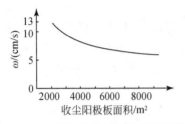 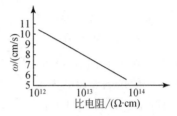

图 2-7　收尘阳极板面积与驱进速度关系　　图 2-8　粉尘比电阻与驱进速度关系

可见,当粒径>1μm 时,粉尘的驱进速度与粒径成正比,当粒径为 0.1 ~ 1.0μm 时,粉尘的驱进速度最小;当电场数量增多时粉尘驱进速度减少,各级电场的工况差异大,特别是后级电场粒径普遍较细,故电场数量增多时,其平均的驱进速度就要下降;对于同一台电除尘器,由于其工况条件不同,会出现不同的供电电压与电流,这时应根据不同工况选择合理的供电制度,实现高效(即 ω 大)节能运行;宽间距电场的驱进速度得到提高,如 400mm 同极间距的驱进速度相当于 300mm 的 1. 33 倍;对于高比电阻粉尘,比电阻 ρ 与驱进速度 ω 的定性关系,ρ 越高,ω 值就越低,越不利于除尘。

表 2-5 给出了一些粉尘的有效驱进速度。

表 2-5　几种粉尘的有效驱进速度

粉尘种类	驱进速度/(m/s)	粉尘种类	驱进速度/(m/s)
锅炉飞灰	0.08 ~ 0.122	镁砂	0.047
水泥	0.0945	氧化锌	0.04
铁矿烧结灰尘	0.06 ~ 0.20	氧化铅	0.04
氧化亚铁	0.07 ~ 0.22	石膏	0.195
焦油	0.08 ~ 0.23	氧化铝熟料	0.13
石英石	0.03 ~ 0.055	氧化铝	0.084

(4)清除被捕集的粉尘

集尘极表面的灰尘沉积到一定厚度后,为了继续保证放电效果的良好,防止粉尘重新进入气流,需要将其全部除去,并使其落入下方的灰斗中。电晕极上也会附有少量的残余粉尘,这些粉尘也会影响电晕电流的大小和均匀性,隔一段时间也要进行清灰处理。

电晕极的清灰一般采用的是机械振打的方式。集尘极清灰方法则不太一样,在干式和湿式除尘器中是不同的。

在干式除尘器中,集尘极上沉积的粉尘是由机械撞击或电极振动产生的振动力清除的。现代的电除尘器大多采用电磁振打或锤式振打两种方式清灰,主要常用的振打器是电磁型和挠臂锤型。

湿式电除尘器的清灰不再是利用振动来清灰,一般是用水冲洗集尘极板,使极板表面产生一层水膜并经常保持存在。粉尘落在这个水膜上时,被捕集并顺水膜流下,从而达到清灰的目的。已除去的粉尘不会重新进入气相造成返混是湿法清灰的关键优势。同时,这样做也会净化部分有毒有害气体。湿式清灰的主要缺点是极板腐蚀和对泥浆的处理而使流程复杂。

2.2.2　电除尘器结构

1. 电除尘器基本结构与组成

电除尘器的构造主要有除尘器本体、供电装置和附属设施组成。除尘器本体包括电晕极、集尘极、清灰装置、气流分布装置和灰斗等,其结构如图 2-9 所示。电除尘器部件组成见图 2-10。

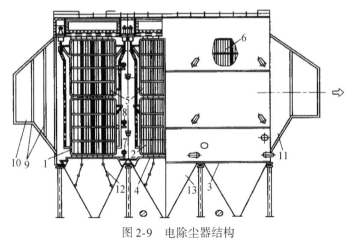

图 2-9　电除尘器结构

1-第一电场;2-第二电场;3-第三电场;4-收尘极板;5-芒刺型放电极;
6-星型放电极;7-收尘极振打装置;8-收尘极振打装置;9-进口气流分布板;
10-进口喇叭管;11-出口喇叭管;12-阻流板;13-储灰斗

电除尘器的主要部件及其作用如下。

(1)电晕电极

电晕线是产生电晕放电的主要部件,其性能好坏直接影响除尘器的性能。电晕电极由电晕线、电晕极框架吊杆及支撑套管、电晕极振打部件等组成。电晕极形式很多,常用的有圆形线、星形线及锯齿线、芒刺线等。电晕线固定方式有管框缠线式和重锤悬吊式两种方式,重锤质量一般为 10kg。图 2-11 所示是几种常见的芒刺形电晕电极。

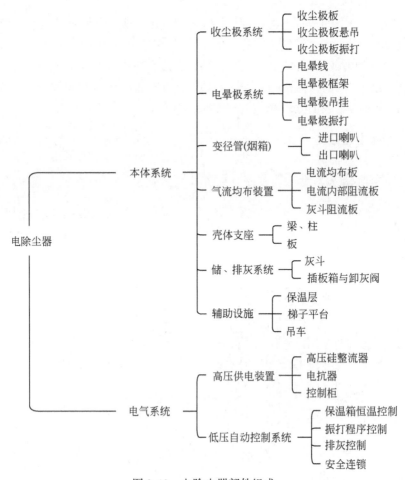

图 2-10　电除尘器部件组成

（2）集尘极

集尘极的作用是使粉尘沉降堆积于其上,其结构形式直接影响设备的除尘效率。集尘极的金属消耗量约占总耗量的 40% ~ 50% ,对除尘器造价有很大影响。对集尘电极的一般要求如下。

①极板表面的电场强度分布比较均匀,有利于灰尘荷电;

②板面刚度足够大,受温度变化的影响的很小;

③很难与放电极之间发生闪络;

④板面的振打加速度分布相对均匀合理;

⑤使用干式电除尘器振打时,粉尘可以轻松振落;二次扬尘少,湿式电除尘器的极板容易导致水膜;

代号	A	B	C	D	E	F	G
名称	星形线	锯齿线	角钢芒刺线	管状芒刺线	方体芒刺线	管状多刺线	鱼骨线
简图							

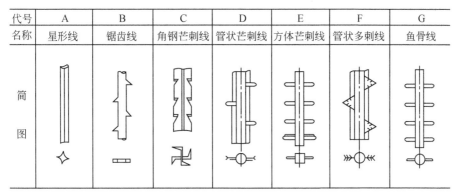

图 2-11　电晕电极的形式

⑥经济合理可行,单位面积消耗金属量低,造价低。板式电除尘器的集尘板垂直安装,电晕极置于相邻的两板之间。集尘极长大多数为 10 ~ 20m、高 10 ~ 15m,板间距 0.2 ~ 0.4m,处理气量 1000m³/s 以上,效率高达 99.5% 的大型电除尘器含有上百对极板。我国目前多采用宽间距超高压电除尘器,宽间距电除尘器制作维护等较方便,并且设施小,能量消耗也小。我国普遍生产和应用的收尘极板形状如图 2-12 所示。

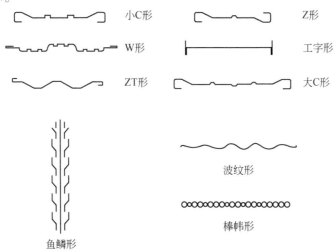

小C形　　Z形

W形　　工字形

ZT形　　大C形

波纹形

棒帏形

鱼鳞形

图 2-12　极板断面形状

(3)气流分布板

电除尘器内气流散布装置的作用是减少涡流,保证气流分布的合理均匀,对除尘效率有很关键的影响。对气流分布装置的要求是阻力损失小、平均布气。气流分布状况与除尘器进口管道形状关系密切。气流务必保持水平进入,进口处的渐扩变径管内应设多层气流分布板。最常见的气流分布板主要有 4 种,包括百叶窗式、多孔板分布格子、槽形钢式和栏杆型分布板等,普遍使用的是多孔板。通常构造是厚度为 3 ~ 3.5mm 的钢板,孔径为 30 ~ 50mm,分布板层数为 2 ~ 3 层。开孔率需要通过试验确定,一般开孔率为 25% ~ 50%。

我国采用相对均方根差法评定气流分布的均匀性[11]。相对均方根差 σ 可用式(2-18)来表示:

$$\sigma = \sqrt{\frac{1}{n}\sum_{i=1}^{n}\left[\frac{v_i - \bar{v}}{\bar{v}}\right]^2} \qquad (2\text{-}18)$$

式中,v_i——测点上的流速;$\bar{v}$——断面上的平均流速;n——断面上的测点数。

这个方法的特点是对速度场的不均匀值反应比较灵敏[12]。气流分布完全均匀时 $\sigma = 0$,实际上工业电除尘器的 σ 值处于 0.1 ~ 0.5 之间[13]。国家标准规定,第一电场进口截面测得的 $\sigma < 0.25$,其他截面的 $\sigma < 0.2$。为解决气流均匀分布问题,需通过模拟试验来确定气流分布装置的结构形式和技术参数。

常用的气流分布装置有隔板、导流板和分布板等[14]。气流分布的均匀性和除尘效率的关系如图 2-13 所示。

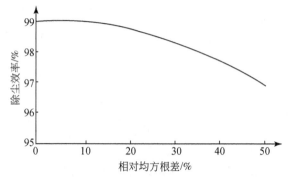

图 2-13　气流分布均匀性与效率的关系

(4)振打装置

振打装置也叫清灰装置,电除尘器的集尘电极与电晕电极保持洁净,除尘效率才能不会低,所以需要经常通过振打将极板、极线上的积灰清除干净。常用的振打装置主要可分为电动机械式、气动式和电磁式三种类型[14]。其中锤击振打装置是应用最广、清灰效果较好的一种(图 2-14)。

振打方式和振打强度直接影响除尘效果。振打强度太小难以使沉积在电极上的粉尘脱离,电晕电极常处于沾污状态,造成金属线肥大,会减弱电晕放电,使除尘效果恶化。振打强度过大,则会使已捕集的粉尘再次飞回气流或使电极变形,改变电极间距,破坏电除尘器的正常工作[15]。

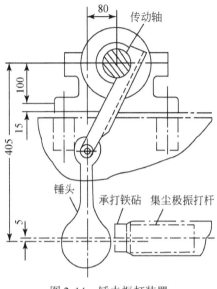

图 2-14 锤击振打装置

（5）外壳

除尘器外壳必须保证严密,尽量减小漏风[16]。漏风量大,不但风机负荷加大,也会因电场风速增加使除尘效率降低。在处理高湿烟气时,冷空气的漏入将使局部烟气温度降至露点以下,导致除尘器构件积灰和腐蚀。除尘器外壳材料,要根据处理烟气的性质和操作温度来选择[17]。电除尘器的外壳下部为集灰斗,中部为收尘电场,上部安装绝缘瓷瓶和振打机构。为防止含尘气体冷凝结露腐蚀钢板,外壳需敷设保温层[18]。集灰斗内表面必须保持光滑,排灰装置应不漏风,工作可靠。

（6）电除尘器支承

电除尘器支承是除尘器立柱与根底的连接件,除支承电除尘器本身的重量外,还要求能适应电除尘器工作过程中由于温度改变产生的影响,壳体热胀冷缩之位移的要求。

当温度变化时,除尘器壳体的伸缩引起立柱的水平位移,从而使支承产生一个相应的水平推力。这个水平推力克服上、下承压板之间的摩擦阻力,使上、下承压板之间产生相对运动,以满足主机正常工作的需要。

按照承压板的摩擦方式差异不同,可分为滚动式支承与滑动式支承;根据移动方向不同,又可分为固定式、单向式及万向式。一台电除尘器的支承有 6 个到几十个不等,通常一个为固定式支承,限制支承的各方向移动,与固定式支承水平连接的支承及垂直于固定式支承水平线的支承,均为单向式支承,它只允许支承向一个方向移动,其余为万向支承[19]。

（7）高压供电设备

电除尘器的供电设备的作用是将交流低压变换为直流高压。供电设备主要包括3个部分：升压变压器、高压整流器和控制设备，它提供粒子荷电和捕集所需要的场强和电晕电流。电除尘器需要在良好的供电情况下，才能获得高效率。对电除尘器供电设备的要求是：在除尘器工况变化时，供电设备能快速适应其变化，自动地调节输出电压和电流，使电除尘器在较高的电压和电流状态下运行；另外，电除尘器一旦发生故障，供电设备应能提供必要的保护，对闪络、拉弧和过硫信号能快速鉴别和做出反应。

作为与本体设备配套，供电还包括电极的清灰振打、灰头卸灰、绝缘子加热及安全连锁等控制设备，通称低压自动控制设备[20]。

高压供电装置是一个以电压、电流为控制对象的闭环控制系统。包括升压变压器、整流装置、控制元件和自动控制反馈的传感元件等4个部分（图2-15）。其中升压变压器的高压整流器及一些附件组成主回路，其余部分组成控制回路[21]。一台电除尘器通常设置3～5个电场，每个电场需配用一台高压电源。

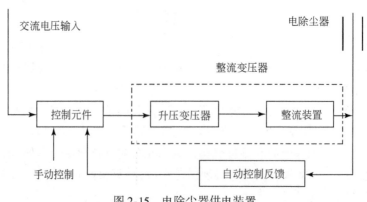

图2-15　电除尘器供电装置

在电除尘器的电气设备中整流变压器是关键部分。整流变压器是将工频0～380V交流电升压到0～72kV或更高的电压，经高压整流器整流输出负直流高压电经阻尼电阻，通过高压隔离开关送至电场。变压器低压绕组通常按用户要求设置抽头，可使整流变压器输出的电压适应工况的需要，使设备在最佳状态下运行[22]。图2-16为整流变压器的原理图。

整流变压器在实际生产运行当中的安装分为户内式和户外式。户外式安装是将整流变压器安装在电除尘的顶部，所以整流变压器的防护等级必须符合室外工作条件的要求。该安装方式的高压输出经过高压隔离开关直接进入电场，中间没有高压电缆的连接，在安全运行和维修方面远远优于户内式安装方式，所以当今电除尘整流变压器大都采用户外式安装。

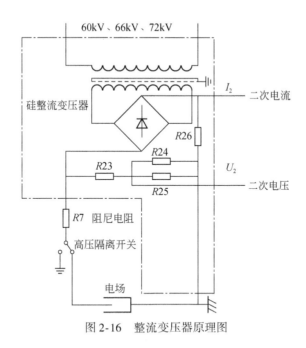

图 2-16 整流变压器原理图

整流变压器还有高阻抗、中阻抗和低阻抗之分。现在电除尘当中使用的整流变压器主要为高阻抗或中阻抗,总阻抗值越高,则波形改善越明显,输出的电晕功率越高,使除尘器具备较高的效率[23]。在实际运行当中的整流变压器难免有故障出现,为了不使故障扩大,造成难以挽回的损失,所以变压器设有安全保护装置。整流变压器的主要安全保护装置有油温保护、瓦斯保护等。

2. 电除尘器的分类

电除尘器形式是多种多样的。依据设施不同的特点,电除尘器可分成不同的类型。根据收尘极和放电极在电除尘器内的配置不同可分为单区式和双区式电除尘器。

单区式。在单区电除尘器里,尘粒的荷电和捕集是在同一个电场中进行,即电晕极和集尘极都布置在同一个电场区内(图 2-17)。在工业除尘及烟气净化中,这种单区电除尘器使用最普遍。

双区式。在双区电除尘器里,尘粒的荷电和捕集是在结构不同的两个区域内进行(图 2-17),前区安装放电极,称为电离区;后区安装收尘板,称为收尘区,荷电粉尘在此区被捕集[24]。

按烟气在电场中活动方向分类。分为立式和卧式电除尘器。立式电除尘器中的气流是自下而上垂直运动的。大多数用于烟气流量较小、除尘效率要求不太高

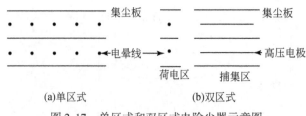

图 2-17　单区式和双区式电除尘器示意图

的情况。它的主要优点是占地面积小。卧式电除尘器内的气流则是沿水平方向运动。

按清灰方式分类。可分为干式和湿式电除尘器。干式电除尘器的清灰方式是通过冲击振动来剥离电极上的粉尘,收集的粉尘是干燥的,便于综合利用[25]。除尘的操作过程均在干燥的条件下完成的,操作温度一般高于被处理气体露点 20 ~ 30℃。湿式电除尘器的清灰方式是用水冲洗电极[26],一般只在易爆气体净化或烟气温度过高,没有泥浆处理设备时才采用。由于水膜的作用避免了粉尘的二次飞扬,除尘效率很高,运行比较稳定,适用于气体净化或收集无经济价值的粉尘。主要缺点是对设备腐蚀,泥浆处理复杂。

按电极外形分类。可分为板式、管式和棒式电除尘器。板式电除尘器的收尘极呈板状。为了降低粉尘的二次飞扬和提高极板的刚度,通常将极板轧制成不同的凹凸槽形。管式电除尘器收尘极由一根或一组截面呈圆形、六角形或方形的管子构成,放电极位于管子中心,含尘气体自下而上进入管内。通常用于除去气体中的液滴。棒式电除尘器的收尘极是用 φ8 钢筋编成棒帷状,结实、耐腐蚀,不易变形,但自重大、耗钢材多[25]。

按极距大小分类。分常规电除尘器和宽间距电除尘器[25]。通常电除尘器同极距离一般为 250 ~ 300mm。同极间距超过 300mm 的称为宽间距电除尘器。

2.2.3　电除尘器性能及其影响因素

1. 电除尘技术性能

反映电除尘器技术性能的主要指标如下。

处理风量。单位时间进入除尘器的含尘气体流量。是衡量除尘器处理能力的重要指标,大多用工况体积流量表示,即除尘器入口的风量与设备的漏风量之和。单位 m^3/h。

工作温度。指除尘器长期使用的最高温度。单位℃。

除尘效率。指在相同时间内除尘器可以捕集的粉尘质量占进入除尘器的总粉尘质量的比值。根据 Dertsch 公式可校核电除尘器除尘效率。

$$\eta = 1 - e^{-\omega \cdot A/Q} \tag{2-19}$$

式中, η——除尘效率,% ; Q——含尘气体流量, m^3/s; A——总集尘面积, m^2; ω——驱进速度,m/s。

出口颗粒物浓度。指标准状态下除尘器出口单位体积气体(干态、折氧)中含有颗粒物的质量。单位 mg/m^3。

除尘器阻力。除尘器进口管道断面与出口管道断面气体全压之差。单位 Pa。

漏风率。标准状态下除尘器出口气体流量与进口气体流量之差占进口气体流量的百分比。一般用漏风率 δ 表示,以反映除尘器的严密程度。单位%。

电场风速。含尘气体流经电场的平均速度,即电除尘处理烟气量与电场流通面积的比值。单位 m/s。

集尘面积。有电场效应的收尘极投影面积的总和。单位 m^2。

有效流通面积。电除尘器电场有效宽度与有效高度的乘积。单位 m^2。

粉尘驱进速度。荷电粉尘在电场力作用下向收尘极运动的速度。单位 m/s。

2. 电除尘效率影响因素

除尘效率是电除尘器性能中最重要的部分,影响它的因素有很多,可总结为 3 个方面,如图 2-18 所示。

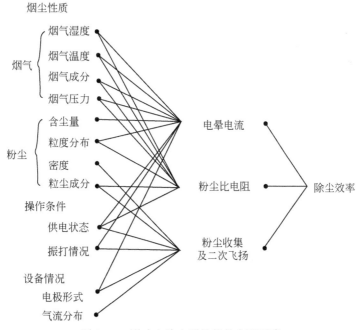

图 2-18　影响电除尘器性能的主要因素

烟尘(气)性质。烟尘(气)性质主要包括烟气成分、温度、压力、湿度和流速等;粉尘的性质主要包括粉尘的比电阻、粉尘的浓度、粒径、分散度、黏度和密度等,属于粉尘的化学成分和物相结构。

设备状况。电除尘器的极配方式、电场分布情况、为清灰所采用的振打方式及制度、气流分布情况、电气控制特性等。

操作条件。包括操作电压、比电流、电极清灰效果、漏风及振打时二次扬尘等。

(1)粉尘比电阻对除尘效率影响

粉尘比电阻是衡量粉尘导电性的一个指标,对除尘效率影响较大。粉尘的比电阻在数值上等于单位面积的粉尘在单位厚度时的电阻值,常用 ρ 表示。定义式如下:

$$\rho = \frac{R}{LS} \ (\Omega \cdot cm) \tag{2-20}$$

式中,S——粉尘层单位面积,cm^2;L——粉尘层单位厚度,cm;R——粉尘层的电阻值,Ω。

粉尘的比电阻可以当做由两个并联电阻构成,一个为通过粉尘内部导电(体积导电)呈现的电阻称为体积比电阻,另一个是通过粉尘表面导电呈现的电阻,叫做表面比电阻。组成粉尘的各类成分的导电性能决定了粉尘体积比电阻大小,而温度是组成粉尘的各种物质的导电性能的主要影响因素。

当粉尘比电阻太低时(例如炭黑粉尘),低阻型粉尘导电性能好,当它在晕外区带上负电荷后,立即向降尘极运动,到达降尘极后,粉尘马上释放负电荷而使尘粒本身电性中和,中和后的尘粒,在降尘极处立即因为感应带电带上正电荷,从而被降尘极所排斥,再次进入晕外区,与负离子中和,中和后的尘粒又在负离子流中重新带上负电荷,向降尘极运动,重复上述过程。这样,不但多消耗了电流,而且很难把粉尘捕集下来,使电除尘器除尘效率大大降低[27];高比电阻粉尘易引起反电晕,使电除尘器收尘效果大幅下降[28]一般情况下,电除尘器

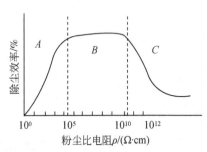

图2-19 粉尘比电阻对除尘效率的影响

运行最适宜的比电阻范围为 $10^4 \sim 1 \times 10^{11} \Omega \cdot cm$。比电阻对除尘效率的影响如图2-19所示。

克服粉尘高比电阻的主要方法是,对废气进行调质处理,如喷雾增湿或用化学添加剂如 SO_2、NH_3 等进行调理,以降低粉尘比电阻[29]。

(2)电场风速对除尘效率影响

电除尘器内气流的电场风速 V_s 是指电除尘器在单位时间内处理的气体量与

电场断面的比值,计算公式如下:

$$V_s = Q/(3600F)(\text{m/s}) \tag{2-21}$$

式中,Q——通过电除尘器的气体流量,m^3/h;F——电场通道断面面积,m^2。

电场风速对清灰方式和二次扬尘的影响较大。当集尘极面积一定时,气流速度过高,易引起粉尘的二次飞扬。反之又会增加电场通道断面积。

另外,电场中的烟气流速对驱进速度。风速增加,驱进速度随之提高,但大于某一数值后,驱进速度却随着风速的增加而降低。某种粉尘在特定的工况下具有最大驱进速度的电场风速称为最佳风速,根据最佳风速来设计电除尘器是较经济的方法。在实际应用中,电场风速大多控制在 0.8 ~ 1.5m/s 范围内。

(3)气体的温度对除尘效率影响

含尘气体的温度高低主要影响粉尘的比电阻。在低温时,粉尘表面吸附物、水蒸气或其他化学物质的影响起主导作用,随着温度的升高,这种作用减弱,而使粉尘的比电阻增加。在高温时,尘粒本身的导电性能起主导作用,随着温度的升高,尘粒中质点的能量增加,导电性能增强,而使比电阻降低[27]。温度与粉尘比电阻的关系如图 2-20 所示。

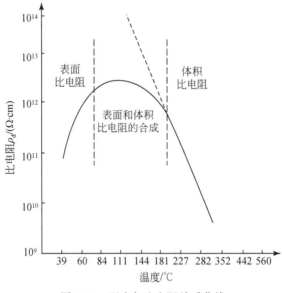

图 2-20 温度与比电阻关系曲线

在温度对气体黏滞性的影响也会产生对除尘器性能的影响。气体的黏滞性随着温度的上升而增加,温度上升导致烟气黏滞性增加,进而导致驱进速度降低。

综合考量,电除尘器以较低的运行温度效果较好。但是如果温度低于露点温度,粉尘会板结在收尘极和电晕极上,难于振打清灰;同时也会发生电极腐蚀、绝缘体爬电等故障。因此,电除尘器的运行温度要高于烟气的露点温度。

(4)气体的湿度对除尘效率影响

原料和燃料中含有水分,参与燃烧的空气也含有水分。因此燃料燃烧的产物及烟气中含有水蒸气,对电除尘的运行是有害的。但是在有孔、门等漏风的地方,由于在这里烟气温度降至露点以下,就会造成酸腐蚀。增湿可以降低比电阻,提高除尘效率。为了防止烟气腐蚀,电除尘外壳应加保温层,使烟气温度都保持在和湿度相对应的露点温度之上[30]。烟气湿度对比电阻的影响(电场飞灰、水泥窑粉尘)如图2-21所示。

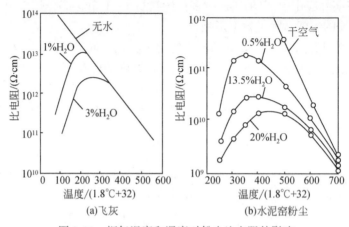

图 2-21　烟气温度和湿度对粉尘比电阻的影响

(5)含尘浓度对除尘效率影响

随着烟尘含尘质量浓度的增加,带电粉尘数量增多,虽然所形成的电晕电流不大,但形成的空间电荷却很大,严重抑制电晕电流的产生,使尘粒不能获得足够的电荷,以致二次电流大幅度的下降,如果含尘浓度太大时,可能使电流趋于零,使运行参数明显下降、收尘效果明显恶化,这种现象称为电晕闭塞[30]。这会导致电除尘器的除尘能力显著降低。为了避免这种现象,进入电除尘器气体的含尘浓度应保证低于$30g/m^3$。如果气体含尘浓度过高,可以选用曲率大的芒刺型电晕电极,或者在电除尘器前设置预除尘装置,进行多级除尘。

(6)电除尘器供电对除尘效率影响

静电除尘器的除尘效率会受到供电装置的容量,输出电压的高低、电压波形和稳定性及供电分组等多个方面的影响。

在电除尘器正常运行情况下,电晕电流和功率都随着电压的升高而急剧增加,有效驱进速度和除尘效率也迅速提高。但电压升高到一定值时,电除尘器内将产生具有危害的火花放电,使极板上产生二次扬尘,从而影响除尘效率。

（7）烟气成分的影响

烟气成分对负电晕放电特性有很大的影响,主要体现在烟气成分不同,在电晕放电中电荷载体的有效迁移率不同。因为惰性气体及 N_2、H_2 的电子依附概率为零,所以不能形成负离子,也不会产生负电晕,而 SO_2、H_2O 等气体分子能产生较强的负电晕,同时,它们吸附在粉尘表面,使粉尘的表面导电性增加,从而降低了比电阻,改善了电除尘器性能。含水量与击穿电压有关,含水量高,可以相应提高击穿电压,加大火花放电出现的难度,有利于提高运行电压。

（8）振打清灰对除尘效率影响

电除尘一般均采用锤击振打方式清灰。在阴阳极锤击振打力度和均匀性都满足要求时,阴阳极锤击振打制度(周期、时间)是否合理对除尘效率的影响极大。锤击振打周期对除尘效率的影响在于清灰时能否使脱落的尘块直接落入灰斗中。振打周期过长,极板积灰过厚,将降低带电粉尘的极板上的导电性能,降低除尘效率,振打周期过短,粉尘会分散成碎粉落下,引起较大的二次扬尘[29]。

2.2.4　电除尘提效新技术

1. 烟气调质技术

影响电除尘器除尘效率的最重要参数之一是粉尘的比电阻。若粉尘的比电阻低于临界值 $5\times10^{10}\Omega\cdot cm$ 时,会对粉尘粒子荷电量及荷电率产生影响,造成粉尘层电压降提高,阴阳极有效电场强度下降。若粉尘比电阻超过 $10^{12}\Omega\cdot cm$,此时除尘器电场运行电压急剧降低,收尘效率大幅下降,反电晕现象严重。一般比电阻在 $10^6\leqslant\rho\leqslant5\times10^{10}(\Omega\cdot cm)$ 范围内电除尘器发挥最大效能。

烟气调质是向烟气中喷入化学调质剂或水来改善烟气比电阻,从而提高电除尘器的除尘效率的一种工艺方法,常用的调质剂有 SO_3、NH_3、氯化物、铵化物、有机胺、碱金属盐等。其中 SO_3 调质是电除尘器中应用最为广泛,也是最成熟稳定的技术。

SO_3 烟气调质就是将极少量(10~15ppm)的 SO_3 喷入烟气中,与烟气中 H_2O 结合形成的 H_2SO_4 烟酸气溶胶极易吸附在粉尘表面,增加粉尘荷电能力,降低飞灰的比电阻,提高除尘效率。

德国 Pentol 公司烟气调质系统工艺以固态硫黄作为原料,经硫黄熔化转化为液态硫黄,保持液态硫黄温度在 125~145℃ 之间,此时液态硫黄的黏度最小,便于输送,液态硫黄通过输送管道上在燃硫炉完全燃烧,生成 SO_2。含 SO_2 的混合气进入到转化塔中,在 V_2O_5 的催化作用下进一步氧化为成 SO_3。含 SO_3 的混合气体通过不锈钢管道输送注入锅炉尾气中,进行烟气调质处理。需注入的 SO_3 浓度与煤种和粉尘浓度有关,约为 10~20ppm,其中 99.5% 以上的 SO_3 会被粉尘捕集,由于

SO_3注入温度远高于露点温度,所以 SO_3 烟气调质系统不会对烟道、除尘器及下游设备产生明显腐蚀,仅有不超过 2.5mg/Nm³ 的 SO_x 逃逸[31]。

2. 烟气细颗粒物化学团聚技术

理论上电除尘器对飞灰中较大颗粒物($d>2.5\mu m$)的除尘效率可达100%,但对于 $d=0.1\sim1\mu m$ 飞灰颗粒的除尘效率只能达到65%~85%。因此仍有占飞灰总数95%以上的细颗粒物($PM_{2.5}$)无法被捕集。若这些小颗粒发生聚并形成大颗粒,那么电除尘器就可以轻易地将其除去。基于此,细颗粒物团聚技术应运而生。

$PM_{2.5}$ 细颗粒物团聚强化除尘技术的原理是通过使用合适的团聚促进剂,增强细微粉尘颗粒之间的相互作用力,促使细颗粒物凝聚成较大的颗粒团,以提高对细颗粒物的脱除效率。烟气细颗粒物团聚技术是一种电除尘器提效技术,是超低排放的一项技术措施。

细颗粒物团聚强化除尘技术包含细颗粒物润湿技术、絮凝团聚技术和比电阻调节技术。

针对某些疏水性粉尘颗粒难以湿润的特性,通过在团聚剂中添加表面活性剂和无机盐,可加速细颗粒物进入团聚剂液滴内部,提高润湿性能,见图2-22。

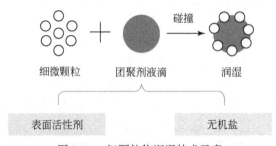

图 2-22　细颗粒物润湿技术示意

在团聚剂中添加高分子化合物或 pH 调节剂,可使颗粒物之间以电性中和、吸附架桥的方式团聚在一起,增强团聚效果,见图2-23。

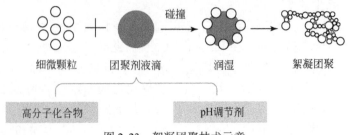

图 2-23　絮凝团聚技术示意

通过在团聚剂中添加无机盐和活性离子,增强颗粒物的导电性,降低烟气温度,可调节颗粒物比电阻,提高除尘效率,见图 2-24。

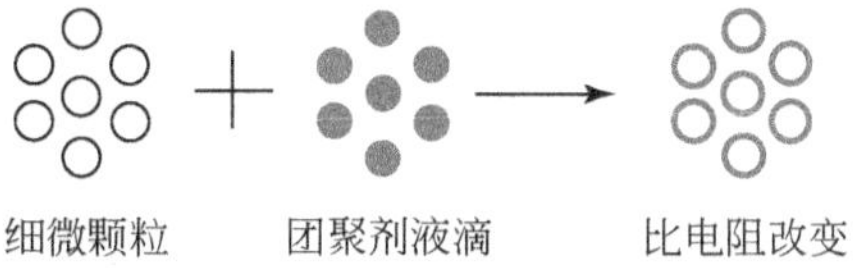

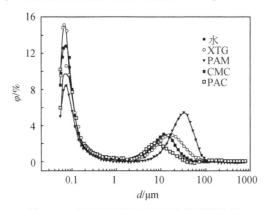

图 2-24　比电阻调节技术示意

图 2-25 显示了几种不同团聚剂的团聚效果,添加团聚剂可使细颗粒物聚并形成粒径较大的颗粒。团聚前后颗粒形貌特征见图 2-26。

图 2-25　不同团聚剂对细颗粒的团聚作用

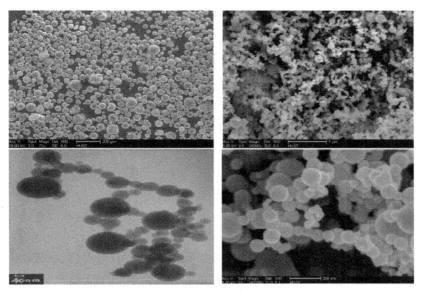

图 2-26　团聚前后颗粒形貌特征

细颗粒物团聚技术可以在保持现有除尘设备和参数的前提下,提供一种性价比较好的颗粒物排放控制方法,以达到超低排放环保标准,PM$_{2.5}$减排 60% 以上。

化学团聚剂供应系统主要包括团聚剂制备系统、压缩空气系统和团聚剂输送系统、团聚剂雾化喷射系统及 DCS 团聚控制系统等(图 2-27)。

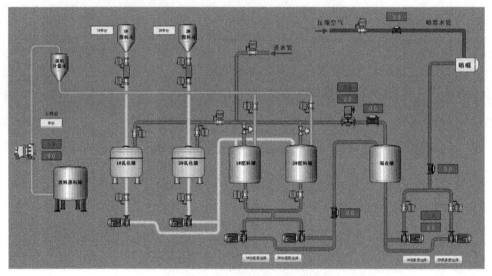

图 2-27　团聚剂制备及供应系统

团聚剂制备系统。包括团聚剂存放设备、溶液储备设备、搅拌设备和溶剂供应设备等。

团聚剂雾化喷射系统。采用气液二相流喷枪,喷雾效果好,更换方便,耐高温,耐腐蚀。烟道喷射喷枪采用可抽取式,可实现在线检修。

DCS 团聚控制系统。控制系统应简便可靠,包括操作员站、工程师站、历史站。

2016 年 11 月,对江西某电厂 4#机组细颗粒物团聚强化除尘系统进行了测试,结果表明,当细颗粒物团聚强化除尘技术未投运时,电除尘器出口烟尘浓度约 50mg/Nm^3,烟囱粉尘平均浓度 15.6mg/Nm^3,不能满足除尘超低排放要求;当细颗粒物团聚强化除尘技术投运后,电除尘器出口烟尘平均浓度约 15.17mg/Nm^3,烟囱粉尘浓度不超过 10mg/Nm^3,平均浓度约 1.7mg/Nm^3,满足除尘超低排放要求。

细颗粒物团聚强化除尘的优势为:①燃煤适应性较好,负荷适应性较好;②电除尘提效改造效果明显;③不会增加烟道阻力,对引风机无影响;④改造工程量小,一次性投资少;⑤改造对生产影响小。

团聚剂具有良好的悬浮性、乳化性和水溶性,并具有良好的热、酸碱稳定性,不属于易燃化学品,在使用过程中无二次污染。该技术可为燃煤锅炉、窑炉实现颗粒物超低排放提供一种切实可行、经济有效的技术方案,可广泛应用于火电、水泥及钢铁等相关行业。

3. 烟气细颗粒物电凝并技术

电凝并技术是针对传统除尘设备对 $PM_{2.5}$ 脱除效率不足应运而生的一种细颗粒物脱除技术。含尘气体在进入除尘器之前,先对其进行荷电处理,从而产生电极化作用,使相邻两列的烟气粉尘带上极性不同的正负电荷,微粒在极化后成为一种电介质而产生极化电荷,在均匀或非均匀电场中,粒子会在电场中迅速凝结在一起形成大颗粒,随后进入除尘设备,这就是电凝并的工作原理。

双极电凝聚技术(BEAP)使用两个关键技术来减少细微颗粒的排放量,一是双极荷电器有若干个的正负交替的平行通道,使烟气和烟尘通过,双极荷电器使一半烟尘荷上正电,一半荷上负电。二是特别设计的粒径选择混合系统,使荷上负电荷的细微颗粒与带正电荷的大颗粒混合,即荷电后的颗粒通过颗粒间的惯性碰撞、颗粒扩散、空间电荷力、颗粒间的异极性吸引、颗粒间或颗粒与壁面的力使微细粒子凝并成较粗的粒子后来加以去除。

带同性电荷的粒子比带异性电荷的粒子的凝并效果差,因此,双极荷电效果优于单极荷电。双极荷电凝并器采用正极、接地极、负极交替布置,具体见图 2-28。

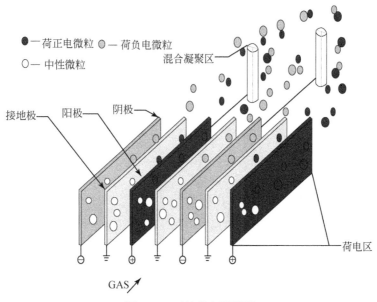

图 2-28　双极荷电凝并器

因为静电作用力随距离迅速减小,混合系统的实质是使携带细微颗粒靠近带相反电荷的颗粒,有足够的作用力使它们接触形成凝聚团。全尺寸凝聚器的现场测试表明双极静电凝聚技术能减少半数以上的细微颗粒。

通过改变气流流向促使异性极性电荷混合,从而使荷电后的大粒径颗粒发生进一步凝聚。而当流体处于湍流形态时,流体中的颗粒互相发生碰撞而黏附在一起,因此,在流体中创造涡旋会促进颗粒的凝并,见图2-29。涡旋数量越多、强度越大越能促进粒子的接触,同时涡旋越稳定持久,越能增强粒子的凝并效果,从而大幅度提高聚并效率。

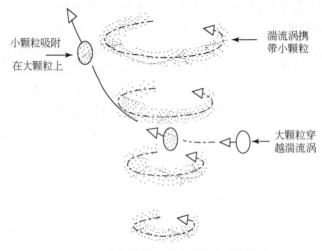

小颗粒吸附
在大颗粒上

湍流涡携
带小颗粒

大颗粒穿
越湍流涡

图 2-29　小颗粒凝聚到大颗粒的碰撞过程

对安装在电厂的示范凝聚器的测试表明,在静电除尘器前安装凝聚器后细微颗粒排放大量减少。Watson 电厂是一个 250MW 的粉煤燃烧炉,有两个空气加热器分别连接两个静电除尘器,Indigo 凝聚器安装在"B"静电除尘器前面,对"A"和"B"两个除尘器分别测试颗粒粒径,对逃逸曲线进行比较,可以看出安装凝聚器之后细微颗粒排放的减少程度随粒径的减小而大大提高,在 $10\mu m$ 粒径范围颗粒物排放的改善程度为 60%,在 $1\mu m$ 粒径范围提高到 75%,在 $0.1\mu m$ 粒径范围提高到 90%。因此,凝聚器对 $10\mu m$ 颗粒只能去除一半,$1\mu m$ 颗粒的去除提高到原来的 9/10,$PM_{2.5}$ 排放平均削减到原来的 1/5 或消减量为 80%。凝聚器通过使细微颗粒附着到大的颗粒物上,很容易被静电除尘器捕集,从而大大削减了细微颗粒物的排放。

前置电凝并器的电除尘器在美国、澳大利亚及中国香港(青山电厂 1 台 20万 kW 机组)已有应用。近年来,我国电凝并技术的研究也在国内一些大学和研究机构开展起来,已在一台 300MW 机组实现了工程应用,排放浓度下降率为 32.59%,$PM_{2.5}$ 质量浓度下降率约 34%。

但前置电凝并器安装需要有较长直管段烟道,特别是风速一般 12~15m/s 时,存在磨损及灰沉积等问题,长期运行效率和可靠性会下降,限制了工业应用,仍需进一步改进。

4. 高压供电及控制新技术

(1)智能型控制电源

随着电除尘技术的进一步提高,普通型电源已不能完全满足功能的需求,先进的智能型控制电源便应运而生,它是以微处理器为基础的新型高压控制器,技术成熟,已在行业内得到广泛应用,其主要功能如下。

火花控制功能。拥有更加完善的火花跟踪和处理功能,采用硬件软件单重或软硬件双重火花检测控制技术,电场电压恢复快,损失小,闪络控制特性良好,设备运行稳定、安全,有利于提高除尘效率。

多种控制方式。控制方式扩充为全波、间歇供电等模式,全波供电包括火花跟踪控制、火花率设定控制、峰值跟踪控制等多种方式,间歇供电包括双半波、单半波等模式,并提供了充足的占空比调节范围,大大减轻反电晕的危害。

绘制电场伏安曲线。多数控制器能够手动绘制电场伏安曲线,也有部分控制器能够自动快速绘制电场动态伏安曲线族(包括电压平均值、电压谷值、电压峰值等三组曲线),它们真实反映了电场内部工况的变化,有助于对反电晕、电晕封闭、电场积灰等是否发生及程度做出准确的判断。

断电振打功能(降功率振打功能)。又称电压控制振打技术,指的是在某个电场振打清灰时,相应电场的高压电源输出功率降低或完全关闭不输出。采用的是高压控制器和振打控制器联动方式的控制技术,二者有机配合,参数可调,使用灵活,能显著提高振打清灰效果,进而提高除尘效率。

通讯联网功能。提供了 RS422/485 总线或工业以太网接口,所有工况参数和状态均可送到上位机显示、保存,所有控制特性的参数均可由上位机进行修改和设定。

保护功能。具备完善的短路、开路、过流、偏励磁、欠压、超油温等故障检测与报警功能,设备保护更加完善,保证设备安全可靠运行。

(2)高频高压直流电源

高频高压直流电源(简称高频电源)是新一代的电除尘器供电电源,其工作频率可达几十 kHz。相较于传统工频电源,它不仅具有重量轻、空间占有率低、三相负载对称、功率因数和效率高的特点,更具有优越的供电性能。大量的工程实例证明,高频电源在提高除尘效率、节约能耗方面,具有非常显著的效果。

高频高压电源有纯直流供电与间歇供电两种供电方式,控制方式主要采用调频控制,还有部分采用调幅控制,其基本原理是将三相工频输入电源整流成直流,经逆变电路逆变形成 10kHz 以上的高频交流电,然后通过整流变压器升压整后,形成几十 kHz 的高频脉动电流供给至电除尘器电场。高频电源主要由三个部分组成:逆变器、高频整流变压器、控制器。其中逆变器负责直流到高频交流的转换,高频整流变压器则负责输出升压整流,为电除尘器提供电源。高频电源纯直流供电输出电压纹波系数小于 3%,间歇供电时 Pon、Poff 时间任意可调,可以给电除尘器提供脉动幅度很大、脉冲重复频率可调的各种电压波形,可针对各种特定工况提供最合适的电压波形[32]。高频电源原理框图如图 2-30 所示。

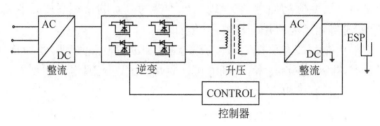

图 2-30　高频电源原理框图

高频电源主要特点如下。

①高频电源在纯直流供电方式下,提供了几乎无波动的直流输出,相比工频电源,可使其供给电场内的平均电压提高 25% ~ 30%,电晕电流扩大了约一倍,烟尘排放降低约 30% ~ 50%。

②高频电源以间歇脉冲供电方式工作时,其脉冲宽度在几十 μs 到几 ms 之间,在较窄的高压脉冲作用下,可以有效减少高比电阻粉尘的反电晕,提高除尘效率并大幅度节能。

③控制方式灵活,可以根据电除尘器的实际工况提供最合适的电压波形,提高电除尘器对不同工况条件的适应性。

④高频电源效率和功率因数均可达 0.95,纯直流供电时相比工频电源节能约 20%。同时高频电源间歇供电间歇比 Pon 及 Poff 时间任意可调,可以在满足除尘效率的情况下提供最合适的间歇比以获得最大的节能效果。

⑤体积小,重量轻,一体化设计,节省基建及电缆的费用。

⑥调幅式高频电源,波形连续,峰值可变、可控,开关频率不变,变压器可靠性高,温升低。

(3)脉冲高压电源

脉冲高压电源是电除尘配套使用的新型高压电源,其供电方式被公认为是改善除尘器性能和节能降耗最有效的方式之一。目前常见的组合为一个直流电源叠加一个脉冲高压电源,直流高压源可采用工频和高频电源等。

脉冲高压电源是采用脉冲宽度在 65 ~ 125μs 之间的窄脉冲电压波形,叠加于基础直流高压,瞬间形成一个高压脉冲电场,其峰值电压远高于电除尘器常规使用击穿电压,能有效克服反电晕现象。其输出的脉冲幅度、脉冲重复频率、基础二次直流高压和基础二次直流电流可调。

脉冲高压电源原理框图如图 2-31 所示[32]。

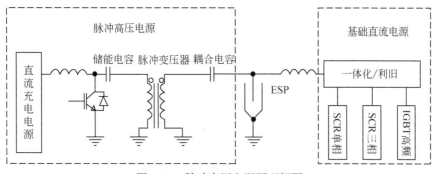

图 2-31　脉冲高压电源原理框图

脉冲高压主要特点如下。

①高效节能,脉冲单元负责粉尘荷电,其供电时间短且采用能量回馈机制,脉冲升压时的大部分能量会送到储能电容中回收,可以供下一步脉冲使用,而基础直流高压单元只需维持电场起晕电压,提高了电能利用率。

②工况适应能力强,有效抑制反电晕。脉冲电源供电时,平均电流较小,缓解了粉尘的电荷积累,因而可减弱反电晕的发生。另外,脉冲电源的平均电压电流和峰值电压电流单独可调,适用性大幅提高,对高比电阻粉尘等恶劣工况具有良好的适应性。

③提高电场峰值电压和电晕功率。极窄的高能脉冲有效突破了常规直流电源的闪络电压限制,峰值电压可提高到 140kV 以上,输出电流由几 A 提高到 200A 以上。

④提高除尘效率,尤其适合于微细粉尘尤其是对 $PM_{2.5}$ 微细粉尘。同等工况下,可减少粉尘排放 50% 以上。

脉冲高压电源可适用于各种除尘工况,尤其适用于高比电阻粉尘和微细粉尘的后级电场改造,改善效果特别显著。

(4)三相高压直流电源

三相高压直流电源(简称三相电源)是采用三相交流输入(380V AC/50Hz),相位上依次相差 120°,各相电流、电压、磁通大小相等,通过三路六只可控硅反并联调压,经三相变压器升压整流,实现供电平衡,减少初级电流和缺相损耗,实现超大功率。同常规单相高压电源比较,三相电源具有输出波形稳定、供电平衡、二次平均电压高,功率因数高,对于中低比电阻粉尘工况下,可提供高效的运行电压和电流,显著提高除尘效率。

三相电源电路原理框图如图 2-32 所示。

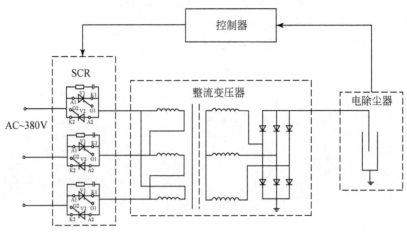

图 2-32　三相高压直流电源原理框图

三相电源主要特点为[32]①输出直流电压平稳,波动较工频电源小,运行电压可增加20%以上。②供电平衡,设备效率高,节能降耗。③相电流小,容易实现超大功率。④三相电源在电场闪络时的火花封锁时间长,火花强度大,需要采用新的抗干扰技术和火花控制技术。⑤控制系统和变压器可分开布置,适应各种工况条件。⑥三相电源脉冲宽度、间歇比调整不灵活,因此对于高比电阻粉尘的应用效果较差。⑦三相电源应用于高浓度粉尘的电场时,可以提高电场的电流荷电和工作电压。

(5)恒流高压直流电源

恒流高压直流电源简称"恒流电源"。恒流高压直流电源具有电流源输出特性,电晕功率高,工作持续、稳定、可靠,功率因数高等优点。

恒流源电路包括三个部分:第一部分为 L-C 谐振变换器,每个变换器由电感 L 和电容 C 组成一个谐振回路网络,把交流电压源转换成电流源;第二部分为直流高压发生器 T/R,将工频交流电压通过升压整流后输出成直流高压,为电除尘器提供稳定的高压直流供电;第三部分为反馈控制电路,主要由接触器和半导体器件构成,为高压输出提供闭环控制[32]。原理框图如图 2-33 所示。

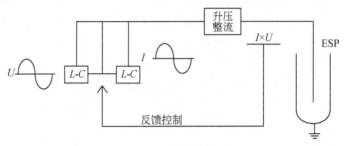

图 2-33　恒流高压直流电源原理框图

恒流电源主要特点为①具有恒流输出特性。②在伏安特性曲线上具有很宽的工作区间,能够在伏安特性曲线上任意点稳定工作,电场阻抗的变化对供电参数的影响很小。③电流反馈控制,能自动适应工况变化且工作平稳。④采用并联模块化设计,结构清晰,故障率低,最大程度保障可连续工作。⑤自动抑制火花放电向流柱放电发展,一旦电场内形成流柱放电,电源自然而然降低供电电压、大幅消减供电功率,火花自行熄灭,继而自动恢复正常供电。⑥能承受瞬态和稳态短路。⑦输入、输出电压为完整的正弦波,不干扰电网;功率因数≥0.90,而且不随运行功率水平而变化。

恒流电源广泛应用于导电玻璃钢湿式电除尘,在干式电除尘器升级改造、电除雾和电捕焦也有大量应用。

5. 低低温电除尘技术

低低温电除尘技术通过烟气冷却器将烟气由通常的低温状态(120～170℃)降至酸露点以下(90℃左右),使得烟气中的大部分 SO_3 在烟气冷却器中冷凝成硫酸雾并黏附在粉尘表面,使粉尘性质发生了很大变化,降低了粉尘比电阻,避免反电晕现象的发生,同时去除大部分的 SO_3 ,可大幅提高湿法脱硫的协同除尘效果[32]。

以低低温电除尘技术为核心的烟气协同治理典型技术路线,指除尘技术用低低温电除尘的烟气治理技术路线,如图 2-34 所示。在不设湿式电除尘器的情况下可实现烟气超低排放,在节能提效的同时,对 SO_3 有很高的脱除效率。

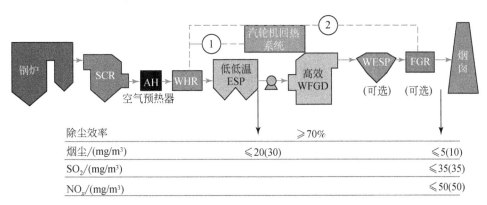

除尘效率		≥70%	
烟尘/(mg/m³)	≤20(30)		≤5(10)
SO_2/(mg/m³)			≤35(35)
NO_x/(mg/m³)			≤50(50)

图 2-34　以低低温电除尘技术为核心的烟气协同治理技术路线

当不设置烟气再热器(FGR)时,烟气冷却器(WHR)处的换热量按①所示回收至汽机回热系统;
当设置烟气再热器(FGR)时,烟气冷却器(WHR)处的换热量按②所示至烟气再热器(FGR)

相对于常规电除尘技术,低低温电除尘器除尘效率得以提高,主要原因如下。

①比电阻下降。将烟气温度降低到酸露点以下, SO_3 冷凝成硫酸雾并黏附在粉尘表面,粉尘性质发生了很大变化,大幅度降了低粉尘比电阻。对燃煤电厂而言,

温度降低,粉尘比电阻本身也会下降。

②击穿电压上升。根据经验公式计算,一般烟温度每降低10℃,电场击穿电压将上升3%左右。在实际应用中,由于有效地避免了反电晕,击穿电压有更大程度的上升幅度。

③烟气量降低。由于烟气温度降低,烟气体积流量将下降,比集尘面积提高,也增加了粉尘在电场的停留时间。

④平均粒径增大。烟气温度降至酸露点以下,使烟气中的大部分 SO_3 冷凝成硫酸雾并黏附在粉尘表面,促进细颗粒团聚,平均粒径增大,有利于提高除尘效率。

低低温电除尘器通过灰硫比控制腐蚀风险,其适用范围为灰硫比大于100,此时不存在低温腐蚀风险。对国内典型电厂、典型煤种进行了灰硫比计算,除个别高硫煤外,国内煤种的灰硫比均大于100,低低温电除尘技术对国内煤种具有广泛的适应性,根据低低温电除尘器近三年的运行反馈和跟踪,均未发现低温腐蚀现象,但低低温电除尘器存在二次扬尘适当增加、绝缘子更易发生结露爬电、灰的流动性降低及漏风点更易发生局部腐蚀等问题,需加以关注。

为减少二次扬尘可选择下述措施:适当增加电除尘器容量,通过加大流通面积,降低烟气流速,设置合适的电场数量;可采用旋转电极式电除尘技术或离线振打技术;设置合理的振打周期及振打制度;出口封头内设置槽形板,使部分逃逸或二次飞扬的粉尘进行再次捕集。

低低温电除尘器因运行在酸露点温度以下,存在粉尘和液滴吸附在绝缘子表面引起结露和爬电,造成绝缘失效的风险,可采用防露型高铝瓷绝缘子或设置热风吹扫装置。高铝瓷绝缘子在抗电性能、抗热震性、机械性能等方面都要远远优于普通工业电瓷、石英套管和高分子材料绝缘子,更适合用于低低温电除尘器。

在"超低排放"的背景下,该技术得到了一大批火力发电机组的应用,不但实现了 $20mg/m^3$ 以下烟尘浓度超低排放,并通过回收利用烟气余热,实现节能减排。如某电厂 2×660MW 机组于2014年12月中旬投运,经测试,电除尘器出口烟尘浓度约 $12mg/m^3$,脱硫后烟尘、SO_2、NO_x 排放浓度分别为 $3.64mg/m^3$、$2.91mg/m^3$、$13.6mg/m^3$,湿法脱硫的协同除尘效率约70%;某电厂300 MW 机组于2014年8月投运,经测试,电除尘器出口烟尘浓度为 $18mg/m^3$,经湿法脱硫后,烟尘排放浓度为 $8mg/m^3$。

6. 移动极板电除尘技术

对常规电除尘器而言,高比电阻粉尘所导致的反电晕和振打引起的二次扬尘直接影响了电除尘器的除尘效率,也是目前常规电除尘器面临的主要技术瓶颈。

旋转电极式电除尘器是一种新型电除尘器设备,采用"移动电极电场+固定电极电场"的模式,转动极板技术最初研发于日本。移动电极电除尘器末电场独特旋转的清灰方式,无振打扬尘,能有效保持极板的清洁,可最大程度减少二次扬尘反电晕问题,大幅度提高除尘效率,从而为电除尘器实现超低排放提供了一条新的工艺路线。

旋转电极技术的除尘原理与传统除尘机理完全相同,但清灰方式与常规电除尘器完全不同。将集尘极设计成移动旋转式,阳极板排通过上部的主动轴驱动缓慢的循环上下运动,当阳极板上的粉尘聚集到一定厚度后进入灰斗上部非收尘区,附着于集尘极上的粉尘在随旋转阳极板运动到非收尘区域后,安装在电场下部的清灰刷对极板的两面进行清灰,刷下的灰直接进去灰斗,整个清灰过程避免了二次扬尘的产生。移动电极电除尘器电场的阳极板排采用环形设计,阳极板板排通过上部主动轴系和下部从动轴系张紧固定,旋转清灰装置设置在从动轴上部的非收尘区,主动轴和清灰装置由电场外的驱动电机提供动力,如图 2-35 所示。

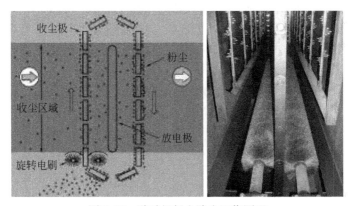

图 2-35　移动极板电除尘工作原理

旋转电极式电除尘器的特点为①能够保持阳极板的清洁,避免反电晕现象,有效解决高比电阻粉尘的收尘问题。②最大限度地减少二次扬尘,实现电除尘器粉尘低浓度排放。③可使电除尘器小型化,节约场地。相较于四电场的常规电除尘器,旋转电极式电除尘器只需要三电场(两个固定电极电场,一个旋转电极电场)。④适用于老旧电除尘器改造,在大多数场合,只需将末电场改成旋转电极电场,其余电场可予以保留。⑤工程应用情况表明,最低排放浓度可达 $10mg/Nm^3$ 以下。

但旋转电极式电除尘器对设备加工精度、安装精度、材质、烟尘条件和工况变化适应性有严格要求,否则无法够可靠、稳定、高效地运行,成为制约其广泛应用的障碍。

河南某电厂 3 号炉 135MW 机组于 2003 年 7 月投用,机组原配套的是一台 $257m^2$ 双室四电场静电除尘器,设计除尘效率≥99.6%,二十几电除尘器出口排放超过 $120mg/Nm^3$,迫切需要对除尘设备进行提效升级来满足新的环保要求。经过多次论证,最终确定在原除尘器出口端新增一个移动电极电场。2014 年 1 月移动电极电除尘器投运,机组稳定运行 4 个多月后,进行了性能验收测试实验。实测电除尘器 A、B 两室的出口标况含尘浓度分别为 23.4mg/Nm³、28.8mg/Nm³,平均为 26.1mg/Nm³,取得了明显提效效果。

2.2.5　电除尘器设计选型

1. 电除尘器特点与适用范围

电除尘器的主要优点有:①压力损失小,一般为 200～500Pa;②烟气处理量大,单台电除尘装置处理烟气量可达 105～106m³/h;③能耗低,大约 0.2～0.4kW·h/1000m³;④耐高温,可达 350～450℃;⑤对细粉尘捕集率较高,可达 99%;⑥干法除灰,有利于粉尘的输送和再利用,杜绝水污染;⑦自动化程度高安全可靠。

电除尘器的主要缺点是:①设备造价高,一次投资较大。②应用范围受比电阻的限制。粉尘比电阻在 $10^4～10^{11}\Omega\cdot cm$ 范围以外,除尘效率显著下降。③除尘效率不稳定,受烟气工况变化影响较大。

电除尘器主要应用场合包括燃煤锅炉烟气除尘、球团烟气除尘、冶金烧结机机头除尘、炼钢转炉煤气除尘、有色冶炼烟气高温除尘、建材行业窑头窑尾烟气除尘、化工行业制酸、特种工业窑炉含尘尾气颗粒物净化等。干式电除尘器不宜处理爆炸性粉尘,可能会因为产生电火花而引起爆炸。

2. 电除尘器选型应考虑的条件

①烟气来源、产生及规律。

②烟气性质及参数,如含尘气体量、气体温度、气体湿度、出入口含尘浓度、气体化学成分等。

③粉尘的理化性质,如飞灰化学成分分析、飞灰粒度(斯托克斯粒径)、飞灰密度(包括堆积密度和真密度)、飞灰比电阻(包括实验室比电阻和工况比电阻)和安息角等。

④厂址气象和地理条件。

⑤电除尘器占地、输灰方式、粉尘回收利用。

⑥效率要求、本体压力降、本体漏风率、噪声等。

3. 电除尘器的选型设计

(1)电除尘器选型设计步骤

①确定处理烟气量。

②确定环保所要求的除尘效率。

③确定有效驱进速度。

④计算收尘总面积。

⑤确定电场风速和有效断面积。

⑥确定通道宽度及电场长度。

⑦电场个数确定。

⑧电除尘器台数确定。

（2）有效驱进速度选取

电除尘器中影响粉尘电荷及运动的因素很多,应采用经验或半经验性的方法来确定驱进速度($\overline{\omega}$),部分生产性烟尘的有效驱进速度范围见表2-6。

表2-6　粉尘的驱进速度

粉尘名称	$\overline{\omega}/(m/s)$	粉尘名称	$\overline{\omega}/(m/s)$
电站锅炉飞灰	0.04 ~ 0.2	硫酸雾	0.061 ~ 0.071
粉煤炉飞灰	0.1 ~ 0.14	氧化铝	0.064
纸浆及造纸锅炉尘	0.065 ~ 0.1	氧化锌	0.04
铁矿烧结机头烟尘	0.05 ~ 0.09	氧化铝熟料	0.13
铁矿烧结机尾烟尘	0.05 ~ 0.1	氧化亚铁	0.07 ~ 0.22
铁矿烧结粉尘	0.06 ~ 0.2	铜焙烧炉尘	0.0369 ~ 0.042
碱性氧气顶吹转炉尘	0.07 ~ 0.09	有色金属转炉尘	0.073
干法水泥窑尘	0.04 ~ 0.06	硫酸	0.06 ~ 0.085
焦油	0.08 ~ 0.23	热硫酸	0.01 ~ 0.05
煤磨尘	0.08 ~ 0.1		

（3）电除尘器收尘总面积计算

当已知除尘器的要求效率、粉尘有效驱进速度和处理风量,可采用 Dertsch 公式计算电除尘器的收尘面积,即

$$S_A = \frac{-\ln(1-\eta) \times Q}{\omega} \qquad (2-22)$$

式中,η——除尘效率,%;S_A——总集尘面积,m^2;Q——含尘气体流量,m^3/s;ω——有效驱进速度,m/s。

（4）电除尘器的电场风速及有效断面积计算

电场风速一般在 0.7 ~ 1.5m/s 之间,建议取下限。具体可参考表2-7确定。电场有效断面积应按下式计算:

$$F = Q/V \qquad (2-23)$$

式中,F——电场有效面积,m^2;Q——烟气量,m^3/s;V——电场风速,m/s。

表 2-7　电除尘器的电场风速

污染源		电场风速 $V/(\text{m/s})$
钢铁工业	电厂锅炉飞灰	0.7 ~ 1.2
	纸浆和造纸工业锅炉黑液回收	0.8 ~ 1.2
	烧结机	1.2
	转炉煤气	0.7 ~ 1.0
	干法窑(增温)	0.8 ~ 1.0
	干法窑(不增温)	0.4 ~ 0.7
	硫酸雾	0.9 ~ 1.5
	有色金属炉	0.6

(5)电除尘器的通道宽度及电场长度

通道宽度是阳极板、阴极线间距的两倍,也称为同极间距。一般选用在 250 ~ 650mm 范围,目前工程中最常用的在 350 ~ 450mm 之间,具体数据应综合工程实际考虑。

通道数可按下式计算,在采用多室结构时,单室电场通道数不宜超过 50 个。

$$Z = \frac{B}{2b-e} \tag{2-24}$$

式中,Z——电除尘器的通道数;B——电场有效宽度,m;b——阳极板与阴极线的中心距,m;e——阳极板的阻流宽度,m。

(6)电场长度计算

电场长度可按下式计算:

$$L = \frac{S_A}{CnH} \tag{2-25}$$

式中,L——电场长度,m;S_A——总收尘面积,m²;C——通道数;n——电场数;H——电除尘器有效高度(不大于 17m,根据具体确定),m。

(7)电场个数确定

通常将电场沿气流方向分为几段,每段电场不宜过长,一般取 3.5 ~ 5.4m。电场数可根据有效驱进速度、除尘效率等数据综合考虑,一般选为 4 ~ 5 个为宜。

(8)电除尘器台数确定

应根据处理含尘气体量的大小配置电除尘器台数,一般为 1 ~ 4 台,并联布置。具体参见表 2-8。

表 2-8　电除尘器配置台数

序号	含尘气体量/($\text{m}^3/\text{h} \times 10^4$)	电除尘器台数/台
1	小于 50	1
2	50 ~ 150	2
3	150 ~ 250	3
4	250 ~ 300	4

2.2.6　电除尘工业应用

低低温电除尘器自 2013 年在国内燃煤电厂开始应用,得到了国内厂家和用户的广泛认可,几乎已成为燃煤电厂超低排放的"标配"设备,且已有数十台套单机 1000MW 等级机组投运业绩。

1. 电除尘器典型案例 1

某电厂 1 号炉 660MW 新建机组于 2015 年 10 月投运,采用低低温电除尘技术,前置烟道设置电凝聚器,每台炉配两台双室五电场电除尘器,每台电除尘器由 4 个固定电极电场和 1 个旋转电极电场组成,固定电极电场左右分小区,全部采用高频电源供电。不设湿式电除尘器。电除尘器及电凝聚器布置如图 2-36 所示[33]。

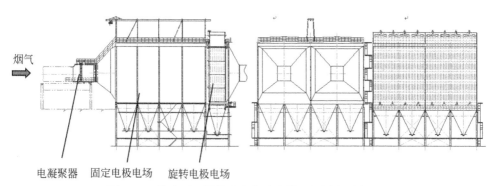

电凝聚器　固定电极电场　旋转电极电场

图 2-36　某电厂 1 号炉配套电除尘器及电凝聚器布置图

煤及飞灰主要成分见表 2-9,主要技术参数见表 2-10。在燃用灰分近 30% 的煤种时,保证电除尘器除尘效率≥99.967%,燃用设计煤种和校核煤种时电除尘器出口烟尘浓度分别≤12mg/m³ 和≤15mg/m³,经湿法脱硫的协同除尘后,实现烟气超低排放,其中烟尘≤10mg/m³。

表 2-9　煤及飞灰主要成分　　　　　　　(单位:%)

项目	煤主要成分		飞灰主要成分							
	收到基灰分(Aar)	收到基全硫(St,ar)	SiO_2	Al_2O_3	Na_2O	Fe_2O_3	CaO	MgO	TiO_2	K_2O
设计煤种	29.77	0.30	58.09	25.97	1.41	3.07	2.96	0.92	1.19	1.98
校核煤种	33.15	0.60	61.95	25.31	0.94	2.85	1.86	0.64	0.98	2.64

表 2-10 低低温电除尘器主要技术参数(1 号炉)

名称	主要参数
设计入口烟气温度	95℃
电除尘器入口烟气量	设计煤种:2×267.6Nm³/s;校核煤种:2×275.5Nm³/s
入口含尘浓度	设计煤种:35.906 g/m³;校核煤种:45.122g/m³
每台炉配电除尘数量	双室五电场,2 台
电场有效长度	4×5 m +1×4 m
电场有效高度	15 m
电场有效宽度	前四个电场4×16.4 m,第五电场4×16.1 m
同极间距	前四个电场 400 mm,第五电场 460 mm
总集尘面积	前四个电场2×49200m²,第五电场2×8400 m²
高频电源规格、数量	前四个电场:1.4 A/72 kV,32 台 第五电场:1.8 A/72 kV,4 台
保证除尘效率	99.967%
电除尘器出口粉尘浓度	设计煤种:≤12mg/m³;校核煤种:≤15mg/m³
本体漏风率	<2%
本体压力降	<200 Pa

2016 年 5 月 10 日,第三方测试单位对 1 号炉 660MW 机组低低温电除尘器进行了性能试验,结果显示在电除尘器入口平均烟尘浓度为 16.5g/m³ 时,除尘效率为 99.97%,电除尘器出口烟尘浓度为 4.47mg/m³,本体压力降为 188Pa,本体漏风率为 1.79%,均达到性能保证值。湿法脱硫后烟尘浓度为 2.3mg/m³。

2016 年 7 月,第三方测试单位对 1 号炉 660MW 机组电凝聚器提效实验。测定电凝聚器投运前后,电除尘器出口 $PM_{2.5}$ 浓度分别为 3.8mg/m³、2.4mg/m³,$PM_{2.5}$ 浓度下降率为 37%。电凝聚器压力降为 103 Pa。

2. 电除尘器典型案例 2

某电厂 4 号炉 300MW 机组改造前电除尘器出口烟尘浓度约为 50mg/m³,改造方案为在原四个电场常规电除尘器后新增 1 个旋转电极电场,并通过烟气冷却器将烟气温度降低至 95℃,结合第一、第二电场供电电源更换成高频电源等。在煤种全硫为 1.27%,收到基灰分为 26.10%,电除尘器进口烟尘浓度为 30g/m³ 时,电除尘器出口烟尘浓度为 13mg/m³(设计值≤20mg/m³)。2014 年 11 月经第三方测试,在锅炉满负荷条件下,不同入口烟温时电除尘器出口烟尘浓度如图 2-37 所示。

3. 电除尘器典型案例 3

某电厂 3 号炉 1000MW 改造机组采用以低低温电除尘技术为核心的烟气协同治理技术路线,电除尘器出口设计烟尘浓度不大于 15mg/m³,系统不设置湿式电除尘器,通过高效湿法脱硫装置协同除尘,实现出口颗粒物排放浓度 5mg/m³ 以下,采

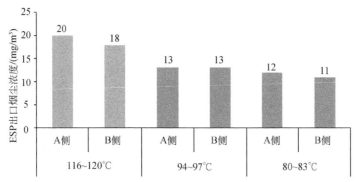

图 2-37　某电厂 4 号炉机组不同入口烟气温度时电除尘器出口烟尘浓度

用的技术路线为：SCR 脱硝 + 烟气冷却器 + 低低温 ESP + 高效湿法脱硫装置（WFGD），如图 2-38 所示[34]。

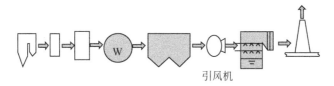

引风机

锅炉　脱硝　空预器　烟冷器　低低温ESP　　　　　WFGD　　烟囱

图 2-38　某电厂 3 号炉 1000MW 机组烟气净化技术路线图

该机组低低温电除尘器主要设计煤、飞灰成分如表 2-11 所示，主要技术参数如表 2-12 所示。每台炉配套 2 台三室四电场电除尘器，每个电除尘器的进口烟道各设置 1 台烟气冷却器，将烟气温度降低到 90℃ 左右，如图 2-39 所示。

表 2-11　主要煤、飞灰成分　　　　　（单位：%）

名称		设计煤种	校核煤种
煤主要成分	全水分	15.28	6.68
	收到基灰分	6.66	16.28
	收到基全硫	0.8	0.62
飞灰主要成分	SiO_2	44.10	65.42
	Al_2O_3	24.66	18.08
	Na_2O	0.29	0.26
	Fe_2O_3	13.14	5.47
	CaO	5.30	2.02
	MgO	2.25	1.11
	K_2O	1.99	1.12

表 2-12　低低温电除尘器主要技术参数

名称	技术参数
设计入口烟气温度	90℃
电除尘器入口烟气量	4379760m³/h
入口含尘浓度	20 g/m³
每台炉配电除尘器数量	三室四电场,2 台
电场有效长度	4×4.5m
电场有效宽度	3×14.4m
电场有效高度	15m
同极间距	400mm
总集尘面积	116640 m²
比集尘面积	95.87 m²/(m³/s)
极配形式	阴极线:前 2 电场 RS 芒刺线;后 2 电场螺旋线 阳极板:480C 阳极板
高压供电电源形式	高频电源
规格,数量	2.0A/80kV,24 台
保证除尘效率	99.925%
本体阻力	≤200Pa
本体漏风率	≤2%
电除尘器出口烟尘浓度	≤15mg/m³

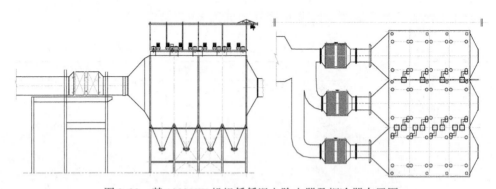

图 2-39　某 1000MW 机组低低温电除尘器及烟冷器布置图

　　为比较低低温电除尘器与常规电除尘器主要性能参数,将电厂 3 号炉 1000MW 机组的低低温电除尘器与 4 号炉 1000MW 机组的常规电除尘器进行对比,总集尘面积和煤种相同,经第三方测试,低低温电除尘器出口烟尘浓度

9.98mg/m³,常规电除尘器出口烟尘浓度 24.4mg/m³,低低温电除尘器除尘效率明显提高。表 2-13 为以上两台机组在某一时段的运行参数对比,电除尘器低低温提效改造后,有效提高了二次电压和二次电流,在提高电除尘器除尘效率的同时,运行电耗也有所增加。

表 2-13　4 号炉常规电除尘器与 3 号炉低低温电除尘器运行参数对比

项目		4 号炉常规电除尘器						3 号炉低低温电除尘器					
电除尘器室		A 侧电除尘器			B 侧电除尘器			A 侧电除尘器			B 侧电除尘器		
		A	B	C	D	E	F	A	B	C	D	E	F
二次电压/kV	1 电场	37	38	40	43	42	43	66	67	67	78	75	79
	2 电场	35	39	33	32	38	34	55	58	56	77	65	70
	3 电场	35	41	35	35	38	38	60	59	61	73	70	78
	4 电场	32	37	32	32	39	34	58	55	63	72	66	71
二次电流/mA	1 电场	326	318	326	334	364	362	1360	1623	1530	1523	1499	1595
	2 电场	333	319	333	337	327	217	1610	1499	1569	1499	1638	1539
	3 电场	297	333	297	368	307	267	1562	1502	1596	1499	1499	1496
	4 电场	333	292	333	300	337	322	1531	1633	1523	1510	1579	1502
出口烟尘浓度/(mg/m³)		24.9	27.5	22.3	22.0	25.8	21.5	10.1	6.3	5.6	9.1	9.2	9.6

可见,低低温电除尘技术在 1000MW 机组应用的适应性较好,可在较好经济性前提下实现 15mg/m³ 甚至 10mg/m³ 以下的出口烟尘浓度要求。

2.3　袋 式 除 尘

2.3.1　袋式除尘器工作原理

袋式除尘的作用是采用过滤技术把固体颗粒物从气体中脱除。袋式除尘器(袋式收尘器)是实现相应技术的设备,其利用棉、毛、合成纤维或人造纤维,以及金属或陶瓷等制成的袋状过滤元件,对含尘气体进行过滤。

当含尘气体通过洁净的滤袋时,由于滤料本身的孔隙较大(一般为 20 ~ 50μm),除尘效率不高,大部分微细粉尘会随气流从滤袋的孔隙中穿过,粗大的尘粒靠惯性碰撞和拦截被阻留。随着滤袋上截留粉尘的增加,细小的颗粒靠扩散、静电等作用也被捕获,并在孔隙中产生"架桥"现象。含尘气体不断通过滤袋的纤维间隙,纤维间粉尘"架桥"现象相应加强,一段时间后,滤袋表面积聚成一层粉尘,称为"一次粉尘层"。在随后的除尘过程中,"一次粉尘层"便成为滤袋的主要过滤

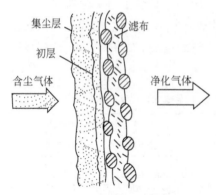

图 2-40 滤袋捕集粉尘的过程

层,而滤料则主要起着支撑骨架作用。

滤袋捕集粉尘的过程如图 2-40 所示。

随着滤袋上捕集的粉尘量不断增加,粉尘层不断增厚,过滤效率随之提高,但除尘器的阻力也逐渐增加,通过滤袋的风量则逐渐减少,此时需要对滤袋进行清灰。清灰的目标是,既要尽量均匀地除去滤袋上的积灰,又要避免过度清灰,能保留"一次粉尘层",保证工况稳定且高效运行。

袋式除尘器正是在不断过滤而又不断清灰的过程中持续工作的。

2.3.2 袋式除尘过滤机理

1. 纤维过滤机理

袋式除尘器对含尘气体的过滤主要采用了纤维、粉尘层和薄膜三种过滤方法。其除尘机理分别包括筛滤、惯性碰撞、钩附,以及扩散、重力沉降和静电等效应的综合作用,其中以"筛滤效应"为主。纤维体捕集粉尘机理见图 2-41。

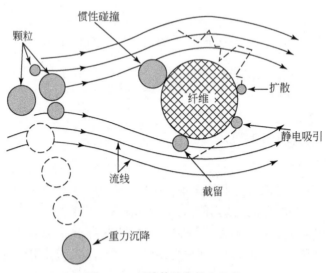

图 2-41 纤维体捕集粉尘机理

筛滤效应。当粉尘颗粒直径大于滤料纤维间的孔隙或滤料上粉尘间孔隙较大时,粉尘会被滤料阻留下来,称为筛滤效应。这种效应对织物滤料来说,影响很小,仅当沉积大量的粉尘在织物上,筛滤效应才会充分显示。

碰撞效应。当含尘气流靠近纤维时,气流会绕过纤维。但较大颗粒($>1\mu m$)由于惯性作用,会脱离气流流线,按原本的方向继续前进,直到撞击到纤维被捕集下来,称为碰撞效应。

钩附效应。当含尘气流靠近纤维附近时,细微的粉尘不会脱离流线,这时流线比较紧密。如果颗粒半径超过粉尘中心到纤维边缘的距离,粉尘即被捕获,称为钩附效应。

扩散效应。当粉尘颗粒处在$0.5\ \mu m$以下时,会与气体分子发生碰撞做不规则运动并偏离流线(也称布朗运动)。这增大了粉尘与纤维的接触概率而提高了被捕获的机会。当粉尘颗粒越小时,运动就会越剧烈,与纤维接触的机会也就越多。

随着纤维直径和滤料孔隙率的减小,碰撞、钩附以及扩散效应都会增加。因此,滤料所使用的纤维越细,纤维层越密实,其除尘效率越高。

重力沉降。颗粒大、相对密度大的粉尘,因重力的作用而沉降下来。这与借助沉降室捕集粉尘的机理相同。

静电作用。当纤维体被气体冲刷时,由于两者间的摩擦作用使纤维带电荷。这使某些粉尘颗粒也带上电荷在运动过程中。如果纤维经过树脂浸渍,电荷作用会加强。在外界不施加静电场时,由于捕集体的导电、离子化气体的经过、带电颗粒的沉降及放射性的照射的作用,会使电荷慢慢减少。

当粉尘与滤料的荷电性质相反时,粉尘易于吸附在滤料上,从而提高除尘效率,但被吸附的粉尘难以被剥离。反之,当两者的荷电相同时,则粉尘受到滤料的排斥,效率会因此而降低,但粉尘容易从滤袋表面剥离。另外,当颗粒荷电,捕集体中性时,捕集体上就会有诱导电荷产生,从而使两者产生静电吸引力;如果捕集体荷电而颗粒为中性,二者也会相互吸引。

2. 粉尘层与纤维层过滤机理

袋式除尘器的过滤效果主要依赖粉尘层,滤料单独的过滤效果是有限的,其主要起到粉饼形成的作用。

织造滤料的孔隙主要存在于经、纬纱之间(纱线直径一般为$300\sim700\mu m$,间隙为$100\sim200\mu m$),其次存在于组成纱线的纤维之间,这部分孔隙占总量的30%～50%。在滤尘的初期,粉尘大多从经、纬纱之间的孔隙通过,只有小部分粉尘进入纤维间的孔隙,粗颗粒尘便嵌进纤维间的孔隙内;非织造针刺毡(水刺毡)的纤维互相抱合,纤维之间呈三维空隙分布,孔隙率高,孔道弯曲,含尘气流通过时受筛分、惯性、滞留、扩散等综合作用,部分粉尘被分离,与纤维层共同形成过滤层。经长期过滤和清灰的过程,该过滤层逐渐形成"一次粉尘层"。

随着滤尘的进行,滤料逐渐对粗、细粉尘颗粒都产生有效的过滤作用,形成"一次粉尘层"(或称为"尘膜"),其厚度为 0.3～0.5mm,于是粉尘层表面出现以筛滤效应为主捕集粉尘的过程。此外,对粒径小于纤维直径的粉尘,碰撞、钩附、扩散等效应增加,除尘效率提高。滤料本身的除尘效率为 85%～90%,效率比较低,当滤料表面形成一次粉尘层后,除尘效率可达99.5%以上。滤袋清灰应适度,应尽量保留一次粉尘层,以防止除尘效率下降。粉尘层的形成与过滤风速有关。过滤风速较高时,粉尘层形成较快;过滤风速较低时,粉尘层形成较慢。

3. 薄膜过滤机理

薄膜过滤材料的典型代表是覆膜滤料,即表面覆以一层透气的微孔薄膜而制成的滤料。PTFE 薄膜是应用最多的膜材料,其孔隙率为 85%～93%,孔径为 0.05～3μm。即使对 1 μm 以下的微细粒子,PTFE 薄膜也有很高的捕集率。因此,覆膜滤料对粉尘的捕集主要依靠其表面薄膜的过滤作用,即表面过滤,很少依赖一次粉尘层。

在膜滤料在膜过滤机理中起了重要作用,另外,有时粒子与孔壁之间的相互作用比孔径大小更重要。膜的各种截留作用如图 2-42 所示。

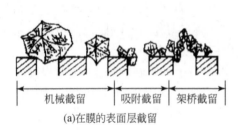

(a)在膜的表面层截留　　　　　　(b)在膜内部的网络中截留

图 2-42　膜的各种截留作用

微滤膜的过滤机理如下:

机械截留作用。即筛滤作用,指膜可以截留大于等于其孔径的微粒。

吸附及静电作用。普什(Pusch)认为当微孔内部捕集粒子是吸附和静电起的作用。

扩散作用。指直径小于 0.1μm 的粒子由于扩散作用被微孔孔壁捕获。

架桥作用。在孔的入口由于架桥作用微粒被截留,这可以通过电镜观察到。

4. 超细面层过滤机理

研究表明,降低单纤维直径、增加滤料接尘面的致密度是提高滤料过滤效率的途径。因此,在普通滤料表面敷设一层超细纤维面层(如海岛纤维),形成表面过滤,超细纤维之间可形成更小、更致密的空隙,可以有效阻隔细颗粒物进入滤袋内部,防止其穿透、逃逸,从而提高对细颗粒物的捕集效率。超细面层滤料结构见

图 2-43,超细面层滤料的过滤效果见图 2-44。

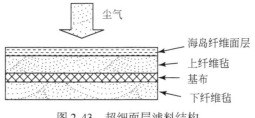

图 2-43　超细面层滤料结构

图 2-44　超细面层滤料的过滤效果

2.3.3　袋式除尘清灰机理

堆积在一次粉尘层上面的粉尘称为"二次粉尘层"。随着过滤的进行,滤料表面的粉尘层越来越厚,设备阻力越来越大,处理风量也越来越小,此时必须进行清灰,对于袋式除尘器能否长期持续工作清灰起到了决定性作用。其作用对象是"二次粉尘层",要求其可以快速且均匀的清除粉尘,还要保留一次粉尘层,并避免损害滤袋,同时动力消耗要少。

清灰原理是通过振动、逆气流或脉冲喷吹等外力作用,使黏附于滤袋表面的尘饼受冲击、振动、形变、剪切应力等作用而破碎、崩落。

清灰方式主要有机械振动清灰、脉冲喷吹清灰和反吹清灰等。也有袋式除尘器采用两种以上清灰方式联合清灰,例如反吹风和机械振动联合清灰,以及反吹风联合声波清灰等。

1. 机械振动清灰

机械振动清灰是滤袋利用机械装置(电动、电磁或气动),通过振动使滤袋表面的尘饼脱落,其主要机理包括加速度、剪切、屈曲-拉伸、扭曲等协同作用。其中,加速度最为主要机械振动清灰方式如图 2-45 所示。机械振动包括水平方向振动和垂直方向振动,也可以利用偏心轮高频振动。

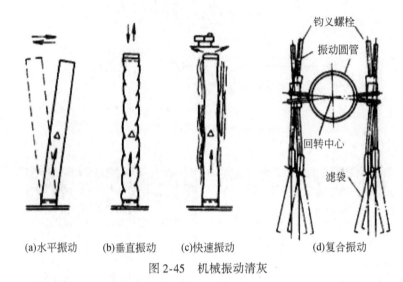

(a)水平振动　　(b)垂直振动　　(c)快速振动　　　　(d)复合振动

图 2-45　机械振动清灰

　　机械振动清灰时,需要停止过滤,在离线状态下清灰以增强清灰效果,且设计时应选择较低的过滤风速。

　　机械振动清灰装置构造简单,但有清灰强度弱,易损伤滤袋的缺点,因此,现在这种方式使用的较少。

2. 反吹清灰

　　反吹清灰又被称为逆气流清灰,是一种利用切换装置,停止过滤气流,并借助除尘器本身的本身工作压力或外加动力形成反向气流,粉尘层受滤袋缩胀变形而脱落的清灰方式。

　　反吹风清灰有分室反吹和回转反吹两种。

　　分室反吹类,采取分室结构,反吹风清灰大多在离线状态下进行。利用阀门或回转机构逐室地切换气流,将大气或除尘后的洁净气体导入袋室进行清灰。系统主风机或专设风机提供反向气流。反向气流具有分布均匀、振动不强烈、对滤袋低损伤、滤袋使用寿命长、清灰作用弱的特点。因此应使用 0.6 ~ 0.9m/min 的过滤风速。

　　分室清灰工作制度有二状态与三状态之分:二状态由"过滤"和"反吹"两个环节组成,需要重复多次动作;三状态由"过滤"、"反吹"和"沉降"三个环节组成(图 2-46)。

　　反吹风清灰还包括机械回转反吹的方式,即除尘器在过滤状态下通过回转反吹装置对箱体内部分滤袋顺序清灰的一种在线清灰方式。除尘器结构不分室。

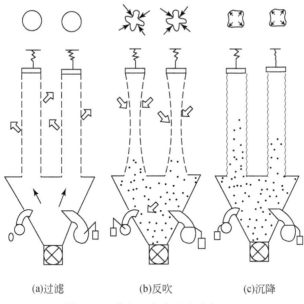

(a)过滤　　　　　　(b)反吹　　　　　　(c)沉降

图 2-46　分室三状态反吹清灰过程

3. 脉冲喷吹清灰

　　脉冲喷吹清灰以压缩气体(压力为 0.08~0.7MPa)为清灰介质,将压缩气体在短时内快速释放(不高于 0.2s),同时将由数倍于压气流量的常压气体所形成高压气团喷入滤袋,在滤袋内的压力快速上升在袋口至底部之间依次产生急剧的膨胀和冲击振动,造成附着在滤袋表面的粉尘层剥离和脱落(图 2-47)。有研究表明喷吹时反向气流对粉尘的剥离作用非常小,粉尘从滤袋表面脱落主要是由于滤袋表面受到冲击和振动的结果,即滤袋的快速膨胀与收缩产生的变形。因此,滤袋与滤袋框架之间保持适度的间隙是必要的。由于脉冲喷吹是属于强力清灰,喷吹压力和喷吹频率与滤袋的寿命有直接的关系。

　　喷吹时,因喷吹时间很短,被清灰的滤袋占比小,虽然被清灰的滤袋不起过滤作用,但还是可以将过滤作用看成是连续的。因此,除尘器通常不采取分室结构,这种结构被称为在线清灰。但脉冲袋式除尘器也有采取分室结构的,在隔断过滤气流的条件下,通过阀门切换,

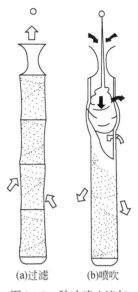

(a)过滤　　　(b)喷吹

图 2-47　脉冲喷吹清灰

对离线清灰仓室的滤袋进行脉冲喷吹。清灰逐室顺序进行。

　　在常见的清灰方式中,脉冲喷吹具有最强的清灰能力,清灰效果好,可允许较高的过滤风速,一般适用于粉尘粒径小、黏性大的炉窑粉尘清灰。相同的风量情况下,脉冲喷吹所需滤袋面积少于机械振动和反吹风。但脉冲喷吹运行时需要充足的压缩空气,当压缩空气压力不能满足喷吹要求时,清灰效果将大大降低。

2.3.4　袋式除尘器分类与结构形式

　　1. 袋式除尘器分类

　　袋式除尘器的清灰方式决定了分类和除尘器结构。袋式除尘器能长期持续工作的决定性要素是清灰。清灰方式的特征是袋式除尘器分类的主要依据,不同的清灰方式决定了不同的袋式除尘器结构。国家标准 GB/T 6719—2009《袋式除尘器技术要求》将袋式除尘器按清灰方式的不同分为四类:机械振打类、反吹风类、脉冲喷吹类、复合清灰类。目前,脉冲喷吹类是应用最广泛的。

　　袋式除尘器还可以按进风方式(上进风、下进风、侧向进风)、过滤元件形式(圆袋、扁袋、折叠滤筒)、容尘面方向(内滤、外滤)、工作压力(负压、正压)等结构特点划分。目前工程中通常使用侧向进风、圆袋、外滤式、负压工作的袋式除尘器。

　　(1)脉冲喷吹类袋式除尘器

　　清灰动力由脉冲喷吹机构在瞬间放出的压缩气体提供,高速射入滤袋,使滤袋急剧鼓胀,依靠滤袋受冲击振动而清灰的除尘器均属于外滤式。根据喷吹气源压强可分为低压喷吹(<0.25MPa)、中压喷吹(0.25~0.5MPa)、高压喷吹(>0.5MPa)。脉冲喷吹属于强力清灰,清灰效果好,过滤阻力低,可选用较高的过滤风速,多用于粉尘细和黏的烟气过滤清灰。脉冲喷吹类袋式除尘器是目前最常用的一种类型,根据喷吹机构和喷吹形式的不同,可分为以下几种形式:

　　行喷式脉冲袋式除尘器。以压缩气体通过固定式喷吹管对滤袋进行喷吹清灰的袋式除尘器。滤袋按照行和列方阵布置。喷吹时,对滤袋逐行进行清灰。

　　迴转式脉冲袋式除尘器。以同心圆方式布置滤袋,配置 1 个大型脉冲阀,喷吹装置做迴转运动,1 根或数根喷吹管在迴转状态下,对不同圆周上的滤袋进行清灰。

　　气箱式脉冲袋式除尘器。具有分室结构,清灰时可以按程序逐室停风、喷吹清灰的净气箱将喷吹气流喷入单个箱室。

　　脉冲喷吹时间短,清灰的滤袋数量占比较少,因此可以采用在线清灰,除尘器的结构可以不分室;对于密度小、黏性大的细颗粒物的场合,也可采用离线清灰,除尘器为分室结构。

（2）反吹风类袋式除尘器

切断过滤气流，利用反吹气流作用迫使滤袋发生胀缩而清灰的除尘器。主要可分为分室反吹类和喷嘴反吹类两种类型。

分室反吹类。采取分室结构，通过阀门或回转机构达到逐室切换气流，将反向气流（大气或除尘系统后洁净循环烟气等）引入袋室进行清灰。此类型多采用内滤式。大气反吹风袋式除尘器，是指除尘器运行处于负压（或正压）状态时，利用室外空气进行清灰；正压循环烟气反吹风袋式除尘器，当除尘器运行状态为正压，采用系统中净化后的烟气进行清灰；负压循环烟气反吹风袋式除尘器，是指除尘器运行状态为负压，使用系统中净化后的烟气进行清灰。清灰制度包括"二状态"和"三状态"两种。分室反吹清灰具有能力弱，设计过滤风速低，设备阻力大的特点。

喷嘴反吹类。反吹气流由高压风机或压气机提供，喷嘴可以移动或转动进行反吹，使滤袋变形抖动而达到清灰目的的外滤式袋式除尘器。滤袋呈圆形或扁袋形状，结构上不分室，属于在线清灰方式。机械回转反吹风袋式除尘器是该类产品的典型代表，具有条口形或圆形喷嘴，通过回转装置做圆周运动，各个滤袋净气出口依次对接，完成反吹清灰。

此外，该类除尘器还有气环反吹、往复反吹、脉动反吹等形式，但现在已很少使用。

（3）机械振打类袋式除尘器

机械振打类袋式除尘器利用手动、气动、电动及电磁等机械装置产生低频、中频和高频的振打或摇动悬吊滤袋的框架，产生振动清落积灰。

水平方向振打清灰方式通常在上部振打，对滤袋的损害较轻。垂直方向振打清灰方式多使用凸轮机构可产生低频垂直振动或使用偏心轮旋转机构可产生较高频率垂直振动。低频大振幅清灰效果较好，但易损害滤袋，高频振动虽不易损害滤袋，但清灰效果较差。

（4）复合清灰类

复合清灰袋式除尘器是一种采用两种或两种以上的清灰方式联合清灰的。除尘器例如机械振打与反吹风复合袋式除尘器、声波清灰与反吹风复合袋式除尘器、脉冲清灰与声波清灰复合袋式除尘器等。

2. 脉冲喷吹袋式除尘器

脉冲喷吹类袋式除尘器的典型代表是长袋低压脉冲袋式除尘器。其基本特征表现在：淹没式脉冲阀、低压喷吹（<0.25MPa）、袋长可达 6～8m 以上。目前该除尘器是工业领域应用最广、使用最多的主流设备。其结构如图 2-48 所示。

该类除尘器由上箱体、中箱体、灰斗等部分组成，采用外滤式结构，滤袋内装有袋笼，含尘气体经中箱体下部、挡风板流向中箱体上部进入滤袋。上箱体排出净气。

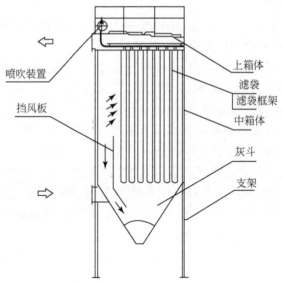

图 2-48　长袋低压脉冲除尘器结构

脉冲阀是长袋低压脉冲袋式除尘器的核心部件,是脉冲喷吹袋式除尘器清灰气流的发生装置。脉冲阀有多种结构形式和尺寸,按气流输入、输出端位置分为直角阀、淹没阀和直通阀;可分为内螺纹外螺纹双闷头法兰嵌入式接口按脉冲阀接口形式。

以淹没式脉冲阀为例,其工作原理是:膜片把脉冲阀分成前、后两个气室,当压缩气体接通并通过节流孔进入后气室时,膜片被后气室压力推动紧贴阀的输出口,使脉冲阀处于"关闭"状态;接通电信号后,驱动电磁先导头衔铁移动,后气室放气孔被打开并快速失压使膜片后移,输出口将压缩气体喷吹,此时脉冲阀的状态为"开启"。电信号消失,电磁先导头衔铁复位,堵住后气室放气孔,膜片因后气室的压力向前紧贴阀的输出口,使脉冲阀恢复"关闭"状态。淹没式脉冲阀外形见图 2-49,其结构和基本形式见图 2-50[14]。

图 2-49　淹没式脉冲阀

用喷吹装置对滤袋进行清灰,指令由控制系统发出,开启脉冲阀,使气包中的压缩空气由喷吹管快速释放,对滤袋逐排清灰,使粉尘脱离滤袋,落入灰斗。袋口不设引射器,喷吹气流通过袋口引射二次气流。脉冲阀与喷吹管的连接采用插接

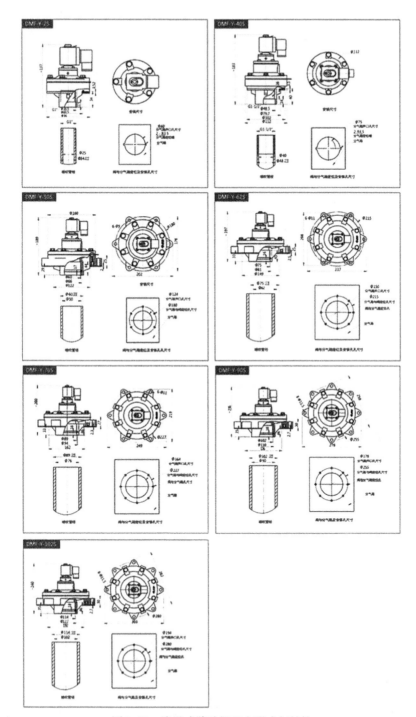

图 2-50　淹没式脉冲阀基本形式与结构

方式,喷吹管上设有孔径不等的喷嘴,对准每条滤袋的中心。该类除尘器对喷吹装置的加工和安装要求很高,不允许有偏差,否则会吹破滤袋。喷吹所用的压缩空气应做脱油脱水处理。

脉冲阀每次喷吹时间为 65 ~ 100 ms。清灰一般采用定压差控制方式,也可采用定时控制。

滤袋的固定是依靠装在袋口的弹性胀圈和鞍形垫,将滤袋嵌入花板的袋孔内(图 2-51)。安装滤袋时,先将滤袋的底部和中部放入花板的袋孔,当袋口接近花板时,将袋口捏扁成"凹"字形,并将鞍形垫形成的凹槽贴紧花板袋孔的边缘,然后逐渐松手,袋口随之恢复成圆形,最后完全镶嵌在花板的袋孔中。换袋时,将袋口捏扁成"凹"字形,并将含尘滤袋由袋孔投入灰斗中,待所有的含尘滤袋都投入灰斗后,由灰斗的检查门集中取出。

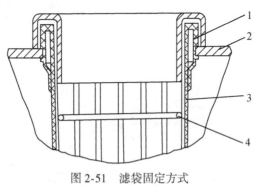

图 2-51　滤袋固定方式
1-弹性胀圈;2-花板;3-滤袋;4-滤袋框架

滤袋框架直接支承于花板上。安装时待干净滤袋就位固定后,再将框架插入滤袋中。

长袋低压脉冲袋式除尘器有以下显著特点:

①喷吹清灰能力强,喷吹压力低至 0.15 ~ 0.25 MPa,喷吹时间短促;

②滤袋长度 6 ~ 9m,占地面积小,处理风量大;

③可以在较高的过滤风速下运行,具有紧凑的设备结构;

④低设备压力损失,且大幅降低清灰能耗,运行能耗低于分室反吹袋式除尘器;

⑤滤袋拆换方便,人与含尘滤袋接触少,操作条件改善;

⑥同等条件下,脉冲阀数量只有传统脉冲袋式除尘器的 1/7,维修工作量小。

⑦滤料多采用针刺毡(水刺毡)。

根据处理风量的大小,长袋低压脉冲袋式除尘器有单机、单排分室结构、双排分室结构三种结构形式,见图 2-52 和图 2-53。滤袋直径为 120 ~ 130mm,长度为

6m。根据需要,滤袋直径可扩大为 150 ~ 160mm,长度延长至 8 ~ 9m。

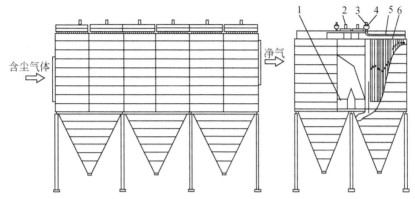

图 2-52　双排分室结构长袋低压脉冲袋式除尘器
1-进气阀;2-离线阀;3-脉冲阀;4-气包;5-喷吹管;6-滤袋及框架

图 2-53　长袋低压脉冲袋式除尘器应用

　　大型长袋低压脉冲除尘器属于分室结构,为满足用户离线检修或离线清灰的需要,在各仓室的进口设有切换阀门,在上箱体出口设有停风阀,其结构见图 2-54。当某个仓室需要在线检修时,同时关闭进出口阀门即可;当某个仓室需要离线清灰时,关闭出口停风阀即可。

　　3. 迴转喷吹脉冲袋式除尘器

　　迴转喷吹脉冲袋式除尘器是近年来引进的新技术,主要用于发电厂除尘。迴转喷吹脉冲袋式除尘器结构见图 2-55。通过使用扁圆型滤袋,并将滤袋束按同心圆方式布置。这可以最多布置上千个滤袋在每个滤袋束上,每个滤袋束的总过滤面积可达数千平方米。滤袋长度为 8m,其扁圆形断面等效圆直径为 127mm。采用弹性圈和密封垫与花板固定。滤袋内部以扁圆型框架支撑。为便于安装,框架分

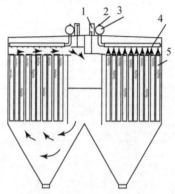

图 2-54　停风清灰长袋低压大型脉冲袋式除尘器
1-停风阀;2-脉冲阀;3-稳压气包;4-喷吹管;5-滤袋

为三节,以降低所需的安装高度。除尘器采取模块化设计,整机可设计成单室、双室和多室,每室可设一个或多个滤袋束。

图 2-55　迴转喷吹脉冲袋式除尘器
1-净气室;2-出风烟道;3-进风烟道;4-进口风门;5-花板;6-滤袋;
7-检修平台;8-灰斗;9-吹扫装置;10-清灰臂;11-检修门

迴转脉冲喷吹装置由气包、脉冲阀、垂直导风管和喷吹管组成,每个袋束配置一套喷吹装置(图2-56)。按照袋束的大小,喷吹管可设 2~4 根不等,其最大迴转直径可达 7 m。喷吹管上有一定数量的喷嘴,对应按同心圆布置的滤袋。每个袋束由一个脉冲阀供气。视袋束大小,脉冲阀口径可为 150~350mm,喷吹压力为

0.08MPa。清灰时,旋转机构带动喷吹管连续转动,脉冲阀则按照设定的间隔进行喷吹,在一个周期内使全部滤袋都得到清灰。喷吹气源由罗茨风机提供,供气系统不需设除水等装置。

图 2-56 同心圆布置的滤袋及喷吹管

该类除尘器上箱体高度为 3~4m(图 2-57),高于许多其他类型的除尘器。虽然增加了结构重量,但检查和更换滤袋可在净气室内完成。整个净气室仅需一个检修门,有利于降低除尘器漏风率。同时,上箱体内净气流速较低,有利于滤袋束的气流分布和降低设备阻力。上箱体侧壁设计了配备照明的密封观察窗,便于在运行过程中观察除尘器的工作状况。

除尘器清灰有定压差和定时两种控制方式,旋转机构的转速可以调整,脉冲阀的喷吹时间也可以进行调整。

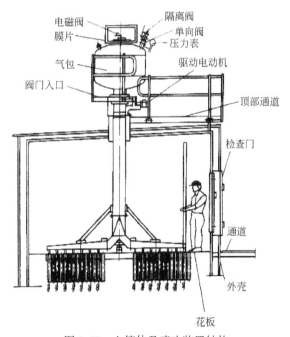

图 2-57 上箱体及喷吹装置结构

迴转喷吹脉冲袋式除尘器的特点如下：

①脉冲阀数量少，维护工作量小；

②脉冲阀口径大，喷吹气量大，喷吹压力低，通常≤0.09MPa；

③不需要压缩空气，采用罗茨风机即可；

④袋长可达8m，扁圆形截面，节省占地；

⑤存在旋转机构部件，有一定的维护工作量；

⑥清灰强度中等，适用于粉尘粒径较粗、黏性小的场合，如燃煤电厂。

4. 直通均流式脉冲袋式除尘器

直通均流式脉冲袋式除尘器是对传统袋式除尘器结构改进而研制的新型袋式除尘器，其结构如图2-58所示。由上箱体、喷吹装置、中箱体、灰斗和支架、自控系统组成。

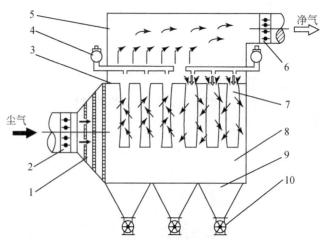

图2-58　直通均流脉冲袋式除尘器结构

1-气流分布装置；2-进口烟道阀；3-花板；4-喷吹装置；5-上箱体；
6-出口烟道阀；7-滤袋及框架；8-中箱体；9-灰斗；10-卸灰装置

上箱体包括花板、净化烟气出口和阀门等。带有喷吹管的喷吹装置安装在上箱体内。中箱体包括烟气进口喇叭、气流分布装置等。滤袋和滤袋框架吊挂在中箱体内。灰斗设有料位计、振动器等。与常规的袋式除尘器不同，直通均流式脉冲袋式除尘器不设含尘烟气总管和支管，气体的输送是通过进口喇叭内的气流分布装置，将含尘气流从正面、侧面和下面输送到不同位置的滤袋，既避免含尘气流对滤袋的冲刷，也减缓含尘气流自下而上的流动，从而减少粉尘的再次附着。

该除尘器从侧面进风，过滤后的烟气汇集到进气室，从前向后水平流动，侧面出风,构成"直进直出"的流动模式,显著地降低了除尘器的结构阻力,相当于电除尘器的阻力(≤300Pa);在脉冲喷吹清灰条件下,滤袋的阻力不会超过900Pa,因而设备阻力很容易控制在1200Pa以下。

由于结构上的变化,避免了传统袋式除尘器局部阻力大的缺点,同时省去了弯头、入口阀门、出口提升阀等部件,结构更为简化,降低成本。

上箱体可以做成小屋结构,空间高度4~4.5m,滤袋安装和检修均可在小屋内进行,滤袋框架制作成两节。由于小屋整体密封,漏风率小。上箱体设有人孔门和通风窗,便于检查和维护。

气流分布尤为重要,应遵循以下技术要点:

①设置导流板和流动通道,组织气流向滤袋均匀输送和分配;

②气流顺畅、平缓;

③流程短,局部阻力小;

④促进含尘气体在袋束内自上而下地流动,利于粉尘沉降;

⑤严格控制含尘气流对滤袋的直接冲刷;

⑥将各部位的气流速度降低,包括通道内的空间气流速度、滤袋区下部的空间气流速度以及滤袋之间的水平气流速度和上升气流速度;

⑦尽量将各灰斗存灰量保持均匀,避免因灰斗存灰量不均造成灰斗空间产生涡流,以尽可能消除粉尘由此产生的二次飞扬。

该除尘器清灰依靠低压脉冲喷吹装置,采用固定式喷吹管在线清灰。在清灰程序的设计中,采取"跳跃"加"离散"的编排,从而避免清灰时相邻两滤袋互相干扰,并使除尘器各区域的流量趋于均匀,有助于降低设备阻力。

5. 分室反吹风袋式除尘器

分室反吹风袋式除尘器的滤袋室通常划分为若干仓室,各仓室都由过滤室、灰斗、进气管、排气管、反吹风管、切换阀门组成,如图2-59所示。

该类除尘器的滤袋长度可达10~12m,直径≤300mm。采用内滤式,滤袋下端开口并固定在位于灰斗上方的花板上,封闭的上端则悬吊于箱体顶部。安装时需对滤袋施加一定的张力,使其张紧,以免滤袋破损和清灰不良。为防止滤袋在清灰时过分收缩,通常沿滤袋长度方向每隔1m设一个防缩环。

含尘气体由灰斗开始进入,通过挡板时会改变气体流动方向并将部分粗粒粉尘分离,之后剩余的含尘气体由花板进入滤袋。含尘气体进入滤袋后干净的气体穿出滤袋后继续向上流动,粉尘则会被阻留在滤袋的内表面。

分室反吹形式和机构决定了分室反吹除尘器的类型,从而派生出多种分室反吹袋式除尘器形式。分室反吹风袋式除尘器有负压和正压两种类型,目前,基本上使用负压分室反吹形式。无论哪种形式,均是各仓室轮流清灰。每个仓室都设有

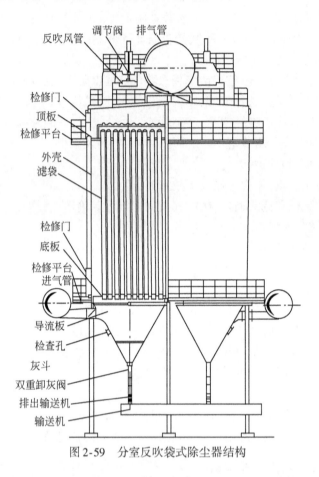

图 2-59　分室反吹袋式除尘器结构

烟气阀门和反吹阀门,负压式的阀门位于仓室的出口,而正压式则位于仓室的进口。某仓室清灰时,该室的烟气阀关闭,而反吹阀开启,反吹气体便由外向内通过滤袋,使滤袋缩瘪,积附于滤袋内表面的粉尘受挤压而剥落。当一个仓室清灰时,其他仓室仍进行正常过滤。

　　负压式反吹除尘器布置在风机的入口段,工作压力为负压,除尘器各仓室之间完全分隔,出气阀和反吹阀设置在除尘器的出口。见图 2-60。

　　含尘气体从各室的进风管道进入灰斗,分离粗粒粉尘后,经滤袋下端的袋口进入袋内,通过滤袋净化后粉尘被阻留于滤袋内表面。当某一袋室清灰时,设于仓室出口的阀门关闭,含尘气流不进入箱体,同时反吹阀开启,使该仓室与大气相通,外部空气经反吹风管流入该室,并由滤袋外侧穿过滤袋进入袋内,此时滤袋由膨胀转为缩瘪而得以清灰。清落的粉尘大部分落入灰斗,其余粉尘随清灰气流,经进气管道流入其他仓室过滤。负压分室反吹除尘器的出口处设出气阀和反吹阀,两者可以设计为一体,也就是三通切换阀,见图 2-61。该阀有三个通道,即仓室通道、净气

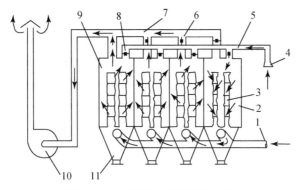

图 2-60　负压大气反吹清灰方式

1-含尘气体管道;2-清灰状态的袋室;3-滤袋;4-反吹风吸入口;5-反吹风管;6-净气出口阀;
7-净气排气管;8-反吹阀;9-过滤状态的袋室;10-引风机;11-灰斗

通道和反吹通道。仓室通道与除尘器的箱体相连,反吹通道与反吹管道相连,净气通道与引风机的入口管道相连。除尘器工作时净气通道开启,反吹通道关闭,如图 2-61(a)所示;清灰时,反吹通道开启,净气通道关闭,反吹气体在除尘器负压作用下进入除尘器的箱体,如图 2-61(b)所示,完成清灰过程。

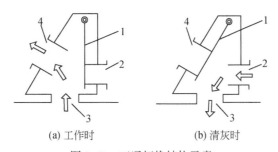

(a) 工作时　　　　　　　　　　(b) 清灰时

图 2-61　三通切换结构示意

1-阀板;2-反吹通道;3-仓室通道;4-净气通道

　　负压反吹风袋式除尘器应用较为普遍,但在室外空气温度低、烟气含湿量较高的场合不宜采用大气反吹,否则容易导致除尘器内结露。

　　为避免大气反吹造成的结露问题,反吹风源可以利用净化后的烟气循环,即将引风机出口管道中净化后的烟气引入袋室进行反吹清灰,由于循环烟气温度较高,可有效防止烟气结露,同时减少了气体排放。见图 2-62。当引风机的压头不足时,可在循环管路上增设反吹风机。

　　分室反吹袋式除尘器的滤袋直径一般为 0.18 ~ 0.3m,袋长为 10m,长径比为 25 ~ 40,袋口风速一般控制在 1 ~ 1.5 m/s,以免袋口磨损,应选择较低的过滤风速,一般在 0.5 ~ 0.7m/min 范围。

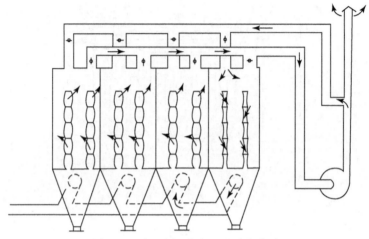

图 2-62　负压循环烟气反吹清灰方式

反吹清灰制度有"二状态"(过滤—清灰)或"三状态"(过滤—清灰—沉降)之分。

二状态清灰是使滤袋交替地缩瘪和鼓胀的过程(图 2-63),通常进行两个缩瘪和鼓胀过程。缩瘪时间和鼓胀时间各为 10 ~ 20s。

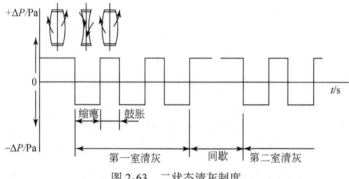

图 2-63　二状态清灰制度

三状态清灰的提出,主要考虑到滤袋清灰的长度为 5 ~ 10m 时,恢复过滤前粉尘并未全部落入灰斗,因此滤袋表面会再次吸附部分粉尘,清灰效果将被削弱,且这种现象随着滤袋的增长变得更加明显。于是可以将一个"沉降"状态增加在两状态清灰的基础上,此时烟气阀门和反吹阀门都被关闭,滤袋处于静止状态,使清离滤袋的粉尘有较多的机会沉降到灰斗内。

三状态清灰制度又有集中沉降和分散沉降两种。集中沉降是在完成数个二状态清灰后,集中一段时间,使粉尘沉降(图 2-64),持续时间一般为 60 ~ 90s。分散沉降是在每次鼓胀、缩瘪后,安排一段静止时间,使粉尘沉降(图2-65),其持续时间一般为30~60s。

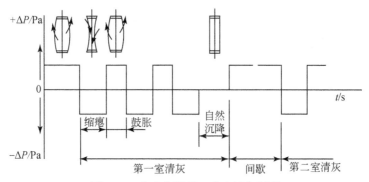

图 2-64　集中沉降的三状态清灰制度

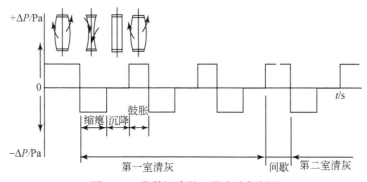

图 2-65　分散沉降的三状态清灰制度

除尘器的反吹清灰由程序控制器进行控制。传统的控制方式为定时控制,现在已出现分室定压差控制方式,即每一室装设一个微差变送器,控制器巡回检测各袋室的压差,当某个袋室的压差达到限定值时,控制器便发出信号,使该室的阀门切换而开始清灰,直到清灰结束,恢复过滤状态。

分室反吹袋式除尘器的主要特点:

①滤袋过滤和清灰时不受强烈的摩擦和皱褶,不易破损;

②分室结构可以实现不停机下,某个仓室离线检修;

③过滤风速低,设备庞大,造价高;

④清灰强度弱,过滤阻力高;

⑤滤袋更换需在箱体内部进行,粉尘大,操作麻烦。

6. 回转反吹袋式除尘器

如图2-66所示为机械回转反吹袋式除尘器的结构,机械回转反吹袋式除尘器是回转反吹袋式除尘器的典型代表,该种除尘器的主要组成为圆筒形箱体和圆锥灰斗两大部分,其中圆筒形箱体又被花板分成两部分,上部为设有清灰装置的净气室,下部为装有滤袋的过滤室。回转反吹袋式除尘器是内滤方式。

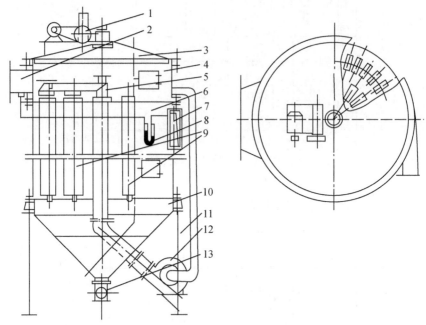

图 2-66　机械回转反吹扁袋除尘器结构
1-减速机构;2-出风口;3-上盖;4-上箱体;5-反吹回转臂;6-中箱体;7-进风口;
8-压差计;9-滤袋;10-灰斗;11-支架;12-反吹风机;13-排灰装置

在圆形花板上沿着同心圆周布置若干排滤袋,滤袋断面为梯形,滤袋边长320mm,上下底边分别为 40mm 和 80mm,滤袋长度 3 ~ 5m,滤袋内以同样断面的框架作支撑,后来滤袋也有圆形和椭圆形。

含尘气体沿切线方向进入滤室,在离心力的作用下,部分粗粒粉尘被分离,其余粉尘被阻留在滤袋的外表面。净气在滤袋内向上经袋口到达净气室,然后排出。

滤袋以袋口嵌入花板袋孔的方式固定,用密封压圈压紧或直接以框架压紧。换袋时将滤袋上口的密封压圈卸掉,向上抽出框架和滤袋。

换袋操作在花板上进行。目前有三种操作方式:一种是靠专用机械将上盖揭起并移开;另一种是顶盖可以作 360°旋转,使顶盖上的人孔可以对准任何需拆换的滤袋。第三种是将框架做成分段结构,并增加净气室的高度,直接在净气室内换袋操作。

机械回转反吹袋式除尘器的清灰过程:清灰气流经过除尘器时,先通过中心管被送至反吹回转臂,回转臂设有与滤袋圈数相同的反吹风嘴,回转臂围绕中心管回转运动,同时将反吹气流连续依次送入各条滤袋,从而清除滤袋表面的粉尘。

　　大多数回转反吹袋式除尘器采用循环气反吹,即风机吸入口与净气室相通,反吹系统自成回路,消除了漏气现象和结露的危险。

　　回转反吹清灰多采用定压差控制方式。在除尘器上设一差压传感器,当阻力达到设定值时,控制器发出信号,反吹风机和回转臂同时启动,进行清灰。

　　回转反吹的一项改进技术称为步进定位反吹。清灰时,回转臂定位于某一组滤袋上方并持续一段时间,完成反吹后再转到下一组滤袋,以此类推。它借助槽轮而拨动定位机构,定位时间根据外圈滤袋数量确定为 3 ~ 5s。定位反吹有助于克服内、外圈滤袋清灰不均的缺点。

　　机械回转反吹袋式除尘器的主要特点:

　　①采用扁袋可充分利用筒体断面,占地面积较小;

　　②自身配备反吹风机,不需另配清灰动力,便于使用;

　　③每一时刻只有 1 条或 2 条滤袋处于清灰状态,不影响总体的过滤功能;

　　④筒体为圆筒形,抗爆性能好;

　　⑤由于不同直径的同心圆上滤袋数量不等,因而不同位置滤袋的清灰机会相差较多,靠近外围的滤袋往往清灰效果欠佳;

　　⑥受回转半径的限制,单体的处理风量比较小;

　　⑦清灰能力较弱,一般适合于原料除尘和大颗粒除尘。

7. 滤筒式除尘器

　　以滤筒代替滤袋作为过滤元件是滤筒式除尘器的最大特点,即将滤料制成筒状褶皱结构,在其内外设有金属保护网,形成刚性过滤元件。其特点是大幅度增加了过滤面积。

　　滤筒是将滤料预制成筒状的过滤元件,其滤料是由纺粘聚酯细旦长纤维或短纤维经分层络合、高温延压制成的三维结构毡,也可以选用经硬挺化处理的常规针刺毡,表面予以覆膜。滤料在滤筒的外圆和内圆之间反复折叠,形成多褶式结构(图 2-67),产品见图 2-68,因而大大增加了过滤面积。有些滤筒的过滤面积较大,如仅适用于含尘浓度很低的空气过滤的滤筒,其过滤面积可以达到同尺寸滤袋的 5 ~ 30 倍,用于除尘的滤筒的过滤面积相对较小,通常为同尺寸滤袋的 2 ~ 3 倍。在筒体的外部和内部均设有金属支撑网以保持滤筒的形状和尺寸。

　　表面过滤材料是滤筒较常用的滤料,表面孔的径为 0.12 ~ 0.6μm,可阻留大部分亚微米级尘粒于滤料表面。

　　滤筒具有以下特点:

　　①滤筒的折叠构造使过滤面积相当于同尺寸滤袋的 2 ~ 3 倍,有利于缩小除尘器体积,适用于安装空间受限制的场合;

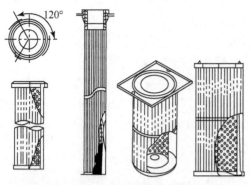

图 2-67　几种不同形式的滤筒　　　　　　图 2-68　滤筒产品图

②多数产品为表面过滤材料,粉尘捕集率高,一般为 99.95%。对于微细粉尘也有很好的捕集效果,因而可获得高效率、低阻力的效果;

③滤筒刚性好,不需框架支撑,在过滤与清灰时变形较小,有利于延长使用寿命;

④滤筒的皱褶深部容易积尘,不易被清除,导致部分过滤面积失效;

⑤常用于空气净化,适宜处理粉尘浓度较低的气体;

⑥由于滤筒的长度受限,一般用于处理风量较小的烟气净化。

滤筒式除尘器的结构包括箱体、灰斗、进风管、排风管、清灰装置、导流装置、电控装置、气流分流分布板及滤筒。滤筒的安装方式可以为垂直安装,也可以为水平安装或倾斜安装,垂直布置是从清灰效果来看较为合理的安装方式。过滤室在花板下部,脉冲室在花板上部。气流分布板安装在除尘器入口处。滤筒所用材料多为覆膜滤料,长度一般不超过 2m,见图 2-69 和图 2-70。

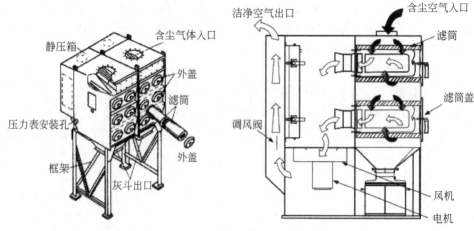

图 2-69　滤筒式除尘器结构图

图 2-70　滤筒式除尘器

含尘气体首先进入除尘器箱体,之后,部分粗大颗粒在重力和惯性力作用下由于气流断面突然扩大及气流分布板的作用沉降在灰斗,粒度细、密度小的尘粒则在气流断面突然扩大及气流分布板的作用下通过布朗扩散和筛滤等组合效应沉积在滤料表面上,最后,气体进入净气室后由排气管经风机排出的即为净化后的气体。随着粉尘的积累,阻力逐渐增大,在阻力达到某一规定值时进行脉冲清灰。

滤筒式除尘器的过滤风速为 0.3 ~ 0.75m/min。起始的设备阻力为 250 ~ 400Pa,终阻力可达 1250 ~ 1500Pa。

滤筒除尘器的优点:

①滤料皱褶成筒状使用时,会时滤料布置密度大且除尘器结构紧凑,体积较小;

②与同体积的除尘器相比,滤筒除尘器过滤面积相对较大,且过滤时,过滤风速较小,过滤阻力不大;

③滤筒的制作是按标准尺寸进行的,拼装连接也是采用快速拼装连接的方式,这大大简化了滤筒的安装、更换,因而也使劳动强度相应地降低了,操作条件也得到了改善;

④滤筒式除尘器适用于浓度低的含尘气体过滤;

⑤处理风量小,除尘器多安装在车间内。

滤筒式除尘器存在的缺点主要有:

①由于不易清除进入滤筒皱褶中的粉尘,从而使部分过滤面积被损失了;

②滤筒式除尘器有些存在横向放置、多层叠加的现象,使除尘器清灰不彻底,导致下层滤筒的表面被上层滤筒清离的粉尘所覆盖,也相当于损失了过滤面积。

8. 垃圾焚烧袋式除尘器

袋式除尘器是应技术规范要求,垃圾焚烧烟气净化必须采用的除尘器。垃圾焚烧烟气具有以下特点,也是袋式除尘器的技术难点:

①烟尘危害性强,烟气和粉尘中含有二噁英等物质,因而污染控制标准十分严格,往往要求颗粒物排放浓度≤5mg/Nm³;

②烟气湿度高达30%,且含 HCl、SO_2 等酸性气体,因而酸露点高于140℃,容易酸结露;

③烟气温度波动范围大,高温≥230℃,低温≤140℃;

④粉尘主要成分为 $CaCl_2$、$CaSO_3$ 等,吸湿性和黏性很强;

⑤烟尘颗粒细,密度小;

⑥烟气腐蚀性强。

为在上述条件下能够正常运行并获得良好效果,垃圾焚烧烟气净化用袋式除尘器(图 2-71)应符合以下要求:

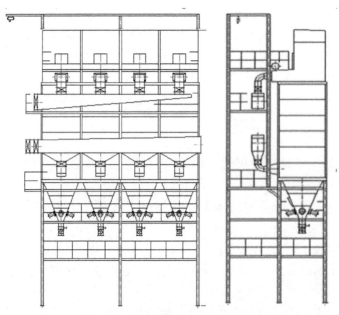

图 2-71 垃圾焚烧烟气袋式除尘器

①除尘器是基于长袋低压脉冲袋式除尘的核心技术,采用脉冲强力清灰方式,以便在易结露、易糊袋的条件下得到良好的清灰效果,保证除尘器正常而持续的运行。

②除尘器整机分隔成若干独立的仓室,每个仓室的进口和出口皆设阀门,在运行过程中可以单独对某个仓室进行离线检修和换袋操作。

③滤袋材质可选 PTFE 针刺毡覆膜滤料、玻纤覆膜滤料、P84/PTFE 面层的针刺毡等。为保证净化效率,应选用较低的过滤风速。

④除滤料选择之外,实现低浓度排放的其他途径是严格保证除尘器加工和安装质量,并在整机和滤袋安装完成后,以荧光粉检漏。

⑤滤袋框架可选用不锈钢丝、碳钢有机硅涂层制作,以适应垃圾焚烧烟气腐蚀性强的特点。

⑥设有热风循环系统。在除尘系统启动前,该系统先行工作,通达加热器和热风循环风机使各仓室加热,至露点温度以上时,烟气方可进入各仓室。

⑦除尘器整体以矿棉保温;各仓室之间的隔板加以矿棉保温层,用于离线检修时防止结露和保护操作人员不致烫伤。

⑧对于除尘器箱体和结构可能产生的"冷点",采取隔绝措施,防止此处结露。

⑨垃圾焚烧烟气净化后的粉尘具有很强的黏性,容易在箱体和灰斗内附着,并随着时间的推移而硬结和形成堵塞。为避免这种情况,采取相应措施,如箱体和灰斗夹角圆弧化、灰斗的锥度为 65°～70°、连续输灰、灰斗保温、灰斗设仓壁振动器、除尘系统启动前进行预喷涂等。

9. 陶瓷滤管除尘器

陶瓷滤管除尘器的过滤材料采用耐高温、耐腐蚀的微孔陶瓷,这种材料已经应用在了发达国家的高温烟气净化方面,而且我国也已成功研制出了这种材料。

由于陶瓷滤管除尘器采用的微孔陶瓷管是刚性滤料,因此陶瓷滤管除尘器与一般袋式除尘器有所不同,主要表现在除尘器的制造、结构、安装和密封等方面。为了使陶瓷滤管除尘器耐高温,用耐热钢制成壳体和结构件,用不锈钢制作关键部件,用陶瓷纤维制品制成密封件。见图 2-72 和图 2-73。

图 2-72　陶瓷纤维滤管

图 2-73　莫来石涂膜陶瓷管

该除尘器的工作原理与袋式除尘器基本相同。

为了避免粉尘堵塞滤管上的微孔,滤管迎尘面表层的孔隙直径很小,而深层的孔径则较大,使得进入微孔的粉尘可以顺利排出,在温度不超过 260℃的条件下,还可以在迎尘面黏附 PTFE 微孔薄膜,既可避免粉尘堵塞滤管又可提高除尘效率。

该除尘器具有耐高温、耐腐蚀、耐磨损、除尘效率高(>99.99%)、使用寿命长、运行和维护简单等优点[8]。其主要技术参数如下:

①过滤风速:1 ~ 1.5m/min;

②压力损失:2800 ~ 4700Pa;

③起始含尘浓度:<20g/m³;

④耐温范围:<550℃。

2.3.5　袋式除尘器性能及其影响因素

1. 除尘效率

除尘效率是表示除尘器净化性能的重要技术指标,根据需要可分别选择"除尘器全效率"、"穿透率"、"分级效率"进行描述。

(1)除尘器全效率 η (%)

全效率 η 可以定义为在同一时间内除尘器捕集的粉尘质量占进入除尘器的粉尘质量的百分数。全效率 η 表示除尘装置的整体效果或平均效果,其表达式为:

$$\eta = \frac{G_1 - G_2}{G_1} \times 100\% = \left(1 - \frac{Q_2 C_2}{Q_1 C_1}\right) \times 100\% \qquad (2\text{-}26)$$

式中,Q_1,Q_2——进口气体与出口气体流量,m³/s;G_1,G_2——进口粉尘与出口粉尘质量,g/s;C_1,C_2——进口气体与出口气体含尘浓度,g/m³。

若装置不漏风,且进出口状态相同,$Q_1 = Q_2$,于是有

$$\eta = \left(1 - \frac{C_2}{C_1}\right) \times 100\% \tag{2-27}$$

（2）穿透率 P（%）

穿透率 P 是指在同一时间内，除尘器出口的粉尘质量与入口总粉尘质量之比：

$$P = \frac{G_2}{G_1} \times 100\% = 100\% - \eta \tag{2-28}$$

（3）分级效率

分级效率是指除尘装置对某一粒径 dP_i（或粒径范围 ΔdP）粉尘的除尘效率，用 η_i 表示。分级效率表示的是净化设备对不同粒径粉尘分别捕集的效果：

$$\eta_i = \frac{G_{3i}}{G_{1i}} = 1 - \frac{G_{2i}}{G_{1i}} \tag{2-29}$$

式中，G_{1i}，G_{2i}，G_{3i}——进口、出口和捕集的 dP_i 颗粒质量流量，g/s。

2. 除尘效率的主要影响因素

影响袋式除尘器除尘效率的因素主要有粉尘特性、滤料特性、滤袋表面堆积粉尘负荷、过滤风速及清灰等。

（1）粉尘特性的影响

袋式除尘器的除尘效率与粉尘粒径的大小及分布、密度、静电效应等特性直接相关。

袋式除尘器的除尘效率与粉尘粒径有直接关系。当尘粒的粒径大于 1μm 时，一般都可达到 99.9% 的除尘效率。尘粒的粒径小于 1μm 时，除尘效率最低的粒径范围为 0.2~0.4μm，类似的情况也发生在清洁滤料或积尘滤料中。这是因为几种捕集粉尘的效应对这一粒径范围内的尘粒而言都处于低值区域。

除尘效率随着尘粒的静电效应的增强而增高。为提高对微细粉尘的捕集效率，可利用这一特性预先使粉尘荷电。

（2）滤料特性的影响

袋式除尘器的除尘效率与滤料的结构类型和表面处理的状况有关。机织布滤料的除尘效率一般较低，特别是在未建立滤料表面粉尘层或滤料表面粉尘层遭到破坏的条件下，更是如此；针刺毡滤料和覆膜滤料的除尘效率较高；而最新出现的各种表面过滤材料和水刺毡滤料，则可以获得较为理想的除尘效果，接近"零排放"。

（3）滤袋表面堆积粉尘负荷的影响

滤料表面堆积粉尘负荷最为显著的影响是在机织布滤料的条件下。此时，滤料更为关键的作用是支撑结构，而滤料表面的粉尘层则起主要滤尘的作用。由于滤料表面堆积粉尘负荷在换用新滤袋和清灰之后的某段时间内较低，除尘效率都较低。但这一影响对于针刺毡滤料则较小,对表面过滤材料而言不显著。

（4）过滤风速的影响

过滤风速太高会加剧过滤层的"穿透"效应,从而降低过滤效率。在机织布滤料的情况下,过滤风速对除尘效率的影响更为明显:为提高除尘效率可以使用较低的过滤风速,因为较低的过滤风速有助于建立孔径小而孔隙率高的粉尘层从而使除尘效率得到提高。当使用针刺毡滤料或表面过滤材料时,过滤风速的影响主要表现在两方面,即除尘器的压力损失和除尘效率。工程实践表明,过滤风速降低,除尘效率提高,阻力减小。因此,对烟气深度净化,要实现超低排放,过滤风速应取下限,目前多取 0.8m/min。

（5）清灰的影响

滤袋清灰对除尘效率有一定的影响。清灰可能破坏滤袋表面的一次粉尘层,从而导致粉尘穿透、排放浓度增加。

目前,"适度"清灰的概念受到关注,滤袋清灰并非越彻底越好,应在实现除尘器高效的前提下,控制清灰强度于合理的限度,减少对除尘效率和寿命的影响。

3. 压力损失（设备阻力）

相比除尘效率而言,袋式除尘器的压力损失更应得到高度的关注,它不但关系到能量消耗和运行费用,更关系到袋式除尘器系统能否正常运行,除尘器压力损失控制不当时,可能导致整个系统失效。

袋式除尘器总阻力由结构阻力、洁净滤料阻力以及粉尘层阻力三部分组成,可由以下公式表达:

$$\Delta P = \Delta P_c + \Delta P_f + \Delta P_d \qquad (2\text{-}30)$$

式中,ΔP——除尘器的总阻力,Pa;ΔP_c——除尘器的结构阻力,Pa;ΔP_d——滤袋上粉尘层的阻力,Pa;ΔP_f——洁净滤料的阻力,Pa。

除尘器的结构阻力 ΔP_c 系指气流通过除尘器入口、出口及其他构件时,由于方向或速度发生变化而导致的压力损失,通常为 200~500Pa。这一部分的阻力不可避免,但是可以通过优化结构和流体动力设计而尽可能地降低,使结构阻力占到除尘器总阻力的 20%~30% 以下。直通式袋式除尘器就是通过结构改进,降低设备阻力 30% 以上。

清洁滤料的压力损失同过滤风速成正比:

$$\Delta P_f = \xi_f \mu v_c \qquad (2\text{-}31)$$

式中,ξ_f——滤料的阻力系数,1/m（见表 2-14）;μ——气体的动力黏性系数,Pa·s;v_c——过滤风速,m/s。

清洁滤料的阻力 ΔP_f 一般很小,通常为 50~200Pa。一般相比于长纤维滤料阻力,短纤维滤料阻力更小,相较起绒滤料阻力,不起绒滤料阻力更小;毡类滤料阻力比纺织滤料的阻力更小;较轻滤料阻力比较重滤料的阻力更小。

表 2-14　清洁滤料的阻力系数　　　　　　　　(单位:1/m)

滤料名称	织法	ξ_f	滤料名称	织法	ξ_f
玻璃丝布	斜纹	1.5×10^7	尼龙 9A-100	斜纹	8.9×10^7
玻璃丝布	薄缎纹	1.0×10^7	尼龙 161B	平纹	4.6×10^7
玻璃丝布	厚缎纹	2.8×10^7	涤纶 602	斜纹	7.2×10^7
平绸	平纹	5.2×10^7	涤纶 DD-9	斜纹	4.8×10^7
棉布	单面绒	1.0×10^7	729-IV	2/5 缎纹	4.6×10^7
呢料		3.6×10^7	化纤毡	针刺	$(3.3\sim6.6)\times10^7$
棉帆布 No11	平纹	9.0×10^7	玻纤复合毡	针刺	$(8.2\sim9.9)\times10^7$
维尼纶 282	斜纹	2.6×10^7	覆膜化纤毡	针刺覆膜	$(13.2\sim16.5)\times10^7$

式(2-32)表示为滤袋上粉尘的阻力 ΔP_d:

$$\Delta P_d = \xi_d \mu v_c = \alpha m_d \mu v_c \tag{2-32}$$

式中,α——粉尘层的平均比阻力,m/kg;ξ_d——堆积粉尘层的阻力系数,1/m;m_d——堆积粉尘负荷,g/m^2;μ——气体的动力黏性系数,Pa·s;v_c——过滤风速,m/s。

α 通常不是常数,它与粉尘粒径、粉尘负荷、粉尘层空隙率及滤料特性有关。

ΔP_d 随着除尘过程的进行而增加,当阻力到达预定值时,就需要对滤袋进行清灰,使 ΔP_d 保持在适当的限度内。

4. 压力损失的影响因素

(1)过滤风速的影响

袋式除尘器的压力损失在很大程度上取决于过滤风速。除尘器结构阻力、清洁滤料阻力、粉尘层的阻力都随过滤风速的提高而增加。

(2)滤料类型的影响

滤料的结构和表面处理的情况对除尘器的压力损失也有一定影响:使用机织布滤料时阻力最高;毡类滤料次之;表面过滤材料有助于实现最低的压力损失。

(3)运行时间的影响

除尘器运行也是影响压力损失的重要因素。该影响体现在两方面:其一,压力损失随着过滤–清灰这两个工作阶段的交替而不断地上升和下降(图 2-74);其二,当新滤袋投入使用时,除尘器压力损失较低,在一段时间内增长较快,经 1~2 个月后趋于稳定,转为以缓慢的速度增长(图 2-75)。

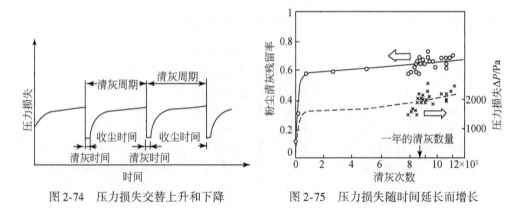

图 2-74　压力损失交替上升和下降　　　　图 2-75　压力损失随时间延长而增长

（4）清灰方式的影响

清灰方式也在很大程度上影响着除尘器的压力损失。同等条件下,采用强力清灰方式(如脉冲喷吹)时压力损失较低,而采用弱力清灰方式(机械振动、气流反吹等)的压力损失则较高。

5. 过滤风速

过滤风速指含尘气体通过滤袋有效面积的表观速度。某种除尘器允许的过滤风速是衡量其性能的重要指标之一,它代表袋式除尘器处理气体的能力。其计算公式如下:

$$u_f = \frac{Q}{60A} \tag{2-33}$$

式中,u_f——过滤风速,m/min;Q——气体的体积流量,m^3/h;A——过滤面积,m^2。

过滤风速的高、低与清灰方式、清灰制度、粉尘特性、入口含尘浓度等因素有密切的关系。

2.3.6　袋式除尘滤料

1. 滤料的基本要求

滤料是袋式除尘器的核心材料,其质量和性能直接关系到袋式除尘器的运行效果和寿命,因此,应满足一定要求:

①粉尘捕集率高;②粉尘易于剥离与清灰;③滤料具有适宜的透气性;④滤料的密度和厚度均匀;⑤具有足够的强度,抗拉、耐磨、抗皱褶;⑥尺寸稳定,使用时变形小;⑦具有良好的耐温、耐化学腐蚀、耐氧化和抗水解性能;⑧性价比高,寿命长。

滤料的性能指标见表 2-15。

表 2-15　滤料的性能指标

序号	滤料	特性	考核项目		
I	形态特性	常用滤料	1	单位面积质量偏差/(g/m²)	
			2	厚度偏差/mm	
			3	幅宽偏差/mm	
			4	体积密度/(g/cm³)	
			5	孔隙率/%	
		机织滤料	6	材质	
			7	纤维规格(袋×长度)/mm	
			8	织物组织	尘面
					净面
			9	厚度/mm	
			10	单位面积质量/(g/m²)	
			11	密度(根/10cm)	经
					纬
		涤纶针刺毡	12	材质	
			13	加工方法	
			14	单位面积质量/(g/m²)	
			15	厚度/(mm)	
			16	体积密度/(g/cm³)	
			17	孔隙率/%	
II	透气性	常用滤料、机织滤料、涤纶针刺毡	1	透气度	1/(m²·s)
					m³/(m²·min)
			2	透气度偏差/%	
III	强力特性	常用滤料、机织滤料、涤纶针刺毡	1	断裂强力/[N/(5×20cm)]	经
			2		纬
IV	阻力特性	常用滤料 机织滤料	1	洁净滤料阻力系数	
			2	动态滤尘阻力/Pa	
		涤纶针刺毡	3	洁净滤料阻力系数	
			4	再生滤料阻力系数	
			5	动态阻力/Pa	
V	伸长特性	常用滤料、机织滤料	1	断裂伸长率/%	经
			2		纬
			3	静负荷伸长率/%	
		涤纶针刺毡	4	断裂伸长率/%	经
			5		纬

续表

序号	滤料	特性		考核项目
Ⅵ	滤尘特性	常用滤料、涤纶针刺毡	1	静态除尘率/%
			2	动态除尘率/%
			3	粉尘剥离率/%
		机织滤料	4	动态阻力/Pa
			5	动态除尘率/%
Ⅶ	静电特性	常用滤料	1	摩擦荷电电荷密度/($\mu c/m^2$)
			2	摩擦电位/V
			3	半衰期/s
			4	表面电阻/Ω
			5	体积电阻/Ω
Ⅷ	使用条件	机织滤料、涤纶针刺毡	1	使用温度
			2	耐酸性
			3	耐碱性
			4	资料来源

2. 滤料分类及特性

（1）按制作方法分类

①织造滤料：在两个相互垂直排列的体系中，将经、纬纱线，按规律相互交织而成的滤料。

②非织造滤料：未经传统的纺纱和织造过程，使纤维直接成网，通过机械的、化学的或其他方法使滤料的纤维结构滤料得到固定。

③复合滤料：用两种以上方法制成或由两种以上材料复合而成的滤料[35]。

④多孔烧结滤料：将金属纤维或粉末、陶瓷纤维或粉末、塑料粉末制成一定形状，并通过高温烧结而制成的滤料。

⑤覆膜滤料：将上述三种滤料的表面再覆以一层透气的薄膜而制成的滤料。

⑥涂层滤料：在滤料表面喷涂特殊的介质，形成表面微孔的滤料。

（2）按滤料材质分类

①天然纤维滤料：如植物纤维（棉、麻）滤料、动物纤维（兽毛）滤料、矿物纤维（如石棉）滤料[36]。

②化学纤维滤料：如人造纤维（黏胶纤维）滤料、合成纤维滤料（袋式除尘器用滤料多属此类）[36]。

③无机纤维滤料：如玻璃纤维、金属纤维、陶瓷纤维等滤料[37]。

（3）织造滤料

织造滤料是以合股加捻的经、纬纱线或单丝用织机交织而成的,呈二维结构[38]。常用的织造滤料与非织造滤料相比,具有如下特点:

①具有较高强度和耐磨性,能承受较大压力;

②尺寸稳定性较好,适于制成大直径、长滤袋;

③易形成平整和较光滑表面或薄形柔软的织物,有利于滤袋清灰[39];

④使织物的紧密程度易于调节。

织造滤料具有如下缺点:

①生产工艺更新较慢,生产流程长,生产的速度慢、效率低;

②由于过滤主要通过经纱与纬纱的孔隙进行,孔隙率小,在相同过滤风速下,滤料本身的阻力大[40]。

织造滤料对较小颗粒物的捕集依赖于纤维表面形成的粉尘层。织物组织及其对滤料特性的影响。

织造物的组织是指滤料经线和纬线交错的排列。常见的组织有:斜纹和缎纹组织平纹组织及纬二重组织。

729 滤料属缎纹机织物。具有高强低伸、缝制方便、集尘清灰性能好和使用寿命长等特点,常用于反吹清灰、机械振打清灰等袋式除尘器。

玻璃纤维织造滤布由熔融玻璃液经喷丝孔板拉制所得的玻璃纤维原丝,按一定的捻度从原丝筒上退下来后,根据纺织工序对经、纬纱的要求进行合股,生产成为玻璃纤维有捻纱。玻璃纤维织造滤布目前尚有应用,通常织造成玻璃纤维覆膜滤料,用于垃圾焚烧烟气净化等。

（4）非织造滤料

非织造滤料分类:按形成纤网的方法可将非织造物分为三类。即干法非织造物、纺丝成网法非织造物和湿法非织造物。

针刺毡滤料是袋式除尘器最常用的非织造滤料,我国众多滤料企业均生产该产品。针刺设备有国产的,也有进口的。目前,我国针刺毡滤料性能和质量有了显著的提升,产品也远销到国外。下面对针刺毡滤料的特点进行介绍。

①从结构上,针刺毡滤料具有交错分布的三维结构。相比于上述的织造滤料,针刺毡的三维结构能够更快形成粉尘层。在使用过程中除尘清灰后由于三维结构的稳定性,在结构中不存在直通的孔隙,实现更稳定的捕尘效果。而且其除尘效率高于一般的织物滤料。测试结果表明,动态捕尘率可达 99.9% ~99.99% 以上。

②针刺毡孔隙率高达 70% ~80% ,因而自身的透气性好、阻力低。

③便于工业化规模生产,便于自动化控制,保障产品质量的稳定性。

④产能大,劳动生产率高,有利于降低产品成本。

⑤根据不同的烟气特性和用户需求,针刺毡的材料和品种呈多样性。除纯化

滤料外,还有复合滤料、表面超细纤维滤料、覆膜滤料、涂层滤料等。

典型针刺毡滤料品种及其性能参数见表 2-16 ~ 表 2-17[48]。

表 2-16　涤纶针刺毡滤料性能参数

		滤料型号		ZLN-D350	ZLN-D400	ZLN-D450	ZLN-D500	ZLN-D550	ZLN-D600	ZLN-D650	ZLN-D700	无基布
I	形态特性	材质		涤纶	涤纶	涤纶	涤纶	涤纶	涤纶	涤纶	涤纶	涤纶
		加工方法		针刺成形、热定形、热辊压光								热定形、烧毛
		滤料单重/(g/m²)		350	400	450	500	550	600	650	700	500
		厚度/mm		1.45	1.75	1.79	1.95	2.1	2.3	2.45	2.60	1.9
		体积密度/(g/cm³)		0.241	0.229	0.251	0.256	0.262	0.261	0.265	0.269	
		孔隙率/%		83	83	82	81	81	81	81	80	
II	强力特性	断裂强力/[N/(5×20cm)]	经	870	920	970	1020	1070	1120	1170	1220	1100
			纬	1000	1100	1200	1350	1500	1700	2000	2100	1500
III	伸长特性	断裂伸长率/%	经	23	21	22	23	22	23	23	26	40
			纬	40	40	35	30	27	26	26	29	45
IV	透气性	透气度	1/(m²·s)	480	420	370	330	300	260	240	200	
			m³/(m²·min)	28.8	25.2	22.2	19.8	18	15.6	14.4	12	18
		透气度偏差/%		±5	±5	±5	±5	±5	±5	±5	±5	
V	阻力特性	洁净滤料阻力系数		—			15		—			
		再生滤料阻力系数		—			32		—			
		动态阻力/Pa		—			216		—			
VI	捕尘特性	静态捕尘率/%		99.8								
		动态捕尘率/%		99.9								
		粉尘剥离率/%		93.2								
VII	使用特性	使用温度/℃	连续	<130								
			瞬间	<150								
		耐酸性		良(分别在含量为35%盐酸、70%硫酸或60%硝酸中浸泡,强度几乎无变化)								
		耐碱性		一般(分别在含量为10%氢氧化钠或28%氨水中浸泡,强度几乎不下降)								

表 2-17　耐热抗腐针刺毡滤料性能参数

		滤料型号	芳纶针刺毡			PPS 针刺毡		P84 针刺毡		玻纤复合针刺毡
			ZLN-F450/F450	ZLN-F500	ZLN-F550	ZLN-R500	ZLN-R550	ZLN-P500	ZLN-P550	
I	形态特性	材质	芳香族聚酰胺			聚苯硫醚		聚酰亚胺		玻纤芳纶复合
		真相对密度	1.38			1.37		1.41		
		加工方法	针刺成形、热烘燥、热辊压光(根据需要可烧毛)							
		滤料单重/(g/m²)	450	500	600	500	600	500	550	1090
		厚度/mm	2.0	1.8	2.2	2.0	2.1	2.6	2.7	2.7
		体积密度/(g/cm³)	0.225	0.217	0.25	0.25	0.28	0.19	0.20	—
		孔隙率/%	83.7	84.2	81.9	81.8	79	86	86	—
II	强力特性	断裂强力/[N/(5×20cm)]　经	800	851	980	890	866	830	930	2000
		断裂强力/[N/(5×20cm)]　纬	950	1213	1300	1010	1184	1030	1080	2000
III	伸长特性	断裂伸长率/%　经	30	22	27.4	24.8	34.4	25	26	3.8
		断裂伸长率/%　纬	43	36	40.4	38.6	34.5	34	35	1.7
IV	透气性	透气度　1/(m²·s)	—	210	222	275	137	186	—	80
		透气度　m³/(m²·min)	—	12.6	13.3	16.5	8.25	11.17	—	4.8
		透气度偏差/%	—	+12/-6	+10	+16/-8	+7/-4	+4/-5	—	+7/-7
V	阻力特性	洁净滤料阻力系数			5.3	10.5	18	9.4		28
		再生滤料阻力系数			22.0	17.4		19.1		
		动态阻力/Pa			347	132	198	75		
VI	捕尘特性	静态捕尘率/%			99.5	99.6		99.9		
		动态捕尘率/%			99.9	99.9	99.996	99.9		99.9
		粉尘剥离率/%			96.3	95.2	84.8	93.9		
VII	使用特性	使用温度/℃　连续	170~200			130~190		160~240		160~200
		使用温度/℃　瞬间	250			200		260		220
		耐酸性	一般			优		优		一般
		耐碱性	良			优		差		一般

(5)水刺毡滤料

水刺毡滤料的结构与制备原理与针刺法相类似,唯一不同的是将制备过程中使用的钢针替换为极细的高压水流(称为"水针")。水刺工艺使高压水经过喷水板的喷孔形成微细高速水射流,并连续喷射纤维网,在水射流直接冲击力和下方托网帘反射力的双重作用下,纤维在纤维网中发生不同方向的移位、穿插、抱合、缠结。水刺毡滤料工艺中纤维受到的机械损伤较小因此在同等克重下,水刺滤料的强力高于针刺滤料。由于水针为极细的高压水柱,其直径较针刺毡制作时所用刺针要细,所以水刺毡几乎无针孔,表面较针刺毡更光洁、平整,从而过滤效果性更好[41]。

与针刺滤料相比,水刺滤料毡层密实度更高,净化效率也更高;水刺滤料的厚度较小,但其断裂强力提高约20%,耐磨性能也显著增强;水刺滤料的清灰周期平均延长约30%。

(6)复合纤维滤料

复合滤料是将两种或两种以上过滤材料混合后加工制成的滤料。复合滤料使不同纤维的性能互相弥补,提高滤料的性能,并降低成本。

袋式除尘器用于净化含硫烟气时,为提高滤袋的抗酸腐蚀性能,选用 PTFE 基布与 PPS 纤网复合制成的滤材,比纯 PPS 针刺毡在浸酸后的强度保持率提高25%左右。

混合纤维滤料中品种和应用较多的,是以玻纤与耐高温化纤混合制成的复合针刺毡。主要品种有玻纤+涤纶、玻纤+诺梅克斯(或芳纶)、玻纤+PPS、玻纤+P84、玻纤+PTFE 等。其中,玻纤+芳纶纤维、玻纤+P84 纤维两种针刺毡,成为高炉煤气净化的主要滤料。通过玻纤与化纤的混合弥补了纯玻纤毡不耐折的缺点,而成本则显著低于纯化纤毡。

典型复合针刺毡滤料产品及性能参数见表 2-18。

(7)梯度结构滤料

梯度结构滤料是指在滤料厚度方向上纤维的细度或者纤维层的密度呈现阶梯状变化的滤料。高密面层针刺毡滤料是在滤料的迎尘面采用超细纤维(如海岛纤维,图 2-76)作面层,滤料其余部分采用普通纤维,针刺后,滤料在厚度方向形成梯度结构,见图 2-77。这种由超细纤维构成的细密面层可实现表面过滤,将细颗粒物阻隔在滤料表面,不仅提高了过滤效率,并且由于其孔隙率低,表面光滑,也提高了粉尘剥离率,见图 2-78。

梯度结构滤料不仅可以由同一种材质的不同细度纤维构成,也可以由不同材质的纤维构成。

目前,我国已生产表面超细纤维滤料产品。表 2-19 是海岛纤维滤料性能参数。

表 2-18　典型复合针刺毡滤料产品(普耐 R)及性能参数

成分		滤料单重/(g/m²)	厚度/mm	密度/(g/cm³)	透气度/[L/(dm²·min)]	断裂强力/[N/(5×20cm)]		伸长率/%		90min最大收缩		使用温度/℃		后处理	应用领域
纤维	基布					纵向	横向	纵向	横向	温度/℃	伸缩率/%	连续	瞬间		
PTFE	PTFE	750	1.1	0.68	100	≥600	≥600	<5	<5	260	3	240~260	160	PTFE处理	垃圾焚烧、燃煤锅炉
P84/PTFE/GL	PTFE	530	2.0	0.265	200	>600	>600	>3	>3	280	<1	240	280	热定型、烧毛、PTFE处理	高炉煤气、垃圾焚烧、旋窑窑尾
P84/GL	GL	800	2.5	0.32	200	>1500	>1500	<2	<2	260	<1	240	280	烧毛、PTFE处理	高炉煤气、铁合金、旋窑窑尾
P84/PPS/GL	PTFE	530	2.0	0.265	200	>600	>600	<3	<3	230	<1	180	230	热定型、烧毛、PTFE处理	燃煤锅炉、垃圾焚烧
PPS/GL	PPS	530	2.2	0.264	150	>800	>800	<3	<3	220	<1	180	200	热定型、PTFE处理	燃煤锅炉、垃圾焚烧
PPS/GL	GL	800	2.5	0.32	200	>1500	>1500	<2	<2	230	<1	180	230	PTFE处理	燃煤锅炉
PPS/GL	P84+PPS	530	2.0	0.265	150	>600	>600	<3	<3	230	<1	180	220	热定型、PTFE处理	燃煤锅炉、垃圾焚烧
PTFE/GL	PTFE	700	1.5	0.167	120	>600	>600	<3	<3	280	<1	240	280	热定型、PTFE处理	垃圾焚烧、钢铁冶炼、钛白粉
Aramid/GL	Aramid	480	2.2	0.218	220	>600	>600	<3	<3	250	<1	200	250	PTFE处理	沥青、石灰窑、窑头、篦冷机、白炭黑

图 2-76　海岛纤维

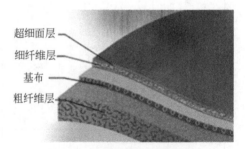

超细面层
细纤维层
基布
粗纤维层

图 2-77　表面超细纤维梯度滤料

图 2-78　细颗粒物阻隔在滤料表面

表 2-19　海岛纤维滤料基本性能参数

特性	检测项目		单位	实测值	备注
形态特征	单位面积质量		g/m²	491	
	单位面积质量偏差		%	-1.9, +1.9	
	厚度		mm	2.85	
	厚度偏差		%	-12.6, +5.3	
强力特性	断裂强力	经	N/(5×20cm)	1378	
		纬		1414	
	断裂伸长	经	%	28.2	
		纬		37.5	
透气性	透气度		m³/(m²·min)	8.30	@127Pa
	透气度偏差		%	-14.2, +19.6	

经测试海岛纤维滤料对 $3\mu m$ 的效率在 >98%,对 $2.5\mu m$ 的效率在 96.9%;与常规滤料相比,海岛滤料性能明显高出,对 $2.5\mu m$ 的粒子,常规滤料计数效率在 80% 左右,而海岛滤料在 96.9% 以上,高出了 16%;海岛滤料的过滤阻力和机械强度与普通滤料相当。

（8）覆膜滤料

覆膜滤料是指在传统滤材(针刺和织造滤料)的表面覆以 PTFE 微孔薄膜所合成的复合滤料。覆膜处理不仅显著提高了滤料的捕尘率,而且除尘过程中形成的粉尘层易于脱落,提高了粉尘层的剥离性。覆膜滤料的本体阻力虽高于传统滤料,但除尘器运行过程中,由于粉尘剥离性好,易清灰,且超细粉尘很少进入织物内部,抑制了滤料阻力的快速上升,除尘器压降明显低于传统滤料[42]。

覆膜滤料常用于空气过滤、垃圾焚烧烟气净化等排放要求严格的场合,具有较为宽广的市场需求,见图 2-79。

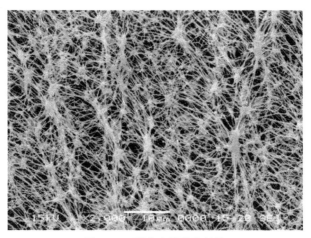

图 2-79　覆膜滤料微孔结构

覆膜滤料的特点如下:

①滤料覆膜可实现表面过滤,可提高细颗粒物的分级效率,见图 2-80。

②当量孔径的减小阻止了超细粉尘进入滤料深层,从而防止滤料的堵塞及对滤料结构的破坏。由于 PTFE 在滤材表面的包裹使覆膜滤料表面光滑,从而应用覆膜滤料的袋式除尘器,设备阻力较低,并在长时间内保持稳定。

③滤料覆膜有助于提高自身的疏水性,防止袋式除尘器在潮湿条件下因结露造成糊袋板结失效。

④覆膜滤料的运行阻力低,能有效地降低除尘器系统的运行能耗,延长滤料使用寿命,并显著减少除尘器的维护检修工作量[43]。

⑤PTFE 覆层具有良好的耐热和耐腐蚀性能。具有超高的化学稳定性,使覆膜

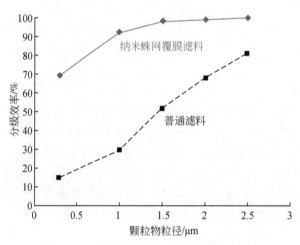

图 2-80　覆膜滤料与普通滤料分级效率对比

滤料的应用领域不断扩大。

　　⑥覆膜滤料的底布材质可以是各种化纤或玻璃纤维;结构可以是织布,也可以是针刺毡。因而可以制成多种产品,用于各种不同的场合。

　　梯度结构滤料和覆膜滤料通称为高效除尘滤料,常用产品及其性能参数见表 2-20。

表 2-20　高效除尘滤料产品及性能参数

滤料名称			覆膜针刺毡 M/ENW		覆膜 729M/EWS		高密面层针刺毡 ZLN—Dgm
I	形态特性	材质	涤纶毡 ePTFE 覆膜		涤纶织物 ePTFE 覆膜		涤纶
		真比重	1.38		1.38		1.38
		加工方法	针刺毡、热烘、热压后覆膜		机织覆膜		针刺、热烘、热压
		滤料单重/(g/m²)	500	505	231.5	320	500
		厚度/mm	2.21	2.2	0.5	0.65	2.08
		体积密度/(g/cm³)	0.226	0.229	0.463	0.492	0.240
		孔隙率/%	83.6	83.4	66.4	64.3	82.5
II	强力特性	断裂强力/[N/(5×20cm)] 经	1010	1350	2975	3210.5	900
		纬	1280	900	2165	2083.5	1156
III	伸长特性	断裂伸长率/% 经	19.3	23	27.0	25	27.4
		纬	48.9	30	28.3	23	30

续表

滤料名称			覆膜针刺毡 M/ENW		覆膜 729M/EWS		高密面层针刺毡 ZLN—Dgm
IV	透气性	透气度 1/(m²·s)	40.2	35.0	33	21.4	185
		透气度 m³/(m²·min)	2.41	2.10	1.98	1.281	11.1
		透气度偏差/%	+14.5 −19.8	+16.9 −22.1	+28.4 −26.4	+6.8 −5.2	+3.5 −5.2
V	阻力特性	洁净滤料阻力系数	47.9	49.9	91.5	56.1	13.6
		再生滤料阻力系数		73.6	123.5	80.7	27.1
		动态阻力/Pa	181	187	174.0	191.0	128
VI	捕尘特性	静态捕尘率/%	99.99	99.965	99.95	99.98	99.97
		动态捕尘率/%	>99.999	>99.999	99.999	99.999	99.996
		粉尘剥离率/%		96.67		96.85	94.4
VII	使用特性	使用温度/℃ 连续	130	130	130	130	130
		瞬间	150	150	150	150	150
		耐酸性	良	良	良	良	良
		耐碱性	良	良	良	良	良

(9)消静电滤料

化纤滤料极易摩擦带电,又因电阻率较高而不易释放电荷。静电火花能引燃可燃粉尘和可燃气体,甚至发生爆炸。有些易荷电的粉尘积聚在滤料表面,影响滤袋的清灰效果,导致除尘器高阻运行。

为预防静电的危害,除尘器可采用消静电滤料,将滤料表面积聚的电荷通过接地的除尘器壳体释放。使滤料具有导电性的通用方法:在织造滤料的经纱中间隔编入导电纱线;在针刺滤料基布的经纱中间隔编入导电纱线;在针刺滤料的纤网中混入导电纤维。

滤料的消静电性能与导电纤维或导电纱线的导电性及其在滤料中的密度有关。导电纤维有不锈钢纤维、碳纤维及改性合纤类纤维等[44]。

3. 滤料后处理技术

后整理可以使滤料质地均匀、尺寸稳定,并且改善性能、美化外观,从而扩大其应用范围,在滤料生产中是不可缺少的重要工序。目前有烧毛、热轧光、涂层、覆膜、疏水、阻燃及消静电整理。

烧毛整理:将滤料以一定速度通过燃烧煤气、天然气或液化气的火口,烧除悬浮在滤材表面的纤维毛烧掉,以改善滤料表面的光滑度和平整度,有助于滤料的清灰。

热轧光:将滤料以一定速度通过具有一定压力和一定温度的光洁轧棍的工艺过程,通过热轧使滤料表面光滑、平整、厚度均匀。常规滤料经过深度的热轧技术能使滤料表面极为光滑且具有优越的透气性能,类似于覆膜滤料虽然除尘过程的初阻力有增加,但减少了粉尘进入滤料深层的不良但应,有助于清灰,从而降低袋式除尘器的阻力和提高滤袋的寿命。

涂层整理:将某种浆性材料均匀涂布于滤料表层的工艺过程。利用涂层工艺可改善滤材单面、双面或整体的外观、手感和内在质量,也可使产品性能满足某些特定的(如使针刺毡防油、耐磨、硬挺等)要求[45]。近年来开始采用涂层整理技术制作泡沫涂层滤料,浆料中的成膜物质形成连续的多孔薄膜而附着在滤料上,使滤料具有表面过滤的功能[46]。

浸渍整理:将滤料在浸渍槽中用含有特定性能的浸渍液浸渍后再使之干燥,这一工艺过程称浸渍处理。浸渍处理可使滤料具有诸如疏水、疏油、阻燃等特殊性能;或改善滤料的某些性能,例如使玻璃纤维滤料增强柔性。提高耐折性。

疏水整理:借助浸渍或涂层方法,使滤料具有疏水功能的工艺过程,称为疏水整理。

热定型处理:热定型是指将滤料在张紧状态和特定温度下稳定固化的工艺过程。热定型处理可消除滤料在加工过程中残存的应力,获得稳定的尺寸和平整的表面。热定型处理可控制滤料在使用过程中的收缩率[47]。

4. 滤料的选用

滤料是袋式除尘器进行除尘功能的核心组成。滤料的性能和质量直接影响除尘器是否能够长期稳定的实现烟气中颗粒物的超低排放,选用滤料时必须考虑含尘气体和粉尘的理化性质,如气体的成分、温度、湿度,粉尘的粒径、密度、浓度、黏结性、磨琢性、可燃性等,滤料的选择还与除尘器的清灰方式有关。滤料的选择原则如下[48]。

(1)根据含尘气体的特性选用滤料

除尘滤料由原材料纤维经过不同的工艺制成。不同的原材料具有理化性质。因此,在选择滤料时,必须考虑除尘器中烟气组成、烟气温度峰关键参数,并依次作为选用合适滤料的基本原则。

常用纤维原材料的耐温性及其主要的理化性质在表 2-21 进行排列,供选用时参考。

①含尘气体的温度。

含尘气体的温度是滤料的使用中最重要的影响因素。表 2-21 中列出了各种纤维原材料可供连续长期使用的温度。

根据连续使用温度(干态)将滤料分为 3 类:低于 130℃为常温滤料;130℃ ~ 200℃为中温滤料;高于 200℃为高温滤料[49]。

表 2-21　袋式除尘器常用滤料材质物理化特性

| 纤维名称 | | | | 使用温度①/℃ | | 物理特性② | | | 适用pH | 化学稳定性② | | | | 耐湿性(体积分数,%) | 水解稳定性 | 热塑性 | 阻燃性 | 价格比 | |
学名	商品名	英文名	简称	连续	瞬时	抗拉	抗磨	抗折		耐无机酸	耐无机碱	耐碱	耐氧化剂					PA=1	PE=1
聚丙烯	丙纶	Polypropylene	PP	90	100	2	1	2	1~14	1~2	1	1~2	2		1	1	4		1.0
聚酰胺	尼龙	Daiamid,polyamide	PA	90	100	1	2	3	3~4	3~4	3	1	3		4	1	3	1.0	
共聚丙烯腈	奥纶	Polyacrylonitrile Co-polymer	AC	105	120	2	2	2	6~13	1~2	1	3	2	<5	3~4	1	4		1.6
均聚丙烯腈	亚克力,Dralon-T	Polyacrylonitrilel ho-mopolymer	DT	125	140	2	2	2	3~11	2	1	3	2	<30	1~2	1	4	1.0	1.0
聚酯	Daelon	Polyester	PE	130	150	2	2	2	4~12	2	2	2~3	2	<4	4	1	3		2.6
偏芳族聚酰胺(亚酰胺)	Nomx®,Cenex®	m-Aramid	MX	180	220	2	1	2	5~9	3	1~2	2	2~3	<3	3	3	2	1.5	5.5
聚酰胺酰亚胺	凯芙尔 Kennel® Tech	Polyamide-imide	Km.T	220	240	1	1	1	5~19	3	2	2~3	3		2	3	2	1.6	4.0
聚苯硫醚	Toreon Procon	Polyphenylene Suiphide	PPS	190	220	2	2	2	1~14	1	1	1	4	<30	1	1	1	1.5	4.6
聚酰亚胺	P84	Polyimide	PI	240	260	2	2	2	5~9	2	2	3	2	<10	3	1	1	2.4	13.2
膨化聚四氟乙烯	Teflon	Polyterafluoro-eth-ylen	PTFE	250	280	3	1	2	1~4	1	1	1	1	≤35	1	1	1	4.5	1.6
中碱玻纤	C-玻纤	Alkali glass	GC	260	290	1	3	4		1	2	3	1	15	1	3	1		
无碱玻纤	E-玻纤	Non alkali glass	GE	280	320	1	2	4		2	3	4	1		1	1	1	1.6	3.0
柔性玻纤		Superflex glass	SG	300		1	12	2		1	2	3	1		1	1	1	3.4	6.0
不锈钢纤维		Stainless steel	SS	600		3	1	3		1	1	1	1		1	1	1		

注：①使用温度是指在干气体状态,当气体湿度量大,且含酸碱成分时,某些纤维耐温耐湿性降低。②纤维理化性质的优劣以数值1,2,3,4表示,其中1为优,2为良,3为中,4为劣。

　　滤料的选择需符合其连续使用温度的限制。在烟气工况相对不稳定、气体温度波动大的情况,应选择安全系数较大的滤料(保证其连续使用温度高于工况下烟气温度的最大值)。

　　对于高温烟气可有两种方案:首先可选用高温滤料代替常规滤材;其次可以通过冷却烟气后再经袋式除尘器进行除尘。宜通过技术经济分析比较后确定方案及相应的滤料类型[50]。

　　②含尘气体的湿度。

　　含尘气体湿度表示烟气组成中水蒸气的含量,通常使用相对湿度(φ)和水蒸气体积百分率(X_w)对含尘气体的湿度性质进行表征。在通风除尘领域,当水蒸气体积百分率大于 8% 时,或者含尘气体相对湿度超过 80% 时,称为湿含尘气体[37]。对于湿含尘气体在选择滤料及系统设计时应注意以下几点:

　　湿含尘气体影响滤料的过滤性能,气体中的水蒸气组分使滤袋表面捕集的粉尘进行黏结,严重时可引起糊袋现象。在湿含尘气体情况下,应尽量选用尼龙、玻璃纤维等表面滑爽、纤维材质宜清灰的滤料。对上述滤料使用硅油、碳氟树脂浸渍处理,或在滤料表面使用丙烯酸(acrylic)、聚四氟乙烯(PTFE)等物质经线涂覆处理,可获得更好的抗湿烟气性能。湿含尘气体还对滤料的耐高温性能有一定的影响。在表 2-21 在连续使用温度栏中分别列出不同滤材在干、湿工况时的常用温度值。

　　对湿含尘气体在除尘滤袋设计时宜采用圆形滤袋,尽量不采用形状复杂,布置十分紧凑的扁平滤袋[51]。

　　在系统工况设计时,针对湿含尘气体工况,应选定的除尘器工作温度应高于气体露点温度 10~20℃,且可以通过混入高温气体(热风)及对除尘器筒体加热保温等措施[37]。

　　③含尘气体的腐蚀性。

　　通常,在化工废气和各种炉窑烟气中,常含有酸、碱、氧化剂、有机溶剂等多种化学成分[37]。不同纤维原材料具有不同的耐化学性能。表 2-21 列出各种纤维耐无机酸、有机酸、碱、氧化剂、有机溶剂的优劣排序。

　　滤料材质的耐化学性受到温度、湿度等多种因素的交叉限制聚酯纤维滤料在常温下具有良好的力学性能和耐化学性。在高温高湿的烟气工况下,极易发生水解,使滤料强力性质大幅度下降。聚丙烯纤维在常温下具有较全面的耐化学性能,但在高温工况下,优良的耐化学性能也会明显产生衰减;聚苯硫醚纤维具有耐高温和耐酸、碱腐蚀的良好性能,适用于燃煤烟气除尘,但抗氧化剂的能力较差,只能在 O_2 含量≤10% 条件下使用;聚酰亚胺纤维抗氧化性能优于 PPS,耐水解能力又不理想;PTFE 纤维具有最佳的耐化学性,但其制备的滤料强力较低、价格较贵。在选用滤料时,必须根据含尘气体的化学成分,抓住主要因素,综合比较,择优选定[37]。

④含尘气体的可燃性和爆炸性。

氢气、一氧化碳、甲烷和乙炔等可燃性气体经常出现在有色或化工企业的烟气中。或含有煤尘和镁、铝等可燃性粉尘,轻工、食品加工等行业的生产尾气中含有易燃的有机粉尘,当这些可燃性粉尘与氧、空气或其他助燃性气体混合,极端情况下遇火源即发生爆炸。对此应选用阻燃型消静电滤料。

(2)根据粉尘的性质选用滤料

①粉尘的粒径。

在除尘领域中,"粉尘"通常指 $0.1 \sim 100\mu m$ 的尘粒。

对细颗粒粉尘,在选用滤料时应遵循以下原则:纤维宜选用较细、较短、卷曲多、不规则断面型;结构以针刺毡或水刺毡为优;若采用织造滤料,宜用斜纹织物,或表面进行拉毛处理;采用粗、细纤维混合絮棉层、具有超细纤维面层的水刺毡或针刺毡,以及通过表面喷涂、浸渍或覆膜等技术实现表面过滤,是捕集微细粉尘所用滤料的新选择[8]。

另外,对于净化含细颗粒气体在排放要求严格时,宜选用较低的过滤风速。如炉窑烟气、垃圾焚烧烟气、煤气等[52]。

②粉尘的附着性和凝聚性。

粉尘的凝聚力与尘粒的种类、形状、粒径分布、含湿量、表面特征等多种因素有关,可用堆积角表征,一般为 $30° \sim 45°$。粉尘堆积角小于 $30°$ 为低附着力,流动性好;堆积角大于 $45°$ 为高附着力,流动性差。粉尘与固体表面间的黏性大小还与固体表面的粗糙度、清洁度相关[53]。

在袋式除尘器中,若粉尘附着力过小,将减弱滤料捕集粉尘的能力。当粉尘的附着力过大时又导致粉尘在滤袋上产生凝聚,造成清灰困难的现象,针对这种粉尘附着力过大的工况,应采用脉冲袋式除尘器,进行强力清灰。

对于滤料的选择来说,长丝织物滤料可以有效应对附着性强的粉尘。或选择表面烧毛、压光、镜面处理的针刺毡滤料。21 世纪以来,针刺制备工艺的发展进一步提高滤料的粉尘剥离性能。从滤料的材质上讲,PTFE、尼龙、玻璃纤维优于其他品种。

③粉尘的吸湿性和潮解性。

粉尘的吸湿性、浸润性用湿润角来表征。湿润角小于 $60°$ 为亲水性,湿润角大于 $90°$ 为憎水性。当湿度增加时,吸湿性粉尘粒子的凝聚力、黏性力随之增加,流动性差,粉尘将牢固地黏附于滤袋表面,如不及时清灰,尘饼板结,滤袋失效[8]。具有吸湿能力的粉尘(如 $CaCO_3$、CaO、$CaCl$、KCl、$MgCl_2$ 等),在吸湿后会进行化学反应,从而改变这些粉末的性质和形态,这种潮解行为发生在滤袋表面,发生糊袋现象,极不利于除尘操作的进行。

④粉尘的琢磨性。

粉尘的琢磨性与尘粒的性质、形态及烟气中的粉尘浓度和气流速度、等因素有关。具有表面粗糙、尖棱外形的不规则粒子具有更大的琢磨性,其比表面光滑、球形粒子的琢磨性大 10 倍。粒径为 90μm 左右尘粒的琢磨性最强,而当粒径减小到 5～10μm 时琢磨性已十分微弱,粉尘的琢磨性与气流速度的 2～3.5 次方、与粒径的 1.5 次方成正比,因此,气流速度及其均匀性应十分严格地控制[8]。

铝粉、硅粉、碳粉、烧结矿粉等属于高琢磨性粉尘[8]。若烟气中琢磨性强的粉尘较多,可以考虑耐磨性强的滤料,同时要控制好袋式除尘器的过滤风速和气流分布。

⑤粉尘的可燃性和爆炸性。

对于易燃易爆粉尘,宜选用阻燃型、消静电滤料,此外,对除尘设备和系统还须采取其他防燃、防爆措施[8]。

滤料的阻燃性由原材料纤维所决定。一般认为,氧指数(LOI)大于 30 的 PVC、PPS、P84、PTFE 纤维是相对安全的,而对于 LOI 小于 30 的纤维,如聚丙烯、聚酰胺、聚酯、亚酰胺等滤料,可采用阻燃剂浸渍处理[8]。

消静电滤料是指在本纤维中混有导电纤维,从而具备导电性能(比电阻小于 109Ω,半衰期≤1s)的滤料[8]。

综上所述,按粉尘的性状分类,将选用滤料的基本要点列于表 2-22。

表 2-22　按粉尘性质选用滤料的基本要点

粉尘性状	纤维材质	滤料结构	后处理
超细粉尘	①细、短纤维 ②卷曲状、膨化纤维 ③不规则断面形状纤维	①针刺毡优于织物 ②针刺毡宜加厚,形成密度梯度,采用表面超细纤维滤料 ③织物滤料宜用斜纹织或纬二重或双层结构	①针刺毡表面烧毛或热熔压光 ②织物热定型或表面拉毛 ③织物和针刺毡表面覆膜
潮湿黏性粉尘	①尼龙、玻纤材料为优 ②长丝纤维优于短丝纤维	①针刺毡宜加热络合形成致密微孔结构 ②织物宜用缎纹	①以助清灰为目的的硅基纤维处理 ②以斥油、斥水为目的的碳氟树脂纤维处理 ③针刺毡表面烧毛或热熔压光处理 ④织物、针刺毡表面 Acrglic 或 PTFE 涂层 ⑤织物、针刺毡表面 FTEFS 覆膜
琢磨性粉尘	①细、短纤维 ②卷曲线、膨化纤维 ③化纤优于玻纤	①毡料优于织物 ②毡料适当加厚,较松软 ③织物宜用缎纹或纬二重、双位结构	①玻纤的硅油、石墨、聚四氟乙烯处理 ②毡表面压光、镜面处理织物表面拉毛处理

粉尘性状	纤维材质	滤料结构	后处理
易燃易爆粉尘	①选用氧指数大于 30 的纤维材质 ②按本纤维的 2% ~ 5% 比例混入导电纤维	①针刺毡在基布经向等间隔编入导电纱 ②针刺毡在絮棉中均匀混入导电纤维 ③织物在经向等间隔编入导电纱	①对氧指数小于 30 的纤维材质,用阻燃剂浸渍处理 ②以斥火花为目的,以 PTFE 为基料的防护浸渍处理

（3）根据除尘器的清灰方式选用滤料

袋式除尘器的清灰方式在选择滤料结构品种的过程中同样是一个主要的因素。不同清灰方式的清灰能量、滤袋形变特性不同。

①机械振动类袋式除尘器。

机械振动是一种较为传统的袋式除尘器,它的基本原理是通过机械装置(包括手动、电磁振动、气动)使滤袋产生振动而具有清灰功能。机械振动频率可从每秒几次到几百次。机械振动除尘器在小型除尘机组外,均采用内滤圆袋的设计形式。这种内滤圆袋特点是施加于粉尘层的动能较少而次数较多,要求滤料薄而光滑,质地柔软,有利于传动振动波。通常选用由化纤短纤维织制的缎纹或斜纹织物,厚度为 $0.3 ~ 0.7mm$,单位面积质量为 $300 ~ 350g/m^2$[8]。

②负压分室反吹类袋式除尘器。

负压分室反吹类袋式除尘器具有分室结构,通过阀门逐室切换实现逆向气流,迫使滤袋缩瘪–鼓胀从而达到清灰的目的。有二状态和三状态之分,动作次数 3 ~ 5 次,这种清灰方式大都借助于除尘器本体的负压作为清灰动力,有时配反吹风机作为动力[8]。这种清灰方式属于低动能清灰。滤料需要选用质地轻软、容易变形而尺寸稳定的薄型滤料。

负压分室反吹类袋式除尘器常使用内滤。一般来讲,内滤式常用圆形袋、无框架、袋径 Φ 压分室反吹 ~ $\Phi\Phi$ 分室反吹,L/D 为 15 ~ 40,优先选用缎纹(或斜纹)机织滤料,在特种场合也可选用基布加强的薄型针刺毡滤料(厚度 1.0 ~ 1.5mm,单位面积质量 300 ~ 400g/m²)[8]。

③喷嘴反吹类袋式除尘器。

喷吹反吹类袋式除尘器是属于反吹清灰的操作方式,其主要机理是利用高压风机或鼓风机提供反吹清灰动力。在除尘器过滤状态,通过移动喷吹依次对滤袋喷吹,形成强烈反向气流,使滤袋急剧变形而清灰的袋式除尘器[8]。这种除尘器的类型属于中等能量清灰方式。

迴转反吹和往复反吹袋式除尘器采用带框架的外滤扁袋形式,结构十分紧凑。此类除尘器要求选用比较柔软、结构稳定、耐磨性好的滤料,优先选用中等厚度的针刺毡滤料(单位面积质量 350 ~ 500g/m²),也可选用纬二重或双层结构机织滤料,在我国还较多选用筒形缎纹机织滤料[8]。

④脉冲喷吹类袋式除尘器。

脉冲喷吹类袋式除尘器是指以压缩空气为动力,利用脉冲喷吹机构在瞬间释放压缩气流,诱导数倍的二次气流高速射入滤袋,使滤袋急剧鼓胀变形,依靠冲击振动和反向气流清灰的袋式除尘器,属高动能清灰类型[8]。滤袋过度的频繁清灰会影响其运行寿命。滤袋通常采用带框架的外滤圆袋或扁袋形状。此类除尘器要求选用厚实耐磨、抗张力强的滤料,优先选用化纤针刺毡、水刺毡或压缩毡滤料(单位面积质量 550 ~ 650g/m²)[8]。

⑤按清灰方式优选滤料结构的顺序。

综上所述,不同清灰方式的除尘器应选用不同结构参数的滤料品种,优选顺序见表 2-23。

表 2-23　清灰方式、滤袋的形状、所用滤料的选择

清灰方式	清灰动力	滤袋形式	滤料结构优选	滤料单位面积质量/(g/m²)
振动	手振、机振、气振、电磁振	内滤圆袋	筒形缎纹或斜纹织物	300 ~ 350
反吹风	除尘器负压或反吹风机	内滤圆袋	高强低伸型筒形缎纹或斜纹织物	300 ~ 350
			加强基布的薄型针刺毡	300 ~ 400
		外滤异形袋	普通薄型针刺毡	350 ~ 400
			阔幅筒形缎纹织物	300 ~ 350
反吹风+振动	除尘器负压手振、机振、气振、电磁振	内滤圆袋	高强低伸型筒形缎纹或斜纹织物	300 ~ 350
			加强基布的薄型针刺毡	300 ~ 400
喷嘴反吹风	高压风机或鼓风机	外滤扁袋	中等厚度针刺毡	350 ~ 500
			纬二重或双层织物	400 ~ 550
			筒形缎纹织物	300 ~ 350
		内滤圆袋(气环喷吹)	厚实型针刺毡、压缩毡	600 ~ 800
脉冲喷吹	0.15 ~ 0.7MPa 压缩空气	外滤圆袋	针刺毡或压缩毡	500 ~ 650
			纬二重或双层织物	450 ~ 600

(4)根据其他特殊要求选用滤料

①高浓度工艺收尘。

袋式除尘器以其高效、稳定和可靠性被越来越广泛地用于工艺收尘,如水泥磨、煤磨、选粉机、破碎机等设备的气固分离[8]。高浓度工艺收尘具有气体含尘浓度高、系统连续运行、要求工况稳定的特点,最高含尘浓度可达 1000g/m³ 以上。

　　袋式除尘器处理高含尘浓度粉尘气体需要遵循以下要求:选用外滤式除尘器,清灰装置需稳定有效,可以连续运行;滤袋的形状规则、间隔较宽,易于落灰;入口含尘气流具有均匀合理的分布,严防气流直接冲刷滤袋;滤料需要具有较好的刚度,表面经压光或浸渍、涂布等疏油、疏水及助清灰处理,也可选用 PTFE 薄膜复合滤料。

　　对于高浓度工艺收尘,为避免硬质粗粒尘对滤袋的磨损和灼热粗粒尘对滤袋的烧损,可在袋式除尘器内采用粗颗粒分离设备,如惯性除尘器等[8]。

　　②超低排放和具有特殊净化要求的场合。

　　对于要求颗粒物超低排放的场合、含铅、镉、铬等特殊有毒有害气体净化的场合、垃圾焚烧烟气净化、某些工艺气体回收系统(如利用石灰窑焙烧废气分离 CO_2 气体、煤气净化等)的场合等,需要达到超低排放,实现颗粒物排放低于 $10mg/m^3$,甚至更低。对于此类特殊场合,要求除尘器选用特殊结构品种的滤料,例如表面超细纤维梯度过滤材料或使用特殊工艺制成的针刺毡、水刺毡滤料,可有效的捕集 $PM_{2.5}$ 细颗粒物 PTFE 薄膜针刺毡覆合滤料,薄膜微孔径 1~2 膜针,其过滤效率比常规针刺毡滤料高 1~2 个数量级。可选用预荷电袋滤器或电袋除尘器,利用尘粒在电场中的荷电、凝聚、预分离作用,提高除尘器的除尘效率,总除尘效率可达 99.99%[8]。

　　③含油雾等黏性微尘气体的处理。

　　沥青混凝土工厂的拌和处和成品卸料处排出烟气成分中含有较高浓度的焦油雾;在电极和碳素制品成型工艺工程中排出含焦油雾和炭粉的废气;在轧钢生产线排出含油雾、水气和氧化铁尘的废气;燃油锅炉、燃煤锅炉点火等含油雾黏性尘的气体时,使用袋式除尘器有以下的注意事项:

　　掌握工况的重要设计参数即油雾和粘尘的混合比,只有在油雾量所占比例不大、和粉尘混合后不至于黏袋的情况下,才允许直接使用袋式除尘器;如果油雾量相对较多,只有在管道中添加一定量吸附性粉尘(石灰、粉煤灰等)作为预涂粉措施,才可安全使用袋式除尘器[8]。

　　除尘器运行前应进行预涂粉,在滤袋表面形成保护性粉尘层。

　　④燃煤锅炉烟气净化除尘。

　　燃煤电站锅炉和工业锅炉烟气中含有水蒸气和 SO_2、SO_3,易导致结露,产生硫酸雾;同时还含有 O_2、NO_x 等氧化气体,会使滤料产生腐蚀和氧化,损伤或破坏滤袋。当锅炉初始运行或低负荷运行时,需喷油助燃,将产生未燃尽的油雾。

　　宜选用 PTFE+PPS、PPS+P84 等复合针刺毡或水刺毡滤料,并在新滤袋投入使用前预涂粉煤灰。

　　5. 滤料性能评价

　　随着国家对工业烟气排放标准的日益提高,对除尘设备提出了更高的要求,其中袋式除尘器由于过滤效率高、不受粉尘性质的影响、排放浓度低等优点,在燃煤电厂、垃圾焚烧、钢铁、水泥、冶金等行业广泛应用。滤料是袋式除尘器的核心部件,它的质量好坏直接影响除尘设备的除尘效率。对滤料性能的检测不仅有助于提高优化产品质量、结构与性能。而且能够帮助除尘设备厂家选择合适的滤料与其匹配,对使用中的滤料的性能变化进行追踪监控。分析滤料失效原因。最终对保证除尘器的性能、粉尘控制排放浓度起到重要意义。

　　清华大学盐城环境工程技术研发中心建立了国际先进的滤料检测系统,包括常规滤料物化性能检测项目,滤料过滤性能等(图2-81),其中动态过滤性能检测装置与国际标准同步,该测试系统能够评价模拟工况条件下滤料的过滤性能,该系统模拟工业除尘行业真实环境中的入口烟尘的温度、种类、浓度及颗粒分布,通过滤料过滤后的烟尘的浓度、气体成分等性能的评价,获取滤料的使用性能参数,快速准确评价过滤材料的品质、性能、寿命等,为滤袋的设计、选材等研发提供技术支撑,该系统能满足测试参数为标况与高温、酸碱工况下,滤料材料的初始压降、初始阻力、残余压降、分级效率(常温)、分级效率(高温)、粒径分布、清灰时间、测试压降、压降曲线、平均残余压降、残余压降曲线、过滤/清灰周期、平均过滤周期、动态过滤效率、粒子计数(颗/m³)、出口粉尘浓度等。从而选择合适的滤料应用于工况,为国内的工业除尘领域建立滤料过滤性能评价平台,同时也为现有的除尘系统的设计提供依据。

　　该系统测试符合如下标准:

①ISO 11057 空气质量–可清洁过滤介质过滤性能的试验方法。

②VDI/DIN 3926 评价可清洁式滤料的标准测试方法。

③ASTM D6830 判定可清洁过滤介质压降及过滤性能的测试方法。

④GB 6719—2009 袋式除尘器技术要求。

⑤JIS Z8909—1 集尘用过滤介质的试验方法·第 1 部分:过滤效率。

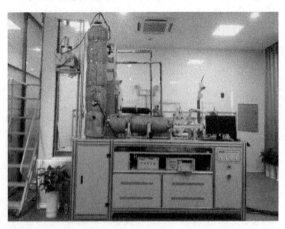

图 2-81　模拟烟气热态工况下滤料过滤性能测试系统

目标服务于电力行业(燃煤电厂、垃圾焚烧发电厂、生物质电厂等)和非电力行业(钢铁、冶金、建材、石化等)烟尘处理用滤料检测,除尘器性能检测,可以完成包括滤料的物化性能、常温下/高温下滤料的除尘性能、细颗粒物 PM_{10}/$PM_{2.5}$ 净化效率、酸碱烟气环境下过滤老化性能等(表 2-24),为用户及科研院所提供准确及权威的检测服务。

表 2-24 滤料性能测试项目

特性	测试项目
织物与强力特性	(1)过滤介质的厚度及其偏差 (2)过滤介质每单位面积的质量及其偏差 (3)过滤介质的透气率及其偏差 (4)过滤介质的强度特性:①经向断裂强力;②经向伸长率;③纬向断裂强力;④纬向伸长率
耐热特性	(1)过滤介质在高温(用户指定温度)下 24h 后的强度特性:①经向断裂强力;②经向伸长率;③纬向断裂强力;④纬向伸长率 (2)过滤介质在常温下及高温(客户指定温度)下 24h 后的尺寸变化率
过滤特性(常温、高温≤400℃)	按照国标 GB 6719—2009、国际标准(ISO 11057)、德国 VDI 标准测试,项目包括(过程 A:前 30 次定压喷吹过程;过程 B:10000 次老化喷吹过程;过程 C:10 次定压喷吹恢复过程;过程 D:后 30 次定压喷吹过程): (1)初始压降　　　(2)初始阻力　　　(3)气溶胶浓度(mg/m³) (4)残余压降　　　(5)分级效率　　　(6)粒径分布 (7)平均残余压降　(8)残余压降曲线　(9)过滤/清灰周期 (10)动态过滤效率　(11)酸碱气体老化　(12)粒子计数(颗/m³)
$PM_{2.5}$ 细颗粒物分级效率	(1)常温环境,$PM_{2.5}$ 细颗粒物的分级计数效率 (2)高温环境(T≤250℃),$PM_{2.5}$ 细颗粒物的分级计数效率
酸碱气氛下滤料过滤性能	模拟工况酸碱烟气环境下,滤料的过滤性能、酸碱老化性能的测试评价,NO_x 浓度≤1000ppm,SO_2 浓度≤1500ppm
高效除尘协同脱硝过滤材料	模拟真实工况下,测试负载催化剂的复合型功能性滤料的除尘协同脱硝效率、SO_2 转化率、NH_3 逃逸率、压降等数据
耐腐性能	(1)包括在气体或液体状态下耐酸性能的测试 (2)包括在气体或液体状态下耐碱性能的测试
疏油疏水	滤料的疏油和疏水性能
化学成分分析	滤料纤维成分分析
抗静电性能	滤料的摩擦电位;半衰期;面电荷密度;表面电阻;体电阻
阻燃性能	项目包括①阻燃特性;②极限氧指数
覆膜牢度	滤料的覆膜牢度性能
滤料纤维强力	滤料单纤维强力性能

特性	测试项目
微观结构分析	滤料的微观结构分析
除尘器性能检测	(1)除尘器入口动压、静/全压、风量、风速、温湿度、粉尘浓度 (2)除尘器出口动压、静/全压、风量、风速、温湿度、粉尘浓度 (3)除尘器阻力、除尘器效率、PM$_{2.5}$捕集效率、除尘器漏风率

2.3.7　袋式除尘提效新技术

1. 颗粒物预荷电袋滤技术

将粉尘预荷电技术和袋式除尘结合起来,形成预荷电袋滤器。对预荷电袋滤器的研究始于 20 世纪 70 年代,在袋式除尘器前面加一个预荷电装置,使粉尘粒子通过荷电,然后由滤袋捕集,从而提高对微细粒子的捕集效果。

(1)预荷电技术

粉尘预荷电是一种能够强化细颗粒物高效捕集的核心技术。利用电场放电技术促使微细粒子荷电,荷电后的粉尘能够在滤袋表面形成疏松多孔海绵状的粉饼,细颗粒物也明显团聚呈蘑菇状,这种特殊粉饼结构在气体过滤时能够提升微细粒子筛分、扩散、静电等效应,从而提高了捕集效率;同时由于粉饼透气性好,可降低过滤阻力[54]。

粉饼预荷电对比实验见图 2-82。

图 2-82　粉尘预荷电粉饼结构对比

通过进行粉尘预荷电过滤性能实验,测试结果表明(图 2-83),同等条件下,粉尘荷电后捕集效率可提高 15% ~20%,过滤阻力可下降 20% ~30%[54]。

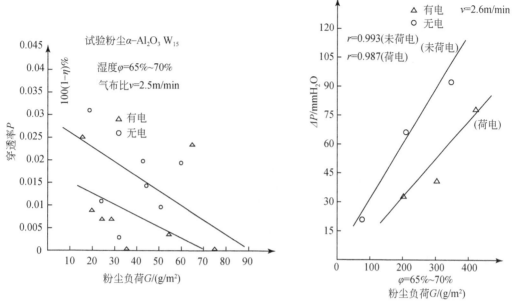

图 2-83　粉尘预荷电过滤性能对比试验

通过研发确立了预荷电装置的结构、板线配置、供电方式和设计参数等,研制了工业装置制造(图 2-84),并实现了工程示范和应用。预荷电装置体积小,荷电效果好,安装在袋式除尘器入口[54]。

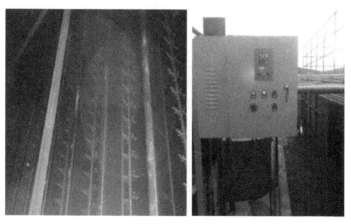

图 2-84　粉尘预荷电装置

(2)超细面层精细滤料

袋式除尘的核心部件是过滤材料,决定着袋式除尘的捕集效率和排放浓度。然而,现在市场上的常规滤料无法高效捕集 $PM_{2.5}$ 微细粒子,难以满足超低排放的要求。

研究表明,过滤材料纤维直径越细,单位体积中的纤维越多,孔径越小越密,对微细粉尘的捕集能力越高,滤料阻力越低[8]。因此,欲提高 $PM_{2.5}$ 细颗粒物捕集效率,其核心在于研制超细纤维,即海岛纤维,并增加滤料接尘面的致密度。

通过科技攻关,研发了"海岛纤维"超细纤维(图 2-85),其直径小于 0.08 旦,纤维直径是普通纤维的 1/26。在此基础上完成了超细高密面层三维梯度滤料结构设计(图 2-86),研制了基于海岛纤维为面层的表面超细梯度滤料,使其具有表面过滤功能,攻克了不同纤维混纺时的可纺性难题,研制出滤料产品,并实现了产业化[54]。

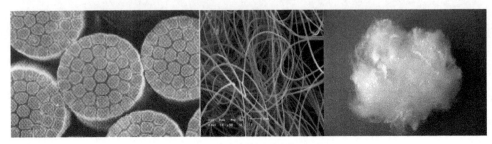

图 2-85　超细纤维

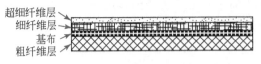

超细纤维层
细纤维层
基布
粗纤维层

图 2-86　超细面层精细滤料结构示意

对海岛纤维超细面层滤料进行了性能测试,测试表明,滤料经向强力为 1378N,纬向强力为 1414N。将海岛滤料与常规滤料在同样条件下进行了对比测试(图 2-87),可以看出,常规滤料对 2.5μm 粒子捕集计数效率在 80% 左右,而海岛滤料在 96.9% 以上,海岛滤料效率比常规滤料高出 16%[54]。

(3)预荷电袋滤器

将预荷电技术、超细面层精细过滤材料、直通均流式袋式除尘器、气流分布技术和清灰技术等有机复合,并形成一体化装置(图 2-88)。粉尘预荷电装置体积较小,可以设置于除尘器喇叭口内,从而减小了设备占地和体积。针对传统除尘器存在的结构复杂、运行阻力高、阀门故障多、漏风率较高等问题,对传统袋式除尘器结构进行了创新改造,研制了直通均流式袋式除尘器新型结构,其优点表现在结构简单、流程短、流动阻力低、滤袋寿命长等[54]。

预荷电袋滤器比传统袋式除尘器运行能耗可降低 40%,故障率下降 70%[54]。

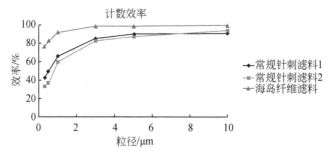

图 2-87　海岛滤料与常规滤料过滤性能比较

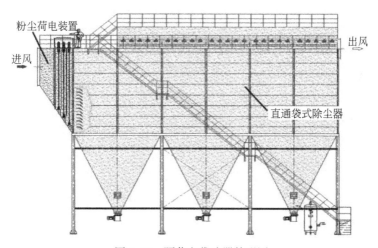

图 2-88　预荷电袋滤器外形图

2. 电袋复合除尘器

电袋复合除尘器是将电除尘和袋式除尘复合为一体的装置,按照结构形式可分为前电后袋式和嵌入式二种结构。

前电后袋式结构如图 2-89 所示[48]。其前部为静电除尘器的电场,称为"电区";后部为袋式除尘器,称为"袋区"。

含尘气体从进口喇叭进入,经气流分布板到达电除尘区,在此预收尘和预荷电,电除尘区捕集 80% 以上的粉尘,未被捕集的粉尘随气流运动到袋式收尘器区由滤袋捕集,净化后的气体由除尘器尾部排出(详细内容参见 2.3.9 节)。

前电后袋电袋复合除尘器的主要特点如下:

①在电区除去大部分粉尘,使进入袋区的粉尘浓度大幅度降低,加之粉尘荷电的作用,滤袋的清灰周期延长,利于延长滤袋寿命;

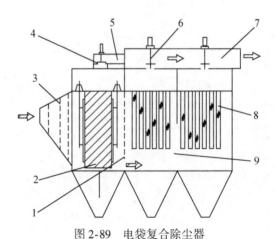

图 2-89　电袋复合除尘器

1-袋区气流分布板;2-电区;3-电区气流分布板;4-旁路阀;

5-旁路;6-出口提升阀;7-上箱体;8-滤袋;9-袋区

②粉尘预荷电有助于提高除尘效率,降低设备阻力;

③除尘效果不受粉尘比电阻影响;

④主要用于高浓度的烟气净化,如燃煤电厂锅炉烟气净化;

⑤适合于电除尘器提效改造。

　　嵌入式电袋复合除尘器如图 2-90 所示。与通常的电袋复合除尘器不同,这种除尘器将电除尘器的极板、极线同袋式除尘器的滤袋紧密地融合在一起。极板做成多孔形式,每一排滤袋两侧都有极板和极线组成的电场。含尘气体首先经过电场,约90% 的粉尘被静电场捕集,其余的粉尘随同气流穿过极板上的孔洞到达滤袋。滤袋常用玻纤覆膜滤料制作,采用外滤形式结构,粉尘被阻留在滤袋外表面,干净气体进入滤袋内部并从净气室排出。清灰采用在线脉冲喷吹方式。清灰时,大部分粉尘落入灰斗,未落入灰斗的粉尘因清灰的惯性而进入电场,被极板捕获[8]。

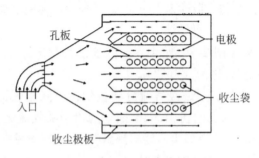

图 2-90　嵌入式电袋复合除尘器

　　这种除尘器对细颗粒物捕集效率高,可采用较高的过滤风速,可达 2.0m/min

以上,设备阻力为 1500 ~ 1900Pa。

这种除尘器的缺点是结构比较复杂,拆换滤袋和维护检修十分麻烦。在小型燃煤锅炉和水泥行业有应用。

3. 高严密滤袋结构

传统的滤袋的问题是接口形式严密性不够,使细颗粒物容易短路造成逃逸,且袋口容易脱落,这直接会导致粉尘排放量增加,达不到预期效果。所以我们经过研发,确定迷宫式方形凹槽袋口密封结构,可增加滤袋安装的牢固性,防止 $PM_{2.5}$ 逃逸。传统滤袋接口与高严密性滤袋接口对比见图 2-91。

图 2-91　传统滤袋接口与高严密性滤袋接口

对滤袋缝合线针眼涂胶,滤袋使用过程中,由于喷吹产生的张弛作用,以及滤料与缝合线不同材质收缩作用,缝合线处针眼会扩大,导致细颗粒物穿透逃逸。沿缝合线做涂胶处理(图 2-92),堵塞针眼,保障过滤精度。

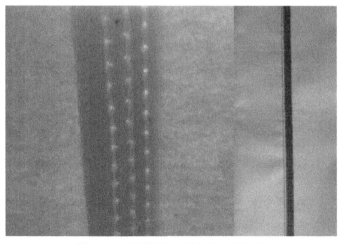

图 2-92　滤袋缝合针眼与缝合线涂胶

4. 褶皱滤袋

降低过滤风速,有利于提高过滤效率。排放越严,过滤风速越低;颗粒越细,过滤风速越低。即使除尘器过去达标,欲满足当下超低排放要求,也需要降低过滤风速。

降低过滤风速,增加除尘器过滤面积有以下三个改造途径:一是增加滤袋长度,二是采用褶皱滤袋(图2-93),三是增加过滤仓室。

褶皱滤袋是一种新的滤袋结构,在不改动除尘器本体结构的前提下,使用褶皱滤袋可增加过滤面积50%以上,可使过滤风速从 1.0m/min 降至 0.80m/min 以下,以满足除尘器出口排放浓度小于 $10mg/m^3$ 的要求[55]。

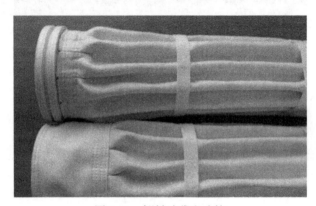

图 2-93　褶皱滤袋和滤筒

5. 荧光粉检漏

荧光粉检漏是保障袋式除尘器超低排放的重要措施。在除尘器焊接和滤袋安装过程中,可能会出现钢结构漏焊、滤袋安装不到位、安装尺寸不合适、滤袋破损等现象,在除尘器运行过程中,可能会出现除尘器本体漏焊、开焊、密封不严和锈穿等,这将导致除尘器超标排放。要找出如上的漏点,即使是专业人员也很难完成,需要一种切实可行的方法,荧光粉检漏应运而生,它能减少人员在检查滤袋破损、漏洞及密封不严等所花费的大量时间。

将检漏荧光粉从除尘器进口管道上注入,它会飘向阻力小的地方,聚集在泄漏点的周围,使用专用单色灯照射就能轻易地找到泄漏点,并清楚地知道泄露程度(图2-94)。因此,新建项目、改造项目完工后应进行荧光粉检验,对于超低排放改造尤为重要。

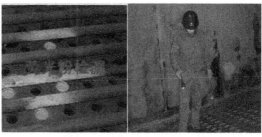

图 2-94　袋式除尘器安装后荧光粉检漏

2.3.8　袋式除尘器设计选型

1. 袋式除尘器的适用场合

袋式除尘器的选用取决于污染物的特性,以下场合和要求下应优先选用:

①粉尘超低排放浓度限值$<10mg/m^3$;②高效捕集微细粒子;③含尘空气净化;④炉窑烟气净化;⑤粉尘具有回收价值,可综合利用;⑥水资源缺乏或严寒地区;⑦高比电阻粉尘或粉尘浓度波动较大;⑧净化后气体循环利用[56]。

以下场合通过技术措施处理后可以采用袋式除尘器:

①高温(>250℃)烟气通过冷却降温,满足滤料连续工作温度;②净化相对湿度大的含尘气体(包括湿度大的高温烟气)时,除尘设备的外壳应进行保温处理,必要时应加热烟气,保证烟气高于露点温度15℃以上,防止结露;③烟气含油雾,采取了预涂粉措施,或粉尘吸附措施;

对含有火花的烟气,在袋式除尘器前进行预处理[57]。

2. 袋式除尘设计选型依据

袋式除尘器的设备选型是根据使用要求和提供的原始参数来确定除尘器的主要参数和各部分结构。选择袋式除尘器时应考虑如下因素:

①处理气体湿度、温度、风量大小、含污染物浓度是否具有腐蚀性含尘浓度等理化性质;②粉尘的粒径分布、密度、成分、黏附性、安息角、自燃性和爆炸性等理化性质;③除尘器工作压力;④排放浓度限值;⑤除尘器占地、输灰方式;⑥除尘器运行条件(水、电、压缩空气、蒸气等);⑦滤袋寿命要求;⑧除尘器的运行和检修需求;⑨自动化水平;⑩清洁生产(粉尘回收利用及方式)。

袋式除尘器设计选型中最重要的因素之一是处理风量。处理风量的大小决定了袋式除尘器的规格。袋式除尘器处理风量按其进口工况体积流量计取。在计算过滤面积计算时可以不考虑系统漏风。

运行温度是滤料选择必须考虑的首要因素之一是运行温度,其对袋式除尘工程的造价和运行费用具有显著影响。

袋式除尘器的运行温度是指袋式除尘器入口含尘气体的温度,代表了袋式除尘器的运行温度,所选取的滤料必须与该温度相适应。在很多情况下,需要采取措施降低含尘气体的温度,为此选取适用和经济的滤料。运行温度控制应满足两个条件:温度上限低于滤料材质所允许的最高承受温度;温度下限高于含尘气体露点15 ~ 20℃。常规袋式除尘器结构耐温按300℃考虑。

气体的理化性质除气体温度以外,还主要包括含湿量、气体组分、可燃性、腐蚀性、毒性等。

含尘气体的含湿量也是袋式除尘器设计选型的重要参数之一。在垃圾焚烧炉、各种工业窑炉等排放的废气中都含有水分,不仅影响过滤和清灰性能,还会影响滤袋的使用寿命。含湿量决定了除尘器中气体的露点温度,也关系到除尘器的腐蚀程度和粉尘的板结状况。

气体组分。在常温情况下,袋式除尘器的处理气体可按空气设计选型,对于炉窑排放的烟气,在选择滤料时,应考虑烟气中的含氧量。较高的含氧量和NO_2将缩短PPS等滤料的使用寿命。在含可燃性气体或可燃性粉尘的条件下,也必须限制氧的含量,以保证袋式除尘系统的安全运行。

可燃性气体。金属冶炼和化工生产的烟气中,常常含有一氧化碳、氢气、甲烷、丙烷和乙炔等可燃性气体,它们与氧或空气共存时,有可能形成爆炸性混合物。对于此类含尘气体,在设计选用袋式除尘器时,箱体结构应采用防爆设计,并采取多项防爆技术措施,包括设置可靠的监测系统。在某些场合,还可以在系统中设置可燃性气体辅助燃烧器或阻火器等,确保除尘器的安全。

腐蚀性气体。在垃圾焚烧炉烟气、燃煤锅炉烟气、工业窑炉烟气和化工生产废气中常含有硫氧化物、氯化氢、氟化氢和氨等腐蚀性气体。腐蚀性气体是选择除尘器材质、滤料材质及防腐方法时必须考虑的重要因素,也是确定运行温度的重要依据[57]。粉尘的理化性质主要包括粒径分布、粒子形状、粉尘密度、附着性、凝聚性、吸湿性、潮解性等一些与袋式除尘器设计选型相关的物理、化学特性。

粉尘的粒径分布主要影响袋式除尘器的排放浓度和阻力,特别是其中的微细粒子。微细粉尘难以捕集,捕集后形成的粉尘层较密实,不利于清灰。粗颗粒粉尘容易捕集,捕集后形成的粉尘层较疏松,有利于清灰。从一定意义上来讲,粗细搭配的混合粉尘无论是对过滤过程还是对清灰过程都是有利的。采用预荷电、电凝并和喷雾增湿等新技术,可以强化微细粒子的凝并和捕集。粗颗粒粉尘对滤料和设备都将产生磨损,尤其是磨琢性强的粉尘和入口含尘浓度高的粉尘。采用玻纤滤料时,应特别注意防止滤料的磨损。

粉尘密度。对于多数粉尘而言,其密度对袋式除尘器的设计选型影响不大。但是,密度特别小的粉尘将增加清灰难度,因此,应注重除尘器的进气方式、气流分布和清灰方式的选择,并采取较低过滤风速。在设计和选择卸、输灰装置时,也需加以考虑[54]。

堆积密度是与粉尘粒径分布、凝聚性、附着性直接相关的测定值,关系到袋式除尘器的过滤面积和过滤阻力。堆积密度越小,清灰越困难,导致袋式除尘器的阻力增大,因而需要选用较大的过滤面积。堆积密度越小,粉尘的流动性越差,除尘器的灰斗夹角设计应考虑该因素。

吸湿性和潮解性强的粉尘,极易在滤袋表面吸湿和固化。有些粉尘(如 CaO、$CaCl_2$、KCl、NaCl、$MgCl_2$、NH_3Cl 等)吸湿后发生潮解,其性质和形态均发生变化,形成黏稠状物,将导致袋式除尘器清灰困难、阻力增大,更严重的甚至会导致设备停止运转。同时也会对卸灰装置的运行带来很大困难。

磨琢性。铝粉、硅粉、碳粉和铁矿粉等属于高磨琢性粉尘。当入口含尘浓度很高时,滤袋和壳体等构件容易被磨损。在袋式除尘器本体设计和进风方式选择时,应予以充分的考虑。

带电性。利用粉尘的带电性,让粉尘预先荷电,使滤袋表面的粉尘层呈疏松状,可以降低袋式除尘器的阻力,或提高过滤风速。某些场合需要消除粉尘所带的电荷,如煤粉收集器应使用防静电滤料,再如除尘器静电接地等,以保障安全。

可燃性和爆炸性。煤粉、焦炭粉、萘、蒽、铝和镁等属于可燃、爆炸性粉尘。虽然粉尘的爆炸性限于一定的浓度范围内,但袋式除尘器内的粉尘浓度是不均匀的,在局部范围内,完全可能出现处于爆炸界限以内的情况,因而存在爆炸的可能。用于可燃、爆炸性粉尘的袋式除尘器必须采取防燃、防爆措施,配置温度、氧含量、易燃气体浓度等监测仪表和自动灭火保护、静电消除等装置,选用具有导电性能的滤料。预防措施是减少漏风、杜绝火源,包括防止工艺过程中产生的火花进入袋式除尘器。

附着性和凝聚性。粉尘的附着性和凝聚性关系到细颗粒物的凝聚和一次粉尘层的建立,从而影响到除尘效率;粉尘越细黏性越大,越不利于清灰。粉尘的附着性决定了袋式除尘器的清灰方式。

含尘浓度。袋式除尘器对含尘浓度的适应性较为宽泛,入口含尘浓度对袋式除尘器的设计选型产生的影响主要表现在设备阻力和清灰周期。在固定的清灰周期下,当入口含尘浓度大幅度增加时,袋式除尘器的阻力也将升高。为了保持预定的设备阻力,应缩短清灰周期;在定压差清灰时,入口含尘浓度越高,清灰越频繁,滤袋寿命越短。对于高浓度收尘工艺,应在袋式除尘器内设置预分离装置,不提倡另设预除尘器。

出口浓度。作为排放,袋式除尘器的出口含尘浓度必须满足国家、行业和地方规定的排放标准,这是设计和选用袋式除尘器的基本原则;作为工艺设备袋式除尘器出口浓度应满足下游设备对颗粒物的要求。

工作压力。大多数情况下,袋式除尘器都处于负压下工作。对于常规除尘系统,选用中、高压风机为动力,除尘器工作压力约为 5 ~ 7kPa;对于高压风机或罗茨风机为动力的系统,除尘器工作压力接近风机的全压。袋式除尘器的设计应使箱体能够承受的负压不小于系统风机全压的 1.2 倍。有的袋式除尘器作为生产工艺设备而运行,在高正压下工作。高炉煤气袋式除尘器工作压力为 0.1 ~ 0.25MPa;而在水煤气净化系统中,袋式除尘器的工作压力可达 1 ~ 4MPa。在此类场合,除尘器箱体必须采用圆筒形结构,按压力容器设计。

3. 袋式除尘器设计选型步骤及计算

袋式除尘器选型步骤可按照以下程序进行[8]。

(1)确定处理风量

处理风量是指除尘器在单位时间内需要处理的含尘气体的流量,一般用体积流量(单位为 m³/h)表示。袋式除尘器的处理风量是指除尘器进口流量,不考虑管道和设备的漏风率。若烟气波动较大,应取最大烟气量。

除尘器处理风量应为工况风量。当原始烟气为标准状况的风量时,应换算成工况风量。

(2)确定运行温度及烟尘理化性质

主要通过收集资料、实测、类比等手段确定粉尘的理化性质。当含尘气体为常温时,常温滤料即可满足温度要求;对于高温度气体,需要进行技术经济比较确定是否采取降温措施。降温后运行温度的上限应在所选滤料允许的长期使用温度以下;应当特别注意烟气的露点,降温后运行温度的下限应高于烟气露点温度 15 ~ 20℃,以确保袋式除尘器安全运行。

(3)选择清灰方式

根据含尘气体的特性、粉尘特性(粒径、黏性、浓度等)、排放浓度和设备阻力等确定清灰方式,以达到清灰效果好、设备阻力低的清灰效果[58]。

(4)选择滤料

根据烟尘的特性和清灰方式选择合适的滤料。确定滤料的材质(常温或高温)、结构(机织布或针刺毡,是否覆膜等)、后处理方式等。

(5)确定过滤风速

过滤风速的选择与粉尘性质、含尘浓度、滤料特性、排放浓度、清灰方式和运行阻力的要求等因素有关。过滤风速是通过工程积累的经验数据,通常根据工程类比确定。过滤风速的选择要综合考虑各种因素。在下列条件下宜取较低的过滤风速:

①采用弱力清灰方式(如反吹清灰、振动清灰);

②排放浓度<10mg/m³;

③粉尘粒径小、密度小、黏性大的炉窑烟气净化;

④粉尘浓度较高、琢磨性大的含尘气体净化;

⑤煤气、CO 等工艺气体回收系统；

⑥垃圾焚烧烟气净化；

⑦含铅、镉、铬等重金属有毒有害物质的烟气净化；

⑧贵重粉体的回收；

⑨采用素布、玻璃纤维等滤料，要求较长滤料寿命。

（6）确定过滤面积

风量与过滤风速一旦确定，即可计算除尘器过滤面积，确定滤袋的数量、尺寸及排列[59]。根据除尘器处理风量和选定的过滤风速，按式（2-34）计算过滤面积：

$$A = \frac{Q}{60v_f} \tag{2-34}$$

式中，A——袋式除尘器的总过滤面积，m^2；Q——处理风量（工况风量），m^3/h；v_f——过滤风速，m/min。

算出总过滤面积后，根据滤袋的规格（直径和长度）计算滤袋数量，并确定排列布置方案。最终确定的滤袋数量应接近计算结果并取整[60]。

（7）确定清灰制度

对于脉冲袋式除尘器主要确定喷吹周期和脉冲间隔，是否停风喷吹；对于分室反吹袋式除尘器主要确定二状态或三状态及其清灰间隔和周期、各状态的持续时间和次数。

（8）确定除尘器型号与规格

根据以上结果确定袋式除尘器的型号、规格、参数等，据此完成设备选型或开展非标设计。

2.3.9　袋式除尘器工业应用

1. 预荷电袋滤器在炼钢转炉烟气净化上应用

鞍钢炼钢总厂 180t 转炉二次烟气治理工程是鞍钢的重点节能减排项目。180t 炼转炉二次烟气具有烟气量大、温度高、粉尘粒径小等特点，采用"863"项目"钢铁窑炉烟尘 $PM_{2.5}$ 控制技术与装备"的新技术和装备，将预荷电袋滤器应用于冶金炉窑的 $PM_{2.5}$ 控制，2014 年 12 月在鞍钢炼钢总厂 2 台 180T 转炉烟气净化项目上建成示范工程，处理风量为 2×60 万 m^3/h。180t 炼转炉二次烟气参数见表 2-25[54]。

表 2-25　转炉二次烟气参数

设计风量 /(m³/h)	初始浓度 /(g/m³)	烟气温度 /℃	粒径分布/%		
			<10μm	10~20μm	>20μm
600000	3~5	80~100	57.0	30.0	12.0

采用粉尘预荷电技术。预荷电装置包括气流分布、板线极配形式、高压电源、振打装置等关键部件,进行了工业应用,运行电压为 50 ~ 60kV,二次电流为 100mA。

采用 $PM_{2.5}$ 的超细面层精细滤料。采用新型滤袋接口,传统的滤袋接口形式严密性不够,袋口容易脱落,导致粉尘排放量增加,工程中采用迷宫式袋口密封结构,可增加滤袋安装的牢固性,防止 $PM_{2.5}$ 逃逸。

采用预荷电袋滤器(图 2-95)。将预荷电装置、气流分布技术、海岛纤维超细面层滤料等技术与直通式袋式除尘器有机结合,形成一体化装置。预荷电装置体积较小,设置于除尘器喇叭口内,从而减小了设备占地和体积[54]。

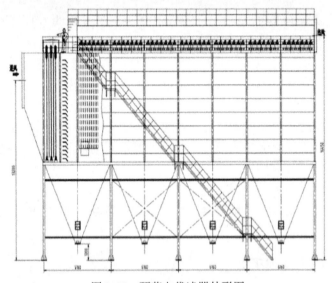

图 2-95　预荷电袋滤器外形图

示范工程投运四年来,装置运行可靠,性能稳定,经测试,颗粒物排放浓度 4 ~ 9mg/m³,$PM_{2.5}$ 捕集效率 >99%,设备阻力 700 ~ 900Pa,与传统袋式除尘器相比,运行能耗降低 40%,实现了超低排放和节能运行。经清华大学 $PM_{2.5}$ 测试,除尘器运行数据分别见表 2-26 和表 2-27[54]。

表 2-26　预荷电袋滤器 $PM_{2.5}$/PM_{10}/总效率测试结果

	$PM_{2.5}$	PM_{10}	粉尘总浓度
除尘出口/(mg/m³)	62.3±17.3	79.0±17.4	4050
除尘出口/(mg/m³)	0.48±0.07	0.55±0.08	8.1
去除效率/%	99.2	99.3	99.8

表 2-27　示范工程测试数据

排放浓度 /(mg/m³)	PM₂.₅捕集效率 /%	设备阻力 /Pa	预荷电二次电压 /kV	预荷电二次电流 /mA
8.7	99.76	700～900	40～50	80～100

该"863"新成果为钢铁企业提标改造提供了技术和装备的支持,并提供了成功的工程案例,已在鞍钢、山东日照钢铁、新余钢铁、方大特钢、河钢等企业实现应用[54](图2-96)。

图 2-96　预荷电袋滤器工程应用(鞍钢/山东日照钢铁)

2. 袋式除尘器在水泥行业的应用

水泥生产线一般有30～40个有组织粉尘排放点,最主要的产尘点是水泥窑和各类磨机。生料粉尘主要产生于原料配料、粉磨、均化、输送过程。燃料粉尘主要因燃煤进厂、储存、倒运、破碎、粉磨、输送等过程而产生,尤其以燃烧装卸和倒运过程产生的粉尘居多。熟料粉尘来自熟料输送、下料、二次倒运过程,尤其以二次倒运的粉尘居多。综合而言,每生产1t水泥要处理物料2.8～3.0t,产生烟气13000～15000Nm³。水泥主要生产设备尾气特性见表2-28[61]。

表 2-28　水泥主要生产设备尾气特征

设备名称	含尘浓度 /(g/Nm³)	气体温度 /℃	水分(体积分数,%)	露点温度 /℃	粉尘粒径/%	
					<20μm	<88μm
悬浮余热器窑	30～80	350～400	6～8	35～40	95	100
窑外分解窑	30～80	300～350	6～8	35～40	95	100
熟料箅式冷却机	2～20	100～250			10	30

设备名称		含尘浓度 /(g/Nm³)	气体温度 /℃	水分(体积分数,%)	露点温度 /℃	粉尘粒径/%	
						<20μm	<88μm
回转烘干机	黏土	40~150	70~130	20~25	50~65	25	45
	矿渣	10~70					
	煤	10~50				60	
生料磨	重力卸烘干磨	50~150	60~95	10	45	50	95
	风扫磨	300~500					
	立式磨	300~800					
0~Sepa选粉机		800~1200	70~100				
水泥磨	机械排风磨	20~120	90~120			50	100
煤磨	球磨(风扫)	250~500	60~90	8~15	40~50		
	立式磨						
破碎机	颚式	10~15					
	锤式	30~120					
	反击式	40~100					
包装机		20~30					
散装机		50~150					
提升运输机		20~40					

某公司 5300t/d 熟料生产线,窑尾原除尘设备为电除尘器,处理风量为 970000m³/h。由于需要控制粉尘的排放浓度达到欧洲排放标准,要求对窑尾电除尘器进行改造,采用先进的袋式除尘技术,改造后粉尘排放浓度≤10mg/Nm³。主要设计技术参数列于表 2-29。

表 2-29　主要设计技术参数

序号	参数类型	单位	技术参数
1	处理风量	m³/h	960000
2	入口温度	℃	50~260
3	入口湿度	%	<25

续表

序号	参数类型	单位	技术参数
4	入口含尘浓度	g/Nm³	<100
5	出口含尘浓度	mg/Nm³	≤10
6	过滤面积	m²	15200
7	过滤风速	m/min	<1.2
8	滤袋规格	mm	φ160×6000
9	滤袋材质	/	P84
10	使用温度(连续)	℃	160
11	使用温度(瞬间)	℃	260,时间10min
12	清灰方式		脉冲喷吹 在线/离线
13	设备漏风率	%	<2

该窑尾袋式除尘器于 2005 年 4 月升级改造完成,成功地通过一次投入运行,窑尾系统运行阻力较为稳定,压降控制在 1100Pa 以下,其中滤袋内外阻力控制在 600Pa 以下。经环保部门测定,除尘器出口粉尘排放浓度 ≤10mg/Nm³,达到超低排放的指标。

3. 袋式除尘器净化垃圾焚烧烟气

某能源公司在垃圾焚烧发电厂装设 4 条垃圾焚烧生产线,处理量各为 750t/d。城市生活垃圾焚烧烟气经半干式反应塔脱酸,并喷入活性炭脱除二噁英后进入袋式除尘器。

半干法脱酸装置使用主流的氢氧化钙脱硫剂,吸收烟气中的 HCl 和 SO_2,形成 $CaCl_2$ 和 $CaSO_3$ 固态小颗粒,通过袋式除尘器的拦截作用,使滤袋从烟气中分离出去。在脱酸反应器中,水分蒸发很快,在很短的时间内烟气冷却到 180~250℃,而烟气的相对湿度迅速增加,形成一个较好的脱酸工况。随后向烟气中加入活性炭,以脱除其他有害成分。

垃圾焚烧烟气净化工艺见图 2-97,工艺条件与烟气参数见表 2-30。

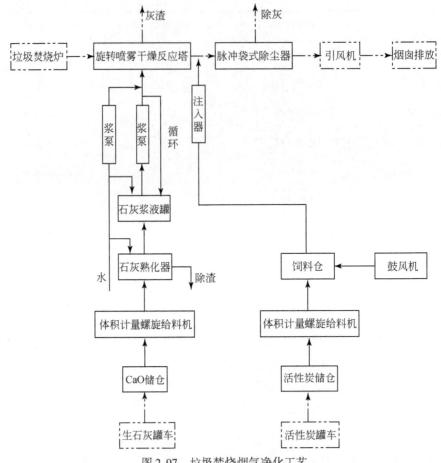

图 2-97　垃圾焚烧烟气净化工艺

表 2-30　工艺条件与烟气参数

项目	单位	数量
额定烟气量(运行值)	Nm³/h	158577
设计烟气量	Nm³/h	191664
除尘器烟气进口温度	℃	190～250
除尘器烟气出口温度	℃	150～250
运行压力	Pa	～3600
进口烟气成分		
CO_2	%(体积分数)	7.5%

续表

项目	单位	数量
H_2O	%（体积分数）	21.1%
O_2	%（体积分数）	7.9%
N_2	%（体积分数）	63.5%

污染物		范围
HCl	mg/Nm^3干 11% O_2	19～1000
SO_2	mg/Nm^3干 11% O_2	30～820
SO_3	mg/Nm^3干 11% O_2	1～30
HF	mg/Nm^3干 11% O_2	0.2～12
NO_x	mg/Nm^3干 11% O_2	100～400
粉尘	mg/Nm^3干 11% O_2	6000～12000
Cd,Tl	mg/Nm^3干 11% O_2	0.16～1
Hg	mg/Nm^3干 11% O_2	0.02～1
其他重金属	mg/Nm^3干 11% O_2	12～20
二噁英/呋喃	ng-TEQ/Nm^3干 11% O_2	5～10

采用袋式除尘器净化脱酸后的焚烧烟气,并吸附二噁英。袋式除尘器选型设计参数见表 2-31。

表 2-31　袋式除尘器选型设计参数

项目	单位	数量
运行风量	Nm^3/h	158577
设计风量	Nm^3/h	191664
运行风量(180℃-4000Pa)	m^3/h	273948
设计风量(180℃-4000Pa)	m^3/h	331107
出口粉尘浓度设计值	mg/Nm^3干 11% O_2	≤5
出口粉尘浓度保证值	mg/Nm^3干 11% O_2	≤10
箱体数	个	8
箱体布置方式		并列双排,每排 4 个箱体
滤袋尺寸(直径×长度)	m	0.15×6

续表

项目	单位	数量
总过滤面积	m²	5790
滤袋材质		100% PTFE
过滤风速(额定工况)	m/min	0.79
过滤风速(设计工况)	m/min	0.95
允许最高运行温度	℃	260(连续)
清灰方式		脉冲喷吹
清灰用压缩空气压力	MPa	0.25～0.35
除尘器阻力	Pa	1300～1800
最大漏风率	%	≤2

该袋式除尘器项目于 2010 年下旬与垃圾焚烧炉同时建成投产,由环保部门实测风量为 286000m³/h,烟气风速为 0.82m/min,出口粉尘浓度为 3.5～4.3mg/Nm³,完全达到设计和欧盟排放标准要求。

4. 袋式除尘器在集中供热锅炉上的应用

集中供热是保障北方城市居民冬季生活的民生问题,袋式除尘是供热锅炉烟气净化有效的途径。针对供热锅炉的烟气条件及特性,结合国家节能减排的要求,袋式除尘的基本要求为:烟尘排放浓度小于 10mg/Nm³,设备阻力小于 1000Pa,运行可靠,投运率 100%。

北京某集中供热厂建设一座有 5 台 100t/h 供热锅炉,总供热面积 657 万 m²,总供热能力 350MW,采用袋式除尘进行烟尘净化,采用一炉一机配置。烟气工艺条件及设计要求如下:

烟气处理量(单台):230000m³/h(150℃);入口烟气温度:≤170℃;除尘器入口烟尘浓度:≤2300mg/Nm³;排放浓度:≤10mg/Nm³。

采用直通式超长滤袋脉冲袋式除尘器(图 2-98),最大限度降低了设备阻力和运行能耗,减少占地。采用 PPS 超细面层滤料,防止粉尘进入滤料深层,达到表面过滤效果。在满足超低排放浓度的前提下,可大幅降低过滤阻力,长期可靠。除尘器设计参数(单台)如表 2-32 所示。

图 2-98　直通式超长滤袋脉冲袋式除尘器

表 2-32　袋式除尘器设计参数(单台炉)

技术参数	数值
处理风量	230000m³/h(150℃)
运行温度	≤170℃
过滤风速	0.996m/min
排放浓度	<10mg/Nm³
设备阻力	≤1200Pa
漏风率	≤3%
过滤仓室	2 室
总过滤面积	3846m²
滤袋总数	1020 条
每仓滤袋数	510 条
滤袋规格	φ150×8000mm
滤袋材质	PPS 超细面层
箱体耐压等级	~7500Pa
压气耗量	3m³/min
喷吹压气压力	0.25~0.3MPa

　　除尘器建成后实现持续稳定的运行,在 10 余年的采暖期内均达到排放要求。经测试,粉尘排放浓度分别为 7.12mg/Nm³ 和 7.7mg/Nm³(两次测试),运行阻力 800Pa。技术指标达到国内领先水平。

　　5. 袋式除尘器(褶皱滤袋)在燃煤锅炉上的应用

　　目前新一轮环保提效改造正在兴起,环保标准严格。超低排放作为一种大趋势,烟尘排放浓度小于 10mg/Nm³ 已日渐常态化。

　　滤袋作为袋式除尘器运行过程中的核心部分,其选用是非常关键的。袋式除尘器实现超低排放,除了正确选用滤袋材质外,滤袋的形式和规格与除尘系统的匹配也起着决定性的作用。对一些改造项目来说,在设备结构不改造的情况下,要想增加过滤面积、减小过滤风速,达到降低排放浓度目的,采用褶皱滤袋是一项行之有效的措施。同规格波形(褶皱)滤袋的过滤面积为常规滤袋的 1.3 ~ 1.8 倍。

　　某能源化工集团坑口电厂 2 号锅炉脱硫脱硝除尘系统超低排放改造项目,锅炉为 330t/h 循环流化床锅炉,采用 SNCR 技术脱硝,采用炉内喷钙+炉后半干法两级脱硫,除尘为低压脉冲袋式除尘器。除尘器入口烟气工况参数和技术要求如下:

　　烟气量:650000m³/h;烟气粉尘浓度:1200g/Nm³;烟气 SO_2 含量:0.7%;烟气 O_2 含量:6%;湿度:8%;烟气温度:70℃;粉尘排放要求:<5mg/Nm³。

　　循环流化床半干法脱硫系统在脱硫塔出口的粉尘浓度高达 1200g/Nm³ 以上。脱硫塔出口的烟气温度非常低,只有 70℃ 左右,而且烟气的含湿量大。该项目属提标改造项目,在满足除尘器结构不变的情况下,将原有脉冲滤袋更换为波形(褶皱)滤袋,以增大过滤面积,同时降低过滤风速和运行压差,不仅达到了环保超低排放要求,还可降低能耗。两种滤袋技术参数对比见表 2-33。

表 2-33　两种滤袋技术参数对比

技术参数	单位	改造前使用普通圆袋	改造后使用波形(褶皱)滤袋
处理烟气量	m³/h	650000	650000
过滤风速	m/min	0.92	0.65
运行压差	Pa	1400	1000
滤袋规格	mm	φ160×7000	φ160×5500
滤袋数量	条	3360	3360
过滤面积	m²	11816(净)	16800(净)
出口排放浓度	mg/Nm³	20	<5

　　该项目 2016 年 10 月份投运,自投运以来除尘器出口排放浓度<5mg/Nm³,稳定运行压差 1000Pa,实现了超低排放。

6. 袋式除尘器在电解铝行业的应用

铝冶炼采用电解法制取金属铝,以氧化铝为原料,氟化盐为熔剂,碳素材料作导体。电解槽是最主要的污染源,产生氟化物和粉尘。预焙阳极电解槽产生的氟化物为 $16\sim25kg/t\ Al$,粉尘为 $40\sim60kg/t\ Al$。去除氟化物是治理电解槽烟气的重点。

铝电解含氟烟气的干法净化,是利用其生产原料氧化铝吸附烟气中的氟化氢,然后氧化铝返回到生产工艺中,直接回收氟。电解烟气干法净化主要流程见图 2-99。在该流程中,袋式除尘器具有除尘和净化氟化物的双重功能。烟气含尘浓度 $60\sim150g/m^3$,回收的粉尘直接作为原料使用。

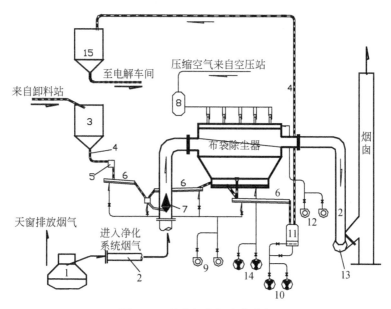

图 2-99　铝电解烟气净化流程

1-电解槽;2-排烟管道;3-新鲜氧化铝储槽;4-氧化铝输送管道;5-定量加料器;6-风动溜槽;7-喷射式反应器;
8-储气罐;9-高压风机;10-罗茨鼓风机;11-气力提升机;12-反吹风机;13-排烟风机;
14-罗茨鼓风机;15-载氟氧化铝储槽

袋式除尘器气流分布技术。大型组合袋式除尘器进出风总管配置关系到气流分布和各仓室阻力是否均匀,可采取四项措施:一是采用格板式风管分别进入仓室,使各仓室气流互不干扰;二是在避免粉尘沉积前提下降低总管风速;三是采用均布分流隔板装置;四是在过滤袋室设分流三通支管,使各除尘过滤袋室独立。

袋式除尘器的清灰与阻力控制。滤料上的氧化铝粉尘层是是吸附氟化氢的最后一道屏障,因此,除尘器实际并不需要过度清灰,采用在线清灰较为合理。目前铝电解袋式除尘器多采用脉冲喷吹清灰方式。

滤料材质。铝电解烟气净化主要采用聚酯针刺毡,单位面积质量 500 ~ 650mg/m²。也采用高密面层聚酯针刺毡。滤袋的纵缝采用高温热熔技术粘接。粉尘排放浓度低于 5mg/Nm³。试验结果表明,覆膜滤料不适用于铝电解烟气净化。

工程应用实例。南非希尔赛德铝厂(Alusaf Hillside)年产 50 万 t 电解铝,共有两个系列,共安装 576 台 AP-30 电解槽(电流 315KA),分设在四栋长 920m、宽 30m 的厂房中。

设有四个烟气干法净化系统,运行后除尘器性能参数见表 2-34。

表 2-34　除尘器性能参数

技术参数		
单槽烟气量/(m³/h)		11390
系统处理烟气量/(Nm³/h)		1260000×4
过滤面积/m²		17500×4
过滤速度/(m/min)		1.2
污染物排放浓度 /(mg/Nm³)	粉尘	5
	HF	0.8
	尘氟	0.5

2.3.10　电袋复合除尘器

电袋复合除尘器研究起源于 20 世纪 80 年代,新兴的电袋复合除尘器,兼具电除尘技术可处理烟气量大和袋式除尘技术捕集效率高的优点[1]。能够达到长期稳定的超低排放,同时具有良好的经济性,可在电厂、水泥窑炉等颗粒物浓度高工况下长期稳定达到超低排放,成为燃煤电厂主流技术,并得了推广应用[63]。

1. 基本结构及工作原理

电袋复合除尘器集成电除尘器与袋式除尘器的优点,具有清灰周期长、滤袋使用寿命长、运行阻力小等特点。电袋复合除尘器的基本结构如图 2-100 所示[62]。

电袋复合除尘器的电场区和滤袋区结合在同一箱体中。工作原理是:工业烟气由除尘器左端的进口喇叭进入,通过气流均布板后进入电场区,烟气中 80% 以上的颗粒物在电场区被捕集,收入下部的灰斗,剩余未被收集的细颗粒物流入滤袋区,烟气经滤袋区拦截过滤被捕获,净化后的烟气从滤袋内腔流入上部的净气室,流经上部的提升阀后从出风烟道排出。

前电后袋式电袋复合除尘器的结构简单、维护检修便利,可处理烟气量大,已

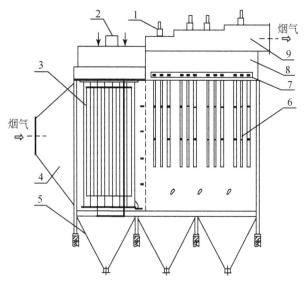

图 2-100　前后分区式电袋复合除尘器结构示意图[16]

1-提升阀装置;2-高压电源装置;3-电场区;4-进口喇叭;5-灰斗;6-滤袋区;7-清灰系统;8-净气室;9-出风烟道

经在装机容量为 1000MW 的燃煤电厂机组上成功地应用[63]。电袋复合除尘器具有不受煤种、粉尘颗粒、比电阻等粉尘特性的影响[62],能长期稳定保持<10mg/Nm³以下的排放,阻力低,滤袋使用寿命长,PM$_{2.5}$微粒捕集率高,运行能耗低等优点。在颗粒物去除机理方面,电袋复合除尘器使电除尘技术"荷电收尘"和袋式除尘技术中"拦截过滤"的方式得到了有机地结合,有效地降低了滤袋区除尘负荷和对滤袋材料的磨损[64]。

前级电场区域利用高压静电原理对烟气中粉尘颗粒物进行收尘,通过气体电离、粉尘荷电、粉尘驱进、沉积收集的四个过程,可收集了 80% 以上的粉尘。

同时,利用细粉尘颗粒荷电,发生电凝作用,有效提高细微粉尘颗粒的吸附率。荷电粉尘被滤袋拦截时在滤袋上形成特殊结构的粉饼,更为蓬松,透气性好,粉尘层孔隙率高[62]。荷电粉尘过滤特性使得袋区清灰容易,清灰周期长,降低设备运行阻力低,延长滤袋寿命从而降低运行成本。如图 2-101 所示为粉尘颗粒的排列状态,左图中粉尘颗粒未经过经过荷电,右图中荷电颗粒之间排列更为规律[62]。

电场区和滤袋区的结合提高了除尘器的除尘效率,在对 PM$_{2.5}$ 细微颗粒过滤中也起到了关键的作用。在电袋复合除尘器中,较大的颗粒物在电场区已被收集,超细粉尘经荷电后产生了电凝并现象,粉尘粒径变大,更易于在滤袋中捕集。测试表明粉尘荷电后比荷电前颗粒直径增大 12.5%。

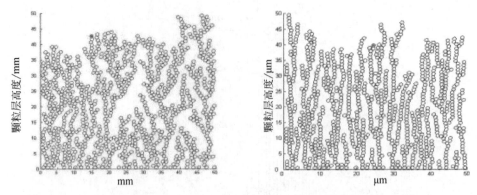

图 2-101　粉尘颗粒未荷电与荷电的排列比较图(右图为荷电粉尘)[62]

2. 电袋复合除尘器的应用

电袋复合除尘器在我国工业应用有近十年的历史,主要应用于发电厂电除尘改造,部分 600WM 以上机组也采用了电袋除尘器。下面为电袋除尘器在具体行业中的两个应用案例。

1)在燃煤锅炉 660MW 机组上的应用

(1)工程概况

某电厂 2 号机组,总装机容量为 660MW,原配置为四电场的电除尘器。投运以来,由于燃煤特性改变等因素,烟尘排放一直未达到超低排放标准,厂方决定对原有的电除尘器升级改造为电袋复合除尘器,改造完成后,设备运行情况良好,除尘效率高,颗粒物出口浓度维持在 30mg/Nm³ 以下[65]。

(2)工艺条件

本工程的锅炉选用的是超临界参数变压运行直流炉,其最大连续蒸发量为 2102t/h,设计煤种的最大耗煤量为 281.39t/h,校核煤种的最大耗煤量为 299.96t/h。空气预热器技为三分仓回转式空气预热器,其设计空气过剩系数为 1.44[65]。

飞灰比电阻参数见表 2-35,除尘器入口烟气参数见表 2-36。

表 2-35　飞灰比电阻参数

序号	项目名称	单位	设计煤种	校核煤种
1	温度 100℃时	$\Omega \cdot cm$	1.1×10^{11}	1.17×10^{11}
2	温度 120℃时	$\Omega \cdot cm$	5.5×10^{11}	4.40×10^{11}
3	温度 140℃时	$\Omega \cdot cm$	6.9×10^{11}	5.87×10^{11}
4	温度 150℃时	$\Omega \cdot cm$	5.0×10^{11}	4.64×10^{11}

续表

序号	项目名称	单位	设计煤种	校核煤种
5	温度 160℃ 时	$\Omega \cdot cm$	4.5×10^{11}	3.52×10^{11}
6	温度 170℃ 时	$\Omega \cdot cm$	3.6×10^{11}	3.30×10^{11}
7	温度 180℃ 时	$\Omega \cdot cm$	2.9×10^{11}	2.64×10^{11}
8	温度 200℃ 时	$\Omega \cdot cm$	1.1×10^{11}	1.76×10^{11}

表 2-36　除尘器入口烟气参数

序号	项目名称	单位	数值
1	除尘器入口最大烟气量	m^3/h	4090049
2	除尘器入口烟气温度	℃	133
3	除尘器入口含尘浓度	g/Nm^3	27.32

(3)设计条件及原则

本工程的锅炉是超临界参数变压运行直流炉,其最大连续蒸发量为 2102t/h,设计煤种的最大耗煤量。在升级改造过程中,原电除尘器中的一电场得到保留,对二、三、四电场阴、阳极系统及高低压设备进行拆除作为布袋除尘区。电袋除尘器的立面图和俯视图如图 2-102 所示,电除尘与布袋除尘布置在同一壳体内,同样采用了前后分区的设计方式。

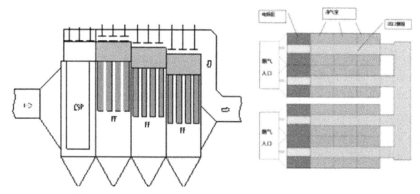

图 2-102　电袋复合除尘器的立面图(左)和俯视图(右)

(4)技术参数

电袋复合除尘器总体性能参数、电除尘区技术参数、滤袋除尘区技术参数分别如表 2-37 ~ 表 2-39 所示。

表 2-37　电袋复合除尘器总体性能参数

序号	项目名称	单位	数值
1	保证效率	%	99.8
2	除尘器出口烟尘排放保证值	mg/Nm³	≤30
3	本体总阻力	Pa	≤1200

表 2-38　电袋复合除尘器电除尘区技术参数

序号	项目	单位	参数
1	总集尘面积	m²	18240
2	电场风速	m/s	1.25
3	比积尘面积 SCA	m²·s/m³	16.05
4	除尘效率	%	80

表 2-39　电袋复合除尘器滤袋除尘区技术参数

序号	项目	单位	参数
1	总过滤面积	m²/台	57476
2	过滤速度	m/min	1.19
3	滤袋材质		PPS+PTFE 浸渍
4	清灰压力	MPa	0.2～0.3
5	布袋清灰方式	在线/离线	优先在线,可离线
6	清灰耗气量	Nm³/min	10

(5)技术特点

本案例工况具有烟气量大、入口粉尘浓度高、占地面积小等特点,需要布置紧凑除尘器内部结构。该电除尘改造电袋除尘器项目在现有设备基础上采用了一系列先进的技术,具体可概括为以下几个方面。

①采用长袋脉冲技术。

前级电场区的电极板高 15m,由于占地面积较小需要较为紧凑的结构设计,充分利用高度空间,滤袋区采用长度为 8.25m 的滤袋,其规格为 φ168×8250。清灰系统采用 4 寸的脉冲阀,单个脉冲阀可以喷吹 25 条滤袋,大大节约了滤袋空间。使整个除尘器的气流分配更为合理,这项技术成功地解决了大型机组烟气量大、除尘器尺寸庞大、结构复杂等问题[65]。

②减小清灰压力和清灰频率,降低能耗和滤袋损伤。

电袋复合除尘器清灰压力通常取 0.2～0.3MPa,低于传统布袋除尘器的清灰压力。相比与袋式除尘器,电袋的设计使滤袋负荷大大降低,从而降低了清灰频率。清灰周期得到延长,减少了压缩空气的用量,降低了能耗,同时也减少了清灰对滤袋的损伤[65]。

③合理的气流分布。

由于大型机组的装机容量较大,其配套的除尘器所处理烟气量大,结构复杂,对气流分布会产生负面影响。该项目采用了 CFD 计算对气流分布进行了模拟,借鉴模拟的结果,通过采取多项措施包括净气室采用阶梯布置、合理设计净气室出口的提升阀尺寸及合理布置滤袋等来保证除尘器袋区的气流分布的合理,使得进入各分室的烟气量基本一致[65]。

④密闭式除尘器的高净气室结构。

该项目密闭式除尘器具有高净气室结构,在每个净气室中仅设置一个人孔门,位于净气室侧面,滤袋的安装和更换工作均在净气室中完成。同时密闭式高净气室结构使烟气流速降低,更有利于平均袋区的气流分布和减少设备的机械阻力[65]。

⑤除尘器进出口风门实现稳定运行。

考虑到大型机组可靠稳定运行的需要,本项目在除尘器进出口设置风门。同时除尘器双室中间设置隔墙,共分成四个独立的通道。任何一个通道出现问题,都可以单独隔离出来,进行在线检修[65]。

⑥滤袋部分使用小分室结构。

该电厂改造的电袋除尘器后级滤袋区采用小分室结构,共设 24 个分室;每个分室顶部设置提升阀,可实现系统"在线检修"、"离线清灰"等功能[65]。

(6)设备使用情况

该项目 2009 年成功投运。除尘设备在投运后,实现了长期运行稳定,除尘器压降低,具有较长的清灰周期。进行了热态性能试验,测试结果表明设备运行情况良好,除尘效率高,运行阻力低(表 2-40、表 2-41、表 2-42)。

表 2-40　2009 年 5 月测试数据

编号	除尘器本体阻力/Pa	入口浓度/(g/Nm³)	排放浓度/(mg/Nm³)	除尘效率/%
A	719	25.74	24.06	99.91
B	775	25.82	21.98	99.91

表 2-41　2009 年 7 月测试数据

编号	除尘器本体阻力/Pa	入口浓度/(g/Nm³)	排放浓度/(mg/Nm³)	除尘效率/%
A	820	23.68	28.30	99.88
B	850	23.59	29.97	99.87

表 2-42 除尘器改造前后能耗对比表

时间	年发电量/(×10⁴kW·h)	引风机耗电量/(×10⁴kW·h)	除尘器耗电量/(×10⁴kW·h)	引风机+除尘器耗电量/(×10⁴kW·h)	耗电率/%
2008 年(改造前)	277437	1827	1069	2896	1.04
2009 年(改造后)	266975	1868	282	2150	0.81

2）在燃煤锅炉 1000MW 机组上的应用

（1）工程概况

河南新密某电场 3#炉、4#炉,总装机容量为 1000MW,根据情况选定使用电袋复合除尘器来实现颗粒污染物的超低排放。建设完成后,设备运行稳定,具有较高的除尘效率,其中颗粒物出口的排放浓度维持在 30mg/Nm³ 以下,在世界范围内开创了 1000MW 机组电袋复合除尘器应用的先河。

（2）工艺条件

河南新密某电厂锅炉为超临界参数变压直流炉;锅炉的最大连续蒸发量 3100t/h;直流式的燃烧器,四角切向燃烧;空气预热器为三分仓回转式空气预热器。业主要求的除尘效率为除尘器出口粉尘浓度低于 30mg/Nm³;设备阻力小于 1100Pa;本体漏风率小于 1.5%;年可用小时数超过 8000h[65]。煤质参数见表 2-43,灰分参数见表 2-44,飞灰比电阻见表 2-45,烟气参数见表 2-46。

表 2-43 煤质参数

项目	设计煤种(新密贫煤)	校核煤种 1(新密贫煤)	校核煤种 2(新密贫煤)
收到基全水分(Mt)/%	8.90	10.10	7.60
空气干燥基水分(Md)/%	0.80	0.96	0.77
干燥无灰基挥发分(Vdaf)/%	13.90	10.51	17.27
收到基灰分(Aar)/%	27.10	25.20	28.95
收到基低位发热量(Qnet,ar)/(kJ/kg)	21 586	21 853	21 214
哈氏可磨系数(HGI)	117	112	122
冲刷可磨指数(Ke)	1.94	3.52	0.40
收到基碳(Car)/%	56.94	58.61	55.59
收到基氢(Har)/%	2.52	2.36	2.67
收到基氧(Oar)/%	3.19	2.50	3.78
收到基氮(Nar)/%	1.10	1.03	1.15
收到基全硫(St,ar)/%	0.25	0.20	0.26

表 2-44　灰分参数

名称及符号	设计煤种 （新密贫煤）	校核煤种 1 （新密贫煤）	校核煤种 2 （新密贫煤）
二氧化硅(SiO_2)/%	47.40	48.21	46.36
三氧化二铝(Al_2O_3)/%	32.30	30.79	33.74
三氧化二铁(Fe_2O_3)/%	6.27	5.22	6.82
氧化钙(CaO)/%	6.68	7.41	6.15
氧化镁(MgO)/%	1.55	1.64	1.47
二氧化钛(TiO_2)/%	1.46	1.41	1.52
三氧化硫(SO_3)/%	1.44	2.32	1.20
氧化钠(Na_2O)/%	0.40	0.55	0.21
氧化钾(K_2O)/%	1.64	1.69	1.54
氧化锰(MnO)/%	0.20	0.105	0.250
其他/%	0.66	0.655	0.74

表 2-45　飞灰比电阻

测速温度/℃	单位	设计煤种 （新密贫煤）	校核煤种 1 （新密贫煤）	校核煤种 2 （新密贫煤）
24	$\Omega \cdot cm$	3.10×10^{10}	4.50×10^{10}	1.72×10^{10}
80	$\Omega \cdot cm$	5.00×10^{11}	8.02×10^{11}	4.60×10^{11}
100	$\Omega \cdot cm$	2.90×10^{12}	3.20×10^{12}	1.98×10^{12}
120	$\Omega \cdot cm$	3.80×10^{12}	4.40×10^{12}	3.00×10^{12}
150	$\Omega \cdot cm$	4.80×10^{12}	5.90×10^{12}	3.80×10^{12}
180	$\Omega \cdot cm$	1.00×10^{12}	2.02×10^{12}	9.05×10^{11}

表 2-46　烟气参数

参数名称	设计煤种 （新密贫煤）	校核煤种 1 （新密贫煤）	校核煤种 2 （新密贫煤）
除尘器入口烟气负压/Pa	-4170	-4170	-4170
除尘器进口标准湿烟气量/(Nm^3/h)	1555265	1569327	1563680
除尘器进口烟温/℃	125	124	127
除尘器进口过剩空气系数 α	1.3	1.3	1.3
除尘器进口含尘浓度/(g/m^3)	34.883	32.212	37.803

续表

参数名称	设计煤种 (新密贫煤)	校核煤种1 (新密贫煤)	校核煤种2 (新密贫煤)
除尘器进口二氧化硫含量(6%含氧量,干基)/(mg/Nm³)	2309	2254	2352
除尘器进口氮氧化物含量(6%含氧量,干基,不投脱硝时)/(mg/Nm³)	≤650	≤650	≤650
除尘器进口水蒸气含量/%	6.046	5.90	6.144
除尘器进口含湿量/(g/kg)	41.54	40.57	42.21
除尘器进口水露点/℃	37	36.5	37.5
除尘器进口酸露点/℃	72.04	69.51	72.5

(3)设计选型

该除尘器工程要求低排放、低阻力、高可靠性,选用电袋复合除尘器方案。每台炉配两台电袋复合除尘器,每台除尘器设3个进口烟道和出口烟道。电场区沿烟气方向设2个电场,垂直烟气方向分6个室;滤袋区共设置24个净气分室,其中沿烟气方向布置2个分室,垂直烟气方向设12个分室[65]。总体布置如图2-103所示。

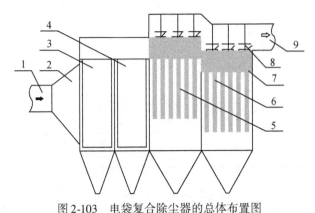

图2-103　电袋复合除尘器的总体布置图

1-进口烟道;2-进口喇叭;3,4-电场区;5,6-滤袋区;7-净气室;8-提升阀;9-出口烟道

(4)工艺流程

锅炉烟气从空气预热器出来后,分3路进入单台除尘器,除尘器内部3个通道用完全独立的隔墙分隔开。烟气首先经过进口喇叭(内含气流分布板),在气流分布板的作用下,均匀进入电场区;烟气中的大部分粉尘在电场区被捕集,少量荷电粉尘随烟气进入滤袋区,并被滤袋拦截在外表面上;被电极和滤袋捕集的粉尘通过清灰落入灰斗中,干净烟气则穿过滤袋进入净气室,通过提升阀,汇入到出口烟道

中。除尘器每个通道进口设风门，出口设提升阀，可以实现单个通道的隔离检修[65]。

(5)设计选型

电袋复合除尘器总体性能参数、电除尘区性能参数、滤袋区性能参数如表 2-47、表 2-48、表 2-49 所示。

表 2-47　电袋复合除尘器总体性能参数

项目	单位	参数
最大处理烟气量	m^3/h	5.27×10^6
除尘器出口烟尘排放保证值	mg/Nm^3	≤30
本体总阻力	Pa	<1100

表 2-48　电袋复合除尘器电除尘区性能参数

项目	单位	参数
电场断面积	m^2	2×616
电场数	个	2
总集尘面积	m^2	47771
电场风速	m/s	1.19
比积尘面积 SCA	$m^2 \cdot s/m^3$	32.61
设计除尘效率	%	94.12
单电场长度	m	3.88
通道数	个	$2 \times 3 \times 38$
供电分区数量	个	12

表 2-49　电袋复合除尘器滤袋区性能参数

项目	单位	参数
总过滤面积	m	81000
过滤速度	m/min	1.09
袋区分室数	个	24
单室离线风速	m/min	1.14
清灰压力	MPa	0.2 ~ 0.3
喷吹脉冲阀规格	in	4
滤袋保证寿命	h	>32,000
通道数	个	$2 \times 3 \times 38$
清灰耗气量	Nm^3/min	35

（6）技术难点

1000MW 机组的处理烟气量大，进入除尘器的烟气通道较多，除尘器内部电区、袋区混合布置，结构复杂。电袋复合除尘器内部既有电场区又有滤袋区，滤袋区分为 24 个分室，因此除尘器内部的气流既要保证电场区的气流分布均匀，又要保证滤袋区的气流组织合理。因此，实现大型电袋复合除尘器的气流合理分布是一个技术难点[65]。

大型电袋复合除尘器的滤袋数量多，脉冲阀数量多，脉冲阀和清灰气包的布置占用了滤袋区大量的空间，造成滤袋区空间利用率低，占地面积大。必须通过改进清灰技术、提高单个脉冲阀的喷吹能力、减少脉冲阀数量，才能精简滤袋区结构，降低设备成本，提高竞争力。因此，设备大型化后如何提高袋区的清灰系统也是一个技术难点[65]。

（7）关键技术

①开发大口径脉冲阀结合长滤袋喷吹清灰技术。

试验表明，3in（1in = 2.54cm，余同）脉冲阀最多能喷吹 8.25m 长滤袋 17～18 条。需要 1000 多个阀，而且会造成袋区非对称布置，气流难以合理分布，显然无法适应大型电袋复合除尘器的要求[65]。因此，开发出 4in 脉冲阀喷吹系统，实现单个阀喷吹 25～30 条滤袋，脉冲阀数量减少 30% 以上，袋区占地面积减少 7.5% 以上，而且袋区结构完成对称，气流顺畅。

②采用物理模型试验+CFD（计算流体力学）数值模拟技术。

项目工程方在实验室建了一个 1：14 缩小的物理模型（图 2-104），模型包括除尘器本体、进出口烟道、风机系统。模型建成后，开展气流分布的各项试验。同时，开展模型的 CFD 数值模拟计算，并把计算结果与模型试验结果进行比对，对边界条件和参数（孔板、滤袋等）进行修正和完善。通过以上主要措施，获得了合理的气流分布和气流组织[65]。

（8）设备使用情况

该项目 3#炉、4#炉分别于 2012 年 3 月和 2012 年 7 月成功运行，投运以来，设备运行稳定、可靠。2012 年 11 月，对 4#机组电袋复合除尘器热态性能进行考核试验，各项性能指标均达到设计要求[65]（表 2-50）。

(a)1：14物理模型

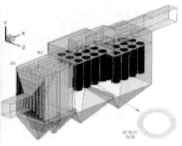
(b)CFD建模

(c)进口烟道的速度云图　　　　　　　(d)袋区入口的速度云图

图 2-104　电袋复合除尘器的 CFD 模拟

表 2-50　电袋复合除尘器热态性能验收情况

除尘器编号	处理烟气量 /(m³/h)	本体阻力 /Pa	漏风率 /%	排放浓度 /(mg/Nm³)	除尘效率 /%
A	254.32×10⁴	871	1.43	26	99.925
B	257.23×10⁴	892	1.45	26	99.930

国内外首台 1000MW 机组电袋复合除尘器的成功投运,对电袋除尘技术的发展具有重大意义,表明电袋除尘技术可以在大型锅炉机组上推广应用[65]。

参 考 文 献

[1]郝吉明,马广大,王书肖.大气污染控制工程(第三版).北京:高等教育出版社,2010.

[2]《化学工程手册》编辑委员会.气态非均一系分离(第三卷).北京:化学工业出版社,1989.

[3]刘爱芳.粉尘分离与过滤.北京:冶金工业出版社,1998.

[4]贺克斌.大气颗粒物与区域复合污染.北京:科学出版社,2011.

[5]王纯.废气处理工程技术手册.北京:化学工业出版社,2013.

[6]牛莉慧,杜佩英,贾国安.除尘技术研究进展.山东化工,2017,46(19):75-6,9.

[7]张玉星,郑丰蕾,荣彦.旋风除尘器的应用现状及研究.建材与装饰,2018,(25):213.

[8]姚群.袋式除尘器.北京:中国电力出版社,2017.

[9]景啸.除尘器行业研究.重庆:西南财经大学,2014.

[10]郦建国.电除尘器.北京:中国电力出版社,2011.

[11]贾博强.燃煤电厂电除尘器的优化仿真设计研究.北京:华北电力大学,2013.

[12]于帅.燃煤电厂烟气脱硝装置的优化仿真设计研究.北京:华北电力大学,2013.

[13]孙喜娟.利用电场入口导流板形成斜气流的研究.保定:华北电力大学(河北),2008.

[14]刘宇.电除尘高压电源控制系统的研究.沈阳:辽宁科技大学,2008.

[15]徐勤云.电除尘器总体设计优化的研究.保定:华北电力大学(河北),2006.

[16]郭鹏阳,赵仁宇,杨国平.提高烧结机头电除尘除尘效率探究.商品与质量:学术观察,2013,

(10):100.

[17] 杨军. 龙桥电厂静电除尘器性能优化的试验研究. 重庆:重庆大学,2006.

[18] 昌晶. 电袋式除尘器仿真设计的研究. 保定:华北电力大学(河北),2006.

[19] 陈孟月,张迅雷. 电除尘器用支承. 工业安全与环保,1993,(6):27-29.

[20] 饶艳文,范杏元. 高压供电计量方式的选择. 电测与仪表,2012,49(S1):80-83.

[21] 张家飞,徐兆春. 脉冲式布袋除尘器的过滤与清灰. 安徽冶金科技职业学院学报,2014,24(01):11-13.

[22] 王绍华. 燃气热水器的原理与检修. 无线电,2012,(3):93-94.

[23] 秦长葳. 高压静电除尘自动控制系统研究. 淄博:山东理工大学,2013.

[24] 王春浩. 钢筋混凝土烟囱抗震鉴定及加固. 中华建设,2011,(9):178-179.

[25] 张博然. 浅谈烟气除尘设备的工艺设计. 科学技术创新,2012,(18):67.

[26] 施勇. 有限元法研究三电极管极式电除尘器电场特性. 西安:西安建筑科技大学,2009.

[27] 陈鹏. 静电除尘器除尘效率影响因素的研究. 沈阳:东北大学,2009.

[28] 陈招妹,等. 旋转电极式电除尘器技术研究. 电力科技与环保,2010,26(5):18-20.

[29] 翁杰. 电除尘器除尘效率的影响因素分析. 水泥技术,2013,(3):102-104.

[30] 解磊. 电除尘效率影响因素的初步研究. 装备机械,2013,(4):39-42.

[31] 郦建国. 电除尘器. 北京:中国电力出版社,2011.

[32] 郦建国. 燃煤电厂烟气超低排放技术. 北京:中国电力出版社,2015.

[33] 郦建国,姚宇平,何毓忠,等. 低低温电除尘技术及其工程应用//中国环境保护产业协会电除尘委员会编. 第十七届中国电除尘学术会议论文集. 中国环境保护产业协会电除尘委员会:中国环境保护产业协会电除尘委员会,2017:211-217.

[34] 吴金,赵海宝,郦建国,等. 低低温电除尘器在1000MW机组燃煤电厂应用分析//中国环境保护产业协会电除尘委员会编. 第十七届中国电除尘学术会议论文集. 中国环境保护产业协会电除尘委员会:中国环境保护产业协会电除尘委员会,2017:235-239.

[35] 陈喆. 空气过滤材料及其技术进展. 纺织导报,2011,(7):1-43.

[36] 彭孟娜. 工业用空气过滤材料的研究. 成都纺织高等专科学校学报,2017,(3):67-82.

[37] 中国环保产业协会袋式除尘委员会. 袋式除尘器滤料及配件手册. 沈阳:东北大学出版社,2007.

[38] 李刚,吴超,汪俊. 新型高效袋式除尘器在矿山除尘系统的应用研究. 中国安全生产科学技术,2015,(2):160-165.

[39] 孙熙,毛宁,隋欣,等. 我国纤维过滤材料的技术进步. 中国环境保护产业发展战略论坛,2000.

[40] 严国荣,廖喜林,刘让同. 静电纺丝纳米纤维的应用研究进展. 上海纺织科技,2018,(5):78-84.

[41] 邓文义,沈恒根,苏亚欣. 燃烧源$PM_{2.5}$控制技术研究现状及展望. 环境工程,2014,32(7):85-90.

[42] 郑春玲. 聚四氟乙烯覆膜滤料的特性与应用. 工业安全与环保,2006,32(5):29-31.

[43] 瞿晓燕,诸千根,劳以诺. 袋式除尘器覆膜滤袋的缝制. 中国环保产业,2012,(1):51-54.

[44] 吴佳林,郝俊强,凡祖伟.袋式除尘高温过滤材料的研究概况.轻纺工业与技术,2014, (5):7-10.

[45] 蔡伟龙,罗祥波,郑智宏.PTFE乳液涂层对针刺毡复合滤料过滤性能的改良.电力科技与 环保,2010,(3):32-33.

[46] 蔡伟龙,郑玉婴,肖向荣.聚酰亚胺/聚四氟乙烯复合滤料的发泡涂层性能.纺织学报, 2011,32(4):29-32.

[47] 吴佳林,郝俊强,凡祖伟.袋式除尘高温过滤材料的研究概况.轻纺工业与技术,2014, (5):7-10.

[48] 陈隆枢.袋式除尘技术手册.北京:机械工业出版社,2010.

[49] 张殿印.袋式除尘器滤料及其选择.环境工程,1991,(4):11-16.

[50] 王冬梅,邓洪,吴纯,等.高温过滤材料的应用及发展趋势.中国环保产业,2009,(6): 24-29.

[51] 李东梅,田娱嘉,郭阳,等.布袋除尘器滤袋使用寿命的影响因素分析.热力发电,2013,42 (4):104-106.

[52] 黄平男,谢捷.浅述低阻高效长袋脉喷式防爆收尘器.水泥工业污染防治最佳使用技术研 讨会,2017.

[53] 李铨.袋式除尘器滤料的发展与选用.中国水泥,1998,(1):34-36.

[54] 姚群,柳静献,蒋靖坤.钢铁窑炉烟尘细颗粒物超低排放技术与装备.中国环保产业, 2018,(6):39-43.

[55] 王方勇.300MW机组布袋除尘器运行优化与滤袋劣化倾向管理.中国电力,2015,48(8): 27-32.

[56] 刘媛,燕中凯,姚群.《袋式除尘工程通用技术规范》(HJ 2020—2012)解读.工业安全与环 保,2013,39(12):34-65.

[57] 陈君明,吕克洪,李正福.国内大型烧结"两机一塔"湿法脱硫系统的选择与应用.全国炼 铁生产技术会暨炼铁学术年会,2014.

[58] 郭凯帆,刘净兰,荣彦.袋式除尘器应用现状及研究.建材与装饰,2017,(19):1-45.

[59] 王沁淘,张明星,赖小林.高温滤袋的有效清灰强度.环境工程学报,2015,9(3): 1318-1322.

[60] 张宝平,吴晓玲.玻纤布袋除尘在氯气净化工艺中的应用.盐业与化工,2016,45(7): 53-54.

[61] 高丽艳.水泥厂废气非正常排放的大气环境影响研究.工程技术(文摘版):00297.

[62] 陈奎续.电袋复合除尘器.北京:中国电力出版社,2015.

[63] 陈奎续.超净电袋复合除尘技术的研究应用进展.中国电力,2017,50(3):22-27.

[64] 修海明.超净电袋复合除尘技术实现超低排放.电力科技与环保,2015,31(2):32-35.

[65] 修海明,朱召平,邓晓东.电袋复合除尘在燃煤锅炉大型机组上的应用.中国环保产业, 2013,(8):20-24.

第3章　硫氧化物排放控制技术

在中国,煤炭、石油、天然气等在能源结构中占据重要地位,化石燃料的大量使用导致我国大气污染严重,根据环境保护部 2015 年《全国环境统计公报》[1],全国废气中 SO_2 排放量 1859.1 万 t。燃煤电厂、钢铁冶金等重工业是主要的 SO_2 排放污染源。控制 SO_2 的排放已成为社会和经济可持续发展的迫切要求。

3.1　硫氧化物的排放及控制技术

3.1.1　硫氧化物的来源及排放

硫氧化物是硫的氧化合物的总称。在大气污染中比较常见的是 SO_2 和 SO_3,其混合物用 SO_x 表示。大气中的硫氧化物大部分来自煤和石油的燃烧,其余来自自然界中的有机物腐化。硫氧化物是全球硫循环中的重要化学物质。它与水滴、粉尘并存于大气中,由于颗粒物(包括液态的与固态的)中铁、锰等起催化氧化作用而形成硫酸雾,严重时会发生煤烟型烟雾事件,如伦敦烟雾事件,或造成酸性降雨。SO_x 是大气污染、环境酸化的主要污染物。化石燃料的燃烧和工业废气的排放物中均含有大量 SO_x。

硫氧化物对人体的危害主要是刺激人的呼吸系统,吸入后,首先刺激上呼吸道黏膜表层的迷走神经末梢,引起支气管反射性收缩和痉挛,导致咳嗽和呼气道阻力增加,接着呼吸道的抵抗力减弱,诱发慢性呼吸道疾病,甚至引起肺水肿和肺心性疾病。如果大气中同时有颗粒物质存在,颗粒物质吸附了高浓度的硫氧化物、可以进入肺的深部。因此当大气中同时存在硫氧化物和颗粒物质时其危害程度可增加 3~4 倍。

1. SO_2 的来源及排放

2015 年,调查统计的 41 个工业行业中,二氧化硫排放量位于前 3 位的工业行业依次为电力、热力生产和供应业,非金属矿物制品业,黑色金属冶炼及压延加工业。3 个行业共排放二氧化硫 883.2 万 t,占重点调查工业企业二氧化硫排放总量的 63.1%。

据中国电力企业联合会公布数据[2],2017 年我国火电发电量 4.55 万亿 kW·h,占全年发电量的 71%。电力行业是燃煤消耗的主体,煤燃烧产生的 SO_2 等污染物是我国大气环境的主要污染[3-6]。2014 年 9 月,国家发改委、环境保护部、国家能源局联合发布《煤电节能减排升级与改造行动计划(2014—2020 年)》。2015 年 12 月,三部委又联合印发了《全面实施燃煤电厂超低排放和节能改造工作方案》(环发[2015]164 号),要求将东部地区超低排放改造任务总体完成时间提至 2017 年前,中部地区力争在 2018 年前基本完成,西部地区在 2020 年前完成[7]。

非金属矿物制品业所涉及的建材、水泥、混凝土等行业排放的大量颗粒物、SO_2 及其他污染物,造成酸雨、化学烟雾等严重空气污染。以平板玻璃行业为例,截至 2017 年底,我国平板玻璃行业资产总额达 750 亿元,约为同期钢铁行业的 11.4%,水泥行业的 41.6%,其 SO_2 排放总量占钢铁行业的 9.3%,水泥行业的 38.9%[1]。虽体量较小,而排放总量不容小视。2011 年 10 月 1 日起开始执行的《平板玻璃大气污染物排放标准》(GB 26453—2011),要求 $NO_x \leqslant 700mg/m^3$,$SO_2 \leqslant 400mg/m^3$,颗粒物 $\leqslant 50mg/m^3$;2017 年 6 月 13 日环境保护部发布《关于征求<钢铁烧结、球团工业大气污染物排放标准>等 20 项国家污染物排放标准修改单(征求意见稿)意见的函》(环办大气函[2017]924 号),对平板玻璃等行业大气污染物排放标准增加了排放特别限值,其中平板玻璃主要污染物颗粒物标准由 $50mg/m^3$ 提高到 $20mg/m^3$,SO_2 标准由 $400mg/m^3$ 提高到 $100mg/m^3$,NO_x 标准由 $700mg/m^3$ 提高到 $400mg/m^3$,并于 2018 年 6 月 1 日正式开始执行[8]。

目前,钢铁企业的二氧化硫(SO_2)排放量位居全国 SO_2 总排放量的第二位,占 11%,排放量约 150~180 万 t/a,仅次于煤炭发电。长流程钢铁生产包括炼焦、烧结、炼铁、炼钢、轧钢等工序,生产过程排放的 SO_2 是环境空气污染的重要来源之一,是减少 SO_2 排放量的重点行业。钢铁生产企业 SO_2 排放主要来源于烧结、炼焦和动力生产:①烧结过程原料矿和配用燃料煤中的硫分氧化成 SO_2,存在于烧结烟气中;②炼焦过程焦煤中的硫分生成 H_2S,存在于焦炉煤气中,焦炉煤气燃烧后生成 SO_2;③动力生产燃料煤中的硫分燃烧直接生成 SO_2。

烧结工序外排 SO_2 占钢铁生产总排放量的 60% 以上,是钢铁生产过程中 SO_2 的主要排放源。烧结原料中的硫分主要来源于铁矿石和燃料煤,含硫量因产地的不同变化幅度高达十倍。适当地选择、配入低硫的原料,可有效减少 SO_2 排放量。《清洁生产标准——钢铁行业(烧结)》(HJ/T 426—2008)于 2008 年 8 月 1 日正式实施,明确了生产 1t 烧结矿产生的 SO_2 量标准:一级小于等于 0.9kg/t,二级小于等于 1.5kg/t,三级小于等于 3.0kg/t。

2. SO_3 的来源及排放

在燃煤电站运行过程中,烟气中 SO_3 主要来源于两个方面。

(1)SO_3 在锅炉炉膛的生成和转化

在高温条件下,燃料中大部分可燃性硫元素转化为 SO_2,在烟气冷却过程中,约 0.5% ~2% 的 SO_2 转化为 SO_3,主要通过反应(3-1)的氧化反应[9,10]。

$$SO_2 + O(+M) = SO_3(+M) \tag{3-1}$$

式中,M 是起吸收能量作用的第三体。该反应的反应速率在锅炉中温度较高的情况下大大加快。锅炉内温度越高,火焰中氧原子浓度越高,烟气在温度较高的区域停留的时间越长,导致 SO_3 的生成量越多。

在温度低于 1150K 时通过反应(3-2)、(3-3)形成 $HOSO_2$[11,12]。

$$SO_2 + OH(+M) \longrightarrow HOSO_2(+M) \tag{3-2}$$

$$HOSO_2 + O_2 \longrightarrow SO_3 + HO_2 \tag{3-3}$$

在烟气中存在蒸气的情况下,这些 SO_3 接着通过反应(3-4)转化为气态硫酸(H_2SO_4)。如果温度在 200~400℃,SO_3 会凝结在锅炉装置表面,从而引起腐蚀。

$$SO_3 + H_2O \longrightarrow H_2SO_4 \tag{3-4}$$

以下参数在一般情况下对 SO_3 的形成有显著影响。

①煤的硫含量(SO_2 分压)

煤的硫含量是影响烟气中的 SO_3 浓度的重要参数,煤的硫含量直接影响 SO_2 的分压,因此间接的影响 SO_3 含量。较高的硫含量使得 SO_2 浓度较大,所以致使 SO_3 的浓度较大[11]。煤种中含硫量越高,生成的 SO_3 浓度越高,煤的种类不同对其基本没有影响。

②飞灰中的碱/碱土含量

另一个重要参数是灰分中碱和碱土化合物的含量[13],它可以从烟气中捕获 SO_3,在锅炉中形成硫酸盐,随烟气流入下游设备。随着飞灰中碱/碱土化合物含量的增加,SO_3/SO_2 转化率也随之降低。此外,在温度接近或低于硫酸露点温度时,SO_3/H_2SO_4 也可以通过吸附或冷凝在飞灰颗粒上,从而有效地从气相中分离。SO_3 和飞灰之间的相互作用随着温度变化。在更高的温度范围内,通常在 APH 之前,飞灰中的碱土金属比飞灰半残余的碳具备更高的活性,因此飞灰与烟气中 SO_3 发生化学反应形成硫酸盐。较低的温度范围内,通常在 APH 之后,SO_3 主要冷凝在飞灰上或被吸附到飞灰中残余的碳上。

③氧分压

在烟气中 SO_3 的生成速率受 O_2 浓度的直接影响,随着氧含量的增加而增加[14]。当烟气中氧气的浓度从 3.5% 下降到 2.1% 时,SO_3 的含量减少约 20%。在富氧燃烧气氛中,由于空气中携带的氮气浓度低及水蒸气的产生,导致生成更高浓度的 SO_2 及因此产生的 SO_3。

④飞灰中的催化剂的含量(Fe_2O_3)

锅炉中的 SO_3 的形成受飞灰中催化剂含量(例如,Fe_2O_3)的影响,催化剂含量较高导致更多的 SO_3 形成[13]。催化作用形成 SO_3 的反应受温度影响。在悬浮飞灰和管壁积灰上均有可能发生催化作用。

⑤烟气温度–停留时间的分布

均匀气相反应和催化作用生成的 SO_3 都受温度的影响。在电站中烟气温度–停留时间的分布是影响 SO_3 形成的另一个关键参数。

（2）SO_3 在 SCR 中的生成和转化

烟气通过 SCR(selective catalytic reduction)脱硝系统时,烟气中 0.5% ~2% 的 SO_2 在 SCR 脱硝系统被催化氧化为 SO_3,导致 SO_3 浓度增加[15]。所以在 SCR 催化剂表面生成的 SO_3 是烟气中总 SO_3 和硫酸酸雾(SO_3/H_2SO_4)的重要组成部分,SO_3/SO_2 的生成率已经是 SCR 催化剂性能的重要评价依据。该转换率与脱硝催化剂种类和运行状况等诸多因素相关,研究表明,SO_3/SO_2 的转换率随着 SCR 催化剂中 V_2O_5 含量的升高及烟气温度的升高而升高。

3.1.2　硫氧化物的控制技术简述

1. SO_2 的控制

二氧化硫控制包括总量控制和浓度控制两个方面。《国家环境保护"十二五"规划》中提出,2015 年 SO_2 的排放量必须由 2010 年的 2267.8 万 t,减少到 2086.4 万 t,减排 8%;并要求"推进钢铁行业 SO_2 排放总量控制,全面实施烧结机烟气脱硫,新建烧结机应配套建设脱硫脱硝设施"。在燃煤电站烟气减排 SO_2 空间有限的情况下,加强钢铁行业 SO_2 排放总量控制迫在眉睫。目前,国家环保部门已颁布《钢铁工业污染物排放标准》(征求意见稿),规定新建烧结机烟气 SO_2 的排放限值为 $200mg/m^3$,其中京津冀、长三角和珠三角等大气污染物特别排放限值地域,执行更加严格的标准,烧结烟气 SO_2 的排放限值为 $180mg/m^3$。

SO_2 排放控制主要有三种方法:原料控制、过程控制和烟气脱硫,其中烟气脱硫被认为是控制 SO_2 污染最实际可行的方式。我国烟气治理可追溯到 20 世纪 50 年代,当时包钢从前苏联引进喷淋塔除氟脱硫工艺,在脱氟同时附带脱除 30% 的 SO_2,但真正意义上的脱硫始于 2005 年。我国烟气脱硫发展速度惊人,2010 年底我国已投产和在建的烟气脱硫装置有 220 套,总面积为 1.95 万 m^2。2012 年底,我国已建烟气脱硫装置 389 套。

烧结烟气不同于燃煤电厂烟气,烧结烟气 SO_2 控制存在更大的技术风险。燃煤电厂烟气具有排放量稳定、成分稳定、温度稳定的特点,而烧结烟气是烧结混合料点火后,在高温下烧结成型过程中产生的含尘废气,具有成分复杂,气量波动大,温度波动大,含水量大,含氧量高的特点。由于烧结烟气的上述特点,使得在燃煤电厂中能够稳定运行的脱硫技术,在烧结机中应用屡遭阻碍,腐蚀、堵塞、塌床、蒸气放散、氨逃逸等问题层出。

《工业炉窑大气污染物排放标准》(GB 9078—1996)中规定,实测的工业炉窑的烟(粉)尘、有害污染物排放浓度,应换算为规定的掺风系数或过量空气系数时的数值,其中铁矿烧结炉按实测浓度计。实际应用中,有时按照掺风系数为2.5,基准氧含量为12%。《火电厂大气污染物排放标准》(GB 13223—2011)中规定了燃煤锅炉的基准氧含量为6%。从基准氧含量也可见燃煤锅炉烟气与烧结烟气的区别。

在燃煤电厂,脱硫属于末端环节,一旦出现问题,可以暂时利用"旁路"直接排放,而烧结是冶金的中间环节,一旦出现问题,整个生产必然受到影响,试验风险较高。随着国家环保政策的逐步落实,将有更多钢铁企业开始实施烟气脱硫项目,开发适合我国国情的、投资运行费用少的烟气脱硫技术是目前工作最迫切需要解决的问题。

2. SO_3 的控制

目前,美国已经有22个州对燃煤电厂烟气中的 SO_3 提出了排放限值要求,其中佛罗里达州的 SO_3 排放限值最严,为 $0.6mg/m^3$;排放限值较宽松的马里兰州为 $20mg/m^3$;其中14个州的排放限值低于 $6mg/m^3$。除此之外,美国EPA还通过对火电厂排放烟气浊度的限值间接要求对硫酸气溶胶等细颗粒物($PM_{2.5}$)排放进行控制。相比之下,我国暂未开展 SO_3 监测工作,对燃煤电厂烟气 SO_3 污染控制方面研究工作还比较少,急需评估大量SCR脱硝工艺对 SO_2/SO_3 的影响特性及主要脱硫装备对 SO_3 的减排效果,制定相应 SO_3 排放标准制修订及 SO_x 总量控制标准。

3.1.3　烟气脱硫技术简述

烟气脱硫(flue gas desulfurization,FGD)作为目前世界上唯一大规模商业化应用的脱硫方式,发展至今已有200多种脱硫技术[16-19]。在这些脱硫技术中,按脱硫过程是否加水和脱硫产物的干湿形态,烟气脱硫基本可以分成三类:湿法、半干法和干法[20],如图3-1所示。

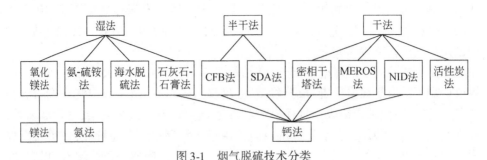

图 3-1　烟气脱硫技术分类

1. SO₂ 烟气脱硫技术

对于以石灰石、石灰和碳酸盐作脱硫剂的脱硫技术,在生成脱硫剂的前道工序和脱硫过程中都会有 CO_2 排放,每脱除 1mol 的 SO_2 生成 1mol 的 CO_2,即每减排 1t 的 SO_2 要排放约 0.7t 的 CO_2,烟气脱硫要与控制 CO_2 排放同步考虑。日本在烟气脱硫技术方面居世界领先地位。20 世纪 70 年代日本建设的大型烧结厂先后采用了烟气脱硫技术,方式为湿式吸收法,主要有石灰石-石膏法、氨法、镁法等。由于湿法烟气脱硫工艺无法解决烟气中二噁英含量过高的问题,也不能高效脱除 SO_3、HCl、HF 等酸性物质和重金属污染成分,1989 年以后,活性炭吸附工艺渐渐占领日本烟气脱硫领域。2000 年日本政府提出执行二噁英排放浓度标准后,日本钢铁公司新建烧结烟气处理工艺全部采用活性炭/焦吸附工艺,在脱除 SO_2 的同时脱除二噁英。但是活性炭/焦工艺复杂,解析过程能耗大,系统投资、运行费用高,在其他国家尚未得到很好的应用。日本钢铁公司共有烧结机 25 台,建有烧结烟气脱硫装置的烧结机 17 台,其中 9 台采用活性炭/焦吸附工艺,8 台是湿法工艺(1989 年前建成投运),其余 8 台烧结机因使用原料、燃料含硫量极低,并采取别的办法治理二噁英,因此未建脱硫装置[21]。

欧美国家早期烟气治理主要集中在粉尘和二噁英(PCDD/Fs)上,很少有专门用于烟气脱硫的装置,主要是因为原来使用的铁矿及焦炭等原料、燃料含硫量低,烟气中 SO_2 浓度符合排放标准。目前,欧美国家采用的烟气脱硫技术主要有以下几种:①德国杜依斯堡钢厂烧结机建有 SDA 干法脱硫工艺;②法国阿尔斯通研发的 NID 干法脱硫工艺,并在法国某烧结机上实施;③奥钢联研发 MEROS 干法脱硫工艺,并在 LINZ 钢厂实施;④德国迪林根烟气处理采用 CFB 干法脱硫工艺。

从日本和欧美钢铁公司烟气脱硫工艺的选择和应用可见,国外烟气脱硫工艺的选择趋势是由“湿”到“干”。

目前,国内钢铁企业采用的烟气脱硫技术应用石灰石-石膏法的主要有宝钢、梅钢、湘钢等,应用氨法的主要有柳钢、邢钢、南钢、日钢、昆钢等,应用循环流化床(CFB)法的主要有三钢、梅钢、邯钢等,应用旋转喷雾(SDA)法的主要有沙钢、济钢、鞍钢、泰钢等,应用 NID 法的有武钢等,应用有机胺法的有莱钢,应用离子液法的有攀钢,双碱法有广钢等。我国采用的脱硫技术多达十几种,但是已安装烟气脱硫设备的钢铁企业对运行效果的评价不一,这主要是因为缺乏适合我国烟气脱硫的成熟技术。对于钢铁企业来说,烟气脱硫的投资及脱硫后对企业产生的影响将是重点考察的目标。考察因素包括:①脱硫工艺技术必须成熟可靠,技术不成熟将影响企业的正常生产。②投资要适宜,脱硫项目投资最好是总投资的 30%~40%。③脱硫副产物的处理,如果脱硫副产物无法综合利用,造成二次污染,增加了运行成本。④脱硫的运行成本较低,包括脱硫的吸收剂耗量,水耗、电耗、蒸气消耗,人工费,设备的检修维护费等。运行成本的高低直接影响企业的经济效益。

2. SO$_3$ 烟气脱硫技术

随着 SCR 技术广泛应用于电厂控制氮氧化物(NO$_x$)的排放中,烟气中 SO$_3$ 的问题日益凸显。YANCAO 等[13]选取 3 个全规模电站对 SO$_3$ 的浓度进行测试,其中电站 1 燃烧高硫烟煤,电站 2 中 SCR 装置的催化剂不同,电站 3 燃烧次烟煤。在三个电站的研究中,WFGD 均不能有效脱除 SO$_3$(效率约 35%),这一结论与 Srivastava,R. K 等[9]的研究结果一致,证实了烟气在 WFGD 中的快速冷却导致 SO$_3$ 形成硫酸雾滴,因此可以很容易地逃脱 WFGD 的捕捉。还有学者[22]认为原因是脱硫浆液对 SO$_3$ 的吸收速率小于 SO$_2$。滕农[23]等研究人员表明尽管 SO$_3$ 与水具有较强的反应能力,但是由于 SO$_3$ 是非极性分子,当脱硫浆液与烟气气流逆流接触时,不能完全吸收烟气中的 SO$_3$,仍有一部分 SO$_3$ 冷凝在烟气中的颗粒上被排出湿法脱硫装置。常景彩等[24]分别使用氢氧化钠溶液和石灰石浆液对含有 SO$_3$ 的烟气进行洗涤,试验结果表明各种喷淋液均不能有效去除烟气中的 SO$_3$。原因可能是 SO$_3$ 与 H$_2$O 发生反应转化为硫酸,由于硫酸分子在烟气中的分压高于其饱和蒸汽压,因此凝结成硫酸雾。H$_2$SO$_4$ 雾滴的粒径比 H$_2$SO$_4$ 分子的粒径大得多,且状态稳定,因此易悬浮于吸收剂表面的气相中,导致 SO$_3$ 的脱除率较低。综上所述,多位学者的研究均表明,传统的 SO$_2$ 控制装置 WFGD 并不能有效地捕获 SO$_3$。

楼清刚[25]向燃煤中添加少量 CaCO$_3$,可以减少在锅炉炉膛中 SO$_3$ 的生成量,随着燃烧温度的升高、钙硫比的增大,煤中硫转化为 SO$_3$ 的质量分数不断减少。这表明通过炉内喷钙技术可以抑制锅炉内 SO$_3$ 的生成,但是该方法不能脱除在 SCR 装置中生成和转化 SO$_3$,不能完全解决 SO$_3$ 带来的低温腐蚀等问题。

Yan 等[13]在实验室规模的固定床反应器上探究了不同煤种飞灰吸附 SO$_3$ 的情况。结果表明随着温度的变化,飞灰中残余的碳和碱性金属氧化物对 SO$_3$ 呈现出不同的作用。在较高的温度范围内,飞灰中的碱性金属氧化物比残余的碳具备更高的活性,因此飞灰与烟气中 SO$_3$ 发生化学反应形成硫酸盐。较低的温度范围内,主要发生 SO$_3$ 冷凝或被吸附到飞灰中残余的碳上。由实验结果可以看出,在高温条件下,通常在 APH 之前,碱性金属氧化物对烟气中的 SO$_3$ 具备一定的吸附能力。但是对于不同碱性金属氧化物的吸附能力没有进行进一步的深入研究。

F. R. Steward 等[26]研究了多种金属氧化物与 SO$_3$ 的反应能力。结果表明氧化锌与 SO$_3$ 的反应能力最强,对于氧化镁和氧化钙,温度高于 627℃时,氧化钙活性较高,温度低于 627℃时,氧化镁活性更高。研究还发现不同金属氧化物与 SO$_3$ 的反应能力与其表面特性及颗粒大小有关。陈朋[27]探究了 Ca(OH)$_2$、CaCO$_3$、CaO 对 SO$_3$ 的脱除效果及温度的影响。其中 Ca(OH)$_2$ 的脱除 SO$_3$ 的效果最好,并且三种

吸收剂的 SO_3 吸附量均随着反应温度的升高而增加。郑娜[28]对比了 400℃下四种吸收剂单独吸收 SO_3 的能力,由强到弱排序为 $Ca(OH)_2$>$Mg(OH)_2$>CaO>MgO。

3.2 湿 法 脱 硫

3.2.1 石灰石-石膏法烟气脱硫技术

1. 工艺原理

石灰石-石膏湿法[29-38]是目前应用最广泛的一种烟气脱硫技术,原理是采用石灰石粉制成浆液作为脱硫吸收剂,进入吸收塔与烟气接触混合,浆液中的碳酸钙($CaCO_3$)与烟气中的 SO_2 以及鼓入的氧化空气进行化学反应,最后生成石膏。脱硫后的烟气经过除雾器除去雾滴、再经过加热器加热升温后(有时不需要),由引风机(脱硫增压风机)经烟囱排入大气。吸收液通过喷嘴雾化喷入吸收塔,分散成细小的液滴并覆盖吸收塔的整个断面。这些液滴与塔内烟气逆流接触,发生传质与吸收反应,烟气中的 SO_2、SO_3 及 HCl、HF 被吸收。SO_2 吸收产物的氧化和中和反应在吸收塔底部的氧化区完成并最终形成石膏。为了维持吸收液恒定的 pH 并减少石灰石耗量,石灰石被连续加入吸收塔,同时吸收塔内的吸收剂浆液被搅拌机、氧化空气和吸收塔循环泵不停地搅动,以加快石灰石在浆液中的均布和溶解。在吸收塔内吸收剂经循环泵反复循环与烟气接触,吸收剂利用率很高,钙硫比(Ca/S)较低,一般不超过 1.05,脱硫效率超过 95%。

石灰石-石膏湿法烟气脱硫的化学原理如下:①烟气中的 SO_2 溶解于水,生成亚硫酸并离解成氢离子和 HSO_3^- 离子;②烟气中的氧和氧化风机送入的空气中的氧,将溶液中 HSO_3^- 氧化成 SO_4^{2-};③吸收剂中的 $CaCO_3$ 在一定条件下从溶液中离解出 Ca^{2+};④在吸收塔内,溶液中的 SO_4^{2-}、Ca^{2+} 和水反应生成石膏($CaSO_4 \cdot 2H_2O$)。化学反应式如下:

$$SO_2+H_2O \longrightarrow H^++HSO_3^-$$

$$HSO_3^-+1/2O_2 \longrightarrow H^++SO_4^{2-}$$

$$CaCO_3+2H^++H_2O \longrightarrow Ca^{2+}+2H_2O+CO_2 \uparrow$$

$$Ca^{2+}+SO_4^{2-}+2H_2O \longrightarrow CaSO_4 \cdot 2H_2O$$

由于吸收剂循环量大和氧化空气的送入,吸收塔下部浆池中的 HSO_3^- 或亚硫酸盐几乎全部被氧化为硫酸根或硫酸盐,最后在 $CaSO_4$ 达到一定过饱和度后,结晶形成石膏 $CaSO_4 \cdot 2H_2O$。强制氧化系统的化学过程描述如下。

（1）吸收反应

喷嘴喷出的循环浆液在吸收塔内与烟气有效接触，吸收大部分的 SO_2，反应如下：

$$SO_2+H_2O \longrightarrow H_2SO_3（溶解）$$

$$H_2SO_3 \Longleftrightarrow H^++HSO_3^-（电离）$$

吸收反应是传质和吸收的过程，水吸收 SO_2 属于中等溶解度的气体组分的吸收，根据双膜理论，传质速率受气相传质阻力和液相传质阻力的控制：吸收速率=吸收推动力/吸收系数（传质阻力为吸收系数的倒数）。强化吸收反应的措施如下：①提高 SO_2 在气相中的分压力（浓度），提高气相传质动力。②采用逆流传质，增加吸收区平均传质动力。③增加气相与液相的流速，高的雷诺数改变了气膜和液膜的界面，从而引起强烈的传质。④强化氧化，加快已溶解 SO_2 的电离和氧化，当亚硫酸被氧化以后，它的浓度就会降低，促进 SO_2 的吸收。⑤提高 pH，减少电离的逆向过程，增加液相吸收推动力。⑥在总的吸收系数一定的情况下，增加气液接触面积，延长接触时间，如增大液气比、减小液滴粒径、调整喷淋层间距等。⑦保持均匀的流场分布和喷淋密度，提高气液接触的有效性。

（2）氧化反应

一部分 HSO_3^- 在吸收塔喷淋区被烟气中的氧所氧化，其他的 HSO_3^- 在反应池中被氧化空气完全氧化，反应如下：

$$HSO_3^-+1/2O_2 \longrightarrow HSO_4^-$$

$$HSO_4^- \Longleftrightarrow H^++SO_4^{2-}$$

氧化反应的机理基本同吸收反应，不同的是氧化反应是液相连续，气相离散。水吸收 O_2 属于难溶解度的气体组分的吸收，根据双膜理论，传质速率受液膜传质阻力的控制。强化氧化反应的措施如下：①降低 pH，增加氧气的溶解度。②增加氧化空气的过量系数，增加氧浓度。③改善氧气的分布均匀性，减小气泡平均粒径，增加气液接触面积。

（3）中和反应

吸收剂浆液被引入吸收塔内中和 H^+，使吸收液保持一定的 pH。中和后的浆液在吸收塔内再循环。反应如下：

$$Ca^{2+}+CO_3^{2-}+2H^++SO_4^{2-}+H_2O \longrightarrow CaSO_4 \cdot 2H_2O+CO_2 \uparrow$$

$$2H^++CO_3^{2-} \longrightarrow H_2O+CO_2 \uparrow$$

中和反应伴随着石灰石的溶解及石膏的结晶，由于石灰石较为难溶，因此该过程的关键是，如何增加石灰石的溶解度，反应生成的石膏如何尽快结晶，以降低石膏过饱和度。中和反应本身并不困难，强化中和反应的措施如下：①提高石灰石的活性，选用纯度高的石灰石，减少杂质。②细化石灰石粒径，提高溶解速率。③降低 pH,增加石灰石溶解度,提高石灰石的利用率。④增加石灰石在浆池中的停留时间。⑤增加石膏浆液的固体浓度,增加结晶附着面,控制石膏的相对饱和度。⑥提高氧气在浆液中的溶解度,排出溶解在液相中的 CO_2,强化中和反应。

(4)其他副反应

烟气中的其他污染物如 SO_3、HCl 和 HF 与悬浮液中的石灰石按以下反应式发生反应:

$$SO_3 + H_2O \longrightarrow 2H^+ + SO_4^{2-}$$
$$CaCO_3 + 2HCl \rightleftharpoons CaCl_2 + CO_2\uparrow + H_2O$$
$$CaCO_3 + 2HF \rightleftharpoons CaF_2 + CO_2\uparrow + H_2O$$

脱硫反应是一个比较复杂的反应过程,其中的副反应有些利于反应的进程,有些会阻碍反应的发生,副反应对脱硫反应的影响应当予以重视。

①Mg 的反应

浆池中的 Mg 元素主要来自石灰石中的杂质,以 $MgCO_3$ 形式存在。当石灰石中可溶性 Mg 含量较高时,由于 $MgCO_3$ 活性高于 $CaCO_3$,会优先参与反应,对反应的进行是有利的;但过多时,会导致浆液中生成大量的可溶性的 $MgSO_3$,它过多的存在,使得溶液里 SO_3^{2-} 浓度增加,导致 SO_2 吸收化学反应推动力减小,而导致 SO_2 吸收的恶化。另一方面,吸收塔浆液中 Mg^{2+} 浓度增加,会导致浆液中 $MgSO_4(L)$ 的含量增加,即浆液中的 SO_4^{2-} 增加,将导致吸收塔中的悬浮液氧化困难,从而需要大幅度增加氧化空气量,氧化反应原理如下:

$$HSO_3^- + 1/2O_2 \longrightarrow HSO_4^-$$
$$HSO_4^- \rightleftharpoons H^+ + SO_4^{2-}$$

从化学反应动力学的角度来看,如果 SO_4^{2-} 的浓度太高,不利于可逆反应向右进行。因此喷淋塔一般会控制 Mg^{2+} 的浓度,当高于 5000ppm 时,需要排出更多的废水,此时控制准则不再是 Cl^- 浓度小于 20000ppm。

②Al 的反应

浆液中的 Al 元素主要来自烟气中的飞灰,可溶解的 Al 在氟离子浓度达到一定条件下,会形成氟化铝络合物(胶状絮凝物),包裹在石灰石颗粒表面,使得石灰石溶解闭塞,严重时会导致反应严重恶化的重大事故。

③Cl 的反应

在一个封闭系统或接近封闭系统的状态下,FGD 工艺的运行会把吸收液从烟气中吸收溶解的氯化物增加到非常高的浓度。这些溶解的氯化物会产生高浓度的溶解钙,主要是 $CaCl_2$,如果高浓度溶解的钙离子存在于 FGD 系统中,就会使溶解的石灰石减少,这是由"共同离子作用"造成的,这时来自 $CaCl_2$ 的溶解钙就会妨碍石灰石中 $CaCO_3$ 的溶解。控制 Cl^- 的浓度在 12000 ~ 20000ppm 是保证反应正常进行的重要因素。

2. 工艺系统与设备

典型的石灰石-石膏湿法烟气脱硫(FGD)系统如图 3-2 所示,主要由以下子系统组成:SO$_2$ 吸收系统、烟气系统、石灰石浆液制备与供给系统、石膏脱水系统、供水和排放系统、脱硫废水处理系统和压缩空气系统。

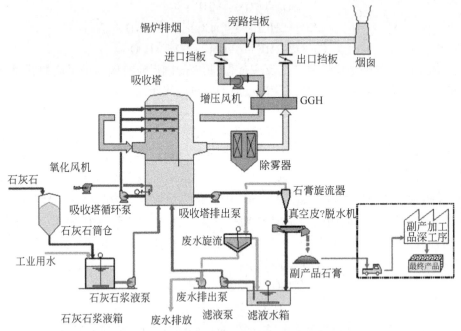

图 3-2　典型的石灰石-石膏湿法烟气脱硫系统工艺流程

(1)SO$_2$ 吸收系统

烟气进入吸收塔的吸收区,在上升过程中与石灰石浆液逆流接触,烟气上升流速一般在 3.2~4.0m/s。烟气中所含的污染气体绝大部分与浆液中的悬浮石灰石微粒发生化学反应而被脱除,处理后的净烟气经过除雾器除去水滴,除雾器出口处水滴携带量不大于 75mg/Nm^3,之后进入烟道,通过烟囱排放。吸收塔的塔体材料为碳钢内衬玻璃鳞片。吸收塔烟气入口段为耐腐蚀、耐高温合金。

塔内配有喷淋层,每组喷淋层由带连接支管的母管浆液分布管道和喷嘴组成,喷淋组件及喷嘴均匀覆盖在吸收塔上流区的横截面上。喷淋系统采用单元制设计,每个喷淋层配备一台浆液循环泵,每个吸收塔配多台浆液循环泵,泵的数量根据烟气流量的变化和对吸收浆液流量的要求来确定。

吸收了 SO$_2$ 的再循环浆液落入吸收塔反应池,反应池内装有多台搅拌机。氧化风机将氧化空气鼓入反应池,氧化空气被分布管注入搅拌机桨叶的压力侧,被搅拌机产生的压力和剪切力分散为细小的气泡并均布于浆液中。一部分 HSO_3^- 在喷淋区内被烟气中的氧气氧化,其余的 HSO_3^- 在反应池中被氧化空气氧化。石灰石浆液被引入吸收塔内中和氢离子,使吸收浆液保持一定的pH,中和后的浆液在吸收塔内循环。吸收塔排放泵连续地把吸收浆液从吸收塔送到石膏脱水系统。通过排浆控制阀控制排出浆液流量,维持循环浆液质量浓度在 8% ~ 25%。

吸收塔入口烟道侧板和底板装有工艺水冲洗系统,目的是为了避免喷嘴喷出的石膏浆液带入入口烟道后干燥黏结。在吸收塔入口烟道装有事故冷却系统,冷却水由工艺水泵提供。当吸收塔入口烟道由于上游设备意外事故造成温度过高而旁路挡板未及时打开或所有的吸收塔循环泵切除时,事故冷却系统启动。

(2)烟气系统

烧结烟气经增压风机增压后进入吸收塔,向上流动穿过喷淋层,在此烟气被冷却到饱和温度,净化后的烟气经烟气换热器(gas gas heater,GGH)加热至80℃以上,通过烟囱排放。GGH的作用是利用原烟气将脱硫后的净烟气加热,使排烟温度达到露点以上。GGH不是WFGD系统的必须设备,有些系统没有配置GGH。密封系统保证GGH漏风率小于1%。

烟道上设有挡板系统,以便于FGD系统事故时旁路运行。挡板系统包括进口原烟气挡板、出口净烟气挡板和旁路烟气挡板,挡板为双百叶式。在正常运行时,进出口挡板开启,旁路挡板关闭。在故障时,旁路挡板开启,进出口挡板关闭,烟气通过旁路烟道绕过FGD系统直接排到烟囱。所有挡板都配有密封系统,以保证"零"泄露。烟道包括烟气通道、冲洗和排放漏斗、膨胀节、导流板等。在设计最大烟气量工况下,烟道内任意位置的烟气流速不大于 15m/s。对于每套FGD系统,配置1台按最大烟气量设计的增压风机,布置于吸收塔上游的干烟区。

(3)石灰石浆液制备与供给系统

石灰石由皮带称重给料机从储仓送入石灰石湿式磨机,研磨后的石灰石进入磨机浆液循环箱,经浆液循环泵送入石灰石旋流器,合格的石灰石浆液自旋流器溢流口流入石灰石浆液箱,不合格的从旋流器底流再送入磨机入口再次研磨。系统设置有石灰石浆液箱和石灰石浆液供浆泵。石灰石浆液输送管输送石灰石浆液到吸收塔。每条输送管上分支出一条循环管到石灰石浆液箱,以防止浆液在管道内沉淀。脱硫所需要的石灰石浆液量由烟气流量、烟气中 SO_2 浓度和Ca/S来联合控制。需要制备的石灰石浆液量由石灰石浆液箱的液位来控制,浆液的浓度由浆液密度计控制,测量值前馈控制旋流器个数。

(4)石膏脱水系统

石膏脱水系统包括以下设备:石膏旋流器、真空皮带过滤机、滤布冲洗水箱/水泵、滤液水箱/水泵及搅拌器、石膏饼冲洗水泵、废水旋流站给料箱/给料泵、废水旋流站、石膏输送机及石膏库。烟气脱硫产生的25%(质量分数)的石膏浆液由吸收塔下部的石膏浆液排放泵送至石膏浆液旋流器,旋流器的底流浆液浓缩到浓度大约55%,自流到真空皮带脱水机,脱水到含90%固形物和10%水分,脱水机的设计过滤能力为脱硫系统石膏总量的75%。脱水石膏经冲洗降低其中的Cl^-浓度,滤液进入滤液水箱。脱水后的石膏经由石膏输送皮带送入石膏库房。

(5)供水和排放系统

工业水主要为除雾器冲洗水及真空泵密封水。工艺水主要为石灰石浆液制备用水,浆液输送设备、输送管路、储存箱的冲洗水等。工艺水/工业水进入岛内工艺水/工业水箱,配套有测量和控制仪表,通过水泵分别送至烟气脱硫区域的每个用水点。烟气脱硫岛内设置一个公用的事故浆液箱,该箱容量满足单个吸收塔检修排空时和其他浆液排空的要求。

(6)压缩空气系统

脱硫岛仪表用气和杂用气由岛内设置的压缩空气系统提供,压力为0.85MPa左右。按需要设置足够容量的储气罐,仪用稳压罐和杂用储气罐应分开设置。储气罐的供气能力应满足当全部空气压缩机停运时,依靠储气罐的储备,能维持整个脱硫控制设备继续工作不小于15min的耗气量。气动保护设备和远离空气压缩机房的用气点,宜设置专用稳压储气罐。储气罐工作压力为0.8MPa,最低压力不应低于0.6MPa。

(7)脱硫废水处理系统

该系统主要用于净化脱硫系统产生的污水,有效节省水资源。脱硫废水处理系统储量按废水排放量的125%设计。脱硫废水的水质与脱硫工艺、烟气成分、灰及吸附剂等多种因素有关。脱硫废水的主要超标项目为悬浮物、pH、汞、铜、铅、镍、锌、砷、氟、钙、镁、铝、铁及氯根、硫酸根、亚硫酸根、碳酸根等。脱硫废水处理系统处理后的排水出水水质要达到《国家污水综合排放标准》(GB 8978—1996)中第二类污染物最高允许排放浓度中的一级标准。

3. 副产物脱硫石膏的特点及再利用

(1)脱硫石膏特点

脱硫石膏有两种定义,分别来自欧洲和美国测试学会(ASTM)。①欧洲:脱硫石膏来自烟气脱硫工业,是经过细分的湿态晶体,是高品位二水硫酸钙($CaSO_4 \cdot 2H_2O$)。②ASTM:脱硫石膏在烟气脱硫过程中产生,是一种化工副产品,主要由含两个结晶水的硫酸钙组成。

脱硫石膏的形成过程与天然石膏不同。天然石膏是在缓慢、近乎平衡的条件下沉积而成,脱硫石膏则在浆液中快速沉淀形成。脱硫石膏的品质取决于电厂的运行方式、煤的品种与硫含量、脱硫工艺及吸收剂类型等方面。脱硫石膏的性能特点、质量标准如下。

①物理特征。

含水率:脱硫石膏通常含 10% 左右的水分。如果石膏颗粒过细,导致脱水困难,含水率高,黏性增加,会严重影响其使用。一般认为含水率大于 14% 时无法正常使用。

颜色:根据燃烧的煤种和烟气除尘效果不同,脱硫石膏从外观上呈现出灰白色和灰黄色。灰色主要是烟尘中未燃尽的碳质量分数较高的缘故,并含有少量 $CaCO_3$ 颗粒;黄色主要是由粉煤灰和石灰石中含铁物质引起的。由于脱硫石膏是在浆液中快速沉淀形成的,粉煤灰和含铁矿物在石膏晶体表面和内部都有分布,因此,用洗涤法很难将脱硫石膏的颜色除去。

颗粒特征:脱硫石膏颗粒的大小及晶型受燃煤、吸收剂和脱硫工艺参数的影响。较短的停留时间会使石膏晶体的颗粒过细,吸收液偏酸性则会生成针状的晶体,这会严重影响脱硫石膏的脱水和使用性能。一般来说,脱硫石膏晶体形状为柱状,平均粒径为 30 ~ 70μm。烟气脱硫工艺对石灰石的品质要求保证了脱硫石膏颗粒小且质量高。

②化学组成。

脱硫石膏和天然石膏中杂质类型及赋存状态有差异。脱硫石膏的杂质主要是 $CaCO_3$ 和可溶性盐。$CaCO_3$ 一部分单独存在,这是由于部分颗粒未参加反应;另一部分则存在于石膏颗粒中,由 $CaCO_3$ 与 SO_2 不完全反应所致,石膏颗粒的中心部位为 $CaCO_3$。可溶性盐则从石膏颗粒内部至表面均有分布。杂质含量偏高对脱硫石膏的应用有危害,必须严格控制一些可溶性盐的浓度,如氯、钾、钠等离子。氯化物含量偏高,会使建筑制品容易锈蚀铁件;钾、钠含量偏高,容易使石膏产品表面结盐霜,产生粉化效应;亚硫酸盐含量偏高,对石膏制品的品质也有较大影响。残余的 $CaCO_3$ 若大于 1.2% ,可能导致在酸性条件下大量的 CO_2 气体释放,因而也不适合某些应用,如石膏地坪。

宝钢烧结脱硫石膏和电厂脱硫石膏化学成分对比如表 3-1 所示[17],XRF 分析表明,烧结脱硫石膏较电厂脱硫石膏灰分杂质含量低,主要灰分杂质为 SiO_2 及少量的 Fe_2O_3,某电厂脱硫石膏中主要杂质组分为 SiO_2、Al_2O_3、Fe_2O_3。XRD 分析表明,烧结脱硫石膏主要为 $CaSO_4 \cdot 2H_2O$、SiO_2 的吸收峰,而电厂脱硫石膏主要为 $CaSO_4 \cdot 2H_2O$、$CaCO_3$、SiO_2 的吸收峰。对脱硫石膏能否利用起关键作用是 $CaSO_3$ 含量,两种脱硫石膏的谱图均没有观察到 $CaSO_3 \cdot 0.5H_2O$ 的特征吸收峰,表明 $CaSO_3 \cdot 0.5H_2O$ 的含量很低。XRD 谱图表明烧结脱硫石膏的主要灰分杂质为 SiO_2,而电厂脱硫石膏中的主要杂质为 $CaCO_3$ 和 SiO_2。

表 3-1　烧结烟气脱硫石膏与电厂脱硫石膏的成分对比　　（单位:%,质量分数）

	Fe_2O_3	CaO	SiO_2	Al_2O_3	MgO	MnO	K_2O	Na_2O	S	F	Cl
烧结	0.61	41.1	1.5	<0.1	<0.1	<0.1	<0.1	<0.1	22.9	<0.1	<0.1
电厂	0.44	38.4	4.3	3.4	0.6	<0.1	0.1	<0.1	21.5	<0.1	<0.1

③环境特征。

脱硫石膏在欧洲被认为是产品而不是废物,经合组织也已经将其从废物目录中排除。根据 1993 年美国环境署的检测,并与有害物质的腐蚀性、活性、易燃性、有毒性四大特征进行比较,认为脱硫石膏是无害的。尽管如此,脱硫石膏还是存在潜在的环境与健康问题:砷(地下水接触)有潜在的致癌风险,饮用水中的砷一般不会超标,但农用和土地填埋导致其饮用风险升高;滤出液中金属浓度一般不会超过毒性特征浓度,但在农用过程中,砷、铯、硼应考虑其富集;脱硫石膏中的汞尽管含量很低,但是在大型石膏厂煅烧过程中由脱硫石膏释放出来的绝对量将相当可观。

(2)脱硫石膏标准

脱硫石膏作为一种可利用的副产物,须有相应的品质标准来促进它的有效利用。目前,我国还没有制定脱硫石膏相关标准,《烟气脱硫石膏》建材行业标准于 2009 年通过审核,但目前仍未颁布。目前国际上也没有统一的标准。欧洲石膏工业协会(Association of European Gypsum Industries)于 2005 年修定的脱硫石膏标准如表 3-2 所示[17,18]。该标准对影响脱硫石膏使用的最重要的物理、化学等方面指标做了规定。宝钢烧结脱硫石膏和电厂脱硫石膏与国内及国际标准的对比,如表 3-2 所示,可见,两种石膏中 $CaSO_4·2H_2O$ 含量可满足国标但不能满足欧标,电厂脱硫石膏中 Cl、F 含量不达标,其他参数可以达标。

表 3-2　气喷旋冲法烧结烟气脱硫石膏与喷淋法电厂烟气脱硫石膏性质对比

分析项目	单位	国内设计要求	欧洲利用标准	宝钢烧结脱硫石膏	宝钢电厂脱硫石膏
pH	—	6~8	5~8	6.9	7.6
自由水含量	%(质量分数)	≤10	<10	6.5	10.3
$CaSO_4·2H_2O$ 含量	%(质量分数)	≥90.0	>95	92.5	90.4
$CaSO_4·0.5H_2O$ 含量	%(质量分数)	<0.350	<0.50	0.065	0.074
$CaCO_3+MgCO_3$ 含量	%(质量分数)	<3.0		0.9	2.2
平均颗粒粒径	μm	>32		99	99
MgO	%(质量分数)		<0.10		

续表

分析项目	单位	国内设计要求	欧洲利用标准	宝钢烧结脱硫石膏	宝钢电厂脱硫石膏
Na$_2$O	%（质量分数）		<0.06		
Cl 含量	mg/kg	<100	<100	50	160
F 含量	mg/kg	<100		90	480
颜色	—		白色		
气味			无气味		
毒性			无毒		

（3）脱硫石膏的再利用

脱硫石膏在欧洲、美国、日本等发达国家和地区已经得到了广泛的应用,其应用在很大程度上改变了上述地区石膏工业的格局。下面分别介绍脱硫石膏在国内外综合利用现状。

①欧洲。

欧洲是脱硫石膏资源化利用最成功的地区,其脱硫石膏最早产生于 20 世纪 70 年代末的联邦德国,2008 年欧洲 15 国的脱硫石膏产量为 1125 万 t。经过 30 多年的努力,欧洲的脱硫石膏基本上 100% 利用,主要应用在建筑领域,产品有石膏板、地面自流平材料、石膏粉、水泥缓凝剂等。欧洲的电力工业和石膏工业已经联合起来,电厂生产出质量可靠和足够数量的脱硫石膏来满足石膏企业的需要,现代化石膏工厂基本上建立在大的电厂和新兴石膏市场旁边。

②美国。

美国早在 1982 年就产出脱硫副产物 1420 万 t,但利用率仅为 1%,到 2009 年脱硫副产物为 3110 万 t,利用率为 33%。美国的烟气脱硫装置约有 40% 没有生产脱硫石膏,而是以脱硫湿浆形式排出,很难被有效利用,从而导致利用率低,这可归结为美国比欧洲有更大的脱硫石膏产量,脱硫石膏的经济与市场因素及环境政策的影响。除经济原因外,美国具有的广阔国土面积为抛弃法处置脱硫废渣提供了场地保障。美国脱硫石膏主要应用于石膏板和水泥行业中,另有少量脱硫石膏应用于农业。

③日本。

日本是生产脱硫石膏最早的国家,第一批脱硫石膏于 1972 年产出。在日本,促使脱硫石膏资源化利用的主要因素是:缺乏天然石膏,对脱硫石膏的市场需求量大;缺少处置副产品的场地;政策不提倡对没有氧化的脱硫副产品进行处置。脱硫石膏占日本国内石膏总消耗量的 20% ~ 25%,是日本石膏工业的重要来源。脱硫石膏主要用于墙板、建筑熟石膏、工业灰泥、黏结剂、石膏天花板等产品,其中超过

90%的脱硫石膏用于水泥添加剂和墙板原料。另外,将脱硫石膏与粉煤灰及少量石灰混合,作为路基、路面下基层或平整土地所需砂土。

④国内。

我国脱硫石膏最早于1992年由重庆珞璜电厂产出。到"十一五"末,我国有3亿kW燃煤发电机组配置石灰石-石膏法烟气脱硫设施,每年产生4500~5000万t的脱硫石膏,但目前我国脱硫石膏的应用比例不超过10%,主要用于粉刷石膏、水泥铺料、石膏板、石膏粉、石膏黏结剂,农用、矿山填埋用灰浆,路基材料等。2007年,北新建材在江苏、浙江、广西、四川有4条年产均为3000万m^2的石膏板生产线在建,全部采用脱硫石膏作为原材料。脱硫石膏由于在某些应用方面的限制,无法完全取代天然石膏。另外,当前我国的脱硫石膏品质还不是很稳定,没有比较成熟的脱硫石膏利用技术和完善的政策保障,再利用的难度很大。

3.2.2　氨法烟气脱硫技术

氨-硫酸铵法(简称氨法)脱硫是个成熟的脱硫技术[39-45],国外在20世纪70~80年代就有工业应用的实例,主要技术商有美国MARSULEX公司、德国Lurgi Lenjets Bischoff公司、日本NKK(现为JFE)钢管公司。NKK京滨制铁所采用氨-硫酸铵法进行烧结烟气的脱硫,自1989年投入运行以来,运行稳定,副产品硫酸铵质量较好。近几年,随着大量烟气脱硫装置投入运行,氨法脱硫技术也在实际应用中日趋完善,优越性逐步显现。

在钢铁烧结烟气脱硫领域,很多企业选择了氨法脱硫工艺,如潍坊钢铁公司2×230m^2烧结机,山东日照钢厂2×180m^2烧结机,杭钢150m^2烧结机,邢钢150m^2烧结机,昆钢130m^2烧结机,南钢360m^2烧结机,柳钢2×83m^2、265m^2和110m^2烧结机等均采用了氨法烟气脱硫工艺。因篇幅关系,本书只论述柳钢、日照钢铁和昆钢的烧结烟气氨法脱硫工程。

柳钢和武汉都市环保技术有限公司共同研发了氨-硫酸铵法烧结烟气脱硫技术,利用氨作为脱硫剂,得到高品质的硫铵化肥,不存在副产物堆放易产生二次污染等问题,对烟气量和SO_2含量的波动特性适应性强,对主体烧结工艺的运行不产生影响,在脱硫的同时还有20%~40%的脱硝能力。

1. 工艺原理

从烧结机出来的原烟气经电除尘器净化后,由脱硫塔底部进入;同时,在脱硫塔顶部将氨水溶液喷入吸收塔内与烟气中的SO_2反应,脱除SO_2同时生成亚硫酸铵,与空气发生氧化反应生成硫酸铵溶液,经中间槽、过滤器、硫铵槽、加热器、蒸发结晶器、离心机脱水、干燥器即制得化学肥料硫酸铵,从而完成脱硫过程。烟气经脱硫塔的顶部出口排出,净化后的烟气由烟囱排入大气。吸收反应如下:

$$SO_2 + H_2O \longrightarrow H_2SO_3$$

$$H_2SO_3 + (NH_4)_2SO_4 \longrightarrow NH_4HSO_4 + NH_4HSO_3$$

$$H_2SO_3 + (NH_4)_2SO_3 \longrightarrow 2NH_4HSO_3$$

首先,烟气中的 SO_2 溶于水中,生成亚硫酸;其次,亚硫酸与该溶液中溶解的硫酸铵/亚硫酸铵反应。喷射到反应池底部的氨水,按如下方式中和酸性物:

$$H_2SO_3 + NH_3 \longrightarrow NH_4HSO_3$$

$$NH_4HSO_3 + NH_3 \longrightarrow (NH_4)_2SO_3$$

$$NH_4HSO_4 + NH_3 \longrightarrow (NH_4)_2SO_4$$

$(NH_4)_2SO_3$ 是氨法中的主要吸收体,对 SO_2 具有很好地吸收能力,随着 SO_2 的吸收,NH_4HSO_3 的比例增大,吸收能力降低,这时需要补充氨水,保持吸收液中 $(NH_4)_2SO_3$ 的一定比例,以保持高质量浓度的 $(NH_4)_2SO_3$ 溶液。喷射到脱硫塔底部的氧化空气,按如下方式将亚硫酸盐氧化为硫酸盐:

$$(NH_4)_2SO_3 + 1/2O_2 \longrightarrow (NH_4)_2SO_4$$

硫酸铵溶液饱和后,硫酸铵从溶液中以结晶形状沉淀出来。由 180℃、0.375MPa 蒸气按照如下方式提供汽化热:

$$(NH_4)_2SO_4(溶液) + 汽化热 \longrightarrow (NH_4)_2SO_4(固体)$$

在一定温度的水溶液中,$(NH_4)_2SO_3$ 与水中溶解 NO_2 的反应生成 $(NH_4)_2SO_4$ 与 N_2,建立如下平衡:

$$2(NH_4)_2SO_3 + NO_2 \longrightarrow 2(NH_4)_2SO_4 + 1/2N_2 \uparrow$$

对于氨法脱硫工艺,SO_2 与 $(NH_4)_2SO_4$ 的产出比约为 1:2,即每脱除 1t SO_2,产生 2t $(NH_4)_2SO_4$。在吸收塔里的 $(NH_4)_2SO_4$ 不是以离子形式存在于溶液里,就是以固体结晶的形式存在于浆液里。系统里的主要成分溶解或结晶的 $(NH_4)_2SO_4$ 已完全被氧化,因此在副产品中氮的含量很容易大于 20.5%。

2. 工艺系统与设备

烧结烟气氨法脱硫系统主要由烟气系统、浓缩塔浓缩降温系统、脱硫塔脱硫吸收系统、供氨系统、灰渣过滤系统等组成。有增压风机、浓缩降温塔、脱硫塔、液氨稀释器、过滤器等设备。工艺流程如图 3-3 所示。

(1)烟气系统

烟气系统主要设备包括增压风机、烟气挡板、烟道及其附件。从烧结机抽风机后的烟道中引出 150~180℃ 的烧结烟气,经增压风机升压后进入浓缩降温塔。增压风机用于克服烟气脱硫装置造成的烟气压降,在脱硫装置进口原烟气侧运行,每台增压风机配备液力耦合器进行工况调节。在进、出口烟道设置旁路挡板门,当脱硫装置故障、检修停运时,烟气由旁路挡板经原有的烟囱排放。

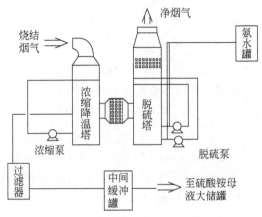

图 3-3　氨法烟气脱硫工艺流程图

（2）浓缩降温系统

烧结烟气进入浓缩降温塔，与喷淋的浓缩液接触后，增湿降温、洗涤除尘，烟气温度降至 80～90℃经过中间烟道进入脱硫塔。浓缩液经烟气加热蒸发后得以浓缩，浓缩液通过浓缩降温泵不断循环浓缩，当质量分数达到 20%～30% 时，由浓缩液出液泵抽至硫酸铵制备系统。浓缩降温塔和脱硫塔之间设有中间烟道。浓缩降温系统主要设备包括浓缩降温泵。

（3）脱硫吸收系统

在脱硫塔内，氨水与烟气中的 SO_2 进行反应，净化后的烟气由除雾器除去水雾，温度降为 50～60℃，排入大气。吸收形成的 $(NH_4)_2SO_3$ 在脱硫塔底部被氧化，生成 10% 的 $(NH_4)_2SO_4$ 溶液，同时，抽出适当的 $(NH_4)_2SO_4$ 溶液送至浓缩降温塔，依靠烟气的热量蒸发溶液中的水分。脱硫塔内设 2 层喷淋层，吸收系统设置 3 台（2 用 1 备）脱硫吸收液循环泵，各对应 1 层喷淋层。氨水加至下层喷淋层，加氨后的吸收液 pH 控制在 5.0～6.0。上层喷淋层起到进一步脱硫和防止氨逃逸的作用。设置氧化系统鼓入空气促进 $(NH_4)_2SO_3$ 溶液氧化。或者取消氧化系统，只在脱硫塔内充分利用烟气中 14%～18% 的氧进行自然氧化，并延长吸收反应时间，使出塔的 $(NH_4)_2SO_3$ 氧化率达 99%，将脱硫液中的 $(NH_4)_2SO_3$ 和 NH_4HSO_3 氧化成 $(NH_4)_2SO_4$。

（4）供氨系统

使用由液氨稀释成的氨水（18%）作为脱硫剂，氨水泵将 18% 的氨水打入脱硫吸收液循环泵入口管，用泵送入下层喷淋层与烟气中的 SO_2 进行脱硫反应。氨流量由氨水泵变频控制。供氨系统主要设备包括液氨稀释器、软水泵、氨水泵。

（5）灰渣过滤系统

在脱硫塔吸收段吸收烟气中 SO_2 的同时，烟气中含有的粉尘灰渣也进入吸收液中。在将质量分数 20% ~ 30% 的 (NH$_4$)$_2$SO$_4$ 溶液送往蒸发结晶系统之前,过滤去除溶液中的灰渣,以提高硫酸铵产品的质量。灰渣过滤系统主要设备是精密管式过滤器。排出的灰渣进入污泥池,回收到烧结系统原料中。

3. 影响脱硫效率的主要因素

(1)液气比

液气比是影响脱硫效率的主要因素之一,随着液气比的增大,SO$_2$ 与氨水接触机会增加,脱硫率增加,增加幅度由大到小,最后趋于平稳。当液气比小于 1 时,提供的氨水量不能满足吸收尾气中 SO$_2$ 的需要,这时脱硫率完全由脱硫剂量来决定,脱硫率与液气比的关系几乎呈正相关。气液比在 1.0 ~ 1.05 区域,随着液气比增加,脱硫率的提高逐渐缓慢,但脱硫率已能达到 85% ~ 95%。液气比超过 1.1,再增加氨水量,对脱硫率的贡献已不在明显,而脱硫塔排出的硫铵溶液 pH 呈上升的趋势,说明氨水利用率也随之下降。在氨水增加的同时,含固量、黏度、反应生成物浓度同时增大,这些因素都有碍于 SO$_2$ 等的去除。

(2)进口 SO$_2$ 浓度

当氨水浓度与烟气流量一定时,脱硫塔入口 SO$_2$ 浓度增加,出口 SO$_2$ 浓度也随之增加,脱硫率随入口 SO$_2$ 浓度增加而降低,但是脱硫塔排放的废水 pH 则呈下降趋势,说明氨水利用率增加。

(3)烟气量

烧结机出口烟气量增加,气液比增加,烟气在脱硫塔中的停留时间减少,相应的脱硫效率也降低。但烟气量增加也使得气液扰动加剧,所以随着烟气量的增加,脱硫效率降低的速度减慢。烧结机负荷调节时出口烟气量发生变化,烧结机负荷的降低,烟气量减少,脱硫效率总体上呈上升趋势;在相同负荷下,随着烟气出口 SO$_2$ 浓度增加,脱硫效率呈降低趋势。

4. 主要技术难点及对策

(1)吸收剂的选择

氨法脱硫的吸收剂为液氨或氨水,在钢铁联合企业可优先考虑利用焦炉煤气中的氨或废氨水作为吸收剂,可将烧结烟气脱硫和焦化脱氨结合,达到以废治废、发展循环经济的目的。

(2)系统参数的选择

脱硫系统涉及的参数很多,需建立在大量的实验研究和工业试验基础之上。首先应根据烟气量和空塔气速设计塔径,再根据循环溶液与 SO$_2$ 的反应特性、烟气流速、塔型等因素计算传质系数,然后建立传质系数、空塔流速、喷雾滴径、吸收面积、反应温度、喷淋密度等关系的传质模型,用理论方法确定部分参数,如传质系数、流速、喷淋密度等,然后在工业试验中调整优化。

(3)反应条件

氨法脱硫反应是典型的气液两相过程,SO_2 吸收受气膜传质控制,所以该反应必须保证 SO_2 在脱硫溶液中有较高的溶解度和相对高的气速。SO_2 溶解度随 pH 降低、温度升高而下降,一般要求吸收液 pH 控制在 5.0 ~ 6.0,反应温度控制在 60 ~ 70℃,吸收反应段的气速控制在 4m/s 以上,这样才能保证脱硫效率高于 90%。为了保证 SO_2 的脱除率,在循环量确定的情况下,必须保证循环液 pH 相对稳定。在工程中,一般是以控制 pH 来控制吸收效率,以控制吸收液密度来控制系统的质量平衡。

(4)气溶胶

气溶胶是指固体或液体微粒稳定地悬浮于气体介质中形成的分散体系。脱硫塔的循环吸收液不直接与高温烟气接触,并将吸收循环液控制在相对较低的质量分数,约 10%,有利于脱硫净烟气不形成气溶胶。

(5)氨损失

氨在常温常压下是气体,易挥发,氨法脱硫要解决氨的挥发问题,防止氨随脱硫尾气逸出。消除氨雾形成的条件,必须控制反应温度在 60 ~ 70℃ 和吸收液的成分,使净化后烟气中氨质量浓度在 10mg/m³ 以下。

(6)亚硫酸铵氧化

将亚硫酸铵变成硫酸铵,需要解决亚硫酸铵氧化的问题。亚硫酸铵氧化和其他亚硫酸盐相比明显不同,NH_4^+ 对氧化过程有阻尼作用。NH_4^+ 显著阻碍 O_2 在水溶液中的溶解。当盐浓度小于 0.5mol/L 时,亚硫酸铵氧化速率随其浓度增加而增加,而当超过这个极限值时,氧化速率随浓度增加而降低。亚硫酸铵氧化是氨法脱硫装置经济运行的关键,往往需要另建一套氧化装置,导致系统的运行费用居高不下。部分烧结烟气氨法脱硫系统取消了氧化系统,不用向亚硫酸铵溶液中鼓入空气氧化,只需在脱硫塔内充分利用烧结烟气中的 14% ~ 18% 氧进行自然氧化,延长脱硫反应时间,就使出塔的亚硫酸铵氧化率达 99%,显著提高了氧化率指标。

(7)硫铵的结晶

硫铵在水溶液中的饱和溶解度随温度变化不大,如表 3-3 所示。硫铵溶解度随温度变化很小,结晶析出硫铵的方法一般采用蒸发结晶,消耗额外蒸气。因此,如何控制过程的工艺条件使硫铵饱和结晶从而降低能耗是该方法的关键问题之一。

表 3-3　硫铵在水溶液中的饱和溶解度

温度/℃	20	30	40	60	80	100
水	75.4	78	81	88	95.3	103.3
溶解度/%(质量分数)	43	43.82	44.75	46.81	48.80	50.81

蒸发结晶就是利用各种流程使溶液达到过饱和,从而使其结晶析出。在氨法烧结烟气脱硫的副产品蒸发结晶工艺系统中,主要设备有蒸发加热器、硫铵加热器、真空结晶器及循环泵等。来自脱硫系统大约 30% 质量浓度的硫铵溶液进入蒸发器,在蒸发器中被低压蒸气加热,在蒸发器上部分离蒸气后,由下降管进入结晶器生长区底部,然后再向上方流经晶体流化床层,过饱和得以消失,晶床中的晶粒得以生长。同时蒸发器的二次蒸气通过硫铵加热器将热量传递给结晶器内循环液,补充结晶器溶液蒸发带走的热量。当结晶器中粒子生长到要求的大小时,利用出料泵抽出部分晶浆至稠厚器收集晶粒,再送至离心机脱水分离。为了得到较高品质的硫铵产品,在结晶系统的设计上采用了搅拌桨、分级腿及粒度调整泵等技术。

5. 副产物硫酸铵的特点及再利用

硫酸铵被称为肥田粉,含有氮和硫两种营养元素,对植物的生长比较有利。硫酸铵既可作为单独的肥料,也可作为复合肥的原料,还可以用来生产硫酸钾。我国目前硫铵产量为 151 万 t/a,主要为己内酰胺厂、丙烯腈装置、焦化厂、煤气厂的副产品。据中国磷肥工业协会估计,即使仅考虑生产复合肥,我国硫铵需求量也将超过 500 万 t/a。钢铁企业均有焦化厂,其对副产品硫铵的销售不存在问题。

副产品硫酸铵的品质是评价脱硫工程是否成功的因素之一。以杭钢 180 m^2 烧结机氨法脱硫工程为例,其副产物硫铵成分检验结果如表 3-4 所示[28]。

表 3-4　脱硫副产品硫铵成分检验结果　　　　　　　　　（单位:%）

项目	外观	氮含量(干基)	水分	游离酸(H_2SO_4)含量
脱硫产品	无可见机械杂质	21.0	0.10	0.04
GB 535—1995	无可见机械杂质	≥ 20.5	≤1.0	≤0.20

从结果可看出硫铵完全满足国家标准 GB 535—1995 合格指标的要求。尽管国标 GB 535—1995 注明"硫酸铵作物农用时可不检验铁、砷、铅、铬等重金属含量等指标",但为慎重起见,在上述测试时对副产物硫铵同步进行了重金属含量检测,结果见表 3-5。检测结果表明杭钢烧结硫铵中的重金属含量均远低于国家标准 GB 15618—1995 要求,对环境无毒害作用。

表 3-5　脱硫副产物硫铵重金属含量检测结果　　　　　　（单位:mg/kg）

项目	镉	汞	砷	铜	铅	铬	锌	镍	铁
检测结果	—	—	—	—	5 ~ 10	0.5 ~ 11	—	—	20 ~ 92
GB 15618—1995[①]	≤0.20	≤0.15	≤15	≤35	≤35	≤90	≤100	≤40	—

注:①土壤环境质量标准值,一级标准(自然背景)。

需要说明的是,杭钢180m² 烧结机机头除尘采用两台170m² 两室四电场除尘器。该电除尘器在比集尘面积、气流分布板形式、极板极距宽窄的配置方面采用了多项先进技术,同时还采用了三相高压电源技术,确保了极高的除尘效果,粉尘平均排放浓度小于20mg/Nm³,为脱硫系统的高效运行、硫铵结晶颗粒的长大及减少硫铵晶体中的重金属含量创造了有利条件。杭钢180m² 烧结机氨法脱硫工程由武汉都市环保工程有限公司总承包,2008 年5 月签约,2009 年3 月工程调试。

3.2.3　氧化镁法烟气脱硫技术

中国是世界上镁矿储量最多的国家,占世界储量的80% 左右,氧化镁及镁盐生产和出口为世界第一。镁矿石的主要成分是碳酸镁($MgCO_3$),经过煅烧生成氧化镁(MgO)可用作脱硫吸收剂,靠近产区的企业可采用氧化镁法脱硫,以降低运行成本。

1. 工艺原理

氧化镁法脱硫[46-48]的基本原理是将氧化镁通过浆液制备系统制成氢氧化镁[$Mg(OH)_2$]过饱和液,在脱硫吸收塔内与烧结烟气充分接触,与烧结烟气中的SO_2 反应生成亚硫酸镁($MgSO_3$),从吸收塔排出的亚硫酸镁浆液经脱水处理和再加工后,可生产硫酸。工艺原理如下:

$$MgO+H_2O \longrightarrow Mg(OH)_2$$

$$Mg(OH)_2+SO_2 \longrightarrow MgSO_3+H_2O$$

$$Mg(OH)_2+SO_2+5H_2O \longrightarrow MgSO_3 \cdot 6H_2O$$

$$MgSO_3+SO_2+H_2O \longrightarrow Mg(HSO_3)_2$$

$$2MgSO_3 \cdot 6H_2O+O_2+2H_2O \longrightarrow 2MgSO_4 \cdot 7H_2O$$

该脱硫技术特点:液气比低,为2~5(石灰石-石膏法的液气比为15~20);脱硫效率高达98% 以上;亚硫酸镁完全脱水较难,电耗高。

2. 工艺系统及设备

烧结机烟气经过电除尘器去除粉尘至100mg/m³ 以下,通过增压风机进入脱硫塔,MgO 进行熟化反应生成一定浓度的$Mg(OH)_2$ 浆液,在脱硫塔内$Mg(OH)_2$ 与烟气中的SO_2 反应生成$Mg(HSO_3)_2$。$Mg(HSO_3)_2$ 经强制氧化生成$MgSO_4$,直接排放或分离干燥后生成固体$MgSO_4$ 进行回收。

该系统主要包括溶液的制备与输送、烟气冷却、脱硫以及液水处理。

(1)$Mg(OH)_2$ 溶液的制备与输送

把脱硫剂仓库的袋装MgO 粉剂加入已注水的反应罐中,形成$Mg(OH)_2$ 溶液,质量分数约35%。罐内设置了搅拌机以防止沉淀,边搅拌边加入 MgO,同时导入蒸汽。Mg(OH)₂ 溶液通过输送泵送至 Mg(OH)₂ 储存罐内。

(2)烟气冷却、脱硫

从烧结机排放的烟气去除粉尘后通过增压风机进入脱硫塔的冷却器内,脱硫塔内集水池中的 Mg(OH)₂ 溶液通过冷却泵输送至冷却器,通过喷嘴喷淋。冷却器加入了外部冷却水,在喷淋后使烟气的温度降低至70℃以下。烟气进入脱硫塔,在上升过程中经过多孔板,与喷淋的 Mg(OH)₂ 浆液充分接触反应,达到去除 SO_x 的目的。烟气经过喷淋后上升经过除雾器除雾之后进入脱硫塔排气烟囱排入大气。

(3)氧化罐排出液水处理

从氧化罐过来的废水经排水泵提升至二级凝集槽的第一级,同时将配制好的8%的 $Al_2(SO_4)_3$ 溶液和0.1%的聚丙烯酰胺按顺序先后投加至第一、二级凝集槽,废水经过二级凝集槽的混凝反应后,自流进入竖流沉降槽的导流筒后进入沉降区,上清液经过溢流堰进入处理水池达标外排,污泥沉降至泥斗后通过泥浆泵送至带式压滤机进行脱水处理。分离后的泥渣进入污泥斗后外运,滤液回流至沉降池导流筒重新处理。

(4)氧化镁法脱硫系统工艺的特点

①工艺成熟,脱硫效率高。该脱硫系统充分考虑了烧结工艺特点,对烧结烟气系统阻力稳定,不影响烧结生产操作;同时适应烧结生产风量、烟气温度、SO_2 浓度及负荷变化波动等工况;脱硫效率调整滞后时间相对其他工艺(如钙法、半干法等)较短,脱硫效率较高,一般控制在95%以上,甚至可以实现 SO_2 零排放。

②系统控制先进,设备运行可靠。脱硫系统通过上位机 CRT 的模拟图控制全系统各阀门、电动机等,可实现手动、自动及机旁手动控制。除制备作业外,其他均可实现全自动化操作,其中包括自动检测系统进口烟气压力,实现自动调节主风机阀门,与烧结主抽风量匹配一致,确保烧结工艺、工况顺行;自动检测吸收塔 pH,并补充脱硫剂;自动检测吸收塔内脱硫液比重,控制塔内排液量等。该工艺脱硫剂为浓度35%的氢氧化镁溶液,相对不易堵塞管道及结垢,系统运行比较稳定可靠,故障停机率低。

③运行成本低,副产品处理量少,副产品可回收利用;脱硫剂质优价廉,货源稳定。

3. 氧化镁法脱硫工程实例

韶钢 4# 105m² 烧结机氧化镁法烟气脱硫由日本提供技术支持、由佛山三叶环保设备工程有限公司承建。该脱硫系统于2008年12月建成投入运行。4#烧结机烟气脱硫工艺流程如图3-4所示。

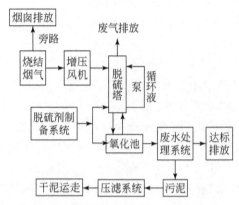

图 3-4　韶钢 4#105m² 烧结机氧化镁法烟气脱硫工艺流程

韶钢 4#烧结机烟气参数如表 3-6 所示。

表 3-6　韶钢 4#105m² 烧结机烟气参数及脱硫后的技术经济指标

入口烟气参数	单位	指标	脱硫后指标	单位	指标
标干烟气量	万 Nm³/h	40	SO₂ 浓度	mg/m³	≤200
烟气温度	℃	140	粉尘浓度	mg/m³	≤50
含水量	%(体积分数)	10	脱硫率	%	≥90
含氧量	%(体积分数)	15	脱硫量	t/a	5992
SO₂ 浓度	mg/m³	2000	年运行时间	h	8322
粉尘浓度	mg/m³	<100			

　　韶钢 4#烧结机烟气脱硫系统经过一年多运行,已达到了预期效果。实践证明,氧化镁法脱硫技术在烧结领域的应用是成功的。年减排烧结粉尘 16614t,SO₂ 为 5992t。以脱硫效率90%计算,减排后每年节约排污费约383 万元,其中粉尘部分为 4.6 万元;SO₂ 部分为 378.4 万元。运行成本低,尤其是电耗相对较低。系统设计处理烟气量为 40 万 Nm³/h,装机容量1340kW·h,而实际生产中仅为780kW·h 左右,氧化镁消耗量为 0.2t/h(进口烟气含 SO₂ 1000mg/Nm³ 左右),总水耗约为 55t/h,吨烧结矿脱硫运行成本只需 4~6 元。脱硫效率一般在 95.5% 以上(最高可达99%,甚至零排放);设备操作、维护简单、安全。

　　镁法脱硫的镁硫比为 1∶2.5 左右,而钙法脱硫的钙硫比一般为 1∶1.03 左右,镁法脱硫相比钙法脱硫,其副产品产生和处理量少了近 2~3 倍,需要处理的副产品量少。废物运输及系统内部物料输送量相对均少,具有人工成本及能耗低等特点。工艺副产品主要为毫米级 MgSO₄·7H₂O,其回收工艺技术比较成熟。系统循环液经过简单氧化后,可使其中 SO₃²⁻ 稳定在数百 ppm 的水平下,这样可大幅度降低回收利用成本。回收液经过滤、结晶析出粗颗粒的 $MgSO_4 \cdot 7H_2O$,使用价值远高于石膏,比从吸收液中直接分离出主含 $MgSO_3 \cdot 6H_2O$ 的固态脱硫渣更具工业利用价值。目前,4#烧结机烟气脱硫工艺副产品,采取压榨后转移到堆放点暂时堆存,待后续回收处理系统投入运行后,再回收处理。

(1)氧化镁法脱硫系统运行期间存在的问题

①防腐问题。

该脱硫系统塔内烟气温度大都在 48 ~ 52℃ 之间,低于烟气饱和温度。烧结废气中除含有 SO_2 外,还含有 SO_3、HCl 和 HF 等酸性物质,湿法脱硫时,它们大都以微细的气溶胶状态存在,其脱除率很低。因此,烟道、烟囱、脱硫塔及主要管路等,必须采取防腐处理或采用耐腐蚀材料。

②"酸雾"现象。

脱硫工艺外排烟气温度大致在 48 ~ 52℃ 之间,而外排烟气的酸露点也刚好接近该温度区,从而形成酸露。

③废水中 COD 和重金属达标问题。

由于烧结烟气成分复杂,生产中产生的废水需经专门处理才能排放;未做专门处理的废水,其 SO_4^{2-}、COD 及重金属等难以达标排放。

④烟气脱硫剂的品质保证。

该工艺采用了低价、低品位(含 85% MgO)的工业用氧化镁脱硫剂,对煅烧温度、粒径,以及运输、制备、储存过程中的防水、防潮等均有较高要求,否则,会影响其活性,降低脱硫效率,增加脱硫剂的消耗,加剧设备磨损和堵塞等。

(2)针对运行期间出现的问题,对氧化镁法脱硫系统进行了改造

①脱硫剂的改进。

由于所用氧化镁颗粒细小,在 200 目以下,尽管配备了一个布袋除尘器和一台湿式除尘器,但在制备过程中及人工开袋及投料时,二次扬尘还是比较严重。通过调整工艺操作及设备整改,这一问题基本得到解决。此外,将脱硫剂 MgO 的纯度由 85% 提高到 90%,粒度由 200 目提高到 300 目,保证其溶解度,控制制浆罐内加水量和蒸汽温度,严格控制浆液的浓度,减少浆液的沉淀和堵塞管道。

②系统管道及系统防腐改进。

一些主要管路布局和管径匹配不合理,造成管道易堵塞和磨损,如主循环管、水处理输送管及浆液输送管等。因此做了如下改造:进入吸收塔之前的管路,因输送物料主要为 $Mg(OH)_2$ 溶液,无需做防腐处理,故全部采用普通钢管;塔内外循环系统等主要管路则采用 316 不锈钢;外排液及水处理系统考虑到成本及管路压力不大,需要防腐等,大量改用 PVC 材质。部分关键点管路法兰连接采用软接头形式,方便拆卸。尽量避免较大管径变化及弯头,防止积液堵塞和加剧管路磨损等问题。对脱硫塔的涂料脱落部分,采用了传统的玻璃鳞片防腐工艺;对于部分非主要

设备及液体流动产生磨损腐蚀相对较大而温度变化不大的管和罐,如氧化罐、储存罐及冷却塔等,采用了麻石防腐工艺。

③悬浮物的达标排放。

氧化罐向外排放脱硫液时,必须降低外排液的悬浮物(suspended solids,SS)。增设了 $Al_2(SO_4)_3$ 及聚丙烯酰胺制备装置,将配制好的 $Al_2(SO_4)_3$ 溶液及聚丙烯酰胺溶液按一定顺序加入不同凝聚槽,以去除凝集外排水中的无机物和有机悬浮物,实现悬浮物达标排放。

④喷淋系统改造。

吸收塔的喷淋系统及冷却塔的喷淋头在生产过程中均多次出现问题,对此做了较大改进。淋喷头与主循环管路之间的连接管道原设计选用聚二氟乙烯材质,在使用过程中淋喷头及连接管经常大量脱落,后改用 316 不锈钢材质,问题得到了较好解决。冷却塔的喷嘴原采用 316 不锈钢材质,但因喷淋液中颗粒物较多,平均使用寿命不到 3 个月,后经改用耐酸碱性能较好的碳化硅喷头并改变其喷淋方向后,使用效果明显改善,备件消耗大大降低。

经过不断摸索,调整工艺参数和改造,脱硫系统运行稳定,脱硫效率达97%以上。2009 年 7 ~ 12 月主要生产技术指标见表 3-7,可见出口 SO_2 浓度小于 $50mg/m^3$,出口粉尘浓度小于 $30mg/m^3$,满足国家排放标准。

表 3-7　韶钢 4#105m² 烧结机氧化镁法脱硫技术指标

指标	单位	7 月	8 月	9 月	10 月	11 月	12 月
进口 SO_2 浓度	mg/m³	672.74	734.95	652.49	713.25	732.06	791.38
出口 SO_2 浓度	mg/m³	14.89	14.50	7.45	12.41	47.17	12.41
脱硫效率	%	97.8	98.0	98.9	98.3	93.6	98.4
O_2 质量分数	%	17.1	18.3	17.7	19.2	18.4	18.0
进口粉尘浓度	mg/m³	79.12	87.23	78.14	85.23	87.96	82.41
出口粉尘浓度	mg/m³	30.23	29.34	28.57	25.67	30.12	28.54
塔内循环液 pH	—	6.54	6.61	6.49	6.58	6.52	6.39

3.2.4　双碱法烟气脱硫

双碱法脱硫工艺[49-52]首先用可溶性的钠碱溶液作为吸收剂吸收 SO_2,然后再用石灰溶液对吸收液进行再生,由于在吸收和吸收液处理中,使用了不同类型的碱,故称为双碱法。吸收剂常用的碱有纯碱(Na_2CO_3)、烧碱($NaOH$)等。双碱法最初由美国通用电器公司开发,是用钠碱吸收 SO_2,石灰处理和再生洗液,其操作过程分三个阶段:吸收、再生和固液分离。后浙江大学和浙江天蓝环保公司在总结大量工程实践和工程创新的基础上发展了旋流板塔湿法烟气脱硫除尘一体化技术。

1. 工艺原理

该法使用 NaOH 溶液在塔内吸收烟气中的 SO_2，生成 HSO_3^-、SO_3^{2-} 与 SO_4^{2-}；在塔外与石灰发生再生反应，生成 NaOH 溶液。可分脱硫反应和再生反应两部分，并伴有副反应，反应式如下：

（1）塔内脱硫反应

$$2NaOH + SO_2 \longleftrightarrow Na_2SO_3 + H_2O \tag{3-5}$$

$$Na_2SO_3 + SO_2 + H_2O \longleftrightarrow 2NaHSO_3 \tag{3-6}$$

式（3-5）为启动阶段 NaOH 溶液吸收 SO_2 以及再生液 pH 较高（>9）时脱硫液吸收 SO_2 的主反应；式（3-6）为脱硫液 pH 较低（5~9）时的主反应。

（2）氧化反应（副反应）

$$Na_2SO_3 + 1/2O_2 \longleftrightarrow Na_2SO_4 \tag{3-7}$$

$$NaHSO_3 + 1/2O_2 \longleftrightarrow NaHSO_4 \tag{3-8}$$

（3）塔外再生反应

$$NaHSO_3 + Ca(OH)_2 \longleftrightarrow NaOH + CaSO_3 \downarrow + H_2O \tag{3-9}$$

$$Na_2SO_3 + Ca(OH)_2 \longleftrightarrow 2NaOH + CaSO_3 \downarrow \tag{3-10}$$

$$Na_2SO_4 + Ca(OH)_2 \longleftrightarrow 2NaOH + CaSO_4 \downarrow \tag{3-11}$$

$$NaHSO_4 + Ca(OH)_2 \longleftrightarrow NaOH + CaSO_4 \downarrow + H_2O \tag{3-12}$$

上述再生过程在塔外进行，避免了 $CaSO_3$ 在塔内结垢。再生后的 NaOH 溶液由脱硫循环泵送至塔内进行脱硫反应。在石灰浆液（石灰达到过饱和状况）中，中性的 $NaHSO_3$ 很快跟石灰反应从而释放出 Na^+，随后生成的 SO_3^{2-} 又继续跟石灰反应，反应生成的 $CaSO_3$ 以半水化合物形式慢慢沉淀下来，从而使 Na^+ 得到再生。可见，NaOH 只是作为一种启动碱，启动后实际消耗的是石灰，理论上不消耗 NaOH，只是清渣时会带出一些，因而有少量损耗。Na_2CO_3 作为启动碱时，塔内脱硫反应如下所示，塔外再生反应与 NaOH 作为启动碱的再生反应相同。

$$Na_2CO_3 + SO_2 \longleftrightarrow Na_2SO_3 + CO_2 \tag{3-13}$$

$$Na_2SO_3 + SO_2 + H_2O \longleftrightarrow 2NaHSO_3 \tag{3-14}$$

双碱法脱硫工艺流程如图 3-5 所示。烧结机头烟气经电除尘器净化后，由引风机引入旋流板塔。含 SO_2 的烟气切向进入塔内，并在旋流板的导向作用下，螺旋上升；烟气在旋流板上与脱硫液逆向对流接触，将旋流板上的脱硫液雾化，形成良好的雾化吸收区；烟气与脱硫液中的碱性脱硫剂在雾化区内充分接触反应，完成烟气的脱硫吸收。经脱硫后的烟气通过塔顶的除雾板，利用烟气本身的旋转作用与旋流除雾板的导向作用，产生强大的离心作用，将烟气中的液滴甩向塔壁，从而达到高效除雾效果,除雾效率可达99%以上;脱硫后的烟气直接进入塔顶烟囱排放。

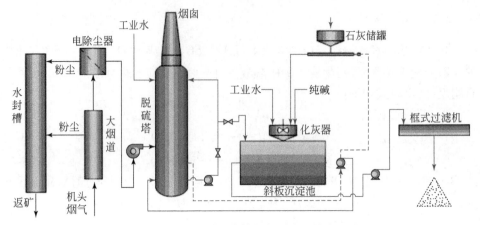

图 3-5　钠-钙双碱法烧结烟气脱硫工艺流程图

　　脱硫液采用塔内循环吸收和塔外再生方式。雾化液滴在离心力作用下被甩向塔壁,沿塔壁以水膜形式流回旋流板塔塔釜。为保证循环液对 SO_2 的吸收能力,由循环水泵出口引出部分脱硫液,到结晶池结晶,结晶后的脱硫液小部分引到循环水池进行沉淀,大部分溢流再生池进行再生。经循环水池沉淀后的脱硫液溢流回再生池。在再生池中,脱硫液与石灰浆液充分混合,并发生再生反应,最后由清液泵从再生池中打回塔内循环使用。启动时由人工在结晶池中加入适量的晶种。

　　脱硫除尘后的废液由塔底排至冲灰沟,废液中的脱硫副产物 Na_2SO_3 与药剂石灰溶液反应后生成 $CaSO_3$ 和 $NaOH$,难溶性易结垢物质 $CaSO_3$ 经药剂絮凝后在沉淀池内有效沉降,经有效沉淀后的 $NaOH$ 澄清液通过用钠碱液调节 pH 后由循环泵继续送至塔体循环使用;沉淀池中的烟尘、$CaSO_3$ 以及其他杂质等废渣由原有抓渣装置排出后综合处理。

　　2. 工艺系统与设备

　　NaOH-CaO 双碱法脱硫工艺,系统主要由 SO_2 吸收系统(一炉一塔)、吸收剂制备系统、脱硫液循环及再生系统、脱硫副产物处理系统、脱水除雾系统及电气控制系统等部分组成。

　　(1) SO_2 吸收系统

　　SO_2 吸收系统由吸收塔、塔内喷淋系统以及吸收液供给管道等部分组成。吸收塔内安装有脱硫设备,包括水膜旋流器、喷雾系统、除雾器、反冲洗装置及其他辅助设施。喷淋系统包括管线、喷嘴、支撑、加强件和配件等。喷淋层的布置要达到所要求的喷淋浆液覆盖率,使吸收溶液与烟气充分接触,从而保证在适当的液气比下可靠地实现所要求的脱硫效率。喷淋组件及喷嘴的布置要求均匀覆盖吸收塔的横截面。脱硫塔顶部的除雾器用于分离烟气携带的液滴。由于被滞留的液滴也含有固态物杂质,因此挡板上可能集灰结垢,同时为保证烟气通过除雾器时产生的压降不超过设定值,需定期进行在线清洗。

(2)脱硫剂制备系统

脱硫工艺系统要求的石灰品质为纯度大于80%;钠碱为工业火碱,纯度大于95%。石灰上料装置由螺旋上料机和螺旋给料机以及上料槽等部分组成。石灰浆液罐用于石灰加湿熟化,并将熟化好的石灰浆液配置成一定浓度,石灰浆液罐设有搅拌装置,根据烟气流量波动调节石灰用量。钠碱罐设有搅拌装置,将配置好的NaOH溶液送至沉淀池泵吸入口附近,以及时补充脱硫系统的钠离子损失,根据pH的反馈信号控制用量。

(3)脱硫副产物处理系统

为了有效防止供液管道及脱硫塔内设备结垢堵塞,确保循环液水质,使脱硫除尘后废液中的脱硫副产物($CaSO_3$和$CaSO_4$)以及灰渣烟尘等固体渣充分沉淀,脱硫除尘废液在进入沉淀池前加入高效絮凝剂,使固体渣快速有效沉淀,从而保证循环泵入口处的脱硫液成为澄清液体。脱硫除尘系统产生的废渣由电动抓斗从沉淀池中排出。

(4)脱硫除尘水供给系统

工艺水由厂区工业水系统供应,主要用于除雾器反冲洗用水和脱硫除尘系统药剂用水。脱硫除尘循环泵为防腐耐磨专用脱硫泵,其流量和扬程能确保喷淋系统所需要的流量和压力雾化效果,使脱硫液与烟气充分接触,从而保证在适当的液/气比下达到所要求的脱硫效率。

(5)电气控制系统

电气控制部分主要是对脱硫除尘系统中的脱硫液制备系统、反冲洗系统、钠碱液制备装置和高效絮凝剂制备装置等设备进行控制,以使整个系统运行可靠、易操作。控制仪表主要有反冲洗电磁阀、石灰上料机变频器。

3. 技术特点

双碱法最初是为了克服石灰石–石膏法易结垢的缺点而设计的,与后者相比,双碱法具有以下优点:

①塔内生成的是可溶性盐Na_2SO_3,难溶性易结垢物质$CaSO_3$在塔外生成,避免了系统结垢堵塞的问题,系统运行稳定,易于维护。

②脱硫循环液为NaOH溶液,具有良好的反应活性,能保证高的脱硫效率;同时,液气比相对较低,系统运行能耗低;循环液pH较低(6.5~7.5),能有效防止系统结晶、结垢堵塞的发生。

③采用石灰和钠碱作为脱硫剂,运行费用低,一次性投资费用相对较低。

④高效絮凝剂能有效净化脱硫循环液水质,优化水系统流程,确保系统高效稳定运行。

⑤烟气脱水除雾系统采用二级除雾器,确保引风机不因带水而腐蚀。

⑥脱硫渣无毒,溶解度极小,无二次污染,可综合利用。

4. 双碱法烟气脱硫系统运行中注意的事项

①机头烟气经过电除尘后,仍有一定量的粉尘,易造成管道堵塞。严格控制脱硫前的除尘工艺可降低烟气含尘量。增加循环液的过滤效率,可适当加大循环泵的功率,增加管内的水流速度,减少沉淀。

②脱硫塔本体的喷淋冲洗系统,应保证冲洗水压力在 0.5MPa 以上,根据脱硫液的浓度情况调整冲洗时间。针对塔顶部除雾板积灰、结垢的现象,采用上、下两层喷淋装置同时冲洗。石灰浆液设备和管路系统均应设置工艺水冲洗装置,在系统备用前必须彻底用水冲洗,防止石灰浆液产生沉淀而堵塞管路。

③旋流板塔式双碱脱硫工艺对生石灰的质量要求相对较宽,要求石灰粒度小于150μm,CaO 含量大于80%。若石灰纯度严重低于设计要求,可能产生的负面影响包括:增加脱硫塔本体喷淋层污堵的可能性,增加脱硫塔塔底反应物排渣的难度,增加脱硫塔管路系统中衬胶层磨损的可能性。

④由于脱硫液有一定的腐蚀性,各种循环管网又比较多,水泵、管道、塔体锈蚀比较快,故需经常性保养和维修。对于塔体锈蚀快的问题,可在塔的内壁加装耐腐蚀的特殊钢板。

3.3　半干法脱硫

3.3.1　循环流化床烟气脱硫技术

循环流化床烟气脱硫(CFB-FGD)工艺[53-61]是 20 世纪 80 年代德国鲁奇(Lurgi)公司开发的一种半干法脱硫工艺,基于循环流化床原理,通过吸收剂的多次再循环,延长吸收剂与烟气的接触时间,大大提高了吸收剂的利用率,在钙硫比为 1.1 ~ 1.2 的情况下脱硫效率可达到 90% 左右。最大特点是水耗低,基本不需要考虑防腐问题,同时可以预留添加活性炭去除二噁英的接口。

1. 工艺原理及流程

CFB 烟气脱硫一般采用干态的消石灰粉作为吸收剂,将石灰粉按一定的比例加入烟气中,使石灰粉在烟气中处于流态化,反复反应生成亚硫酸钙。脱硫过程发生的基本反应如下。

①生石灰与水发生的水合反应：$CaO+H_2O \longrightarrow Ca(OH)_2$

②SO_2 被水滴吸收的反应：$SO_2+H_2O \longrightarrow H_2SO_3$

③酸碱离子反应：$Ca(OH)_2+H_2SO_3 \longrightarrow CaSO_3 \cdot 0.5H_2O+1.5H_2O$

④脱硫产物的部分氧化反应：$CaSO_3 \cdot 0.5H_2O+0.5O_2+1.5H_2O \longrightarrow CaSO_3 \cdot 2H_2O$

⑤其他反应：$Ca(OH)_2+2HCl \longrightarrow CaCl_2+2H_2O$

一个典型的适合烧结烟气脱硫的 CFB-FGD 系统由吸收剂供应系统、脱硫塔、物料再循环、工艺水系统、脱硫后除尘器及仪表控制系统等组成,其工艺流程见图 3-6。

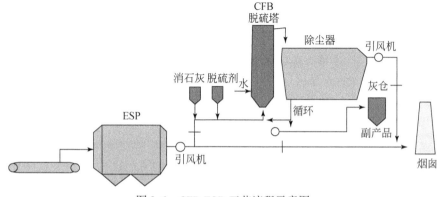

图 3-6　CFB-FGD 工艺流程示意图

烟气从吸收塔底部进入,经吸收塔底部的文丘里结构加速后与加入的吸收剂、吸附剂、循环灰及水发生反应,除去烟气中的 SO_x、HCl、HF 等气体。物料颗粒在通过吸收塔底部的文丘里管时,受到气流的加速而悬浮起来,形成激烈的湍动状态,使颗粒与烟气之间具有很大的相对滑落速度,颗粒反应界面不断摩擦、碰撞更新,从而极大地强化了气固间的传热、传质。为了达到最佳的反应温度,通过向吸收塔内喷水,使烟气温度冷却到露点温度以上 20℃ 左右。携带大量吸收剂、吸附剂和反应产物的烟气从吸收塔顶部侧向下行进入布袋除尘器,进行气固分离,经气固分离后的烟气含尘量不超过 $30mg/Nm^3$。另外,烟气中的吸收剂和吸附剂在滤袋表面沉降形成滤饼,延长吸收剂与酸性气体、吸附剂与有机污染物的接触时间,增加酸性气体、二噁英脱除率。

循环流化床烟气脱硫装置应用了流化床原理、喷雾干燥原理、气固两相分离理论及化学反应原理,是一种两级惯性分离、内外双重循环的循环流化床烟气悬浮脱硫装置,烟气通过文丘里流化装置时将脱硫剂颗粒流态化,并在悬浮状态下进行脱硫反应。高倍率的循环和增强内循环的结构增大了脱硫塔内的物料浓度,提高了脱硫剂的利用率;同时,脱硫塔中心区域的喷浆形成湿反应区,利用快速的液相反应,保证了较高的脱硫效率。

循环流化床具有以下特点。

①快速床的运行状态。

循环流化床的气固两相动力学的研究表明,床内的大气泡被粉碎成小的空隙,这些空隙可以看成是一条条连续的气体通道,颗粒以曲折的路线向上急速运动,因此气固接触效率较高,可在较小的阻力损失下处理大量的烟气。根据试验研究结果,脱硫塔内颗粒浓度大、气固相对滑移速度高、混合条件好,则脱硫效率高,所以常常选择快速床的运行状态。

②脱硫塔内颗粒和脱硫剂的累积。

循环流化床只要保证分离器有较高的分离效率和一定的循环倍率,塔内颗粒会由启动时的低浓度水平逐渐增大并达到稳定浓度,加入的脱硫剂可以在脱硫塔内累积到很大的量,使得脱硫效率显著提高。因此,对脱硫效率起直接影响作用的参数并不是入口钙硫比,而是累积钙硫比。累积钙硫比指输入单位摩尔 SO_2 对应的塔内总的 $Ca(OH)_2$ 摩尔数,该值越大,脱硫效率越高。

③脱硫塔内颗粒粒径分布的动态变化。

循环流化床内的颗粒由于受到内部喷嘴产生的喷雾加湿和随后的烟气干燥作用,并由于颗粒的团聚作用,使得颗粒有造粒效果,粒径不断增大,最终从文丘里处落下退出循环。同时,由于旋风分离器分离下作为干灰再循环的大量粒径较小的回料颗粒的补充,塔内颗粒粒径分布在运行一段时间后达到稳定。其粒径分布情况受喷浆量、喷浆方式(单层或多层)、循环倍率、运行风速等很多因素影响。在运行过程中,若喷浆量(取决于负荷)、循环倍率发生变化,粒径分布会随之变化,达到一个新的稳定值。

该工艺的不足之处在于,副产物必须做危固处置;烟气量的波动会明显影响脱硫装置的运行稳定性,特别是低负荷运行时,可能造成吸收塔流化层崩塌,造成堵塞。

2. 工艺系统与设备

循环流化床烟气脱硫系统主要由脱硫塔主体、制浆系统、灰渣处理系统、控制系统等组成。脱硫塔主体包含文丘里流化装置、脱硫反应塔、除尘器、脱硫灰回送装置等。

①脱硫塔。

脱硫塔为文丘里空塔结构,是整个流化床脱硫反应的核心,由于烟气中的 SO_3 完全被脱除,且烟气温度始终在露点温度15℃以上,因此脱硫塔内部及下游设备无需任何防腐,塔体由普通碳钢制成。

②布袋除尘器。

布袋除尘器采用脱硫专用低压旋转脉冲布袋除尘器技术(low pressure pulse-jet fabric filter,LPPJ 型),该技术成熟、先进,是目前商业应用中处理能力最大、综合效益最优越的一种布袋除尘技术,除尘效率达到 99.99% 以上。

③吸收剂制备系统。

脱硫剂通常采用生石灰(主要成分为 CaO),由密封罐车运到脱硫岛并泵入生石灰仓。然后经过安装在仓底的干式消化器消化成 $Ca(OH)_2$ 干粉,消石灰粉含水率一般低于 1.5%,通过气力输送至消石灰仓储存。根据脱硫需要,通过计量系统向脱硫塔加入 $Ca(OH)_2$ 干粉。

④物料再循环及排放系统。

脱硫布袋除尘器收集的脱硫灰大部分通过空气斜槽返回脱硫塔进行再循环,通过控制循环灰量调节脱硫塔的压降。脱硫布袋除尘器的灰斗设有外排灰点,采用正压浓相气力输送方式,输送能力按实际灰量的 200% 设计,配套输送管道将脱硫灰送到脱硫灰库储存。

⑤脱硫工艺用水系统。

脱硫装置的工艺用水包括脱硫塔脱硫反应用水和石灰消化用水。前者通过高压水泵以一定压力通过回流式喷嘴注入脱硫塔内,在回流管上设有回水调节阀,根据脱硫塔出口温度来调节水量。石灰消化用水采用计量泵,根据消化器入口生石灰的加入量进行控制。

⑥控制系统。

CFB-FGD 的工艺控制过程主要有 3 个回路。3 个回路相互独立,互不影响。如图 3-7 所示。SO_2 浓度控制:根据脱硫塔入口 SO_2 浓度、布袋除尘器排放 SO_2 浓度、烟气量等来控制吸收剂的加入量,以保证达到设计要求的 SO_2 排放浓度;脱硫塔反应温度的控制:通过调节喷水量控制脱硫塔内的最佳反应温度在 70~80℃;脱硫塔压降控制:通过控制循环物料量,控制脱硫塔整体压降在 1600~2000Pa。目前,烧结烟气脱硫项目采用多采用 DCS 系统,操作简单,画面丰富,准确灵活,与烧结机主机通讯可靠。

CFB-FGD 的吸收剂与降温水分别加入吸收塔内,两者可以分别控制,不会像石灰浆液或者增湿消化器那样,为了适应入口 SO_2 的变化,加入吸收剂的同时带入大量的水,吸收塔内水分在短时间内不可能蒸发,导致烟气湿度增高,吸收塔后面的设备容易腐蚀,布袋除尘器容易糊袋。CFB-FGD 工艺设置了清洁烟气再循环,当负荷降低到小于满负荷的 70% 时,开启循环烟道挡板,可以把引风机后的清洁烟气利用吸收塔的负压引入吸收塔,系统在负荷变化时可保证吸收塔内的烟气量不变化,从而可以保证吸收塔内的物料床层不变,这是 CFB-FGD 适应负荷变化的显著特点。在特殊情况及系统出现故障时,烧结烟气可以通过旁路排往烟囱。采

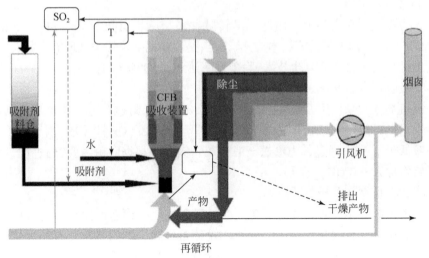

图 3-7　CFB-FGD 工艺控制过程的 3 个回路示意图

用"循环流化床吸收塔(CFB-FGD)+吸附剂及吸收剂+布袋除尘"工艺进行烟气脱硫,具有以下特点:

①机头电除尘系统与旁路设置的脱硫系统相互独立。在脱硫投运时,机头电除尘器同时可作为脱硫系统的预电除尘器,保留原有的矿粉的利用价值不变;同时又降低了脱硫系统的副产物排量,减少了吸收剂的损耗。

②可以脱除几乎 100% 的 SO_3、HCl、HF 等酸性气体,无需考虑酸腐蚀造成的下游设备及烟囱腐蚀。

③利用吸附剂及塔内物料的巨大比表面积,烟气中的重金属、有机污染物大部分被吸附。

④脱硫副产物为干灰,整个系统无废水排放,无副产物外的二次污染物产生。

3. 影响脱硫效率的主要因素

(1)颗粒浓度分布

快速流化床的径向和轴向颗粒浓度分布具有典型的特征。快速床近壁处的气体速度明显小于核心区域的气体速度,颗粒呈现中心区上升、近壁处向下回流的强烈内循环状态。核心区域与近壁处相比,颗粒浓度值低、气固滑移速度低、烟气脱硫效果差。径向颗粒浓度分布可通过切向二次风改善。将一部分烟气在渐扩段处以合适的假想切圆直径值切向引入,使回流至渐扩段锥面处的颗粒吹向核心区域,增大核心区域颗粒浓度。同时,切向二次风造成气流螺旋上升,强烈的旋转流场将形成颗粒悬浮层,延长颗粒的停留时间,增大轴向平均颗粒浓度。

轴向颗粒浓度分布主要取决于气固物性、粒径分布、循环倍率和出口结构等因素。一般认为,在床层下部是大颗粒组成的密相床。常见的带凸起帽腔直角弯头的出口结构对气固两相流有较强的约束作用,因此流化床沿轴向在整体上出现中间浓度低、两端浓度高的反 C 型分布。另外,循环倍率的增大可使床层密相界面上移,甚至超出床顶,空隙率沿轴向呈单一密相分布,这样系统存料量增加,增大了 SO_2 和脱硫剂的碰撞概率,有利于污染物的脱除。对某 430t/h 锅炉半干法烟气脱硫的装置计算表明,若要求塔内颗粒浓度达到 $2kg/m^3$,循环倍率则应为 86.7,相应的分离器效率高达 98.86%。这么高的效率单靠一级分离器将很难满足要求,解决办法如下。

①采用双循环流化床,在脱硫塔出口处或接近出口处再设置一级分离器,分离下来的颗粒自动落入塔内,这样形成的两级分离不仅提高了总分离效率,而且减小了外循环回料动力输送的耗电量;

②将下游的除尘器分离下来灰的部分或全部量进行再循环,这种办法比较可行,因为旋风分离器和下游的除尘器(ESP 或布袋除尘器)的分离机制不同更能保证高的分离器效率。

(2)粒径分布

粒径分布主要影响颗粒的比表面积和反应活性,平均粒径越小,比表面积和反应活性越大。即对于同样的颗粒浓度,细颗粒具有更大的气固接触面积,增强了传质作用,提高了脱硫效率。因此,一般采用控制或抵消颗粒粒径增长的措施,例如采用底渣再循环的方法:将掉落下的大颗粒经碎渣机等装置破碎后送回塔内进行再循环。

(3)烟气停留时间

烟气停留时间可表示为塔高和烟气平均流速的比值。该值越大,脱硫效率越高;但一般要求大于液滴干燥时间即可,过大的烟气停留时间不但不能使脱硫效率继续增加,还会增大装置投资成本。在实际工程设计中,脱硫塔直径根据选定的烟气平均流速计算获得,塔高则考虑烟气停留时间来取值,最终的塔体一般为细高型。在运行时,烟气停留时间取决于烟气流量。

(4)近绝热饱和温差

研究表明,脱硫效率随近绝热饱和温差的降低而单调上升。根据热力学分析可知,对近绝热饱和温差的控制反映在喷水量上,包括浆液含水量和增湿水量。近绝热饱和温差越小,喷水量越大,一方面使浆液蒸发慢,液相存在时间长,脱硫剂与烟气中 SO_2 的离子反应时间长;另一方面,较高的烟气湿度提高了干态颗粒的反应活性。

(5)钙硫比

钙硫比指钙硫物质的量比,包括入口钙硫比和累积钙硫比。增大入口钙硫比,将会使床料中 $Ca(OH)_2$ 含量增加,则累积钙硫比提高,脱硫效率随之提高。综合相关文献数据可知,入口钙硫比在 1.5 以下时,随着钙硫比增加,脱硫效率急剧上升,若钙硫比继续增大则脱硫效率变化曲线渐趋平缓。过大的入口钙硫比还意味着,因飞灰和灰渣携带而损失大量的脱硫剂,脱硫剂利用率降低,脱硫运行费用上升,所以需要进行总体经济技术比较后选取合适的入口钙硫比。在实际运行时,若能采取措施降低灰渣和飞灰中 Ca(OH)$_2$ 含量,可以有效降低入口钙硫比。主要措施有:①采用多层喷浆,在最上一层喷嘴上方一定距离处加设温控水喷嘴,使颗粒中未完全反应的脱硫剂加湿而继续反应以降低飞灰中的 Ca(OH)$_2$ 含量。②对于文丘里处完全排渣的情况,即没有底渣的再循环,最好不要在文丘里缩口段喷浆,以免退出循环的大颗粒经过喷浆区时被加湿而造成 Ca(OH)$_2$ 含量增大。

根据烟气脱硫循环流化床的原理和特点,分析脱硫效率的基本影响因素,对工程设计具有一定的参考价值。

①可通过二次风、带约束的出口结构和增大循环倍率来实现颗粒浓度的增加;

②可采用底渣再循环,来控制或抵消颗粒粒径增长;

③脱硫塔的结构和烟气流速的选择应保证足够的烟气停留时间;

④对脱硫效率起直接作用的是累积钙硫比,入口钙硫比应兼顾运行费用和脱硫效率。

4. 副产物脱硫灰的特性及再利用

循环流化床法的脱硫灰是烧结烟气与脱硫剂反应后经旋风分离器或袋式除尘器分离后产生的烟气脱硫灰,是一种干态的混合物,包含飞灰及消石灰反应后产生的各种钙基化合物,主要成分为 CaSO$_4$ · 1/2H$_2$O、CaSO$_3$ · 1/2H$_2$O、少量未完全反应的 Ca(OH)$_2$ 及杂质等。而燃煤电厂脱硫灰是粉煤灰和脱硫产物的混合物,其化学组成与粉煤灰大体相似,只是增加了钙含量和硫含量。

(1)脱硫灰的特性

半干法循环流化床烧结烟气脱硫灰是一种非常细的深红色粉末,粒径主要分布在 3.42 ~ 13.77 μm,约有 50% 的脱硫灰粒径小于 4.24 μm,中粒径为 4.18 μm,比表面积为 7.94 m^2/g。而电厂脱硫灰是一种颜色介于灰色到灰黑色的粉末,粒径在 2 μm ~ 0.1 mm 之间,约有 50% 的脱硫灰粒径小于 20 μm。可见烧结烟气脱硫灰的粒径小于电厂脱硫灰。

烧结烟气脱硫灰与电厂脱硫灰的化学成分亦存在很大差异,如表 3-8 所示[42]。烧结烟气脱硫灰中 CaO、CaSO$_3$ 和 SO$_3$ 的质量分数较高,为高钙、高硫型脱硫灰;Fe$_2$O$_3$ 的质量分数高达 13.6%,高于电厂脱硫灰,这是由于在炼钢过程中加入了铁矿石,使得 Fe$_2$O$_3$ 的质量分数高,烧结烟气脱硫灰颜色呈深红色;SiO$_2$、Al$_2$O$_3$ 和 MgO 的质量分数相对较小;f-CaO 为微量,这是由于产生的脱硫灰渣温度高达 70 ~ 80℃,经过一定的闷热处理,加之脱硫灰的颗粒较细,f-CaO 即可全部消解和消失;

烧失量为 22.5%,远高于电厂脱硫灰的 7.68%,说明烧结烟气脱硫灰中含有大量未燃尽的碳。

表 3-8　烧结烟气脱硫灰与电厂脱硫灰的成分对比　　(单位:%,质量分数)

	SiO_2	Al_2O_3	Fe_2O_3	CaO	MgO	$CaSO_3$	SO_3	f-CaO	烧失量
烧结	4.00	2.40	13.60	33.00	2.50	16.90	9.92	—	22.50
电厂	41.23	23.54	4.02	14.37	0.97	6.14	7.38	3.31	7.68

(2)脱硫灰的再利用

目前,对烧结烟气脱硫灰的利用研究较少,主要集中在燃煤电厂脱硫灰的利用途径方面。燃煤电厂脱硫灰含有较多的 SiO_2 和 Al_2O_3,与生产水泥的原材料成分相似,因此可以作为生产水泥熟料的原料,同时由于其中含有 $CaSO_4$,可以生产含有早强矿物的水泥熟料。$CaSO_4$ 含量较多的脱硫灰可用作水泥的调凝剂,并且与二水石膏复掺后的效果更好,通过控制脱硫灰与二水石膏复合掺入水泥中的比例,可有效地调节水泥的凝结时间。

由于烧结脱硫灰中 SiO_2 和 Al_2O_3 含量较低,而 Fe_2O_3、CaO 和 SO_3 含量相对较高,若将其用作水泥混凝土的混合材料并不适宜,但其可以作为熟料组分引入水泥制造工艺过程中,生产火山灰水泥;烧结脱硫灰还可以作为水泥生产助磨剂,甚至可以代替石膏来调节凝结时间;而改性后的脱硫灰可以与矿渣、钢渣、粉煤灰等固体废弃物通过合理配比用于生产生态型水泥。如果用脱硫灰代替 10% 矿渣,作为生产水泥的辅料估算,则可大大降低水泥成本。以年产 40 万 t 的水泥厂为例,1 年就可消耗 4 万 t 脱硫灰。

根据循环流化床脱硫灰的特点,可用于制造对 SO_3、烧失量无特殊要求的烧结砖或轻骨料——陶粒。实验结果表明,黏土–脱硫灰烧结砖完全可以达到普通烧结砖的性能指标,并有一定的性能指标调节幅度。但是上述方法存在二次污染,因为砖瓦材料和轻骨料的烧成温度一般在 950~1050℃,脱硫灰渣中含有 $CaSO_4$ 和 $CaSO_3$,$CaSO_4$ 在 900℃ 左右开始分解,而 $CaSO_3$ 在 650℃ 开始分解,分解出的 SO_2 经烟囱排入大气,形成二次污染,因此这种途径不可取。

5. 循环流化床法脱硫工程实例

(1)工艺流程及系统

邯钢炼铁部现有一台 400m² 烧结机,采用了循环流化床工艺[43-46],又称为气固循环吸收(gas solid circulating absorption,GSCA)工艺,该工艺以循环流化床法为基础,改善了物料循环方式,增加了净烟气再循环通路,工艺流程如图 3-8 所示。

循环流化床烟气脱硫工艺包括烟道及烟气循环系统、脱硫剂储存供给系统、反

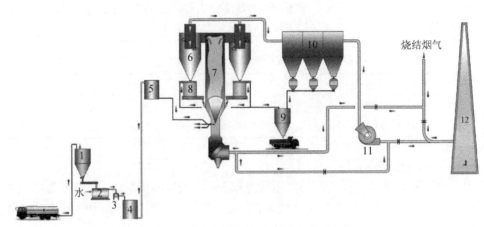

图 3-8　气固再循环烟气脱硫工艺系统

1-水灰料仓;2-熟化器;3-除砂机;4-熟石灰仓;5-熟水灰就地仓;6-旋风除尘器;
7-反应器;8-回流装置;9-灰仓;10-布袋除尘器;11-风机;12-烟囱

应塔吸收系统、布袋除尘器系统和控制系统等。

①烟道及烟气循环系统。

烟气从烧结机出口经反应塔、旋风分离器至袋式除尘器,再经增压风机排入烟囱。增压风机出口引出烟气循环烟道,返回反应塔入口,构成烟道系统。除尘器之后配置一台增压风机,克服净化系统阻力。在烧结机低负荷和变负荷运行时,从增压风机出口引入净化烟气进入反应塔的入口与待净化烟气混合,使反应塔保持最佳气流量和物料的流化状态。

②脱硫剂储存供给系统。

反应剂制备和储存供给系统,包括气力卸料、石灰料仓、仓顶除尘器、容积给料器、消化器、浆液除砂机、浆液罐、浆液供给泵等。在制浆系统制得的浆液由浆液罐供应浆液储罐,经浆液泵输往脱硫喷嘴。浆液供给泵和水泵在保证固定压力下可灵活调节浆液流量,在脱硫负荷变化时保证脱硫率和反应塔温度的精确控制。

③反应塔吸收系统。

反应塔底配有气流分布板,使气流均匀向上流动,进入文丘里管。烟气在文丘里管中加速,使喷枪喷入的吸收剂浆液和冷却水雾化,同时与从回料机返回的大量固体粒子接触,增强气固液三相之间的充分混合。烟气被冷却的同时,水和浆液迅速蒸发,在液滴附膜中的吸收剂最大限度地吸附 SO_2 酸性气体。喷枪位于文丘里喉部。熟化石灰浆液,压缩空气和水分别进入喷枪,在喷嘴内混合喷出。浆液被压缩空气雾化,并在喉部高速气流中进一步粉碎与烟气良好混合。三流体喷射保证了在脱硫剂浆液量变化时稳定良好的雾化。每一台反应塔配两台旋风分离器,旋风分离器将反应塔排出的烟气中的固体颗粒分离。每台旋风分离器下方配一台物料循环给料机,用来存储和供给循环物料,其底部平行安置的计量螺旋给料机可以根据固粒再循环要求,精确控制加入反应塔的循环量。另一台螺旋送料机排除多余物料,为后置除尘器预除尘。

④布袋除尘器系统。

高压脉冲滤袋除尘器具有一般脉冲喷吹袋式除尘器的结构。一般采用下进风,上排风圆形袋外滤式。根据现场及工艺的需要,也可以采用上进风,中部进风、底部进风等多种进风方式。

采用PLC控制烟气净化系统所有相关设备的启动、停运、参数调节和自动控制以及安全保护。

(2)工艺特点

烟气脱硫工艺有如下四个特点。

①采用石灰熟化浆液做脱硫剂。

熟石灰浆液比生石灰粉更容易吸附烟气中的飞灰和酸性气体,具有更好的脱硫性能。在熟化过程中可以除去杂质,保证熟石灰浆液的品质。喷入适当浓度的浆液,在塔内雾化比分别喷入干粉和水在塔内混合具有更均匀和更良好的混合特性。

②流化状态的反应塔。

该工艺的突出特点是反应塔内的平均气速为传统的喷雾干燥法反应塔的 $5 \sim 10$ 倍,颗粒处于流化状态。靠旋风分离器及回料机实现颗粒再循环,使塔内气流的颗粒浓度提高数十倍至百倍,因而反应塔内的传热、传质和化学反应强度大大提高。反应塔内的颗粒包括来自污染源的飞灰、未反应的脱硫剂和反应副产物,经反复循环反应,最大程度地利用了吸收剂,达到高吸收效率。反应塔具有突出的优点:反应塔内更有效的蒸发冷却。脱硫剂浆液雾化后在上行烟气中被加热、蒸发、干燥,同时降低了烟气的温度。在文丘里内的强紊流条件下,浆液滴与颗粒碰撞,使得颗粒表面形成薄液膜,这一过程又促进了快速蒸发。与传统的喷雾干燥吸收法的停留时间 $8 \sim 12s$ 相比,该工艺停留时间仅为 $2 \sim 3s$。其副产品的含水量小于 1%,使短时间内得到干态排灰成为可能。在更接近绝热饱和温度下运行。由于在较低的气体温度下运行,这使得系统可以取得较高的酸性气体去除效率,脱硫效率可达到 96% 以上,脱 HCl 的效率达到 98%。可以通过控制出口气体温度或吸收剂供给速率来控制脱硫效率。排灰的含水量小于 1%,这使得除尘系统可以在更接近烟气绝热饱和温度的条件下操作,以达到更高的脱硫效率,而且可以避免固体颗粒在系统部件的堆积、结垢等问题。

③采用由旋风分离器和回料机组成的循环回料装置。

浆液吸收使烟气中的细颗粒能集聚成较大的粗糙颗粒,在旋风分离器中达到极高的分离效率。分离出来的物料进入下部的回料机,回料机控制进入反应塔的物料循环量,多余的物料排出;排出的烟气携带剩余的粉尘进入除尘器。专门的分离和回料装置能稳定地控制物料再循环,不受烟气含尘量的影响。使用回料机后,进入后部除尘器的粉尘减少,提高了除尘效率。

④采用三流体喷枪。

反应塔采用装于文丘里内的三流体喷枪,将脱硫剂浆液、水和压缩空气在喷嘴处混合喷入经文丘里的高速热气流中。与将干粉脱硫剂和水分别进入反应塔的工艺相比,具有明显优点:脱硫剂、水与烟气混合均匀;脱硫剂均匀分布在浆液雾化后的细液滴中,有效增大接触面积,提高反应能力;浆液水雾化后立即与大量返回的物料混合,在高速气流形成流化状态,不仅极大地加强了传热传质的反应,而且使颗粒增大,保证了固粒分离和循环效率;由于浆液位置自气流中心区扩散,最大程度避免黏壁积垢可能,运行可靠。喷枪浆液和水在保证压力稳定和雾化质量的前提下,采用定压变流量泵精确控制喷嘴浆液量和喷水量。

⑤采用净化烟气再循环。

从增压风机出口烟道引出一个烟道到吸收塔入口烟道,用调节挡板控制返回的净化烟气量,使进入反应塔的烟气总量始终保持塔内最佳的流化状态。根据烧结机烟气负荷变化调节再循环烟气量,使反应塔能适应负荷变化范围40% ~ 110%。再循环烟气可以靠脱硫/除尘系统的压差,由增压风机实现循环,勿须装设再循环风机。

邯钢400m²烧结机处理烟气量100万 Nm³/h,项目建成后,每年可以减少 SO_2 排放量7000多吨。烟气参数及设计值如表3-9所示。

表3-9　邯钢400m²烧结机烟气参数及脱硫设计值

入口烟气参数	单位	数值	脱硫后设计值	单位	数值
烟气量	万 Nm³/h	100	烟气温度	℃	≥ 70
烟气温度	℃	100 ~ 150	SO_2 浓度	mg/Nm³	≤100
SO_2 浓度	mg/Nm³	1200	脱硫效率	%	94
粉尘浓度	mg/Nm³	100 ~ 200	粉尘浓度	mg/Nm³	≤30
烟气湿度	%	2 ~ 4	除尘效率	%	99.9
			系统阻力	Pa	4900

本项目采用生石灰作脱硫剂,质量要求如下:氧化钙(CaO)≥85%;粒径< 6mm;二氧化硅,氧化铝,氧化铁等杂质<3%;反应活性(温升)>40℃;活性度350mL。

邯钢400m²烧结机烟气脱硫工程运行技术经济指标如表3-10所示。年运行时间为8320h,运行率95%,烧结机利用系数约1.3t/(m²·h),年产烧结矿约430万 t,

烧结矿脱硫成本不含设备折旧。

表 3-10　邯钢 400m² 烧结机烟气脱硫工程原料及能源介质消耗

项目名称	消耗量	单价	费用/万元
工程投资			4687
脱硫剂消耗量	1.09t/h	180 元/t	163.3
水消耗量	17t/h	0.45 元/t	6.4
0.7MPa 压缩空气量	1650Nm³/h	0.09 元/m³	
电消耗量	2140kW·h	0.56 元/kW·h	997.3
年运行总费用			1167
脱硫副产物	1800kg/h		
吨矿脱硫成本	430 万 t	2.7 元/t 烧结矿	(不含折旧)

注:能源介质参考价格为氮气,0.35 元/m³;脱硫用压缩空气年费用包含在电费中。

3.3.2　旋转喷雾干燥法

旋转喷雾干燥烟气脱硫技术(spray drying adsorption,SDA)[52-57] 是丹麦 Niro 公司开发的一种喷雾干燥吸收工艺。20 世纪 70 年代中,Niro 公司开始尝试使用喷雾干燥吸收工艺(SDA)吸收烟气中的酸性物质,并且大获成功。1980 年 Niro 公司的第一套 SDA 装置投入电厂运行,1998 年德国杜依斯堡钢厂烧结机成功应用旋转喷雾干燥脱硫装置,经过 30 多年的发展,SDA 现已成为世界上最为成熟的半干法烟气脱硫技术之一。

1. 工艺原理及流程

喷雾干燥烟气脱硫技术是利用喷雾干燥的原理,一般以石灰作为吸收剂,消化好的熟石灰浆在吸收塔顶部经高速旋转的雾化器雾化成直径小于 $100\mu m$ 并具有很大表面积的雾粒,烟气通过气体分布器被导入吸收室内,两者接触混合后发生强烈的热交换和烟气脱硫的化学反应,烟气中的酸性成分马上被碱性液滴吸收,并迅速将大部分水分蒸发,浆滴被加热干燥成粉末,包括飞灰和反应产物的部分干燥物落入吸收室底排出,细小颗粒随处理后的烟气进入除尘器被收集,处理后的洁净烟气通过烟囱排放。

SDA 干燥吸收发生的基本反应如下:

$$Ca(OH)_2 + SO_2 \longrightarrow CaSO_3 + H_2O$$
$$Ca(OH)_2 + SO_2 + 0.5O_2 \longrightarrow CaSO_4 + H_2O$$
$$Ca(OH)_2 + HCl \longrightarrow CaCl_2 + H_2O$$
$$Ca(OH)_2 + HF \longrightarrow CaF_2 + H_2O$$

SDA 干燥吸收原理如图 3-9 所示。

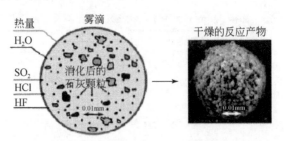

图 3-9 SDA 干燥吸收原理

SDA 法脱硫工艺流程如图 3-10 所示。烧结主抽风机后烟道引出的原烟气,经挡板切换由烟道引入烟气分配器进入脱硫塔,原烟气与塔内经雾化的石灰浆雾滴在脱硫塔内充分接触反应,反应产物被烟气干燥,在脱硫塔内主要完成化学反应,达到吸收 SO_2 的目的。经吸收 SO_2 并干燥的含粉料烟气出脱硫塔进入布袋除尘器进行气固分离,实现脱硫灰收集及出口粉尘浓度达标排放。布袋除尘器入口烟道上添加活性炭可进一步脱除二噁英、Hg 等有害物,经布袋除尘器处理的净烟气由增压风机增压,克服脱硫系统阻力,由烟囱排入大气。SDA 系统还可以采用部分脱硫产物再循环制浆来提高吸收剂的利用率。

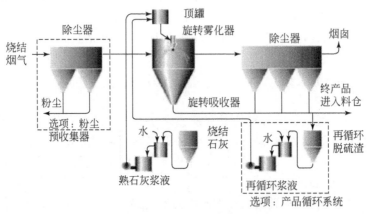

图 3-10 旋转喷雾半干法脱硫工艺流程

2. 工艺系统及设备

喷雾干燥法脱硫工艺系统主要由 3 部分组成。

(1)脱硫除尘系统

脱硫除尘系统由旋转喷雾吸收干燥脱硫塔、布袋除尘器、增压风机、进口挡板、旁路烟道挡板、烟道、非金属补偿器等组成。烧结主抽风机后烟道引出的原烟气进入脱硫塔,与石灰浆雾滴在脱硫塔内充分接触反应除去 SO_2,反应产物被烟气干燥,经干燥的含粉料烟气出脱硫塔进入布袋除尘器进行气固分离,实现脱硫灰收集及出口粉尘浓度达标排放。

(2)脱硫剂(石灰粉)贮存及浆液制备供给系统

系统由石灰粉仓、振动筛、计量螺旋给料机、消化罐、浆液罐、浆液泵、浆液管道和阀门等组成,实现烟气脱硫所需的脱硫剂制备和供给。制备好的石灰浆液由石灰浆液泵根据 SO_2 浓度定量送入脱硫塔雾化器,经旋转雾化器雾化成雾滴与进入塔内的烟气接触发生反应。设置工艺水水罐,在烟气温度过高,接入雾化器,进行雾化降温。

(3)脱硫灰输送系统及外排系统

布袋除尘器收集的脱硫灰采用机械输送方式,经除尘器灰斗下部星形卸灰阀卸至切出刮板输送机、集合刮板输送机、斗式提升机送至脱硫灰仓。灰仓内脱硫灰部分循环使用,部分定期外排进行综合利用。浆液管道和浆液泵等,在停运时需要进行冲洗,在脱硫区设集水池,其冲洗水就近收集在集水池内。集水池内的浆液用泵送返至浆液罐再利用。

3. 技术特点

SDA 脱硫工艺的技术特点如下。

(1)系统简单,运行阻力低

SDA 不需要大量固体循环灰在塔内循环,也不需要脱硫后烟气回流来保证塔内固体脱硫灰处于流化状态,不存在塌床、死床或偏床,因此 SDA 吸收塔的阻力不超过 1000Pa。

(2)脱硫效率高

SDA 工艺采用与湿法相同的机制,脱硫效率介于湿法和干法之间。SDA 法将浆液雾化成极细的雾滴(平均 $50\mu m$)喷淋烟气,极大地提高了接触表面积,使脱硫剂与烟气中的酸性物质反应更加充分,提高了脱硫剂的利用率,减少了脱硫剂的使用量。SDA 脱硫效率可达 97%,根据原始 SO_2 浓度情况及排放指标要求其脱硫效率可在通常情况 90% ~97% 的范围内迅速调节。SDA 对 SO_3、HCl、HF 等酸性物有接近 100% 的脱除率。

(3)合理而均匀的气流分布

脱硫塔顶部及塔内中央设有烟气分配装置,确保塔内烟气流场分布,使烟气和雾化的液滴充分混合,有助于烟气与液滴间质量和热量传递,使干燥和反应条件达到最佳;同时确定合理的塔内烟气与雾滴接触时间,因此可得到最大的 SO_2 去除率,并且充分干燥脱硫塔内雾滴。

(4)浆液量随时而灵活的自动调节

由于 SDA 雾化器利用高速旋转(约 10000r/min)所产生的离心力,液滴大小仅与雾化轮直径和转速有关,因此浆液雾化效果与给浆量无关,当吸收剂供料速度随烟气流量、温度及 SO_2 浓度而变时,不会影响雾滴大小,从而确保脱硫效率不受影响。为保证浆液的雾化效果及系统的稳定安全运行,旋转雾化器一般采用进口设备,其特点是耐磨、防堵塞、低维护、宽调节范围、使用寿命长、安全可靠。

(5)对脱硫剂的品质要求不高

可利用石灰窑成品除尘系统收集的石灰粉作为脱硫剂。脱硫剂采用 CaO 粉加水变成 $Ca(OH)_2$ 浆液,在喷入脱硫塔前将生石灰加水放热消化成 $Ca(OH)_2$ 浆液,不是直接用 CaO 粉末,不会出现未消化的 CaO 在除尘器内吸水、放热而导致糊袋和输灰系统卡堵现象。

(6)对烧结工况适应性强

由于烧结烟气系统负荷变化很大,其流量、温度及 SO_2 等都会随时变化,SDA通过 DCS 自动控制系统,自动监测进出口烟气数据,由气动调节阀调节塔内雾化吸收剂浆液量来适应烧结工况的变化且不会增加后续除尘器的负荷。

(7)系统设置旁路,不影响烧结的正常生产

脱硫系统与现有烧结排气系统并联布置。脱硫系统正常运行时旁路挡板门关闭,脱硫烟气入口、出口挡板门打开;脱硫系统检修或故障时,旁路挡板门打开,脱硫烟气入口、出口挡板门关闭,切换至原有烧结排气系统。脱硫系统的建设、运行、检修及故障状态均不影响烧结工序的正常生产运行。

(8)脱硫后烟气温度大于露点温度

除尘器出口温度控制在较低但又在露点温度以上的安全温度,烟气温度大于露点温度15℃以上。因此,系统采用碳钢作为结构材料,整套脱硫系统不需防腐处理,也不需要重新加热系统。

(9)水耗低、对水质适应性强

脱硫水耗低,可用低质量的水作为脱硫工艺水,如碱性废水,达到以废治废的目的,且脱硫不产生废水。

(10)副产物可综合利用

SDA 脱硫产物中 $CaSO_4$ 含量为 40% ~ 54%、$CaSO_3$ 含量为 30% ~ 44%。脱硫副产物以一定比例加入高炉渣中,通过磨机制做矿渣微粉。生产时以矿渣微粉为主,含有一定量脱硫副产物的新型混凝土掺和料,实现副产物资源化,间接减排 CO_2。干态脱硫灰还可用于免烧砖等多种用途,实现废弃物再利用。

4. 副产物脱硫灰的特性及再利用

(1)脱硫灰的成分

烧结烟气 SDA 法脱硫灰呈碱性,除含硫酸钙外,还含有飞灰、有机碳、碳酸钙、亚硫酸钙及由钠、钾、镁的硫酸盐或氯化物组成的可溶性盐等杂质。鞍钢已有 3 台

烧结机采用 SDA 法烟气脱硫,每年产生脱硫灰约 3.6 万 t,原设计作为水泥原料,由于脱硫灰的成分不能满足水泥厂的要求,目前只能外运堆存处理,造成资源浪费和二次污染。为此,鞍钢对烧结烟气脱硫灰(主要包括脱硫塔灰和脱硫除尘灰)进行了成分分析,与天然石膏的对比结果如表 3-11 所示[53]。

表 3-11　鞍钢烧结烟气 SDA 法脱硫灰成分分析　　(单位:%,质量分数)

项目	$CaCl_2$	Na_2O	SO_3	Fe_2O_3	MgO	CaO	SiO_2	Al_2O_3	结晶水
天然石膏	—	—	41.10	1.15	1.30	31.50	4.30	1.73	—
脱硫塔灰	0.58	0.03	32.84	1.40	2.86	36.46	1.50	0.31	11.17
脱硫除尘灰	4.21	0.18	35.69	1.10	3.02	34.59	0.90	0.10	13.41

由表 3-11 可见,与天然石膏相比,脱硫塔灰与脱硫除尘灰中都含有 $CaCl_2$,脱硫除尘灰中 $CaCl_2$ 是脱硫塔灰的 7.26 倍,二者的 SO_3 含量低于天然石膏,CaO 含量较高。XRD 分析结果表明,脱硫塔灰与脱硫除尘灰主要组分相近,脱硫塔灰中 $CaCO_3$ 和 $Ca(OH)_2$ 含量较高,是由脱硫剂浆液中 $Ca(OH)_2$ 与烟气中的 CO_2 反应生成的,另有一部分未参与反应;脱硫除尘灰中 $CaSO_3 \cdot 0.5H_2O$ 和 $CaSO_4 \cdot 0.5H_2O$ 含量较高。

(2)影响脱硫灰利用的因素

氯离子(Cl^-)含量高是由于在烧结机尾成品烧结矿表面喷洒质量比为 2% ~ 3% 的 $CaCl_2$ 等氯化物,用以降低烧结矿的还原粉化率,氯化物受热挥发进入烟气。除在电除尘器富集一部分氯化物外,其余进入烧结烟气脱硫节,随飞灰进入脱硫灰中。过多的 Cl^- 会影响石膏晶体的水化结晶,导致石膏浆体不凝结、无法形成强度;Cl^- 又是混凝土中钢筋锈蚀的重要因素。根据国家标准,水泥中的 Cl^- 含量不大于 0.06%,脱硫石膏砌块中氯含量不大于 100mg/kg。

游离氧化钙(f-CaO)与水作用迅速水化生成 $Ca(OH)_2$,放出大量热量,体积迅速膨胀,产生应力集中,从而破坏结构强度。$Ca(OH)_2$ 容易与空气中的 CO_2 反应生成 $CaCO_3$,同样会造成体积不稳定。

$CaSO_3$ 在空气中缓慢氧化成 $CaSO_4$,体积膨胀,破坏了脱硫灰的安定性,导致水泥或混凝土的轻微膨胀或开裂,影响其在建材等领域的应用。干态脱硫灰在密闭或敞开的环境下,90 天后 $CaSO_3$ 转化率为 1%,不易被氧化;湿态脱硫灰在密闭条件下不易被氧化,而在敞开放置条件下,90 天后 $CaSO_3$ 转化率为 5%。

(3)脱硫灰的综合利用

钙基干法脱硫副产物的有效利用是一个世界性难题。西门子–奥钢联提出了脱硫副产物喷入高炉随高炉渣一并固化的方案,而奥地利林茨钢厂 $250m^2$ 烧结机的脱硫渣采用与水泥固化后填埋的处理方式,国内对脱硫灰的应用主要集中在生产石膏板及水泥添加剂等。鞍钢脱硫灰与其他冶金固废一起应用,开发石膏及砌块等建材产品,或作为水泥缓凝剂,或喷入高炉固化到高炉渣中,随高炉渣一起利用。为检验烧结脱硫灰再利用后能否对土壤环境造成重金属污染,鞍钢进行了脱硫灰浸出液重金属浸出试验,结果表明鞍钢脱硫灰利用过程中重金属析出物不会对土壤环境造成污染。

脱硫灰再利用的思路是采取措施将 $CaSO_3$ 转化为 $CaSO_4$,同时消除或减轻 Cl^-、f-CaO 和 $Ca(OH)_2$ 的不利影响。脱硫灰中的 $CaCl_2$、沸石和明矾石可以作为 f-CaO 的化学稳定剂,可相互削弱不利影响;脱硫灰再利用过程中辅以多次滤洗消除 Cl^- 的不良影响,同时增加 f-CaO 与水接触反应的概率,加速其水化。另一思路是减少脱硫灰的排放。鞍钢一般采用 Ca/S＝1.1～1.8,使得脱硫灰的未利用率在 20%～50% 之间。在满足脱硫效率的前提下,优化系统工艺参数,降低钙硫比;同时,可以将部分脱硫灰作为循环灰重新制浆再利用,提高脱硫灰中 $CaSO_4$ 的比例。

5. 旋转喷雾干燥法脱硫工程

济钢对比分析国内干湿法多种脱硫工艺后,根据项目投资预算和 400m² 烧结机的实际工况,最终采用了 SDA 脱硫技术全烟气脱硫法[43-45]。该项目作为济钢 2010 年重点环保项目启动实施,工艺流程如图 3-11 所示。

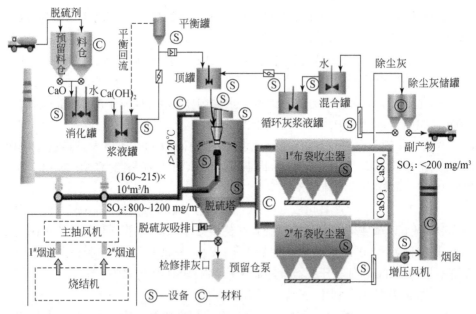

图 3-11　济钢 400m² 烧结机烟气脱硫工艺流程

烧结烟气自主抽风机出口烟道顶面引出,经原烟气旁路挡板和脱硫装置入口挡板切换后,烟气被分为两股气流送入旋转喷雾干燥脱硫塔,上支路烟气由脱硫塔顶部烟气分配器进入塔内,下支路烟气由脱硫塔中心烟气分配器进入塔内;脱硫剂浆液由浆液贮罐经浆液泵输送到塔顶的顶罐,顶罐中的浆液自流入雾化器,被雾化成 $50\mu m$ 的雾滴,与脱硫塔内烟气接触吸收 SO_2,脱硫塔出口烟气进入布袋除尘器,净化后由增压风机抽引至 65m 高烟囱排入大气。烧结机机头除尘为电除尘,配备 2 台主抽风机。脱硫系统设计参数见表 3-12。

表 3-12　济钢 400m² 烧结脱硫系统设计参数

参数	单位	数据	参数	单位	数据
烟气量(工况)	m^3/h	240 万	入口烟气温度	℃	110 ~ 130
烟气量	Nm^3/h	130 万	出口烟气温度	℃	75 ~ 80
入口 SO_2 浓度	mg/Nm^3	800 ~ 1400	入口粉尘浓度	mg/Nm^3	<80
出口 SO_2 浓度	mg/Nm^3	≤150	出口粉尘浓度	mg/Nm^3	≤30
脱硫效率	%	>95			

　　该项目是济钢目前最大规模的烧结全烟气脱硫工程,2012 年 1 月,一次性顺利完成 168h 运行考核后移交生产。2012 年 2 ~ 3 月,经过两个月的稳定运行,技术经济指标分析见表 3-13,各项指标均满足了设计要求。年运行时间为 7920h,运行率为 90.4% ,烧结机利用系数约 1.32t/(m² · h),运行费用不包括投资折旧。

表 3-13　济钢 400m² 烧结机 SDA 法烟气脱硫运行经济分析

项目名称	消耗量	单价	年费用/万元
工程投资			6600
脱硫剂	2.2t/h	350 元/t	609.84
工业水	40t/h	0.24 元/t	7.60
电	2106kW	0.60 元/(kW · h)	1000.77
蒸汽	0.01t/h	120 元/t	0.95
人员	20 人	8 万元/(人·年)	160
年维修费			92
年运行总费用			1871
脱硫成本	1.36 万 t(SO_2)/a	1375.8 元/t(SO_2)	
吨矿脱硫成本	420 万 t(烧结矿)/a	4.5 元/t(烧结矿)	(不含折旧)
		5.0 元/t(烧结矿)	(含折旧)

济钢 400m² 烧结机 SDA 法烟气脱硫装置具有以下特点。
①对烧结机烟气量波动具有良好的适应性。
在实际运行中,烧结机原烟气量波动较大。本装置采用了气动闸阀控制喷浆

量,能够迅速进行调整,设计最大喷浆量为50t/h,因此,可以实现全烟气脱硫。

②对烧结机烟气 SO_2 浓度波动具有良好的适应性。

原烟气 SO_2 浓度在 800~1400mg/Nm³ 之间,波动范围较大,而且变化频率快。顶罐的设计,能够迅速调整喷入雾化器的浆液浓度,从而实现排放的净烟气中 SO_2 浓度平均为 110mg/Nm³,最低小于 20mg/Nm³。

③高脱硫率、运行经济。

烟气通过分配器,在塔内形成旋转气团,能够和雾化轮产生的雾滴充分接触,在经济的 Ca/S 下,脱硫效率在95%以上,最高达到99%,运行成本低。

济钢 400m² 烧结机 SDA 法烟气脱硫工程具有高效、经济、工况适应性强等特点,投产后,脱硫效果明显,同时粉尘排放低于 20mg/Nm³。

3.4 干法脱硫

3.4.1 NID 干法烟气脱硫技术

NID(novel integrated desulfurization)法烟气脱硫[62-67]是阿尔斯通公司在干法(半干法)烟气脱硫的基础上发展的具有创造性的新一代干法烟气脱硫工艺,广泛应用于燃煤/燃油电厂、钢铁烧结机、工业炉窑、垃圾焚烧炉等的烟气脱硫及其他有害气体的处理,是一种适于多组分废气治理和烟气脱硫的先进工艺。它克服了传统干法(半干法)烟气脱硫技术使用吸收剂制浆工艺或反应吸收塔内喷水工艺而带来的弊端,具有运行简单可靠、设备紧凑、烟气负荷适应性强等特点。

1. 工艺原理

NID 技术的脱硫原理是利用石灰(CaO)或熟石灰 $Ca(OH)_2$ 作为吸收剂来吸收烟气中的 SO_2 和其他酸性气体,其反应式如下。

$$CaO + H_2O \longrightarrow Ca(OH)_2$$
$$SO_2 + Ca(OH)_2 \longrightarrow CaSO_3 \cdot 1/2H_2O(s) + 1/2H_2O$$
$$CaSO_3 \cdot 1/2H_2O(s) + 1/2O_2 + 3/2H_2O \longrightarrow CaSO_4 \cdot 2H_2O(s)$$
$$SO_3 + Ca(OH)_2 \longrightarrow CaSO_4 + H_2O$$
$$CO_2 + Ca(OH)_2 \longrightarrow CaCO_3 + H_2O$$
$$2HCl + Ca(OH)_2 \longrightarrow CaCl_2 + 2H_2O$$

NID 法烟气脱硫工艺流程如图 3-12 所示。从烧结主抽风机出口烟道引出130℃左右的烟气,经反应器弯头进入反应器,在反应器混合段和含有大量吸收剂的增湿循环灰粒子接触,通过循环灰粒子表面附着水膜的蒸发,烟气温度瞬间降低且相对湿度大大增加,形成很好的脱硫反应条件。在反应段中快速完成物理变化和化学反应,烟气中的 SO_2 与吸收剂反应生成 $CaSO_3$ 和 $CaSO_4$。反应后的烟气携带大量干燥后的固体颗粒进入其后的高效布袋除尘器,固体颗粒被布袋除尘器捕集,从烟气中分离出来,经过灰循环系统,补充新鲜的脱硫吸收剂,并对其进行再次增湿混合,送入反应器。如此循环多次,达到高效脱硫及提高吸收剂利用

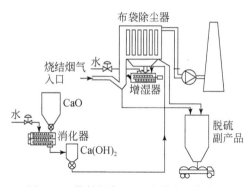

图 3-12　烧结烟气 NID 法脱硫工艺流程

率的目的。脱硫除尘后的洁净烟气在水露点温度 20℃ 以上,无须加热,经过增压风机排入烟囱。

　　NID 工艺将水在混合器内通过喷雾方式均匀分配到循环灰粒子表面,使循环灰的水分从 1% 左右增加到 5% 以内。增湿后的循环灰以流化风为辅助动力通过溢流方式进入矩形截面的脱硫反应器。含水率小于 5% 的循环灰具有极好的流动性,且因蒸发传热、传质面积大可瞬间将水蒸发,克服了传统的干法(半干法)烟气循环流化床脱硫工艺中经常出现的粘壁或糊袋腐蚀等问题。控制系统通过调节加入混合器的水量使脱硫系统的运行温度维持在设定值。同时对进出口 SO_2 浓度及烟气量进行连续监测,这些参数决定了系统吸收剂的加入量。脱硫循环灰在布袋除尘器灰斗下部的流化底仓中得到收集,当高于流化底仓高料位时排出系统。排出的脱硫灰含水率小于 2% ,流动性好,采用气力输送装置送至灰库。

2. 工艺系统及设备

　　NID 烟气脱硫系统主要由以下子系统和设备构成:反应器、布袋除尘器、灰循环系统、吸收剂的储运及消化系统、流化风系统、水系统、输灰系统、压缩空气系统和烟道系统。脱硫反应器采用的是阿尔斯通公司经过特殊设计的截面为矩形的反应装置。根据流体力学实验及工程经验,反应器截面大小及长宽比有一定范围。LKPN 型布袋除尘器是阿尔斯通公司专门为干法(半干法)脱硫装置开发的高浓度粉尘专用除尘器。除了作为脱硫反应除尘器,它安装在反应器出口,起到收集脱硫灰和烟气中的烧结飞灰的作用。该除尘器具有进气方式合理,设备阻力低,气流均匀等特点。脱硫工程配置布袋除尘器,采用 Nomex 高温滤料,确保除尘器出口烟气粉尘排放浓度 $\leqslant 20\text{mg}/\text{Nm}^3$ 。

　　灰循环系统由布袋除尘器的流化底仓、循环灰给料机、混合器等组成。吸收剂的储运及消化系统由石灰料仓、石灰变频给料机、石灰螺旋输送机和消化器组成。

消化器与混合器形成一体化结构,生石灰从石灰料仓通过石灰变频给料机和石灰螺旋输送机定量传送到消化器,消化后的消石灰与循环灰给料机输送来的循环灰一起进入混合器,加水混合后进入反应器与烟气反应。

脱硫系统设有离心式流化风机,流化风系统须确保整个灰循环系统顺畅运行,同时保证流化底仓及混合器中脱硫灰的流动性。每个流化底仓设置进风口,每台混合器底部设置进风口。水系统由工艺水及设备冷却用水组成。工艺水取自生产净化水,用于吸收剂石灰的消化及循环灰的增湿。设备冷却水由循环水泵站引出,用于增压风机、流化风机、空压机等设备轴承的冷却用水。输灰系统由仓泵和灰库组成。压缩空气系统配备空压机,该系统压气耗量较大。

NID 烟气脱硫工艺优点主要如下。

①布置紧凑,没有体积庞大的喷淋吸收反应塔,而是将除尘器的入口烟道作为脱硫反应器,吸收剂 CaO 通过变频螺旋给料机送至干式消化器消化成 $Ca(OH)_2$,再和除尘器捕集的循环灰一起经变频给料机注入混合器进行加水调温、混合,然后注入除尘器入口烟道,在烟道内完成脱硫反应。紧凑的反应器设计使其可安放在除尘器下边,占地面积小。

②该技术采用生石灰消化及灰循环增湿的一体化设计,能保证新鲜消化的高质量消石 $Ca(OH)_2$ 立刻投入循环脱硫反应,对提高脱硫效率十分有利,且降低了消化系统的投资。

③利用循环灰携带水分,当水与大量的粉尘接触时,不再呈现水滴的形式,而是在粉尘颗粒的表面形成水膜。粉尘颗粒表面的薄层水膜在进入反应器的一瞬间蒸发在烟气流中,烟气温度瞬间得到降低,同时湿度大大增加,在短时间内形成温度和湿度适合的理想反应环境。

④由于建立理想反应环境的时间减少,使得总反应时间大大降低。NID 系统中烟气在反应器内停留时间仅 1s 左右,有效地降低了脱硫反应器高度。

⑤不产生废水,无需污水处理,不需对脱硫副产物进行干燥和烟气再加热,工艺系统简单,设备少,投资成本低,维修量小。

⑥对烧结生产工艺无影响,烧结工艺负荷变化或烧结生产不稳定对脱硫工艺影响小,该脱硫设备对于烟气含硫量和烟气负荷具有较好的适应性。

⑦脱硫效率高,可达 95% 或以上,SO_2 排放浓度 $\leqslant 100mg/Nm^3$。

⑧使用布袋除尘器使该脱硫工艺具有更显著的优势,烟尘排放浓度小于 $20mg/Nm^3$,有害气体在布袋烟尘饼内被进一步吸收。

⑨对重金属、二噁英有一定的去除效果。无需设备改造,只需在吸收剂中增加活性炭,即可去除重金属、二噁英,其脱除率达 90% 以上。

⑩NID 脱硫技术具有节水、设备无腐蚀、运行成本较低的优点,完全满足烧结机烟气脱硫除尘的技术要求。NID 将水与灰搅拌后注入烟道反应器内,经烟道反

应器内蒸发后,出塔的物料含水率控制在 4% ~5%,副产物处理系统采用气力输送装置,有效地保证了作业环境的整洁。

NID 烟气脱硫工艺缺点如下。

①干法脱硫由于需对烟气温度、湿度、流量、反应塔的压力、添加剂用量等进行较精确地控制,因而使用了大量一次检测仪表,且这些仪表皆在高温、高湿、高粉尘的部位工作,因而元件损坏率较高,仪表维护量较大。当仪表出现问题时,将导致整个系统不能正常自动启动。

②对工艺控制过程和石灰品质要求较高,特别是消化混合阶段用温度、水量等来避免石灰结垢,一旦消化混合器出现故障,则脱硫系统必须退出运行。

③Ca/S 比偏高,目前控制在 1.4 ~1.6 之间,与循环流化床等工艺相比偏高。

④脱硫剂 CaO 不利于 CO_2 减排,反而增加了 CO_2 的排放,因为由 $CaCO_3$ 变成 CaO 会释放 CO_2。

⑤消化器、混合器为一体化设计,采用双轴搅拌设置,也是阿尔斯通公司提供的专用核心设备。如果消化器、混合器内部物料过湿或物料混合不均匀,易造成消化器、混合器叶片变形脱落、电机跳闸、卸灰口堵塞、流化喷嘴堵塞、流化布堵塞等故障。

⑥最大的不足是脱硫灰渣的使用范围受限,干法脱硫的副产品为 $CaSO_4$、$CaSO_3$、$CaCO_3$、$Ca(OH)_2$ 等混合物,目前无稳定的用途,以堆放填埋为主,基本上没有得到有效的综合利用和产生经济效益。

⑦系统运行成本较大。以武钢 360m² 烧结机为例,据测算水(15 ~20t/h)、电(2500kW·h)及原料(111t/h CaO)消耗每年约需两千多万元(不含备件、材料、维保费)。

3.4.2　活性炭法脱硫技术

活性炭吸附法[68-73]可同时脱除 SO_2、NO_x、多环芳烃(PAHs)、重金属及其他一些毒性物质。1987 年世界首套活性炭移动层式干法脱硫装置在新日铁名古屋工厂 3#烧结机上使用,此后该技术迅速得到推广应用。2000 年日本政府提出执行二噁英排放浓度标准为 0.1ng-TEQ/Nm³,日本钢铁公司新建烧结烟气处理工艺全部采用活性炭/焦吸附工艺,在脱除 SO_2 的同时脱除二噁英。活性炭移动层工艺法不仅具有同时处理氮氧化物和二噁英类等多种有害物质的一机多能功效,而且比布置多台单功能烟气处理装置具有节省占地的优势。

活性炭吸附法同时脱除多种污染物是物理作用和化学作用协同的结果,当烟气含有充分的 H_2O 与 O_2 时,首先发生物理吸附,然后在碳基表面发生一系列化学作用。

1. 工艺原理

（1）脱硫原理

采用活性炭脱除 SO_2 的一般原理是：SO_2 在活性炭上吸附后，与 O_2 反应经催化氧化生成 SO_3，SO_3 再与烟气中的水蒸气作用而生成 H_2SO_4。具体步骤如下：①烟气中 SO_2 被吸附到活性炭表面上并进入微孔活性位上；②SO_2 与烟气中 O_2 和 H_2O 在微孔空间内氧化、水合生成吸附态 H_2SO_4。

可用如下反应式表述。

吸附： $$SO_2 + \sigma v \longrightarrow SO_2 *$$

吸附： $$H_2O + \sigma v \longrightarrow H_2O *$$

吸附： $$O_2 + \sigma v \longrightarrow 2O *$$

氧化： $$2SO_2 * + O_2(g) \longrightarrow 2SO_3 *$$

氧化： $$SO_2 * + O * \longrightarrow SO_3 *$$

氧化： $$SO_2(g) + O * \longrightarrow SO_3 *$$

氧化： $$SO_3 * + H_2O * \longrightarrow H_2SO_4 * + \sigma v$$

其中，σv 代表空活性位，$*$ 代表各组分在活性炭上的吸附态。另外，为了维持活性炭的活性，在添加液氨的情况下，进一步发生下述反应：

$$H_2SO_4 * + NH_3 \longrightarrow NH_4HSO_4 *$$

$$NH_4HSO_4 * + NH_3 \longrightarrow (NH_4)_2SO_4 *$$

（2）脱硝原理

活性炭移动层脱硝法通过与 SCR 同样的催化剂反应和活性炭特有的脱硝反应进行脱硝。由于活性炭移动层脱硝法可以在烧结烟气的温度范围进行低温脱硝，所以不需要焦炉煤气（coke oven gas，COG）等加热热源，从而节省运行费用。活性炭移动层脱硝法反应如下。

①SCR 反应，活性炭亦与常规钒钛系金属介质一样具有催化剂作用，将 NO 还原为 N_2，即 $NO + NH_3 + 1/2O_2 \longrightarrow N_2 + 3/2H_2O$。

②Non-SCR 反应，液氨注入后，会与吸附在活性炭上的 SO_2 发生反应，生成氧化硫氨或硫氨，但是在活性炭再生时会作为—NH_n 基化合物残存于活性炭细孔之中。这种—NH_n 基物质被称为碱性化合物或还原性物质。活性炭在再生之后以含有这种碱性化合物的状态循环到吸附反应塔，与烟气中的 NO 直接反应还原成为 N_2。这种反应是活性炭特有的脱硝反应，称为 Non-SCR 反应。

（3）吸附二噁英原理

二噁英在废气中分别以气体、液体或固体形式存在，而气体与液体形式的二噁英类物质会被活性炭物理吸附。液体形式的二噁英类物质既有单独存在的情况，也有与废气中的尘粒冲撞吸附的情况。固体形式的二噁英类物质是极微小的颗粒,吸附性很高,吸附在废气中尘粒上的可能性很大。被废气中尘粒吸附的液体形式和固体形式二噁英类物质称为粒子状二噁英,这种粒子状二噁英会通过活性炭移动层的集尘作用(冲撞捕集与扩散捕集)而去除。总之,活性炭移动层干法工艺去除二噁英类物质,当废气温度高时以吸附作用为主,废气温度低时以集尘作用为主。

(4)吸附汞原理

吸附着硫黄或硫酸的活性炭可作为汞金属去除剂使用。尽管因烧结机的不同状况使烧结烟气有所不同,但是根据日本住友重机的经验,烧结烟气中含有$(100 \sim 300) \times 10^{-6}$的干态 SO_2,SO_2 以 H_2SO_4 形式被吸附到活性炭细孔内,因此高效脱汞金属的环境已经具备。首先,通过物理吸附将汞金属捕捉到活性炭细孔表面,与被吸附的 H_2SO_4 发生反应,以 $HgSO_4$ 形式固定下来。另外,与二噁英类物质相同,也有吸附在废气尘粒中的汞金属,在这种情况下将通过集尘作用来脱除汞金属。活性炭移动层式烟气处理技术工艺流程图如图 3-13 所示,设备由 3 部分构成,一是脱除有害物质的吸附反应塔,二是再生活性炭的再生塔,三是活性炭在吸附反应塔与再生塔之间循环移动使用的活性炭运输机系统。烧结烟气经电除尘设备除尘后,由增压风机加压,升压后的烧结烟气进入活性炭移动层,在活性炭移动层首先脱除 SO_2,然后在喷氨的条件下脱除 NO_x。在活性炭再生时分离的高浓度 SO_2 气体进入副产品回收工艺装置,回收为硫酸或石膏等有价值的副产品。

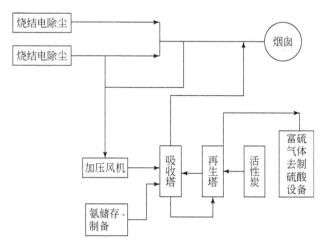

图 3-13 活性炭吸附工艺流程图

该工艺的主要技术特点如下:

①脱硫效率高,一般在90%以上。并且可以脱除烟气中的烟尘、NO_x、汞、二噁英、呋喃、重金属等有害杂质。

②脱硫过程中不使用水,也不产生废水和废渣,不存在二次污染问题。

③脱硫剂可再生循环使用。吸附 SO_2 达到饱和的活性炭移至解析再生系统加热再生,再生后的活性炭经筛选后,由脱硫剂输送系统送入吸附脱硫装置再次进行吸附,活性炭得到循环利用;根据需要补充适量的新鲜活性炭。破碎的活性炭经输送系统送入锅炉燃烧,也可用于工业废水净化。再生系统的加热方式可根据具体情况选择蒸汽加热、电炉加热、热风炉加热等方式。

④脱硫副产物可综合利用。解析再生的混合气体中 SO_2 含量在 20% ~ 40%,可送入制酸装置生产商品酸。

2. 活性炭吸附机理研究

吸附现象是吸附剂和吸附质之间发生的相互作用,对吸附质吸附剂相互作用有贡献的基本作用力有五种:伦敦色散力、偶极子相互作用力、静电吸引力、氢键和共价键,气体分子在活性炭上的吸附主要由范德华力主导(也就是色散力和排斥力),吸附速度快,可以产生多分子层吸附。气体的物理吸附首先发生在尺寸最小,吸附势能最高的微孔中,然后逐渐扩展到尺寸较大的孔中,微孔的吸附是按溶剂填充的方式实现,而大孔和中孔是按表面吸附机制的方式。活性炭通常被认为是无定形碳,同时包含石墨化的微晶结构和未石墨化的非晶碳,活性炭中的微晶由大量的不饱和价键构成(特别是沿着晶格的边缘),这些不饱和价键具有类似于结晶缺陷的结构,从而使活性炭具有催化活性,活性炭的催化作用点包括电子传导位点、表面游离基和表面氧化物官能团,这些位点使得活性炭在特定条件下能够与吸附质分子发生氧化还原反应,形成化学键,发生化学吸附。

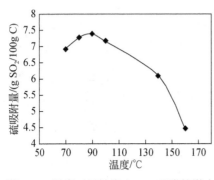

图 3-14　温度对活性炭上 SO_2 吸附的影响

(1)吸附 SO_2 机理

活性炭对烟气中二氧化硫的吸附,在低温(20 ~ 100℃)主要是物理吸附,在中温(100 ~ 160℃)主要是化学吸附,在高温(>250℃)几乎全是化学吸附。图 3-14 是温度对活性炭上 SO_2 吸附量的影响,随吸附温度的升高 SO_2 吸附量先增加后减少,在温度低于 90℃时,SO_2 的氧化决定了吸附量,而温度高于 90℃时,SO_2 的吸附起到了决定作用。SO_2 在活性炭上的吸附是物理和化学吸附的过程。

O_2 和水蒸气存在条件下 SO_2 在活性炭上的吸附机理被认为是 SO_2 吸附占据活性炭表面的活性位点,经氧化转变成 H_2SO_4 后从活性炭表面脱附,原来的活性位点重新参与吸附。但由于活性炭并不是一种纯物质,SO_2 氧化机理还存在着以下两方面的争论:①SO_2 氧化到 SO_3 过程中氧原子的形态;②反应控制步骤。两种模型的机理式如表 3-14 所示,前者中 SO_2 是与分子态和解离态的 O_2 反应,后者是与分子态 O_2 反应。但无论与何种状态的 O_2 参与反应,SO_2 向 H_2SO_4 转化的总反应速率是一样的。

表 3-14　SO_2 在活性炭上的吸附机理

L-H 机理	E-R 机理
$SO_2+X_V \rightleftharpoons X-SO_2$	$SO_2+X_V \rightleftharpoons X-SO_2$
$H_2O+X_V \rightleftharpoons X-H_2O$	$H_2O+X_V \rightleftharpoons X-H_2O$
$O_2+2X_V \rightleftharpoons 2X-O$	$X-SO_2+O_2 \rightleftharpoons 2X-SO_3$
$X-SO_2+X-O \rightleftharpoons X-SO_3+X_V$	$X-SO_3+H_2O \rightleftharpoons X-H_2SO_4+X_V$
$X-SO_3+X-H_2O \rightleftharpoons X-H_2SO_4+H_2O$	$X-H_2SO_4+H_2O \rightleftharpoons H_2SO_4(aq)+X_V$
$X-H_2SO_4+H_2O \rightleftharpoons H_2SO_4(aq)+X_V$	

(2)吸附 NO_x 机理

氮氧化物的种类很多,烟气中存在的主要是 NO 和 NO_2,且 90% 以上为 NO,高浓度的 NO 容易与烟气中的 O_2 发生氧化反应生成 NO_2,而低浓度(<1000ppm)的 NO 不能直接被 O_2 氧化为 NO_2。室温下活性炭对低浓度的 NO_2 具有较高的吸附能力,却对 NO 吸附能力并不高,同等吸附条件下 NO 吸附量仅为 SO_2 吸附量的 1/3,但由 N 是顺磁性的,通过分散离子化氧化物的相互作用,NO 可以 $(NO)_2$ 聚合的形式吸附在碳材料的微孔上。Mochid 报道了室温下活性炭纤维上 NO 氧化为 NO_2 的转化过程,在有氧无水的条件下,25℃ 稳定阶段 NO 氧化成 NO_2 的转化率高于 70%,NO 以二聚物 $(NO)_2$ 的形式吸附在活性炭微孔中,与 O_2 反应生成 NO_2,NO_2 在活性炭表面发生歧化反应生成 NO_3 和 NO,使 NO 浓度达到最大值,当活性炭表面活性位逐渐被 NO_3 占据后,NO_2 的吸附和歧化反应逐渐消失,NO_2 开始穿透,气相中 NO_2 浓度逐渐增加,NO 浓度达到最大值后逐渐降低,直至稳定状态。参照 NO 和 O_2 在分子筛上的吸附机理,提出 NO 在活性炭表面的氧化反应机理,NO 与活性炭上吸附态的 O_2 结合生成($NO—O—NO_2$)氧化中间产物,再进一步氧化形成 NO_2,如图 3-15 所示。

在氨气存在的情况下,NO_x 能够与 NH_3 在活性炭表面发生 NH_3-SCR 反应,反应式分别为:$4NO+4NH_3+O_2 \longrightarrow 4N_2+6H_2O$ 和 $2NH_3+NO+NO_2 \longrightarrow 2N_2+3H_2O$。根据金属氧化物催化剂上 SCR 反应机理,活性炭上 SCR 反应可能存在以下两种机理:①Elay-Rideal 机理,吸附态的 NH_3 和气态中的 NO 反应生成活性中间物种,继而分解生成 N_2 和 H_2O;②Langmuir-Hinshelwood 机理,SCR 反应发生在吸附态的 NH_3 和吸附态 NO 之间。SCR 反应既可以通过 E-R 机理也可以通过 L-H 机理发生,并且 NH_3 吸附是活性炭上 SCR 反应速率控制步骤。

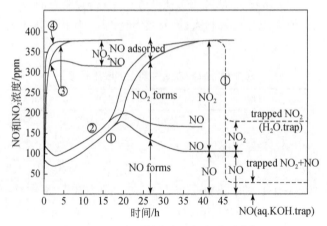

图 3-15　NO 在活性炭表面的氧化反应机理

3. 活性炭同时脱除多组分气体研究

活性炭在室温附近吸附空气或 N_2 中污染物气体分子时,空气/N_2 的吸附量与污染物气体的吸附量相比很小,可以忽略,实际上可以当做单组分气体吸附处理,但对双组分或者多组分混合气体吸附,在各组分吸附量接近时,会发生竞争吸附,吸附量会随混合气体的组成发生变化。SO_2 和 NO 均属于酸性无机气体,化学性质相近,同时在气氛中存在 SO_2 时会强烈抑制 NO 在活性炭上的吸附,活性炭再生后的产物主要是硫酸或单质硫。通过热重串联质谱测定了低浓度 SO_2(2500ppm)下 1%(体积分数)NO 在活性炭上的吸附过程,认为 NO 的吸附产物主要是 NO_2,气氛中 SO_2 的通入挤占了 $NO+1/2O_2\longrightarrow NO_2$ 反应的氧化位点,导致 NO 吸附量减少。通过活性炭上 SO_2 和 NO 吸附产物的分析,认为 SO_2 和 NO 之间存在协同作用,虽然 SO_2 强烈抑制 NO 的吸附,NO 的存在却极大促进了活性炭上 SO_2 的吸附,这种促进作用来源于 NO 和 O_2 在活性炭表面形成的含氮氧化物,成了新的活性位点,促进了 SO_2 的氧化。物理吸附态的 NO 能够被 SO_2 脱附,化学吸附态的 NO 能够促进 SO_2 的吸附,在表面官能团作用下,部分 NO 被氧化成 NO_2*,并将电子转移到吸附态 SO_2* 上,在具有吸附力的活性炭多污染物脱除作用下,吸附态 SO_2* 和 NO* 之间作用生成吸附态中间产物 $[(NO_2)(SO_3)]*$,并最终转化成 H_2SO_4 和 HNO_3,反应过程如下所示:

$$SO_2+*\longrightarrow SO_2*$$

$$NO+O_2+*\longrightarrow NO_2*$$

$$NO_2*+O_2+SO_2*\longrightarrow[(NO_2)(SO_3)]*\xrightarrow{H_2O}H_2SO_4+HNO_3+NO$$

$$NO+2H_2O+[(NO_2)(SO_3)]*\xrightarrow{H_2O}H_2SO_4+HNO_3+NO$$

由于 SO_2 对 NO 的挤占作用,同时脱除 SO_2 和 NO 大多采用喷氨同时吸附氧化以脱除 SO_2 和还原 NO_x 的方法。在活性炭表面 SO_2 和 NH_3 也会发生化学反应生成硫铵盐,如果硫铵盐的生成速率大于消耗速率,则硫铵盐会不断在活性炭表面沉积,覆盖其孔结构和活性位,造成 SO_2 抑制脱硝。水蒸气在活性炭表面容易形成分子簇,对有机气体在活性炭上的吸附有抑制作用。氯苯与苯在活性炭上存在竞争吸附,并且能够将已吸附的苯脱附。二噁英分子体积比其他气相污染物大得多,当活性炭中的孔径分布不同时,气相污染物有可能会阻碍二噁英的吸收,导致其吸收效率下降。

3.5　高效烟气脱硫吸附剂

在工业应用中,控制 SO_x 排放最常用的方法是利用碱性材料进行捕获。基于这一概念,大多数烟气脱硫工艺通常采用两种技术:湿法洗涤技术和干法烟气脱硫技术。湿法洗涤尽管效率很高,但存在占地面积大、水消耗量多及大量低品位副产物、商业价值低以及难处理等问题。第二种技术是干法烟气脱硫技术,与湿法技术相比能耗低,不产生废水,并且成本更低,因此利用干法技术去除烟气中 SO_x 引起了人们极大的兴趣。

通常,在过去的三十年中干法烟气脱硫技术的效率低于湿法,有许多学者致力于开发从各种工业烟气中脱除 SO_x 的高效吸附剂。从工业角度看,除了考虑经济因素,"理想的 SO_x 高效吸附剂"还应该具备如下特征:对 SO_x 的强捕集能力,以及相对高的反应速率;大的比表面积;高的物理/热/化学稳定性;并且可以在合理的温度下进行多次再生。

3.5.1　金属氧化物

1. 钙基吸附剂

在工业应用中,控制 SO_x 排放最常用的方法是利用钙基吸附剂进行捕获,如石灰石($CaCO_3$)、熟石灰[$Ca(OH)_2$]或石灰(CaO)。在湿法洗涤技术中,石灰石的水悬浮液喷入塔内,在塔内与烟气中的 SO_x 接触,形成石膏($CaSO_4 \cdot 2H_2O$),在该过程中大约95%的 SO_x 被去除[74]。尽管效率很高,但存在占地面积大、水消耗量多及大量低品位石膏商业价值低甚至难处理等问题。第二种途径是干法烟气脱硫技术,其中钙基吸附剂(通常是氢氧化钙)被雾化并喷射到接近饱和的烟气中,含钙液滴在蒸发时与 SO_x 发生反应。所产生的干燥副产物用分离系统分离并收集。副产品是亚硫酸钙/硫酸钙的干燥混合物。该过程能耗低,不产生废水,并且比湿法运行成本更低,因此利用干法技术去除烟气中 SO_x 引起了人们极大的兴趣。然而,钙基吸附剂在吸附 SO_2 的过程中,倾向于形成一个包围吸附剂的硫酸钙层,限制了 SO_x 的内扩散,导致吸附能力显著降低[75]。因而如何提高钙基吸附剂的吸附能力成为许多学者研究的主题。

(1)添加粉煤灰

为了提高钙基吸附剂去除 SO_x 的能力,一些研究报道了在其中添加各种氧化物的可能性,特别是粉煤灰。

$Ca(OH)_2$/CaO 与粉煤灰中二氧化硅/氧化铝之间的"火山灰反应"导致高水合材料的生成,特别是铝硅酸钙水合化合物。其具有较高的比表面积,从而对 SO_2 具有较强的吸附能力[76]。Bueno-L 等[77]研究了由 80% $Ca(OH)_2$ 和 20%(质量分数)无机固体(例如,Al_2O_3、SiO_2、MgO、TiO_2 或 SiC)的混合物制备的几种吸附剂在 300℃下对 SO_2 的捕获能力。在 0.3% 的 SO_2 和 5% 的氧气的气氛中,吸附容量为 310 ~ 330mg/g。Dasgupta 等[78]表明,钙基吸附剂的吸附性能与粒径有关,粒径较小的吸附剂具有更大的吸附容量,由 $Ca(OH)_2$ 与粉煤灰混合制备的吸附剂的脱硫活性也随其比表面积的增加而增加[79]。Siriwardane 等[80]研究发现,碱性离子的存在提高了氧化钙对 SO_2 的吸附能力。

(2)高活性多孔 $CaCO_3$ 吸附剂

美国俄亥俄州立大学的碳化灰再活化(OSCAR)工艺对传统的炉内喷钙工艺进行了改进,开发了一种高活性吸附剂,其利用率接近 100%,并可以对废吸附剂进行再生和回注[81]。

该高活性多孔 $CaCO_3$ 吸附剂是一种具有多孔结构的细 $CaCO_3$ 颗粒(孔体积>0.18cm³/g),是在少量阴离子表面活性剂或表面改性剂存在下,将石灰颗粒在水泥浆中碳化,合成细 $CaCO_3$ 颗粒,其比表面积高达 60m²/g[82]。

在反应过程中,多孔 $CaCO_3$ 泥浆在 700 ~ 850℃的反应器中过滤并干燥,部分被加热分解为 CaO,然后与烟气中的 SO_2 反应,烟气停留时间约为 1.5s。硫酸化反应生成的碳酸钙颗粒在下一级的旋风分离器中被收集,然后回收到反应器中,或者再生[83]。

使用这一高活性多孔 $CaCO_3$ 吸附剂过程的好处包括更低的新鲜吸附剂用量、更低的资本成本、更灵活的工业流程设计及更少的副产品生成,从而降低了处置成本。

2. 其他金属氧化物

尽管国内外在利用钙基吸附剂控制 SO_2 排放方面取得了较大进展,但这些材料的致命缺点在于难以再生。由于其反应产物商业价值较低,并且分解所需的温度较高,存在强烈的烧结效应(再结晶现象,碱性氧化物多孔性和反应性显著损失),因此热再生过程中的能耗是一个主要问题。这些因素均阻碍了该控制技术的长期应用。

为了解决这些主要局限性,许多研究致力于开发新型金属氧化物吸附剂,或者在氧化物、结构和载体方面开发替代传统吸附剂的产品。这些吸附剂不仅能够有效去除 SO_x,而且具有较大的比表面积和较高的结构稳定性。尽管这些研究大多数仍停留在实验室水平,但作为控制 SO_x 排放的候选材料具有广阔的前景。

(1) $CuO/\gamma\text{-}Al_2O_3$

$CuO/\gamma\text{-}Al_2O_3$ 是一种有工业应用前景的 SO_x 吸附剂。与传统烟气脱硫工艺中使用的一次性碱性氧化物相比,它们具有以下几个优点:载体热稳定性高(800~900℃)、比表面积高(150~300m^2/g)和 CuO 与 SO_x 反应所需的温度相对较低(450~500℃)。$CuO/\gamma\text{-}Al_2O_3$ 吸附剂通常在 H_2、CH_4 或 NH_3 的还原气流下再生,解析的 SO_2 进一步氧化转化为硫酸,或通过克劳斯工艺转化为单质硫。对于吸附和再生过程,主要反应如下:

$$CuO+SO_2+1/2O_2 \longrightarrow CuSO_4$$

$$CuSO_4+2H_2 \longrightarrow Cu+SO_2+2H_2O$$

$$CuSO_4+1/2CH_4 \longrightarrow Cu+SO_2+\frac{1}{2}CO_2+H_2O$$

与传统使用石灰或石灰石的烟气脱硫工艺相比,基于 $CuO/\gamma\text{-}Al_2O_3$ 的脱硫工艺显示出可控制的操作成本,因为它不产生任何废液和难处理的副产品。$CuO/\gamma\text{-}Al_2O_3$ 的制备为两个步骤:①使用硫酸铜或硝酸铜水溶液对载体 $\gamma\text{-}Al_2O_3$ 进行湿浸渍,②干燥和煅烧,从而产生 CuO 颗粒。值得注意的是,在该吸附剂表面,CuO 和 $\gamma\text{-}Al_2O_3$ 都可以作为捕集二氧化硫的活性位点。

Uysal 等[84]报道了在 256℃ 含 0.2% 二氧化硫的气流下,$CuO/\gamma\text{-}Al_2O_3$(6% Cu,质量分数)的吸附能力为 14.2mg/g。Waqif 等[85]研究了在 300℃ 含 0.8% SO_2、2.9% O_2 的条件下,$CuO/\gamma\text{-}Al_2O_3$(sbet = 112$m^2$/g,4.9% CuO,质量分数)的吸附性能。研究表明其 SO_2 吸附能力随温度(从 250℃ 到 350℃)和气流中的氧含量(从 10ppm 到 2900ppm)的增加而增加。在 350℃ 下,吸附容量约为 65mg/g,并在 420℃ 下 2% 的氢气中进行再生,再生后吸附能力略有下降,表明部分硫酸盐物质难以去除。Ceti 等[86]进一步进行了类似的研究,通过溶胶-凝胶法获得了一种高度分散的 CuO /$\gamma\text{-}Al_2O_3$ 颗粒,其包含 25% ~75%(质量分数)的 Al。研究其在 350℃ 的脱硫和脱硝性能。采用 NH_3 作为还原剂,气体组成为 0.32% SO_2、800ppm NO、[NH_3/NO] =1,3% O_2。新鲜吸附剂的 SO_2 吸附量为 68mg/g,经过四个吸附-再生循环后,吸附量降至 42mg/g。吸附能力下降的原因是吸附剂表面 CuO 颗粒的团聚。

影响吸附能力的另一个参数是铜的负载。Jia 等[87]观察到 γ-Al_2O_3 颗粒在 400℃下的吸附能力与铜含量密切相关(气体成分为 0.3% SO_2,5% O_2)。铜含量为 8%时达到最佳吸附量。当铜含量在 8%到 14%之间进一步增加时,吸附剂比表面积和吸附能力出现下降,这是由于在 γ-Al_2O_3 表面出现了团聚的 CuO 颗粒。

Xiang 等[88]的研究还表明吸附能力与 γ-Al_2O_3 载体的结构特征有关。采用湿浸渍法(sbet = 171 m^2/g,6% CuO,质量分数)制备的 CuO/γ-Al_2O_3 样品在 450℃下对空气中含 0.1% SO_2 的气体的吸附能力约为 40mg/g,在 CH_4 的气氛条件下进行再生,吸附能力在 4 个硫酸化-再生循环期间保持不变。此外,在 γ-Al_2O_3 载体上,未发现孔烧结现象,CuO 颗粒仍保持高度分散状态。

一些研究提到了添加碱性离子对 CuO/γ-Al_2O_3 吸附过程中所起的重要作用。Yoo 等[89]发现,添加 5%(质量分数)氯化钠会增加 CuO/γ-Al_2O_3 在较低温度(50℃)下对 SO_2 的吸附能力。Jeong 等[90]制备了一系列含碱性添加剂(LiCl、LiBr、NaCl、LiF、KCl 或 NaF)的 8% CuO(质量分数)/γ-Al_2O_3 吸附剂,研究了在 500℃下对 1.5% SO_2 的吸附。他们发现碱性盐的生成,并且吸附剂的吸附能力显著增强,特别是加入 5% LiCl(质量分数)后,吸附量高达 460mg/g,是无添加剂吸附剂的 3 倍。

CuO/γ-Al_2O_3 材料的另一个潜在优势是,在硫酸化反应完成并保留一些活性位点后,它们可以通过选择性催化还原(SCR)的方法从烟气中去除 NO_x,从而有可能形成在经济上具有吸引力的工艺[91,92]。以 NH_3 为还原剂催化 NO_x 还原成 N_2,在这个过程中 CuO 和 $CuSO_4$ 被发现具有催化作用,效率超过 90%。反应如下:

$$4NO + 4NH_3 + O_2 \longrightarrow 4N_2 + 6H_2O$$

$$2NO_2 + 4NH_3 + O_2 \longrightarrow 3N_2 + 6H_2O$$

(2)以 γ-Al_2O_3 为载体的其他金属氧化物

一些金属催化剂(铂、铈、钍、钒等)被负载在 γ-Al_2O_3 材料上(Pt-CeO_2/Al_2O_3、MgO-CeO_2/Al_2O_3、K-ThO_2/Al_2O_3 等),用于去除催化裂化装置中的 SO_x。这些研究表明,金属催化剂促进了 SO_2 氧化为 SO_3,从而促进了 SO_2 化学吸附在载体上。Svoboda 等[93]开发了在 120～240℃温度范围内运行的脱硫用 CaO/γ-Al_2O_3 材料,发现影响脱硫效率的主要因素是孔径分布、吸附剂组成以及 CaO 与 γ-Al_2O_3 弱结合键的含量。

(3)尖晶石及从水滑石中提取的混合氧化物

SO_x 排放的重要来源之一(7%)是石油工业中使用的催化裂化(FCC)装置。催化裂化装置是一种炼油厂装置,用于将高分子量碳氢化合物转化为有价值的燃料,如汽油或柴油。通常,在催化裂化装置中捕集 SO_x 需要满足以下几个要求:①在催化裂化条件下吸附剂具有较高的热稳定性;②具有将 SO_2 氧化成 SO_3 的能力;③以稳定的金属硫酸盐形式对 SO_3 进行化学吸附；④在氢气还原流可以实现再生；⑤对催化裂化产品的转化率和选择性没有负面影响。综合上述要求，尖晶石被用于工业中催化裂化装置的脱硫。

很少有研究报道用于工业气体脱硫的尖晶石的发展。Bhattacharyya[94]在催化裂化装置脱除 SO_x 的过程中，向尖晶石中添加少量高岭土，以提高其比表面积和耐磨性。在尖晶石中加入铁可以催化二氧化硫氧化为 SO_3，并在再生过程中显著降低硫酸盐还原温度[95]。然而，$MgAl_2O_4$ 尖晶石的主要缺点是其丰富的铝含量，导致在硫酸化过程中形成块状硫酸盐，几乎不可还原，从而减少了再生循环后所捕获的 SO_x 量。

相比之下，从水滑石中提取的混合氧化物在催化裂化条件下作为捕集硫的理想材料，表现出比尖晶石更高的吸附能力。通常水滑石材料是使用相应的金属盐通过共沉淀方法制备的，它们的热稳定性高达约 400℃，并在高温下转化为混合氧化物。一些研究致力于使用从水滑石中提取的混合氧化物用于从催化裂化装置中脱除硫。Corma[96]等开发了一种从水滑石中提取的三元 CuMgAl 混合氧化物。在 750℃含有 450ppm NO、540ppm SO_2 的条件下，调变 O_2 的浓度范围为 0 ~ 1.5%，结果表明，混合氧化物可以同时去除 SO_2（在氧化或还原条件下）和 NO（仅在还原条件下）。

另外，在催化裂化装置中，铈被认为是开发具有高 SO_x 去除能力的首选金属[97]。Cantú 等[98]研究了铈掺杂对几种高温混合氧化物去除 SO_x 的影响。在 650℃含有 1% SO_2 条件下，MgAl 和 MgAlFe 混合氧化物分别具有 1150mg/g 和 1080mg/g 的高吸附能力。铈掺杂显著提高了样品的吸附容量，这是因为 CeO_2 促进了 SO_2 氧化为 SO_3。Cheng 等[99]合成了几种镁铁混合氧化物，并用铜浸渍，研究其对 SO_2 的吸附能力。发现 CuO 是一种很好的氧化促进剂，可以代替氧化铈。在 700℃含有 2% SO_2、8% O_2 的气体成分下，对于铜含量为 1%（质量分数）的 Cu/MgAlFe 混合氧化物，其吸附容量为 1600mg/g。并在 H_2 下可实现完全再生。

Centi 和 Perathoner[100]利用三元 CuMgAl 混合氧化物作为 SO_x 捕集器，在 200℃下对含有 0.1% SO_2 的气体混合物进行催化试验。对于铜/镁/铝物质的量比为 1∶1∶2，比表面积为 80m²/g（比 1∶2∶1 的混合氧化物高近三倍）的混合氧化物，在 200℃下的吸附量约为 80mg/g。在 500℃时，1∶1∶2 和 1∶2∶1 混合氧化物的 SO_2 吸附能力均显著提高，分别为 450mg/g 和 940mg/g。

以上结果表明，与尖晶石或传统商用催化剂相比，水滑石类材料产生的混合氧化物具有非常高的 SO_2 吸收能力，因此在催化裂化装置中具有很高的应用潜力。

(4)其他混合氧化物

Kikuyama 等[101]研究了用氨共沉淀法制备的 M-Zr 混合氧化物（M = Cr、Mn、

Fe、Co、Ni、Cu)对 SO_2 的吸附和解析作用。在 200℃ 含 0.1% SO_2、10% O_2 的条件下,锰和铜混合氧化物的吸附量分别为 74mg/g 和 47mg/g,同时其在 5% H_2 的还原气氛下的再生效果较差。Romano 和 Schulz[181] 对 Ce-Zr 混合氧化物进行的 XPS 研究表明,SO_2 分子以硫酸盐和亚硫酸盐的形式被化学吸附。用 Ce、Co、Fe 和 Cu 掺杂可促进可再生氧化镁基吸附剂去除催化裂化装置和渣油催化裂化装置(RFCC)中 SO_x 的效果[102]。在 700℃ 下对 0.5% SO_2、5.2% O_2 进行试验。结果表明所掺杂金属的氧化能力:Fe<Co <Ce。用 15% Ce 和 5% Fe(质量分数)同时促进的氧化镁吸附剂具有较高的吸附能力(440mg /g)和良好的再生性能。

3.5.2　活性炭材料

活性炭吸附法是以含碳物质对 SO_2 的吸附为基础。在某些工艺中,含碳材料被一层金属氧化物覆盖,作为催化剂,帮助碳材料吸附 SO_2。吸附剂在惰性气体中以沙子作为惰性热源再生。据报道,活性焦/炭对 SO_2 具有良好的吸附特性[103,104]。

常用的活性焦/炭脱硫剂属于典型的多孔碳材料,主要是采用煤或生物质如木质、秸秆为炭前驱体,以水蒸气、CO_2 或空气等气体作为活化剂,经过炭化和活化两个过程制备得到。常规活性焦/炭的硫容较低,脱硫时用量大,导致运行成本较高。基于活性焦发达的孔隙结构和大的比表面积特性,研究者们提出通过物理或化学手段将具有催化活性的过渡金属组分均匀分散于活性焦表面,使其由单一吸附材料转变为同时具有吸附-催化的多功能催化材料,以强化活性焦脱硫脱硝性能。已有研究表明,Mn、Fe、Co、V 和 Ni 等过渡金属表面改性均可显著提高活性焦/炭的脱硫活性。

浸渍和共混是目前过渡金属改性活性焦/炭制备最常用的两种方法。浸渍法负载按照处理过程可划分为酸处理、液相化学沉积和稳定焙烧 3 个主要步骤。酸处理过程中常用 10% ~30% 的硝酸,该过程既可以去除活性焦/炭表面的灰分,同时还具有改善孔结构/比表面积和表面官能团的作用。酸处理后的活性焦/炭置于含有催化剂前驱体的溶液中进行液相沉积反应,使前驱物均匀分散于载体表面。稳定焙烧过程主要目的是将催化剂前驱物转化为催化活性形态,并同时增加完成催化活性组分的表面稳定附着。浸渍负载表面改性是一种典型的后处理改性制备方法,工艺过程复杂,且只能使用可溶性低分解温度过渡金属盐作为催化剂前驱物,改性制备成本高,此外,浸渍负载的碳基催化剂即使经过焙烧,其表面附着稳定性依旧较差,使用过程中容易发生脱落,这些问题都导致浸渍改性碳基催化剂难以实现大规模的产业化应用。

共混改性是近年发展起来的一种改性碳基催化剂的制备方法,该法是在活性焦/炭制备过程前期将催化剂前驱物与炭前驱体直接粉碎、混合,然后经过成型、炭化和活化过程得到改性活性焦/炭,催化剂前驱物通过参与活性焦/炭的炭化和活化反应过程完成活性焦/炭的表面改性,并同时完成由前驱物向活性催化形态的转变。相比浸渍改性,共混改性将活性焦/炭的制备与改性过程合二为一,操作简单易行,且可以采用天然矿物替代纯化学试剂作为活性组分添加剂,可使脱硫剂的制备成本大幅降低。因此,该方法被广泛认为是具有较大应用前景的碳基脱硫剂的制备方法。

目前,活性焦/炭干法烟气脱硫技术在工艺条件、工艺流程和装备发展等方面取得了较大的发展,日本和德国开发了一系列活性焦/炭烟气脱硫工艺并在燃煤电厂烟气和烧结烟气行业实现了工业应用。我国的活性焦/炭烟气脱硫工艺刚刚兴起,应该在以下方面进一步发展:①开发低成本、高活性、耐高温、高强度的活性焦/碳基脱硫剂;②开发性能优越的脱硫脱硝宽谱净化的一体化工艺设备。

3.5.3 分子筛

分子筛是一种人工合成的具有筛选分子作用的水合硅铝酸盐(泡沸石)或天然沸石,由于多孔性和渗透性较高,被广泛应用于气体的吸附分离。它具有表面积大和局部集中极点荷的特点,这些极点荷对烟气中的 SO_2 具有较强的吸附能力,且吸附后的分子筛可用热蒸汽进行再生,因此有望用于 SO_2 的排放控制。

1. 分子筛的 SO_2 吸附容量

目前研究表明,许多类型的分子筛都具有良好的 SO_2 吸附能力。如纯硅分子筛、S-115、脱铝 Y 型分子筛(DAY)和 Na-Y 型分子筛,其 SO_2 容量分别为 38mg/g[105]、128mg/g、19.2mg/g[106] 和 267mg/g[107]。同时,在 25℃,SO_2 浓度为 100～1000ppm 的条件下,L、Na-A、Ca-A 和 Na-X 等类型分子筛的 SO_2 的容量为 130～170mg/g[4]。

2. 分子筛吸附 SO_2 的活性位点

研究表明在 X、Y 和 ZSM-5 类型的分子筛中,至少存在两种吸附 SO_2 的活性位点。

一种是化学吸附,SO_2 分子中的一个氧原子被证明与分子筛中的阳离子之间存在很强的相互作用,该氧原子与阳离子之间的键长受阳离子类型的影响,如 CaA 为 2.24Å,NaA 为 2.85Å[108,109]。在吸附 SO_2 后的分子筛表面发现 HSO_3^- 或 SO_4^{2-} 的存在。另外,SO_2 分子可以通过氢键作用吸附到分子筛上[110]。由于 SO_2 分子的键合方式的多样性,SO_2 分子还可以与分子筛表面的路易斯碱位相互作用[111],即分子筛 Si-O-Al 结构中的桥接氧原子,通过电子供体–电子受体的相互作用,桥接氧原子可能与二氧化硫分子中的硫原子成键[112]。

另一种是物理吸附,在 120℃ 以下,SO_2 也可以物理吸附在分子筛的孔道中[109]。Kirik 等发现随着 SiO_2/Al_2O_3 比的降低,化学吸附的 SO_2 增加,物理吸附的 SO_2 减少[113]。红外光谱分析表明,二氧化硫分子通过氢键吸附到 Y 型分子筛上,在较高的温度下对 SO_2 的物理吸附较弱。

3.5.4　结论与展望

在过去三十年中,有许多学者致力于开发从各种工业烟气中脱除 SO_x 的高效吸附剂 "理想的高效吸附剂" 应该具备如下特质,包括对 SO_x 的强捕集能力,以及相对高的反应速率;大的比表面积;高的物理/热/化学稳定性;并且可以在合理的温度下进行多次再生。

在工业应用中,以钙基吸附剂为代表的碱土金属材料是控制 SO_x 排放最常用的吸附剂。由于干法烟气脱硫技术具有能耗低,不产生废水,运行成本低,反应产物易处理等优势,引起了人们极大的兴趣。同时,我国非电力行业烟气污染物的排放标准日益提高,由于非电力行业的工业锅(窑)炉设备(例如,工业锅炉、玻璃陶瓷炉窑、水泥炉窑、钢铁冶金烧结炉、炼焦和石化系统的裂解设备等)烟气及涉及硝酸生产和使用的工艺过程废气的排放温度处于较低的 120～300℃ 范围内,在干法脱硫技术后串联低温 SCR 脱硝技术成为实现非电行业超低排放最有潜力的技术路线。因此通过提高钙基吸附剂比表面积或掺杂金属氧化物等方式开发具备高 SO_x 吸附能力的新型钙基吸附剂可作为日后的研究重点。

$CaO/\gamma\text{-}Al_2O_3$ 是公认的具有潜力的烟气脱硫吸附剂,在 400℃ 以上具有较高的 SO_x 吸附容量。$\gamma\text{-}Al_2O_3$ 的成本一般较低,这是因为其原料相对便宜,制造工艺在化学工程中应用广泛。这种支架的主要缺点在于其比表面积的范围为 $100～350m^2/g$,与其他载体[如分子筛或活性炭纤维(高达 $1000m^2/g$)]相比其多孔性较差。

从水滑石材料中提取的混合氧化物在催化裂化装置中表现出很高的 SO_x 吸附能力和优良的高温解析再生能力。然而,它们在 300～400℃ 温度下的脱硫效率尚未得到很好的确定。此外,在类似于催化裂化装置的条件下,仅进行了有限数量的研究。

对于活性炭材料,在低温下(<120℃)具有一定的 SO_x 吸附能力。然而,掺入活性金属氧化物后,活性炭材料的比表面积会显著下降,因此通常会导致吸附能力降低。活性炭载体的另一个重要缺点是高温氧化会消耗碳,这导致在反复吸附–再生循环后吸附剂寿命有限。活性炭纤维是一种值得注意的载体,因为它们具有高比表面积($1300～2000m^2/g$),成本高昂,因为它们是通过热解和高温活化昂贵的前体聚合物(聚丙烯酰胺、聚氯腈等)获得的。此外,它们同样面临寿命有限的再生限制。

分子筛材料是比较有前景的载体,因为它们具有较大的比表面积(700 ~ 1200m²/g)和较高的热稳定性(700 ~ 1200℃)。另一个优点是 SiO₂ 载体几乎不与 SOₓ 反应。在分子筛上负载其他金属氧化物也比较容易,可以通过离子交换、原位结合或湿浸渍来实现,并且分子筛材料的成本通常低于活性炭纤维。

综述所述,所有这些吸附剂都有相应的优点和缺点。应根据温度、SOₓ 浓度、气氛条件、空速等不同的烟气条件,选择适宜的 SOₓ 吸附剂。

参 考 文 献

[1] 中华人民共和国生态环境部. 全国环境统计公报(2015),2015.

[2] 国家能源局. 2017 年电力统计基本数据,2017.

[3] 刘志强,陈纪玲. 中国大气环境质量现状及趋势分析. 电力科技与环保,2007,23(1): 23-27.

[4] 宦宣州,何育东,王少亮,陶明. 湿法脱硫吸收塔协同除尘试验. 热力发电,2017,46(7): 97-102.

[5] 刘阳,邓学峰. 浅析火电厂脱硫脱硝技术与应用. 环境研究与监测,2017,(3):25-27.

[6] 郑婷婷,周月桂,金圻烨. 燃煤电厂多种烟气污染物协同脱除超低排放分析. 热力发电, 2017,46(4):10-15.

[7] 韩敏. 燃煤电厂烟气脱硫系统的运行优化分析. 化工管理,2017,(33):180.

[8] 苘令文,陆少锋,平板玻璃行业现状及污染治理. 中国硅酸盐学会环境保护分会换届暨学术报告会会议,2014.

[9] R K Srivastava,C A Miller,C Erickson,et al. Emissions of sulfur trioxide from coal-fired power plants. Air Repair,2004,54(6):750-762.

[10] P M Walsh,J D Mccain,K M Cushing. Evaluation and Mitigation of Visible Acidic Aerosol Plumes from Coal Fired Power Boilers. Washington D. C.: Environmental Protection Agency,2006.

[11] D Fleig,K Andersson,F Normann,et al. SO₃ formation under oxyfuel combustion conditions. Industrial Engineering Chemistry Research,2011,50(50):8505-8514.

[12] R Spörl,J Maier,G Scheffknecht. Sulphur oxide emissions from dust-fired oxy-fuel combustion of coal. Energy Procedia,2013,(37):1435-1447.

[13] C Yan,Z Hongcang,J Wu,et al. Studies of the fate of sulfur trioxide in coal-fired utility boilers based on modified selected condensation methods. Environmental Science Technology,2010, 44(9):3429.

[14] D Fleig,K Andersson,F Johnsson. Influence of operating conditions on SO₃ formation during air and oxy-fuel combustion. Industrial Engineering Chemistry Research,2012,51(28):9483-9491.

[15] Z Ye,J Laumb,R Liggett,et al. Impacts of acid gases on mercury oxidation across SCR catalyst. Fuel Process Technol,2007,88(10):929-934.

[16] 杨飏. 二氧化硫减排技术与烟气脱硫工程. 北京:冶金工业出版社,2004.

[17] 钟秦. 燃煤烟气脱硫脱硝技术及工程实例. 北京:化学工业出版社,2007.

[18] 王纯,张殿印. 废气处理工程技术手册. 北京:化学工业出版社,2013.

[19] 刘征建,张建良,杨天钧. 烧结烟气脱硫技术的研究与发展. 中国冶金,2009,19(2):1-9.

[20] 张春霞,王海风,齐渊洪. 烧结烟气污染物脱除的进展. 钢铁,2010,45(12):1-11.

[21] 涂瑞,李强,葛帅华. 太钢烧结烟气脱硫富集 SO_2 烟气制酸装置的设计与运行. 硫酸工业,2012,(2):26-30.

[22] 陈亚非,陈新超,熊建国. 湿法烟气脱硫系统中 SO_3 脱除效率等问题的讨论. 工程建设与设计,2004,(9):41-42.

[23] 滕农,张运宇,魏晗,等. 石灰石/石膏湿法 FGD 装置除尘效率和 SO_3 脱除率探讨. 电力科技与环保,2008,24(4):27-28.

[24] 常景彩,董勇,王志强,等. 燃煤烟气中 SO_3 转换吸收特性模拟实验. 煤炭学报,2010,(10):1717-1720.

[25] 楼清刚. 煤燃烧过程中 SO_3 生成的试验研究. 能源工程,2008,(6):46-49.

[26] F R Steward, D Karman, D Kocaefe. A comparison of the reactivity of various metal oxides with SO_3. The Canadian Journal of Chemical Engineering,1987,65:342.

[27] 陈朋. 钙基吸收剂脱除燃煤烟气中 SO_3 的研究. 济南:山东大学,2011.

[28] 郑娜. SCR 反应器出口烟气中 SO_3 干法吸收的研究. 北京:清华大学,2016.

[29] 王如意,沈晓林,石磊. 宝钢烧结烟气脱硫石膏特性分析. 宝钢技术,2008,(3):29-32.

[30] 沈晓林,石洪志,刘道清,等. 宝钢气喷旋冲烧结烟气脱硫成套技术研发. 钢铁,2010,45(12):81-85.

[31] 沈晓林. 烧结烟气污染治理技术的研究与开发. 宝钢技术,2009,(s1):95-102.

[32] 刘旭华,羊韵. 宝钢股份有限公司三烧结脱硫技术. 环境工程,2010,28(2):80-82.

[33] 羊韵,李勇,刘旭华. 气喷旋冲烟气脱硫装置运行关键控制. 环境工程,2010,28(3):63-65.

[34] 刘道清,沈晓林,石洪志,等. 气喷旋冲烧结烟气脱硫技术及其应用效果. 中国冶金,2011,21(11):8-12.

[35] 刘道清,沈晓林,石磊. 宝钢气喷旋冲烧结烟气脱硫工艺影响因素的试验研究. 宝钢技术,2012,(3):9-12.

[36] 冯延林. 空塔喷淋烟气脱硫技术及其在烧结机上的应用. 中国钢铁业,2010,(4):26-29.

[37] 刘宪. 烧结烟气石灰石–石膏空塔喷淋脱硫技术的应用. 中国冶金,2010,(11):47-51.

[38] 刘宪. 石灰石–石膏法在湘钢烧结烟气脱硫工程的应用. 工业安全与环保,2010,36(11):23-25.

[39] 王荣成,胡志刚. 烧结烟气氨法脱硫技术特点及应用. 浙江冶金,2010,(4):7-10.

[40] 黎柳升,陈阳. 烧结烟气氨法脱硫技术在柳钢的应用. 中小高炉炼铁学术年会,2008.

[41] 覃毅强,黎柳升,陈阳. 氨法脱硫技术在 $265m^2$、$110m^2$ 烧结机烟气脱硫中的应用. 柳钢科技,2010,(3):35-37.

[42] 宁玲,吴威,黎柳升. 柳钢烧结烟气氨法脱硫工艺改进与优化. 柳钢科技,2011,(1):35-37.

[43] 广西柳州钢铁公司. 柳钢烧结烟气脱硫. 广西节能,2010,(4):11-13.

[44] 程仕勇,王彬. 氨–硫铵法和石灰–石膏法烧结烟气脱硫工艺的应用对比. 烧结球团,2012,37(5):65-67.

[45] 匡挚林,徐安科. 烧结机烟气脱硫工艺选择及经济分析. 冶金设备,2011,(4):67-70.

[46] 戴名笠,冯国辉. 韶钢烧结机机头烟气脱硫的技术性研究. 南方金属,2009,(4):42-45.

[47] 夏平,张兴强,黄永昌. 韶钢4号烧结机烟气脱硫实践. 烧结球团,2010,35(6):39-42.

[48] 张建桂,程胜福. 韶钢4#烧结机烟气脱硫生产实践. 工业安全与环保,2010,36(8):21-22.

[49] 程常杰,莫建松,刘越,等. 钢铁行业烧结机烟气脱硫技术现状及应用. 全国大气环境学术会议,2005.

[50] 刘国良. 双碱法旋流板塔脱硫工艺在广钢炼铁总厂的应用. 中国金属学会烧结工序节能减排技术研讨会,2009.

[51] 赵凌俊,莫建松,程斌,等. 旋流板塔双碱法脱硫工艺在生产实践中的应用. 广东化工,2009,36(7):129-130.

[52] 张炜文. 钠–钙双碱旋流板脱硫塔在烧结机头处理后的应用. 环境工程,2011,(s1):36-37.

[53] 田犀,潘成武,蒲灵,等. 硫铵法与循环流化床法烧结烟气脱硫技术的比较. 烧结球团,2009,34(2):33-36.

[54] 刘君,庞俊香,刘新虎,等. 400m² 烧结机烟气脱硫. 金属世界,2008,(5):66-70.

[55] 本刊编辑部. 邯钢投用国内最大烧结机烟气脱硫工程. 河北工业科技,2009,(1):68-68.

[56] 魏航宇,王文生,刘伟,等. 邯钢炼铁部400m²烧结机节能减排生产实践. 南方金属,2012,(3):24-26.

[57] 刘建秋,付翠彦,郑轶荣,等. 气固再循环半干法烧结机烟气脱硫工艺中几个问题的探讨. 环境工程,2012,30(2):64-67.

[58] 林春源. 梅钢400m²烧结机全烟气LJS干法脱硫项目的设计与应用. 华西冶金论坛,2010.

[59] 林春源. LJS型钢铁烧结干法烟气脱硫工艺研究与应用. 中国钢铁业,2007,(12):30-32.

[60] 李奇勇. 烧结烟气半干法选择性脱硫新技术应用. 节能与环保,2008,26(7):28-30.

[61] 林金柱. 三钢2#烧结机烟气脱硫系统及运行状况. 烧结球团,2008,33(5):33-36.

[62] 耿继双,王东山,张大奎,等. 鞍钢烧结烟气脱硫灰综合利用研究. 鞍钢技术,2011,(6):13-16.

[63] 刘锐,潘晓,郭庆斌. 济钢400m²烧结机SDA法烟气脱硫设计与应用. 科技风,2012,(19):76-76.

[64] 马秀珍,栾元迪,叶冰. 旋转喷雾半干法烟气脱硫技术的开发和应用. 山东冶金,2012,(5):51-53.

[65] 周亮,路亮. 济钢400m²烧结机烟气脱硫技术应用. 山东冶金,2012,(6):54-55.

[66] 冯占立,张庆文,常治铁. 旋转喷雾干燥烟气脱硫技术在烧结机上的应用. 中国冶金,2011,21(11):13-18.

[67] 杜义亮,亓庆台,王飞,等. 泰钢180m²烧结机烟气脱硫工艺探讨与实践. 山东冶金,2010,32(6):49-50.

[68] T Noda. Chemistry and physics of carbon. Carbon,1972,10(2):239-241.

[69] K Li,L Ling,C Lu,et al. Catalytic removal of SO_2 over ammonia-activated carbon fibers. Carbon,2001,39(12):1803-1808.

[70] M A Daley,C L Mangun,J A Debarrb,et al. Adsorption of SO_2 onto oxidized and heat-treated

activated carbon fibers(ACFs). Carbon,1997,35(3):411-417.

[71] A A Lizzio,J A J F Debarr. Effect of surface area and chemisorbed oxygen on the SO_2 adsorption capacity of activated char. Fuel,1996,75(13):1515-1522.

[72] I Mochida,K Kuroda,S Kawano,et al. Kinetic study of the continuous removal of SO_x on polyacrylonitrile-based activated carbon fibres:1. Catalytic activity of PAN-ACF heat-treated at 800℃. Fuel,1997,76(6):533-536.

[73] E Raymundo-Piñero, D Cazorla-Amorós, A Linares-Solano. Temperature programmed desorption study on the mechanism of SO_2 oxidation by activated carbon and activated carbon fibres. Carbon, 2001,39(2):231-242.

[74] K K Yong,M E Deming,J D Hatfield. Dissolution of limestone in simulated slurries for the removal of sulfur dioxide from stack gases. Environmental Science Technology,1975,9:10(10): 949-952.

[75] M J Muñoz-Guillena,A Linares-Solano,S M Lecea. High temperature SO_2 retention by CaO. Applied Surface Science,1996,99(2):111-117.

[76] G H Jung,H Kim,S G Kim. Utilization of lime-silica solids for flue gas desulfurization. Industrial Engineering Chemistry Research,2000,39(12):5012-5016.

[77] A Bueno-López,J GarcíA-MartíNez,A GarcíA-GarcíA,et al. Regenerable CaO sorbents for SO_2 retention:carbonaceous versus inorganic dispersants. Fuel,2002,81(18):2435-2438.

[78] K Dasgupta,K Rai,N Verma. Breakthrough and sulfate conversion analysis during removal of sulfur dioxide by calcium oxide sorbents. Canadian Journal of Chemical Engineering, 2010, 81(1):53-62.

[79] D Irvan,L Keat Teong,K Azlina Harun,et al. Key factor in rice husk Ash/CaO sorbent for high flue gas desulfurization activity. Environmental Science Technology,2006,40(19):6032-6037.

[80] R V Siriwardane. Effect of alkali and alkali halides on the interaction of SO_2 with CaO. Journal of Colloid Interface Science,1988,121(2):590-598.

[81] L S Fan,R A Jadhav. Clean coal technologies:OSCAR and CARBONOX commercial demonstrations. Aiche Journal,2002,48(10):2115-2123.

[82] S Mahuli. Pore structure optimization of calcium carbonate sorbents for enhanced SO_2 capture. Fuel Energy Abstracts,1996,38(4):272.

[83] H Gupta,T J Thomas,A H A Park,et al. Pilot-scale demonstration of the OSCAR process for high-temperature multipollutant control of coal combustion flue gas, using carbonated fly ash and mesoporous calcium carbonate. Industrial Engineering Chemistry Research, 2007, 46 (1): 5051-5060.

[84] B Z Uysal,I Aksahin,H Yucel. Sorption of sulfur dioxide on metal oxides in a fluidized bed. Industrial Engineering Chemistry Research,2002,27(3):434-439.

[85] M Waqif,O Saur,J C Lavalley,et al. Nature and mechanism of formation of sulfate species on copper/alumina sorbent-catalysts for SO_2 removal. Cheminform,2010,22(33).

[86] G Centi,B K Hodnett,P Jaeger,et al. Development of copper-on-alumina catalytic materials for the

cleanup of flue gas and the disposal of diluted ammonia sulfate solution. Journal of Materials Research,1995,10(3):553-561.

［87］Z H Jia,Z Y Liu,Y H Zhao. Kinetics of SO$_2$ removal from flue gas on CuO/Al$_2$O$_3$ sorbent catalyst. Chemical Engineering Technology,2010,30(9):1221-1227.

［88］J Xiang,Q Zhao,H Song,et al. Experimental research and characteristics analysis of alumina-supported copper oxide sorbent for flue gas desulfurization. Asia-Pacific Journal of Chemical Engineering,2010,2(3):182-189.

［89］K S Yoo,D K Sang,S B Park. Sulfation of Al$_2$O$_3$ in flue gas desulfurization by CuO/gamma. -Al$_2$O$_3$ Sorbent. Industrial Engineering Chemistry Research,1994,33(7):1786-1791.

［90］M J Sang,D K Sang. Enhancement of the SO$_2$ sorption capacity of CuO/γ-Al$_2$O$_3$ sorbent by an alkali-salt promoter. Industrial Engineering Chemistry Research,1997,36(12):5425-5431.

［91］G Xie,Z Liu,Z Zhu,Q Liu,et al. Simultaneous removal of SO$_2$ and NO$_x$ from flue gas using a CuO/Al$_2$O$_3$ catalyst sorbent:II. Promotion of SCR activity by SO$_2$ at high temperatures. J Catal, 2004,224(1):42-49.

［92］G Centi,S Perathoner,B Kartheuser,et al. Overview of the reactivity of copper-on-alumina for the oxidation and sorption of SO$_2$ with simultaneous reduction of NO by NH$_3$ and effect of the modification with a V/TiO$_2$ component. Cotal Today,1993,17(1-2):103-110.

［93］K Svoboda,W Lin,J Hannes,et al. Low-temperature flue gas desulfurization by alumina-CaO regenerable sorbents. Fuel,1994,73(73):1144-1150.

［94］Bhattacharyya. Process for removing sulfur oxide and nitrogen oxide,U. S. ,1989.

［95］S Y Jin,A A Bhattacharyya,C A Radlowski,et al. De-SO$_x$ catalyst. The role of iron in iron mixed solid solution spinels,MgO · MgAl$_2$-xFe$_x$O$_4$. Industrial Engineering Chemistry Research,1992, 31(5):1252-1258.

［96］A Corma,A E Palomares,F Rey,et al. Simultaneous catalytic removal of SO$_x$ and NO$_x$ with hydrotalcite-derived mixed oxides containing copper,and their possibilities to be used in FCC units. J Catal,1997,170(1):140-149.

［97］A Trovarelli,C D Leitenburg,M Boaro,et al. The utilization of ceria in industrial catalysis. Catal Today,1999,50(2):353-367.

［98］C Manuel,L S Esteban,J S Valente,et al. SO$_x$ removal by calcined MgAlFe hydrotalcite-like materials:effect of the chemical composition and the cerium incorporation method. Environmental Science Technology,2005,39(24):9715.

［99］W P Cheng,X Y Yu,W J Wang,et al. Synthesis,characterization and evaluation of Cu/MgAlFe as novel transfer catalyst for SO$_x$ removal. Catalysis Communications,2008,9(6):1505-1509.

［100］G Centi,S Perathoner. Behaviour of SO$_x$-traps derived from ternary Cu/Mg/Al hydrotalcite materials. Catal Today,2007,127(1):219-229.

［101］S Kikuyama,A Miura,R Kikuchi,et al. SO$_x$ sorption-desorption characteristics by ZrO$_2$-based mixed oxides. Applied Catalysis A General,2004,259(2):191-197.

［102］E J Romano,K H Schulz. A XPS investigation of SO$_2$ adsorption on ceria-zirconia mixed-metal oxides. Applied Surface Science,2005,246(1):262-270.

[103] Q Liu, C Li, Y Li. SO₂ removal from flue gas by activated semi-cokes: 1. The preparation of catalysts and determination of operating conditions. Carbon,2003,41(12):2217-2223.

[104] H Fujitsu,I Mochida,T V Verheyen,et al. The influence of modifications to the surface groups of brown coal chars on their flue gas cleaning ability. Fuel,1993,72(1):109-113.

[105] S G Deng,Y S Lin. Sulfur dioxide sorption properties and thermal stability of hydrophobic zeolites. Industrial Engineering Chemistry Research,1995,34(11):4063-4070.

[106] J Tantet,M Eic,R Desai. Breakthrough study of the adsorption and separation of sulfur dioxide from wet gas using hydrophobic zeolites. Gas Separation Purification,1995,9(9):213-220.

[107] A Gupta, V Gaur, N Verma. Breakthrough analysis for adsorption of sulfur-dioxide over zeolites. Canadian Journal of Chemical Engineering,2004,43(1):9-22.

[108] M Laniecki, M Ziolek, H G Karge. Effect of water on the formation of bisulfite ions upon sulfur dioxide adsorption onto faujasite-type zeolites. Journal of Physical Chemistry, 1987, 91 (1): 658-664.

[109] H G Karge,M Laniecki,M Ziolek. Combined UV and IR spectroscopic studies on the adsorption of SO₂ onto faujasite-type zeolites. Catalysis,1986,28:617-624.

[110] A M Shor,A I Rubaylo. IR spectroscopic study of SO₂ adsorption on modified Y zeolites. Journal of Molecular Structure,1997,s410-411(96):133-136.

[111] V A Nasluzov,A M Shor, F Nortemann,et al. Density functional study of SO₂ adsorption in HY zeolites. Journal of Molecular Struchure(Theochem),1999,466(1-3):235-244.

[112] A Datta,R G Cavell,R W Tower,et al. ChemInform abstract:claus catalysis. Part 1. adsorption of SO₂ on the alumina catalyst studied by FTIR and EPR spectroscopy. Part 2. FTIR study of the adsorption of H₂S on the alumina catalyst. Part 3. FTIR study of the sequential adsorption of SO₂ and H₂. Chemischer Informationsdienst,1985.

[113] S D Kirik,A A Dubkov,S A Dubkova,et al. X-ray powder diffraction and t. p. d. study of SO₂ adsorption on type Y zeolite. Zeolites,1992,12(3):292-298.

第4章 烟气高效脱硝技术

氮氧化物(NO_x)是引起酸雨、灰霾、光化学烟雾和水体富营养化等问题的污染物之一。人为排放的 NO_x 主要来自于煤、石油及天然气等化石燃料的燃烧过程。燃烧生成的 NO_x 可分为三种:第一种是由燃料本身所含氮元素氧化生成的 NO_x,称为燃料型 NO_x;第二种是高温条件下空气中的 N_2 氧化形成的,称为热力型 NO_x;第三种是在富燃条件下由含碳自由基与 N_2 反应生成的 NO_x,称为快速型 NO_x[1]。研发氮氧化物高效控制技术是实现不同工业污染源超低排放的关键。

4.1 烟气脱硝技术概况

从20世纪50年代开始,科研人员开发了一系列氮氧化物控制技术[2],总体上可以分成三类:燃烧前 NO_x 控制技术、燃烧中 NO_x 控制技术(如低 NO_x 燃烧技术等)和燃烧后 NO_x 控制技术(又称烟气 NO_x 脱除技术)。燃烧前控制技术是在燃烧之前把燃料中的氮元素去除。但该方法无法减少热力型 NO_x 和快速型 NO_x 的产生,降低 NO_x 排放的效果有限,局限性较大,费用也较高,所以应用较少。目前,控制 NO_x 排放的技术主要有低 NO_x 燃烧技术和燃烧后烟气 NO_x 脱除技术。而在烟气 NO_x 脱除技术中,选择性非催化还原(selective non-catalytic reduction,SNCR)和选择性催化还原(selective catalytic reduction,SCR)是应用最为广泛的两种技术。

4.2 选择性非催化还原(SNCR)脱硝技术

4.2.1 SNCR 技术简介

SNCR(selective non-catalytic reduction)技术是一种成熟的 NO_x 控制技术。选择性非催化还原工艺由美国的 Exxon 公司发明,并于1974年在日本投入工业应用。之后,欧洲和美国的一些燃煤电厂也开始采用 SNCR 技术。SNCR 原理为在 930~1090℃下,将还原剂(一般是 NH_3 或尿素)喷入烟气中,将 NO_x 还原,生成氮气和水。图 4-1 为 SNCR 工艺原理示意图。SNCR 工艺的 NO_x 的脱除效率主要取决于反应温度、NH_3 与 NO_x 的化学计量比、混合程度和反应时间等。SNCR 工艺的温度控制十分重要。如果温度过低,NH_3 反应不彻底,容易导致氨逃逸。如果温度过高,NH$_3$容易被氧化为 NO,降低了了 NO$_x$ 的脱除效果。总之,温度过高或过低都会引起 NO$_3$ 脱除率下降和还原剂 NH$_3$ 损失[3]。

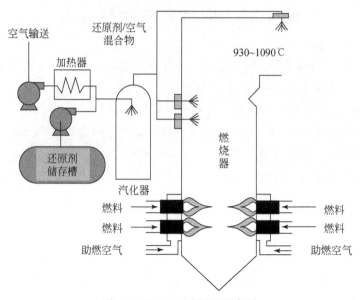

图 4-1　SNCR 工艺原理示意图

　　与 SCR 技术相比,SNCR 技术利用炉内的高温驱动还原剂与 NO 的选择性还原反应,所以不需要昂贵的催化剂和体积庞大的催化塔。SNCR 相对于低 NO$_x$ 燃烧和 SCR 来说,初期投资低,停工安装期短,脱硝效率处于中等水平。由于受到锅炉结构形式和运行方式的影响,SNCR 技术的脱硝性能变化比较大,据统计,脱硝率在 30% ~ 75%。此外,由于 SNCR 成本较低改造方便,且适宜协同应用其他的低NO$_x$ 燃烧技术,因此比较适宜排放标准相对较松的工业行业烟气治理。

4.2.2　SNCR 技术原理

　　SNCR 技术的基本原理包括三点。

　　①NH$_3$-NO 反应是自维持的,且需要氧气参与。NH$_3$-NO 反应中最关键的一步是初始的 NH$_3$ 与 OH 反应生成 NH$_2$ 的反应:

$$NH_3+OH \longrightarrow NH_2+H_2O \tag{4-1}$$

$$NH_3+O \longrightarrow NH_2+OH \tag{4-2}$$

　　因为 NH$_3$ 与 NO 直接反应的活化能是很大的,反应(4-1)、反应(4-2)能将 NH$_3$转化成容易反应的 NH$_2$。因此,这个反应在 NO—NH$_3$—O$_2$ 反应系统中是至关重要的一步。从反应中可以看出,作为 SNCR 反应的启动因子,反应系统中 OH 的浓度对 SNCR 脱硝反应来说是至关重要的。它的重要性反映在 NH$_3$ 选择性还原 NO 反应的"温度窗口"上,只有在一定的温度区间,OH 活性根的浓度比较适宜,选择性脱硝反应才能有效进行。但是随着反应(4-1)的进行,OH 浓度会降低。因此,NH_3-NO 反应必须是能自维持的反应,也就是说能在反应过程中连续不断地产生活性 OH,才能保持燃烧产物中的 OH 不被消耗始尽。Sa-limian 和 Kee 等最早从机理模型的角度对这个现象进行研究[2]。

按照 Kee 提出的模型,NH_2 与 NO 有两个反应途径,分别是产生链锁因子的反应(4-3)和不产生链锁因子的反应(4-4)。

$$NH_2 + NO \longrightarrow NNH + OH \tag{4-3}$$

$$NH_2 + NO \longrightarrow N_2 + H_2O \tag{4-4}$$

$$NNH \longrightarrow N_2 + H \tag{4-5}$$

$$H + O_2 \longrightarrow O + OH \tag{4-6}$$

$$O + H_2O \longrightarrow OH + OH \tag{4-7}$$

如果缺少连锁因子,NH_3+NO 的自维持反应就无法继续,因此,这两个反应途径的相对速率决定了脱硝反应进行的程度。同时,NNH 分解后可以再通过反应(4-6)和反应(4-7)生成 3 个 OH。根据反应(4-6)可以看出,产生的 OH 连锁因子的反应过程是需要氧气参与的。这个结论已经多次被实验结果证明。

②NH_3-NO 脱硝的反应只能在 1250K 左右的温度范围内发生,加入添加剂(如 H_2、H_2O_2、CO 和 H_2O 等)可以使脱硝反应的"温度窗口"有所移动,但其宽度基本不变。

NH_3-NO 反应的温度依赖性可以从 NH_2 的反应机理上来解释。生成的 NH_2 会沿还原和氧化两条反应路径进行。还原反应在较低温度下占主导,而氧化反应将在高温下影响更大。还原反应主要依赖自维持的反应路径,即反应(4-3)。氧化反应主要是 NH_2 与 OH 反应生成 NH,NH 通过生成 HNO 而最终转化成 NO。

$$NH_2 + OH \longrightarrow NH + H_2O \tag{4-8}$$

$$NH + O_2 \longrightarrow HNO + O \tag{4-9}$$

$$MH + OH \longrightarrow HNO + H \tag{4-10}$$

$$HNO + M \longrightarrow H + NO + M \tag{4-11}$$

$$HNO + OH \longrightarrow NO + H_2O \tag{4-12}$$

$$H + H_2O \longrightarrow OH + H_2 \tag{4-13}$$

可见,NH_2 的氧化反应路径净产生 NO。因此,当温度超过 1250K 左右时,对于还原反应路径来说,氧化反应路径的重要性增加,NO 会逐渐增加。两条反应路径的相互竞争就会使得脱硝率在某个最佳温度(T_{opt})时达到最大值。

Lyon 和 James 发现加入其他的一些添加剂可以使 NH_3-NO 反应的温度窗口向低温方向移动。最初研究的添加剂是燃烧产物中常见的碳氢化合物、H_2、H_2O_2、CO、H_2O 等。同样,可以从脱硝反应温度窗口的形成机理来解释这些添加剂对温度窗口的作用。从上述分析可知,产生活性 OH 的反应(4-3)是低温下 NH₃-NO 反应启动的关键一步。但如果反应物中含有 H₂,OH 就可以通过反应(4-13)的逆反应、反应(4-6)和反应(4-7)得到积累,反应即可在较低温度下进行。同时,由于 H₂ 导致 OH 浓度升高,在较低的温度下就达到不添加 H₂ 时的 OH 浓度水平。氧化的路径与还原路径的竞争会在较低温度下进行,使得 NO 的浓度在较低的温度下重新上升。由于添加剂的作用只是简单的在各个温度下增加 OH 的浓度,所以温度窗口向低温移动的同时,其宽度并不变。

其他添加剂的作用和 H₂ 类似,如 H₂O₂ 是通过反应(4-14)产生 OH:

$$H_2O_2 + M \longrightarrow OH + OH + M \tag{4-14}$$

而 CO 则是通过反应(4-15)产生 H:

$$CO + OH \longrightarrow CO_2 + H \tag{4-15}$$

产生的 H 继续通过反应(4-5)和反应(4-7),产生更多的活性 OH。

因此,从上述分析可以得知,NH₃+NO 反应中加入可以产生活性 OH 的添加剂,可以使 NH₃+NO 反应的温度窗口向低温移动。

③反应是非爆炸性的,反应时间在 100ms 左右。最早对 NH₃-NO 高温非催化还原反应进行系统研究的是 Lyon,他们的均相流反应器实验在 982℃下进行,反应停留时间为 0.075s。在 NH₃—NOₓ 比小于 1 ~ 5 的情况下,达到了 95% 左右的脱硝率。丹麦工业大学的 Duo 等的机理实验也清楚表明尽管反应的程度不尽相同,反应时间为 0.039 ~ 0.227s 时 NH₃ 和 NO 的还原反应都能比较有效进行。

4.2.3　SNCR 技术工艺流程

某水泥窑[4] SNCR 脱硝工艺的主要流程为①将购买的氨水调配。②通过传输系统将调配好的氨水输送到雾化喷射装置。③氨水经喷枪雾化后喷入分解炉中,分解炉温度应设定为 850 ~ 1050℃。④氨与氮氧化物反应生成水和氮气排出。

运行 SNCR 系统时需要特别注意控制好分解炉的温度。为了达到最佳的脱硝效果,一般需要满足以下条件:①氨水雾化后的引入位置不应存在火焰。②氧化还原反应发生区域的温度应该控制在 850 ~ 1050℃。③混合气体在反应区的停留时间应越长越好。

该水泥窑项目的 SNCR 工艺流程如图 4-2 所示。进厂氨水储存在氨水罐中,通过控制信号引导输送到调配罐。经调配模块控制氨水(质量分数 20% ~ 25%)与自来水混合调配至适当的浓度,后经离心泵、计量器及分配管道等输送装置进入喷枪。由 DCS 控制信号确定氨的喷入量,喷入分解炉内的氨水与 NOₓ 发生脱硝反应。主反应区发生在预分解窑炉。该项目 SNCR 系统设计的总工艺如图 4-3 所示。SNCR 系统核心设备布置在窑尾平台上,两个储氨罐布置在生料均化库旁。以下是各子系统的说明。

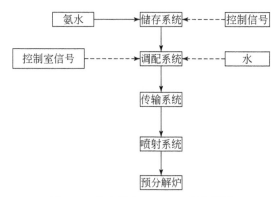

图 4-2　某水泥窑 SNCR 工艺流程图

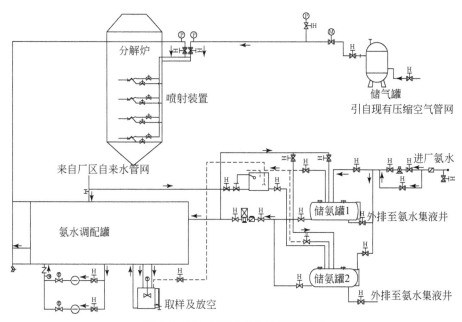

图 4-3　某水泥窑 SNCR 工艺装置图

（1）氨水存储系统

氨水由槽罐车运送至厂内后，进入储氨内储存。氨水储罐的容积需要足够储存数天所需要的还原剂量，且氨水储存罐需一用一备。

（2）调配系统

由控制系统控制，将浓氨水与自来水调配为特定浓度的溶液，后输送至喷枪。

（3）输送系统

输送泵采用离心泵，应有备用。氨水储罐与输送泵之间设有滤网，以避免杂物对后续装置如泵机和喷嘴的损坏。

(4)喷射系统

在将氨水喷入预分解系统之前,将其精确计量并分配到每个喷枪,然后通过喷枪喷入预分解系统。喷射系统设计应与水泥窑系统的安全运行、负荷变化及启停要求相适应,并应考虑现有的窑尾系统的安装和维护。喷射系统设置在窑尾塔中,当氨水通过喷嘴喷射时,氨水充分雾化并以一定角度喷入炉内。喷射系统设有流量调节装置,能够根据不同的工况调节喷射流量。喷射系统应该具有良好的抗热变形和抗震能力。

4.3   选择性催化还原(SCR)脱硝技术

4.3.1   SCR 技术简介

选择性催化还原(selective catalytic reduction, SCR)法是目前国际上应用最为广泛的烟气脱硝技术。该方法主要采用氨(NH_3)作为还原剂,将 NO_x 选择性地还原成 N_2。其具有无副产物,不形成二次污染,装置结构简单,并且脱除效率高(可达90%以上),运行可靠,便于维护等优点。NH_3具有较高的选择性,在一定温度范围内,在催化剂的作用和氧气存在的条件下,NH_3优先和 NO_x 发生还原脱除反应,生成 N_2 和水,而不和烟气中的氧进行氧化反应,因而比无选择性的还原剂脱硝效果好。当采用催化剂来促进 NH_3 和 NO_x 的还原反应时,其反应温度操作窗口取决于所选用催化剂的种类,根据所采用的催化剂的不同,催化反应器应布置在局部烟道中相应温度的位置。

在没有催化剂的情况下,上述化学反应只是在很高的温度范围内(980℃左右)进行,采用催化剂时反应温度可控制在300~400℃下进行,相当于锅炉省煤器与空气预热器之间的烟气温度,上述反应为放热反应,由于 NO_x 在烟气中浓度较低,故反应引起催化剂温度的升高可以忽略。

4.3.2   SCR 技术原理

SCR 是还原剂在催化剂作用下选择性地将 NO_x 还原为 N_2 的方法。对于固定源烟气脱硝,在280~420℃的烟气温度中喷入尿素或氨,将 NO_x 还原为 N_2 和 H_2O(图4-4)。如果尿素做还原剂,首先要发生水解反应:

$$NH_2—CO—NH_2 \longrightarrow NH_3 + HNCO(异氰酸) \qquad (4-16)$$

$$HNCO + H_2O \longrightarrow NH_3 + CO_2 \qquad (4-17)$$

NH_3选择性还原 NO_x 的主要反应式如下:

$$4NH_3 + 4NO + O_2 \longrightarrow 4N_2 + 6H_2O \qquad (4-18)$$

$$8NH_3+6NO_2 \longrightarrow 7N_2+12H_2O \tag{4-19}$$

除了发生以上反应外,在实际过程中随着烟气温度升高还存在如下副反应:

$$4NH_3+3O_2 \longrightarrow 2N_2+6H_2O \quad (>350℃) \tag{4-20}$$

$$4NH_3+5O_2 \longrightarrow 4NO+6H_2O \quad (>350℃) \tag{4-21}$$

$$4NH_3+4O_2 \longrightarrow 2N_2O+6H_2O \quad (>350℃) \tag{4-22}$$

$$2NH_3+2NO_2 \longrightarrow N_2O+N_2+3H_2O \tag{4-23}$$

$$6NH_3+8NO_2 \longrightarrow 7N_2O+9H_2O \tag{4-24}$$

$$4NH_3+4NO_2+O_2 \longrightarrow 4N_2O+6H_2O \tag{4-25}$$

$$4NH_3+4NO+3O_2 \longrightarrow 4N_2O+6H_2O \tag{4-26}$$

$$2NH_3 \longrightarrow N_2+3H_2 \tag{4-27}$$

在 SO_2 和 H_2O 存在条件下,SCR 系统也会在催化剂表面发生如下不利反应:

$$2SO_2+O_2 \longrightarrow 2SO_3 \tag{4-28}$$

$$NH_3+SO_3+H_2O \longrightarrow NH_4HSO_4 \tag{4-29}$$

$$2NH_3+SO_3+H_2O \longrightarrow (NH_4)_2SO_4 \tag{4-30}$$

$$SO_3+H_2O \longrightarrow H_2SO_4 \tag{4-31}$$

反应中形成的 $(NH_4)_2SO_4$ 和 NH_4HSO_4 很容易沾污空气预热器,对空气预热器损害很大。在催化反应时,氮氧化物被还原的程度很大程度依赖于所用的催化剂、反应温度和气体空速。

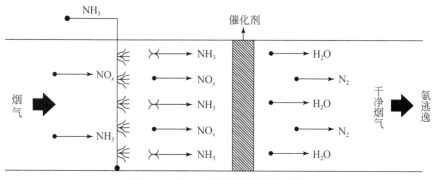

图 4-4　NH_3-SCR 法脱硝基本原理

催化剂一般由基材、载体和活性成分组成。基材是催化剂形状的骨架,主要由钢或陶瓷构成;载体用于承载活性金属,现在很多蜂窝状催化剂则是把载体材料本身作为基材制成蜂窝状;活性成分一般有 V_2O_5、WO_3、MoO_3 等。

目前工业上已成熟应用的催化剂主要是以 TiO_2 为载体的 V_2O_5 基催化剂,通常包括 V_2O_5/TiO_2、V_2O_5/TiO_2-SiO_2、V_2O_5-WO_3/TiO_2 及 V_2O_5-MoO_3/TiO_2 等类型。而在诸多报道中,对于催化剂工作原理的阐释,最具代表性的是 Topsøe 等的研究,其采用 FTIR-MS 技术,根据不同酸的浓度与 NO_x 转化率的关系,得出 B 酸性位上的 NH_4^+ 在 SCR 反应中起主要作用,并且从电子转移角度完善了 Inomata 等[5] 提出的反应历程,表明 V-OH 中的 V 是以五价氧化态形式存在,即 V^{5+}—OH,一方面氨首先吸附在 B 酸性位上形成一 NH_4^+,然后被邻近的 V^{5+}=O 氧化形成—NH_3^+,同时 V^{5+}=O 被还原成 H—O—V^{4+};另一方面,—NH_3^+ 与气相中的 NO 结合形成—NH_3^+ NO,然后分解成 N_2 和 H_2O,而 H—O—V^{4+} 在 O_2 作用下重新氧化形成 V^{5+}=O,从而完成了一个循环(图 4-5)。

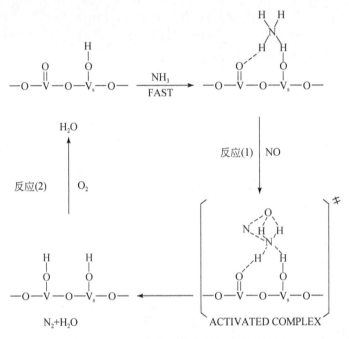

图 4-5　NH_3-SCR 在钒催化剂上的反应过程

4.3.3　SCR 技术工艺流程

　　SCR 系统包括催化剂反应室、氨储运系统、氨喷射系统及相关的测试控制系统(图 4-6)。SCR 工艺的核心装置是脱硝反应器,水平和垂直气流的两种布置方式如图 4-7 所示。在燃煤锅炉中,由于烟气中的含尘量很高,因而一般采用垂直气流方式。脱硝反应器是 SCR 工艺的核心装置,内装有催化剂及吹灰器等。在脱氮反应器的前面还装有烟气流动转向阀、矫正阀等导向设备,有利于脱氮反应充分高效地进行。此外,还可以通过改变省煤器旁路的烟气流量来调节反应温度。

　　目前应用最广泛的还原剂是氨,通常将液氨存放在压力储罐内。储存罐的设计容量一般可供两周使用,电厂 SCR 系统储存罐的尺寸在 $50 \sim 200m^3$。也有的

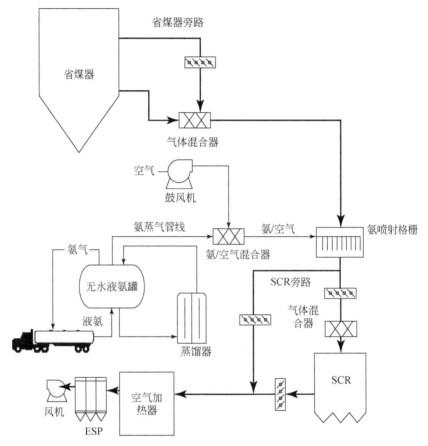

图 4-6　SCR 系统示意图

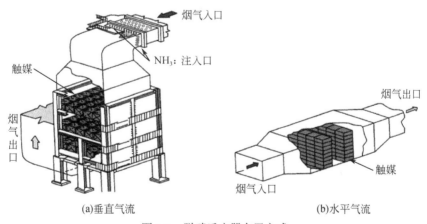

图 4-7　脱硝反应器布置方式

SCR 系统用 NH_3 或稀释的氨水,其存放和运输都比较方便。NH_3 是一种有腐蚀性和强烈刺激性的气体,氨的输送系统除了有必需的阀门和计量仪表,还必须要有相应的安全措施。

氨喷射器也是 SCR 系统的重要组成之一。氨喷射器的安装位置、喷嘴的结构与布置方式都要尽量保证喷入的 NH_3 与烟气充分混合。在将 NH_3 喷入烟气之前,利用热水蒸气或者小型电器设备对液氨进行汽化。将汽化后的 NH_3 与空气混合,通过网格型布置在整个烟道中的喷嘴将 NH_3 和空气混合物(95%~98% 空气、2%~5% 氨)均匀地喷入烟气中。为使 NH_3 与烟气在进入 SCR 反应器前混合均匀,通常将 NH_3 喷射位置选在催化剂上游较远的地方,另外还往往通过设置导流板强化混合程度。SCR 控制系统根据在线采集的系统数据,对 SCR 反应器中的烟气温度、还原剂注入量、吹灰进行自动控制。例如,根据烟气在反应器入口处 NO_x 的分布、控制系统可以分别调整每一个喷嘴的喷射量,以达到最佳的反应条件。

1. SCR 反应器的布置

SCR 脱硝反应器的安装位置有多种可能。通常安装在空气预热器(省煤器)之前,即在常规电除尘器之前。这种方式的优点在于烟气不必加热就能满足适宜的反应温度。但由于此时烟气未经除尘,烟尘容易堵塞催化剂微孔,特别是其中的砷容易使催化剂中毒,导致催化剂失活。SCR 脱硝反应器也可以安装在电除尘器之后,这样虽然克服了前者的缺陷,但是烟气经过电除尘后必须重新加热升温,导致能量的损失。究竟采用哪一种安装方式,应视燃料的种类、燃烧方式及烟气中的烟尘量而定。SCR 反应器在锅炉尾部烟道中布置的位置,有三种可能的方案(图 4-8)。

（1）高温高尘布置

该方式布置在空气预热器前,温度为 280~420℃ 的位置,此时烟气中所含有的全部飞灰和 SO_2 均通过催化反应器,反应器的工作条件是在"肮脏"的高尘烟气中。高温高尘布置的优点是进入脱硝反应器的烟气温度较高,大多催化剂在这个温度区间内有足够高的活性,所以烟气无需再次加热即可获得较高的 NO_x 脱除率。但是催化剂工作在未经除尘脱硫的烟气中,其寿命会受到以下因素的影响[3]:①烟气中的飞灰含有 K、Ca、Na、As 等元素可能会导致催化剂中毒或受污染。②飞灰磨损催化剂床层。③飞灰堵塞催化剂孔道。④部分催化剂易促进烟气中的 SO_2 氧化成 SO_3,因此尽量避免采用这类催化剂。⑤烟气温度降低,H_2O、NH_3 和 SO_3 会生成 $(NH_4)_2SO_4$ 或 NH_4HSO_4,从而覆盖住催化剂表面,堵塞下游的空气预热器。⑥烟气温度过高,催化剂会烧结而失效。为了延长催化剂的寿命,反应器通道需要有足够的空间以防止堵塞。同时,还要注意防腐防磨。

（2）高温低尘布置

该方式 SCR 反应器布置在静电除尘器和空气预热器之间,烟气先经过电除尘

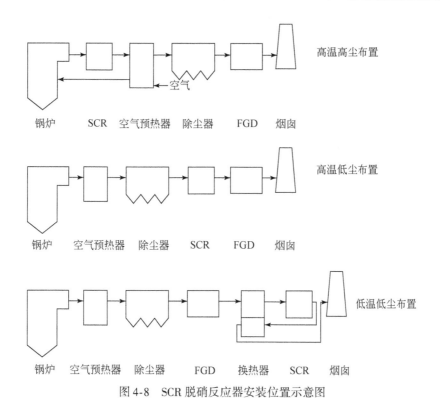

图 4-8 SCR 脱硝反应器安装位置示意图

器以后再进入催化反应器,飞灰含量大幅度降低,这样可以防止烟气中的飞灰对催化剂的污染和将反应器磨损或堵塞。高温低尘 SCR 不需要集尘箱。此时,对于蜂窝状催化剂催化剂的节间距可缩小到 4~7mm,这意味着所需催化剂的体积减小。催化剂寿命更长、催化剂体积更小和不必采用集尘箱使得低尘 SCR 系统的成本小于高尘 SCR 系统。这种布置方式的缺点是烟气通过电除尘器后温度会有所下降。有时需要增加省煤器旁路的烟气流量来保证温度维持在 SCR 系统所需温度范围之内。高温低尘布置的优点是:①烟气中粉尘浓度较低,催化剂的使用寿命更长。②与高温高尘布置相比,高温低尘布置锅炉运行的影响较小。③氨逃逸量比高温高尘布置方式少。高温低尘布置的缺点有:①与高温高尘布置一样,烟气中含有大量 SO_2。②除尘器运行在 300~400℃下,所以对除尘器性能要求较高。

美国某 SCR 改造工程采用了高温低尘布置,因为进入 SCR 系统的烟气中粉尘浓度大大降低。蜂窝型催化剂采用4.2mm 的节板,相比于常规高温高尘布置方案的 6.7~7.3mm 典型节距大大缩小。这使得同等容积下,可以布置更多的催化剂材料。

(3)低温低尘布置

该方式 SCR 反应器布置在除尘器和湿法烟气脱硫装置(FGD)之后,催化剂完全工作在低尘、低 SO_2 的"干净"烟气中。但是尾部烟气的温度区间为 $50 \sim 60℃$，低于脱硝反应所需温度，因此需要对烟气进行再加热。通常使用管路燃烧器或者蒸汽式加热器加热。可以通过气–气换热器回收一部分再热烟气的热能。低温低尘布置的优点是：①锅炉烟气经过除尘脱硫后，烟气流速可以更大，从而使催化剂的消耗量大大的，氨逃逸量是最少的。②不会产生三氧化硫，二次污染小。缺点是有烟气再热系统，增加了投资和运行成本。

(4)建材炉窑布置方式

目前，国内水泥厂采用的除尘技术与国外类似；大部分硫化物超标水泥生产线都没有进行脱硫改造。而对于 NO_x 控制，主要采用低氮燃烧及 SNCR 脱硝，对在电厂广泛应用的 NH_3-SCR 脱硝技术，国内工业化应用实例尚在起步阶段，清华大学烟气多污染物控制技术与装备国家工程实验室在国内某水泥有限公司 4500t/d 熟料生产线烟气超低排放改造工程中，完成国内首台套水泥 SCR 工程建设，该项目窑烟气超低排放改造方案为：窑尾烟气进入电收尘器，再经 SCR 系统进一步选择性催化脱硝，最终废气经袋式收尘器后进入 105m 烟囱外排，其中袋式收尘器滤袋更换为新型超低排放滤袋；窑头废气经袋式收尘器处理后由 45m 高烟囱外排，窑头收尘滤袋更换为新型超低排放滤袋，具体窑尾烟气超低排放改造工艺见图 4-9(图中灰色部分工艺为本次改造部分)。

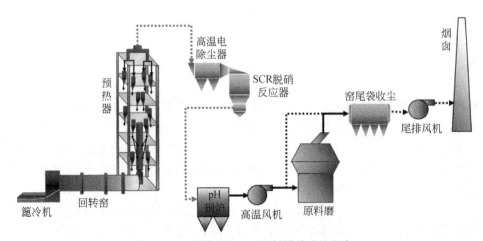

图 4-9　国内某水泥企业超低排放改造方案

除此之外，国外玻璃企业大多以天然气为燃料，由于我国多煤、贫油、少气，仅有 20% 的玻璃生产线采用天然气、煤制气作为燃料，使得我国玻璃熔窑烟气治理面临的问题更加复杂，脱硝系统在运行中常常出现堵塞。国内针对陶瓷成品窑烟气治理普遍采用湿式脱硫除尘一体化技术，而对烟气中 NO_x、氟化物、氯化物、重金属等的治理，其协同控制难度较大。针对这些问题，清华大学提出针对建材行业的推荐布置方案如下。

水泥炉窑,其流程简图见图 4-10。

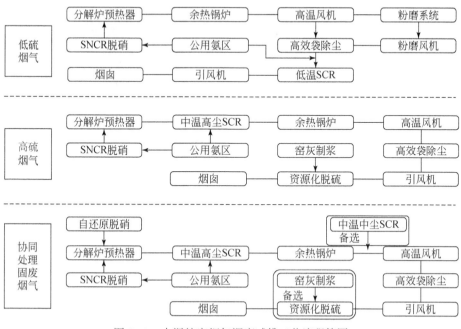

图 4-10　水泥炉窑烟气深度减排工艺流程简图

玻璃炉窑,其流程简图见图 4-11。

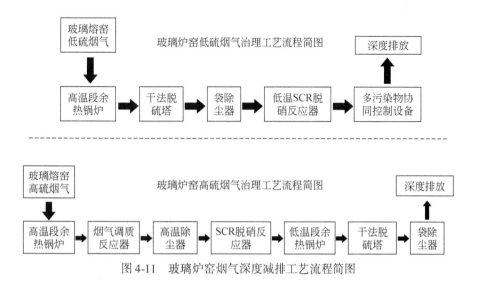

图 4-11　玻璃炉窑烟气深度减排工艺流程简图

陶瓷炉窑,其流程简图见图4-12。

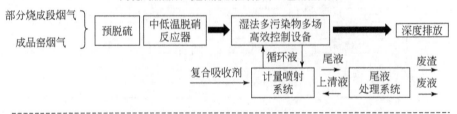

陶瓷成品窑烟气超低排放控制技术工艺流程简图

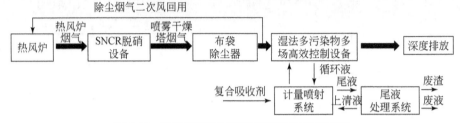

喷雾干燥塔烟气超低排放控制工艺流程简图

图4-12　陶瓷炉窑烟气深度减排工艺流程简图

2. 还原剂系统设备

还原系统设备包括液氨槽车、卸氨压缩机、液氨储罐、液氨蒸发器、NH_3蓄积罐稀释风机、氨/空气混合器、NH_3稀释槽、废水泵、液氨泄露检测器、水雾喷淋系统、喷氨混合装置、阀门站、吹灰器等。

(1)卸氨压缩机

卸氨压缩机的作用是把液态的氨从运输的罐车中转移到液氨储罐中。卸氨压缩机一般为往复式压缩机,它抽取槽车的液氨,经压缩后将液氨槽车的液氨推挤入液氨。

(2)液氨储罐

液氨储罐是SCR脱硝系统液氨储存的设备,需要能够承受一定压力载荷。

(3)液氨蒸发器

液氨蒸发器一般为螺旋管式。管内为液氨,管外为温水浴,以蒸汽直接喷入水中加热至400℃,再以温水将液氨汽化,并加热至常温。蒸汽流量受蒸发槽本身水浴温度控制调节。

(4)NH_3蓄积罐稀释风机

稀释风机的作用是将稀释风引入氨/空气混合系统。稀释风的作用有三个:一是用于控制;二是作为NH_3在烟气道中的喷氨格栅(AIG)将NH_3送入烟道,有助于

加强 NH_3 在烟道中的均匀分布;三是稀释风通常在加热后才混入 NH_3 中,这有助于 NH_3 中水分的汽化。

（5）氨/空气混合器

NH_3 在进入喷氨格栅前需要在氨/空混合器中充分混合,氨/空混合器有助于调节氨的浓度,同时氨和空气在这里充分混合有助于喷氨格栅中喷氨分布的均匀。NH_3 与来自稀释风机的空气混合成 NH_3 体积含量约在 5% 的混合气体后送入烟气中。

（6）NH_3 稀释槽

氨气稀释槽一般为立式水槽。液氨系统各排放出所排放出的氨气由管线汇集后从稀释槽底部进入,通过分散管将氨气分散至稀释槽水中,并且利用大量水来吸收安全阀排放的氨气。

（7）废水泵

废水泵的作用是把稀释槽中的废水抽取排到电厂的废水处理系统。

（8）液氨泄露检测器

液氨储存及供应系统周边一般都设有气氨检测仪,用以检测氨气的泄漏,可显示大气中氨的浓度。

（9）水雾喷淋系统

按《水喷雾灭火系统设计规范》(GB 50219—95 规定喷淋系统响应时间不大于 300s,可改进中间进水缩短进水时间,使水很快到达喷头。

（10）喷氨混合装置

目前工程上使用的喷氨混合装置主要有喷氨格栅和静态混合器。

（11）阀门站

SCR 脱硝系统中,喷氨量是一个很关键的参数,因此由氨/空气混合器出来的氨需要通过阀门站来控制进入喷氨格栅的量及其分布。阀门站由手动阀门和节流孔板组成。

（12）吹灰器

因为有些烟气中飞灰含量较高,一般在高灰区布置 SCR 脱硝系统的运行经验表明,颗粒在催化剂上面的集聚是不可能完全避免的。基于这个原因,必须在 SCR 反应器中安装吹灰器,以除去可能遮盖催化剂活性表面及堵塞气流通道的颗粒物,从而降低系统的压降。反应器内安装的催化剂清洁装置一般为蒸汽吹灰器或者声波吹灰器。

3. 催化反应系统设备

催化反应系统设备由催化反应器本体、整流器、导流板、催化剂层、换热器、引风机、加热器等组成。

（1）催化反应器本体

SCR 反应器是还原剂和烟气中 NO_x 发生催化还原的场所，通常由带有加固助的碳钢制塔体、烟气进出口、催化剂放置层、入孔门、检查门、法兰、催化剂安装门孔、导流叶片及必要的连接件等组成。

（2）整流器和导流板

整流器和导流板可以使流体混合性再度提高，使流场更加均匀，通常为方形的格栅，还可以起到支撑反应器本体的作用。其尺寸可以按流体力学的原理并由模拟的方法达到优化设计。

（3）催化剂层

每个内装填一定体积的催化剂，催化剂装填量的多少，取决于设计的处载气量、效率及催化剂性能。模块是催化剂的最小单元结构，整个催化剂模块组成箱体结构，若干只箱体再组成催化剂层，每个反应器一般由 3 ~ 4 层的催化剂组成。

（4）换热器

脱硝后的烟气约 300℃，可以加一个换热器，用来预热炉子燃烧所需要的空气，以及加热前面提到的稀释空气。换热器要及时清灰，并采用搪瓷表面换热元件，这样可以有效利用废热，达到节能的作用。

（5）引风机

由于增加了脱硝装置，将增加引风机的阻力。所以若原有的风机能力足够则可以继续使用，若不够则需要增容，或是改换风机。

（6）加热器

针对高纯油窑的实际情况，除尘器后的烟气温度在 200℃ 左右。而脱硝反应在 300 ~ 400℃，所以在除尘器和反应器之间应加入加热器对烟气进行加热，使其达到反应所需要的温度。主要是建一座燃烧室和一台煤气发生炉，采用燃煤加热。

4.4　SCR 脱硝催化剂

氨气选择性催化还原法（NH_3-SCR）脱除 NO_x 最初主要应用于燃煤电厂烟气中 NO_x 的排放控制。早在 20 世纪 70 年代，日本就开始在大型电厂脱硝中研究和应用该技术。在 SCR 技术的应用过程中，催化剂是其最核心的部分，其性能直接影响 SCR 系统的整体脱硝效率和稳定性。催化剂成本约占整个 SCR 脱硝工程总投资的 1/3。因此，开发优良的催化剂提高脱硝效果的关键[6]。为了提高 SCR 的去除效率，同时控制成本，选择催化剂时需要注意以下几点。①催化剂在一定的温度范围内保持较高的催化还原活性，且热稳定性较好；②有较高的 N_2 选择性，而 SO_2 氧化率较低（一般要求小于 3%）；③具有较强化学稳定性，对 SO_2、H_2O、卤族酸、碱金属氧化物(如 Na_2O、K_2O、CaO)、磷酸盐(如 $NH_4H_2PO_4$)及重金属(如 PbO、As 等)有较强抗性,即抗中毒性能优异;④催化剂成品结构合理,易于烟气通过,压力损失小;⑤机械强度较高,耐磨损性较好;⑥寿命长,成本低,制备工艺简单,原材料容易获取。

4.4.1 SCR 脱硝催化剂分类

1. 按工作温度分类

根据所使用催化反应发生的温度,SCR 工艺可以分为高温(>300℃)、中低温(<300℃)两种类型。根据烟气温度选择适当的催化剂,反应温度一般在 280 ~ 420℃之间,部分催化剂可以低到 150℃。前者是常规 SCR 技术,后者是当前的研究热点低温 SCR 技术[3]。低温型催化剂已用于钢铁烧结、焦化及水泥、玻璃等炉窑工业烟气中的 NO_x 的脱除。

到目前为止,V_2O_5、Fe_2O_3 和 MnO_x 等多种化合物都已被证明具有一定的低温 SCR 活性。在低温 SCR 脱硝过程中,不仅烟气温度低,而且由于 NH_3 这种碱性气体的存在使得烟道内容易形成(NH_4)$_2SO_4$ 和 NH_4NO_3 等。开发低温脱硝催化剂的目的就是要找到一种活性好、选择性高、稳定性高、操作温度窗口宽的催化剂配方。该催化剂可以放在脱硫和除尘装置以后,适应的温度范围为 200℃甚至更低。

2. 按催化剂组成分类

(1)贵金属类催化剂

贵金属类催化剂主要是 Pt-Rh 和 Pd 等贵金属为活性组分,通常以 Al_2O_3 等整体式陶瓷作为载体。早期 SCR 系统中多采用贵金属类催化剂,其 SCR 反应活性较高,起活温度较低。缺点是价格昂贵,易氧化 NH_3 造成还原剂的浪费。因此,在 20 世纪八九十年代之后被金属氧化物类催化剂所取代,目前应用较少。

(2)金属氧化物类催化剂

①钒基氧化物催化剂[7]。

钒基催化剂(V_2O_5-WO_3/TiO_2 和 V_2O_5-MoO_3/TiO_2)由于活性较高、稳定性好是应用最为广泛的脱硝催化剂。该催化剂由活性成分 V_2O_5、载体 TiO_2 及助剂 WO_3 和 MoO_3 组成,适用于中高温脱硝工艺。催化剂中的 WO_3 和 MoO_3 的主要作用是增加催化剂的活性和热稳定性,防止锐钛矿烧结并减小比表面积的丧失。另外,WO_3 和 MoO_3 能与 SO_3 竞争 TiO_2 表面的碱性位,从而限制催化剂的硫酸盐化,增强催化剂的抗硫性能。钒基催化剂在 380 ~ 420℃范围内活性较高。但是如果温度过高,NH_3 氧化副反应会较为明显,导致 NO_x 转化率和 N_2 选择性下降。另外,钒基催化剂存在 V_2O_5 有毒、低温活性差等缺点。

②过渡金属氧化物催化剂。

不同的氧化物的活性温度范围差别很大。用沉淀法制备的 MnO_x 等单组分金属氧化物催化剂的 NH_3-SCR 活性如图 4-13 所示。

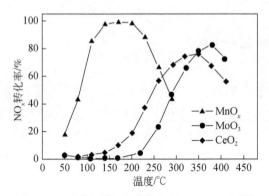

图 4-13　不同金属氧化物催化剂 NH_3-SCR 活性

由图 4-13 可以看出,利用沉淀法制备的金属氧化物催化剂 NH_3-SCR 活性差别明显。MnO_x 在 110℃ 即有 85% 的 NO_x 转化率,并且在 110～230℃ 具有 85% 以上的 NO_x 转化率。由于锰多变的价态和特殊的物理化学性质,锰氧化物具有多种稳定的化合状态。正是这种多价态共存的化合状态使得样品表面的氧原子更活跃,这已经被证明是 MnO_x 低温 SCR 活性好的原因之一。CeO_2 和 MoO_3 分别在 200℃ 和 250℃ 以上才表现出一定的活性,并且它们的活性温度窗口都较窄,最高 NO_x 转化率不到 80%。一般认为 MoO_3 的相结构通常有 3 种形式:包括热力学最稳定的正交或斜方相(α-MoO_3)、亚稳态的单斜相(β-MoO_3)及六方相(h-MoO_3)。CeO_2 具有丰富的氧空穴和缺陷结构[8],并且 Ce^{4+} 和 Ce^{3+} 之间容易相互转化。因此,MoO_3 和 CeO_2 在 200℃ 以上都表现出了一定的活性。

锰氧化物(MnO_x)由于具有优良的低温活性受到了研究者的广泛关注,已有很多锰氧化物用于低温 SCR 反应的报道。在对锰基催化剂的研究中发现,制备方法和焙烧温度对锰氧化物的结晶度影响很大。一般认为,锰氧化物的结晶度越高,SCR 活性越差。唐晓龙等[9]利用流变相法(rheological phase,RP)、低温固相法(low temperature solid phase,SP)、共沉淀法(co-precipitation,CP)和柠檬酸法(citric acid,CA)等不同方法制备锰氧化物并用于 SCR 反应。结果显示,柠檬酸法制备出了具有高结晶度的 Mn_2O_3;而低温固相法和共沉淀法制备的 MnO_x,以及流变相法制备并在 350℃ 焙烧的 MnO_x 样品都表现出了无定形结构。图 4-14 显示了不同方法制备的非负载型 MnO_x 的 SCR 活性。

可以看出,低温时,低结晶度的锰氧化物表现出了较高的 NO_x 转化率。Kang 等[10,11]用沉淀法制备了锰氧化物催化剂并考察了沉淀剂和焙烧温度的影响。结

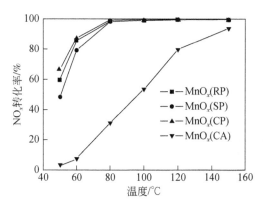

图 4-14　不同制备方法制备的 MnO_x 催化剂 NH_3-SCR 活性。反应条件：
0.5g，500ppm NO，500ppm NH_3，3% O_2，N_2 为平衡气，GHSV = 47000h^{-1}

果表明，碳酸钠作为沉淀剂制备的锰氧化物（MnO_x-SC）具有更高的比表面积，这进一步促进了其 SCR 活性。他们认为 MnO_x-SC 催化剂部分分解并呈现出的无定形结构也可能是其活性较高的原因之一。

　　不仅结晶度，比表面积和氧化态在一定程度上也影响锰氧化物的活性。由于无定形结构具有巨大的比表面积，对低温 SCR 反应有利。锰氧化物种类很多，已知的 MnO_2、Mn_5O_8、Mn_2O_3、Mn_3O_4 和 MnO 等在空气中都可以稳定存在。Kapteijn 等[12]报道在低温 SCR 反应中 MnO_2 单位比表面积活性最高，Mn_2O_3 选择性最好。各锰氧化物 TPR 曲线的起始还原温度按顺序为：MnO_2（C）<Mn_5O_8<Mn_2O_3（C）<Mn_3O_4（C），该顺序与活性顺序一致。所研究的几种锰氧化物都呈现出 N_2 选择性随温度升高而下降的趋势。在相同温度下，NO 转化率越高 N_2 选择性越差，说明反应物的分压大小影响产物的种类。因此，催化剂表面可能有多种反应机理同时进行。一种可能的情形是在温度高于 152℃ 时 NH_3 可能在 MnO_x 表面被氧化成 N_2O 和 NO。

　　由于 MnO_x 中 Mn 价态多变，并且不同氧化价态锰的键能相近，在研究 MnO_x 催化剂的催化机理和动力学时确定 Mn 的氧化价态和不同相的含量成为很困难的问题。Galakhov 等[13]建议将 Mn 3s 电子的解离能与平均氧化态（average oxidation state，AOS）相关联来判断锰的平均化合价态。该方法有助于区分锰的不同价态，并已被许多研究者接受。Tang 等[14]研究了晶型对 MnO_2 脱硝性能的影响，如图 4-15 所示。研究发现在 β-MnO_2 上单位比表面积的 NO 转化率和 N_2O 生成速率都远远高于 α-Mn_2O_3。β-MnO_2 表面的 Mn—O 键能较小，使得 NH_3 活化更容易且易被氧化成 N_2O，这可能是 β-MnO_2 上 N_2O 选择性较高的原因。

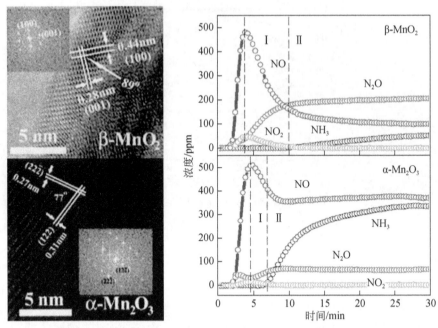

图 4-15　不同价态 MnO$_2$ 的 HRTEM 结果及催化剂上 NH$_3$+NO+O$_2$ 的瞬态反应。反应条件：
0.2g 样品,680ppm NO,680ppm NH$_3$,3.0% O$_2$,N$_2$ 为平衡气,气体流速 300mL/min,150℃

对 α-MnO$_2$、β-MnO$_2$ 和 γ-MnO$_2$ 催化剂进行活性测试的结果如图 4-16 所示。由图 4-16 可以看出,在低温段(<200℃),NO$_x$ 转化率随着温度的升高而上升,活性顺序为 α-MnO$_2$>γ-MnO$_2$>β-MnO$_2$;在 200℃ 处,三种催化剂的 NO$_x$ 转化率都达到 95% 以上;当温度>200℃ 时,三者的活性都有所下降,而以 α-MnO$_2$ 下降最多,其 NO$_x$ 转化率低于 γ-MnO$_2$ 和 β-MnO$_2$。可以认为,当温度高于 200℃ 时,α-MnO$_2$、β-MnO$_2$ 和 γ-MnO$_2$ 可能都发生了 NH$_3$ 氧化反应而生成 NO$_x$,且 α-MnO$_2$ 催化剂上的 NH$_3$ 氧化反应更剧烈。

③复合金属氧化物催化剂。

复合金属氧化物催化剂利用不同金属氧化物的优势将一种或者几种不同的金属氧化物用来改性催化剂的主活性组分,往往取得不错的效果。不同的金属元素相互掺杂可以影响彼此的化学性能和物理性质,包括电子分布和结构性能等,进一步改善催化性能。锰氧化物和铜、铈等氧化物可以形成固溶体[15-17]。含有锰的复合金属氧化物的结构和 Mn 元素的分布跟掺杂的金属、锰的相对物质的量比有很大关系。锰的相对物质的量比不同,锰的化合态也会不同,进一步影响锰基金属氧化物催化剂的 SCR 活性[18]。此外,锰与其他氧化物复合还可以提高比表面积和孔隙度,破坏规则的晶体结构并使其无序化,促进晶格氧的可移动性和 NO$_x$ 吸附

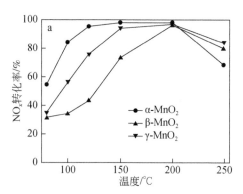

图 4-16　α-MnO$_2$、β-MnO$_2$ 和 γ-MnO$_2$ 催化剂的 NO$_x$ 转化率。反应条件:NO 1000ppm,

NH$_3$ 1000ppm,O$_2$ 2%,N$_2$ 为平衡气,200mL/min,催化剂 0.4g,空速 38000h^{-1}

性能[19,20]。

　　锰基双金属氧化物催化剂在低温 SCR 反应中具有良好的性能。Long 等[21] 报道 Fe-Mn 催化剂具有很好的低温 SCR 活性,这种良好的性能可能与该催化剂低温下很容易将 NO 氧化为 NO$_2$ 有关。Qi 等[16,17] 研究了 MnO$_x$-CeO$_2$ 催化剂的低温活性,认为 Mn/(Mn+Ce)物质的量比、焙烧温度和氧气浓度对 SCR 活性有重要影响。通过动力学分析他们认为在该催化剂上 SCR 反应相对于 NH$_3$ 是零级反应,相对于 NO 是一级反应。他们还将许多其他过渡金属掺杂到 MnO$_x$-CeO$_2$ 催化剂里用来改善催化性能,结果发现,Fe 和 Zr 可以促进低温活性和 N$_2$ 选择性,Pr 的加入可以促进 N$_2$ 选择性和抗 H$_2$O 和 SO$_2$ 的能力。焙烧温度可以显著影响结晶度和催化剂的结构。一般地,焙烧温度越高,复合氧化物的晶粒尺寸越大,BET 比表面积越小[22]。

　　清华大学李俊华课题组发现,Ti 掺杂后可与磁赤铁矿催化剂形成固溶体从而显著改善其中低温 N$_2$ 选择性问题。固溶体中的 Fe 和 Ti 分别以 Fe^{3+} 和 Ti^{4+} 存在。在催化剂维持电中性的过程中晶格氧含量升高。除此之外,铁氧离子的电负性降低,使 Fe^{3+} 的活性和移动能力下降。这些变化为催化剂带来了两个重要改善:催化剂的氧化还原性下降;Lewis 酸与 Brönsted 酸数量上升[23]。对钒基复合氧化物催化剂的研究发现,以分析纯偏钒酸铵、锐钛矿型钛白粉为主要原料,制备三叶草形条状催化剂颗粒,当焙烧温度为 450℃ 时,催化剂样品具有最佳的脱硝催化活性及抗压机械强度;在干燥温度为 80℃ ,干燥时间为 0.5h 时,催化剂样品具有最佳的脱硝催化活性及抗压机械强度;添加 H$_3$BO$_3$+SiO$_2$ 量为 7.5% 时,催化剂抗压机械强度提高最为明显,且稳定性较好[24]。在铈基催化剂研发过程中发现,以硫酸铈为前驱体通过水热法制备的催化剂 CeO$_2$—SH 在 230~450℃ 的温度范围内表现出优异的 SCR 活性和很高的氮气选择性;CeO$_2$—SH 催化剂的表面形成了 Ce^{4+} 的硫酸盐,可能是 $Ce(SO_4)_2$ 或 $CeOSO_4$ 等特殊种类的硫酸盐;这些硫酸盐物种促进了催化剂对 NH_3 的吸附,并且降低了 NH_3 在 Ce^{4+} 上直接被氧化成 N_2O 的反应活性,因此, NH_3 的选择性氧化大大增强,新型催化剂在 SCR 反应中表现出很高的 N_2 选择性。 CeO_2—SH 催化剂的抗碱金属(如钠、钾等)中毒性能也有所提高。 CeO_2-MoO_3 催化剂与 V_2O_5-MoO_3/TiO_2 催化剂相比表现出更好的磷耐受性与氮气选择性优越的 NO 氧化活性有助于 CeO_2 和 CeO_2-MoO_3 催化剂克服磷中毒对活性的影响。增大的比表面积与表面丰富的酸性位使得 CeO_2-MoO_3 催化剂拥有卓越的催化活性。CeMo/Ti 催化剂和 VW/Ti 催化剂的 M-O 或 M-OH 的酸–碱性质和氧化还原性能是相互关联的。碱性位的强度是中低温 HCl 和 SO_2 中毒的主要影响。HCl 易和强碱性 O^{2-} 离子相互作用,导致 CeMo/Ti 催化剂氧化还原循环的破坏和酸碱中心—OH 基团的生成。前者导致了低温 SCR 活性的降低。同时, NH_3 的过氧化和 N_2O 的生成在中毒后被抑制了[25]。

(3)分子筛型催化剂

第三类是沸石分子筛型,主要是采用离子交换方法制成的金属离子交换沸石,通常采用碳氢化合物作为还原剂,所采用的沸石类型主要包括 Y-沸石、ZSM 系列、MFI、MOR 等,特别是 Cu-ZSM-5,国外学者对其研究较多。这一类催化剂的特点是具有活性的温度区间较高,最高可以达到 600℃。同时,这类催化剂也是目前国外学者研究的重点,但是工业应用方面还不多。

分子筛是一种重要的催化材料载体,按照孔径大小可以分为微孔(<2nm)、介孔(2~50nm)和大孔(>50nm)分子筛,其中微孔分子筛又可以细分为小孔(<0.5nm)、中孔(0.5~0.7nm)和大孔(0.7~2nm)材料。许多金属分子筛催化剂都在 NH_3-SCR 反应中有良好的催化性能,例如以 $Cu^{[26,27]}$、$Fe^{[28,29]}$、$Mn^{[30]}$ 和 $Ce^{[31-33]}$ 为活性组分的分子筛催化剂。其中,Cu 基和 Fe 基分子筛催化剂是最为活泼的 NH_3-SCR 催化剂,得到了广泛的研究。尤其值得关注的是,Cu-ZSM-5 和 Fe-ZSM-5 催化剂表现了较高的 NH_3-SCR 反应活性和较好的抗水抗硫性能,被看作有可能在脱硝上广泛应用的催化剂[34]。尽管如此,研究者期待 Cu-ZSM-5 和 Fe-ZSM-5 催化剂的活性窗口能进一步拓宽,以满足烟气排放控制的需要。一般认为,Cu-ZSM-5 在 350℃ 以上的活性,Fe-ZSM-5 在 300℃ 以下的活性仍有较大的提升空间[35]。与传统钒基催化剂进行对比,经过长时间水热老化处理 Cu/分子筛和 Fe/分子筛催化剂的 NH_3-SCR 反应活性如图 4-17 所示[36]。实验结果表明,Cu/分子筛和 Fe/分子筛具有良好的水热稳定性。Fe/分子筛催化剂的低温 SCR 活性不佳,但具有较高的高温活性。

传统的铜基介孔分子筛催化剂的水热稳定性较差,而铜基小孔分子筛催化剂具有良好的反应活性、选择性和水热稳定性[37,38]。近年来,有关 Cu-SSZ-13 和 Cu-SAPO-34 的研究已成为 NO_x 净化的热点,该材料已成为 NH_3-SCR 反应的主要催化

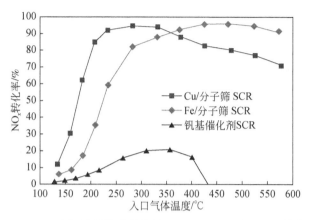

图 4-17　Cu、Fe 和钒基整体式催化剂上 NH$_3$-SCR 反应的 NO$_x$ 转化率[36]

剂,受到国内外研究者的广泛关注。由于铜基小孔分子筛催化剂的巨大应用潜力,研究者针对 Cu-SSZ-13 和 Cu-SAPO-34 催化剂开展了大量研究,主要关注两种催化剂上铜活性位的存在和水热老化对催化剂反应活性及物化性质的影响等。

4.4.2　SCR 催化剂制备及性能测试

1. 催化剂制备

(1)浸渍法[2]

浸渍法(impregnation)通常是将载体浸入可溶性且易热分解的盐溶液中进行浸渍,然后蒸干溶剂使溶质负载在载体上,最后进行焙烧或还原处理。由于盐类的分解和氧化还原,沉积在载体上的就是催化剂的活性组分。浸渍液中所含活性组分,应具有溶解度大、结构稳定、受热易分解等特点,一般多选用活性组分的硝酸盐、乙酸盐和铵盐等可溶性盐。浸渍法的基本原理是,当载体与浸渍液接触时,表面张力作用使浸渍液进入载体孔道中,然后浸渍液中的活性组分再在孔道表面吸附,如果是多组分浸渍,各组分间会产生竞争性吸附。制备多组分催化剂时,为了防止竞争吸附所引起的不均匀,也可以采用分步多次浸渍。这种方法可以灵活控制活性组分的负载量,但是当活性组分与载体相互作用较弱且负载量较大时,在干燥、焙烧和还原过程中容易造成活性组分之间的聚集,例如金属颗粒的长大。

浸渍条件的不同,会产生不同的浸渍效果,比较重要的浸渍条件有浸渍时间、浸渍液浓度和浸渍前载体的干燥或湿润状态。

浸渍法有很多优点。第一,可使用现成的有一定外形和尺寸的载体材料,省去成形过程;第二,可选择合适的载体以提供催化剂所需的物理结构特性,如比表面、孔容孔径和强度等;第三,由于所浸渍的组分全部分布在载体表面,用量可减少,利用率较高,这对负载贵金属催化剂尤其重要;第四,所负载的量可直接由制备条件计算而得。

（2）沉淀法

沉淀法（precipitation）分非负载沉淀法和负载沉淀法。非负载沉淀法借助于沉淀反应,用沉淀剂（一般是碱性物质）将可溶性的催化剂组分（金属盐类）转变为难溶化合物,再将生成的难溶化合物经分离、洗涤、干燥和焙烧成型或还原等步骤制成催化剂。负载沉淀法首先要使可溶性的催化剂活性组分和载体混合均匀,然后用沉淀剂将活性组分沉淀在载体上,常用于制备高含量的非贵金属、金属氧化物和金属盐催化剂。

SCR 催化剂通常不止一种活性组分,在制备中常用的沉淀法有共沉淀法和均匀沉淀法。共沉淀法是将催化剂所需的两个或者两个以上的组分一起沉淀的一个方法,可以一次同时获得几个活性组分且分布较为均匀。为了避免各组分的分步沉淀,各金属盐的浓度、沉淀剂的浓度、介质的 pH 及其他条件必须同时满足各组分一起沉淀的要求。为得到更加均匀的催化剂还可采用均匀沉淀法。它不是把沉淀剂直接加到待沉淀的溶液中,也不是加沉淀剂后立即产生沉淀反应,而是首先使沉淀的溶液与沉淀剂母体充分混合,造成一个均匀的体系,然后调节温度、逐渐提高 pH 或在体系中逐渐生成沉淀剂等方式,创造形成沉淀的条件,使沉淀缓慢地进行。

（3）混合法

混合法是将两种或者多种催化剂活性组分,以粉状细粒子在球磨机或者碾压机上经过机械混合后成型、干燥、焙烧后制得催化剂。混合法分湿法混合和干法混合。混合法设备简单,操作方便,生产能力大,但容易造成活性组分分布不均匀,适合制备活性组分含量较高的催化剂。

（4）离子交换法

离子交换法（ion exchange）是某些具有离子交换特性的材料（表面存在可以交换的离子）,如离子交换树脂、沸石分子筛等,借助于离子交换反应,将所需的活性组分通过离子交换负载到载体上,然后再经过处理制成所需要的催化剂。离子交换法制备的催化剂活性组分分散性高,适合活性组分含量低的催化剂的制备。

（5）水热合成法

对难溶于水的催化剂原料的水溶液加压升温,可以得到结晶性的产物。硅铝分子筛催化剂或催化剂载体可以通过这样的方法合成。

（6）锚定法[39]

锚定法通过化学键合的方式将活性组分定位在载体表面上。此法多以有机高分子、离子交换树脂或无机物为载体,负载 Rh、Pd、Pt、Co、Ni 等过渡金属络合物。载体的表面上需要有某些功能团（或经化学处理后接上功能团）,例如—X、

—CHX、—OH 等基团(X 代表卤素)。将这类载体膦化、胂化或者胺化,之后利用这些引入的磷、砷、氮原子与络合物中心金属离子进行配位络合,制得固相化催化剂。

(7) 微乳液法

纳米粒子在很多化学反应中表现出优良的催化性能。微乳液法操作较为简单,制备的催化剂粒径可调且分布均匀,可以制备 10nm 以下的纳米催化剂颗粒。微乳液法制备催化剂具有金属负载量低,能够精确控制颗粒微结构和组成,可以在较低温度下进行等优点。制备纳米催化剂的微乳液通常选用 W/O 型体系,由有机溶剂、水溶液、表面活性剂及助表面活性剂。微乳液作为热力学稳定体系,利用水核能够稳定地高度分散于油相这一特性来制备纳米级催化剂,制备过程分为 4 个阶段:配制微乳体系、混合反应(沉淀反应)、分离产物及焙烧成型。沉淀反应的方式通常有:①两份分别增容有反应物的微乳液混合。②一种反应物在水核内,另一种以水溶液的形式存在,然后混合反应。③一种反应物在水核内,另一种反应物为气体。当纳米催化剂生成后,絮凝沉淀等方法进行分离提取。分离出来的催化剂一般还处在钝态,需要进行焙烧活化。在热处理过程中,需要选择适当的温度和升温速率以使催化剂保持良好的颗粒大小、结构及活性。

(8) 溶胶-凝胶法

溶胶-凝胶法(Sol-Gel,S-G)就是以无机物或金属醇盐作前驱体,在溶液中将这些原料均匀混合,通过水解、缩合等反应,形成稳定的透明溶胶体系。溶胶经过陈化,胶粒缓慢聚合形成具有三维网络结构的凝胶。凝胶经过干燥、烧结固化制备出纳米催化材料。溶胶-凝胶法具有许多独特的优点;①原料预先被分散到溶剂中,因此反应物易混合均匀。②在掺入一些微量元素时,可以实现分子水平上的均匀掺杂。③合成温度较低。但溶胶-凝胶法也存在一些问题,例如金属醇盐成本较高;溶胶陈化过程所需时间较长,常需要几天或几周等。

(9) 其他方法

催化剂的其他制备方法还有沥滤法、电解法等。近年来也出现了纤维化法和模板法等新技术,也有均相催化剂固相化的方法等新方向。同时,可考虑几种制备方式结合使用。

2. 催化剂成型

催化剂床层的几何外形和尺寸对流体阻力、气流流速、床层温度分布、浓度分布等都有影响。为了充分发挥催化剂的潜力,催化剂应当具有合适的外形和尺寸,制备不同外形的催化剂需要不同的成型方法,例如能形成凝胶的前体物质,可以制成微球或小球催化剂;塑性较好的黏浆易挤条或压片成型[39]。

(1)喷雾成型

将配置好的溶胶通过高压(约 100kg/cm²)喷头在干燥塔内喷雾分散,经热空气干燥后成为微球状干凝胶,粒度范围通常为 30～200μm。喷雾成型的关键是浆液的雾化过程。

(2)油柱成型

将两路原料溶液按一定的比例打入低压(3～6kg/cm²)喷头,在喷头内迅速混合形成溶胶,喷出后以小液滴状态分散油柱中,在几秒内凝结成水凝胶,脱水后呈微球(70～800μm)或小球状(2～5mm)。油柱成型所得的产品形状规则,机械强度较良好。分子筛催化剂常用此法成型。

(3)转动成型

把干燥的粉末放在回转转盘里,喷入雾状黏结剂(例如水)部分粉末被润湿后黏结为粒度很小的颗粒,形成核。随着转盘转动,核逐渐长大为圆球,长到一定大小后,便从转盘下沿滚出。为了成型顺利,最好预先加入少量核。利用不同的粉料和黏结剂可以分层成球,从而制备蛋壳形催化剂。

(4)挤条成型

在滤饼或粉末中加入黏结剂,经碾压捏和后形成泥状黏浆。利用活塞或螺旋将浆料压过多孔板,挤成几乎等长等径的条形圆柱体或环柱体,再经干燥、煅烧便得条状催化剂产品。

(5)压片成型

在压片机中,将许多粉末物料压制成大小均匀、外形一致、机械强度高的片状圆柱体催化剂。这类催化剂适用于高压、高气速反应。通常只有莫氏硬度小于 4 的物料能够直接压片,而对于刚性粉末,在压片之前需要加入塑性黏结剂以改善凝结效果,从而完成压片。

3. 催化剂活化

在制备过程中,成形或干燥后的产物,通常既不处在催化剂所需的化学状态,也尚未具备合适的物理结构,处于钝化状态难以起到催化作用。需要将其进一步煅烧分解或进行其他处理,如还原、氧化、硫化及羟基化等,使转变为活泼态催化剂。这一过程即催化剂的活化。

(1)煅烧

部分钝态催化剂经过煅烧处理便具有催化活性,例如一些氧化物催化剂。有的催化剂如金属催化剂,煅烧后还需要进行还原处理。煅烧处理有以下几种作用:①通过热分解,除去化学结合水和挥发性物质(如二氧化碳、氨等)使催化剂转变为所需的化学状态。②通过固相反应、再结晶,获得具有特定的晶型、晶粒度、孔径和比表面积的催化剂成品。③通过适当烧结,提高催化剂的机械强度。

（2）还原

煅烧过的催化剂,多数以高价的氧化物形式存在。某些情况下其尚未具备催化活性,必须用氢气等还原性物质,将催化剂还原为活泼态的金属或低价氧化物。有的催化剂需要预还原,以轻度钝化态保存。这类预还原催化剂在使用前经稍加活化便能投入生产。

4. 性能测试

表 4-1 为 SCR 催化剂的催化活性、产物选择性和稳定性的各项指标。

表 4-1　SCR 催化剂的催化活性、产物选择性和稳定性的各项指标[2]

催化指标	SCR 催化指标
催化活性	反应速率
	NO$_x$ 的转化率
	反应速率常数
	活化能
	起燃温度
产物选择性	N$_2$ 的选择性
稳定性	耐热稳定性
	机械稳定性
	抗毒稳定性(可逆、不可逆)

（1）活性测试

催化剂的活性属于反应动力学研究范畴。可以用反应速率、速率常数、活化能、转化率、起燃温度和周转数等指标来考察一个催化反应体系的活性。在 SCR 催化研究中,转化率和起燃温度常被直观地用来表示催化剂的活性。而反应速率常数、活化能及周转数更能揭示一个催化反应体系的微观动力学本质。

多相催化反应通常包括以下 7 个基本步骤:①反应物从本体扩散到催化剂外表面(边界层);②反应物在催化剂孔内扩散;③反应物在催化剂表面进行化学吸附;④被吸附的反应物在催化剂表面进行反应转化为产物;⑤产物从催化剂表面脱附;⑥产物从催化剂微孔扩散到外表面;⑦产物从催化剂外表面扩散到气相。其中①和⑦被称为外扩散过程,②和⑥被称为内扩散过程,③~⑤被称为表面反应过程或反应动力学过程。其中最慢的一步叫做速控步骤。显然,对于一个催化反应体系,只有内外扩散完全消除后,测得的反应速率才体现催化剂的本征特性。实验中,在保持接触时间(M/F)恒定条件下,增加通过催化剂床层的流体(气体或液体)的质量流速,使滞流层变薄并最终消失。当进料流体的质量流速超过某一数值时,转化率达到最大。此时外扩散效应基本消除。内扩散是指反应物分子从催化剂外表面向内孔道的扩散过程。对于产物而言则相反。因此,对于给定的反应体系,内扩散只与催化剂颗粒物内孔道以及颗粒物之间形成的孔隙长短有关。当减小颗粒物尺寸时,颗粒物内孔道及颗粒物之间形成的孔隙变短,从而得以消除内扩散。实验中,在消除外扩散的前提下,保持 M/F 恒定,改变所用催化剂的力度,测定反应的转化率,从而获得转化率与催化剂粒度的关系。当催化剂粒度降低到一定程度时,转化率不再增加,表示内扩散效应消除。因此,在进行活性评价时,需要通过上述方法消除内外扩散效应。

从反应物和生成物的进出方式上,催化反应器可以分为反应釜式和流通式两大类。所谓反应釜式催化器,是指一次性加入反应物和催化剂,均匀搅拌条件下进行反应,一定时间后取出生成物。均相催化反应主要使用这种反应器。另外,反应速率较慢、转化率要求较高的催化反应使用这种反应器比较有利。研究自然界自发的环境催化时可以把大气层看成一个封闭的光和热的环境催化反应器。出于应用的目的,人为的环境催化反应大多采用流通式催化反应器进行研究。流通式催化反应器又可按照反应物料的流型、传热传质情况等分为两种理想的反应器,即连续搅拌釜式反应器(CSTR)和柱塞流管式反应器(PFR)。

连续搅拌釜式反应器是完全返混式反应器,槽内物料在各点的温度、组成和性质完全均匀且物料进出平衡。因此,总包反应速率等于点速率。在稳态下,其反应速率为

$$r = \frac{n_0 - n_f}{V/F} = \frac{n_0 - n_f}{\tau} \tag{4-32}$$

式中,r——反应速率,mol/s;n_0、n_f——分别为流入和流出反应槽的反应物的物质的量,mol;V——反应槽的催化剂体积空间,m^3;F——流量,m^3/s;τ——空时,s。

因此,对于该类型的反应器,只需要测定反应器进出口反应物的浓度变化和空时,可直接计算反应速率。

柱塞流管式反应器是实验室更常见的活性评价装置。在理想状态下,柱塞流管式反应器中反应物在轴向无返混,而在径向上完全混合。那么反应物沿反应管向出口方向流动,反应物逐渐转化。因此,反应物浓度沿反应器轴向存在浓度梯度,反应器各点的反应速率也随长度变化而变化[18]。

一般的,反应器入口处 x_0 为反应的反应转换率(一般为 0);x_1 为反应某一时刻的反应物转化率;x_f 为反应器出口处的反应物转化率。

稳态下,反应体积为 V 的均匀截面反应管,反应物以恒定的进料量 F 进入反应区,x 为反应物的转化率。对于一微体积元 dV,根据物料平衡,单位时间内反应物在该微体积元内转化掉的反应物为 rdV;同时,设在该微体积元 dV 中转化率的增量为 dx,那么单位时间内反应物在该微体积元内转化掉的反应物也等于 Fdx。因此,

$$rdV = Fdx \tag{4-33}$$

那么,流动体系中反应速率定义为

$$r = \frac{dx}{\dfrac{dV}{F}} \tag{4-34}$$

如前所述,r 随沿轴向变化而变化,也就是转化率 x 的函数,F 是一常数。因此,对于整个催化剂床层而言有,

$$\int_0^V \frac{d_V}{F} = \int_0^{x_f} \frac{dx}{r} \tag{4-35}$$

即

$$\frac{V}{F} = \int_0^{x_f} \frac{dx}{r} \tag{4-36}$$

如果 r 与 x 的函数关系已知,则可利用上述方程计算反应速率。在多相催化中,常常用催化剂的质量微分量 dM 代替体积微分量 dV,则

$$\frac{M}{F} = \int_0^{x_f} \frac{dx}{r} \tag{4-37}$$

此时,反应速率表示单位催化剂质量的反应速率。

在实验中,根据最终转化率的大小可将柱塞流管式反应器分为积分反应器和微分反应器。积分反应器是指反应物一次通过后有较高的转化率(> 0.25);微分反应器与积分反应器在结构上并无原则上的区别,只是催化剂用量较少,转化率低(< 0.05 ,个别允许达到 0.10)。积分反应器中,反应物的浓度、反应速率在反应管的轴向上存在明显的梯度。因此,式(4-36)和(4-37)中,进行积分运算的时候,必须明确 r 和 x 的函数关系。当然,也可以利用图解法求得积分反应器的反应速率。即在温度恒定时,改变 M/F,测得相应的 x,利用 x 对 M/F 作图,得到反应速率的等温线,线上各点的斜率为该 M/F 值下的反应速率。而对于微分反应器,在不同截面的温度、压力及反应物浓度变化都非常小,可近似认为不同截面上的反应速率为常数。因此,式(4-37)可简化为

$$\frac{M}{F} = \frac{1}{r} \int_0^{x_f} dx \tag{4-38}$$

因此

$$r = \frac{M}{F}(x_f - x_0) \tag{4-39}$$

因为 $x_0 = 0$,所以对于微分反应器而言,只需要测定反应器出口处的转化率即可计算反应速率[18]。

对于催化反应体系

$$aA + bB \longrightarrow cC + dD \tag{4-40}$$

总包反应速率可用幂函数表达为

$$r = kc_A^{\alpha} C_B^{\beta} \tag{4-41}$$

式中,k——反应速率常数;α,β——反应物 A 和 B 的反应级数。

对式(4-41)进行对数处理可得到

$$\ln r = \ln k + \alpha \ln c_A + \beta \ln c_B \tag{4-42}$$

因此,利用反应速率和反应物浓度的对数关系可获得反应速率常数和反应级数的信息。依据反应速率常数,可进一步测得反应活化能、比活性等参数。

应当指出,这种理想的柱塞流管式反应器和连续搅拌釜式反应器在实际操作的层面是不存在的,实际的反应器都介于这两种理想反应器之间。

当催化剂为固体、反应流体为气体或液体时,从催化剂的装填方式上这种流动式催化反应器又可分为固定床催化反应器和流化床催化反应器。固定床催化反应器比较接近柱塞流管式反应器;而流化床催化反应器比较接近连续搅拌釜式反应器。固定床催化反应器的优点是反应流体的压力损失较小,可以填充各种成型的催化剂,比较容易小型化。流化床催化反应器的优点是催化剂和反应流体接触充分,催化效率较高。固定床催化反应器和流化床催化反应器都普遍应用于工业催化。为了操作方便,实验室规模的微型催化反应器一般采用固定床方式,更多地用于催化反应体系的活性评价和工艺条件的探索。由于应用对象性质的需要,实际应用的环境催化体系大多采用固定床催化反应器,如烟气脱硝的 SCR 反应器和汽车尾气净化的三效催化剂反应器,都属于这种固定床催化反应器。

从传热方式来看,催化反应器可以分为绝热反应器和恒温反应器。显然这是两种理想状态,事实上很难完全恒温一个反应器,也很难做到完全绝热。这两种催化反应器在工业催化中都得到普遍采用。绝热反应器适合催化放热反应,此时反应流体以起燃温度送入催化反应器即可;绝热反应器也有条件地适合催化吸热反应,此时反应流体必须以高于起燃温度的某个温度送入催化反应器。当然,绝热反应器不适合反应热很大的催化反应。实验室中为了研究的需要,一般采用恒温催化反应器,通过换热精确控制催化剂床层的温度。从前面有关环境催化特点的论述可知,实际的环境催化反应器大多属于绝热反应器,即反应流体以一定的温度送入催化反应器,不再实施换热控制。这显然是最经济、最便捷的催化反应器。事实上,烟气脱硝的 SCR 反应器和汽车尾气净化的三效催化剂反应器都近似地属于这种绝热反应器。

综上所述,在催化剂的活性评价过程中,必须测定在特定条件下通过一定量催化剂的反应物的转化率或产物的产率。因此,在实验装置方面,无论是利用工业反应器还是实验室装置进行活性评价时,都需要测定进出口反应物或产物的浓度。因此,可用于物质定量分析的光谱、色谱及质谱仪等是活性评价中常用的检测仪器。

以 SCR 的活性评价系统为例,主反应发生在固定床反应器的石英管中。评价系统主要可以分为配气系统、加热反应系统和检测分析系统三部分。活性评价系统可用如图 4-18 所示。实验过程中,由数字式质量流量计分别控制各气体组分气体流量。经过混合罐充分混合的气体进入石英管式固定床反应器,与催化剂反应后排空或进入检测分析系统。另外,在考察水分对 SCR 反应影响的实验中,水蒸气由 N_2 鼓入置于密闭恒温槽的去离子水鼓泡产生,水蒸气进入混合罐与其他气体组分充分混合进入反应系统。混合气中水蒸气的浓度由水的温度和氮气的流速控制。所有流量计均经过皂沫流量计校准。该系统可用于催化剂的 SCR 反应活性评价、抗水抗 SO_2 性能测试和化学吸附实验(TPD)。

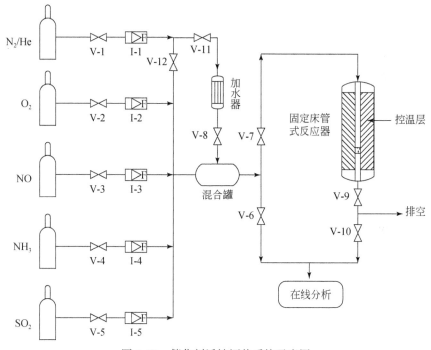

图 4-18　催化剂活性评价系统示意图

第一部分:配气系统。系统所用气源均为钢瓶气体,各气体的相关参数根据具体实验要求确定。

第二部分:加热反应系统。该系统主要包括石英管式固定床反应器、加热炉和温控仪组成。石英管式固定床反应器为自行设计。加热炉的电热控温层和保温层包裹在反应器外面,其温度由温控仪控制。

第三部分:检测分析系统。检测分析主要利用氮氧化物分析仪和 FT-IR 气体分析仪进行。反应气体中的 NO 和 NO_2 由氮氧化物分析仪测得,N_2O、NH_3、SO_2 和

H_2O 等浓度由 FT-IR 气体分析仪在线测得。活性评价中典型的气体组成(体积分数)为:1000ppm NO、1000ppm NH_3、2% O_2、N_2 为平衡气、气体的总流量为 100mL/min。在考察 SO_2 和 H_2O 对催化剂活性影响的实验中,SO_2 的浓度一般为 100ppm,H_2O 浓度范围为 5%~12%。实验中选用 40~60 目催化剂颗粒用于反应和部分表征,常用催化剂质量为 0.2g,因此实验中的空速一般为 35000h^{-1}(标况下)。

(2)催化剂选择性

在热力学上,某些反应可以按照不同的途径得到几种不同的产物,选择性(selectivity)是指能使反应朝生成某一特定产物的方向进行的可能性。催化反应的选择性可以定义为

$$S = \frac{\text{所得目标产物的物质的量}}{\text{已转化的某一反应物的物质的量}} \times 100\% \qquad (4-43)$$

催化剂可通过优先降低某一特定的反应步骤的活化能,从而提高以这一步骤为限速步骤的反应速率,最终影响反应的选择性。由于不能像工业催化那样对反应物进行分离和纯化,选择性对于 SCR 催化具有更加重要的意义。无论是应用于燃煤电厂烟气净化还是应用于柴油机、稀释汽油机尾气净化,都要求催化剂在大量氧(百分之几甚至更高)存在的条件下,利用有限的还原剂选择性地还原排气中少量的 NO_x(数十至数百 ppm 数量级)。在 SCR 催化中,选择性指倾向于反应产物对环境不造成新的污染。因此,从某种意义上说选择性比活性更为重要。

如果反应中有物质的量的变化,则必须加以系数校正。例如,有反应

$$aA + bB \longrightarrow eE + fF \qquad (4-44)$$

则

$$S_E = \frac{M_E/e}{(M_{A0} - M_A)} \times 100\% \qquad (4-45)$$

式中,M_E——产物 E 的物质的量;M_{A0},M_A——反应前和反应后反应物 A 的物质的量。

也可以用速率常数之比表示选择性。例如,假设某个反应在热力学上有两个反应路径,其速率常数分别为 k_1 和 k_2,则催化剂对第一个路径反应的选择性为

$$S_{R,1} = \frac{k_1}{k_2} \qquad (4-46)$$

SCR 反应的催化产物一般为 N_2 和 N_2O。N_2O 是一种对环境有害的气体。因此,评价 SCR 催化剂的产物选择性的主要是 N_2 的选择性。通常,利用公式(4-47)计算 N_2 的选择性。图 4-19 显示了不同催化剂的 N_2 的选择性。图 4-19 的结果显示,相比于 V_1W_9Ti 催化剂,在整个温度区间内尤其是高温段 $V_{0.1}W_6Ce_{10}Ti$ 具有更高的 N_2 选择性[3]。

$$N_2 \text{ 选择性} = \left(1 - \frac{2N_2O_{(out)}}{NO_x(in) - NO_x(out)}\right) \qquad (4-47)$$

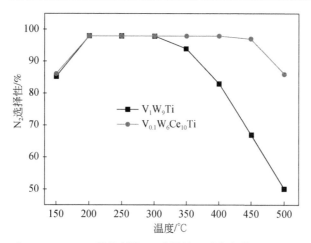

图 4-19　V_1W_9Ti 和 $V_{0.1}W_6Ce_{10}Ti$ 催化剂的 N_2 选择性。反应条件:500ppm NO、500ppm NH$_3$、3% O_2、N_2 为平衡气、空速为 28000h^{-1}[3]

5. 催化剂稳定性

从开始使用到催化剂活性、选择性明显下降这段时间,称为催化剂的寿命。催化剂的寿命长短不一,长的有几个月、几年,如汽车尾气净化用 TWC 催化剂就要求有很长的寿命(使用 16 万 km 以上);短的只有几分钟,如像裂化催化剂那样。

根据催化剂的定义,一个理想的催化剂应该可以永久地使用下去。然而实际上由于种种原因催化剂的活性和选择性随着使用时间的延长均会下降。当活性和选择性下降到低于某一特定值后可以认为催化剂失活。

催化剂的稳定性关系到催化剂能否工业化应用,在催化剂开发过程中需要给予足够重视。催化剂稳定性包括对高温热效应的耐热稳定性;对摩擦、冲击、重力作用的机械稳定性和对毒化作用的抗毒稳定性。

(1)耐热稳定性

在 SCR 催化中,催化剂往往需要具有较高的耐热稳定性。例如机动车尾气的出口温度可达 600℃,甚至在一些特殊情况下会达到上千摄氏度。因此,良好的催化剂应能在高温的反应条件下保持足够长时间的活性。然而,大多数催化剂都有自己的极限温度,这主要是高温容易使催化剂活性组分的微晶烧结长大、晶格破坏或者晶格缺陷减少。金属催化剂通常超过半熔温度就容易烧结。当催化剂为低熔金属时,应当加入适量高熔点难还原的氧化物起保护隔离作用,以防止微晶聚集而烧结。改善催化剂耐热性的另一个常用方法是采用耐热的载体。如图 4-20 所示,在 10% H_2O(质量分数)/空气中于 750℃ 下对催化剂进行水热老化处理 12h,得到相应的老化后的催化剂(以后缀-A 表示,如 V_1Ce_5ZWT-A)。结果显示,相比于新鲜制备的催化剂,老化后的催化剂 V_1Ce_5ZWT-A 和 $V_1Ce_{10}ZWT-A$ 的 SCR 的低温活性(300℃以下)明显降低[4]。

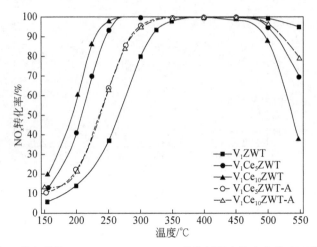

图 4-20　不同 Ce 掺杂量的 V_2O_5–ZrO_2/WO_3–TiO_2 催化剂及水热老化处理后的催化剂的 SCR

活性。反应条件:500ppm NO,500ppm NH_3,5% O_2,N_2 为平衡气,空速为 120000h^{-1}[4]

（2）机械稳定性（机械强度）

机械稳定性高的催化剂能够经受颗粒与颗粒之间、颗粒与流体之间、颗粒与器壁之间的摩擦与碰击,且在运输、装填及自重负荷或条件改变等过程中能不破坏或没有明显的粉化。一般以抗压强度和粉化度来表征。SCR 催化往往需要催化剂具有较高的机械强度。例如,用于燃煤电厂烟气脱硝的挤压成型催化剂,必须有很高的机械强度以承受来自烟气中大量粉尘的机械冲刷[5]。汽车尾气净化的陶瓷蜂窝载体涂覆的三效催化剂也必须能够承受汽车运行带来的机械冲击和温度剧烈变化带来的收缩和膨胀的冲击[6]。

（3）抗毒稳定性

由于有害杂质（毒物）对催化剂的毒化作用使得催化剂的活性、选择性或寿命降低的现象称为催化剂中毒。催化剂的中毒现象本质是催化剂表面活性中心吸附了毒物或进一步转化为较稳定的没有催化活性的表面化合物,使活性位被钝化或被永久占据。由于 SCR 催化的特殊性,不能像工业催化中那样对反应物进行纯化和精制,所以反应体系中往往含有大量对催化剂有毒化作用的物质,如 SO_2、O_2、CO_2、H_2O、重金属等。因此,抗毒稳定性是 SCR 催化剂最重要的性质之一。

衡量催化剂抗毒的稳定性有以下几种方法:

①在反应中加入一定量的有关毒物,让催化剂中毒,然后再用纯净原料气进行性能测试,视其活性和选择性能否恢复。

②在反应气中逐量加入有关毒物直至活性和选择性维持在给定的水准上,测试能加入毒物的最高量和维持时间。

③将中毒后的催化剂通过再生处理,视其活性和选择性恢复的程度。

中毒一般分为两类:第一类是可逆中毒或暂时中毒,这类毒物与活性组分的作用较弱,可通过撤除毒物或用简单方法使催化剂活性恢复;第二类是永久中毒或不可逆中毒,这时毒物与活性组分的作用较强,很难用一般方法恢复活性。以 SCR 反应为例,水蒸气导致的中毒就是可逆中毒,撤除水蒸气催化剂的活性立即可以得到恢复[7];而 SO$_2$ 中毒导致催化剂表面物种的硫酸盐化就是不可逆中毒[8]。除此之外,HCl、磷、碱金属飞灰等造成的 SCR 催化剂铅中毒基本也都是不可逆中毒。铅对于三效催化剂的中毒也属于不可逆中毒,这是汽油无铅化大规模推广应用的重要原因之一[9]。虽然净化反应体系、脱除毒物可以预防催化剂中毒,但这在 SCR 催化中很难实现。第 8 章将详细讲解 SCR 催化剂的中毒及再生处置。

4.4.3　工业化催化剂的制造

由于 SCR 工艺大多布置在省煤器和空预器之间的高灰段,催化剂处于高粉尘的烟气中,若采用颗粒状的催化剂会造成床层的堵塞,阻力增大,使得压降增加,反应不能长期连续稳定运行,因此商业催化剂通常采用整体式结构,如蜂窝状、板式波纹板式及条状催化剂。这种整体式结构开孔率较大,有助于粉尘的顺利通过,具有不易堵塞、耐磨损、装卸方便等优点。

工业化脱硝催化剂主要由催化剂载体、活性组分及成型助剂组成(表 4-2)。在生产催化剂的过程中,通常需要调整催化剂的载体及活性组分的比例,以使得催化剂具有最佳性能。

为了使催化剂具有相当的物理强度,同时满足现有工艺生产条件,通常需要在催化剂生产过程中加入成型助剂,这些助剂的加入有些会在催化剂之后的工艺流程中被烧失,而有些会有部分成为最终催化剂的组成部分。

表 4-2　催化剂成型关键组分及代表物质

催化剂关键组分		代表物质
催化剂载体		TiO$_2$ 载体、TiGW 载体、TiGWGSi 载体等
活性组分		V$_2$O$_5$、CeO$_2$ 等
成型助剂	助挤剂	田菁粉、PEO、乳酸等
	黏结剂	CMC 等
	增强增韧剂	玻璃纤维等

　　商用催化剂主要分为蜂窝式催化剂、板式催化剂、波纹板式催化剂及条状催化剂四种。蜂窝式催化剂一般为均质催化剂。将 TiO_2、V_2O_5、WO_3 等混合物通过一种陶瓷挤出设备,制成截面为 150mm×150mm,长度不等的催化剂元件,然后组装成为截面约为 2m×1m 的标准模块。板式催化剂以不锈钢金属板压成的金属网为基材,将 TiO_2、V_2O_5 等的混合物黏附在不锈钢网上,经过压制、煅烧后,将催化剂板组装成催化剂模块。波纹板式催化剂的制造工艺一般以用玻璃纤维加强的 TiO_2 为基材,将 WO_3、V_2O_5 等活性成分浸渍到催化剂的表面,以达到提高催化剂活性、降低 SO_2 氧化率的目的。条状催化剂原本主要应用于石油裂解行业,也为均质催化剂,通过混料及挤出即可进行生产得到三叶草形状的催化剂,具有高比表面积及良好的低温活性。下面将详细介绍商用催化剂的成型工艺流程。

1. 蜂窝式催化剂

　　在三种整体式催化剂中,蜂窝式催化剂具有模块化、表面积大、长度易于控制、活性高、回收利用率高等优点,在世界 SCR 催化剂中应用最为广泛。以 SCR 催化剂载体为基体,加入活性成分 NH_4VO_3,并添加黏结剂、助挤剂、润滑剂、造孔剂等各种添加剂,通过混炼、过滤、挤压成型、干燥、煅烧、切割等过程得到,具体工艺流程如图 4-21 所示。其活性成分均匀分布在载体中,为整体式催化剂,因此即使催化剂表面有磨损,仍可保持较强的活性,可同时应用于高灰和低灰的烟气条件。

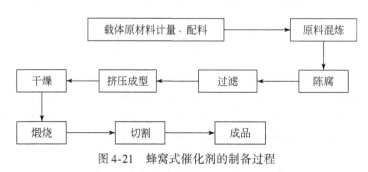

图 4-21　蜂窝式催化剂的制备过程

SCR 蜂窝状催化剂的具体制备方法如下。

　　①混炼:混炼是成型催化剂中很重要的步骤,一方面要保证活性组分能够均匀地负载在载体上,另一方面也要保证催化剂有适当的塑性、强度及含水量以易于催化剂的成型,因此添加剂对催化剂的成型有很大的影响,要实现催化剂制备的国产化,对添加剂的研究是十分有意义的。催化剂的混炼步骤为:首先将 NH_4VO_3 溶液、$(NH_4)_6H_2W_{12}O_{40}$ 溶液、去离子水等加入到 TiO_2 中进行充分搅拌,保证 NH_4VO_3 和 $(NH_4)_6H_2W_{12}O_{40}$ 能均匀浸渍到 TiO_2 表面,然后将造孔剂和结构助剂等加入混料中继续搅拌均匀,最后加入黏结剂进行搅拌至水分到一定含量为止,此时催化剂有一

定的黏性和强度,易于挤出。

②过滤与成型:混炼后的物料需进行过滤去除物料中的杂质,以防止在成型时堵塞模具影响催化剂成型。过滤后的物料经挤出机挤压成型,挤出机简图见图4-22。物料从上方进入挤出机后经螺旋杆挤压炼泥,并挤压进入真空室。真空室采用抽气泵进行真空处理,主要是为了提高物料的密实度及催化剂的强度,防止物料中由于空气造成的大孔在成型时使物料开裂。之后物料进入挤出机的下半段挤出成型,试验用模具为 3 孔和 10 孔。3 孔模具面积为 25cm×25cm,孔间距为71mm,壁厚为 1mm;10 孔模具面积为 7cm×7cm,孔间距为 71mm,壁厚为 1mm。

图 4-22 蜂窝状催化剂生产装备

③干燥:催化剂成型后需进行干燥以去除多余的水分。若直接高温干燥使水分快速蒸发容易在催化剂体相中形成大孔,虽然可以提高孔容和孔径,但容易造成成型催化剂的破裂及机械强度的下降,另外水分的蒸发会使成型催化剂有一定程度的收缩,温度过高或干燥箱内湿度较低容易造成局部水分蒸发过快,也容易造成催化剂局部开裂和收缩,不利于催化剂的成型。

④煅烧:干燥后的催化剂样品放入马弗炉中进行煅烧。为防止添加剂的燃烧分解对催化剂孔结构的影响,并防止催化剂煅烧温度上升过快导致催化剂开裂,实际通常采用程序升温煅烧。另外煅烧温度过低添加剂分解不完全,而煅烧温度过高会造成催化剂烧结,比表面积降低,而且 TiO_2 可能会由锐钛矿向金红石转变从而导致催化剂活性下降。因此,合适的煅烧温度对催化剂的热稳定性和活性有一定的影响。

蜂窝催化剂挤压成型过程中需要添加各种添加剂使物料成为具有一定塑性的胚体,蜂窝状催化剂的添加剂包括黏结剂、造孔剂、结构助剂等,添加剂对催化剂的成型后物理化学性能会产生重要影响,可根据实际生产条件,对成型条件进行改进。

2. 板式催化剂

板式催化剂(图4-23)为非均质催化剂。板式催化剂以 V_2O_5、WO_3(或 MoO_3)、TiO_2 为主要成分,将活性成分压覆在金属网骨架上并切割后煅烧而成。由于板式催化剂的金属网骨架不具有催化活性,因此在其表面遭到灰分等的磨损破坏后,不能保持原有的催化性能。板式催化剂的特点是具有较强的抗堵塞性能。

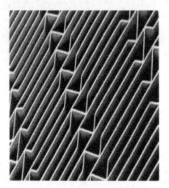

图 4-23　板式催化剂

平板式脱硝催化剂的基本组成单元为催化剂单板,一定数量的单板组成催化剂单元体,若干个单元体组成催化剂模块,如图4-24所示。

图 4-24　板式催化剂基本组成单元

1-催化剂单板;2-催化剂单元体;3-催化剂模块

国内现有的板式催化剂主要特点如下。

①操作温度为 300~450℃。

②节距可变。蜂窝式催化剂为正方形开口,结构固定;平板式催化剂为长方形开口,具有弹性结构。同蜂窝式催化剂的正方形小孔相比,相同节距的板式催化剂具有流通面积更大、通路延展性更好的特点。这些特点可以有效地降低飞灰堵塞的可能性,尤其是在烟气含灰量较高的情况下,为防止催化剂堵塞,蜂窝式催化剂必然采取大节距的设计方案。

③灰沉积小。由于平板式催化剂的单板可在烟气通过催化剂的时候自动轻微抖动,这可以防止细灰在催化剂上堆积。

④抗磨损性强。在抗冲刷性能方面,相比于采用陶土作为载体的蜂窝式催化剂,平板式催化剂是以不锈钢筛网作为催化剂载体的,在烟气速度较快、同时含灰量较高的情况下,不锈钢筛网可以有效保护催化剂免受烟气中飞灰对催化剂的磨损。

⑤SO_2 氧化率低。催化剂本身既能使烟气中的 NO_x 去除,也能使烟气中的 SO_2 转化为 SO_3,但是相对于 SO_2/SO_3 的氧化反应速度,去 NO_x 的还原反应速度很快,反应主要集中发生在催化剂表面 $50\mu m$ 以内的范围内;而 SO_2 氧化反应属于慢反应,发生在整个催化剂体积内,由于蜂窝式催化剂的壁厚较厚,所以 SO_2 氧化率较大。在催化剂成分构成确定的情况下,减少板或壁厚的厚度,同时降低催化剂的比表面积,可以有效地降低 SO_2 转化率。

⑥压降低。在压力损失方面,平板式催化剂也有显著的优势。催化剂的孔隙率越高,其压力损失就越小。孔隙率是指催化剂的流通面积与整个反应器截面积的比值。平板式催化剂因为开口较大,板的厚度较小,所以流通面积较大。一般地,在同一反应器内,平板式催化剂的孔隙率在 85% 左右,蜂窝式催化剂的孔隙率在 70% 左右。

⑦良好的热力和机械性能。

⑧可以单板进行清洁,高度方向可调。

⑨寿命长,长期性价比高。板式催化剂以薄型不锈钢筛网板为基材,在不锈钢筛网板表面加压涂覆活性成分并将涂覆好的催化剂片褶皱,按要求剪切成单板,将褶皱剪切好的单板组装成催化剂单元,催化剂单元经煅烧后组装得到催化剂模块,整个工艺流程如图 4-25 所示。

板式脱硝催化剂的制造工艺可以分为混炼、压覆、切割成型、单体组装、煅烧和包装 6 个工序。

①混炼。板式催化剂的混炼工序和混炼设备与蜂窝式催化剂的生产工艺相似,也是将钛白粉、添加剂等所有原辅材料在一定的温度和湿度下混炼捏合,使混炼后的物料在微观结构、黏合度和化学组分均匀性等方面达到预期的要求

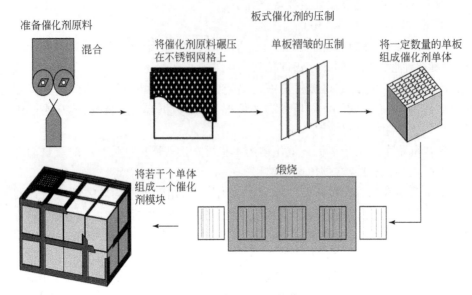

图 4-25　平板式脱硝催化剂制作工艺流程

（图 4-26）。

②压覆。板式催化剂混炼后的物料被机械力均匀压覆在金属网上（图 4-27）。

图 4-26　混炼机　　　　　　　　　图 4-27　压覆机

③切割成型。压覆有催化剂的金属网根据催化剂的设计节距切割成带有褶皱的单板，使之满足设计要求（图 4-28）。

④单体组装。将一定数量的切割成型后的金属网板装入铁盒中组成催化剂单体。

⑤煅烧。组装好的催化剂单体进入窑炉煅烧。在煅烧过程中，催化剂中的混炼助剂、结构助剂等物质挥发形成最终的孔结构，催化剂中的前驱体活化生成具有

活性的氧化物。

⑥包装。将煅烧之后的催化剂单体组装成催化剂模块,板式催化剂的标准模块放置两层单体,每层8个,共16个催化剂单体。

图 4-28　板材切割机

3. 波纹板式催化剂

波纹板式催化剂(图4-29)为非均质催化剂。波纹板式催化剂以陶瓷纤维为载体,涂敷 V_2O_5 和 WO_3 等物质,催化剂表面遭到灰分等的磨损破坏后,不能维持原有的催化性能。波纹板式催化剂的市场占有份额较低,多用于燃气机组。波纹板式催化剂最大的特点是质量轻。

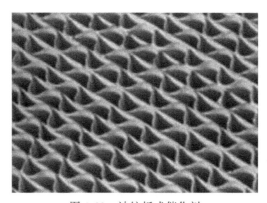

图 4-29　波纹板式催化剂

波纹板式催化剂的制造工艺如下:首先将成型好的基体纤维材料层叠组装成波纹式的孔道,孔道可以是三角形或者是梯形。然后将层叠组装好的波纹板装入铁盒中组成波纹板结构单体,之后将结构单体浸入含有催化材料的浆液中,之后对波纹板式催化剂单体进行干燥和煅烧。最后,与板式催化剂相似,将煅烧后的波纹板式催化剂单体组装成催化剂模块。

4. 条状催化剂

条状催化剂是均质催化剂,主要应用在低温脱硝方向。由于垃圾焚烧窑炉飞灰大,温度要求较低,因此条状催化剂在国内外大型垃圾焚烧场有所应用。条状催化剂主要由催化剂载体、活性组分及挤出烧结助剂组成,由挤出机一次挤压成型,经过烘干烧结等过程,形成直接可用的条状催化剂。

条状催化剂的制造工艺如下：将活性组分、载体、烧结助剂及少量水加入捏合机进行混料，之后经过陈腐，放入炼泥机中进行真空炼泥，最终得到的具有强度的泥料放入挤压机中，套上所需要的模具进行挤压成型。表 4-3 显示了在一个制备条状催化及生产的工艺配方比例。得到的催化剂经过剪切、烘干、煅烧得到最终催化剂。

表 4-3　条状催化剂配方

成分	添加量
钛白粉	80g
NH_4VO_3	5g
硅溶胶	8g
硬脂酸	0.2g
氨水	10mL
CMC、PEO	1g
加水量	70mL

5. 总结

目前全世界大部分燃煤发电厂使用蜂窝式和板式催化剂，其中蜂窝式催化剂由于其强耐久性、高耐腐性、高可靠性、高反复利用率、低压降等特性，得到广泛应用。从目前已投入运行的 SCR 脱硝系统看，50% 采用蜂窝式催化剂。表 4-4 比较了四种形式的催化剂。

表 4-4　四种形式催化剂的比较

内容	蜂窝式催化剂	板式催化剂	波纹板式催化剂	条状催化剂
成型方式	陶制挤压，成型均匀，整体均是活性成分	金属网作为基体，表面涂层为活性成分	波纹状纤维作基体，表面涂层为活性成分	挤压成型，整体为活性成分
特点	比表面积大、活性高、所需催化剂体积小；催化活性物质比其他类型多 50%~70%	表面积小、催化剂体积大；生产简便，自动化程度高；烟气通过性好	表面积介于蜂窝式与平板式之间，质量轻，生产自动化程度高	比表面积大，生产简单，自动化程度高，体积较小，抗堵塞性能好
基材	整体挤压	不锈钢金属网	陶瓷纤维	整体挤压
催化剂活性	高	中	高	高
SO_2 氧化率	高	中	中	中

续表

内容	蜂窝式催化剂	板式催化剂	波纹板式催化剂	条状催化剂
抗堵塞性	中	低	中	高
模块质量	中	中	低	低
再生能力	高	低	低	低
适用范围	高尘及低尘	高尘及低尘	主要用于低尘	高尘及低尘
市场占有率/%	50	30	10	10

4.4.4　SCR 催化剂失活因素及机理

脱硝催化剂在运行过程中,不可避免会与烟气中的毒物成分接触,导致使用寿命下降、活性损失[29-31]。通过毒物与催化剂之间的作用可以将失活分为两类:物理失活和化学失活[40]。当毒物可与催化剂上活性中心发生化学反应并造成活性位减少或丧失的失活过程通常被称为化学失活;而只是覆盖活性位或堵塞催化剂孔道,而不与催化剂活性中心发生反应的失活过程称为物理失活。对固定源 SCR 脱硝催化剂来说,其失活因素同时包括化学失活和物理失活。

1. 脱硝催化剂的物理失活

脱硝催化剂的物理失活主要有以下几种表现形式:催化剂磨损、孔道堵塞、"覆盖层"中毒及过热烧结。

（1）磨损

在运输过程中,成型催化剂在安装、更换等过程中受到冲击是不可避免的,其往往导致结构上受到磨损。在使用过程中,如催化剂用于工业烟气治理时,烟气流速较快、空速较大,因此携带飞灰的高温烟气对催化剂表层的磨损不容忽视。通常,影响催化剂磨损程度的因素有烟气流速、飞灰特性、冲击角度和催化剂活性组分均匀程度等[41]。通常,催化剂的磨损程度与烟气流速和冲击角度正相关,如何通过计算机模拟,得到合理的流场设计,规避高流速区出现,并将烟气的线速度限制在 6m/s 以内,有利于避免严重磨损催化剂现象的出现。此外,通过端部硬化工艺可将催化剂边缘处的机械强度增加,从而减少烟气中飞灰对催化剂产生的磨损[42]。由于催化剂的磨损导致其形状与强度无法修复,部分更换新催化剂也是不得已而为之。在工业上,往往将破损严重的催化剂进行整体更换,而对结构和力学性能保持相对完好的催化剂进行失活原因分析评估,"对症下药"进行再生,从而保证 SCR 脱硝装置的稳定运行,节约成本。

（2）孔道堵塞

催化剂的堵塞通常可分为孔堵塞和通道堵塞[43,44]。孔堵塞主要是由粒径较小的铵盐及烟气飞灰中的小颗粒引起的。铵盐主要包括 NH_4HSO_4 和 $(NH_4)_2SO_4$，是由烟气中水、被氧化生成的 SO_3 以及脱硝系统中喷射的过剩 NH_3 反应而生成的[45]。通常硫酸铵沉积可通过水溶解或提高温度使其自行分解来消除。另一方面，煤燃烧后的飞灰主要包含细小灰粒，而烟气在催化反应器中的流速通常较小，故气流为层流状态，而灰粒可聚集在 SCR 反应器的上游，积累达到一定程度时会落到催化剂表面，形成搭桥状沉积致使催化剂堵塞[33]。这类堵塞可通过两种方法解决：其一，控制催化剂层叠区厚度并优化流态设计避免烟气倒流现象；其二，在反应器中添加吹灰器以除去飞灰颗粒的沉积。总之，烟气中的铵盐、细微颗粒及粉尘沉积于催化剂孔道表面，阻碍 NO_x、NH_3、O_2 等反应物质接近催化剂表面，导致催化剂活性下降。

通道堵塞通常指催化剂模块的通道被部分较大粒径的爆米花状飞灰堵塞，造成气体流速下降，活性损失的现象[图 4-30(b)][46]。其造成原因主要包括三点：①催化剂的节距设计选择不合理；②实际使用运行中，烟气的灰含量高于设计煤种或校准煤种；③吹灰器未按照设计要求使用。严重的通道堵塞会增加催化剂床层压降，极大地影响脱硝系统的使用性能。目前，我国 SCR 脱硝工程中该类现象已出现多例，诸如江苏太仓和山西阳城的相关项目[30]。而这类问题通过优化设计，分离烟气中大颗粒飞灰来解决。

(a)　　　　　　　　　　　　　　(b)

图4-30　脱硝催化剂磨损(a)与孔内堵塞(b)示意图

（3）"覆盖层"中毒

"覆盖层"中毒是指燃煤烟气飞灰中的氧化铝、二氧化硅等沉积于催化剂表面，使催化剂细小孔道发生"堵塞"现象（图 4-31），阻碍 NO_x 与氨在催化剂表面上的吸附，致使 SCR 反应失效。此外，飞灰中高含量的氧化钙在催化剂表面沉积时，容易与被氧化的 SO_3 反应生成黏性 $CaSO_4$，阻碍反应气体的相互接触，也可导致催化剂"覆盖层"中毒[47]。我国火电厂用煤质普遍具有高钙特点，实际中发现高钙煤使用导致硫酸钙致催化剂失活已成为电厂脱硝催化剂使用寿命下降的主要原因。因此,研究钙中毒机理,也有利于指导实际应用催化剂的性能设计及后续的再生研究。

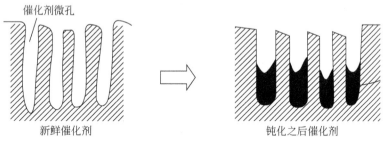

图 4-31　脱硝催化剂微孔被覆盖堵塞示意图

（4）催化剂过热烧结

过热烧结是导致脱硝催化剂失活的又一重要原因。燃气锅炉的 SCR 催化剂在经过长时间运行后,其主要失活机理有两点[48]。其一是活性组分烧结团聚,一般来讲,当烟气温度高于 400℃后,烧结现象就已经开始。而在烟气温度低于 420℃时,烧结过程缓慢,处于可控范畴;当温度超过 430℃时失活速率会明显加快[49,50]。其二是锐钛矿 TiO_2 烧结后金红石化,用于 SCR 工艺的烟气脱硝催化剂载体 TiO_2 的晶型通常是锐钛型,在被烧结后会转变为金红石型,导致晶体粒径明显增大、催化剂载体微孔数量和有效比表面积大量减少,造成催化剂活性降低[33]。

催化剂在持续的高温烧结下,还会导致活性组分部分蒸发减少,从而降低活性。当前,对于商用的 V_2O_5–WO_3–TiO_2 催化剂来讲,持续的高温不可避免地导致部分 V_2O_5 蒸发,活性中心数减少,造成活性降低。除此之外,催化剂烧结也会导致载体表面的钒、钼和钨等活性成分团聚。图 4-32 为烧结催化剂照片。

图 4-32　脱硝催化剂烧结后照片

2. 脱硝催化剂的化学失活

燃煤烟气飞灰中含有大量的碱金属(如钾、钠等)、碱土金属元素(如钙和镁)、磷(P)和砷(As),使得脱硝催化剂化学中毒现象在燃煤、生物质等锅炉烟气处理时频繁出现[51-54]。同时,燃煤及钢铁烧结烟气中大量存在的 SO_2 和 HCl 等酸性气体在水的存在下也会和催化剂表面的活性位反应并使其钝化,导致催化剂失活[55,56]。碱金属、酸性气体和磷等毒物的致失活效应与本研究无关,本节将主要阐述砷中毒与碱土金属钙中毒的研究进展。

(1)砷中毒

众所周知,三氧化二砷作为无机剧毒品,能通过吸入或食入进入人体且高度致癌。与之相似,燃煤飞灰中大量的砷对 SCR 脱硝催化剂也会产生强烈的致失活效应,使催化剂使用寿命急剧下降。有研究表明:当煤中砷质量分数高于 3×10^{-6} 时,脱硝催化剂的寿命将降低约30%[57]。由于五氧化二砷在高温时容易分解,砷中毒主要与烟气中的 As_2O_3 有关。砷中毒的程度与各地区煤种砷含量相关。尽管不同的地区、时间及煤种有较大的差异,我国煤中砷含量及分布还是存在一定的规律性。我国煤中砷平均值约为 $5\mu g/g$,但其随区域变化呈现较大波动,范围可达 0.5~$80\mu g/g$,且东北、西南及内蒙古地区 As 含量显著高于其他地区[58]。

由于砷高度致癌,对于砷致脱硝催化剂失活机制的研究并不多见,且现存观点也并不统一。孙克勤等认为砷中毒主要是由于物理失活,烟气中的砷以 As_2O_3 或 As_4O_6 形式一部分沉积在催化剂表面,另一部分通过扩散进入,并在内部形成砷的饱和层,该层内催化剂的活性被完全抑制;此外,砷饱和层还会阻止反应气体扩散,此阻碍能力与饱和层厚度成正比[57]。实践表明:烟气中 As_2O_3 可通过堵塞孔道和表面反应两个不同途径,造成催化剂砷中毒[59]。由于 As_2O_3 和 As_4O_6 的分子动力学直径较小,毒物 As_2O_3 可以到达催化剂微孔,并通过毛细凝聚作用在微孔内凝结,造成孔道堵塞,即为催化剂砷中毒的物理机理;此外,烟气中 As_2O_3 分子可被吸附于载体上并与活性位发生反应,形成无催化效应的稳定化合物而惰化活性中心,阻碍催化反应的继续进行,致使催化剂化学失活,该中毒的原理如图4-33所示[60]。清华大学彭悦等通过原位红外光谱在比较砷中毒前后催化剂的反应行为发现:砷的存在会占据部分催化剂的 Lewis 酸位,并使其数目减少,尽管新鲜催化剂与中毒后的催化剂反应路径均服从 E-R 过程,但是失活后催化剂对氨的活化能力显著下降,使催化剂表面反应速率相应减慢[61]。Senior 等发现在一定的反应温度下,烟气中的砷主要以气态 As_2O_3 或者 As_4O_6 的形式存在,这些以氧化物存在的形态容易附着在飞灰颗粒上,而飞灰中同时存在的钙、镁等碱土金属可通过固定砷物种,形成热力学稳定的砷钙化合物 $Ca_3(AsO_4)_2$,而减轻其对催化剂的失活效应;在美国汾河煤矿中品质较差的褐煤和次烟煤钙含量很高,而当灰中氧化钙含量高于2.5%

时,钙通过与烟气中气态 As_2O_3 结合使砷对 SCR 催化剂的影响达到最小,而游离 CaO 在灰中的含量起到的作用最为重要[62]。Lange 等利用高温升华法将固态砷分别沉积在商用的 SCR 催化剂和单独载体 TiO_2 上,运用傅里叶变换红外光谱(FTIR)和 X 射线光电子能谱(XPS)对催化剂砷失活机理进行研究,发现五价砷也在失活催化剂表面与三价砷同时存在[63]。Rigby[64]、Hilbrig[65]、Pritchard[66] 和 Gutberiet[67] 等对于 SCR 催化剂砷中毒机理的研究也主要围绕微孔堵塞的物理机理和覆盖活性位的化学机制两方面展开。

为了最大程度的减轻砷对催化剂的影响,实际应用中主要针对以下三个方面进行工艺改善。首先,控制燃烧中由于高温燃烧和氧化产生的气态砷浓度。例如,在煤燃烧前通过物理化学方法减少初始煤灰分中的砷含量;通过在燃烧过程中加入高岭土、醋酸钙或石灰石等含钙抑制剂,固化煤种砷来降低烟气中砷浓度;在锅炉尾部喷射硅藻土或活性炭等多孔粉末吸附剂,使砷被吸附固定而不会导致后续在催化剂上沉积。其次,通过改变催化剂的孔道结构,形成层级发达孔隙结构,从而有效抑制毒物砷的物理沉积。最后,通过调变催化剂的助剂,改善表面对于砷的吸附作用,使催化剂活性中心不被砷钝化。研究发现 MoO_3 替代 WO_3 的使用可以极大提高催化剂抗砷中毒能力[68]。

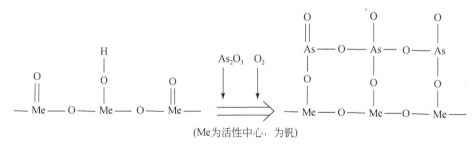

(Me为活性中心,为钒)

图 4-33 脱硝催化剂砷中毒原理图

综上所述,砷对于 SCR 催化剂强烈的致失活效应已被广泛认同。然而考虑到砷的生物毒性,围绕砷致脱硝催化剂的研究还比较少,几个关于失活机制的关键问题还没解决。首先,砷在催化剂表面以什么形态存在,其形态是否与温度或砷浓度相关;其次,砷在催化剂表面是否会与活性中心发生化学反应,中毒前后催化剂的结构和理化性质是否发生改变;最后,钼的抗砷能力已被实验证实并广泛接受,但其抗砷中毒的机制仍不明确。

(2)钙中毒

烟气中必不可少会夹杂大量的氧化钙,这些氧化钙也是造成催化剂失活的重要毒物。然而毒物钙与砷致失活相比,前者更具有普遍性,后者则是区域特异性的体现。这不但与我国煤中氧化钙含量普遍较高有关,还与燃烧过程中加钙固硫相关。据统计,我国依然大量使用高钙褐煤,导致粉煤灰中钙含量居高不下;而大型电厂使用的低灰神府煤及东胜煤中的氧化钙含量也依然很高。煤中粉煤灰含量达8%~24%,而氧化钙在灰中的含量可达13%~30%,因此钙致SCR催化剂失活的影响更为严峻[69]。不止在我国,世界上最大煤矿美国汾河盆地的PRB煤含钙量也较高,导致电厂催化剂的脱硝活性在运行中下降较快,经发现这与煤种的高钙特性存在很大关系。因此,在烟气中钙含量较高的情况下,钙对催化剂影响将不容忽视。

钙对SCR催化剂的失活既有物理失活也有化学失活。物理失活主要是飞灰中含钙的小颗粒与SO_3和水或硫酸盐发生反应形成黏性较大的硫酸钙,不仅堵塞催化剂孔道,还会沉积导致其"覆盖层"中毒[47]。研究发现当燃煤锅炉飞灰中以碱性及腐蚀性的氧化钙形态存在时,脱硝催化剂的中毒效应更加明显[70]。这说明氧化钙碱性中和催化剂表面酸性位导致化学失活也是钙致失活的原因之一。总之,钙的碱性使得催化剂表面酸性下降及与H_2O和SO_3生成黏性$CaSO_4$堵塞孔道,是活性下降的两方面原因。硫酸钙形成与其致催化剂失活机制如图4-34所示。首先灰中CaO中和催化剂酸性位并沉积在催化剂载体表面,该步骤为控速步骤,随后表面沉积的氧化钙与烟气中的SO_3和水发生反应生成$CaSO_4$并导致体积膨胀,从而将催化剂部分活性位覆盖,阻碍表面吸附的NO_x与NH_3结合,使催化剂的脱硝效率受到抑制,导致催化剂Ca中毒[66,71]。

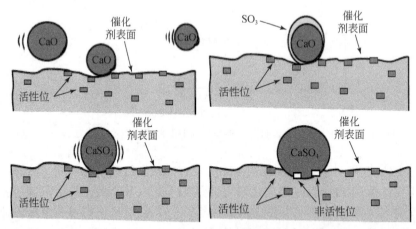

图4-34　飞灰中钙对脱硝催化剂中毒的原理图[7]

当前针对氧化钙脱硝方面的科学研究往往围绕SNCR技术。Fu等的研究表明氧化钙具有Lewis酸性位,并可以作为活性中心参与NO分解、NH_3氧化及NO还原等反应[72,73]。Yang等通过原位红外光谱调查氨在氧化钙表面吸附和转化情况时发现CaO可以导致NH_3脱氢变为过渡产物NH_2,而后者可以与表面氧反应形成NO[74]。Zijlma等在研究NH_3在氧化钙表面氧化反应的实验中检测到CaN物种,该物种可被空气中氧气氧化形成 NO[75]。

另一方面,氧化钙在 SCR 方面的相关报道主要围绕与碱金属脱硝催化剂失活机制的对比。清华大学李俊华课题组详细研究不同碱金属与碱土金属元素对 VWTi 催化剂性能的影响。在新鲜催化剂负载相同浓度的 Na_2O、K_2O、MgO 和 CaO后,调查发现在 150～500℃的温度区间内,催化剂的活性均受到不同程度的影响,并且该失活效应随着负载量增加而失活程度逐渐加剧[76]。对比相同的碱金属与碱土金属添加量情况下,中毒效应由强至弱的程度依次为 K>Na>Ca>Mg,与催化剂的碱性顺序一致。通过采用 NH_3-TPD 技术进一步研究碱金属与碱土金属的添加对催化剂表面酸度的实验中发现,催化剂的强酸位含量呈现以下趋势:VWTi>Mg1-VWTi>Ca1-VWTi>Na1-VWTi>K1-VWTi。因此,碱金属相比碱土金属对催化剂表面酸性位吸氨作用影响更为严重,而这一作用与添加物质的碱性强弱相关[76]。在基于不同氧化钙含量致催化剂失活的研究中发现,只有当氧化钙质量浓度大于 2%时,其致失活效应才变得显著,如图 4-35 所示。

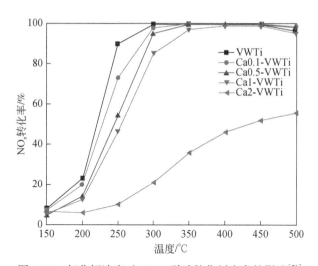

图 4-35 氧化钙浓度对 VWTi 脱硝催化剂中毒的影响[76]

综上,SCR 催化剂碱金属失活机制研究的已经比较成熟,但碱土金属钙的研究仍没有得到研究人员的重视。实际上煤种钙含量远高于碱金属,钙致失活在脱硝工程应用时更应得到注意。一方面,钙引入催化剂后对催化剂的结构、理化性质及反应路径产生的影响情况是否与碱金属失活完全一致,仍不得而知。另一方面,由于烟气中不可避免存在 CO_2、SO_2 和水,氧化钙、硫酸钙及碳酸钙均是钙潜在的存在形态,它们对催化剂的影响是否一致,也是值得研究的问题。此外,哪些助剂成分会有抗钙效应,该效应是如何实现的,还不得而知。

3. 失活机制总结

尽管研究者们认为碱金属、砷、钙、酸性气体、磷等不同毒化物质导致传统钒基催化剂的中毒机理各不相同(表4-5),但总结起来可以归为以下三类:①物理失活:飞灰颗粒物或生成盐在催化剂表面沉积,造成堵塞催化剂孔道并覆盖活性位(如孔内堵塞、"覆盖层"中毒作用、SO_2和水与氨或钙形成铵盐、硫酸钙等);②化学失活:毒物成分与活性中心发生反应,使催化剂表面酸性和氧化还原性受到影响,毒物主要指碱金属、碱土金属、酸性物质(P_2O_5、SO_2和HCl等)及贵金属(砷和铅等);③催化剂相变:结构被破坏和无法再生(磨损和烧结)。由于最后一种失活情形的废旧催化剂已无法再生利用,只能资源化处置。因此实验开发的新型再生工艺主要围绕物理失活与化学失活展开的。

表4-5　脱硝催化剂主要中毒分类及机理[30]

中毒类型		机制	主要规律
物理失活	磨损	飞灰冲刷催化剂表面	活性成分分布均匀受影响较小
	孔内堵塞	烟气中的细小灰粒和爆米花状飞灰堵孔影响传质过程	飞灰和爆米花状颗粒堵塞整体式催化剂通道使压降增大
	"覆盖层"中毒	烟气中铵盐和氧化钙沉积	亚钠米级颗粒堵塞微孔
	烧结	氧化钛晶粒增大、晶型转变	寿命在较短时间内大幅降低
化学失活	碱金属	碱金属与活性中心钒作用,降低酸性位数量,抑制氨吸附	活性降低顺序:K>Ca>Na>Mg
	Ca	减少酸性位数量;与SO_3生成$CaSO_4$阻止反应物内扩散	燃煤锅炉中引起催化剂失活的主要方式
	SO_2	硫酸化活性位,阻碍氧化还原;生成硫酸铵等覆盖催化活性位	SO_2对低温SCR影响较大;高温可促进表面SO_4^{2-}生成增加酸性位
	HCl	HCl使碱性位转化为酸性位,同时氧化还原循环会被破坏	HCl存在使大量的Bronsted酸位生成
	H_2O	形成水膜,抑制传质	对低温SCR影响较大
	贵金属砷	吸附活性位,抑制活性	MoO_3替代WO_3提高抗砷中毒能力
	磷	形成钒的磷酸盐堵孔	与碱金属中毒类似

4.4.5　SCR 催化剂再生机理及工艺

"十二五"以来,我国电力行业脱硝市场启动,SCR 技术由于效率高、选择性好及稳定可靠,一直被用作燃煤电站尾气脱硝处理的首选。随着脱硝系统的广泛应用,我国固定源 NO_x 减排取得明显成效,氮氧化物排放总量也得到一定控制。但催化剂的大面积投入也不可避免带来一系列问题。据统计,截止 2015 年底,我国火电机组的装机容量将为 9.6 亿 kW,且燃煤电厂的脱硝催化剂用量也将高达 60~80万 m^3。按照脱硝催化剂 24000h 的运营寿命计算,两年后催化剂将面临失活需要更换[77]。2014 年 8 月起,环境保护部开始加强烟气脱硝催化剂的监督管理,同时将废旧的钒钛系脱硝催化剂归为 HW49 和 HW50 类危险废物[78]。因此,火电厂产生的大量废旧催化剂将何去何从一直是行业内关注的焦点。其实,早在 2010 年环境保护部就已开始鼓励对失效脱硝催化剂进行再生处理,而对不可再生的催化剂进行无害化处置[79]。一般在电厂运行费用中,脱硝催化剂和氨消耗一直是主要成本,如果开发出低成本、高效、环境有益的再生工艺,不但可节省大量的钛白粉还能降低催化剂制造产生的能耗[80]。

根据美国著名脱硝催化剂再生公司 CoaLogix 给出的分析数据,在运行过程中,经过堵塞、覆盖层及化学失活等原因失活后的催化剂仍保留 60%~70% 的基本活性,极大量的催化剂活性位并没有失活;真正失活的部分活性中心只占催化剂总体积的 30%~40%,该部分称为初始催化剂的有效活性(图 4-36)。而基本上有效活性部分可以在良好再生工艺下得到完全恢复,甚至经过通过活性负载单元可使催化剂活性超过原始值。因此,如何开发出适用于孔道堵塞、"覆盖层"失活及化学失活等机制的再生方法一直被该公司认为是再生工艺的关键[81]。

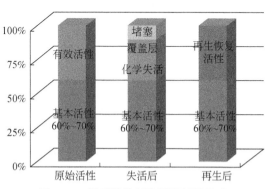

图 4-36　脱硝催化剂失活的活性构成

然而,催化剂再生的理念应围绕自身理化性质和结构不发生变化的条件下,解除外部毒物的束缚,使反应活性得到恢复。换言之,再生后的催化剂不仅在催化活性方面达到或接近新鲜催化剂水平,还应在使压降与机械强度达到新鲜水平。由于烟气中的飞灰导致催化剂过度磨损及局部过热使催化剂载体二氧化钛相变等原因造成的催化剂失活,无法通过再生工艺使其自身结构完全恢复,该部分失活催化剂不能划为再生的范畴,应重点考虑资源化回收。另外,经过多次再生后的催化剂,由于其强度和活性已无法达到继续装机使用的要求,也需要对其进行资源化处置。因此,在废旧脱硝催化剂的处理与处置方面,孔道堵塞、表面覆盖及化学失活等原因造成的废旧催化剂应鼓励优先进行再生,而磨损、烧结或多次再生后的催化剂应优先考虑资源化回收。其余无法回收的催化剂应交由危险废物填埋场等单位来处置。

针对电厂脱硝的钒钨钛催化剂再生研究主要集中于碱金属失活类型。由于碱金属易溶于水,其再生方法相对简单,主要是酸洗和水洗。针对孔道堵塞及砷、钙致失活等类型废旧催化剂的再生研究还鲜有报道。而关于这几类废旧催化剂的再生工艺研发更具实用意义。因此,针对不同类型失活催化剂开发对应高效再生技术也是研究的核心出发点。

近来,随着国内脱硝市场的爆发式增长,脱硝催化剂的再生也得到国内部分高校与企业的广泛重视,积极自主研发废旧催化剂再生技术,为进军再生市场做准备。

1. 废旧脱硝催化剂再生基本原理

国外 SCR 技术发展史已近 40 年,欧美部分公司也较早的进行废旧脱硝催化剂再生技术的研发。业内最具代表的企业应为美国的 Coalogix 公司和德国的 Ebinger-Kat 公司。前者在美国废旧催化剂再生市场占 85% 的份额,而后者作为最早进入行业的再生公司已有近 20 年的工程经验。国际领先的催化剂再生公司通常采用现场再生和工厂再生两种工艺对废旧催化剂进行再生处理。现场再生通常指在不拆除催化剂模块的基础上,采用大量水或药剂冲洗催化剂清除催化剂上的杂质、飞灰及可溶性物质。此法操作简单,运行费用低,但其存在一定的局限性。一方面,该再生方法仅能将催化剂表面的沉积物和黏附物部分去除,恢复效率有限。另一方面,该法在清洗过程中,不可避免会产生大量的含有毒金属的废液,极易对场地周边水质环境产生二次污染。近年来现场再生往往作为 SCR 系统管理的一种应急措施,不被美国政府和相关部门提倡。因此,催化剂的工厂再生成为各国再生企业的首选。其核心是把失效催化剂从反应器中优先分离出来,并送至具有再生资质的相关企业,通过对其超声、洗涤、植入活性组分及干燥等程序使催化剂能够在保持机械强度下,使孔道疏通、活性恢复。

2. 脱硝催化剂再生工艺

当前,国内外再生公司的核心再生工艺流程的基本路线如图 4-37 所示。

图 4-37　脱硝催化剂再生工艺流程

首先,钝化分析指通过 XRF、XRD、XPS 及 FTIR 等技术分析催化剂失活前后组分浓度和物质结构的变化,分析出导致脱硝催化剂失活的主要因素。并结合力学性能、机械强度、载体相变来考察其是否具有再生的价值,为制定和选取再生工艺方案提供依据。物理清洗通常是利用压缩空气或负压吸尘除去催化剂模块表面的浮尘、积灰及堵塞孔道内的杂质。预清洗模块是利用去离子水结合超声进一步清洗催化剂孔道内的灰尘和可溶性盐,为化学清洗做准备。化学清洗模块应是整个再生工艺的核心,在前期中毒原因的基础上,结合再生药剂库,选取针对碱/碱土金属、硫酸/磷酸盐及钙、砷等毒物的再生清洗液,去除催化剂上的毒物。后续去离子水清洗的目的是利用去离子水将化学清洗后偏酸或偏碱的催化剂表面洗至中性,并去除表面残留的离子成分,避免二次中毒。活化清洗步骤是清洗过程的最后一步,由于前期的清洗不可避免会导致催化剂活性组分钒、钼或钨的流失,该步通过浸渍钒、钨等前驱体溶液,二次补充催化剂的活性成分。经过再生的催化剂活性往往能达到甚至高于新鲜催化剂,但该过程中活性组分植入量必须小心控制。一般来讲,过多的组分植入会导致副产物 N_2O 高温生成以及 SO_2 氧化率显著增加,工业上将活性组分钒在催化剂中的质量含量控制在 1% 以下。最后,再生后的催化剂在干燥与煅烧工艺后,通过质量控制步骤检测各项再生指标是否达到出厂要求。

3. 脱硝催化剂再生液的选择

前已述及,化学清洗步骤是整个再生工艺的核心。表 4-6 给出国外再生公司针对不同中毒机制的再生清洗液配方。

表 4-6　再生清洗液文献和专利汇总

毒物	方法	效果	发明人
碱金属	水洗、酸洗、硫化再生	活性恢复 60%~80%	Raziyeh Khodayari[82]

续表

毒物	方法	效果	发明人
碱金属	硫酸、钒酸铵和偏钨酸铵混合	350℃ NO_x 转化率从 45% 升高到 85%	Korea Electric Power Corporation[83]
砷	双氧水清洗	砷被氧化成五价后溶解	Mitsubishi Heavy Industries, Ltd[84]
磷	碱浸泡加超声	磷降低 66%~77%，活性恢复 80%~90%	Evonik Energy Services Llc[85]
钙	多元羧酸、表面活性剂、抗氧化剂、超声	钙去除同时保留活性组分	Coalogix Tech[86]
铁	硫酸铵、抗氧化剂	铁去除同时保留活性组分	CESI-TECH[87]
铅、磷	醋酸铵	铅去除同时去除镍等金属	Union-oil company[88]
综合	先碱洗后酸(C1-C8)洗	同时去除毒物	Evonik Energy Services Llc[89]

工业上常用的清洗液由一定浓度的酸和表面活性剂混合组成。酸处理的目的是去除催化剂中的碱与碱土金属；表面活性剂通过增容、乳化、渗透、络合等机制去除黏附于催化剂孔道内的杂质。酸液主要包括常规的 H_2SO_4、HNO_3、HCl 等无机酸及柠檬酸等有机酸。由于硫酸根有补充催化剂活性位的作用，而硝酸根或氯离子会轻微影响催化活性，因此硫酸为工业首选。表面活性剂种类多，用途比较广泛。针对不同类别的失活催化剂，其使用机制也不尽相同。乳化剂脂肪醇与环氧乙烷缩合物(S-185)、烷基酚聚氧乙醚(OP-n)主要用来强化分散；渗透剂聚乙二醇及长链脂肪醇聚氧乙醚等的主要作用是清除催化剂孔道内部与表面残留的焦油质和积炭等；络合剂如氨基三乙酸、乙二胺四乙基二钠、氨基三叉磷酸等可与毒物重金属离子形成络合物，增加催化剂内重金属离子的溶解性而使其去除。总之，针对具有典型中毒元素的失活催化剂，需要针对性的开发和设计新型环境友好再生液。

4. 其他再生工艺

除了基于化学清洗的常规再生工艺，热解再生、高温反应再生、酸化再生及电泳再生等新工艺也被开发出来[76,90]。

热解再生被用来去除催化剂表面的铵盐。该工艺是在惰性气体氛围下，以适当速率升高体系温度，使硝酸铵等杂质分解热解，适合于以铵盐堵塞为主要失活原因的废旧催化剂。高温反应再生与热解再生均可用来去除催化剂表面的高价硫。通常在惰性气体中添加一定浓度的 NH_3 或 H_2，使催化剂表面高价硫在高温条件下生成气态 SO_2 而被去除。酸化再生工艺主要针对碱金属中毒而研发的。该法是将碱金属致失活的催化剂，在高温下与通入的特定浓度 SO_2 反应形成可溶盐，实现恢复催化剂活性的目的[91]。

　　清华大学李俊华课题组开发出适用于碱金属中毒的高效电泳再生方法,如图 4-38 所示[62]。

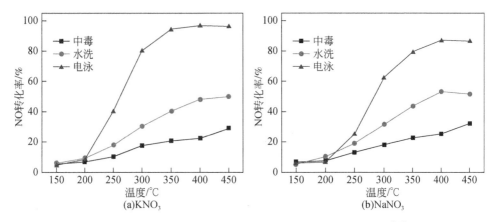

图 4-38　不同再生方法(a)和(b)对中毒催化剂的再生效果[62]

　　通过比较 K、Na 中毒的钒钨钛催化剂在电泳法与常规清洗方法比较的基础上发现,常规的清洗再生只能使碱金属中毒催化剂得到有限的再生效果。水洗再生后的催化剂最高活性只能恢复到 50% 上下;相比之下,经过电泳再生后的催化剂,活性恢复十分显著。无论是 KNO₃ 还是 NaNO₃ 中毒的催化剂,再生后的催化剂在 400℃ 时的 NO 转化率可以分别恢复到 95% 和 90%。

　　OP-10 再生技术:氧化钙可以导致 V_2O_5-WO_3/TiO_2 催化剂的严重钝化,钙元素与活性组分钨结合,形成了关键中毒物种 $CaWO_4$,降低了催化剂活性、氧化还原性和表面酸性,减少了表面活性氧。针对钙中毒催化剂的 OP-10 中性络合再生技术,可以恢复催化剂活性至 95% 以上,除去 78% 的钙元素,同时保留 85% 的活性组分钒元素,优于传统的硫酸清洗技术。OP-10 再生技术的原理是 OP-10 分子中的芳环结构与钙元素发生络合作用,增加了钙元素溶解度,实现了对钙的高效清除,进而恢复了催化剂的表面活性氧比例、Brønsted 酸位和钒、钨的周围化学环境,是高效除钙的关键。

　　氧化铁掺杂提高抗磷性能。磷在低温下对 $FeTiO_x$ 催化剂有钝化作用,高温下有促进作用。低温钝化的原因是催化剂比表面积下降、还原性降低,同时磷酸盐与催化剂结合产生 P-O-Fe 和 P-O-Ti 结构,造成了 Lewis 酸性位钝化,尽管磷酸盐产生了新的 Brønsted 酸位,但是其在低温下无法参与 SCR 反应;高温促进作用的原因是新的 Brønsted 酸位具有更高的热稳定性,且在高温下可以参与 SCR 反应,由此开辟了新的 L-H 反应路径。使用氧化铁掺杂对商业 V_2O_5/TiO_2 催化剂改性后,催化剂抗磷性能提高 20%。

　　商业化 V_2O_5-WO_3/TiO_2 催化剂的资源化回收新工艺,在实验室条件下可以实现活性组分钒、钨的完全回收。回收后的活性组分,可用于资源化催化剂的制备,其 SCR 性能与原始催化剂相当。

4.5　SCR 脱硝系统流场优化设计

由于 SCR 烟道系统存在多处变截面及转向区域,在不加干涉的条件下,不仅会出现流速分布不均,导致不同区域催化剂的烟气处理能力与所通过的烟气量失衡,造成脱硝效率低下、局部区域氨逃逸过高,还会因烟气入射角过大加剧催化剂的冲刷和磨损,也可能产生较高的系统阻力和严重的积灰。其中,氨逃逸不仅会造成还原剂的浪费,而且会对人体健康构成威胁,此外 NH_3 会与烟气中的 SO_3 反应形成硫酸氢铵堵塞和腐蚀后续设备[92]。因此,需要通过流场优化设计,确定烟道与反应器的总体外观结构,并优化导流板、氨喷射与混合系统及整流格栅等内部结构的形式和空间定位,才能为脱硝反应的进行提供良好的烟气入口条件。

虽然绝大多数 SCR 烟气脱硝装置的总体布置形式类似,但不同装置的结构和尺寸可能存在较大的个体差异,因此流场优化设计工作需要为每一个独立的脱硝装置“量身打造”最优的布置方案,目前该项工作已经成为脱硝工程设计阶段的一个必要环节。

4.5.1　流场优化设计目的

流场优化设计是为了改善进入催化剂层之前的烟气入口条件,尽可能获得较为良好的烟气流速分布、氨氮物质的量比分布、温度分布、入射角及系统阻力,同时尽可能减少积灰,并消除严重的积灰现象,使催化剂的性能得到最大程度的发挥,为整个装置的安全、经济运行提供有利的先天保障。流场优化设计的量化目标通常用以下指标约束:

①首层催化剂上游速度分布相对标准偏差 CV<15% ;

②首层催化剂上游 NH_3/NO_x 物质的量比分布相对标准偏差 CV<5% ;

③首层催化剂上游烟气入射角<10° ;

④首层催化剂上游温度分布最大绝对偏差<10℃ ;

⑤脱硝烟道系统阻力(不包括催化剂层阻力)<xPa (x 视具体烟道结构而定,通常在 400~500Pa)。

4.5.2　流场优化设计的一般过程

流场优化设计通常包含 CFD 数值模拟和物理模型试验两个工作环节。而在此之前,应首先根据工程设计单位提供的初步设计文件,对烟道及反应器的外观结构进行分析,并根据经验提出合理化建议,使烟道的走向和反应器布置更为顺畅,尽量避免出现大的变向和变截面区域,从源头上改善烟气的流动条件。当外观结构确定后,针对具体的流动调节装置布置方案进行 CFD 循环优化模拟计算,确定初步优化布置方案,并经过物理模型试验进行验证,如果都能满足流场技术指标要求,则确定为最终的布置方案,从而结束优化设计过程,将方案提交工程设计单位进行详细设计。

4.5.3　CFD 数值模拟

作为流体力学的一个分支,计算流体动力学(computational fluid dynamics, CFD)采用数值计算的方法求解和分析与流体流动相关的问题,最终可以归结为对描述黏性不可压缩流体的 Navier-Stokes 方程的求解,该方程分别由法国工程师 C. L. Navier 和英国物理学家 G. G. Stokes 分别导出,简称 N-S 方程,是黏性不可压缩流体动力学的基础。由于该方程的复杂性,直至目前也只有在某些十分简单的流动问题上能求得精确解,然而科学家们提出了不同的模型对方程进行了简化假设,使获得一些复杂流动问题的解析解成为可能。20 世纪 60 年代以来,随着计算机科学和数值计算技术的发展,使应用计算机对复杂的三维流动问题进行数值模拟,成为了与实验研究具有同等重要地位的新兴研究手段,在航空航天、能源化工、汽车制造等众多领域得到了广泛应用。

Navier-Stockes 流动控制方程的数学描述如下:

连续性方程

$$\frac{1}{\sqrt{g}}\frac{\partial}{\partial t}(\sqrt{g}\rho)+\frac{\partial}{\partial x_j}(\rho\,\tilde{u}_j)=s_m \tag{4-48}$$

动量方程

$$\frac{1}{\sqrt{g}}\frac{\partial}{\partial t}(\sqrt{g}\rho u_i)+\frac{\partial}{\partial x_j}(\rho\,\tilde{u}_j u_i-\tau_{ij})=-\frac{\partial p}{\partial x_i}+s_i \tag{4-49}$$

本构关系为

$$\tau_{ij}=2\mu s_{ij}-\frac{2}{3}\mu\frac{\partial u_k}{\partial x_k}\delta_{ij}-\overline{\rho u'_i u'_j} \tag{4-50}$$

式中,

$$s_{ij}=\frac{1}{2}\left(\frac{\partial u_i}{\partial x_j}+\frac{\partial u_j}{\partial x_i}\right) \tag{4-51}$$

$$-\overline{\rho u'_i u'_j}=2\mu_t s_{ij}-\frac{2}{3}\left(\mu_t\frac{\partial u_k}{\partial x_k}+\rho k\right)\delta_{ij} \tag{4-52}$$

湍流动能方程

$$\frac{1}{\sqrt{g}}\frac{\partial}{\partial t}(\sqrt{g}\rho k)+\frac{\partial}{\partial x_j}\left(\rho\,\tilde{u}_j k-\frac{\mu_{eff}}{\sigma_\varepsilon}\frac{\partial k}{\partial x_j}\right)=\mu_t(P+P_B)-\rho\varepsilon-\frac{2}{3}\left(\mu_t\frac{\partial u_i}{\partial x_i}+\rho k\right)\frac{\partial u_i}{\partial x_i}+\mu_t P_{NL}$$

$$\tag{4-53}$$

式中,

$$\mu_{eff} = \mu + \mu_t \tag{4-54}$$

$$P \equiv 2s_{ij} \frac{\partial u_i}{\partial x_j} \tag{4-55}$$

$$P_B \equiv -\frac{g_i}{\sigma_{h,t}} \frac{1}{\rho} \frac{\partial \rho}{\partial x_i} \tag{4-56}$$

$$P_{NL} = -\frac{\rho}{\mu_t} \overline{u_i' u_j'} \frac{\partial u_i}{\partial x_j} - \left[P - \frac{2}{3} \left(\frac{\partial u_i}{\partial x_k} + \frac{\rho k}{\mu_t} \right) \frac{\partial u_i}{\partial x_i} \right] \tag{4-57}$$

湍流耗散率方程:$\dfrac{1}{\sqrt{g}} \dfrac{\partial}{\partial t} (\sqrt{g} \rho \varepsilon) + \dfrac{\partial}{\partial x_j} \left(\rho \, \tilde{u}_j \varepsilon - \dfrac{\mu_{eff}}{\sigma_\varepsilon} \dfrac{\partial \varepsilon}{\partial x_j} \right) =$

$$C_{\varepsilon 1} \frac{\varepsilon}{k} \left[\mu_t P - \frac{2}{3} \left(\mu_t \frac{\partial u_i}{\partial x_i} + \rho k \right) \frac{\partial u_i}{\partial x_i} \right] + C_{\varepsilon 3} \frac{\varepsilon}{k} \mu_t P_B - C_{\varepsilon 2} \rho \frac{\varepsilon^2}{k} + C_{\varepsilon 4} \rho \varepsilon \frac{\partial u_i}{\partial x_i} + C_{\varepsilon 1} \frac{\varepsilon}{k} \mu_t P_{NL}$$

$$\tag{4-58}$$

紊流黏性 μ_t 由式(4-59)给出:

$$\mu_t = \frac{C_\mu \rho k^2}{\varepsilon} \tag{4-59}$$

工程中的流动问题多是复杂的三维非稳态湍流流动,流体的速度、压力、温度等各项参数随着时间和空间发生变化。由 Spalding 和 Launder 于 1974 年提出的标准 $k \sim \varepsilon$ 模型形式简单,易于求解,对于无分离剪切湍流的主流和压力预测精度较高,在工程上获得了广泛运用,在脱硝系统的流场模拟中一般也选择该湍流模型。

(1)商用 CFD 软件简介

随着计算机软硬件技术的发展和数值计算方法的日趋成熟,出现了基于流体动力学理论的商用 CFD 软件,使研究人员可以从编制复杂的程序中解放出来,将更多精力投入到对流动和传热问题的物理本质与计算结果合理性分析等重要方面,为解决实际工程问题开辟了新的途径,以下简单介绍几款常见的商用 CFD 软件。

①Fluent。

这一软件由美国 FLUENT Inc. 于 1983 年推出,在流体仿真领域处于领导地位,2006 年被 ANSYS 公司收购后成为了其旗下重要的一款流体动力学系列产品包,在众多领域有广泛应用。

Fluent 软件可以支持截面不连续网格、混合网格、动网格等,还拥有网格自适应、动态自适应功能,包含丰富的物理模型,可用于模拟无年黏流、层流、湍流等。湍流模型有标准模型、RNG 模型及 Reynolds 应力模型等,在辐射换热计算方面纳入了射线跟踪法(raytracing)。可以计算的物理问题类型有定常与非定常流动,不可压缩与可压缩流动,含有粒子/液滴的蒸发、燃烧的过程,多组分介质的化学反应过程等。

②CFX。

CFX 由英国 AEA Technology 公司于 20 世纪 80 年代推出,是全球第一个通过 ISO 9001 质量认证的大型商业 CFD 软件,于 2003 年被 ANSYS 公司收购,与 FLuent 一样,成为了其旗下的一款流体动力学系列产品包。

该软件采用有限容积法、拼片式块结构化网格,在非正交曲线坐标系上进行离散,变量的布置采用同位网格方式。对流项的离散项包括一阶迎风、混合格式、QUICK、CONDIF、MUSCL 及高阶迎风格式。速度与压力耦合采用 SIMPLEC 算法,代数方程求解方法中包括线迭代、代数多重网格、ICCG、Stone 强隐方法及块隐式(BIM)方法等。湍流模型中纳入了标准模型、低 Reynolds 模型、RNG 模型、代数应力模型及 Reynolds 应力模型。可计算的物理问题包括不可压缩与可压缩流动、多相流、粒子输运方程、化学反应、气体燃烧(含生成模型)、热辐射等,同时还能处理滑移网格,可用来计算透平机械中叶片间的流场。另外,采用 ICEM CFD 优质的网格技术进一步确保 CFX 的模拟结果精确而可靠。

③STAR-CD。

STAR-CD 是基于有限容积法的一个通用软件。在网格生成方面,采用非结构化网格,单元的形状可以有六面体、四面体、三角形截面的凌柱体、金字塔形的锥体,还可以与目前通用的 CAD/CAE 软件相连接,如 ANSYS、I-DEAS、PATRAN、NASTRAN 等,使 STAR-CD 在适应复杂计算区域的能力方面具有特殊的优势。同时 STAR-CD 还可以处理滑移网格的问题,可用于多级透平机械内的流场计算。在差分格式方面,纳入了一阶迎风,二阶迎风,中心差分,QUICK 格式及将一阶迎风与中心差分或 QUICK 等掺混而成的混合格式。在速度与压力耦合关系处理方面,可选择 SIMPLE、PISO 及称之为 SIMPISO 的算法(一种借用于 PISO 算法中处理非正交坐标系中压力梯度项处理方法的 SIMPLE 算法),其中 SIMPLE 及 SIMPISO 仅用于稳态,而 PISO 可用于稳态及非稳态计算。在处理边界方面,可以处理给定压力的边界条件,周期性边界、辐射边界等复杂情形。在湍流模型方面,纳入了标准模型、RNG 模型及两层模型等。应用这一软件可以计算稳态与非稳态流动,牛顿流体及非牛顿流体的流动,亚声速及超声速流动,涉及导热、对流与辐射换热的流动问题,涉及化学反应的流动与传热问题及多相流的数值分析,这一软件在世界汽车工业中应用尤广。

④PHOENICS。

这是世界上第一个投放市场的 CFD 商用软件(1981),可以算是 CFD/NHT 商业软件的鼻祖。这一软件中所采用的一些基本算法,如 SIMPLE 算法、混合格式等,正是由该软件的创始人 D. B. Spalding 及其合作者 S. V. Patankar 等所提出的,对以后开发的商用软件有较大的影响。这一软件采用有限容积法,可选择一阶迎风、混合格式及 QUICK 等,速度与压力耦合采用 SIMPLEST 算法,对两相流纳入了 IPSA 算法(适用于两种介质互相穿透时)及 PSI-CELL 算法(粒子跟踪法),代数方程组可以采用整场求解或点迭代、块迭代方法,同时纳入了块修正以加速收敛。

该软件投放市场较早,在工业界得到较广泛的应用,但由于受到早期开发时所采用基本框架的限制,这一软件在人机界面上,似不及后期开发软件来得灵活。近年来,PHOENICS 软件在功能与方法方面作了较大的改进,包括纳入了拼片式多块网格及细网格嵌入技术,同位网格及非结构化网格技术。在湍流模型方面,开发了通用的零方程模型、低 Reynolds 模型、RNG 模型等。在网格生成方面,PHOENICS 与 ICEMCFD 及 PATRAN 等专门生成网格的软件建立了连接的界面等。

⑤FIDAP。

这是英语 Fluid Dynamics Analysis Package 的缩写,系于 1983 年由美国 Fluid Dynamics International Inc. 推出,是世界上第一个使用有限元法(FEM)的 CFD/NHT 软件。可以接受如 I-DEAS、PATRAN、ANSYS 和 ICEMCFD 等著名生成网格的软件所产生的网格。该软件可以计算不可压缩与可压缩流动,层流与湍流,单相与两相流,牛顿流体及非牛顿流体的流动,凝固与熔化问题等。有网格生成及计算结果可视化处理的功能。

(2)CFD 数值模拟的基本步骤

所有的 CFD 数值模拟过程都需要遵循相同的基本步骤:

①建立与求解对象相关的几何模型;

②将流体流动空间划分为离散的网格;

③定义边界条件,对所涉及问题边界上的流体状态和属性进行定义;

④对求解问题所涉及的方程进行迭代计算;

⑤运用后处理对求解结果进行分析和可视化。

进行 SCR 脱硝装置流场模拟时,第一步就是几何建模工作,需要针对具体的 SCR 装置,按照 1∶1 的比例建立全尺度三维计算流体动力学模型,包括从省煤器出口至空预器入口的烟道与反应器系统,还包括其内部的喷氨管路、静态混合器、催化剂层、导流板等流动调节装置。

几何模型建立之后,首先需要进行网格划分将模型离散化,即通过有限的网格节点来描述实际的空间连续实体。根据机组容量大小及装置结构的复杂程度,常规 SCR 模型的网格数量约为 500 万~1200 万,在喷氨格栅、整流格栅等尺度较小的空间区域需要进行网格加密,确保网格离散化后能够准确地描述几何实体。

网格被导入 CFD 计算程序后,按照实际情况设置速度、压力、温度、烟气组分等边界条件,整个计算过程是基于 Navier Stockes 流动控制方程的求解,并选用工程应用最为广泛的标准 $k \sim \varepsilon$ 湍流模型,当迭代计算达到一定的收敛标准时,计算过程结束。

当迭代计算过程结束,就可以利用后处理对计算结果进行可视化分析研究,或导出数据做进一步分析处理。如果计算结果能够满足性能指标要求,则确定初步布置方案,否则回到几何建模的步骤,根据计算结果对几何模型进行修改,并重复上述过程循环优化布置方案,直至最终获得满足要求的烟道布置形式及流动调节装置布置方案。

4.5.4　物理模型试验

根据 CFD 确定的布置方案,并结合机组容量大小,选择合适的比例(通常 1∶15 ~ 1∶10)加工制作 SCR 物理模型,材料可选用全有机玻璃结构,或金属框架 +有机玻璃视窗的结构,接入冷态流场模拟的试验平台,开展烟气流场测试,以及氨喷射过程和灰沉积过程的模拟试验,以验证 CFD 计算结果,通过双重检验确保布置方案安全可靠。

(1)物模模型试验的理论基础

物理模型试验的开展基于相似理论,在满足一定的相似条件时模型试验所得到的结果才能应用于工程实际。根据相似第二定理,对于同一类物理现象,当单值条件相似,且由单值条件中的物理量组成的相似准则数对应相等时,则这些现象必相似。

其中,单值条件是指几何条件(指系统表面的几何形状、位置等);初始条件(指非定常流动问题中开始时刻的物理量的分布);边界条件(指所研究的边界上的物理量的分布);物理条件(指系统内流体的种类及物性)。相似准则数是指欧拉数(Eu,惯性力与压强梯度间的量级之比);雷诺数(Re,惯性力与黏性力的量级之比);弗汝德数(Fr,惯性力与重力的量级之比);马赫数(Ma,惯性力与弹性力的量级之比);韦伯数(We,惯性力与表面张力的量级之比)。

模型按照 1∶10 的比例制作,满足几何相似的条件;流动过程属于定常流动,不存在初始条件相似的问题;模型的流速等参数根据实际参数设定,满足边界条件相似;模型中的空气与实际烟气的密度等物性参数保持稳定,满足物理条件相似。

此外,烟气在 SCR 系统的流动过程中,主要受黏性力、压力和惯性力的作用,表面张力、重力、压缩性等均可不计,因此在几何相似的条件下,占决定性作用的准则为雷诺准则和欧拉准则。经验表明,当流速增加到一定程度,Re 数大于第二临界值(目前通常认为 Re 数第二临界值为 10^5)时,流速继续增加,流体的流动状态不再随着 Re 数变化,流动进入第二自模区,此时的 Eu 数与 Re 数无关,即

$$Eu = \frac{\Delta P}{\rho w^2} = 常数 \tag{4-60}$$

综上所述,只要模型与实际装置的 Re 数都在第二临界值以上,并保证边界条件相似,则模型与实际装置中的流动状态就可以保持相似。

（2）物模模型试验平台的组成

某典型 SCR 流场物理模型试验系统的流程如图 4-39 所示,试验采用冷态的空气模拟实际烟气,由引风机提供空气流动的动力,风量的控制可通过布置在模型出口、引风机入口及旁路上的阀门进行调节。

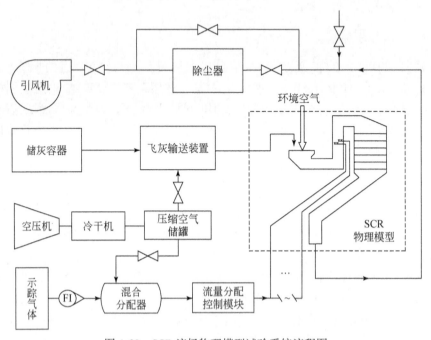

图 4-39　SCR 流场物理模型试验系统流程图

喷氨过程采用示踪气体进行模拟,示踪气体从钢瓶流出,经流量调节后与由空压机提供的压缩空气在混合分配器中混合,并分配至各喷氨管路,每根喷氨管路的流量可通过安装在管路上的流量计进行调节。

灰沉积试验采用真实飞灰或模拟飞灰,由输灰系统将试验前准备好的飞灰送至 SCR 模型入口,并随着烟气的携带流经整个系统,以观察飞灰沉积情况。

（3）物模模型试验的方法

物理模型试验一般包含流速分布、还原剂浓度分布、烟气入射角、系统阻力及积灰试验等内容。

①层催化剂入口截面流速分布:使用微压计和毕托管(或热线风速仪),在100% BMCR 负荷下,采用网格法测量首层催化剂上游截面的流速分布,统计计算截面流速分布的相对标准偏差。

②入射角:在 100% BMCR 负荷下,使用飘带法或五孔探针测量首层催化剂来流的方向与竖直方向的夹角。

③首层催化剂入口截面还原剂分布:在 100% BMCR 负荷下,使用示踪气体,与压缩空气混合后经喷氨格栅喷入烟道,使用气体分析仪在首层催化剂上游,采用网格法测量失踪气体浓度分布,并统计计算浓度分布的相对标准偏差。

④系统阻力:在 100% BMCR 负荷下,使用微压计和毕托管测量系统的分段阻力,并计算阻力系数,评估系统的阻力状况。

⑤积灰试验:在低负荷,由飞灰输送系统向 SCR 模型入口加灰,观察飞灰在模型内部的沉积情况,并逐渐增加负荷至满负荷,观察积灰情况的变化。

4.5.5　流场优化设计的注意事项

在开展 SCR 流场优化设计工作时,需注意以下事项:

①在正式开始设计工作之前,需要根据经验对反应器及其进、出口烟道的外观结构进行判断,并结合现场场地空间条件优先对不合理的外观结构进行优化调整,从源头上改善烟气的流动状态。

②工程上对脱硝的分界通常以系统进、出口膨胀节为限,但在流场优化设计时应考虑脱硝系统入口膨胀节之前转向段对下游流场的影响。

③对于通流面积较小、同时支撑结构复杂的静态混合器而言,在进行阻力评估时,需要适当考虑支撑结构对整体阻力产生的影响。

④在针对 SCR 系统进行流场优化设计的同时,还应关注空预器入口的流场状态,在必要的情况下合理增设流动调节装置,减轻脱硝系统对空预器产生的不利影响。

4.6　臭氧氧化脱硝技术

臭氧低温氧化脱硝系统不影响其他污染物控制技术,是传统脱硝技术的一个高效补充或替代技术。臭氧氧化脱硝技术可分为气相氧化和湿法吸收[93,94]两个环节。区别于还原法脱硝技术(SNCR 和 SCR),臭氧氧化脱硝技术将 NO 氧化为易溶于水的 NO_2 和 N_2O_5 等,通过后续吸收工艺进行脱硝。臭氧氧化脱硝技术已广泛应用于催化裂化、工业锅炉等烟气中 NO_x 的控制[95]。

烟气中 NO_x 主要为 NO(90% 以上),其在水中溶解度较低($<0.1g/dm^3$),无法被后续脱硫系统有效吸收。NO_2 和 N_2O_5 的溶解度分别为 $213g/dm^3$ 和 $500g/dm^3$,与 NO 相比更容易被水吸收。氧化吸收技术将难溶于水的 NO 氧化为高价态的 NO_x,借助原有的 SO_2 吸收工艺环节脱硝。相比于 SCR 脱硝技术,氧化吸收技术能够利用已有设施,且不存在脱硝效率逐渐下降的问题。O_3 具有低温条件下氧化效率高、氧化选择性强、氧化产物无二次污染等优点,适合用于氧化脱硝。臭氧氧化吸收脱硝工艺中最著名的为 $LoTO_x$ 臭氧氧化脱硝技术。此技术最早在 20 世纪 90 年代由

林德 BOC 公司开发,之后与杜邦 BELCO 公司的 EDV 湿法洗涤脱硫技术结合形成 LoTO$_x$-EDV 技术,即臭氧氧化-湿法洗涤脱硝工艺。

臭氧氧化脱硝不需要增高烟气的温度;不使用氨等还原剂;在 NO$_x$ 含量和烟气量都不稳定进气条件下,可以维持 60% 左右的脱除效率;可以同时处理重金属,并可以配合湿法洗涤同时实现脱硫及资源化。

4.6.1　臭氧氧化脱硝基本原理

臭氧(O$_3$)是氧气(O$_2$)的同素异形体,在常温下是一种有特殊臭味的淡蓝色气体。在常温常压下,稳定性较差,可自行分解为氧气。臭氧分子量48,沸点–111.9℃,密度 2.144kg/m^3(标准状态下),溶解度为 1370mg/L,具有强氧化性(EOP = 2.07mV)。臭氧具备强氧化性,能够快速地将 NO 氧化为 NO$_2$,但臭氧性质不稳定,有半衰期,且受热易分解。将臭氧应用在工业氧化脱硝之中,需要明确臭氧在不同工况条件下的分解率,避免臭氧分解过多。

臭氧氧化需要适当的反应温度。温度为 20℃ 时,在 10 s 内 O$_3$ 的分解率仅为 0.5%。150℃时,10 s 内 O$_3$ 的分解率达到20%,而当温度达到200℃时,1 s 内 O$_3$ 的分解率高达 40%。所以为了提高 O$_3$ 的利用率,臭氧氧化脱硝技术一般用于烟气温度低于 200℃的工况。

臭氧氧化工业烟气反应机理非常复杂,涉及多种物质的氧化反应,每种物质又有许多中间态反应和氧化产物的分解反应等。表 4-7 列出了臭氧氧化工业烟气过程中几个主要的基元反应[95],反应动力学参数取自美国标准研究所 NIST(National Institute of Standards and Technology)数据库,其中反应速率常数为

$$k = AT^b \exp(-E/RT)$$

表 4-7　反应动力学参数

反应	A	b	$E_a/(\text{cal/mol})$
O$_3$+NO ══ NO$_2$+O$_2$	8.43×10^{11}	0	2600
O$_3$+NO$_2$══ NO$_3$+O$_2$	8.40×10^{10}	0	4910
NO$_2$+NO$_3$══ N$_2$O$_5$	7.98×10^{17}	-3.9	0
O$_3$+SO$_2$══ O$_2$+SO$_3$	1.81×10^{12}	0	13910
O$_3$+CO ══ O$_2$+CO$_2$	6.02×10^2	0	0
O$_3$+H$_2$O ══ O$_2$+H$_2$O$_2$	6.62×10^1	0	0
O$_3$+HCl ══ HOCl+O$_2$	2.83	0	0

通过反应动力学参数可以看出,O_3氧化 NO_x反应机理中 NO_2的生成速率、N_2O_5的生成速率都大于 O_3氧化 NO_2生成 NO_3的速率,而且 O_3氧化 NO_2形成的 NO_3很容易与 NO_2结合生成 N_2O_5,因此 O_3氧化 NO 的最终氧化产物为 NO_2和 N_2O_5。O_3氧化 NO 的反应速率远大于 O_3氧化 SO_2、CO、HCl 和 H_2O 等物质的反应速率,动力学参数反映出 O_3对复杂烟气组分的氧化可能会表现出一定的选择性。Sun 等通过实验得到臭氧氧化 NO_x和 SO_2反应过程如图 4-40 所示[40]。

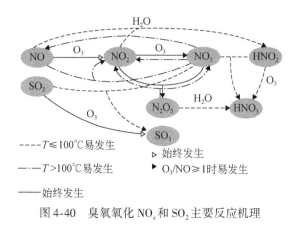

图 4-40　臭氧氧化 NO_x和 SO_2主要反应机理

O_3/NO 物质的量比<1 时发生的反应为
$$NO + O_3 \longrightarrow NO_2 + O_2$$
$$SO_2 + O_3 \longrightarrow SO_3 + O_2$$
O_3/NO 物质的量比≥1 时发生的反应为
$$NO_2 + O_3 \longrightarrow NO_3 + O_2$$
$$NO_2 + NO_3 \longrightarrow N_2O_5$$
O_3/NO 物质的量比≥1,反应温度≤100℃时发生的反应为
$$SO_2 + NO_3 \longrightarrow SO_3 + NO_2$$
$$NO + NO_2 + H_2O \longrightarrow 2HNO_2$$
$$N_2O_5 + H_2O \longrightarrow 2HNO_3$$
$$NO_3 + HNO_2 \longrightarrow HNO_3 + NO_2$$
$$HNO_2 + O_3 \longrightarrow HNO_3 + O_2$$
O_3/NO 物质的量比≥1,反应温度>100℃时发生的反应为
$$NO_3 \longrightarrow NO + O_2$$
$$2NO_3 \longrightarrow 2NO_2 + O_2$$
$$N_2O_5 \longrightarrow NO_2 + NO_3$$
$$NO + NO_3 \longrightarrow 2NO_2$$

$LoTO_x$工艺中反应温度为 60 ~ 70℃ ,此温度下无 SO_2氧化问题,但是随着工艺条件改变,反应温度升高, O_3氧化 SO_2的反应速率也会相对提高。臭氧氧化 SO_2不仅增加了 O_3 的消耗,而且氧化产物为 SO_3 ,易与烟气中的水分结合生成硫酸雾气溶胶,对设备具有腐蚀性且会在大气中形成细颗粒物($PM_{2.5}$),加重雾霾污染。因此必须明确 SO_3在 O_3氧化 NO_x过程中的形成规律。

与气相中的 CO、SO_2等相比,NO 可以很快地被 O_3氧化,这就使得 NO 的臭氧氧化具有很高的选择性。由于高价态 NO_x溶于水溶液形成离子化合物,这就使得反应更加完全,不产生二次污染。加入的臭氧一部分被反应所消耗,过量的臭氧可以在喷淋塔中分解。此外,一些重金属(Hg 等)也同时被臭氧所氧化,进而被吸收去除。而烟气中的粉尘几乎不会影响 NO_x的脱除效率。

4.6.2　影响因素

O_3 与 NO 的反应过程比较复杂,氧化产物组成与反应条件密切相关。由于不同价态 NO_x在水中的溶解度不同,高价态更容易被吸收。因此需要研究各工艺参数对氧化过程的影响来提高吸收效率。影响臭氧氧化脱硝效率的因素主要有[93]: ①烟气温度,一般小于200℃;②O_3/NO_x物质的量比,一般控制在 1.0 ~ 1.5;③停留时间;④吸收液性质,通常选择 $NaOH$、$Ca(OH)_2$等,结合湿法脱硫吸收。

1. O_3/NO_x摩尔比

O_3 与 NO 的反应按照逐级氧化过程进行[93] ,NO 的氧化率随烟气中 O_3/NO_x物质的量比升高而上升。O_3 与 NO 完全反应的物质的量比理论值为 1,在 $0.9 \leqslant O_3/NO < 1$ 的情况下,氧化脱除率可达到 85% 以上,有的甚至几乎达到 100% 。Sun 等[96]通过红外检测反应温度为 80℃时,不同 O_3/NO 物质的量比条件下的氧化产物,发现当 O_3/NO 物质的量比 <1 时,NO 的氧化产物为 NO_2 ,且 NO 氧化效率随着 O_3/NO 物质的量比的增大而增大,当 O_3/NO 物质的量比等于 1 时,NO 基本全部氧化为 NO_2 ,当 O_3/NO 物质的量比大于 1 时,部分 NO_2被氧化为 NO_3 ,NO_3 与 NO_2反应生成 N_2O_5 ,但是由于 N_2O_5性质不稳定,其生成和分解受到诸多因素影响。另外,从反应机理分析与试验中发现有 N_2O 的生成,但其生成量很小,均小于 4×10^{-6} 。

2. 烟气温度

臭氧的热分解特性表明,反应温度过高会明显造成臭氧分解,为减少臭氧自身损耗,合理的反应温度为低于200℃时。在这个温度区间内,需要综合考虑氧化反应速率和氧化产物的分解程度。反应温度升高 NO_2 和 N_2O_5生成速率会加快,缩短了平衡时间。O_3 与 NO 反应生成 NO_2速率很快,而且 NO_2性质稳定通常不会分解,

因此反应温度对 NO_2 的生成影响不大。但 N_2O_5 却受热易分解,需要控制反应温度。Wang 等在 O_3/NO 物质的量比为 1.75,停留时间为 5 s 的条件下模拟了温度对 N_2O_5 生成与分解的影响,发现温度超过 110℃时 N_2O_5 就会明显分解,180℃时 N_2O_5 基本分解完全。Lin 等在 O_3/NO 物质的量比为 2,停留时间为 5 s 的条件下进行氧化实验,发现反应温度低于 60℃时反应速率较慢,温度区间为 60 ~ 80℃时 N_2O_5 生成量较多,超过 80℃后 N_2O_5 开始发生分解,150℃时基本分解完全。Sun 等实验结果如图 4-41 所示,O_3/NO 物质的量比为 1.5 时,发现 N_2O_5 在温度超过 120℃时开始明显分解,分解产物为 NO_2,180℃时 N_2O_5 和 O_3 的红外峰消失,N_2O_5 分解完全。

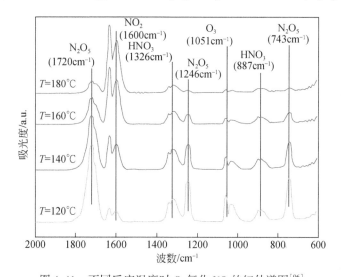

图 4-41　不同反应温度时 O_3 氧化 NO 的红外谱图[96]

当反应体系中引入水之后,同一反应条件下 N_2O_5 的最佳生成温度由 80℃提高到了 100℃,转化率由 73.8% 提高到 85%。实验证明水的存在促进了 NO_2 向 N_2O_5 的转化,这种现象产生的原因是水滴对 N_2O_5 的捕集作用。基于以上实验,可以发现 80 ~ 100℃是形成 N_2O_5 的最佳反应温度区间,反应温度低于 80℃时氧化反应速率较慢,反应温度超过 150℃时 O_3 和 N_2O_5 会发生分解。为了定向调控氧化产物,需要合理地控制氧化反应温度。

3. 停留时间

O_3 与 NO 生成 NO_2 的反应很快,100℃时 1 s 内即可达到反应平衡。Lin 等[97]的实验结果如图 4-42 所示,反应温度为 80℃,O_3/NO 物质的量比<1,氧化产物为 NO_2,反应需要的停留时间少于 0.4 s,增加停留时间对 NO_2 的生成影响不大。Wang 等模拟计算停留时间对生成 NO_2 的影响,发现反应温度为 100℃时,停留时间

为0.417 s时的氧化效率为73.56%,停留时间为1.25 s时的氧化效率达到95.61%,继续增加停留时间对氧化效率的影响不明显。从前文中氧化机理可以看出形成N_2O_5的反应比形成NO_2的反应慢很多,

当O_3/NO物质的量比为2时,反应温度为60℃时需要5 s的停留时间N_2O_5生成量才能达到稳定,而反应温度为80℃时则只需要3 s,温度升高会缩短平衡时间,但超过100℃时N_2O_5就会明显发生分解。O_3/NO物质的量比为1.75时,反应温度为80℃时,随着停留时间增长,N_2O_5生成量逐渐增加,但是4~5 s后生成速率增加变缓慢。

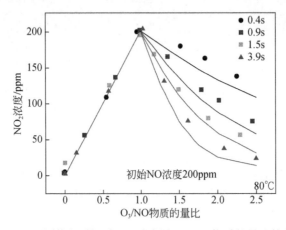

图4-42　不同停留时间时NO_2浓度随O_3/NO物质的量比的变化

综上所述,O_3氧化NO生成NO_2的反应速率很快,氧化产物NO_2的化学性质比较稳定,不会受热分解。生成N_2O_5的反应速率则相对慢很多,且随着温度升高会发生分解,这也验证了氧化机理中限制N_2O_5生成的关键步骤为NO_2氧化生成NO_3的过程。

4.6.3　NO_x吸收

不同价态的NO_x在溶液中吸收能力存在差异,相同价态的NO_x也会由于吸收条件的不同影响吸收效率。研究吸收技术的目的是得到不同影响因素的作用原理,形成硫硝高效吸收系统。

不同湿法脱硫工艺的区别主要是吸收剂种类不同,碱性吸收剂的作用原理是中和NO_2与H_2O反应形成的H^+,促进NO_2与H_2O的反应。常用的碱性吸收剂有$Ca(OH)_2$、NaOH、$Mg(OH)_2$和氨水等。结合工业中常用的吸收剂种类考虑,实验室主要针对$Ca(OH)_2$、NaOH、$Mg(OH)_2$等作为吸收剂进行了研究,而氨法脱硫工艺吸收NO_x的研究非常少。在碱性溶液中,NO_x吸收过程发生的反应为

$$NO + NO_2 + 2OH^- \longrightarrow 2NO_2^- + H_2O$$

$$2NO_2 + 2OH^- \longrightarrow NO_2^- + NO_3^- + H_2O$$

$$N_2O_5 + 2OH^- \longrightarrow 2NO_3^- + H_2O$$

N_2O_5 极易溶于水,因此 NO_x 吸收的难点在于 NO_2 的吸收。NO_2 吸收的研究主要针对吸收剂种类、吸收气体组成及添加剂等因素对 NO_2 吸收效率的影响。MgO、CaO 和 NaOH 三种吸收剂对 NO_2 的吸收效率,如图 4-43 所示。发现有 SO_2 存在时三种吸收剂对 NO_2 的吸收率均在 70% 左右,明显高于没有 SO_2 存在的情况。实验证明吸收剂种类对于 NO_2 吸收效率的影响不大,但是 SO_2 却对 NO_2 的吸收有很强的促进作用。

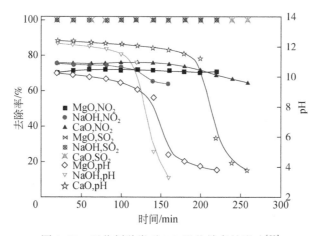

图 4-43　吸收剂种类对 NO_x 吸收效率的影响[98]

实际工程中主要应用碱性吸收剂,但研究中同样涉及还原性吸收剂。还原性吸收剂是利用 SO_3^{2-} 的还原性与 NO_2 发生氧化还原反应,达到脱除 NO_2 的目的。SO_2 促进 NO_2 吸收的作用原理与还原性吸收剂类似,利用脱硫产物 SO_3^{2-} 的还原性。Guo 等采用氨溶液吸收 NO_x 和 SO_2 的混合气体,发现 NO_x 对 SO_2 吸收过程基本没有影响,但 SO_2 对 NO_x 吸收的促进效果明显。

SO_3^{2-} 促进 NO_2 吸收的原理为

$$2NO_2 + SO_3^{2-} + H_2O \longrightarrow 2NO_2^- + SO_4^{2-} + 2H^+$$

当脱硫工艺 pH 为弱酸性的情况下,脱硫产物为 HSO_3^-,其与 NO_2 发生的反应为

$$2NO_2 + HSO_3^- + H_2O \longrightarrow 2NO_2^- + SO_4^{2-} + 3H^+$$

NO 和 NO_2 在脱硫工艺中吸收效率较低,向吸收液中添加一定的化学物质促进 NO_2 的吸收成为一种可行的方案。$CaSO_3$ 浆液吸收 NO_2 工艺中选择 $(NH_4)_2SO_4$ 作为添加剂是较好的选择,既能提高 NO_2 的吸收效率,又不会影响吸收产物的利用。其

原理为 SO_4^{2-} 与 Ca^{2+} 反应生成难溶 $CaSO_4$ 从而释放出更多 SO_3^{2-} 与 NO_2 反应。

4.6.4　臭氧发生器

根据 O_3 产生机理的不同,臭氧发生器分为电解池式、紫外线辐照式及气体放电式[99]。电解池式臭氧发生器是以直流电源电解含氧电解质以制取 O_3。该法可以制取高浓度的 O_3,但产量较小、电极寿命较短,且产生的臭氧不易收集,所以其应用受到限制。紫外线辐照式 O_3 发生器是利用紫外线促使 O_2 分子分解并聚合生成 O_3,臭氧的产量和浓度容易控制,但其缺点是能耗较高,且 O_3 产量较低,因此也没有得到大规模的应用。

气体放电式臭氧发生器以放电时产生的高能自由电子离解 O_2 分子,并经碰撞聚合产生 O_3。气体放电产 O_3 技术可通过辉光放电、电晕放电、介质阻挡放电、脉冲放电等形式来实现,能耗较低,臭氧产量大,并且在放电过程中工作稳定,发生器的使用寿命较长,所以应用最为广泛。文少飞[99]以气体放电法中的沿面放电所产生的低温等离子体作为 O_3 源,实现烟气中 NO 的氧化。

4.6.5　应用状况

臭氧氧化脱硝技术适用于低温度区间、低浓度 NO_x、粉尘含量大及烟气量、温度及 NO_x 变化较大的工况,具有极强的适应性和调节能力。臭氧氧化脱硝技术起源于美国,最初应用于石油炼化行业的烟气脱硝,在美国有超过数百个应用业绩。目前 $LoTO_x$–EDV 技术已经在石油化工行业中大量应用。例如,中石油四川石化等在 $(250 \sim 350) \times 10^4 t/a$ FCC 装置采用相同技术,处理烟气量为 $(25 \sim 50) \times 10^4 m^3/h$,出口氮氧化物浓度为 $20 \sim 30 mg/m^3$,脱硝效率达到 90%。该脱硝技术的关键是采用 O_3 在温度较低的条件下将 NO_x 氧化为 N_2O_5,然后通过 EDV 洗涤装置实现 NO_x 的高效吸收。

此外,热电、钢铁、玻璃、造纸等行业也已经采用了臭氧氧化脱硝工艺,取得了不错的处理效果[93,94]。臭氧氧化脱硝可应用于以煤、焦炭等为燃料的公用工程锅炉;以燃气、重油等为燃料的工业锅炉;铅、锌、玻璃、水泥等各种炉窑;用于处理生物、轮胎等工业废料的燃烧炉;各种市政及工业垃圾焚化炉等。

参 考 文 献

[1] 钟彩霞. 机动车污染物排放对城市光化学烟雾的影响. 西安:长安大学,2006.

[2] 李俊华,杨恂,常化振. 烟气催化脱硝关键技术研发及应用. 北京:科学出版社,2015.

[3] 夏怀祥. 选择性催化还原法(SCR)烟气脱硝. 北京:中国电力出版社,2012.

[4] 曾佳敏. SNCR 脱硝技术在某水泥窑炉脱硝改造中的应用研究. 广州:广东工业大学,2018.

[5] Busca G, Lietti L, Ramis G, et al. Chemical and mechanistic aspects of the selective catalytic

reduction of NO by ammonia over oxide catalysts: A review. Applied Catalysis B: Environmental, 1998,18(1-2):1-36.

[6] 王芃芦. 铈钛纳米管负载型核壳催化剂的脱硝活性及其抗中毒性能研究. 杭州:浙江大学,2018.

[7] 刘彩霞. 烟气脱硝铁基催化剂研究. 北京:清华大学,2013.

[8] Esch F, Fabris S, Zhou L, et al. Electron localization determines defect formation on ceria substrates. Science,2005,309(5735):752-755.

[9] Tang X,Hao J,Xu W,et al. Low temperature selective catalytic reduction of NO_x with NH_3 over amorphous MnO_x catalysts prepared by three methods. Catalysis Communications,2007,8(3): 329-334.

[10] Kang M,Park E D,Kim J M,et al. Manganese oxide catalysts for NO_x reduction with NH_3 at low temperatures. Applied Catalysis a-General,2007,327(2):261-269.

[11] Kang M,Yeon T H,Park E D,et al. Novel MnO_x catalysts for NO reduction at low temperature with ammonia. Catalysis Letters,2006,106(1-2):77-80.

[12] Kapteijn F,Singoredjo L,Andreini A,et al. Activity and selectivity of pure manganese oxides in the selective catalytic reduction of nitric-oxide with ammonia. Applied Catalysis B-Environmental,1994,3(2-3):173-189.

[13] Galakhov V R,Demeter M,Bartkowski S,et al. Mn 3s exchange splitting in mixed-valence manganites. Physical Review B,2002,65(11):13102.

[14] Tang X F,Li J H,Sun L A,et al. Origination of N_2O from NO reduction by NH_3 over beta-MnO_2 and alpha-Mn_2O_3. Applied Catalysis B-Environmental,2010,99(1-2):156-162.

[15] Kang M,Park E D,Kim J M,et al. Cu-Mn mixed oxides for low temperature NO reduction with NH_3. Catalysis Today,2006,111(3-4):236-241.

[16] Qi G S,Yang R T,Chang R. MnO_x-CeO_2 mixed oxides prepared by co-precipitation for selective catalytic reduction of NO with NH_3 at low temperatures. Applied Catalysis B-Environmental, 2004,51(2):93-106.

[17] Qi G,Yang R. Performance and kinetics study for low-temperature SCR of NO with NH_3 over MnO_x-CeO_2 catalyst. Journal of Catalysis,2003,217(2):434-441.

[18] Tang X,Li J,Wei L,et al. MnO_x-SnO_2 Catalysts Synthesized by a Redox Coprecipitation Method for Selective Catalytic Reduction of NO by NH_3. Chinese Journal of Catalysis,2008,29(6): 531-536.

[19] Liu F,He H,Ding Y,et al. Effect of manganese substitution on the structure and activity of iron titanate catalyst for the selective catalytic reduction of NO with NH_3. Applied Catalysis B:Environmental,2009,93(1):194-204.

[20] Liu F D,He H. Selective catalytic reduction of NO with NH_3 over manganese substituted iron titanate catalyst:reaction mechanism and H_2O/SO_2 inhibition mechanism study. Catalysis Today, 2010,153(3-4):70-76.

[21] Long R Q,Yang R T,Chang R. Low temperature selective catalytic reduction (SCR) of NO with

NH$_3$ over Fe-Mn based catalysts. Chemical Communications,2002,(5):452-453.

[22] Liu F,He H,Zhang C. Novel iron titanate catalyst for the selective catalytic reduction of NO with NH$_3$ in the medium temperature range. Chemical Communications,2008,(17):2043-2045.

[23] Wang D,Peng Y,Xiong S C,et al. De-reducibility mechanism of titanium on maghemite catalysts for the SCR reaction:an in situ DRIFTS and quantitative kinetics study. Applied Catalysis B-Environmental,2018,221:556-564.

[24] 于双江. 低温SCR三叶草形脱硝催化剂制备及催化反应机理的研究. 北京:北京化工大学,2017.

[25] Chang H,Wu Q,Zhang T,et al. Design strategies for CeO$_2$-MoO$_3$ catalysts for deNO(x) and Hg-0 oxidation in the presence of HCl: the significance of the surface acid-base properties. Environmental Science & Technology,2015,49(20):12388-12394.

[26] Centi G,Nigro C,Perathoner S,et al. Role of the support and of adsorbed species on the behavior of Cu-based catalysts for No conversion. Catalysis Today,1993,17(1-2):159-166.

[27] Baik J H, Yim S D, Nam I S, et al. Control of NO$_x$ emissions from diesel engine by selective catalytic reduction (SCR) with urea. Topics in Catalysis,2004,30-1(1-4):37-41.

[28] Long R Q,Yang R T. Superior Fe-ZSM-5 catalyst for selective catalytic reduction of nitric oxide by ammonia. Journal of the American Chemical Society,1999,121(23):5595-5596.

[29] Ma A Z, Grunert W. Selective catalytic reduction of NO by ammonia over Fe-ZSM-5 catalysts. Chemical Communications,1999,(1):71-72.

[30] Richter M,Trunschke A,Bentrup U,et al. Selective catalytic reduction of nitric oxide by ammonia over egg-shell MnO$_x$/NaY composite catalysts. Journal of Catalysis,2002,206(1):98-113.

[31] Carja G,Kameshima Y,Okada K,et al. Mn-Ce/ZSM5 as a new superior catalyst for NO reduction with NH$_3$. Applied Catalysis B:Environmental,2007,73(1-2):60-64.

[32] Ito E,Hultermans R J,Lugt P M,et al. Selective reduction of NO$_x$ with ammonia over cerium-exchanged mordenite. Applied Catalysis B:Environmental,1994,4(1):95-104.

[33] Van Kooten W E J,Kaptein J,Van Den Bleek C M,et al. Hydrothermal deactivation of Ce-ZSM-5,Ce-beta,Ce-mordenite and Ce-Y zeolite deNO$_x$ catalysts. Catalysis Letters,1999,63(3-4):227-231.

[34] Brandenberger S,Kröcher O,Tissler A,et al. The state of the art in selective catalytic reduction of NO$_x$ by ammonia using metal-exchanged zeolite catalysts. Catalysis Reviews - Science and Engineering,2008,50(4):492-531.

[35] He C,Wang Y,Cheng Y,et al. Activity,stability and hydrocarbon deactivation of Fe/Beta catalyst for SCR of NO with ammonia. Applied Catalysis A:General,2009,368(1-2):121-126.

[36] Cavataio G,Girard J,Patterson J E,et al. Laboratory testing of urea-SCR formulations to meet tier 2 bin 5 emissions. SAE 2007-01-1575.

[37] Ma L,Cheng Y,Cavataio G,et al. Characterization of commercial Cu-SSZ-13 and Cu-SAPO-34 catalysts with hydrothermal treatment for NH$_3$-SCR of NO$_x$ in diesel exhaust. Chemical Engineering Journal,2013,225:323-330.

[38] Ma L,Cheng Y,Cavataio G,et al. In situ DRIFTS and temperature-programmed technology study on NH$_3$-SCR of NO$_x$ over Cu-SSZ-13 and Cu-SAPO-34 catalysts. Applied Catalysis B: Environmental,2014,156-157:428-437.

[39] 胡将军,李丽. 燃煤电厂烟气脱硝催化剂. 北京:中国电力出版社,2014.

[40] 李想,李俊华,何煦,等. 烟气脱硝催化剂中毒机制与再生技术. 化工进展,2015,34(12):4129-4138.

[41] 曹志勇,秦逸轩,陈聪. SCR 烟气脱硝催化剂失活机理综述. 浙江电力,2010,29(12):35-37.

[42] 李锋,於承志,张朋. 高尘烟气脱硝催化剂耐磨性能研究. 热力发电,2010,39(12):73-75.

[43] 沈艳梅,魏书洲,崔智勇. 造成 SCR 脱硝催化剂失活的关键物质及预防. 中国电力,2016,49(4):1-5.

[44] 王春霞. 载体 TiO$_2$ 对脱硝催化剂性能的影响和催化剂失活与再生研究. 杭州:浙江大学,2013.

[45] 马双忱,金鑫,孙云雪,等. SCR 烟气脱硝过程硫酸氢铵的生成机理与控制. 热力发电,2010,39(8):12-17.

[46] 汪洋,胡永锋. 燃煤电站选择性催化还原脱硝系统预防大颗粒灰堵塞的方法. 华电技术,2013,(2):66-72.

[47] 王俊杰,张亚平,王文选,等. 商业 V$_2$O$_5$-WO$_3$/TiO$_2$ 烟气 SCR 脱硝催化剂 CaSO$_4$ 中毒机理研究. 燃料化学学报,2016,44(7):888-896.

[48] 高岩,栾涛,彭吉伟,等. 燃煤电厂真实烟气条件下 SCR 催化剂脱硝性能. 化工学报,2013,64(7):2611-2618.

[49] 张烨,徐晓亮,缪明烽. SCR 脱硝催化剂失活机理研究进展. 能源环境保护,2011,25(4):14-18.

[50] 郭永华. 烟气温度对 SCR 脱硝催化剂的影响. 能源研究与利用,2013,4:33-36.

[51] 陈崇明,宋国升,邹斯诣. SCR 催化剂在火电厂的应用. 电站辅机,2010,(4):14-17.

[52] Castellino F,Jensen A D,Johnsson J E,et al. Influence of reaction products of K-getter fuel additives on commercial vanadia-based SCR catalysts: Part I. Potassium phosphate. Applied Catalysis B:Environmental,2009,86(3):196-205.

[53] Castellino F,Jensen A D,Johnsson J E,et al. Influence of reaction products of K-getter fuel additives on commercial vanadia-based SCR catalysts: Part II. Simultaneous addition of KCl, Ca(OH)$_2$,H$_3$PO$_4$ and H$_2$SO$_4$ in a hot flue gas at a SCR pilot-scale setup. Applied Catalysis B:Environmental,2009,86(3):206-215.

[54] Castellino F,Rasmussen S B,Jensen A D,et al. Deactivation of vanadia-based commercial SCR catalysts by polyphosphoric acids. Applied Catalysis B:Environmental,2008,83(1):110-122.

[55] Lisi L,Lasorella G,Malloggi S,et al. Single and combined deactivating effect of alkali metals and HCl on commercial SCR catalysts. Applied Catalysis B:Environmental,2004,50(4):251-258.

[56] Huang Z,Zhu Z,Liu Z. Combined effect of H$_2$O and SO$_2$ on V$_2$O$_5$/AC catalysts for NO reduction with ammonia at lower temperatures. Applied Catalysis B:Environmental,2002,39(4):361-368.

［57］孙克勤,钟秦,于爱华. SCR 催化剂的砷中毒研究. 中国环保产业,2008,(1):40-42.

［58］郑刘根,刘桂建,高连芬,等. 中国煤中砷的含量分布、赋存状态、富集及环境意义. 地球学报,2006,(4):355-366.

［59］姜烨,高翔,吴卫红,等. 选择性催化还原脱硝催化剂失活研究综述. 中国电机工程学报,2013,33(14):18-31.

［60］姜烨. 钛基 SCR 催化剂及其钾、铅中毒机理研究. 杭州:浙江大学,2010.

［61］Peng Y,Li J,Si W,et al. New insight into deactivation of commercial SCR catalyst by arsenic:an experiment and DFT study. Environmental science & technology,2014,48(23):13895-13900.

［62］Senior C L,Lignell D O,Sarofim A F,et al. Modeling arsenic partitioning in coal-fired power plants. Combustion and flame,2006,147(3):209-221.

［63］Lange F,Schmelz H,Knözinger H. An X-ray photoelectron spectroscopy study of oxides of arsenic supported on TiO_2. Journal of Electron Spectroscopy and Related Phenomena,1991,57(3-4):307-315.

［64］Rigby K,Johnson R,Neufort R,et al. SCR catalyst design issues and operation experience:coals with high arsenic concentrations and coals from power river basin. International Joint Power Generation Conference:UPGC2000-15067,2000.

［65］Hilbrig F,Göbel H E,Knözinger H,et al. Interaction of arsenious oxide with deNO$_x$-catalysts:an X-ray absorption and diffuse reflectance infrared spectroscopy study. Journal of Catalysis,1991,129(1):168-176.

［66］Pritchard S,Difrancesco C,Kaneko S,et al. Optimizing SCR catalyst design and performance for coal-fired boilers. EPA/EPRI Joint Symposium on Stationary Combustion NO$_x$ Control,1995.

［67］Gutberlet D H,Schallert D B. Selective catalytic reduction of NO$_x$ from coal fired power plants. Catalysis today,1993,16(2):207-235.

［68］黄力,陈志平,王虎,等. 钒钛系 SCR 脱硝催化剂砷中毒研究进展. 能源环境保护,2016,30(4):5-8.

［69］Benson S A,Laumb J D,Crocker C R,et al. SCR catalyst performance in flue gases derived from subbituminous and lignite coals. Fuel processing technology,2005,86(5):577-613.

［70］沈伯雄,卢凤菊,高兰君,等. 中温商业 SCR 催化剂碱和碱土中毒特性研究. Journal of Fuel Chemistry and Technology,2016,44(4).

［71］刘显彬,刘伟,黄锐,等. 燃煤电站 SCR 催化剂中毒原理及再生技术. 2011 中国环境科学学会学术年会论文集(第二卷),2011.

［72］Fu S-L,Song Q,Tang J-S,et al. Effect of CaO on the selective non-catalytic reduction deNO$_x$ process:experimental and kinetic study. Chemical Engineering Journal,2014,249:252-259.

［73］Fu S-L,Song Q,Yao Q. Mechanism study on the adsorption and reactions of NH_3,NO,and O_2 on the CaO surface in the SNCR deNO$_x$ process. Chemical Engineering Journal,2016,285:137-143.

［74］Yang X,Zhao B,Zhuo Y,et al. DRIFTS study of ammonia activation over CaO and sulfated CaO for NO reduction by NH_3. Environmental Science & Technology,2011,45(3):1147-1151.

［75］Zijlma G J,Jensen A D,Johnsson J E,et al. NH_3 oxidation catalysed by calcined limestone—a kinetic study. Fuel,2002,81(14):1871-1881.

[76] Peng Y,Li J,Shi W,et al. Design strategies for development of SCR catalyst:improvement of alkali poisoning resistance and novel regeneration method. Environmental science & technology, 2012,46(22):12623-12629.

[77] 曾瑞. 浅谈 SCR 废催化剂的回收再利用. 中国环保产业,2013,(2):39-42.

[78] 关于加强废烟气脱硝催化剂监管工作的通知. 北京,2014.

[79] 关于发布《火电厂氮氧化物防治技术政策》的通知. 北京,2010.

[80] 张立,陈崇明,王平. SCR 脱硝催化剂的再生与回收. 电站辅机,2012,33(3):27-30.

[81] Coalogix. http://www. steagscrtech. com/us-home. html. 2012.

[82] Khodayari R,Odenbrand C I. Regeneration of commercial TiO_2-V_2O_5-WO_3 SCR catalysts used in bio fuel plants. Applied Catalysis B:Environmental,2001,30(1):87-99.

[83] Lee J B,Lee T W,Song K C,et al. Method of regenerating honeycomb type SCR catalyst by air lift loop reactor. Google Patents,2009.

[84] Nojima S,Iida K,Obayashi Y. Methods for the Regeneration of a Denitration Catalyst. Google Patents,2002.

[85] Hartenstein H-U,Hoffmann T. Methods of regeneration of SCR catalyst poisoned by phosphorous components in flue gas. Google Patents,2010.

[86] Cooper M D,Patel N. Method for removing calcium material from substrates. Google Patents,2014.

[87] Foerster M. Method for regenerating iron-loaded denox catalysts. Google Patents,2009.

[88] Schluttig A,Föerster M. Method for the regeneration of phosphor-laden $deNO_x$ catalysts. Google Patents,2011.

[89] Hartenstein H-U,Hoffmann T. Method of regeneration of SCR catalyst. Google Patents,2010.

[90] 吴卫红,吴华,罗佳,等. SCR 烟气脱硝催化剂再生研究进展. 应用化工,2013,42(7):1304-1307.

[91] Zheng Y,Jensen A D,Johnsson J E. Laboratory investigation of selective catalytic reduction catalysts:deactivation by potassium compounds and catalyst regeneration. Industrial & engineering chemistry research,2004,43(4):941-947.

[92] 杨承佐,吴洪文,张强,等. 燃气电厂余热锅炉脱硝系统氨逃逸率高的原因分析. 自动化博览,2018,35(10):110-112.

[93] 吴黎男. 臭氧氧化结合湿法吸收针对烧结烟气脱硝试验及机理研究. 济南:山东大学,2018.

[94] 肖盛隆. 石油炼化企业烟气臭氧氧化脱硝工艺方案研究. 青岛:青岛理工大学,2015.

[95] 纪瑞军,徐文青,王健,等. 臭氧氧化脱硝技术研究进展. 化工学报,2018,69(6):2353-2363.

[96] Sun C,Zhao N,Zhuang Z,et al. Mechanisms and reaction pathways for simultaneous oxidation of NO_x and SO_2 by ozone determined by in situ IR measurements. Journal of Hazardous Materials,2014,274:376-383.

[97] Lin F,Wang Z,Ma Q,et al. N_2O_5 formation mechanism during the ozone-based low-temperature oxidation $deNO_x$ process. Energy & Fuels,2016,30(6):5101-5107.

[98] Sun C,Zhao N,Wang H,et al. Simultaneous absorption of NO_x and SO_2 using magnesia slurry combined with ozone oxidation. Energy & Fuels,2015,29(5):3276-3283.

[99] 文少飞. 沿面放电臭氧氧化联合 NaOH-Na_2SO_3 吸收还原烟气脱硝研究. 大连:大连理工大学,2017.

第5章 挥发性有机物排放控制技术

工业烟气污染物种类繁多,除典型污染物 NO_x、SO_2 及颗粒物等外,挥发性有机物(volatile organic compounds,VOCs)的排放同样不容忽视。工业烟气 VOCs 排放特征复杂,不仅具有较大的排放强度,同时具有多种类污染物混合排放的特点。工业烟气中的 VOCs 多具有明显的环境危害,无论对区域环境还是全球环境都有一定影响。并且大多数工业源 VOCs 具有生物毒性和致癌性,对人体健康造成巨大威胁。在国家环境政策的不断发展和推进下,VOCs 的排放管控逐渐受到重视。近年来,我国通过不断立法和完善相关法律法规及加大科研力度等手段,在工业烟气治理方面的工作已经初具成效。为此,研发适合特定行业乃至适合特定企业的 VOCs 减排控制技术显得尤为重要。本章将围绕目前工业 VOCs 治理现状和典型治理技术及其应用展开详细论述。

5.1 挥发性有机物概况

5.1.1 VOCs 来源

挥发性有机物是一大类含碳元素的化合物的总称,室温下以蒸气的形式存在,饱和蒸气压大于 133.32Pa,且沸点在 50~250℃之间的一类有机化合物。实际情况下,通常将半挥发性有机物和易挥发性有机物统称为 VOCs。

大气中的 VOCs 来源广泛,分为自然源和人为源,其中自然源主要为火山喷发、植物蒸发排放、动物活动排放、沼泽排放与森林火灾等。人为源主要来自石油、交通运输、化工生产、包装、印刷、制药、汽车、纺织、溶剂使用、皮革生产、涂料使用、清洁产品使用过程等。其中工业源 VOCs 以其排放量大、排放浓度高、成分多变等原因成为污染控制的重点。

常见的工业源 VOCs 主要为饱和脂肪烃、不饱和脂肪烃(烯烃)和环烷烃、芳香烃、酮类、醛类、醇类、酯/羧酸、醚/酚/环氧类、胺/腈类和卤代烃及其他类。这些 VOCs 不仅能够参与大气光化学反应形成二次有机气溶胶和光化学烟雾,而且含卤素 VOCs 还能够显著破坏臭氧层与加剧温室效应等。大多数 VOCs 都具有一定的神经毒性,并且有不同程度的致癌作用。可见 VOCs 对人体健康有显著影响,对 VOCs 排放的管控日益重视。

5.1.2　工业源 VOCs 排放及法规限值

近年来,我国工业源 VOCs 排放逐年迅速增加,2015 年我国 VOCs 总排放量中工业源 VOCs 占比已经高达 43%。石油化工、包装印刷、油墨生产、涂料生产、合成材料、胶黏剂生产、食品饮料生产、日用品生产、医药化工、轮胎制造、黑色及有色金属冶炼、纺织印染、塑料合成、皮革羽绒制品制造、制鞋、造纸、木材加工、家具制造、通信设备及电气机械制造、交通运输设备制造与维护、电子设备制造、建筑装修等重点行业成为工业源 VOCs 的排放大户。不同行业原料及生产工艺不同造成 VOCs 排放特征各异,造成了工业 VOCs 治理难度较大,控制技术原理及途径不尽相同。

虽然国家开始重视对 VOCs 的管控,但是对于建立健全 VOCs 的全面减排控制体系仍然存在一些问题。①VOCs 排放标准体系制定进度较为缓慢:重点行业 VOCs 治理的主要依据是排放标准体系,地方标准虽然在一定程度上补充了国家标准,但是部分重点行业标准涵盖面太广,工艺繁杂,完善和执行方面都有一定困难,严重制约 VOCs 治理工作的高效推行;②VOCs 治理技术选择尚存困难:《重点行业 VOCs 污染控制技术指南》还未正式出台,缺乏对治理技术选择的指导性;③VOCs 检/监测市场管理混乱:第三方监测机构水平参差不齐,存在监测过程不规范,甚至数据造假等严重问题;④VOCs 排放监管困难、治理设备安全问题突出等。

5.1.3　工业源 VOCs 减排思路及挑战

1. VOCs 减排思路

VOCs 有效管控不仅需要建立健全 VOCs 减排法规体系,更需要依靠 VOCs 治理技术的进步。VOCs 减排应该是从全过程入手,减少由于设备或生产工艺落后造成的 VOCs 排放,同时结合末端治理措施,实现 VOCs 全流程减排。

(1)产生源头控制

从产生源头入手,充分取缔落后、粗放的生产方式,减少生产过程中的 VOCs 排放,能够大大减轻末端治理设备的运行压力,从而降低末端治理成本。首先在生产原料选择方面着手,将原本 VOCs 含量高、毒性大的原料替换为 VOCs 含量低、毒性小的新材料,如使用水性、粉末油墨或涂料代替原本高 VOCs 含量的油墨或涂料。其次优化生产工艺,淘汰落后、低效的生产工艺及生产线,将生产车间升级为全封闭或加强集气系统建设,有效减少生产过程中的无组织排放,如使用静电喷涂、辊涂等技术替换传统喷涂工艺等方法。

(2)加强末端治理

末端治理是 VOCs 减排控制的重要部分,务必要保证末端治理设备的有效性,才能达到有效控制 VOCs 排放的目标。针对成分复杂的工业烟气,应充分结合企业排污特点合理选择和规范运行 VOCs 末端治理技术(将在 5.2 节详细介绍)及设备设施。

(3)全过程监管

针对无组织排放控制,企业必须注重生产过程的全过程管理,将大量分散的 VOCs 排放节点统一管理[1]。应充分采用精细化的管理思路,加强生产过程中原料生产、储存、运输管理,加强生产线密封及集气设备管理,保证设备正常运行,杜绝出现设备形同虚设的现象,才能配合源头控制和末端治理达到真正意义上 VOCs 的减排控制。

2. VOCs 管控面临挑战

由于行业众多、生产程序差异较大、工艺水平参差不齐,所以行业、生产过程与工艺的多样化造成工业源 VOCs 的排放具有浓度波动大、有组织排放和无组织排放并存、连续和间断排放并存等特征。例如,图 5-1 为煤气净化工艺流程,其 VOCs 主要排放源为油库作业区(焦油储罐)、粗苯工段(粗苯储罐)、冷鼓工段和脱硫工段等。图 5-2 为焦化行业 VOCs 的产生源头。在工业生产过程中,VOCs 排放管控面临如下众多挑战。

(1)烟气/废气中 VOCs 排放种类繁多

绝大多数工业生产过程排放的烟气都是 VOCs 的混合物。如石油化工行业排放的主要是芳香烃及烯烃,个别含有卤代烃及腈类物质等,黑色及有色金属冶炼行业中烟气主要是芳香族和烷烯烃类 VOCs 的混合物,垃圾焚烧烟气主要是不完全燃烧的大分子 VOCs 和卤代芳烃及二噁英类物质的混合物。工业源 VOCs 混合排放的状况普遍,难以通过单一控制手段达到优异的处理效果,这与颗粒物、SO_2 及 NO_x 的去除具有很大差异,同时也表明工业 VOCs 处理必须着手于全过程控制,不能仅仅局限于单一末端治理手段。

(2)烟气 VOCs 理化性质差异大

不同行业由于生产工艺差异而造成的烟气理化性质差异非常大。烟气温度、湿度、黏度、VOCs 含量、NO_x 含量、SO_2 含量、颗粒物含量、可燃组分爆炸极限及是否含有其他特殊性质等都是影响烟气 VOCs 处理的重要因素。考虑运行成本及处理效率,例如烟气中 VOCs 的浓度及回收价值会直接影响后续处理技术的选择,烟气温度也会影响多污染物脱除的具体工艺设计等。烟气中的颗粒物及其黏性会堵塞填料塔或催化剂床层,造成处理效率下降且可能产生安全隐患。石油化工、医药化工、金属冶炼行业及垃圾焚烧烟气往往温度较高,而喷涂过程排放的气体多为常温。包装印刷业喷涂线多排放常温气体,烘干线多为高温气体。另外,某些工艺排放气体经过喷淋洗涤工艺后导致烟气湿度较大,进而影响下游设备的处理效率。

因此,前处理配套设施及 VOCs 处理工艺和设备选择显得尤为重要。

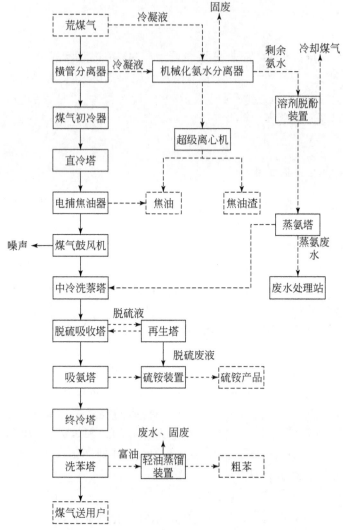

图 5-1 煤气净化工艺流程

(3)废气收集效率低,无组织排放不容忽视

由于大多工业生产环节中不能实现生产线全程封闭集中处理废气的理想情况,不经过集中排气系统排放的 VOCs 普遍存在,即无组织排放。例如阀门、法兰及其他管道连接件,泵及空压机密封点,冷却塔、原料池(储槽、储罐),废水处理过程挥发,采样过程泄露,设备检修及非正常工作意外排放等。又如部分企业集气罩设置不合理,不能覆盖全部 VOCs 产生环节或是仅在屋顶设置抽风机等。

这些无组织排放有些是因为设备使用不规范、设备密封不良或集气设施不完善造成,在生产过程中很难避免,造成了严重的无组织排放,成了工业源 VOCs 排放控制的难点。

(4)企业治理烟气思路不明,治理方案设计不合理

由于部分企业环保力量薄弱,对治理技术的发展和各种技术适用的工况不甚了解,缺乏一定的甄别能力,不能针对本企业选择最优的治理技术和设备设施,导致实际处理效果不理想。另外部分环保公司未严格遵循国家已经出台的行业治理技术指南和废气治理工程技术规范,导致其设计的工艺及设备治理效果低下,低于企业需求。

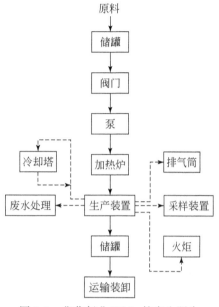

图 5-2 焦化行业 VOCs 的产生源头

(5)VOCs 治理设施运营管理不善、效率低,存在二次污染

VOCs 处理设备及涉及材料均需要在特定的工艺条件下使用才能达到设计的处理效率。有研究调查了珠三角地区工业 VOCs 治理现状[2],结果表明大部分企业采用活性炭吸附工艺进行废气处理,但是普遍存在活性炭长时间不更换、不再生的现象。活性炭一旦吸附达到饱和,就失去了处理 VOCs 的能力,造成大量 VOCs 的排放。一方面有些企业因为成本原因不愿及时更换活性炭,另一方面由于缺乏评估活性炭吸附饱和时间的能力导致不知道何时更换,从而造成活性炭吸附设备运行一段时间后效率急剧下降,甚至毫无作用。另外某些企业使用的催化氧化工艺的实际运行温度不能达到所使用催化剂处理 VOCs 的起燃温度,即实际工况下,催化剂对 VOCs 的氧化作用远低于期望水平,大量 VOCs 仍然直接排放到大气环境中。其次,某企业设计工艺为光催化氧化,拟用光催化剂载体为纤维材料,为提供足够的比表面积、过滤功能和氧化床层。但实际使用的是蜂窝活性炭,在吸附能力、压降和烟气阻力等方面都与初始设计有很大出入,导致实际处理效果欠佳。再者,由于处理设施运行管理不善或设计缺陷等原因造成二次污染问题,如吸附剂再生过程泄露排放,冷凝回收过程中产生的含 VOCs 废水直接排放入市政管网,低温等离子体技术产生的 NO_x 不加处理直接排放等都会造成二次污染。

5.2　VOCs 排放控制技术

5.2.1　治理技术概述及技术选择

针对工业源 VOCs 排放,不同国家对不同行业 VOCs 的排放限值有不同程度的规定,并且标准日趋严格。如 5.1 节所述,解决工业源 VOCs 污染问题就是从源头避免含或减少 VOCs 原料的使用,并且在生产过程中采用清洁生产工艺,避免或减少 VOCs 的产生。无论是源头控制还是全过程管理都离不开生产工艺及设备的更新换代,依赖生产技术和工艺发展,时间周期长,并且由此带来的成本问题也不容忽视。目前我国针对含 VOCs 工业烟气的治理的最强有力的一个环节是末端治理技术,为实现工业源 VOCs 的快速减排,应加强结合末端治理技术的合理应用。

目前,国内外针对含 VOCs 工业烟气的末端治理技术,按照对于 VOCs 的处理手段主要分为两大类(图 5-3):①回收技术,主要是利用物理手段,包括吸附技术、吸收技术、冷凝技术和膜分离技术等,此类技术主要是针对具有较高浓度且具有一定利用价值的有机物回收利用;②销毁技术,主要是借助化学反应,包括燃烧技术(直接燃烧、热力燃烧与蓄热式热力燃烧)、催化氧化技术、等离子体技术、光催化氧化技术及生物降解技术等,此类技术主要是将 VOCs 通过化学反应彻底分解为水和 CO_2 等无毒或低毒物质,从而达到无害化处理的目的。此外,为适应工业烟气复杂的工况,进一步提高 VOCs 处理效率,近年又发展出了多种回收技术-销毁技术联合应用的协同耦合手段,如吸附浓缩-催化氧化技术、吸附浓缩-吸收技术以及等离子体-光催化技术等。

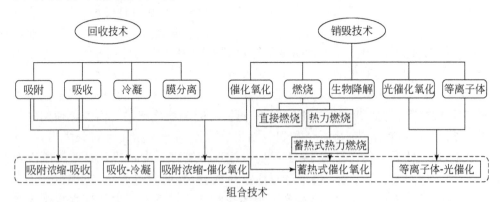

图 5-3　VOCs 治理技术分类

针对不同行业 VOCs 排放特征,应全面权衡各方面的因素,综合考虑建设运行成本、自身生产特性及烟气排放特征,从而选择合理的综合治理技术方案,实现烟气 VOCs 排放达标要求。

从烟气 VOCs 浓度角度考虑[3]，如表 5-1 及图 5-4 所示，针对不同的 VOCs 浓度需要采用不同的治理技术，当 VOCs 浓度较低时，采用热力燃烧（宜补充部分助燃剂）或采用催化氧化；当 VOCs 较高时，可以采用吸附、吸收技术或火炬直接燃烧（不回收热量）及引入锅炉燃烧（回收热量）等技术。

表 5-1　针对不同工业烟气 VOCs 浓度常用的治理技术

治理技术		适用 VOCs 浓度/(g/m³)
回收技术	直接与间接冷凝技术	> 50
	吸收技术	1 ~ 50
	吸附技术	1 ~ 25
	膜分离技术	> 20
销毁技术	热力燃烧技术	> 10
	蓄热式热力燃烧技术	3 ~ 10
	催化氧化技术	> 1
	生化过滤或生化洗涤技术	0.2 ~ 3

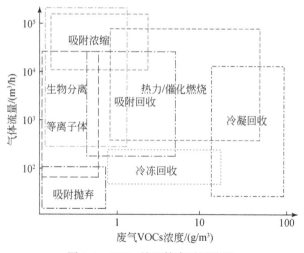

图 5-4　VOCs 处理技术适用范围

从烟气 VOCs 理化性质角度考虑，对于易被吸附剂（如活性炭、沸石分子筛）吸附，或有机溶剂吸收的 VOCs，宜采用吸附或吸收技术净化烟气 VOCs；对于易燃烧、易氧化的 VOCs 可以采用直接燃烧或者催化氧化法处理。

从生产实际情况及处理要求角度考虑。有时结合自身生产技术路线可以简化

VOCs末端处理工艺,利用生产过程中的粗原料有机溶剂吸收生产工艺过程排放的VOCs,省去吸收液再生过程,将吸收液直接重复投入生产流程即可。例如,氯乙烯生产过程使用三氯乙烯吸收处理含氯乙烯,锦纶生产过程使用环己酮、环己烷吸收氧化工艺排放的环己烷后再次投产等[4]。另外,如表5-2所示,烟气流量和烟气温度等因素都会对选择销毁技术有一定影响。

表5-2　销毁技术常见适用范围

项目	蓄热式热力燃烧	热力燃烧	催化氧化
烟气流量/(m³/h)	1000~400000	1000~50000	1000~50000
操作温度/℃	800~850	700~800	300~400
VOCs浓度/(g/m³)	<6	<15	10~15
特点	回收热能,无二次污染		预处理要求严格,无二次污染

如图5-5所示,从建设运营成本角度考虑。工业烟气治理的经济性是必须要考虑的重要因素,所选择的最佳治理方案应当尽量减少设备投资费用和转运费,并且尽量回收有价值的物质(采用回收技术)或者能量(如燃烧所产热能)等,选择合理的治理方案,不仅能达到VOCs减排目标,而且能收获经济效益。

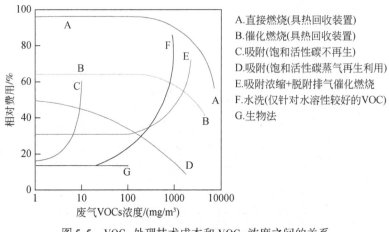

A.直接燃烧(具热回收装置)
B.催化燃烧(具热回收装置)
C.吸附(饱和活性碳不再生)
D.吸附(饱和活性碳蒸气再生利用)
E.吸附浓缩+脱附排气催化燃烧
F.水洗(仅针对水溶性较好的VOC)
G.生物法

图5-5　VOCs处理技术成本和VOCs浓度之间的关系

目前而言,对于含VOCs工业烟气治理技术也在不断发展,各种治理技术均有各自的优缺点,选择最佳的治理方案、因地制宜、扬长避短才是重中之重。本章内容将主要以吸附、吸收、燃烧、催化氧化和等离子体技术这五种常见技术为例详细介绍针对工业烟气VOCs治理方法。

5.2.2　吸附技术

在众多 VOCs 处理技术中,吸附法发展历史悠久,应用最为广泛。如图 5-6 所示,是目前常见的焦化行业 VOCs 吸附技术工艺流程。吸附法主要具有如下优点[5]:①工艺流程短,设备简单易于自动化控制;②适用性强,效率高花费小;③有利于有价值 VOCs 的资源回收利用。吸附法的核心技术是吸附材料的开发,理想的 VOCs 吸附剂的特征主要包括吸附容量高、表面疏水性强、热稳定性良好及再生容易。常见的 VOCs 吸附剂包括活性炭/碳纤维材料、沸石分子筛、黏土吸附剂、介孔硅材料、金属有机框架及多孔有机聚合物。

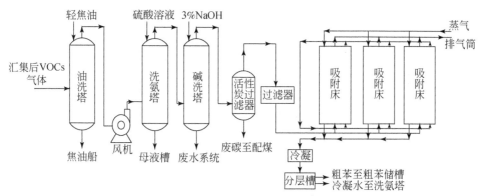

图 5-6　焦化行业 VOCs 吸附技术工艺流程

1. 吸附法技术原理

吸附是指当两相存在并接触时,固相中的物质或者在该相中溶解的物质,在两相界面附近的浓度与固相内部不一致的现象。同原来相内的物质浓度相比,界面上的物质浓度的增加即称为吸附。当界面附近浓度比相内部大时称作正吸附,反之则为负吸附。被吸附的物质为吸附质,吸附的材料为吸附剂。吸附质分子一般停留在吸附剂的表面(包括几何外表面和由孔隙产生的内表面),而不进入吸附剂的晶格或晶格的原子间隙。而进入吸附剂的晶格或原子间隙的过程被称为吸收。在某些情况下,吸附和吸收可以同时发生或者通过某些吸附剂成分参与化学反应(如浸渍有催化作用成分的活性炭)或其他吸附质结合机理(如蒸气的毛细凝聚或离子交换)联系起来。

吸附作用的本质是吸附作用力的产生。对于吸附剂来说,固体内部原子受到的作用力几乎认为是各向同性,而固体表面原子受力不均匀,仅受到内部方向上的吸引力,从而导致剩余力场,可以吸附气体分子。吸附的作用力也是吸附剂与吸附质之间能量上的相互作用,这种作用主要通过电子的相互作用产生。吸附剂和吸附质的性质共同决定了吸附时的相互作用,其种类可以大致分为 5 类,即伦敦色散力、诱导力、取向力、氢键及共价键。根据吸附剂与吸附质相互作用的方式,吸附作用通常分为物理吸附与化学吸附两类。在物理吸附中,吸附质与吸附剂表面原子间微弱的相互作用可以在表面附近形成分子层,往往发生多分子层吸附;而化学吸附则源自吸附分子的分子轨道与吸附剂表面的电子轨道的特异的相互作用,结果多生成单分子层。对于 VOCs 吸附来说,大多数属于物理吸附,也有涉及氢键吸附,一般很少有化学吸附,下面也主要围绕物理吸附进行介绍。

2. 吸附材料评价方法

吸附剂是吸附技术中的关键,在实际过程中,吸附剂和吸附质的种类繁多、性能各异,使用过程中需要综合考虑多个方面的指标,包括吸附量、吸附速率、吸附选择性、再生回收性和吸附剂成本等。然后再针对特定的吸附物种,选择最合适的吸附剂。

(1)吸附量

一个好的吸附剂首先应当具备较高的吸附量。吸附过程是一个动态可逆过程,吸附质分子可以吸附在吸附剂表面,同时也会由于热运动从吸附剂表面回到气相中。当吸附速率与脱附速率相当时,即达到吸附平衡。此时,单位质量的吸附剂所吸附的吸附质总量即为该条件下吸附剂的平衡吸附量。一般来说,根据吸附剂和吸附质的相对运动状况,可将吸附量分为静态平衡吸附量和动态平衡吸附量两种。前者是指吸附剂和吸附质相对运动可以忽略不计的情况下,达到平衡时的吸附量;后者则是在一定的气体流速下,达到饱和时的吸附量。一个吸附剂材料的吸附量主要取决于其结构性能,包括比表面积,孔径分布、孔体积和表面化学成分等。除此之外,外界环境条件也将影响吸附量大小,通常情况下,温度越高,吸附量越低,压力越大,吸附量越高。

(2)吸附速率

吸附剂的使用过程中,吸附速率也是重要的性能指标。吸附速率是指单位质量的吸附剂在单位时间内所吸附物质的质量。吸附质在吸附剂上的吸附过程主要分为三个步骤:外扩散、内扩散和吸附。外扩散为气流主体到达外表面的过程,内扩散为从吸附剂表面扩散至孔道内部的过程,吸附为从内表面被吸附到吸附剂上的过程。一般来说,吸附速率越快,吸附材料和吸附质分子之间吸附接触的时间就越短,那么在相同的吸附效果下,吸附速率越快,则需要的设备空间就越小,可节省成本。在吸附过程中,提供足够的湍流运动,使吸附剂和吸附质充分接触,可以大大提高传质效率,提升吸附效果。然而,吸附速率过快也存在安全隐患。对于某些吸附热较高的吸附过程,吸附越快,则散热越快,温度将迅速升高,带来火灾隐患,这是需要特别注意的问题。

（3）吸附选择性

吸附选择性是指在相同的吸附条件下,同一吸附剂对不同吸附质具有不同的吸附能力,通常可用二者吸附量之比来表示选择性。在特定的实际过程中,选择性十分重要,尤其是有回收效益的 VOCs 吸附,采用该 VOCs 选择性较好的吸附剂将大大提高回收效率和经济效益。吸附选择性一般分为结构选择性和官能团选择性。结构选择性是利用吸附剂的特定结构,选择性地吸附具有相匹配或更小结构的吸附质。官能团选择性是指吸附剂上特殊的官能团会对特殊的吸附质具有更强的吸附力作用,从而使得选择性吸附能力增强。

（4）再生回收性

再生回收性是指吸附剂本身组分和结构不发生改变的情况下,将吸附质从中脱附出来再次使用,大大降低吸附剂的消耗成本;若是吸附质具有二次经济效应,也可回收再利用。在吸附剂的实际使用过程中,除了优异的吸附性能,良好的再生性能也被广受关注。再生的方法很多,主要包括加热解析脱附、降压或真空解析脱附、溶剂置换脱附等。

①加热解析脱附。

加热解析的原理是,利用高温条件来降低吸附容量,从而多余的吸附质脱附出来,使得吸附剂再生。由于,大多数 VOCs 均为物理吸附,因此加热脱附再生的方法适用性很广,也是实际工程中常用的方法。加热脱附通常需要脱附介质,一方面将热量带入吸附剂内部,一方面以吹扫的形式将吸附质带出,常用的热解析介质为空气、惰性气体或水蒸气。此工艺同样存在一定缺陷,完成脱附后,需要冷却系统或气流对吸附床进行降温,增加能耗。但是,由于吸附剂的浓缩作用,解析气流中吸附质的浓度和温度会显著高于吸附前的工况条件,因此,再生气流或许可以用于其他工序,创造效益,例如,Yongsunthon 等[6]将再生气流用于甲基环己烷的脱氢反应,可有效提高资源和能源的利用率。

一般来说,吸附作用越强的吸附质,在相同的脱附条件下的脱附速率越小,例如,在活性炭上,甲苯比丙酮需要更长的脱附时间。同时,吸附作用力越强还可能导致脱附过程中副产物的出现,例如,八甲基环四硅氧烷具有较高的沸点,因此在脱附时需要较高的温度,而在高温作用下,该吸附质容易与活性炭发生化学反应形成副产物,造成脱附不完全及活性炭的孔堵塞,降低了吸附剂再生后的吸附性能[7]。

传统热脱附虽然应用最广,但是也存在脱附速率低、效率低、能耗高的问题,还可能造成吸附剂的孔结构堵塞等。因此,近年来一些新型的加热方式得到开发,包括电加热、微波加热等。

电加热脱附法是利用吸附剂本身作为电阻,电流做功的方式进行加热,要求吸附质有良好的导热性,通常碳材料的吸附剂采用电加热的方式进行脱附。电加热具有加热速度快、操作方便、能源利用率高等特点。Li 等[8]利用电加热的方式,对吸附苯的多孔炭进行脱附,经过四次吸附脱附循环后发现,吸附剂的再生吸附容量基本不变,表明电加热法的脱附效率很高。

微波加热脱附法是利用吸附剂和吸附质吸收微波发热的原理进行加热,使得吸附质迅速脱离吸附剂。微波加热法不需要介质,操作简单、加热速度快、温度低、脱附效率高等特点。研究表明,微波加热法对极性越强的吸附质有更好的脱附效果,在沸石分子筛 DAY(一种疏水脱铅沸石)上的脱附效果顺序为水>乙醇>丙酮>甲苯,并且对甲苯几乎没有脱附作用,可能是甲苯对微波的吸收作用远低于极性物质所致[9]。另外,微波加热法可使吸附床层在较低的温度下进行高效脱附。王红娟等[10]对吸附了乙醇的高分子聚合物进行微波加热脱附,床层温度最终不超过84℃,可保证吸附剂结构性能不遭到破坏,利于吸附剂的循环使用。

②降压或者真空解析脱附。

降压或真空解析脱附的原理是,吸附质在吸附剂上的吸附量随着分压的降低而减少,降低压强则可以达到解析的目的。此方法需要配备真空泵,致使工艺流程和设备配备较为复杂,且吸附床层无加热则脱附速率和效率均较低,加热则能耗过高。因此,针对如何降低能耗、提高脱附效率、简化流程的问题,需要对此方法进行更深入的研究。

③溶剂置换脱附。

溶剂置换脱附的原理是,使用合适的溶剂将吸附剂里的吸附质置换出来,从而到达脱附的作用。一般使用超临界流体作为溶剂进行置换洗脱,如 CO_2 超临界流体。这是一种新的脱附方式,最重要的是需要在高压下进行,才能得到超临界流体,因此对设备的要求很高。Tan 等[11]采用 CO_2 超临界流体对吸附了甲苯的活性炭进行解析脱附,在48℃、11.72MPa、流体速率 $1.57cm^3/min$、转速 1600r/min 的条件下,甲苯的脱附效率高达 100%。其中,提供离心力的转速非常重要,在没有转速的情况下,脱附效率仅有 68%。

在实际使用过程中,往往根据具体使用的吸附剂和吸附质来选择以上一种或几种脱附方法进行解析脱附。黄维秋等[12]采用了真空脱附和微量热空气吹扫相结合的方式进行活性炭上的汽油脱附,通过优化组合系统的工艺参数,获得了较好的脱附效果,并且脱附时的压力低于 1kPa,解析时间不超过 1h,热空气温度可在50℃以下,降低了能耗。蔡道飞等[13]研究了普通空气加热法、真空加热法和微波真空法对活性炭结构的影响,结果发现,三种方法对活性炭结构均有不同程度的破坏,但是微波真空法对活性炭的孔结构性质破坏最小,在能耗效率方面优于另外两种解析脱附方法。也有研究表明[14],当有大约1%的吸附质不可逆的吸附在吸附剂上的时候,吸附剂的比表面积、微孔体积、介孔体积、总孔体积均下降 2%~3%,同时循环吸附的动态穿透曲线均会有所改变,即再生吸附量有所下降,这在实际工况中几乎是不可避免的。因此,在未来的 VOCs 解析研究中,要不断深入探索新工艺及组合工艺参数,提高脱附效率,降低能耗,同时,避免高温高压带来的爆炸、燃烧等安全隐患。

(5)吸附剂成本

吸附剂成本是决定能否工业化最重要的指标之一。某些新型的吸附剂,即使吸附性能很好,但是如果制备成本或要求设备成本过高,也是不能够达到工业化应用的。活性炭是工业应用最广的吸附剂,主要是通过煤或者木材果壳的炭化活化制备所得,然而随着煤炭资源的日益减少及木材果壳的原料成本增加,迫使人们不得不寻找更加廉价的原料进行活性炭的制备开发。例如,鸡毛、稻草、牛粪等农业废物均有被用作高性能活性炭的制备,不仅原料低廉,还能实现农业副产物的资源化利用,获取较高的综合效益。

3. 吸附材料

(1)活性炭和活性炭纤维

炭材料吸附剂种类繁多,研究最广的是活性炭和活性炭纤维。活性炭材料价格便宜、制备方便,按原料不同主要分为煤质活性炭和木质活性炭;按形状不同可分为柱状活性炭、无定形颗粒活性炭、球形活性炭和蜂窝活性炭等,如图 5-7 所示。

图 5-7　从左至右依次为柱状、无定形颗粒、球形和蜂窝活性炭

活性炭吸附已在日本和欧洲被广泛应用于垃圾焚烧炉的二噁英净化处理。活性炭具有高比表面积(600~3000m²/g)和丰富的孔结构,在活性炭吸附 VOCs 的研究上,甲苯、苯、甲醛、丁酮[15-18]等吸附均有涉及。对大部分 VOCs 均有很好的吸附能力,尤其是对芳香烃有机物的净化效果显著,但是对甲醛等小分子污染物的吸附性能稍差。Silvestre- Albero 等[19]发现活性炭对乙醇和苯的吸附量可分别达到 18g/100g和 40g/100g;Lillo- Ródenas 等[20]利用活性炭吸附低浓度的苯与甲苯,其吸附量高达 34g/100g 和 64g/100g。另一类活性炭纤维,在 VOCs 的吸附上也有所应用[21],对于低浓度的苯系有机物(200ppmv)的吸附量,如苯和甲苯可分别达到 31g/100g和 53g/100g[22];对于高浓度的甲苯(1200ppmv)的吸附量可达 56.9g/100g[23]。另外,Huang 等[15]还研究比较了极性丁酮和非极性苯在活性炭纤维上的吸附性能。活性炭吸附气体达到饱和后,还可通过脱附作用,集中解析出其中的气体物质,这

样,既可获取有用的有机溶剂,又可恢复活性炭的吸附能力,达到双重回收的目的。然而,它仍然存在一些缺陷,包括在潮湿条件下热稳定性差和吸湿性差[24,25]。

高风量、低浓度 VOCs 的净化一直是工业领域亟待解决的难题。蜂窝状活性炭床层风阻小适合高风量工况。目前,我国处理高风量(5000 ~ 25000m³/h)、低浓度 VOCs 的工艺设备使用的吸附剂就是蜂窝活性炭。该法的主要设备为活性炭吸脱附装置,如图 5-8 所示[26]。

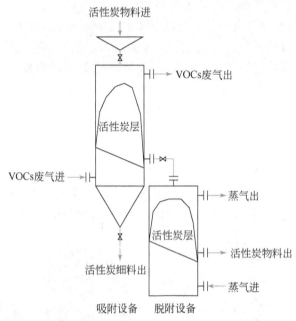

图 5-8　自沉式活性炭移动吸附床实验装置图

(2)沸石分子筛和黏土吸附剂

沸石分子筛是具有三维空间结构的硅铝酸盐的总称,并含有碱金属或碱土金属,其化学通式为:$M_{x/q}[(AlO_2)_x(SiO_2)_y] \cdot mH_2O$。其中,M 为阳离子,主要是 Ca^{2+}、Na^+ 和 K^+ 等金属离子,并且可以被其他金属离子交换。沸石分子筛吸附剂中充满孔径小于 2nm 的孔结构,比表面积一般为 500 ~ 800m²/g。天然沸石的 VOCs 吸附量一般较低,后来人们通过各种方法进行人工合成分子筛研究,其中高硅分子筛 ZSM-n 系列为人工合成分子筛代表。除此之外,纯硅人工沸石 Silicalite-1 具有完美的 Si—O—Si 骨架结构,表面也缺少亲水硅羟基,有利于 VOCs 的吸附[27]。Brosillon 等[27]研究了沸石上丙酮、丁酮、庚烷及辛烷的吸附性能。Kim 等[28]发现沸石分子筛对苯、甲苯、二甲苯均具有较好的吸附能力。在工程应用中,沸石分子筛的承载设备一般是转轮吸附设备,如图 5-9 所示[29]。该工艺系统主要包括吸附区、再生区和冷却区。Yoo 等[30]研究了甲苯和丁酮在 Y 和 ZSM-5 混合沸石转轮上

的吸附效果,结果发现,当转轮速度为 3r/h,气流速度为 1.2m/s 时,污染物的去除
效率可达 95%。

　　黏土矿物吸附剂具有大的比表面积($\sim 300\mathrm{m}^2/\mathrm{g}$)和低廉的成本,应用于多个领
域。其中,海泡石、蒙脱石等比表面积较大的黏土可作为烟草过滤器、环境除臭剂等。
黏土吸附剂如蒙脱石对水分子及小分子含氧有机物等极性物有很强烈的吸附能力。
Pires 等[31]发现黏土吸附剂对甲醇、丙酮、三氯乙烯也具有良好的吸附容量。

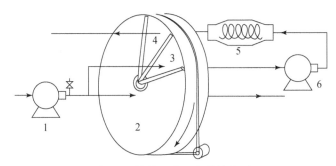

图 5-9　转轮吸附反应器结构图

1-引风机;2-吸附区;3-冷却区;4-再生区;5-空气加热器;6-再生风机

(3)有序介孔硅吸附剂

　　近二十年来,众多学者一直致力于有序介孔硅的制备与吸附研究。有序介孔
硅的构型有很多种,如图 5-10 所示[32],有的构型在 VOCs 吸附领域也受到广泛研
究,如 MCM-41[33,34]、SBA-15 等[35-39]。

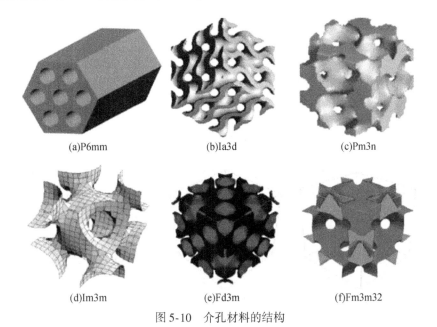

(a)P6mm　　　　(b)Ia3d　　　　(c)Pm3n

(d)Im3m　　　　(e)Fd3m　　　　(f)Fm3m32

图 5-10　介孔材料的结构

有序介孔硅比表面积大（$600 \sim 1000m^2/g$），其介孔孔道（$2 \sim 30nm$）有利于吸附质分子扩散，从而有利于吸附容量的提升，且其成分为无机二氧化硅材料，热稳定性良好。开放的介孔通道显著降低了气体动态吸附/解析过程中的内部传质阻力，提高了解析效率[40]。Qin[41]和 Kosuge[42]报道，SBA-15 和 KIT-6 的微孔通道连通了介孔通道，因此表现出比 MCM-41 更好的吸附能力。

介孔硅表面的硅氧基和硅羟基具有亲水作用，不利于湿条件下 VOCs 的吸附，研究者们通过表面化学改性的方法，进行疏水性有机基团的负载，以此提高疏水性。有机基团的负载可以通过三种方式实现[43]：通过同时添加无机有机前驱体，进行共缩合一步合成（共缩聚法）；通过后嫁接的方式将有机组分嫁接到纯二氧化硅基底上（后嫁接法）；通过桥联缩聚的方式获得桥联倍半硅氧烷（桥联缩聚法）。Dou 等[38]通过后嫁接法制备了不同类型的苯基修饰的有序介孔硅，如图 5-11 所示，疏水性均得到提升。

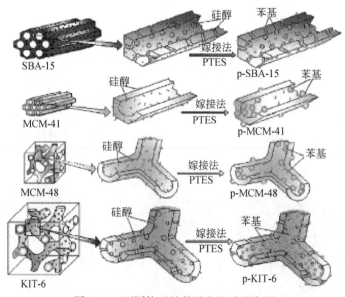

图 5-11　不同构型的苯基有机硅示意图

（4）金属有机框架（MOFs）和多孔聚合物吸附剂（POFs）

金属有机框架 MOFs 是近年来最热门的多孔材料之一，具有极高的比表面积（$1000 \sim 4000m^2/g$），常用于气体吸附分离。在 VOCs 吸附领域，由于 MOFs 材料具有特殊的孔道、柔性与构型，主要用于难分离 VOCs 之间的分离应用。Mohamed Eddaoudi 教授[44]通过对一传统 MOF：SIFSIX-3-Ni 进行改造，将 SiF_6^- 连接子替换成 $NbOF_5^-$，得到 NbOFFIVE-1-Ni。框架的最大窗口被控制在 4.752 Å 以内。材料表现出选择性吸附丙烯而不吸附丙烷，实现了在室温大气压力下纯化丙烯的目的，如

图 5-12 所示。

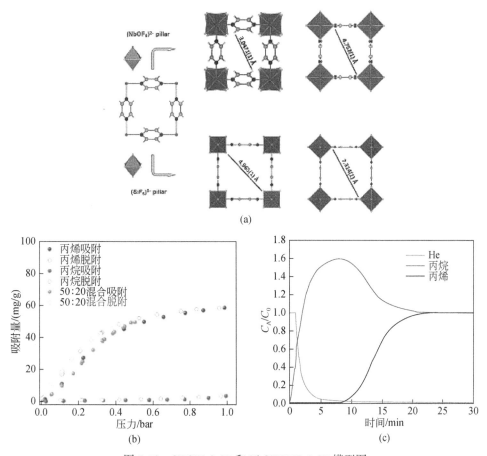

图 5-12　SIFSIX-3-Ni 和 NbOFFIVE-1-Ni 模型图

　　多孔有机聚合物(POPs)吸附剂也是近几年最热门的材料之一,具有高比表面积和孔容,且表面疏水性强,有利于非极性 VOCs 的吸附及提高高湿度环境下的 VOCs 吸附的抗湿性。Wang 等[45]利用 1,3,5-三乙炔基苯作为单体,合成出了如图 5-13 所示的多孔结构,具有较高的苯吸附量,且具有高疏水性,相对于干吸附条件,在 80% 相对湿度下的苯吸附容量仅仅下降 12% 。

　　然而,MOFs 和 POPs 有共同的缺点——热稳定性差[46]。同时,由于此类新材料的制备成本高昂,若要在 VOCs 去除领域得到大范围使用,热稳定性和制备工艺还需要更深入的研究。

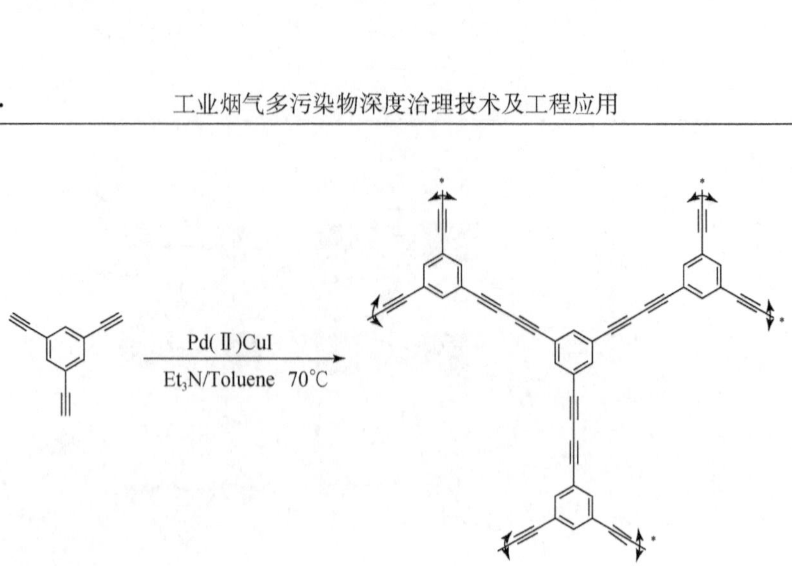

图 5-13　多孔聚合物合成示意图

5.2.3　吸收技术

　　吸收法的原理是,不同的吸附质气体在溶液中的溶解度不同从而可以达到分离的效果。在吸收法处理 VOCs 时,主要是将 VOCs 废气从空气中吸收进溶液里,将达标的气体排出。吸收法主要分物理吸收和化学吸收两大类。物理吸收是指吸附质仅仅溶解在溶液中,而化学吸附则指吸附质与溶液中某种物质发生化学反应而被吸收捕集。通常情况下,吸收效果随着温度降低及污染气体浓度或分压升高而增强。

　　吸收法在 VOCs 的治理中应用成熟,操作简易,其中的关键技术在于吸收剂的研发。理想的 VOCs 吸收剂特征主要包括①吸收量大,即目标吸附质在溶液中的溶解度大;②饱和蒸气压低,则吸收溶液不易挥发至气相中,避免吸收剂溶液损失及造成二次污染;③吸收剂对目标吸附质的吸收选择性要强;④吸收剂吸收饱和后易于再生回收利用,否则将造成大量废水污染物产生,治理工程量巨大;⑤吸收剂安全性要强,即对设备无腐蚀破坏,无毒无害,并且不易燃易爆。吸收法的工艺与设备开发已经相对成熟,工业中通常用填料吸收塔和喷淋吸收塔进行 VOCs 的吸收去除,如图 5-14 所示[47]。通过调节气流速率、喷淋速率及气液比等参数,可优化吸收效率。图 5-15 是常用的聚乙二醇–二甲醚吸收法的装置示意图,主要用于吸收含有乙醇、三氯乙烯及水蒸气的烟气。

　　水是最安全无污染、最廉价的吸附剂。通常,水对含氧 VOCs 和卤代 VOCs 等具有很强极性的吸附质气体的吸收效果较好,如丙酮蒸气废气的吸收去除,可在填料吸收塔内通过水和丙酮蒸气废气逆流的方式完成净化过程。然而,水对普通烷烃及芳香烃等非极性或弱极性 VOCs 几乎没有吸收效果,一般要往水中加入吸收助剂辅助吸收。VOCs 吸收助剂一般包括强碱弱酸盐(如柠檬酸钠)和表面活性剂

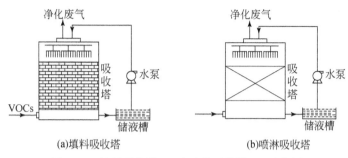

(a)填料吸收塔　　　　　　　(b)喷淋吸收塔

图 5-14　填料吸收塔(a)和喷淋吸收塔(b)示意图

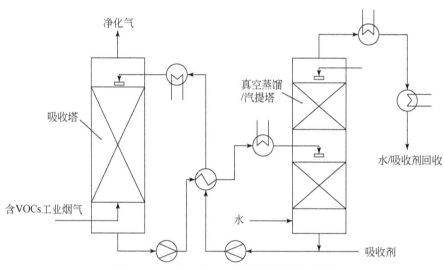

图 5-15　聚乙二醇-二甲醚吸收装置示意图

(如 PEG-400),助剂的添加将有效提高甲苯的吸收效率[48]。近年来,非水吸收剂等新型吸收剂被开发出来,如离子液体和环糊精等,亦在 VOCs 吸收领域具有很好的应用前景。Blach 等[49]发现,β-环糊精对甲苯的吸收容量是水的 250 倍。在吸收过程中,除了吸收剂,吸附设备也同样起着重要作用。一直以来,研究人员都在开发新型的吸附设备,如超重力旋转填料床的开发,以进一步提高 VOCs 吸收的综合效益。Chiang 等[50]研究了超重力旋转填料床和普通填料床对乙醇的吸收效率,吸收剂为甘油与水的复合溶剂。结果发现,旋转填料床对乙醇的吸收效率明显高于传统填料床,且传质效率高出了 193 倍。

　　吸收法在实际工业应用中工艺成熟,效果良好,然而仍然存在一些问题与挑战,饱和吸收液的再生回收利用及脱附污染物的集中处理是实际应用中需要注意的问题,只有解决这些问题,吸收法去除 VOCs 才能得到可持续应用。

5.2.4　直接燃烧与热力燃烧技术

含 VOCs 工业烟气的燃烧净化技术主要依赖 VOCs 的可燃性,其目的是通过氧气与 VOCs 的剧烈燃烧反应将可氧化组分完全转化为无害组分。在 VOCs 仅含有 C、H、O 三种元素时,即转化为水和 CO_2。当 VOCs 含有其他元素如氟、氯、溴、硫、氮时其氧化产物可能还会有卤化氢、SO_2、N_2 等。不同的 VOCs 成分、浓度、燃烧温度、燃烧方式的控制,均可能导致复杂的氧化还原反应和热解反应。另外,燃烧过程所产生的热量回收利用与否和回收利用方式决定了不同类型的燃烧技术和燃烧设备。目前常见的燃烧技术主要分为三大类:直接燃烧法、热力燃烧法和蓄热式热力燃烧法,蓄热式热力燃烧法将在 5.2.5 小节详细介绍。

1. 直接燃烧法

直接燃烧法是针对当烟气中 VOCs 浓度很高时,烟气中的 VOCs 可以被直接当作燃料进行燃烧的方法。适用于直接燃烧的工业烟气其 VOCs 含量非常高,通常超过其对应的爆炸上限,并且燃烧时具有很高的热值,其燃烧热量有回收利用的必要。如图 5-16 所示,直接燃烧因其具有明火也被称作火焰燃烧,在燃烧过程中烟气本身 VOCs 燃烧足以维持燃烧温度,不需要外加助燃剂,一般情况下烃类直接燃烧产物仅为水和 CO_2。此外,将含 VOCs 浓度较低的烟气直接通入锅炉中代替部分助燃空气与锅炉燃料一同燃烧是一种特殊的处理低浓度 VOCs 的直接燃烧方法。

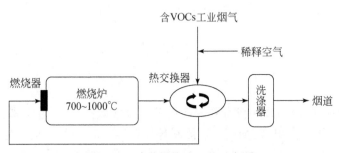

图 5-16　直接燃烧法工艺示意图

直接燃烧的关键就是确保 VOCs 燃烧的完全性和安全性。为保证直接燃烧的安全性,VOCs 在烟气中的浓度必须处于爆炸极限安全范围内,否则容易发生爆炸及火炬管道回火等安全事故,必须采取相应的安全措施。若 VOCs 浓度处于爆炸范围内,那么一般需要用空气将其进行稀释,使其浓度降至爆炸下限以下,如混合 VOCs 烟气须将浓度稀释至爆炸下限 $1/5 \sim 1/4$ 才可进行燃烧。但是由于引入的过量空气会导致燃烧困难,所以可能需要加入辅助燃料进行燃烧。为保证直接燃烧的完全性,避免不完全燃烧产物如 CO 的产生,需要使 VOCs 与空气获得良好的混合条件,以及确保充足的空气量。当空气量不足时,VOCs 燃烧不完全易产生二次污染;当空气量过剩时,燃烧气体温度过低,可能导致不完全燃烧甚至熄火。故 VOCs 浓度须在着火界限以内,低于着火下限时需加入辅助燃料辅助燃烧,高于着火上限时加入适量空气稀释即可以保证 VOCs 完全燃烧。

直接燃烧的温度一般在 700~1100℃左右,在直接燃烧过程中,由于高温燃烧,热力型 NO_x 产生为主导,为防止 NO_x 的大量产生,一般将燃烧温度控制在 800℃ 以下。其所使用的常见设备可以是一般锅炉、窑,即将 VOCs 作为燃料直接在炉窑膛中辅助燃烧,也可以直接将炉窑作为专门处理 VOCs 的独立设备,VOCs 在燃烧设备中的停留时间通常为 0.5~1 s。另外,与炼油和石化行业采用的"火炬"也可用于 VOCs 的直接燃烧,它是一种敞开式的垂直燃烧设备。火炬燃烧器主要适用于颗粒物浓度低的高浓度 VOCs 烟气,其中炼油、石化工厂通常将火炬燃烧气用于生产。火炬气回收又分为物质回收和能量回收,物质回收即将火炬气再次返回生产工艺合成产品或送入裂解炉,能量回收则是将火炬气输送至燃烧炉或者动力设备回收燃烧热值。当烟气流量过大或者火炬气无法回用时,就要进行排空火炬燃烧,这种燃烧方法会造成很大的能量损失,对周围环境产生热辐射,并且由于潜在的不完全燃烧风险可能会产生二次污染,所以需要尽量避免这种直接燃烧方法。直接燃烧系统包括燃烧室、热交换器和烧嘴。燃烧系统随烟气 VOCs 和氧气的相对含量不同而有所差异,根据烟气中的氧气含量确定是否添加额外的空气补充装置。为保证燃烧完全、稳定,燃烧炉通常为负压环境,烧嘴处烟气须和空气充分混合、燃烧面积足够,并且烧嘴的设计需适应 VOCs 燃料的一定条件范围。直接燃烧系统也须设阻火器,防治管道回火,并配套相应的安全警报措施。

直接燃烧法虽然在小风量高浓度含 VOCs 工业烟气处理中体现处理效率高、设备构造简单、成本较低、能量可回用的优点,但是由于处理过程中有爆炸风险、燃烧可能不完全、回收热能所需热交换器成本高等问题使得该技术的应用受限。

2. 热力燃烧法

热力燃烧法是针对烟气中 VOCs 浓度不足以支持燃烧时,加以辅助燃料协助燃烧的方法。这类烟气自身很难维持稳定燃烧,当其含氧量充足时作为热力燃烧助燃气体,含氧量不足或无氧时作为燃料气。热力燃烧所采用的辅助燃料多为煤、天然气或石油等,通过辅助燃料燃烧将温度提升至 540~820℃达到热力燃烧所需温度范围(高温热力燃烧可以达到 850~1250℃)。热力燃烧的一般工艺流程如图 5-17 所示,其燃烧过程可以分为三个阶段:辅助燃料燃烧、烟气燃气混合和停留燃烧。辅助燃料燃烧为燃料气提供足够的温度,当烟气与高温燃气混合时达到燃烧温度,VOCs 开始燃烧,在适宜的温度下 VOCs 保证充足的停留时间彻底被氧化分解为无害组分。为了尽可能地降低辅助燃料的用量,热力燃烧工艺中往往烟气和空气预热装置是必不可少的。目前有两种预热方式:①同时设有烟气和空气预热的系统;②仅设有烟气预热的系统。对于系统①而言,在燃烧室后增设两个预热器分别预热烟气和空气,高温燃烧尾气先与烟气换热再与空气换热。而系统②则不增加稀释空气,直接使用烟气中的氧气维持燃烧,省略一台空气预热器,其使用前提是烟气中含氧量充足。有文献报道[51],在800℃燃烧温度,烟气500℃预热,VOCs 浓度为 $6g/m^3$(热值为 $3×10^4 kJ/kg$)的相同条件下,当稀释空气温度分别为20℃和400℃时,系统①相较于系统②分别多消耗燃料90%和50%,这说明尽量减少稀释空气的使用是降低辅助燃料使用提高效益的重要途径。燃烧前处理设备在烟气颗粒物浓度较大时才需进行设置。燃烧后的后处理设备如洗涤器的设置需视具体工况确定,如烟气中 VOCs 含有氯、硫、氮等元素可能会在燃烧后产生 HCl、SO_2 及 NO_x,为防止下游设备腐蚀及二次污染,需对这些酸性气体污染物进行洗涤处理。

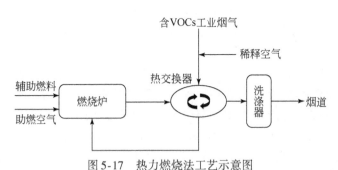

图 5-17　热力燃烧法工艺示意图

　　热力燃烧关键的是燃烧温度(temperature)、停留时间(time)和湍流程度(turbulence)构成的"3T"条件。燃烧反应的温度和停留时间具有一定的互补性,较高的温度可以减少停留时间,但是燃烧反应速率对温度的响应十分敏感,故实际情况可调节范围并不是很大。在燃料气和烟气混合过程中并不能把所有烟气一次性与燃气混合,这样容易导致局部可燃物浓度过高而造成熄火,通常情况是使用一部分烟气助燃来改善此情况。为达到燃气和烟气、可燃物和空气的充分混合,"火焰接触"是提高湍动程度的理想方式,火焰直接接触烟气,其中的过量自由基还可促进烟气 VOCs 的氧化过程。但是需要注意的是冷烟气不能大量接触燃气火焰,否则容易造成熄火或局部熄火,产生大量不完全燃烧产物造成二次污染。

　　热力燃烧可以在普通燃烧炉中进行也可在专用装置中进行,专用热力燃烧炉其结构需保证可以获得760℃以上高温,并且有大于 0.5 s 的停留时间。一般热力燃烧炉由辅助燃烧器和燃烧室组成,当辅助燃料将燃烧室温度升至可点燃烟气中VOCs 时,将烟气引入燃烧室进行燃烧氧化,后经洗涤气进入烟道排空。当烟气中氧气含量小于16%时,则需补充空气并使用离烟燃烧器,当氧气浓度高于16%时使用配烟燃烧器。燃烧室的构型主要可以分为两类:全金属燃烧室和衬耐火材料燃烧室。全金属燃烧器所使用的耐热钢通常在 750℃ 以下工作,而耐火陶瓷使用温度可以达到近 1200℃ 。金属燃烧器是将燃烧室和燃烧器合并为一个整体,常见的有漩涡燃烧器和平面燃烧器。漩涡燃烧器中,含 VOCs 工业废气经导向呈切线方向进入燃烧室产生漩涡,涡流烟气经过燃烧器外部再次导向折流,进入中心环隙与辅助燃料气混合,后进入燃烧室燃烧产生稳定涡流火焰。其具有 NO_x 生成速率低、火焰温度低、停留时间短等特点。平面燃烧器为面积式燃烧系统,烟气经过集气室集气后进入混合锥,通过混合锥面上的孔隙射流进入燃烧室,从而形成稳定的湍流火焰。

　　传统热力燃烧系统虽然结构简单、运行方便、投资费用较低、处理效果好,在 20 世纪 90 年代之前广泛应用,但是由于其面对低浓度 VOCs 烟气辅助燃料消耗量巨大、产生热量不能有效回收等缺点逐渐被蓄热式热力燃烧取代。

5.2.5　蓄热式热力燃烧技术

　　蓄热式热力燃烧(regenerative thermal oxidation, RTO)是一种具有蓄热式换热器的热力燃烧方法。蓄热式换热器内部填充有蓄热材料,这种蓄热材料成为蓄热体。蓄热体能使两种流体需要传递的热量暂时储存,当热流体经过蓄热体时,热量从热流体传递至蓄热体并被蓄热体储存,蓄热体温度升高,此过程称之为一个热周期。而冷流体经过另一个已经被加热的蓄热体,其中的热量传递给冷流体并被冷流体带走,此过程称之为一个冷周期。当热周期或冷周期完成一个循环时(一般情况下热周期和冷周期时间相同),切换冷热流体的流向,热蓄热体被冷却,冷蓄热体被加热,所经过的时间称为切换时间。全周期即为热周期与冷周期时间之和(一般为切换时间的两倍)。RTO 就是利用了上述蓄热体换热原理运行,其工艺示意图如图 5-18 所示。

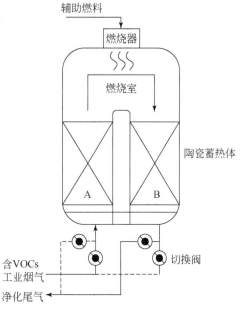

图 5-18　蓄热式热力燃烧法工艺示意图

　　RTO 技术广泛应用于净化有机废气,目前已经有 30 多年的发展历史,技术已经相对成熟。RTO 在实际运行条件下的优缺点见表 5-3。

表 5-3　RTO 技术应用时的优缺点

优点	缺点
①适用于几乎所有 VOCs 的处理	①陶瓷蓄热体质量较大
②处理效率高(两室 95%~98%;三室>99%)	②燃烧设备体积大,仅能在室外安装运行
③适宜处理低浓度大风量烟气,同样适用于气量、VOCs 成分、VOCs 浓度波动较大的烟气处理(可以在 20%~120%名义流量范围内工作)	③运行尽量不能间断,重新升温需要较长时间
④对颗粒物不敏感	④投资、造价成本较高
⑤低浓度(>2g/m³)下可以无需添加辅助燃料自热工作	
⑥维护成本低、运行安全	
⑦装置压力损失小(一般< 3kPa)	
⑧沉积物易清理,蓄热体可更换,使用寿命长	

1. 典型 RTO 的结构及运行原理

如上所述,要完成 RTO 的一个全周期循环(即热周期和冷周期)就需要至少两个蓄热体交替蓄热、放热。RTO 装置一般是由顶部燃烧室和两个蓄热室组成的,这样的双蓄热室结构被称为两室 RTO。双蓄热室通常各自呈方柱体或者圆柱体,蓄热体填充在蓄热室中。蓄热体常采用耐高温的陶瓷材料[高导热性:800 ~ 1000 J/(kg·K)][52],蓄热材料可以使用散堆型材料或规整填料。

两室 RTO 燃烧室的顶部设辅助燃烧器,在设备启动时或者烟气中 VOCs 浓度较低时,辅助燃料喷入(通常为洁净煤、天然气等),辅助燃烧器将为蓄热体升温维持热力燃烧稳定进行。燃烧室内部均采用高耐火材料,没有金属暴露于高温区,并且耐火材料具有很好的蓄热容量,所以 RTO 在面对 VOCs 含量波动烟气处理时燃烧室内还能保证较为均匀温度分布。在运行时,蓄热体 A 在上一周期储存了足够的热量,含 VOCs 烟气则通过底部经过蓄热体 A,被加热预热后进入上部燃烧室,在此过程中蓄热体被逐步冷却。烟气在燃烧室通过辅助燃料协助充分燃烧,燃烧停留时间约为 1s,之后燃烧尾气经过蓄热体 B,尾气将热量传递给蓄热体 B,使其温度逐渐上升。当蓄热体 A 的温度下降至设定值时,B 已经被加热到一定温度,此时改变进气出气方向,将烟气从蓄热体 B 底部通入,将 B 逐步冷却,在燃烧室燃烧后将 A 加热,完成第二个循环。当一个蓄热体从高温冷却或者从低温加热至设定温度所用的时间就是切换时间,切换时间通常为 30 ~ 120s。如果烟气中 VOCs 浓度足够高,不需要使用辅助燃料时,此时 RTO 装置的辅助燃烧器仅需要在设备开始运转时打开用于预热蓄热体,之后就可以处于常闭状态。两室 RTO 虽然其 VOCs 处理效率可以达到 99% 左右,但是存在切换阀和设备之间的"死区"和烟气短路直排的问题。第一,"死区"是指切换阀和设备之间的一段管路,当气流切换流向时,原来准备进入蓄热体的这段气体被立即改变流向的新鲜燃烧尾气带出而造成污染物排放,这个问题在每次气流切换时均会出现。第二,烟气短路直排是指切换阀在切换过程中,由于气流是连续的,部分烟气会在切换时直接短路随燃烧尾气排除造成污染排放。虽然两室 RTO 这两个问题难以避免,但是由于其广泛应用于较低浓度 VOCs 处理,其泄露的 VOCs 相对于净化后的尾气还在相应的排放标准范围内。另一方面,切换阀也在不断更新换代,更快速、密封性更好的切换阀能够有效控制切换时烟气的短流。当其面对较高浓度 VOCs 烟气时,上述问题所造成的 VOCs 峰值排放就会使平均处理效率降低,此时就需要对两室 RTO 系统进行改造。

　　当面对高浓度 VOCs 且处理效率要求很高时,通常采用延长循环时间的两室RTO 或三室/多室 RTO。三室 RTO 的结构如图 5-19 所示,在设备运行时,三个蓄热室同时运转。其运行原理与两室类似,当蓄热体 A 预热烟气被冷却时(即处于冷周期),蓄热体 B 则处于被燃烧尾气加热的热周期,蓄热体 C 则处于用燃烧尾气或空气吹扫的清洗周期。RTO 经过切换周期后,烟气总是进入上一周期排出燃烧尾气的蓄热体中,空气或燃烧尾气则进入上一周期进入烟气的蓄热体中,将未反应的 VOCs 或其不完全燃烧产物重新冲入燃烧室,此时处理后的燃烧尾气从上一周期清洗过的蓄热器排出,完成一次循环,具体的循环过程可用表 5-4 表示。

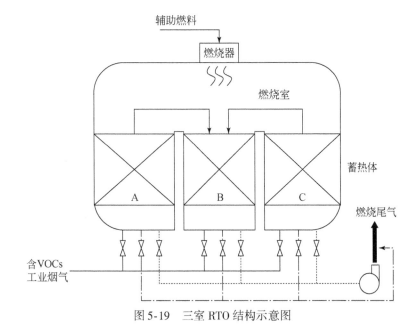

图 5-19　三室 RTO 结构示意图

表 5-4　三室 RTO 运行循环程序

项目	蓄热体 A	蓄热体 B	蓄热体 C
循环 1	烟气进入	尾气排出	尾气/空气清洗
循环 2	尾气/空气清洗	烟气进入	尾气排出
循环 3	尾气排出	尾气/空气清洗	烟气进入

三室 RTO 在面对更大浓度和流量的烟气时需要配套以更大的切换阀门,而切换阀门变大必然伴随着控制精密程度下降。所以,在面对 > 60000Nm^3/h 的烟气流量时一般就采用五室 RTO 装置。五室 RTO 相当于两个两室 RTO 并联再加上一个冲洗蓄热室。为保证燃烧室温度均匀,燃烧室顶部可以配置两个辅助燃烧器。同样,当烟气流量更大时,RTO 的蓄热室可以增加至七个(相当于三个两室 RTO 并联在加上一个冲洗蓄热室),顶部辅助燃烧器数量可以有多个。以五室 RTO 为例,其运行循环程序如表 5-5 所示。

表 5-5　五室 RTO 运行循环程序

项目	蓄热体 A	蓄热体 B	蓄热体 C	蓄热体 D	蓄热体 E
循环 a_1	烟气进入	烟气进入	尾气排出	尾气排出	尾气/空气清洗
循环 a_2	尾气/空气清洗	烟气进入	烟气进入	尾气排出	尾气排出
循环 b_1	尾气排出	尾气/空气清洗	烟气进入	烟气进入	尾气排出
循环 b_2	尾气排出	尾气排出	尾气/空气清洗	烟气进入	烟气进入
循环 c_1	烟气进入	尾气排出	尾气排出	尾气/空气清洗	烟气进入
循环 c_2	烟气进入	烟气进入	尾气排出	尾气排出	尾气/空气清洗

2. RTO 设备的分类

如上所述,RTO 根据蓄热室的数量可以分为两室、三室和多室。

第一,根据 RTO 设备床层数量可以分为单床和多床,实际上两室及以上的 RTO 均为多床设备,单床设备中,蓄热体仅安装在一个蓄热室内,将其分为左右或者上下两个部分,同样通过冷热周期循环切气实现运转,适用于中小流量的含 VOCs 工业烟气处理。其优点是设备紧凑,占地面积小。

第二,根据蓄热体运动与否可将 RTO 分为旋转式和固定式。在典型 RTO 设备中,多个蓄热体是固定在蓄热室中的,但单床 RTO 中的蓄热体可以旋转。在旋转式 RTO 中既可以蓄热体可以旋转而进气出气部件固定(适用于体积小或质量较轻的蓄热体),也可以蓄热体固定而进气出气部件旋转(适用于较为笨重不适宜旋转的蓄热体)。旋转进气出气部件同样可以应用在传统两室或多室 RTO 设备中,只需要将设备外形设计成圆筒状即可。

第三,根据蓄热室和燃烧室的相对位置可分为中央燃烧室 RTO 和顶部燃烧室 RTO。中央燃烧室 RTO 其蓄热体环绕在燃烧室周围,产生的热量聚集在燃烧器中心,减少了 RTO 设备外壳的热负荷和对外界的热辐射损失。

第四,根据蓄热体能否想流化床一样循环流动可分为固定床 RTO 和流化床 RTO。流化床 RTO 的蓄热体一般为耐火颗粒填料(如陶瓷球),蓄热体颗粒能够与气流呈逆流流动,气体从床底上升,蓄热体从床顶下降,落入床底的蓄热体被重新输送至床顶实现循环流动。含 VOCs 的工业烟气同样在流化床内经过预热、燃烧和冷却,蓄热体流化床床层温度从下至上先升高后降低,保证了床层中段稳定的燃烧温度。其流化床结构能够有效避免含硅氧烷气体引起的蓄热器烧结问题,但是因为引入了流化床机构,导致蓄热体的输送能耗和蓄热体磨损等问题出现,故目前应用较少。

3. 几种常见的 RTO 反应器

(1)单床蓄热式热力燃烧器

箱式 VOCs 净化器(VcosiBox,德国 Hasse Energietechnik CmbH 开发)、Vocsidizer 装置(美国 Megtec 开发)和 Minitherm 装置(德国 Lufttechnik Bayreuth Rueskamp CmbH 开发)均属于单床 RTO 反应器。其中 Minitherm 装置处理气量仅为 50 ~ 250m³/h。箱式 VOC 净化器可以直接应用于需要处理废气中 VOCs 的场所,它在处理垃圾堆放站恶臭方面有着很大优势,也适用于处理甲烷含量低于 20% 且废气热值低于 9×10^6 J/kg 的贫气。箱式 VOC 净化器的蓄热体是固定陶瓷床,床层的上下两部分分别交替进入冷热周期,床顶与床底均有气流分布器。设备在开始运行时需要将蓄热体一次性加热至 1000℃ 左右,之后再通入烟气后,仅需甲烷体积分数大于 0.3% 即可实现自供热燃烧。

箱式 VOC 净化器具有操作运行成本极低,维护方便,对烃类的转化率接近 100%,与其他设备相比减少温室气体排放 90% 左右的特点。

(2)旋转蓄热式热力燃烧器

旋转 RTO 反应器中的蓄热体同样也是周期性的被加热与冷却,可以通过改变蓄热体转速调节稀释空气的预热温度。目前使用的旋转 RTO 主要是 Engelhard Corporation 的蓄热体旋转的单床 RTO 和 Eisenmann Anlagebau GmbH & Co. KG 的设有旋转气体分配器的单床 RTO。前者的操作原理与典型两室 RTO 完全相同,运行全周期为 60 ~ 180s,蓄热体转速约为 1 ~ 10r/min,处理气量可以达到 170 ~ 50970Nm³/h。后者的蓄热体被分区隔板隔开,分为几个独立扇区,旋转分配器连续控制烟气流向,从而消除传统 RTO 由于切换阀密封性带来的泄露问题和切换导致的气流脉冲。

旋转 RTO 反应器具有设备占地面积小、维护成本低、运行损耗小、无气流压力波动、能适应高负荷或低负荷烟气流量的特点。

(3)径向流动蓄热式热力燃烧器

径向流动 RTO 反应器由美国 REECO 公司开发,炉膛中央为燃烧室,燃烧室呈圆柱状,耐热陶瓷蓄热体在燃烧室周围环绕,蓄热室呈圆筒状,辅助燃烧器设置在炉体底部。烟气从一侧由径向依次穿过蓄热体、燃烧室、蓄热体实现预热、燃烧和冷却过程到达另一侧,并由风机将燃烧尾气排出。

径向流动 RTO 反应器具有占地面积小、热量损失小、无需保温的特点,但保证径向气流的均匀分布也是其面临的一个问题。

4. RTO 蓄热体的材料

RTO 的蓄热体是其核心部件,其相关性能关系着 RTO 运行效率和安全稳定性。其中蓄热体的高度和截面积是最重要的两个参数,为确定二者,则需要综合考虑烟气流量、VOCs 浓度、切换周期和允许压力损失等因素。

常见蓄热体的形状有矩鞍环状、短圆柱状、管状、球状、大片状和蜂窝状。目前国内外实际应用中蜂窝状和球状的蓄热体应用较多[53]。这两种常见蓄热体的比较见表 5-6。蜂窝状蓄热体的通道通常呈方形、圆形、三角形或六边形,有研究指出[54],在相同的特征尺寸下,方形通道的比表面积较大,具有较好的蓄热性能,但是由于其较小的开孔率,气阻相对于六边形通道更大。

表 5-6 蜂窝状及球状蓄热体比较

参数	蜂窝状蓄热体	球状蓄热体
比表面积	较大	较小
蓄/放热速度	较快	较慢
气流通道形状	直线	不规则形状
压力损失	较小	较大
强度	较低	较高
清洗及更换价格	较高	较低
尺寸	壁厚 0.4 ~1.0mm,边长< 3mm	直径 11 ~22mm

另一方面,蓄热体的材质影响着其蓄热性能和机械强度,一般来说当做蓄热体的材料需要具有强度高、价格较低、蓄热量大、换热快等特点。耐火陶瓷、耐火黏

土、二氧化硅、三氧化二铝等非金属材料,耐热铸铁、耐热钢、不锈钢、碳钢等金属材料均可制作蓄热体。对于耐火陶瓷蜂窝蓄热体 JC/T 2135—2012 标准具体给出了相应的术语及定义,并详细说明了其分类和生产技术要求等[55]。常见的陶瓷蜂窝蓄热体材质主要为刚玉、莫来石、堇青石和红柱石等。堇青石仅能耐热至 1100℃,但其抗震并且膨胀系数小;莫来石具有很好的抗高温性能、更高的热容,但其抗震能力较差;所以在实际情况中,往往需要结合各个材料的优缺点,使用符合材料。例如以一定比例的堇青石、莫来石和红柱石添加适量稳定剂、黏合剂等制作陶瓷蜂窝蓄热体。

蓄热体的制备工艺一般使用挤出成型法、模挤压法、自发熔融浸渍法、混合烧结法等方法[56]。挤出成型法由于成型过程中不能避免残余应力,所以导致蓄热体使用寿命受限。模挤压法主要依靠模具限制并改变配料,使生料在模具内自发膨胀成型。此外,通过无机盐受热相变的原理生产的蓄热体也在逐步发展。

5. RTO 运行需要注意的问题

(1)切换时间选择

切换时间与烟气预热温度的关系及两者和蓄热器床层高度的关系十分复杂,需要通过查阅相应的图表才能确定,并且需要了解切换时间的极限值。根据一般经验,切换时间大多选在 30～120s,这样才能保证理想的处理效率。

(2)自供热燃烧

烟气中燃烧热值需要高于 0.11×10^6 J/kg,对于贫气来说甲烷的含量需高于 0.3%,VOCs 浓度达到 2～3g/m³ 即可达到自供热燃烧。当烃类含量增加时,燃烧尾气的温度随之升高。自供热燃烧时的热效率可以达到 97% 左右,为避免蓄热体气流不均,RTO 的流量调节通产在 1∶2～1∶3 之间。

(3)旁路设计

当烟气中 VOCs 浓度过高就会有可能导致蓄热体过热,烟气热值的突然增加也有可能超过蓄热室热负荷而引发危险。为防止局部温度过高需要设计旁路稀释烟气或将高温尾气引出回收其热量。所以当处理热值波动的烟气时,应设计对应的冷旁路和热旁路。

(4)蓄热体防堵及冷凝腐蚀

当烟气中含有较高的颗粒物浓度或者含有液滴或油滴时,在进入蓄热体后容易造成蓄热体堵塞。另外,当烟气中 VOCs 高级烃类比例较高时,由于裂解反应显著,同样会导致裂解产物积累吸附在蓄热体气流通道内,如若长时间不加清理,有可能导致局部过热、压降增加甚至蓄热体堵塞。所以,为避免烟气杂质引起的堵塞,通常采用前处理装置去除颗粒物等杂质。在 RTO 装置中添加燃尽机构可以明显改善由裂解产物沉积引起的蓄热体堵塞的问题。燃尽机构可以控制加热整个蓄热体,使其达到裂解产物分解的温度,当沉积物燃尽时,即可进行正常周期循环。特别的是,当进行燃尽操作时,燃尽尾气的温度要比正常工作燃烧尾气温度更高,故要求切气阀门具有更好的耐热性能。

(5)烟气特殊成分影响

烟气中 VOCs 的成分通常较为复杂,单一组分的情况并不常见。当烟气中含有硅氧烷时,其极易在高温下被氧化为二氧化硅,从而黏附在蓄热体中,造成蜂窝蓄热体堵塞或颗粒蓄热体烧结。此时应特别注意蓄热体定时清洗和更换,目前还未有有效的方法解决此问题。

当烟气中含有卤代烃和含硫 VOCs 或硫化物时,在高温氧化时会产生卤素单质、卤化氢、SO_2、SO_3 等酸性气体,极易造成下游管道设备腐蚀。应对这种情况需要将气体生成处及下游管道进行耐酸腐蚀处理,并在 RTO 下游使用碱液吸收或淋洗。

当烟气中含有碱性物质(如碱金属 Na、K)时,由于碱金属在高温下对陶瓷有化学侵蚀作用,容易造陶瓷蓄热体剥蚀。为此,提高陶瓷蓄热体中三氧化二铝的含量可以有效抵抗碱金属侵蚀。

5.2.6 催化氧化技术

催化氧化技术的基础同燃烧技术相同,均为 VOCs 的氧化反应,一般含 VOCs 烟气催化氧化工艺如图 5-20 所示。其不同于燃烧技术的是:催化剂可以显著降低氧化反应的活化能,使 VOCs 能在更低的反应温度(200~450℃)下被氧气氧化为水和 CO_2 等无毒或低毒物质,表 5-7 列出了几种典型 VOCs 在热力燃烧和催化氧化时的反应温度。当面对中低浓度 VOCs 烟气处理时,传统的燃烧法需要添加较多的辅助燃料,存在易产生燃烧副产物的问题。而催化氧化技术可以在保证高效的前提下降低反应温度和停留时间(约为 0.25 s)[57],这也是该技术工业化应用的优势所在。目前常用的催化氧化反应器主要为固定床和流化床两种,间壁换热式和蓄热式是常采用的反应器换热形式。

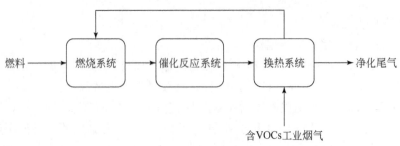

图 5-20　一般含 VOCs 烟气催化氧化工艺示意图

表 5-7 几种典型 VOCs 在热力燃烧和催化氧化时的反应温度

VOCs 种类	热力燃烧(处理效率 99%)	催化氧化(处理效率 99%)
甲乙酮	787℃	315℃
四氯化碳	898℃	321℃
苯	843℃	226℃
氰化氢	871℃	248℃

催化氧化技术所采用的催化剂通常为固体催化剂,故其涉及的反应为非均相催化反应。VOCs 和氧气的反应在催化剂表面发生,并且氧化过程不出现明火。催化氧化技术的处理效率通常可达 95% 以上,其所使用的催化剂是该技术的核心,其将作为本节的重点进行介绍。催化氧化技术是目前工业烟气 VOCs 治理应用的一项主要技术之一,其应用过程中的优缺点如表 5-8 所示。

表 5-8 催化氧化技术应用时的优缺点

优点	缺点
①运行温度低,能耗较低 ②大幅减少耐高温材料的使用 ③能够使用的烟气流量范围广 ④能够处理成分复杂的含 VOCs 工业烟气 ⑤设备简单,体积小,体积燃烧速率更高 ⑥设备易升级改造 ⑦处理效率高,可以达到 95%~99% ⑧不易产生热力型 NOx 及其他二次污染物	①对烟气有一定的预处理要求:避免颗粒物及能使催化剂中毒的物质进入催化床层 ②催化剂本身费用及催化剂再生及更换费用问题

1. 催化氧化反应器

在工业烟气 VOCs 催化氧化技术中,基本全部使用固体催化剂,在催化剂床层中发生非均相催化反应。催化剂的负荷通常使用标准状况下的空速表示,催化剂的填装量与空速相关。在保证一定的 VOCs 转化率时,实际运行空速越大,则表示催化剂的催化负荷能力越强,所使用的催化剂量越少。一般在复合 VOCs 工业烟气处理中,最难氧化组分往往决定了实际工况空速的取值。同时催化剂的量也可以通过调整载体的理化性质(材质、孔隙度等)进行反复试验确定。

通常情况下催化氧化反应器使用的空速在 $5000 \sim 20000 \text{Nm}^3/(\text{h}\cdot\text{m}^3)$ 范围内,烟气中若含有难氧化组分则可以适当降低空速,但尽量不要低于 $5000 \text{Nm}^3/(\text{h}\cdot\text{m}^3)$。催化反应的温度主要取决于 VOCs 发生氧化反应的难易程度,一般温度控制在 $200 \sim 450$℃,表 5-9 列出了几种 VOCs 催化氧化的反应温度。通常烟气中 VOCs 浓

度提升 $1g/Nm^3$ 时,反应后燃烧尾气温度就会相应提高 25℃ 左右。如果运行时烟气中 VOCs 浓度过低,有可能氧化不完全,但浓度过高时有可能导致催化剂床层过热从而导致催化剂烧结失活等问题出现,故一般宜用于 VOCs 浓度为 $10\sim15g/Nm^3$ 左右的烟气处理。催化装置中的压降取决于气体流速、催化剂床层结构(催化剂形状)和床层高度,一般蜂窝载体催化剂的压降为 $1kPa/m$ 左右,而颗粒催化剂的压降为 $10kPa/m$ 左右。催化剂床层压降主要可以用来控制气流在床层中的分布,但是若压降过大,则会产生较大能耗并影响催化氧化反应器上游设备运行。

表 5-9　几种 VOCs 催化氧化反应温度

VOCs 种类		完全转化温度[$5g/Nm^3$,$7500Nm^3/(h\cdot m^3)$]/℃
烃类	正己烷	320
	环己烷	305
	甲苯	280
醇类及环氧烷	甲醇	240
	异丙醇	265
	环氧乙烷	230
卤代烃类	二氯甲烷	370
	四氯化碳	315
	四氯代乙烯	430
	氯苯	390

将催化氧化反应器按照热量是否回收可以分为无热量回收催化氧化器(catalytic oxidizer, CO)、间壁式换热催化氧化器(catalytic recuperative oxidizer, CRO)和蓄热式催化氧化器(regenerative catalytic oxidizer, RCO)三种。其中 RCO 反应器与 RTO 相似,仅是在蓄热体上负载以适量催化剂达到催化氧化效果。其次,按催化剂床层是否移动也可分为固定床催化氧化器和流化床催化氧化器,其设备示意如图 5-21 所示。

与燃烧技术相同,烟气在进入催化床层之前温度一般低于反应所需温度,所以在反应器之前均会设置烟气预热装置,使其尽量达到催化床层设定温度以保证催化氧化顺利进行。这一过程通常由上游换热器完成,但是预热后的烟气如果仍然不能达到所需温度时就需要将辅助燃料由底部燃烧器点燃再次加热烟气。经过催化氧化处理后的净化尾气所含余热可以进入上游换热器预热烟气。当使用 RCO 装置时,由于反应所需温度大大低于 RTO 所需温度,所以更低浓度 VOCs 的工业烟气处理即可实现自供热氧化,同时减少额外的 NO_x 排放。

在实际应用中,大多使用带热量回收的固定床反应器。反应器中填充颗粒催

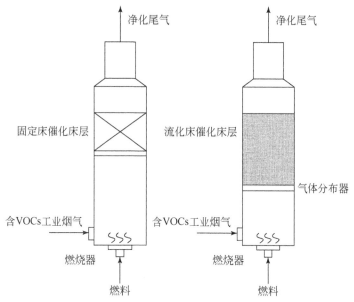

图 5-21　固定床和流化床催化氧化反应器示意图

化剂或块状蜂窝催化剂。使用蜂窝催化剂床层时,气流流向及气流分配较易调控。常使用静态混合器/板或导流板进行布气使用颗粒催化剂时,为避免死区通常会采用由上而下的气流方式,也可以设计成径向流动的环形反应器。以下介绍几种常见的带热量回收的固定床催化氧化反应器。

(1)间壁式换热催化氧化反应器

如图 5-22 所示,间壁式换热催化氧化反应器设有管壳式换热装置。烟气进入反应器时首先被分流通过一系列的束管换热器(从束管内部经过),被一定温度的净化尾气加热。离开束管后进入燃烧室,辅助燃料点燃后将烟气再次加热至催化剂床层所需反应温度。被二次加热的烟气通过气体分布器进行均匀分流进入催化剂床层,完全氧化之后通过束管换热器外壁将热量传递给新进入束管内的冷烟气完成换热过程。

间壁式换热催化氧化反应器处理烟气的总热值一般在 372 ~ 744kJ/m³, 为避免床层过热导致催化剂烧结,可以引入稀释空气调节催化剂床层入口烟气的温度。其燃烧室温度多在 300 ~ 400℃,烟气流量可以低至 500m³/h,最大流量可以适应 20000m³/h,流量调节比例为 1∶5 左右。反应器通常有箱式和筒式两种,根据不同的催化剂形状会设计不同的反应器结构。对于筒式反应器而言,当使用块状蜂窝催化剂时,催化剂床层设置在圆筒中心,气流经过分布器直接通入催化剂床层,之后经过尾部的束管换热器冷却换热排出。当使用颗粒催化剂时,催化剂床层设置为

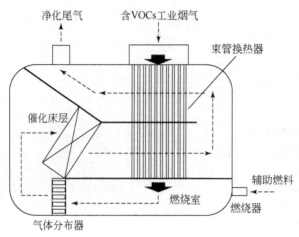

图 5-22　间壁式换热催化氧化反应器示意图

环形,束管换热器包裹在环形催化床层外侧。环形的催化床层能够有效降低颗粒催化剂的气阻,使气流均匀分布,烟气通过床层后绕流至反应器外环换热器冷却换热后排出。

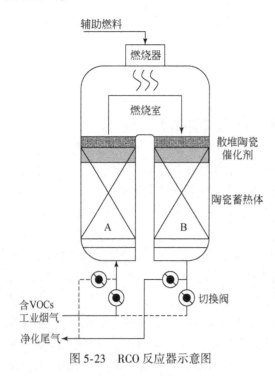

图 5-23　RCO 反应器示意图

（2）蓄热式催化氧化反应器

RCO 反应器是在 RTO 反应器蓄热体顶部添加催化剂床层的蓄热式催化氧化装置。它同时具有 RTO 反应器热效率高和催化氧化温度低的特点,所以非常受业界欢迎。如图 5-23 所示,为防止燃烧室高温辐射对催化剂活性的影响,有时在催化床层顶部再放置一层散堆的陶瓷材料进行隔热。与无催化剂的 RTO 反应器相比,达到相同 VOCs 处理效率所需要的温度大约可以降低 400℃。RTO 反应器中,烟气在通过蓄热体的同时就已经开始燃烧分解,离开蓄热体后就已经基本燃烧完全。而在 RCO 反应器中,发生氧化的区域是蓄热体顶端的催化床层,也就是说 VOCs 随烟气离开燃烧室后还没有充分氧化,当其再次进入第二个蓄热体催化床层后才可以被完全除去。由于 RCO 氧化反应发生的主要位置是催化床层而不是燃烧室,燃烧室除预热烟气作用外不充当氧化 VOCs 主反应区,故 RCO 反应器中燃烧室的体积可以适当缩小,大大缩小反应器的体积。

RCO 反应器由于催化剂的存在可以大大降低反应温度,所以可以节省大量辅助燃料,同时由于燃烧室体积缩小,从而使整个装置的压降随之降低。重要的是,由于催化剂的存在,为避免催化剂高温失活,控制燃烧室和蓄热体最高温度都非常重要。RCO 的热效率一般可以达到 98% 以上,最小处理气量约为 3000 m^3/h ,流量调节范围为 1∶6 左右。RCO 最为方便的一点就是可以直接由已使用的 RTO 设备进行改装,目前在烟气 VOCs 处理方面使用也较为广泛。

(3)旋转蓄热式催化氧化反应器

旋转 RCO 与前面所述旋转 RTO 装置基本相同,同样是在蓄热体顶部增加催化剂床层。同理,旋转 RCO 依烟气流向也可分为轴向和径向流动。对于轴向流动旋转 RCO,其蓄热体为可沿轴向旋转的圆柱,燃烧室在蓄热体顶部,烟气依次沿反应器轴向由上至下或由下至上经过蓄热体和催化床层达到净化 VOCs 的目的。对于径向流动旋转 RCO,在烟气流量较小时可以使用电加热使烟气达到催化反应起燃温度。其燃烧室在柱体中心,蓄热体和催化床层依次由外向内构成圆筒,分为传热区和催化氧化区。径向流动旋转 RCO 运行过程中烟气沿径向由外至内先通过蓄热体被预热至催化起燃温度,后经过催化剂床层到达中心燃烧室,然后由内至外再次经过催化剂和蓄热体完成氧化过程和冷却过程。这种 RCO 装置的热效率可以高于 95% ,达到自供热运转时所需的 VOCs 浓度更低(约为 0.4g/ Nm^3)。并且由于燃烧室处于设备中央,高温区离设备外壁较远,故不需要额外加强反应器的外部隔热。

2. 催化剂种类及研究进展

催化氧化技术使用的催化剂可以大致分为三类:贵金属催化剂、过渡金属氧化物催化剂和复合金属氧化物催化剂。通常非贵金属催化剂在抗烧结和抗中毒性能方面表现较为优异,但在处理效率和稳定性方面还是逊于贵金属催化剂[58]。目前,VOCs 氧化催化剂在国外发展已经较为成熟,其中 BASF、Topsoe 和 Johnson Matthey 等公司生产的贵金属催化剂已经得到广泛应用,它们的主要活性组分如表5-10 所示。现在商业催化剂主要还是以贵金属催化剂(Pt、Pd、Ru 等)为主,同时也用一定量的非贵金属催化剂,如对含氯 VOCs 处理效果好的含 Cr 催化剂。VOCs 氧化催化剂的核心技术现仍被国外公司垄断,并且由于贵金属催化剂价格昂贵,限制了其在工业烟气处理上的广泛应用。

表 5-10　　国际主要的 VOCs 催化氧化商业催化剂

生产公司	主要活性组分	国家
BASF	Pt、Pd	德国
Topsoe	Pt、Pd、Cr、Cu、Mn	丹麦
Johnson Matthey	Pt、Ru	英国
Clariant	Pt、Pd	瑞士
Formia	Pt、Pd	法国

　　一般来说,催化剂通常是由载体、活性组分和助剂构成,活性组分是催化剂的核心部分,它会直接影响催化剂的催化活性,催化剂载体和助剂的选择,同样也是调节催化剂活性的关键因素之一。催化剂载体一般使用具有良好热稳定性和高比表面积的材料,如三氧化二铝(Al_2O_3)、二氧化锆(ZrO_2)、二氧化铈(CeO_2)、二氧化硅(SiO_2)、二氧化钛(TiO_2)、二氧化锡(SnO_2)、氧化铜(CuO)、三氧化二铁(Fe_2O_3)、氧化镧(La_2O_3)、氧化镁(MgO)、蒙脱石、沸石分子筛及碳基材料等[59]。下面详细介绍贵金属催化剂、过渡金属氧化物催化剂和复合金属氧化物催化剂及相关研究进展。

　　(1)贵金属催化剂

　　贵金属催化剂又称负载型贵金属催化剂(supported noble metal catalysts),因为在降低成本和提高活性之间寻求平衡,一般将一定量的贵金属负载在载体上,这些载体通常为过渡金属氧化物、非金属氧化物、分子筛和碳材料。常见的贵金属主要有金(Au)、银(Ag)、铂(Pt)、钯(Pd)、钌(Ru)、铑(Rh)等。贵金属催化剂往往比非贵金属催化剂体现更好的催化性能,其 VOCs 的起燃温度可能至少降低约200℃[60]。贵金属催化剂的负载量和贵金属分散度是影响其催化活性的两大因素,为追求较低的起燃温度和较高的氧化效率,优化选择出最佳值或最佳范围是贵金属催化剂的关键。贵金属纳米粒子的分散度和大小会受到不同制备方法的影响[61]。沉淀法和浸渍法是制备负载型贵金属催化剂最常用的方法,但是它们对于贵金属粒子的尺寸和分散度控制都较差。Huang 等[62]使用硼氢化钠还原浸渍制备负载型 Pt 催化剂,以 TiO_2 为载体,通过调整硼氢化钠的浓度可控调节 Pt 纳米粒子的尺寸。表 5-11 汇总了近期报道的贵金属催化剂催化氧化 VOCs 的性能。

表 5-11　　近期报道的贵金属催化剂催化氧化 VOCs 的性能

活性组分	载体	目标 VOCs	温度/℃	转化率/%	参考文献
Au	CeO_2-ZrO_2-TiO_2	丙烷	360	50	[63]
	CeO_2/Fe_2O_3	苯	200	100	[64]
	CuO	乙酸乙酯	311	100	[65]
	Co_3O_4	二甲苯	162	90	[66]

活性组分	载体	目标 VOCs	温度/℃	转化率/%	参考文献
Pt	Al_2O_3	甲苯	200	95	[67]
	CeO_2	正丁醇	167	90	[68]
	活性炭	苯	112	100	[69]
Pd	Nb_2O_5	甲苯	440	90	[70]
	Co_3O_4	二甲苯	145	90	[71]

①Au 基催化剂。

早在 1987 年，Haruta 等[72]发现可以通过提升催化剂缺陷结构提升 Au 基催化剂的催化活性。Au 基催化剂可以通过沉淀-沉积法、化学蒸气沉积、离子吸附法制备。当 Au 负载在金属氧化物上时，Au 复合物或 Au 纳米颗粒即会表现优异的 VOCs 催化氧化性能[73]。Au 基催化剂的性能主要和载体的类型和性质、Au 颗粒的尺寸及分散度、制备方法和 VOCs 浓度相关。Carabineiro 等[65]研究发现，将 Au 负载在 La_2O_3、MgO、NiO 和 Fe_2O_3 上用于甲苯氧化时，催化剂的氧化还原性和晶粒尺寸是影响催化活性的主导因素，而 Au 的价态对活性没有明显影响。Waters 等[74]发现 Au/Co_3O_4 体系是催化氧化低级烷烃最为有效的催化剂之一。Au/CeO_2 与 Au/MnO_x 催化剂在甲苯和乙酸乙酯催化氧化中也被深入研究，在 250℃ 时，Au/CeO_2 和 Au/MnO_x 均能将乙酸乙酯完全氧化为 CO_2。Au/Mn_5O_{10} 催化剂体系在 230℃ 时将乙醇完全氧化。甲苯对于此体系来说是较难氧化的 VOCs，Au/Mn_3O_4 催化剂需要在 300℃ 时才能将甲苯彻底氧化[75]。Solsona 等[76]研究了将 Au 负载在 Ni/Ce 氧化物上对于丙烷的氧化性能。该催化剂体系体现了良好的催化活性，这归结于催化剂较大的比表面积、Ni—O 键较低的键能和 Ni 活性位较好的氧化还原性。

②Pt 基催化剂。

Pt 基催化剂由于其较高的活性和稳定性广泛应用于 VOCs 催化氧化，但是由于其昂贵的价格和处理含氯 VOCs 时抗氯中毒能力较差等问题限制了它的使用[77]。Chen 等[78]报道了负载在 β 沸石上的 Pt 基催化剂(Pt/KBeta-SDS)，它相对于传统负载于 KBeta 上的 Pt/KBeta 催化剂对甲苯低温氧化性能要高很多。其 Pt 颗粒的粒径可以达到 2.2nm 左右，较高的 K^+ 含量能够显著提高活性物种 PtO 的含量。Pt/KBeta-SDS 催化剂在 150℃ 左右时就能使甲苯的转化率达到 98%。Zhang 等[79]发现将 Pt/TiO_2 催化剂应用于甲醛催化氧化时，碱金属 Na^+ 的掺入能够显著提高其活性，将甲醛氧化温度降至室温。其归因于原子级分散的 $Na-Pt-O(OH)_x$ 物种可以将水有效活化为表面羟基物种。进而使得甲醛中间氧化产物甲酸更容易分解为水和 CO_2。Arandiyan 等[80]合成了大孔-介孔复合的 $Ce_{0.6}Zr_{0.3}Y_{0.1}O_2$ 载体，并发现当 Pt 负载量为 1.1% 时甲苯氧化活性最高。Peng 等[81]报道了 1.3~2.5nm 粒径范围内 Pt 的尺寸对 Pt/CeO$_2$ 催化剂性能的影响。Pt 颗粒尺寸较小时,Pt/CeO$_2$ 能暴露更多的 Pt 原子,进而有利于甲苯吸附和相吸附中间体之间的转化过程。但是小粒径的 Pt 会导致周围氧空位浓度变低,意味着氧循环过程受限,不利于催化反应。故 1.8nm 的中间粒径能够达到二者的平衡,成为局部最优的催化剂,同时保证优异的甲苯吸附活化能力和氧循环能力。Zhang 等[82]研究表明 1.0~1.5nm 直径的碳纳米管作为载体时,Pt 纳米簇可以被封装在管道内,其具有优异的甲苯氧化性能。封装在管中的 Pt 不仅可以被限制在 1.0nm 粒径范围,而且 Pt 处于还原态,使其具有更高的活性和稳定性。

③Pd 基催化剂。

Pd 基催化剂相对于其他贵金属而言具有更好的热稳定性和水热稳定性[71]。Pd 基催化剂在催化氧化苯、甲苯、二甲苯及甲烷时,其催化氧化活性表现要优于其他贵金属催化剂和金属氧化物催化剂[83]。Pd 基催化剂的活性组分到底是氧化态的 Pd 还是金属态的 Pd 目前还未有定论。有研究表明其中一种状态的 Pd 是活性的主导因素,但是同样有人认为两种形态的 Pd 具有相同的催化活性。Zhao 等[84]使用表面自还原的方法合成了在 CoAl 水滑石表面负载的 Pd 催化剂,通过 Co^{2+} 和 Pd^{2+} 的氧化还原反应实现了 Pd 纳米颗粒的高度分散,制成的 Pd/CoAlO 催化剂在甲苯氧化中体现了优异的催化活性,这归因于 PdO 与载体 CoAlO 之间的强相互作用力。Wang 等[85]发现 Pd/Co$_3$O$_4$ 催化剂在处理含二甲苯废气时表现了较高的活性,它的催化性能主要和 Pd 颗粒粒径、Pd 氧化态物种和催化剂载体表面氧空位相关。Huang 等[71]研究表明催化剂结构的有序性和 PdO 物种的高度分散性有益于 Pd/Al$_2$O$_3$ 催化剂的活性提高,并且表明 Pd/Al$_2$O$_3$ 催化剂的活性随 Pd 负载量的增加而提升。Ihm 等[86]发现催化剂预处理对 Pd/Al$_2$O$_3$ 催化剂催化活性有较大影响,其中,使用氢气预处理后的催化剂显著比在空气中预处理活性更高。

④Ag 基催化剂。

Ag 作为价格最为低廉的贵金属,将其作为活性组分制备催化剂的工作也大有所在。Li 等[87]研究了 Ag 负载在不同形貌的 MnO$_2$ 上对甲苯催化氧化的性能。发现负载在线状、棒状和管状 MnO$_2$ 的 Ag/MnO$_2$ 催化剂催化氧化甲苯的活性存在很大差异。MnO$_2$ 的形貌和结构能够直接影响 Ag 纳米颗粒的分散度、粒径和 Ag 与 MnO$_2$ 之间的结合能力。其中,Ag 更容易在线状 MnO$_2$ 载体表面维持高度分散,从而导致较好的催化活性。Deng 等[88]使用熔融盐法制备了 Ag/Mn$_2$O$_3$ 催化剂,在较高空速下也能实现将甲苯彻底氧化为水和 CO$_2$。Liu 等[89]将 Ag 负载在 CeO$_2$ 上能够显著增加 CeO$_2$ 中氧的活化和再生能力。氧的活化和 CeO$_2$ 中氧空位数量有关,同时通过 Ag 和 CeO$_2$ 的相互作用使 CeO$_2$ 表面氧极易溢出。而氧的再生能力取决于由于 Ag 的引入导致 CeO$_2$ 产生氧空位的能力。其中 1% Ag/CeO$_2$ 对萘表现出最好的催化氧化性能。

贵金属催化剂通常表现出优异的 VOCs 催化氧化性能,但其表面在催化过程中容易形成积碳,并且烟气中的含氯 VOCs 和水等组分容易造成催化剂的失活。另外,由于烟气中往往 VOCs 成分复杂,不同种类的 VOCs 会形成竞争吸附,活性位极易被 Cl 或 S 等元素占据,最终导致催化剂中毒。Marécot 等[61] 使用 Pt/Al_2O_3 催化剂研究丙烯氧化中氯中毒的影响时发现,经过 5 个催化氧化循环后,预先氯中毒的 Pt/Al_2O_3 活性稳定,其表面 Cl 的质量含量从 0.47% 下降至 0.11%。这说明氯中毒是可以通过在反应气中加入水蒸气得到减轻的。但必须承认,相关的研究还比较欠缺,仍然需要很多工作投入其中。

(2)过渡金属氧化物催化剂

过渡金属氧化物催化剂同样分为负载型和非负载型。但由于其价格远不及贵金属,所以有相当一部分催化剂不使用载体,即全活性组分催化剂。常用的过渡金属氧化物催化剂(包括稀土金属氧化物)通常有氧化铜、氧化锰、氧化铁、氧化镍、氧化铬、氧化铈和氧化钴等 III-B 至 II-B 金属元素的氧化物。过渡金属氧化物催化剂相对于贵金属而言最明显的优点就是价格较低,并且在使用寿命、颗粒物耐受度、可再生性和催化剂成分可调控性方面都有较好的表现[90]。载体的材料和制备方法对过渡金属氧化物催化剂的催化活性同样有很大影响,载体的理化性质会影响活性组分的活性表现。另一方面将过渡金属氧化物制备成高比表面积、高孔隙度的结构也会明显提高其 VOCs 催化氧化性能[91]。表 5-12 列出了一些典型过渡金属氧化物催化剂的 VOCs 催化活性。

表 5-12　近期报道的过渡金属氧化物催化剂催化氧化 VOCs 的性能

活性组分	载体	目标 VOCs	温度/℃	转化率/%	参考文献
Co_3O_4	黏土	乙炔	360	100	[92]
	—	1,2-二氯乙烷	350	100	[93]
CuO	—	乙酸乙酯	280	100	[94]
CeO_2	硅铝酸盐	丙酮	200	85	[95]
	—	甲苯	210	90	[96]
MnO_2		乙醇	150	100	[97]
	—	甲醛	75	90	[98]
Nb_2O_5		甲苯	400	90	[70]

①Co 基催化剂。

尖晶石型 Co_3O_4 具有优异的氧流动性,同时具有良好的还原能力和氧空位及高浓度的亲电氧物种[99]。Wyrwalski 等[100] 发现,Co_3O_4 在甲苯和丙烷氧化中具有优异的催化活性。负载型 Co_3O_4/TiO_2 和 Co_3O_4/Al_2O_3 催化剂对催化氧化 1,2-二氯苯也表现出良好的催化效果,这主要取决于 Co_3O_4 与载体之间的强相互作用[101]。Hu 等[102]将 Co_3O_4 纳米颗粒负载在不同形貌的 CeO_2 上进行催化氧化甲苯的研究。发现极微量的 Co_3O_4 在不同形貌的 CeO_2 上的分散行为差异明显,其中,在 CeO_2 球上 Co_3O_4 分散度最高,甲苯氧化性能最好。另外,Co_3O_4 与 CeO_2 界面的弱相互作用同样促进了活性的提高。de Rivas 等[103]合成了一系列的 Co_3O_4 催化剂用于氧化 1,2-二氯乙烷。其中采用沉淀法制备的催化剂晶粒为 10nm 左右时活性最高,说明了高分散的活性纳米晶对活性提高有重要作用。

②Ce 基催化剂。

Ce 作为丰度最高的稀土元素,在许多领域中均有广泛应用。CeO_2 为立方萤石结构,CeO_2 随环境温度和氧分压变化会形成一定的氧空位,其具有优异的储氧放氧性能。CeO_2 往往可以通过调控(111)、(110)和(100)三个热力学稳定面的比例形成不同的微观形貌[104]。López 等[105]研究表明,CeO_2 纳米棒的甲苯氧化活性优于纳米立方,在 350℃时,CeO_2 纳米立方甲苯催化转化率还不及 20%,但是 CeO_2 纳米棒已经可以完全氧化甲苯。Garcia 等[106]报道了通过沉淀法制备的 CeO_2 纳米晶应用于萘催化氧化,发现通过尿素作为沉淀剂合成的催化剂具有更小的晶粒尺寸,比用碳酸盐沉淀制备的催化剂对萘催化氧化活性更高。Hu 等[96]通过表面活性剂 K30 辅助水热合成板栗状 CeO_2 微球应用于甲苯氧化,发现其相比于普通 CeO_2 微球催化甲苯转化率达到 90% 时温度下降了约 30℃,这归因于其特殊的多级次孔结构和丰富的表面 Ce^{3+} 物种。

③Mn 基催化剂。

Mn 基催化剂应用于催化氧化正己烷、丙酮、苯、乙醇、甲苯和丙烷等 VOCs 也被广泛研究。Mn 基催化剂由于其高活性和低毒性体现了广阔的应用前景。与其他过渡金属氧化物催化剂相同,Mn 基催化剂的活性多和催化剂结构、制备方法、比表面积、载体性质和 Mn 元素的价态相关。MnO_2 应用于正己烷和乙酸乙酯氧化时,甚至拥有比 Pt/TiO_2 更高的催化活性[107]。Bai 等[97]使用分子筛(SBA-15 和 KIT-6)为硬模板合成了不同维度的有序介孔 MnO_2,并发现具有 3D 结构的介孔 MnO_2 具有最为优异的氧化乙醇的性能。Kim 等[108]研究了一系列 Mn_3O_4 催化剂,发现当在 Mn_3O_4 中引入碱金属或碱土金属(K、Ca、Mg)可以明显提升甲苯催化氧化活性,这是因为生成了更多具有缺陷的氧化物种和表面羟基物种。Wang 等[109]研究了棒状、管状和线状的 MnO_2 应用于甲苯氧化,其中棒状 MnO_2 活性最佳,结果表明催化活性不仅和材料的形貌和比表面积有关,更重要的是和晶格缺陷和表面活性氧物种及其浓度有关。

④Cu 基催化剂。

Cu 基催化剂在 CO、甲烷、甲醇、乙醇及乙醛深度催化氧化方面有着优异的性能。CuO 也在甲醇及甲酸甲酯催化氧化方面有所应用[110]。Cu 基催化剂活性和反应机理与 Cu 的氧化态相关。CuO 催化剂的晶格氧在催化反应中至关重要,当 VOCs 氧化过程摘取晶格氧导致表面活性晶格氧减少时,氧化反应速率受限于体相晶格氧向表面迁移的过程[111]。负载型的 CuO 可以加速甲醇、乙醛及甲酸等 VOCs 的脱氢氧化速率,VOCs 在载体上的脱氢速率远远低于在 CuO 上的脱氢速率[112]。Kim 等[113]发现,在 Al_2O_3 载体上负载过渡金属氧化物时,活性组分为 Cu 的催化剂在氧化甲苯的情况下具有比 Co、Fe、Ni 等更高的催化活性。

⑤Cr 基催化剂。

Cr 基催化剂最大的特点就是在处理含卤代 VOCs 烟气有出色的催化活性和抗卤素中毒的效果[114]。CrO_x 负载在 SiO_2、Al_2O_3、TiO_2、黏土及碳材料上对四氯化碳、一氯甲烷、三氯乙烯、氯乙烷、氯苯和四氯乙烯具有很好的催化氧化效果[115]。Rotter 等[116]研究发现,以 TiO_2 为载体的 Cr 基催化剂催化氧化三氯乙烯转化率达到 98% 时 MnO_x、CoO_x 和 FeO_x 催化剂转化率仅分别为 79%、58% 和 54%。Sinha 等[117]通过中性模板法合成 Cr 基催化剂,其研究发现 Cr 的价态有 +2 价和 +5 价,并且结晶态的铬氧化物相对于无定形铬氧化物在 VOCs 催化氧化中具有更好的 CO_2 选择性。Cr 基催化剂在处理含氯 VOCs 的实际应用过程中往往受限于 Cr 在运行过程中的持续损失。在氧化过程中形成的易挥发组分 CrO_2Cl_2 是导致催化剂 Cr 流失的主要原因[118]。另外 Cr 基催化剂由于其毒性较大也限制了其大范围应用[119]。

⑥其他过渡金属氧化物催化剂。

Ti、V、Ni、Fe 等过渡金属的氧化物在 VOCs 催化氧化领域也有所应用。其中 TiO_2 由于机械强度高、热稳定性好、化学性质稳定的特点多用于催化剂的载体材料。另外 TiO_2 由于其特殊的半导体性质在 VOCs 光催化领域应用更为广泛。TiO_2 能在紫外光作用下将 VOCs 催化氧化为小分子酸、水和 CO_2 等[120]。V 基催化剂广泛应用于 NO_x 的选择性催化还原,但是它也适用于多氯代 VOCs 的催化氧化[121]。Krishnamoorthy 等[122]研究发现 V_2O_5/TiO_2 催化剂对 1,2-二氯苯有良好的催化氧化效果,虽然载体 TiO_2 对 1,2-二氯苯有一定的催化活性,但是 V_2O_5 的引入能够大大提升催化效果,并且能够提升 1,2-二氯苯的碳氧化物选择性。V 基催化剂由于在有 Cl_2-HCl 气氛中的稳定性,使其同样可以适用于氯苯、CO、NO_x 复合污染的净化处理。NiO 具有特殊 p 型半导体性质和晶格电子缺陷,使得 Ni 很容易失去电子形成 Ni^{3+} 和 O^- 等活性物种,从而具有一定的 VOCs 催化氧化活性。

（3）复合金属氧化物催化剂

除单一过渡金属氧化物之外，复合型过渡金属氧化物催化剂也被广泛研究。在大多数 VOCs 催化氧化反应中，复合氧化物通常表现出比单一金属氧化物体现更好的活性，这多是因为活性氧或者其他活性物种在表面迁移速率更高，以及由于贵金属的多重能级和大量的伴生氧阴离子，使得电子可以通过晶格进行传输。所以，复合金属氧化物催化剂具有很大的研究意义和应用前景。目前常见的复合氧化物有 CoO_x-CeO_x、MnO_x-CeO_x、CuO_x-CeO_x、CuO_x-MnO_x、CoO_x-MnO_x 等。另外，尖晶石、钙钛矿及水滑石等复合氧化物催化剂也是常用的催化剂类型。

①混合过渡金属氧化物

有研究表明[123]，VOCs 催化氧化的决定步骤是金属氧化物上氧的移除速率，所以催化剂的氧化还原性是催化活性的一个主导因素。而催化剂的氧化还原性可以通过掺入另一种元素形成混合金属氧化物而提高[124]。Asgari 等[125]发现当向 CeO_2 中掺入 Ni、Cu 和 V 后，其 VOCs 催化氧化活性可以得到提高。例如，在催化氧化三氯乙烯过程中，使用 CeO_2 催化剂在转化率达到 90% 时，催化剂的热稳定性会由于 HCl 和 Cl_2 的大量吸附，在几小时内大幅衰退。但是通过掺杂其他元素就可以显著提升 CeO_2 的储氧能力和抗氯中毒能力[126]。

CuO-CeO_2 混合氧化物在 CO、CH_4、乙酸乙酯、乙醇、苯、甲苯催化氧化和苯酚湿式氧化等方向被广泛研究，其主要因为将 CeO_2 优异的储氧能力引入了催化剂中[127]。CuO-CeO_2 催化剂通常采用燃烧合成法、热解合成法、浸渍法、共沉淀法和溶胶凝胶法制备。He 等[128]使用自沉淀法合成 Cu-Ce 催化剂应用于甲苯和丙醇氧化，Cu 和 Ce 对催化剂氧化还原性具有协同作用，在其合成的一系列 Cu-Ce 催化剂中，氧化还原性强弱顺序是 $Cu_{0.3}Ce_{0.7}O_x$ > $Cu_{0.15}Ce_{0.85}O_x$ > $Cu_{0.4}Ce_{0.6}O_x$ > $CuCeO_x$。MnO_x-CeO_2 催化剂在乙醇、甲醛、己烷、苯酚、乙酸乙酯和甲苯等 VOCs 催化氧化也有所应用。其主要是通过溶胶凝胶、共沉淀和燃烧法合成[129]。将 Cr 引入 CeO_2 合成 CeO_2-CrO_x 混合氧化物催化剂能够显著降低有毒元素 Cr 的含量，并且保证其在处理卤代 VOCs 的高活性。Yang 等[130]研究发现，由于 CeO_2 和 CrO_x 的强相互作用，使得形成的 Cr^{6+} 具有很强的氧化性，并导致催化剂有丰富的氧缺陷，从而提升其氧化卤代 VOCs 的催化活性。Ma 等[131]通过 SBA-15 模板的空间限域作用合成了超小粒径的 Co_3O_4 纳米棒，并在其中引入大离子半径的 In 进一步优化催化剂表面活性氧浓度，研究发现其催化氧化丙烯的能力得到大幅提升。Chen 等[132]采用自持燃烧结合纳米静电纺丝法合成了具有介孔结构的 $Ce_xZr_{1-x}O_2$ 固溶体纳米纤维。其研究发现该催化剂的多级次孔结构有利于催化反应的传热和传质，并且 Ce-Zr 固溶体的热稳定也表现较好。Li 等[133]发现 Cu-Mn-Ce 三元混合氧化物催化剂在苯氧化反应中具有较高性能，Cu 的存在有利于催化活性的提升，其中 $CuO/Ce_{0.7}Mn_{0.3}O_2$

催化苯转化率为50%时的温度仅为 175℃。该催化剂中 CuO 和 $Ce_{0.7}Mn_{0.3}O_2$ 之间的相互作用有利于晶格氧参与催化氧化过程,并且 $Ce_{0.7}Mn_{0.3}O_2$ 中 Mn 相邻的氧空位同样有利于苯氧化。

②尖晶石型复合金属氧化物。

尖晶石是具有化学通式 AB_2O_4 的一类复合金属氧化物,A 和 B 表示不同的金属元素,其中 Co_3O_4、Mn_3O_4 等单一金属氧化物也属于尖晶石结构催化剂。尖晶石催化剂往往具有很高的热稳定性、良好的耐腐蚀性等优点,并且在光催化领域也有一定应用。常见的尖晶石及反尖晶石结构的催化剂有 $NiFe_2O_4$、$NiCo_2O_4$、$CuCo_2O_4$、$CuMn_2O_4$、$MgAl_2O_4$、$FeCr_2O_4$ 及 $CoCr_2O_4$ 等。Carrillo 等[134]研究发现 Cu-Co 复合氧化物的催化活性比单一 Cu、Co 氧化物活性更高,形成了 $CuCo_2O_4$ 尖晶石相是导致催化剂催化性能提升的主要因素。$CoCr_2O_4$ 催化剂在催化氧化三氯乙烯时,其活性远高于 CrO_x、6% CrO_x/Al_2O_3、0.5% Pd/Al_2O_3 及 0.5% Pt/Al_2O_3 催化剂,它在 330℃时 CO_2 的选择性接近100%,归因于 Cr^{6+}/Cr^{3+} 的氧化还原对中 Cr^{3+} 强水汽变换反应能力[135]。Hosseini 等[136]合成了一系列具有 AMn_2O_4 结构的 Mn 基尖晶石催化剂,发现 $NiMn_2O_4$ 分别在 350℃ 和 250℃ 下可以完全催化氧化甲苯和 2-丙醇。结果表明尖晶石结构中 Ni 和 Mn 的协同作用是活性提高的主导因素。Chen 等[137]报道了 $NiCo_2O_4$ 催化剂催化氧化甲苯的性能,其能够在 300℃ 左右实现甲苯的完全去除(空速 $5000h^{-1}$),并在 $NiCo_2O_4$ 上负载 2% 的 K,能够进一步降低甲苯完全氧化温度 50℃ 左右。

③钙钛矿型复合金属氧化物。

钙钛矿是具有化学通式 ABO_3 的一类复合金属氧化物,A 和 B 表示不同的金属元素。钙钛矿结构中 A 位原子通常不参与催化反应,不体现催化反应活性,仅起到控制 B 位原子价态和分散状态的作用,而 B 位元素往往是主导催化剂活性的主要因素。在其制备过程中通常需要较高的灼烧温度,导致此类型催化剂的比表面积通常较低,但是热稳定性高、氧传输性能好等优点也致使钙钛矿型催化剂具有一定的发展和应用前景。Worayingyong 等[138]报道了一种基于席夫碱方法合成的高活性 $LaCoO_3$ 钙钛矿型催化剂,将其应用于甲苯氧化体现了优异的催化性能,是由于其表面存在丰富的表面活性氧物种。Arai 等[139]研究发现,在 $La_{1-x}Sr_xMO_3$ 复合钙钛矿催化剂中,当 M 为 Mn、Fe 和 Co 时,其催化氧化甲烷的能力优异,甚至和0.5% Pt/Al_2O_3 相当。另外,$La_{1-x}Ce_xCoO_3$ 和 $La_{1-x}Ce_xMnO_3$ 在催化氧化甲烷方面也体现了较好的活性,但是其抗 SO_2 中毒能力较差[140]。Blasin 等[141]研究了 $La_{1-x}Sr_xMnO_{3+x}$ 催化剂,结果发现乙醇在 115℃ 下转化率为 50%,在 140℃ 时可以达到完全转化。Merino 等[142]用柠檬酸溶胶凝胶法制备了 $LaCo_{1-y}Fe_yO_3$ 催化剂应用于乙醇氧化,发现 $LaCo_{0.9}Fe_{0.1}O_3$ 催化剂具有最好的活性,其中 Fe 是以 Fe^{4+} 的氧化态稳定存在的,直接导致了该催化剂良好的催化性能。Si 等[143]基于选择性溶解的思路,选择性去除催化惰性的 A 位元素,合成一系列精细表面梯级结构的复合钙钛矿催化剂 $MnO_2/LaMnO_3$,并发现 $MnO_2/LaMnO_3$ 催化剂具有更加丰富的表面活性氧物种,体现了优异的氧化还原性能,在催化氧化甲苯和 CO 时的活性均优于普通 $LaMnO_3$ 催化剂。此外,将贵金属(Pt、Pd、Rh 和 Ru 等)引入钙钛矿晶格中可以稳定贵金属抗烧结、抗挥发损失或避免与载体发生反应,也可以提高催化活性。

3. 催化剂的中毒和失活

在催化氧化反应器运行过程中,有许多因素导致催化剂活性和选择性的衰退进而表现为催化剂失活。由于催化剂失活导致的额外费用可能会占到反应器运行成本的 28% 左右[144]。一般导致催化剂失活的因素有六种:污染和烧结、中毒、气-固或固-固反应、热退化、粉碎、形成挥发性物质而损失。毒物与反应物吸附系数相近时会严重干扰反应物在活性位点上的吸附,而烧结会改变催化剂自身的结构。催化氧化中间产物积累在催化剂表面成为催化剂积碳,催化剂积碳同样会覆盖活性位点、堵塞孔道导致催化剂失活[145]。

(1)催化剂毒物中毒

在催化氧化烟气中 VOCs 时,烟气中的其他组分往往会对催化剂产生一定的影响。如颗粒物会堵塞催化剂床层、覆盖反应活性位点等。烟气中含 Si、S、P、Cl 等组分通常会引起催化剂中毒,催化剂常见的中毒情况如下。

P 中毒:当处理塑料加工由阻燃剂引起的 VOCs 排放废气和胶版印刷废气等时,烟气中往往含有含 P 化合物。当反应温度低于 430℃ 左右时,P 在催化剂表面容易形成磷酸或 P_2O_5,此时可以通过冲洗催化剂表面恢复催化剂活性;当反应温度高于 530℃ 左右时,P 会和载体 Al_2O_3 发生不可逆反应,破坏载体结构、孔隙度和稳定性,从而造成催化剂的不可逆失活。

Si 中毒:当烟气中含有硅氧烷时,其催化氧化产物 SiO_2 会逐渐沉积在催化剂表面,将催化床层堵塞。一般采用氢氟酸清除沉积的 SiO_2,但是氢氟酸具有强腐蚀性,操作比较危险,并且成本较高。

Cl 中毒:烟气中含氯 VOCs 是催化剂 Cl 中毒的来源,一般含氯 VOCs 催化氧化产物中含有 HCl,HCl 与催化剂活性中心具有强结合力,导致催化剂活性中心被占据而失活。由 HCl 积累引起的失活往往可以通过升温恢复活性。另外,在催化氧化过程中,Cl 原子也会在催化剂表面氧缺陷位积累,导致催化剂氧流动性降低而导致失活。Cl 中毒通常都可借助升温使催化剂表面发生迪肯反应放出 Cl_2 而重新恢复活性。但是如果产生的 HCl 与催化剂活性组分发生反应,如与贵金属形成稳定 Cl 配合物,就会导致不可逆失活。除贵金属外,过渡金属氧化物、复合金属氧化物、钙钛矿催化剂等均存在氯中毒的现象。HCl 若与载体 Al_2O_3 发生反应也会破坏载体结构,影响催化性能。

（2）物理因素影响

催化剂发挥其催化活性时均具有一定的使用温度区间。一般来说,在催化剂适宜温度区间内,温度越高催化反应越迅速,反应越完全。但如果长时间使催化剂处于过热状态,催化剂就容易发生结构坍塌和活性组分烧结,降低催化剂的比表面积和孔隙度,导致活性组分分散度下降。在实际运行中,催化剂载体能够耐受的最高温度也应在考虑范围内,如 Al_2O_3 使用最高温度一般为 700℃左右,Al_2SiO_5 一般为 1000℃左右。

在反应器运行过程中,由于振动和床层松散可能会导致催化剂磨损,由于床层温度剧烈变化引起热应力可能会导致催化剂破碎。故对装有蜂窝催化剂的反应器一般需要特别注意反应器构件热膨胀而造成的机械应力。

5.2.7　等离子体技术

等离子体是物质存在的一种基本状态,又称为继固态、液态、气态之后物质的第四态[146]。自从在 18 世纪中期被发现以来,对其研究认识和利用一直在不断发展,至今已经形成了一门新兴的交叉学科——等离子体化学。等离子体是有电子、离子、自由基和激发态原子和分子等组成的电中性的带电集合体,在内部丰富的、具有很高化学活性的粒子之间,可以使得在通常条件下难以进行或速度很慢的化学反应变得十分迅速。更重要的是,低温等离子体可以在低温甚至常温条件下,实现化学反应。目前,低温等离子体技术尤其是低温等离子体与其他技术(吸附、催化等)联合,已经在环境污染控制领域成为一种极具优势的新兴技术。由于其具有流程短、操作简单、能耗低、效率高、适用范围广等特点,等离子体化学在环境领域的应用日益增多,在控制 VOCs 排放的环保工程中等离子体技术已被广泛应用[5,147]。

1. 等离子体简介

等离子体是物质处于高度电离的一种状态,是由大量带电的正、负粒子和中性粒子(包括正离子、负离子、电子、激发态原子或分子、光子、自由基和各种活性基团等)组成的集合体,其中所有正粒子的电荷总量和所有负粒子的电荷总量相等,在宏观尺度上呈现电中性,故称为等离子体。相对于物质的固、液和气三种状态,等离子体具有本质的区别,主要具有以下特点[146,148]:①具有导电性质,由于自由电子和带电粒子的存在,因此等离子体具有很好的导电性,而又能再与气体体积相比拟的宏观尺度内保持电中性;②具有电磁性质,作为一个带电粒子体,其运动轨迹、位置和形状会受到磁场的影响和支配,而同时带电粒子的集体运动又可以产生电磁场;③内部气氛可以调变,通过改变工作介质可以形成还原性、氧化性或中性的等离子体氛围,以满足不同技术和工艺上的需要。

　　按照等离子体内的热力学平衡状态,等离子体可以分为热平衡等离子体(又称为高温等离子体,thermal plasma)和非热平衡等离子体(又称为低温等离子体,non-thermal plasma,NTP)。所谓的热平衡等离子体,是指其电子温度 T_e、离子温度 T_i 和中性粒子温度 T_n 三者的温度近似相等,等离子体内部在宏观上处于热力学平衡状态,其体系表观温度可达 $10^6 \sim 10^8 K$ 甚至更高,故又称为高温等离子体;所谓的非热平衡等离子体,是指 $T_e \gg T_i$, $T_e \gg T_n$,体系内电子温度可达 $10^4 K$ 以上,而离子和中性粒子的温度接近常温,故又称为低温等离子体。低温等离子体较高温等离子体更容易发生,并且具有更简易的操作条件,因此在工业应用中有广阔的前景,故本节主要介绍低温等离子体技术在控制 VOCs 中的应用。

　　低温等离子体的发生方法有很多形式,其主要产生低温等离子体的原理和装置结构可归结为如表 5-13 所示的分类[149-153]。

表 5-13　典型的低温等离子体发生形式和装置结构

发生形式	原理	典型装置结构
电晕放电	当电极周围气体被击穿后,内阻降低,极间电压减小,同时在电极周围发生昏暗辉光,即为电晕放电。电晕放电通常发生在强电场很强且电场分别不均的区域内(如一个电极或两个电极的曲率半径很小就会形成不均匀电场,例如,金属丝电极、尖端电极等都会形成不均的电场),电晕放电电压降比辉光放电大,但是放电电流小	
辉光放电	辉光放电一般是在低气压下发生在两个平行板之间的一种气体放电,是一种电子雪崩引起的放电,即从阴极发射电子,在电场空间内引起电子雪崩,产生的正离子再轰击阴极而产生更多的电子,在激发态粒子退回到基态时以光的形式释放出能量	

续表

发生形式	原理	典型装置结构
介质阻挡放电	介质阻挡放电是在两个电极之间放置绝缘介质的一种放电形式,可以在很大的气压和频率范围内发生,由于绝缘介质的存在限制了放电电流的无限增长,只在电场中形成快脉冲式的电流细丝通道,也即所谓的微放电	
滑动弧光放电	通过减少外电路电阻增加放电电流,当电流增加到一定值后,电压会增加后再减少,就会发生弧光放电,其特点是电流密度大,温度和发光强度高;目前典型的放电方式是采用成对刀片性电极,施加电压首先在最窄处产生击穿,之后提高电流产生弧光,电弧在刀刃表面膨胀延伸向外扩张直至熄灭;然后会在最窄出再形成新的电弧,周而复始	
射频放电	射频放电低温等离子体时利用高频高压使气体发生电离而产生等离子体,其特点是放电能量高、放电范围大,主要采用线形放电和喷射形放电产生等离子体	
微波放电	微波放电属于高频放电(几百 MHz 至几百 GHz),微波被引入到反应腔体建立电磁场,波导是气体获得能量发生电离形成等离子体。电离的气体与微波是一种相互耦合的非线性作用过程	

2. 低温等离子体技术净化 VOCs 的基本原理

低温等离子体降解 VOCs 的过程相当复杂,总的来说,在两极施加电压后,空间里的电子从电场中获得能量而加速运动的过程中与气体分子发生碰撞,使气体发生激发、电离。电子在碰撞过程中,一种是电离气体分子并产生衍生电子,产生的衍生电子再次与其他分子发生碰撞以维持放电的继续;其次是与亲电分子(如 O_2、H_2O 等)碰撞,被这些分子吸收形成负离子;第三种是与气体分子碰撞使其激发,激发态的气体分子极不稳定,很容易态辐射光子退回基态,足够高能量的光子照射可导致光电离而产生光电子,光电子对维持放电有贡献。

在低温等离子体发生过程中发生激发和电离过程:

激发	$A+e \longrightarrow A^* +e$
	$AB+e \longrightarrow AB^* +e$
解离	$AB+e \longrightarrow A+B+e$
直接电离	$A+e \longrightarrow A^+ +2e$
	$AB+e \longrightarrow A^+ +B^+ +2e$
累计电离	$A^* +e \longrightarrow A^+ +2e$
	$AB^* +e \longrightarrow AB^+ +2e$
解离电离	$AB+e \longrightarrow A^+ +B+e$
潘宁电离	$A^* +B \longrightarrow A+B^+ +e$
激发态粒子之间的碰撞	$A^* +B^* \longrightarrow A+B^+ +e$
辐射复合	$A^+ +e \longrightarrow A^* +hv$
光电离	$A+hv \longrightarrow A^* +e$
电子依附	$A+e \longrightarrow A^- +E_k +hv$

其中,e 为电子,A 和 AB 分别为原子和分子,∗ 表示激发态,E_k 为电子动能。

低温等离子体降解 VOCs 的基本原理是等离子体产生的高能粒子(包括电子、离子、自由基、激发态原子或分子、光子和各种活性基团等)与 VOCs 分子发生碰撞,使其激发到高能级形成激发态分子,内能的增加促进化学键的断裂,从而形式活性物种并与其他高能粒子发生化学反应,同时有高能电子激发产生的 O·和 HO·等自由基具有很强的氧化活性,可以参与 VOCs 的降解过程,最终将 VOCs 氧化分解生成 CO、CO_2、H_2O 和其他小分子化合物。因此,低温等离子体降解 VOCs 可以归纳为以下两种途径:①被高能粒子直接撞击造成化学键的断裂,从而破坏有机物的分子结构;②被强氧化性的自由基氧化,低温等离子体中包括有强氧化性的自由基(如 OH·和 H·)可与有机废气分子或者经过第一种途径产生的中间物质发生氧化反应将其最终分解,生成 CO、CO_2、H_2O。在低温等离子体技术净化有机废气的过程中,上述两种途径是同时存在的,共同作用于污染物的降解。

3. 单一低温等离子体控制 VOCs 技术

目前,在环保领域用于控制 VOCs 的等离子体技术基本属于低温等离子体范畴,主要采用的发生方式是电晕放电和介质阻挡放电。

电晕放电是在曲率半径很小的电极上施加高压,形成非均匀电场引发非均匀放电的一种放电形式。电晕放电反应器的电极结构主要有线–板式、线–筒式和针–板式。直流电晕放电的电晕区通常情况下比较小,仅在电晕线的附近发生电晕放电,放电电流较弱,若要增大放电体区域,需提高外加电压,则容易导致火花放电的形成。针–板式电极结构具有火花击穿电压高、放电稳定性好等优点,但由于其形成的电晕放电区域仅

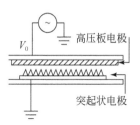

图 5-24　锥形针–板式反应器

在有限数量的针电极周围,导致其整体的放电效率并不高。但也有文献报道对针–板式电极结构进行改进,如采用顶角为 45°的锥形针电极可以改善电影区域的拓展效果[154](图 5-24)。另外,把针–板式电极改进为内电极表面布满针状突起的同轴式电极,提高其电晕延展效果[155](图 5-25)。

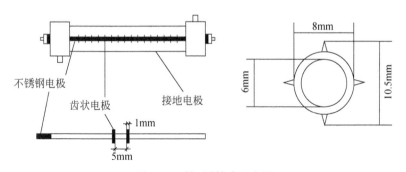

图 5-25　针–圆筒式反应器

介质阻挡放电是指在两个电极中间放入绝缘介质,形成介质阻挡,在两极施加交流高压发生放电的放电形式。绝缘介质的存在是介质阻挡放电与电晕放电的主要区别,放电产生的电荷会累积在阻挡介质的表面,形成与电极间电场相反的电场,从而限制电荷的传播而防止形成大的放电流柱,因此介质阻挡放电会形成大量的随机的微放电细丝,并且放电比较安全、稳定。

介质阻挡放电反应器结构主要有同轴圆筒式和平行板式(线–板式和板–板式)两种,受电极和反应器的形状、大小及阻挡介质材料等因素的影响,同一种反应器形式如果采用不同的结构参数,放电效果会有很大的不同。在 Oda[156]对不同内电极形状(螺旋线形、棒状和螺栓形,图 5-26)的同轴圆筒式反应器脱除 VOCs 的

实验中发现,螺栓形电极的反应器的降解效果优于另外两种电极结构的反应器。

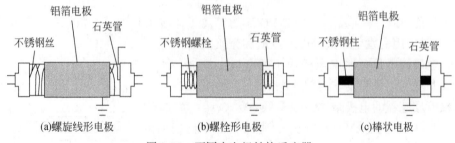

图5-26　不同内电极结构反应器

　　平行板式介质阻挡反应器要求两个电极所在的面必须处于平行位置,对加工精度的要求较高。在孙万启等前期的研究中[157],采用环氧树脂为介质材料、以曲率半径很小的金属丝作为高压电极的线-板式反应器,由于线电极的曲率半径很小,使起晕电压降低,气阻减小。对低浓度的甲苯具有很好的降解效果,当甲苯初始浓度为 1.68mg/L、气体流量 2 L/min 时,输入功率为 35 W 时,降解效率能达96%。对传统的介质阻挡反应的改进可以提高放电效果,例如 Moon[158] 等设计的一种带有狭缝的线-板式介质阻挡反应器,由于电荷会在狭缝处积累产生放电,产生的总电晕区是无狭缝设计反应器电晕放电区的 2 倍。

　　在能耗相同时,介质阻挡反应器的能量效率要优于直流或交流电晕反应器的能量效率。目前,在大规模烟气治理的工业化应用方面,还主要是以电晕放电为主,介质阻挡反放电的工业化试验还有许多问题需要解决,如气体阻力问题,目前主要是在发动机尾气治理领域和发生臭氧方面(多采用同轴圆筒式反应器)有一些应用。经过李俊华课题组改进的线板式介质阻挡反应器,采用泡沫金属作为板电极,在线电极上套装毛细石英管作为介质阻挡,由于泡沫金属板有很大的空隙率,增大了迎风面的开放截面,大大降低了气体阻力。

4. 低温等离子体耦合催化控制 VOCs 技术

　　利用单一等离子体降解 VOCs 时,总体的能量利用率和 VOCs 的降解效率并不高,同时在降解过程中 VOCs 并没有被完全降解,而是产生一些有害的副产物,造成二次污染。如何提高能量利用效率、提高 VOCs 的降解效率和矿化率、抑制副产物的产生是该技术工业化应用的瓶颈,已经成为该技术当前研究的热点。低温等离子体与其他控制 VOCs 技术联合使用,可以有效提高降解效率同时降低能耗和副产物,例如低温等离子体-吸附联合技术、低温等离子体-生物净化联合技术、低温等离子体-催化耦合技术等[159-161]。尤其是低温等离子体-催化耦合技术更具有潜在优势,可以降低催化反应活化能、氧化中间产物生成 CO_2 和 H_2O,提高降解效率,控制副产物,更加受到人们的关注。欧美和日本等国家对低温等离子体-催化耦合技术研究的开展早于我国,主要应用于在脱硫脱硝、汽车尾气净化、挥发性有机污染物消除和有毒有害化合物治理等领域,并形成了一系列的相关专利。低温等离子体-催化耦合技术是世界上公认的控制低浓度烟气的重要措施。在我国,随着研究的不断深入和社会投入的增加,低温等离子体-催化耦合技术也在逐步走向工业化应用。考虑实际的工业应用,目前所采用的低温等离子体发生形式多为介质阻挡放电或电晕放电,从反应装置结构上看,这两种形式也更容易实现低温等离子体与催化剂的耦合作用。如表 5-14 所示,列出了最近报道的低温等离子体-催化耦合技术对一些典型有机物的控制效果。

表 5-14　低温等离子体-催化耦合技术对典型 VOCs 的控制效果

发生形式	目标 VOCs	浓度 (10^{-6},体积分数)	能耗 /(J/L)	催化剂	转化率/%	文献
介质阻挡放电	苯	400	400	$Ag_{0.9}Ce_{0.1}/Al_2O_3$	96	[162]
	甲苯	110	500	$MnO_x/CMC-41$	99	[163]
	苯、甲苯、氯苯	200/100/100	650	$AgO_x/MnO_x/SMF$	~100	[164]
电晕放电	甲苯	409	123	$AgMnO_x/Al_2O_3$	90	[165]
	三氯乙烯	500	240	MnO_2	85	[166]
		450~500	240	$CeMn_4$	87	[167]

　　低温等离子体与催化剂的耦合形式,根据催化剂与等离子体区域的位置关系,一般分为两种(图 5-27),第一种是催化剂放置在等离子体区域内,形成所谓的一段式(内置式);第二种是催化剂放置在等离子体区域之后,形成所谓的两段式(后置式)。耦合形式的不同会改变低温等离子体-催化耦合降解 VOCs 的效果,同时也会改变耦合作用的机理。

　　在一段式耦合体系中,由于催化剂放置在放电区内,等离子体和催化剂之间是一个十分复杂的相互作用过程。放电所产生的短寿命的高能粒子(如高能电子、自由基、激发态的分子或原子)可以在催化剂表面参与催化反应,从而提高降解效率和产物选择性,减少副产物的产生。而不同的催化剂具有不同的介电常数、电导率等电学性能,这些电学参数会影响放电的电场强度和电离密度,从而影响放电状态,最终影响耦合效果。所以,在一段式耦合形式中,不仅要求催化剂具有较高催化活性,同时也要求催化材料具有合适的介电常数等电学性能,以改善放电状态提高耦合效果和降解效率。从催化性能方面研究催化剂的催化活性在等离子体氛围内的催化效果,是提高 VOCs 的矿化率(即 CO 和 CO_2 的选择性)、减少副产物的产生的主要途径。放电状态会受到很多因素的影响,除电源的激励模式和反应器结构的决定性影响因素外,还会受到放电区域内填充材料的物理、化学和电学性能的影响。放电区域填装材料后,放电区域会被分成无数个小放电区域,在填装材料的孔隙内形成等离子体。在放电区域中填充材料增加了微放电的脉冲电流数量。同时,放电状态也由原来的丝状放电转变为填充材料表面的沿面流光放电和材料颗粒之间空隙中的丝状放电的混合形式。沿填充材料表面产生的表面流光放电可以将等离子体更均匀和更密集地分布在整个反应器中,这有利于催化剂的表面上的催化反应发生。因此,使用一段式低温等离子体-催化耦合的反应器可以使放电变得更加均匀。

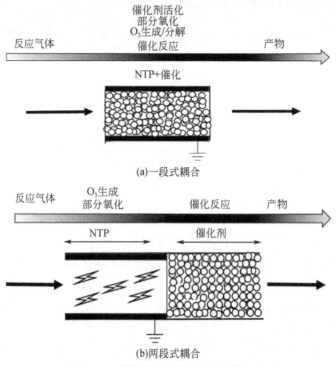

图 5-27　低温等离子体-催化耦合方式

　　等离子体技术降解挥发性有机物的基本原理是通过放电过程中产生大量活性粒子(电子、离子、自由基)与挥发性有机污染物发生碰撞,促使 VOCs 化学键断裂,将污染物分子分解为无毒的小分子或容易处理的中间产物。在一段式耦合形式中,这些中间产物又在催化剂的表面发生催化氧化反应,最终生成 CO_2 和 H_2O,达到降解 VOCs 的目的。目前,对于上述耦合降解 VOCs 的机理只是大多数研究中公认的一个推理,其实质的机理过程研究还需要开发一些在线的检测分析手段来解决。有研究者通过产物推断 VOCs 在低温等离子体-催化降解过程的路径,认为降解过程有 3 个途经[168,169]:电子作用、离子碰撞和气相粒子(例如 O 和 OH·)的轰击,离子碰撞的影响可以被忽略。考虑到反应速率常数、高能电子及氧原子的浓度,在 VOCs 降解过程中更容易在电子作用下发生分解。因此,电子的影响是最重要的过程,并且是引起 VOCs 分解的初始反应。典型的如图 5-28 所示[170],推理出在低温等离子体-催化降解过程中甲苯降解生成 CO_2 和 H_2O 的不同路径和副产物产生的原因。在反应过程中,气相的氧原子及 OH·大量地参与了甲苯的分解,尤其是在甲苯的芳香环打开之后的氧化过程中。

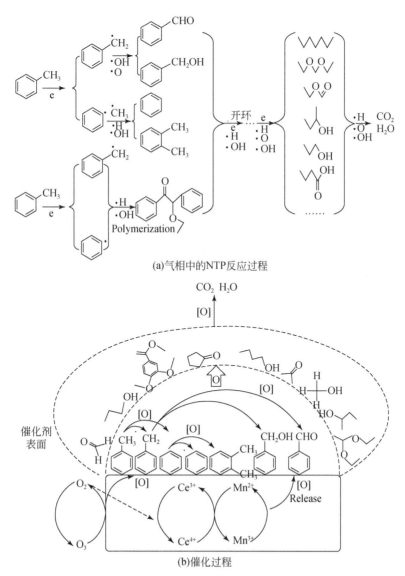

(a)气相中的NTP反应过程

(b)催化过程

图 5-28　一段式低温等离子体-催化降解甲苯的机理

　　总体而言,催化剂的引入可以很大程度上提高 VOCs 的降解效率和 CO_2 的选择性,控制 O_3 等副产物的产生。但是,不同催化剂与等离子体耦合时的相互作用存在很大的差异,其相互作用的机理还不清楚。在一段式耦合降解 VOCs 时,等离子体和催化剂是一个统一的体系,其中等离子体和催化剂表面区域存在一个界面,这一界面包括 VOCs 分子、活性物种、高能粒子、催化剂及其载体等要素,各要素之间的相互作用使 VOCs 的催化降解过程变得非常复杂。因此,通过研究等离子体与催化剂之间的相互影响,解释等离子体和催化在对 VOCs 的降解机制,对阐明等离子体-催化耦合降解 VOCs 的过程中具有重要的作用。

　　与一段式耦合相比,两段式耦合中的协同作用机制相对简单。由于放电区域和催化剂床是分离的,因此等离子体产生的大部分短寿命活性物质在到达催化剂之前由于其高反应性和短寿命而消失。因此,等离子体所发挥的主要作用是改变进入催化剂反应的气体组成(类似在一段式中,等离子体气相反应过程中产生的中间产物)。在这个过程中,等离子体可以将污染物预转化为易于处理的物质并利用等离子体产生的长寿命的活性物质(如 O_3、长寿命自由基等)用于催化反应。由于在两段式耦合形式中,催化剂对放电状态不会产生影响,所以对该种耦合形式的研究主要是利用催化剂分解 O_3 并产生更多的活性氧,来提高催化氧化的能力。相关的研究已有很多[171-175],例如,贵金属 Ag、锰氧化物、铈氧化物,在两段式的耦合体系内,由于不会改变放电状态,所以催化剂的催化活性占有主导作用。

　　综上所述,引入催化剂可以提高等离子体反应生成目标产物的选择性,同时可以提高等离子体的能量效率。等离子耦合催化在技术上可以形成优势互补,能够实现常温下等离子放电过程产生的高活性物种被催化剂高效利用,选择性地转化为 CO_2 和 H_2O,达到真正意义上的 VOCs 去除,该技术目前已经实现在部分行业 VOCs 排放治理的工业化应用。例如在某喷涂烘干车间的 VOCs 排放治理采用的低温等离子体耦合光催化剂技术,其工艺流程图如图 5-29 所示。对排放气体的主要 VOCs 组分:苯、甲苯、二甲苯、甲基异丁基酮、聚偏氟乙烯、氟碳漆等进行了有效治理。处理气量:

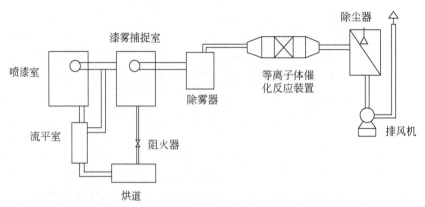

图 5-29　喷涂车间 VOCs 低温等离子体-催化技术排放治理工艺图

$1500 \sim 4000 \mathrm{m}^3 / \mathrm{h}$, 进口总 VOCs 浓度: 约 $290 \mathrm{mg} / \mathrm{m}^3$, 实现了出口排气总 VOCs 浓度达标排放。

5.2.8 其他控制技术

除上述吸附、吸收、燃烧、催化氧化和等离子体技术之外,冷凝、膜分离及生物降解法等技术也有一定范围的应用,在此仅简单介绍。

1. 冷凝法

冷凝法是根据不同的物质不同温度下其饱和蒸气压不同,通过降低温度或者升高压力,使烟气中某些有机组分的分压大于该温度下的饱和蒸气压,导致有机组分液化从而从气相中分离出来。

冷凝法所用的冷凝器主要有两大类,分别是直接接触式冷凝器和间接接触式冷凝器(图 5-30)。直接接触式冷凝器中,烟气直接与较冷液体接触,这种冷凝器与 VOCs 吸收装置类似,多采用喷淋塔、填料塔或者文丘里洗涤塔。直接冷凝常用的冷凝液体为水,虽然使用水对烟气进行冷却非常的方便、经济,但是冷凝后 VOCs 和水混合形成废水的处理也是重要的问题,这种方法仅是 VOCs 从气相向液相中的转移,并且废水处理同样易造成二次污染,故很少单独使用。间接接触式冷凝器中设有束管换热器或翅片换热器,前者用液体制冷剂制冷,后者则用空气制冷,烟气通过接触换热器而冷却,从而达到 VOCs 冷凝液化的效果。

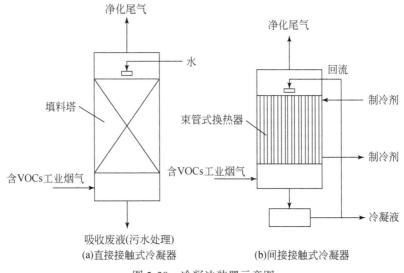

(a)直接接触式冷凝器　　(b)间接接触式冷凝器

图 5-30　冷凝法装置示意图

如果单纯使用冷凝法处理有机烟气,往往不能使净化尾气达到排放限值,并且会带来过高的成本。若要实现单纯冷凝法净化尾气达标排放,则需要的温度很低并极其耗能(如二氯甲烷<-100℃;甲醇<-80℃)。此时还要考虑冷凝液的冰点,在冰点以上操作虽然能够使某些高沸点 VOCs 冷凝分离,但此时生成的冷凝液十分黏稠,较难分离处理。所以冷凝法常采用降温升压的方式辅助冷凝,并用于回收烟气中价值较高的有机溶剂。在低温冷凝时,烟气中的水分甚至 CO_2 的凝固容易导致装置堵塞影响传热,并且 VOCs 浓度通常在爆炸限内,这就对冷凝设备清洗及安全运行提出较高的要求。

冷凝法通常适用于气量较小、可冷凝物质浓度高的工况,单纯使用空气或水进行冷凝无法达到排放要求,所以通常冷凝法和吸附、燃烧及催化氧化等方法组合使用。

2. 膜分离法

膜分离法又称为渗透法,其原理是通过烟气中空气分子和 VOCs 分子通过膜的渗透能力不同而实现对 VOCs 的选择性分离。一般适用于 VOCs 浓度为几十至几百克每标准立方米的工业烟气,处理气量为 $100 \sim 2000 Nm^3/h$[176]。

通常用于气体渗透分离的膜分为无孔膜和微孔膜。无孔膜主要是通过对不同气体分子的选择性渗透能力实现分离 VOCs。气体分子在膜表面的吸收、通过膜的扩散和在膜表面的解析三个步骤是气体分子分离的控制因素。这种具有选择透过性的无孔膜又称为半透膜。一般半透膜要实现 VOCs 的高效分离,上游需要设置很大的压力,因此膜组件需要足够薄才能保证压力损失不会过大。为保证半透膜在高压下的机械强度,通常采用多孔承载层作为机械支撑。对于微孔膜而言,气体分子运动平均自由程远大于微孔模孔径,因此,扩散分离的主导因素为分子的质量,即大分子易被截留而小分子易通过膜。而在含 VOCs 烟气净化工艺中,微孔膜很少使用,因为微孔膜截留的是烟气中少量的大分子 VOCs,而使大量空气通过膜,会使膜分离系统产生很大的压降,产生较大能耗。VOCs 蒸气渗透无孔膜主要有平板膜、中空纤维膜和卷式膜三种。烟气通过膜组件时,由于膜对 VOCs 的选择透过性使得 VOCs 能够顺利通过膜,而大流量的空气被截留在膜前,从而实现对 VOCs 的高效分离。

与冷凝法相同,膜分离法也主要应用于回收有价值的 VOCs,同样不是以净化烟气达标排放为目的导向的技术。典型的膜分离法工艺流程如图 5-31 所示,膜分离器通常和冷凝器一同组成回收装置。含 VOCs 的工业烟气经过压缩后进入冷凝器,此时大部分 VOCs 可通过冷凝器直接回收。而带有残余 VOCs 的尾气则进一步通过膜分离器,VOCs 分子通过半透膜后重新返回压缩机进一步冷凝,而被膜截留下的气体则为净化后的烟气。

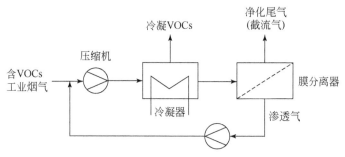

图 5-31　膜分离法工艺流程示意图

　　膜分离法可适用于石油化工行业生产尾气中的 VOCs 回收,如脂肪/芳香烃、醛、酮、腈、酯、醇、含氯溶剂等组分。膜分离更适用于含 VOCs 烟气的预处理工序,若要达到排放要求,还需和吸附、燃烧等方法联合使用。

　　3. 生物降解法

　　生物降解法又称生化法、生物法或生物催化法,它是利用微生物自身生命活动将烟气中的 VOCs 氧化分解为水和 CO_2 等无毒或低毒物质。烟气中的 VOCs 充当微生物存活所需的养分,生物降解法不仅能够有效净化有机溶剂、脱除臭味,还能去除烟气中的氨、硫化氢等无机污染物。

　　目前应用于生物降解法的设备主要有生化洗涤器、生化过滤器和膜生物反应器。其中,膜生物反应器主要应用于含难溶于水且易挥发 VOCs 的工业烟气净化,膜组件置于烟气和微生物之间,VOCs 通过膜组件富集后进入微生物体内被氧化分解。目前工业生产中常用的还是生化洗涤器和生化过滤器。这两种方法适用于能溶于水的可降解 VOCs 处理,并且烟气温度在 5~60℃(不含有毒物质)。

　　如图 5-32 所示,生化洗涤器分为填充床生物滴流洗涤器和活性污泥洗涤器。对于前者,微生物附着于填充床的填料表面,VOCs 的吸收和氧化分解几乎都在填料表面发生。而对于后者,VOCs 的吸收和分解过程是独立的,洗涤水和微生物混合喷入挡板塔,烟气从底部进入,与微生物悬液形成逆流达到充分接触,此时 VOCs 被微生物悬液吸收。进而含有 VOCs 的微生物悬液进入活性污泥池进行生化反应,VOCs 在活性污泥池被氧化分解。

　　图 5-33 为采用生化过滤器的工艺流程,微生物附着在过滤材料表面,烟气中的 VOCs 被滤材吸附、吸收后,由微生物捕获进而被氧化分解。生化过滤器常用的滤材有堆肥物、泥灰、椰壳纤维、木屑、泡沫玻璃及其他惰性材料。非惰性滤材能够给微生物提供一定的养分,所以在使用惰性滤材且当 VOCs 浓度过高时,须添加一定量的养分维持微生物生存。

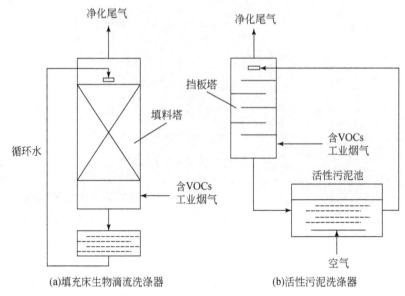

(a)填充床生物滴流洗涤器　　　　(b)活性污泥洗涤器

图 5-32　生化洗涤器示意图

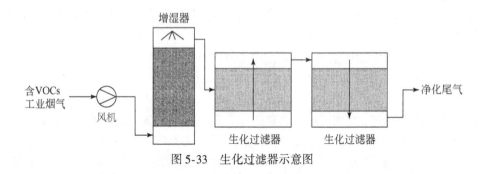

图 5-33　生化过滤器示意图

通常生化洗涤器比生化过滤器小很多,但是生化洗涤器由于需要大量的水循环从而导致其需要大量操作运行费用。根据经验,生化法适用的 VOCs 浓度为 1000~1500mg(有机碳)/m³ 的烟气,更适合处理带有强烈臭味的烟气,例如垃圾场、饲养场、堆肥厂及污水处理厂废气等。此外,在印刷、铸造、涂装及木材加工等行业也有应用。

VOCs 减排治理技术种类繁多,有许多新兴技术正在逐渐发展(如光催化降解技术等),另外,多种回收技术、销毁技术联合应用的协同耦合手段,如吸附浓缩-催化氧化技术、吸附浓缩-光催化氧化技术、吸附浓缩-吸收技术及等离子体光催化技术等也得到了一定的研究、试验和发展,在此不再赘述。

5.3　应用工程案例

　　目前,挥发性有机物的重点行业主要有以下几大类:化工行业(煤化工、医药、农药、涂料与油墨、胶黏剂),包装印刷行业,表面涂装行业(汽车维修、家具制造、汽摩配件、机械制造、木业加工等行业的表面涂装工序),无水炮泥、煤气发生炉的使用和产生煤焦油的工序,黑色金属冶炼行业烧结球团工序等,根据调研排查,前三大类为主要排放源。针对 VOCs 的治理方法很多,归纳如表 5-15 所示。

表 5-15　工程应用中 VOCs 控制技术方法归纳

技术名称	技术简述	特点简述
活性炭吸附法	初始净化效率较高,随着时间推移,活性炭逐渐饱和导致排放不达标	设备简单、投资较小,运行成本高;吸附饱和活性炭属于危险废物;装卸、运输、更换等工作烦琐
吸收法	将废气中气态污染物转移到液相,往往会生成二次污染	适用于大气量、低温度、低浓度的亲水性废气成分,对于不具有亲水性废气不适用
直接燃烧法	利用燃气或者燃油等辅助燃料燃烧,将混合气体加热到一定温度以上使 VOCs 燃烧分解	出口温度稳定,可使用 PLC 程序自动调节出口温度,适用于后端生产需要热能且对温度波动要求严格的场合
蓄热式热力燃烧法	在高温下将有机废气氧化生成 CO_2 和 H_2O,从而净化废气,并回收分解时所释出的热量,热回收效率达 95% 以上	特别适用于气体中小流量、中高浓度的有机废气的处理;一次性投资费用相对较高;出口温度连续变化
催化氧化法	将烟气加热经催化氧化把 VOCs 转化成无害的 CO_2 和 H_2O 等;需谨防催化中毒失活	起燃温度低、节能、净化率高、操作方便、占地面积、设备投资较大;适用于高温或高浓度有机废气
吸附-催化氧化法	综合吸附法及催化氧化法的优点,采用新型吸附材料吸附,在接近饱和后引入热空气进行脱附、解析,脱附后废气引入催化氧化床无焰燃烧,大大降低能耗	运行稳定可靠、运行成本低、维修方便等优点;适用于大风量、低浓度的废气治理
低温等离子体法	在等离子体中获得能量的分子被激发或发生电离形成活性基团,引发一系列复杂的物理、化学反应将 VOCs 氧化分解	适用于超低浓度($<500mg/m^3$)的有机废气的分解,对油烟类废气有约 10%~30% 的治理效果
冷凝回收法	将有机废气通过冷冻装置冷却到合适的凝固温度,其中的气态有机废气转变为液态被分离出来	投入成本高、运行成本低、治理效率高、设备维护强度小;尤其对高浓度、具有回收价值的气态物质尤其适用

续表

技术名称	技术简述	特点简述
UV 光催化氧化法	在特定紫外光的作用下,激发产生臭氧、羟基自由基对有害气体进行协同分解氧化反应;特别适用于超低浓度的市政恶臭气体的分解治理	适用于低浓度有恶臭成分的有害物处理
生物法	采用以除臭微生物载体—生物填料吸附法的处理工艺,使臭气经过碱洗或水洗加湿后,通过微生物的填料层,对恶臭物质的吸附、吸收和降解	适合处理带有强烈臭味的烟气

在实际运行中,特别是在即将实行的实时在线监测开启,选择实时、高效治理方法是工业废气治理的主要趋势,传统的工艺方法一般不推荐业主使用,以避免前期高价投入,后期实际治理效果不理想但运行成本巨大,不能满足环保监测环境下运营需要。

5.3.1 吸附浓缩+冷凝回收技术示范案例——某制药公司丙酮废气治理

现有工况:

①108 车间丙酮废气:处理风量 1200m³/h,废气最大浓度 10000mg/m³;

②尾气排放:达到《GB 16297—1996 大气污染物综合排放标准》二级标准(参照《河北省地方标准 DB 13/ 2322—2016 工业企业挥发性有机物排放控制标准》)及《恶臭污染物排放标准》,20m 尾气排放烟囱,挥发性有机物排放浓度低于 60mg/m³,臭气浓度低于 2000;

③是否需要回用:方案暂不需要设计回用,业主有精馏后处理系统。

1. 设计条件与工艺路线

(1)设计基准

废气治理回收系统设计条件如表 5-16 所示。

表 5-16　108 丙酮车间废气治理回收系统设计条件

序号	参数	数值
1	风量	风量 ≤1200m³/h
2	排放情况	丙酮,无酸碱气体
3	最高排放浓度	≤10g/m³
4	温度	室温
5	主要成分	丙酮

续表

序号	参数	数值
6	日生产时长	24h
7	年生产时长	330 天

注:排放情况需业主进一步确定。

（2）公用工程设施

公用工程设施参数见表5-17。

表5-17　108 丙酮车间公共设施参数

序号	参数	数值
1	电力	380 V;50Hz 装机功率7kW;运行功率7kW
2	蒸气	压力:0.6MPa　瞬时流量:0.4t/h
3	循环水	压力>0.3MPa,温度<32℃ 瞬时流量:80t/h
4	冷冻水	压力>0.3MPa,温度<−5℃ 瞬时流量:25t/h
5	压缩空气	无水、无油、露点−35℃ 以下 压力(操作/设计):0.6MPa 瞬时流量:3m³/min
6	消防水	压力>0.4MPa,DN50
7	氮气	压力>0.6MPa,DN50 瞬时流量:30m³/h

注:若装置入口的数值发生变化,以上数据也会发生改变。

（3）工艺流程图

工艺流程图见图5-34。

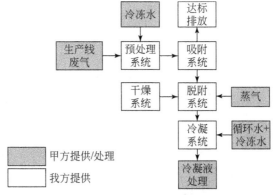

图 5-34　108 丙酮车间工艺流程图

2. 系统操作原理

生产过程尾气经预处理设备去除有可能存在的机械杂质或大分子有机物,经循环水处理后,进入吸附体系。经处理后的尾气进入吸附-脱附操作单元,尾气中的 VOCs 被高性能颗粒活性炭(GAC)材料吸附,净化后空气穿透吸附材料后排放至大气。被吸附的 VOCs 通过蒸气解析,解析出来的有机溶剂和蒸气混合气进入换热器,冷凝为常温液态后进入凝液槽,不凝气体重新回吸附器吸附。冷凝液供甲方处理。丙酮吸附-脱附单元由 2 台吸附器组成,整个工艺过程由 PLC 功能程序控制,自动切换,交替进行吸附、脱附、间歇等工艺过程。

3. 系统组成与特点

(1)系统构成

系统由以下 7 个子系统构成。

①吸附器(图 5-35)。

吸附-解析附装置由 2 组立式/卧式 304 材质吸附器组成,该吸附器均装载高性能吸附材料,废气从顶部进入,底部流出,确保达标排放及高效回收。

容器内部装有筛网支撑高性能颗粒活性炭,采用平铺式装填。容器隔热处理,组装后预留检修通道。

设置多温度点超温探测、自动泄压装置、水喷淋消防、氮气消防系统、CO 安全监测。

图 5-35　吸附器的工程现场图片

②废气预处理系统。

针对生产排放尾气有可能存在的高温高湿夹带机械杂质及大分子物质的可能状况,配置预处理换热过滤器。本项目预处理装置内部采用高效过滤装置及降温除湿配置,能够有效去除尾气中可能存在的机械杂质、大分子物质及水,进行温湿度平衡控制,能够保护吸附材料处于最佳状态。

③风机。

主风机采用 304 材质、风机的入口/出口均为法兰结构。

④冷凝器(图 5-36)。

选用独立的循环水列管冷凝器+冷冻水列管冷凝器+冷冻水螺旋板冷凝器两级冷凝,冷却脱附气体。

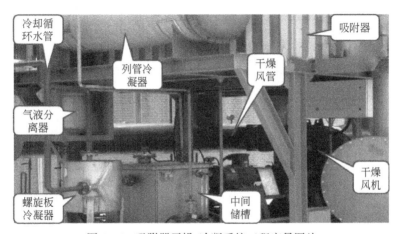

图 5-36　吸附器干燥、冷凝系统工程实景图片

⑤废气阀门。

过程阀门采用近零泄漏的挡板阀,气动控制。

⑥气动控制系统。

自动阀门采用气动控制,并设置位置信号反馈装置。

⑦自控控制系统。

控制系统采用 PLC 程序集成控制,对设备进行全自动监测与控制,并设置硬接线急停按钮。控制面板安装触摸屏,系统中画面可随时监控设备的主要运行状态。

(2)系统装置操作

整套装置使用全自动程序控制(图 5-37),在现场循环水、冷冻水、蒸气、氮气和控制压缩空气开启状态下,操作人员只需送电并按启动按钮,系统即可自动循环工作,实现简易操作。

需要停机时,只需按停止按钮,系统按程序完成各单元操作后自动停机。

4. 系统操作费用分析

系统操作费用分析见表 5-18 ~ 表 5-22。

表 5-18　丙酮基础数据

参数	内容
风量	≤1200m³/h
废气入口温度/℃	室温
排放情况	丙酮,无酸碱气体
电费单价/[元/(kW·h)]	0.6
日开工时间/h	24
年开工天数/天	330

表 5-19　电力费用计算

用电设备	装机功率/kW	运行功率/kW	日运行时间/h	年平均能耗/元
进气主风机	4	4	24	19008
干燥风机	3	3	6	3564
共计	7	7	年电费	22572

表 5-20　蒸气费用计算

项目	蒸气年耗量/t	蒸气单价/(元/t)
吸附回收	475	120
合计	57000	

表 5-21　活性炭费用计算

项目	活性炭年耗量/t	活性炭单价/(元/t)
吸附回收	0.75	55000
合计	41250	

表 5-22　运行费用合计

项目	费用
电力费用/元	22572
蒸气费用/元	57000
活性炭费用/元	41250
合计/元	120822

注:相关数据根据最大浓度负荷计算。

图 5-37　活性炭吸附浓缩+冷凝回收处理设备

5.3.2　蓄热式燃烧法(RTO)示范案例——某制药公司废气治理

1. 企业废气排放特性

废气浓度为 2460mg/m³;废气温度:常温(≤45℃);废气设计处理量:20000m³/h。

2. 工艺说明

各车间出来的风管制作三通,一端直接进入大气,用于应急时排放;一端进入汇总管,进入阻火器。主风机放置在阻火器后,蓄热式燃烧炉前。当车间处于不工作状态时,关于进入焚烧炉管路阀门,打开直排口阀门。工艺要求采用蓄热式燃烧炉,进气温度为 90℃,完全反应后,燃烧炉内起燃温度为 820℃,炉膛,温度最高可达 870℃,出口温度达到 145℃。主风机前安装一只旁通口,用于启动前对 RTO 室体进行预热,同时用于有机物浓度超高时补风;主引风机采用防爆,风机配风压开关,与直排旁通管路相连锁;风机采用变频控制,与风管前压力变送器及炉膛温度连锁,通过压力控制风机的频率,通过炉膛的温度调节进气温度,确保安全运行。RTO 内部蓄热体每个室体内有三支温度传感器,炉体氧化室上方有两只重力式泄压口,用于突发性自然泄压;氧化室体有一个高温排气口,用于当温度高于上限时打开排气。配一个清扫风机,电机防爆,用于三个蓄热室体清扫,清扫风量为 1000m³/h。

3. 蓄热式高温焚化炉(RTO)结构说明

(1)氧化室

整个室体内温度最高的部位,用于废气加温、氧化分解。外壳体 6mm 钢板,外表面设加强筋,内衬耐火保温层;壳体良好密封,设检查门、温度检测、压力检测。炉体的外表温度为 ≤环境温度 + 25℃。

(2)蓄热室

用于能量回用。由三个蓄热室组成,分别轮流进行蓄热、放热。炉篦支撑陶瓷蓄热体及鞍环陶瓷,下部用多孔均风板吊住鞍环陶瓷,炉体材料碳钢,炉篦支撑材料为 SUS316L。炉体的外表温度 ≤环境温度 + 25℃。与空气接触的材质均为 SUS316L。

(3)炉体内保温

炉体氧化室及蓄热室内保温采用日本 ALCERA 耐火陶瓷纤维,耐热≥1200℃,容重 $200kg/m^3$,氧化室及蓄热室高温区厚 250mm,蓄热室低温区厚 200mm。内保温共三层,其中含两层硅酸铝纤维毡及一层硅酸铝纤维模块。硅酸铝纤维模块内设置耐热钢骨架,用锚固件固定在炉体壳体上。耐火硅酸铝纤维外表面涂敷耐高温抹面。

(4)陶瓷蓄热体及矩鞍环

陶瓷蓄热体采用美国 LANTEC 产品,配置由美国公司根据具体参数进行程序配置,确保热效率。规格 305×305×101,比表面积≥$680m^2/m^3$,阻力小,热容量大 $0.22\ BTU/lb\ ^\circ F$,耐温高可达1200℃,耐酸度≥99.5%,吸水率小于0.5%,压碎力大于 $4kgf/cm^3$,热胀冷缩系数小,为 $4.7×10^{-8}/℃$,抗裂性能好,寿命长。

(5)阀门

①主切换阀(风向快速切换阀):由于风向快速切换阀性能的好坏对 RTO 设备的运行非常关键,因此系统中风向切换阀全部采用优质品牌阀门。选用的切换阀采用提升阀,气缸采用进口,精度高,泄漏量小(≤1%),寿命长(可达 100 万次),启闭迅速(1s),运行可靠。阀本体及连接轴材质均为 SUS316L。

②辅助风门:采用气动阀,泄漏量小(≤1%),启闭迅速(≤1s),运行可靠;

③风向切换阀全部采用气动阀门,使用压力 0.6MPa,环境温度:-10~60℃;

④气动三联件采用国产优质产品。

(6)燃烧系统

燃烧器必须采用燃烧筒式耐高温型;燃烧器采用原装美国 Maxon 或 ECLIPSE 品牌,低压头比例调节式燃气燃烧器。能实现连续比例调节,调节范围 30:1,燃料为天然气,高压点火,可适应多种情况。系统含助燃风机、高压点火变压器、比例调节阀、UV 火焰探测器等。比例调节阀能根据炉膛所需的温度变化来调节其开度,节省燃料;燃料和助燃空气同步变化,稳定燃烧。

(7)风机

风机选用国内著名品牌,风机配消声房,噪声低于75(A)Db。

①清扫风机型号:9-26。

流量:1200Nm³/h,全压:4100Pa,功率:4kW。

②助燃风机:9-19No4A。

流量:3600Nm³/h,全压:3200Pa,功率:5.5kW。

(8)控制系统

控制系统保证整套RTO设备的自动运行。采用西门子公司的PLC可编程控制,对系统的热风流向、炉膛温度进行自动监控。当炉膛温度超过870℃时,系统能自动报警。超过950℃时,系统自动切断燃料供给。监控系统能对主要设备故障进行声光报警。系统配有人机界面,可以设定温度、工艺参数,监控设备运行状态。控制柜放置在安全区域内,不做防爆处理。浓度检测仪采用正压防爆。电磁阀采用防爆型,防爆等级为IP65。

(9)技术参数

技术参数见表5-23。

表 5-23　技术参数

序号	名称	参数	备注
1	蓄热式高温裂解炉型号	RTO3-2000	
2	处理风量	20000m³/h	
3	工作方式	过滤+三蓄热室+氧化室+洗涤	
4	氧化温度	760~820℃	
5	报警温度	870℃	
6	切断自保温度	900℃	
7	进气温度	~90℃	
8	出气温度	~145℃	
9	氧化时间	≥1s	
10	室体表面温度	≤环境温度+25℃	
11	风机总功率	45kW	变频
12	VOC去除率	≥98%	
13	蓄热换率效率	≥95%	
14	燃烧器装机功率	60×10^4 kcal	
15	最大耗气量	75Nm³/h	
16	浓度500mg/Nm³	20Nm³/h	
17	浓度1000mg/Nm³	8Nm³/h	
18	蓄热体型号	MLM200	LANTEC

续表

序号	名称	参数	备注
19	装填量	14.6m³	
20	主机重量	~34000kg	

4. 相关技术参数

室外使用环境要求:-10～55℃;

设备加热热源:天然气;最大流量40m³/h;

天然气的理论热值:35530kJ/Nm³;

压缩空气:阀门前压力4～6kg/cm²,总管最大流量5m³/h,每阀每次42 in³;

电源:380 V 三相四线制,电压波动范围:380 V ± 10% ,50Hz;

额定用电功率约60kW;AC 220 V± 10% 、50Hz、单相。

5. 运行成本

(1)电力运行成本

电力运行成本见表5-24。

表 5-24 电力运行成本

名称	装机功率/kW	正常运行/kW	电费/(元/kW·h)	合计/元
引风机功率	45	30	0.75	22.5
助燃风机	7.5	5.2	0.75	3.9
小计				26

(2)燃气成本

燃气成本见表5-25。

表 5-25 燃气成本

名称	装机/(m³/h)	正常运行/(m³/h)	费用/(元/m³)	合计/元
燃烧器	60	0～12	3.6	43
小计				43

合计每天(8h)运行费用:(26+43)×8＝552 元,每年(250 天)运行费用:552×250＝138000 元。

6. 设备主要配置及工程预算

设备主要配置及工程预算见表5-26。

表 5-26　蓄热式高温焚化炉(RTO/3-1500)配置及工程预算

序号	废气源名称	设备名称	规格型号	材质	生产商	数量	单价/万元	总价/万元
一	RTO室体 处理风量 15000m³/h	炉体		焊接件		1台	32.0	32.0
		内部耐火保温		陶瓷纤维	ALCERA	1套	18.6	18.6
		气动阀门	φ650			10只	1.66	16.6
		清扫系统阀门	φ259			3套	0.48	1.44
		进口启动阀门	φ400	Q235		1套	1.76	1.76
		应急气动阀门	φ400	SUS310		1套	2.66	2.66
		风管				1套	2.00	2.00
		密封垫		陶瓷纤维	ALCERA	1套	0.8	0.8
		辅助材料				1套	2.0	2.0
二	外购件部分	蓄热体	305mm×305mm×305mm	陶瓷	LANTEC	14.6m³	2.28	33.28
		送风机		防爆	上海通用	1套	4.56	4.56
		燃烧器	ECLIPSE9-19	组合件	美国进口	1套	18.5	18.5
		助燃风机			上海	1台	0.8	0.8
		压力变送器			HONEYWEII	2套	0.2	0.4
		风压开关				3套	0.1	0.3
三	检测控制部分	PLC、触摸屏、电气控制柜	S7-200		德国、西门子	1套	8.0	8.0
		现场电线、线管				1套	1.2	1.2
		测温元件				14套	0.11	1.54
四	基础平台部分	防雨棚				1套	2.1	2.1
		平台、爬梯		Q235		1套	0.6	0.6
		辅助材料				1套	0.3	0.3
		合计						149.35
五	综合	运输\安装						7.5
		利润						15
		税金						19.2
		总计						191.05

注:报价不包括车间和设备之间管线的连接,自来水、电源需方负责接到供方电气柜。

图 5-38 为蓄热式高温焚化炉设备。

图 5-38　蓄热式高温焚化炉设备

5.3.3　活性炭吸/脱附+催化氧化示范案例——某印刷厂废气治理

现场工况：

①根据业主提供的资料，废气总量为 20000m³/h，24h 连续运行。有机物主要成分是乙酸乙酯，浓度 500mg/m³，另外还有少量粉尘，浓度 20mg/m³。

②尾气排放：达到《GB 16297—1996 大气污染物综合排放标准》二级标准（参照《河北省地方标准 DB 13/ 2322—2016 工业企业挥发性有机物排放控制标准》）及《恶臭污染物排放标准》，20m 尾气排放烟囱，挥发性有机物排放浓度低于 80mg/m³，臭气浓度低于2000。

结合目前现场排放特性和现有有机废气治理、系统排风、通风等领域的技术，采用活性炭吸/脱附+催化氧化治理方案治理废气，工艺流程如下：①有机废气经收集后，首先进入布袋除尘器，过滤掉废气中的颗粒物；②不含颗粒物的废气进入活性炭吸附箱，废气中的乙醇等有机物吸附到活性炭表面，从而实现达标排放，活性炭吸附箱设置四个，三个吸附的同时另一个进行脱附，保证连续达标排放；③其中一个活性炭吸附箱穿透后，切换至 CO 装置对其进行脱附处理，脱附的高浓度有机废气进入催化氧化设备，转化为无害的二氧化碳和水。

1. 工艺设计

为保证整个废气治理设备内部为负压状态，废气不外漏，需将风机放置在系统末端。根据通风管道设计规范，考虑系统管道的噪声以及管内的压力损失，管内风速取 15m/s 比较合适,因此确定风管尺寸为 600mm×600mm。烟囱采用圆形管道,直径为 φ600mm。风管及烟囱采用镀锌材料,风管安装根据现场情况而定,各支路弯头及插口设计应尽量减少系统压力损失,各段风管连接处采用专业法兰连接。

2. 废气处理系统

(1)收集系统

本项目中的收集系统为管道,根据现场情况进行安装,各支路弯头及插口设计应尽量减少系统压力损失,各段风管连接处采用专业法兰连接。管道口径尺寸根据风量的大小而定,材质镀锌板,使用方可以自由选择(图 5-39)。

图 5-39　废气收集系统

(2)布袋除尘器

袋式除尘器高的除尘效率是与它的除尘机理分不开的。含尘气体由除尘器下部进气管道,经导流板进入灰斗时,由于导流板的碰撞和气体速度的降低等作用,粗粒粉尘将落入灰斗中,其余细小颗粒粉尘随气体进入滤袋室,由于滤料纤维及织物的惯性、扩散、阻隔、钩挂、静电等作用,粉尘被阻留在滤袋内,净化后的气体逸出袋外,经排气管排出。

(3)活性炭吸附箱

设备的壳体采用碳钢材质,做防腐处理,外形美观,抗腐蚀性强。设备内部装有蜂窝活性炭或颗粒活性炭,活性炭是一种黑色粉状、粒状或丸状的无定形具有多孔的炭。主要成分为炭,还含有少量氧、氢、硫、氮、氯。也具有石墨那样的精细结构,只是晶粒较小,层层不规则堆积。具有较大的表面积($500 \sim 1000m^2/g$)。有很强的吸附能力,能在它的表面上吸附气体,液体或胶态固体。对于气、液的吸附可接近于活性炭本身的质量。

(4)催化氧化设备

利用催化剂的作用降低氧化反应温度,加快化学反应速度,废气预热至 200 ~ 400℃即可进行燃烧,不需要太长的时间和较高的温度条件,有机废气中的有机化合物即可很快分解成二氧化碳和水,从而这到净化的目的,称之为催化氧化。

(5)电控设备

本项目中的电控设备主要控制催化氧化设备的运行状况,采用自动控制方式。

3. 设备选型

(1)布袋除尘器

布袋除尘器参数见表5-27。

表 5-27　布袋除尘器参数

序号	项目	参数	备注
1	设备型号	SX-PMF-20	
2	设备数量/台	1	
3	处理风量/(m³/h)	20000	
4	外形尺寸/mm	4450×1678×3667	暂定
5	风阻/Pa	1200	
6	设备材质	碳钢防腐	

(2)吸附箱

吸附箱参数见表5-28。

表 5-28　吸附箱参数

序号	项目	参数	备注
1	设备型号	SX-ACA-20	
2	设备数量/台	4	
3	处理风量/(m³/h)	20000	
4	外形尺寸/mm	2500×2500×2000	
5	活性炭装填量/m³	3.5	
6	风阻/Pa	500	
7	设备材质	碳钢防腐	

(3)催化氧化设备

催化氧化设备参数见表5-29。

表 5-29　催化氧化设备参数

序号	项目	参数	备注
1	设备型号	SXCO-03	

续表

序号	项目	参数	备注
2	电加热棒功率/kW	102	
3	催化剂装填量/块	680	
5	脱附风机功率/kW	5.5	
10	补冷风机	2	
11	催化氧化风量/(m³/h)	3000	
12	装机功率/kW	109.5	

活性炭吸/脱附+催化氧化设备见图 5-40。

图 5-40　活性炭吸/脱附+催化氧化设备

5.3.4　沸石转轮+三室蓄热式燃烧炉示范案例——某印刷公司工业 VOCs 废气治理

根据业主提供的数据,出口温度 56℃,风量为 105600m³/h 的废气,经过专用的三级过滤装置,进入冷却装置,将废气温度降低到 40℃以下,进入沸石转轮装置进行吸附,气体中的 VOCs 被吸附在沸石转轮中,经沸石转轮吸附处理后达标气体经由吸附风机引入至排气筒达标排放,沸石冷却风冷却沸石后温度达到 100～120℃,通过气气换热器和从 RTO 氧化室引出的高温气流换热,温度达到 180～200℃,进入脱附区,将吸附在沸石转轮中的有机物加热沸腾,有机物变成气态,脱附气流温度下降(沸石材料吸热及有机物相变吸热)温度降低到 55～60℃,成为高浓度有机废气,经由(防爆)脱附风机引入 RTO,进行高温氧化,经高温氧化净化的废气通过 RTO 的蓄热体降温达标排放。

方案设计及主要设备如下。

1. 废气收集系统

废气经设置在厂房外墙的收集管道汇总到上方的各个风口进入收集总管,为了防止静电爆炸的危险,有机废气在收集管道中的流速不超过 15m/s;按照 TSG D0001—2009《压力管道安全技术监察规程——工业管道》第 80 条有静电接地要求的管道,测量各连接接头的电阻值和管系统的对地电阻值;当电阻值超过 GB/T 20801 或者设计文件的规定时,应当设置跨接导线(在法兰或者螺纹接头间)和接地线;接地按照 GB/T 20801.4—2006《压力管道规范工业管道第 4 部分:制作与安装》10.12 静电接地。

2. 废气过滤装置

沸石转轮是吸附挥发性有机物质的,所以进入沸石转轮的气体需要保证不含颗粒物,不能有热及化学聚合的有机物,根据废气成分,有机废气中不含聚合性有机物质,根据生产性质,主要的颗粒物为车间尘埃等,因此过滤装置采用一体式三级过滤装置(表 5-30)。

表 5-30　沸石转轮装置

特点	示意图
用于废气处理初级过滤,用于过滤废气中的灰尘 风速均匀性好 效率稳定、容尘量大 耐化学腐蚀、微生物不易滋生 设计合理、检修方便 通过压力检测,PLC 系统自动判断过滤棉袋及活性炭纤维毯的堵塞情况	

初校处理技术指标					
检测效率	初阻力	型号规格	材质	容尘量	风量
95% 0.1mm 以上固体颗粒	<45Pa	595mm×595mm ×600mm	初校过滤袋	1.64g	120000m³/h(内置 24 个)

处理指标见表 5-31。

表 5-31　处理指标

	检测效率	初阻力	型号规格	材质	风量
中效处理技术指标	95% 0.5μm以上固体颗粒	<60Pa	595mm×595mm×600mm×8P	中效过滤棉	120000m³/h（内置24只）
亚高效处理技术指标	95% 0.5μm以上颗粒物	<80Pa	1000mm×2000mm×5mm	活性炭纤维毯过滤材料	110000m³/h

3. 废气冷却系统

沸石转轮的沸石材料的吸附功能是在废气温度低于40℃的情况下,有机物被沸石材料吸附,对于废气的温度高于40℃的情况下需要将废气的温度降低。为了有效降温,采用企业换热器和封闭式冷却塔联合使用的技术路线。鉴于废气的参数特殊,高浓度时废气有机物参数能达到 $1800mg/m^3$,为了转轮达标排放,可以适当将废气温度降低的多一些(降到25℃),这样有机废气中的有机物会析出,通过特殊的设计将析出的有机物收集到废液收集罐中,在废气浓度较低时可以 RTO 的入口端采用雾化挥发的形式补入,以提高浓度减少燃气消耗。

气液换热器的基本参数风介质流量: $110000m^3/h$,最大换热功率:1180kW,换热器材质:SS304,最大循环水量: $126m^3/h$ 。

4. 工艺旁通管道系统

当有机物浓度很低废气可以直接达标排放时,有机废气可以直接不通过沸石转轮的吸附直接排放;在沸石转轮短暂停止工作时,也需要将废气引入工艺旁通管道系统。这套系统包括沸石转轮入口的电动三通阀门、沸石转轮出口的电动切断阀门、物理工艺旁通管道等。现场地理位置原因,考虑在沸石转轮下面安装工艺旁通管道系统。

5. 沸石转轮系统

(1)沸石转轮

沸石吸附转轮(图 5-41)组合为一中心轴承与轴承周围之支撑圆形框架支撑的转体,转体由沸石吸附介质与陶瓷纤维制成。转轮上的密封垫用于分开处理废气及处理后释出干净气体,其材质是能承受 VOCs 腐蚀及高操作

图 5-41　沸石转轮装置图

温度的柔软材料。密封垫将蜂巢状沸石吸附转轮组合隔离成基本吸附区及再生脱附区,为提升转轮之吸附处理能力,则二区间加一隔离冷却区。吸附转轮由一组电动驱动设备用以旋转转轮,转轮处理时为可变速、且可控制每小时旋转 2 至 6 转。

未处理前,$300 \sim 1800 mg/m^3$ 的有机废气经过转轮吸附后的废气浓度需要降低为 $<50 mg/m^3$,因此采用一台高致密沸石转轮,脱附角度也需要特殊设计,配合冷却装置的使用,满足最高 97.5% 的吸附处理效率。沸石转轮设计参数见表 5-32。

表 5-32　沸石转轮设计参数

序号	参数名称	指标
1	设计风量	$110000 m^3/h$
2	处理效率	$\sim 97.5\%$
3	处理前浓度	$300 \sim 1800 mg/m^3$
4	处理后浓度	$<50 mg/m^3$
5	处理倍数	约 $6 \sim 12$

(2)沸石转轮脱附气体加热装置

为了保证脱附效果,沸石转轮的脱附气体温度需要加热到 $180 \sim 200℃$,为了保证沸石转轮的使用寿命,脱附气体的加热采用间接换热器,相对从 RTO 氧化室引入的高温气流和脱附气体混热的加热方法,间接换热可以避免废气及燃气中燃烧后产生的有害物质对转轮的损坏。

(3)脱附加热气流控制调节阀门

脱附加热气流是从 RTO 燃烧室引出的,在 RTO 出口风机的牵引下通过气气换热器和沸石转轮的脱附气流间接换热;经过换热器后脱附加热气流的温度降低到 $180 \sim 200℃$,这股气流量的控制是通过安装在降温以后的低温段管道上的电动调节阀门的开度来实现的;在设计好的流量范围内,脱附气流的温度低就将调节阀门的开度开大,脱附气流的温度高就将阀门的开度关小。

(4)脱附风量控制

为了保证脱附气流的稳定,保证沸石转轮的再生,保证脱附气流的浓度及 RTO 的运行安全,需要对脱附气流进行精确控制。在风机选型时需要兼顾 RTO 和沸石的运行所需的压损。脱附风量的控制是通过脱附风机(同时也是 RTO 的入口风机)和安装在转轮以后的管道上的热式流量计来组合控制的。风机选用防爆变频风机。

（5）阻火器和防爆口（泄爆口）

阻火器又名防火器、管道阻火器，是防止外部火焰窜入存有易燃易爆气体的设备、管道内或阻止火焰在设备、管道间蔓延。它是用来阻止介质（如氢气、氧气等）火焰向外蔓延的安全装置，由一种能够通过气体的、具有许多细小通道或缝隙的固体材料（阻火元件）所组成。管道防爆阻火器是用来阻止易燃气体、液体的火焰蔓延和防止回火而引起爆炸的安全装置。脱附出来的高浓度废气带来的危险通常是在 RTO 的切换阀门和入口风机处，所以在风机入口之间安装阻火器，在脱附风机和 RTO 之间的官道上安装防爆口（泄爆口）。

6. RTO 装置

RTO 装置见图 5-42。

图 5-42　RTO 装置图

设备外形：4800mm×200mm×5300mm（不含排气筒高度）；

处理风量：15000Nm³/h；

设备型号：三室蓄热氧化装置（3C-RTO）；

处理效果：有机物排放低于 20mg/m³；

热回收效果：3C-RTO 出口温度比进口温度不大于 30℃（通常 25～30℃）；

热能耗：废气有机物浓度为 0 时，15000Nm³/h 消耗天然气 15m³/h；

系统阻力：小于 3000Pa。

Q345B 钢板，外表面设加强筋，壳体良好密封，设检查门。内部保温，保温厚

300mm,容重大于 220kg/m³,材料为硅酸铝,炉体外表面温度为不高于环境温度 30℃。撬装整体设备设置防雷接地、保护接地、防静电接地;电气设备正常不带电的金属外壳及金属支架均设置保护接地,撬装设备设有不少于两个可外引的接地点,以方便与所在区域接地系统连在一起组成一个共用接地网,其接地电阻值不大于 4 Ω。RTO 操作工艺示意图见图 5-43。

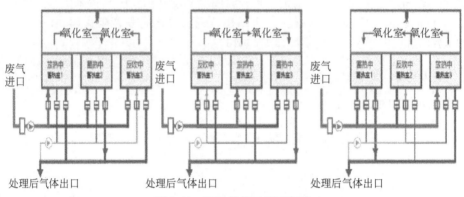

图 5-43　RTO 操作工艺示意图

1)蓄热氧化炉的核心材料及关键设备

3C-RTO 系统由一个公共氧化室、三个蓄热室、一套换向装置和相配套的控制系统组成。

(1) 核心材料:蓄热体(图 5-44)

陶瓷蓄热体作为蓄热装置的传热媒介,安装在蓄热室中。其作为 RTO 核心部件,氧化后的高温气体通过时吸收热量,温度升高;未处理的有机废气通过时释放热量,温度降低,将热量传递给未处理的废气。

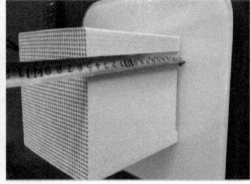

图 5-44　蓄热体

RTO 底部采用超重质玻璃相莫来石蜂窝陶瓷,外形尺寸同为 150mm×150mm× 150mm,单件重量达到 3650g,吸水率低于 1%。RTO 出气和进气之间的温差为 30℃。

（2）蓄热氧化装置和蓄热室

①热氧化室。

氧化室通过燃烧器对废气进行氧化燃烧。其空间需要满足废气通过时间大于氧化所需时间且保持均匀温度场。

热氧化室主要特点为高温隔热:氧化室是 RTO 温度最高的场所,安装陶瓷棉为容重不小于 220kg/m³ 的含锆硅酸铝棉;氧化空间:装置设计保证废气通过氧化室的时间长于废气有机物氧化分解的时间,氧化室设计有足够的空间,保证废气高的分解效率;安全:保证设备有足够的刚性和强度,装置还配有防止压力暴增的泄压防爆口;防腐蚀防水性;适合户外使用。

②蓄热室。

蓄热室的保证 RTO 装置的排气温度与进气温度的差值最低可达到 30℃。

（3）阀门

升降阀门结构简单,安全维修简便。密封材料选用无机耐高温材料,能在高温条件下长期运转并保持弹性与密封功能,降低阀门切换时废气的逸出及泄漏率。因为废气浓度比较高,靠近阀门的通道安装了防爆泄压口。

（4）RTO 风机

风机采用低噪声风机,通过变频器控制,无高频尖叫声。电机防爆等级 dIIBT4,防护等级 IP65 WF1。风机等用电设备均不设现场动力控制箱,只设置现场操作柱,每台设备现场操作柱具有就地/远程选择开关、启、停控制按钮,操作柱上明显标识所对应设备位号,每台设备的操作柱应相互独立且方便配线。操作柱防爆等级 dIIBT4,防护等级 IP65 WF1,安装在便于操作与观察相应设备的位置。

2）控制系统

控制系统对系统中的风机、燃烧器、温度、进风、出风、反吹压力检测、反吹风机变频器、助燃风机、燃烧器等全系统设备进行控制。同时对炉内温度和燃气阀组进行控制。

5.3.5　生物法示范案例——某生物技术公司污水池废气治理

现场工况:

①根据业主提供的资料,废气包含氨、非甲烷总烃、硫化氢及臭气浓度等;

②尾气排放:达到处理后尾气达到山东省地标《有机化工企业污水处理厂（站）挥发性有机物及恶臭污染物排放标准》（DB 37/3161—2018）的相关限值及

《恶臭污染物排放标准》,20m 尾气排放烟囱。

　　结合目前现场排放特性和现有有机废气治理、系统排风、通风等领域的技术,采用洗涤+生物滤床+除雾技术治理废气,废气处理设计工况如下:本工程二沉池、A 池、水解酸化池、配水池、O 池、污泥池及 UASB 厌氧池需要加盖,总投影面积约为 110m²。压滤机需密封收集废气,密封尺寸约 6m×4m×3m。根据相关规范,确定处理风量为 6000m³/h。

　　1. 工艺流程

　　业主需处理的废气主要是厂区各污水处理池挥发出的异味气体,以及压滤机区域散发的异味气体。首先将各水池及压滤机进行密封收集,通过管道及风机将各废气引至处理设备。

　　根据业主提供的资料及公司技术人员在有机废气治理、系统排风、通风等领域的技术优势和成功经验,现编制如下治理方案,工艺流程如图 5-45 所示。

图 5-45　生物法工艺流程图

　　①首先将各污水池及压滤机部分用玻璃钢罩子密封,玻璃钢罩子直接将污水池完整覆盖,池子内不用任何支撑。在收集罩顶端开口对挥发性异味气体进行收集。

　　②废气收集汇总之后首先经过预洗涤,对废气进行初步除尘、增湿、调节温度等处理,以满足生物滤床的要求。

　　③经初步处理的废气随后进入生物滤床,经过附着在滤料上的微生物的生物降解作用,将废气中的有机污染物降解为 H_2O 和 CO_2。

　　④处理完的废气经除雾后,通过风机从 15m 高空达标排放。风机放置在系统末端,保证废气处理系统为负压,臭气不泄露。

　　2. 玻璃钢性能指标

　　玻璃钢盖板使用年限 30 年,采用乙烯基树脂材质,内层加两层有机表面毡,树脂含量不得低于 60%,玻璃纤维含量不低于 35%,适于在腐蚀性较强的环境下使用,适用工作环境温度范围应不小于-50~90℃,并具有阻火、阻燃、抗紫外线照射、耐候性强等性能。玻璃钢材质原材料及其辅助材料均应严格遵守《玻璃钢化工设备设计规定》(HG/T 20696—1999)中第 2.1~2.4 条的相关规定。

　　盖板设计厚度除应由现场跨度计算确定具体厚度外,其设计厚度满足下列规定:设计厚度为计算厚度、厚度附加量及内层和外层之和。盖板外部要有加强筋,盖板活荷载承载能力不小于 $200kg/m^2$,在 $200kg/m^2$ 承载条件下,变形量不得超过 $1/1000$(表 5-33、表 5-34)。

　　玻璃钢盖板支座的加工制作除满足安装要求外,满足现场不同跨度承载情况下其强度要求;还提供玻璃钢原材料检测报告及盖板力学性能测试报告。玻璃钢盖板的添加剂除可挥发的液体固化剂和促进剂外,不使用滑石粉、氧化钙等固体添加剂。盖板外表面采用模具成型、有光滑的表面胶衣,胶衣要求有良好的防紫外线能力,盖板内表面有防腐蚀树脂涂层,具有较好的阻燃、抗紫外线照射、耐候性强等性能。

表 5-33　制作玻璃钢盖板的相关荷载参数要求

参数项目	指标	参数项目	指标
自重荷载	$\leqslant 0.22kN/m^2$	安全系数(n)	$\geqslant 10$
设计允许可承受的活载	$\geqslant 2.0kN/m^2$	弯曲弹性模量/MPa	$\geqslant 7.0 \times 10^3$
施工检修荷载	$\leqslant 2.0kN/m^2$	弯曲强度/MPa	$\geqslant 150$
吸风负压	$-0.1kN/m^2$	拉伸强度/MPa	$\geqslant 110$
吸水率	$\leqslant 2\%$	巴氏硬度	$\geqslant 40$
表面电阻	$<1000000\ \Omega$		
盖板试验荷载	$\geqslant 200kg/m^2$		

表 5-34　手糊玻璃钢盖板的最低力学性能保证

板厚/mm	拉伸强度/MPa	弯曲强度/MPa	弯曲弹性模量/MPa
3.5~5	$\geqslant 63$	$\geqslant 110$	$\geqslant 4.8 \times 10^3$
5.1~6.5	$\geqslant 84$	$\geqslant 130$	$\geqslant 5.2 \times 10^3$
6.6~10	$\geqslant 95$	$\geqslant 140$	$\geqslant 6.2 \times 10^3$
>10	$\geqslant 110$	$\geqslant 150$	$\geqslant 6.86 \times 10^3$

注:指包括耐腐蚀层(1.2~2.5mm)和增强层的玻璃钢板。实验条件:温度20℃,湿度65%。

　　盖板、支架检验要求:每批盖板附出厂检验单和合格证,并包含当批原材料的检验单;盖板运抵工地后,需方根据需要抽检。抽检项目为板顶 $2.0kN/m^2$ 均布荷载下的挠曲度,厚度,玻璃纤维含量、树脂种类及含量、固体添加物有无及含量,外观。

3. 废气处理设备简介

(1)生物除臭设备

除臭设备主体为固定式全封闭结构,整体供货。结构为防腐金属骨架,骨架尺寸不小于70mm×70mm(国标),骨架各向间距不大于1m,钢制骨架均外衬FRP两层以上。外壳为有机玻璃钢板(最内层为乙烯基酯材质,其余为不饱和聚酯树脂材质,最外层具有防止紫外、耐老化性能。整体玻璃钢材质不含有氧化镁、氯化镁、氢氧化镁、碳酸钙等无机玻璃钢材料附加添加剂,树脂含量不小于65%),保证除臭设备壳体的强度和刚度。塔体具备填料承托层支架以及内部结构的骨架,除臭塔配置风管接口、管道接口、填料收纳架、填料、喷淋散水装置等完善的附件。生物除臭装置为生物过滤池,生物过滤池的作用为通过生物填料作为载体,培养微生物,通过微生物细胞对恶臭物质的吸附,去收集气体中的恶臭成分。生物过滤池分为填料层、喷淋系统、布气系统等,填料为有机无机复合填料。生物过滤池喷淋系统包括循环管道、喷嘴、相关仪表及喷淋水泵等。生物过滤池喷淋系统仅作为填料保湿控温作用,可有效冲刷填料上的生物膜以及卫生物的代谢产物,保持填料内清爽,喷淋为间歇式喷洒。

(2)布气及填料支撑系统

除臭生物滤池内部的填料承托层采用玻璃钢格栅板,填料承托层保证足够的刚度、强度及耐腐蚀性。承托层及支撑的强度除考虑填料的质量外,还考虑填料生长生物膜、持有水分等因素。玻璃钢格栅板(FRP板),厚度≥50mm。支撑板为玻璃钢拉挤格栅板,为保证空气均匀通过生物滤体系统,在格栅板上放置滤网,防止滤料落入配气槽内。布气层内设有支撑和钢架,用于搭承有机玻璃格栅,保证足够的刚度、强度及耐腐蚀性,并满足填料在运行过程中由于微生物生长、喷淋湿重、自然压降等情况的强度。

(3)喷淋系统

生物除臭设备的喷淋系统为成套配置,该系统含循环管道、喷嘴、相关仪表及循环水泵等。喷嘴采用耐腐蚀材料,喷嘴布置在封闭的生物滤床除臭设备顶部,通过检修人孔可使操作人员在无需打开设备壳体的情况下完成更换、检查等维修工作。循环水管采用工业用UPVC材质,耐酸碱腐蚀、耐老化。喷淋系统配有电磁阀、过滤器,流量开关等相关附件。

(4)循环供水、排水系统

供水:本项目生物除臭使用水为厂区生产的中水,并保证中水的稳定供应。由于中水中含氯离子约3000ppm,电导率约5000,水中的SS含量不稳定,设置全自动过滤保障系统,保证用水对生物除臭系统没有影响。

排水:设备排出的污水,就近排入厂内污水检查井内。采用能防腐蚀的UPVC

管和耐腐蚀的阀门、连接件。负责从所供设备的排水管口至水封井再至厂内污水检查井的全部管道。

（5）除臭复合生物菌

生物滤床过滤除臭设备经过微生物菌种培养、生物复育、细胞接种、高效生物膜形成等几个步骤后，在用于生物除臭设备中的填料上附着大量的微生物菌种（真菌、细菌），其性质主要为化能自养型和甲基营养型的微生物，通过技术手段分离、鉴定认为起脱臭作用的微生物种类繁多，其中有 Cladosporium sphaerospermum、Exophiala lecanii-corni、Phanerochaete chrysosporium、Cladosporium resinae 和 Mucor rouxii 等菌群，属于复合型脱臭菌群。恶臭废气被尺寸较小的微生物菌种分解析收在生物体内，在微生物大量繁殖的同时达到了去除恶臭废气的目的。在生物填料上，微生物菌种吞食了恶臭废气后大量生长繁殖，给大量的微生物原生动物造了大量养料，促进了原生动物的生长繁殖：细菌——藻类——原生动物，从而形成了一条食物链，保持了系统的良性循环。

4. 废气处理系统工艺设计

废气处理系统配置清单见表 5-35。图 5-46 为洗涤+生物滤床+除雾技术治理设备。

表 5-35　废气处理系统配置清单

序号	设备名称	参数	数量
1	预处理+生物除臭一体设备	型号：SXSC-6000 外形尺寸：9000mm × 3000mm ×3000mm 处理风量：6000m³/h 设备阻力：800～1000Pa 喷淋加湿系统：UPVC 塔体材料：FRP	1 套
2	生物段耐腐蚀循环泵	流量：600L/min 扬程：18m 功率：4kW 泵头材质：FRPP 密封方式：机械密封	1 套
3	预处理段耐腐蚀循环泵	流量：800L/min 扬程：21m 功率：5.5kW 泵头材质：FRPP 密封方式：机械密封	1 套

续表

序号	设备名称	参数	数量
4	FRP 耐腐蚀离心风机	风量:6000m³/h 风压:2400Pa 功率:11kW 材质:玻璃钢	1 套
5	烟囱	直径:340mm 高度:15m	1 台
6	管道	$\phi380,60m$ $\phi200,60m$ $\phi150,2m$ $\phi100,40m$	
7	玻璃钢罩子及压滤机房	投影面积约 242m²	1 套
8	PLC		1 套

图 5-46　洗涤+生物滤床+除雾技术治理设备

参 考 文 献

[1] 周学双,童莉,韩建华,等. 工业 VOCs 精细化环境管理的对策建议. 环境保护,2014,
42(1):41-43.

[2] 陶进平,袁地长,涂舜恒,等. 工业源 VOCs 污染治理存在的问题及对策建议. 广东化工,
2018,45(15):151-152.

[3] 陆震维. 有机废气的净化技术. 北京:化学工业出版社,2011.

[4] 李立清,宋剑飞. 废气控制与净化技术. 北京:化学工业出版社,2014.

［5］　郝郑平. 挥发性有机污染物排放控制过程、材料与技术. 北京:科学出版社,2016.

［6］　Yongsunthon I,Alpay E. Total connectivity models for adsorptive reactor design. Chem Eng Sci 2000,55(23):5643-5656.

［7］　Boulinguiez B,Le Cloirec P. Adsorption on activated carbons of five selected volatile organic compounds present in biogas:comparison of granular and fiber cloth materials. Energ Fuel,2010, 24(9):4756-4765.

［8］　Li J J,Lu R J,Dou B J,et al. Porous graphitized carbon for adsorptive removal of benzene and the electrothermal regeneration. Environ Sci Technol,2012,46(22):12648-12654.

［9］　Reuss J,Bathen D,Schmidt-Traub H. Desorption by microwaves:Mechanisms of multicomponent mixtures. Chem Eng Technol,2002,25(4):381-384.

［10］　王红娟,李忠,奚红霞,等. 吸附挥发性有机化合物树脂的高效微波再生过程. 化工学报, 2003,(12):1683-1688.

［11］　Tan C S,Lee P L. Supercritical CO_2 desorption of toluene from activated carbon in rotating packed bed. J Supercrit Fluid,2008,46(2):99-104.

［12］　黄维秋,吕爱华,钟王景. 活性炭吸附回收高含量油气的研究. 环境工程学报,2007,(2): 73-77.

［13］　蔡道飞,黄维秋,王丹莉,等. 不同再生工艺对活性炭吸附性能的影响分析. 环境工程学 报,2014,8(3):1139-1144.

［14］　Sayilgan S C,Mobedi M,Ulku S. Effect of regeneration temperature on adsorption equilibria and mass diffusivity of zeolite 13x-water pair. Micropor Mesopor Mat,2016,224:9-16.

［15］　Huang Z H,Kang F Y,Zheng Y P,et al. Adsorption of trace polar methy-ethyl-ketone and non-polar benzene vapors on viscose rayon-based activated carbon fibers. Carbon,2002,40(8): 1363-1367.

［16］　Lorimier C,Subrenat A,Le Coq L,et al. Adsorption of toluene onto activated carbon fibre cloths and felts:Application to indoor air treatment. Environ Technol,2005,26(11):1217-1230.

［17］　Wen Q B,Li C T,Cai Z H,et al. Study on activated carbon derived from sewage sludge for adsorption of gaseous formaldehyde. Bioresource Technol,2011,102(2):942-947.

［18］　Yun J H,Hwang K Y,Choi D K. Adsorption of benzene and toluene vapors on activated carbon fiber at 298,323,and 348 K. J Chem Eng Data,1998,43(5):843-845.

［19］　Silvestre-Albero A,Ramos-Fernandez J M,Martinez-Escandell M,et al. High saturation capacity of activated carbons prepared from mesophase pitch in the removal of volatile organic compounds. Carbon,2010,48(2):548-556.

［20］　Lillo-Ródenas M A,Cazorla-Amoros D,Linares-Solano A. Behaviour of activated carbons with different pore size distributions and surface oxygen groups for benzene and toluene adsorption at low concentrations. Carbon,2005,43(8):1758-1767.

［21］　Le Cloirec P. Adsorption onto activated carbon fiber cloth and electrothermal desorption of volatile organic compound (VOCs):A specific review. Chinese J Chem Eng,2012,20(3):461-468.

［22］　Lillo-Rodenas M A,Cazorla-Amoros D,Linares-Solano A. Benzene and toluene adsorption at low concentration on activated carbon fibres. Adsorption,2011,17(3):473-481.

[23] Lin C L,Cheng Y H,Liu Z S,et al. Adsorption and oxidation of high concentration toluene with activated carbon fibers. J Porous Mat,2013,20(4):883-889.

[24] Egan P J,Mullin M. Recent improvement and projected worsening of weather in the United States. Nature,2016,532(7599):357-360.

[25] Liu H B,Yang B,Xue N D. Enhanced adsorption of benzene vapor on granular activated carbon under humid conditions due to shifts in hydrophobicity and total micropore volume. J Hazard Mater,2016,318:425-432.

[26] 蔡韵杰. 自沉式活性炭移动吸附床治理 VOCs 技术与装置研究. 上海:上海交通大学,2014.

[27] Xu X W,Wang J,Long Y C. Nano-tin dioxide/NaY zeolite composite material:Preparation,morphology,adsorption and hydrogen sensitivity. Micropor Mesopor Mat,2005,83(1-3):60-66.

[28] Kim K J,Ahn H G. The effect of pore structure of zeolite on the adsorption of VOCs and their desorption properties by microwave heating. Micropor Mesopor Mat,2012,152:78-83.

[29] 郑亮巍. 改性 13X 沸石蜂窝转轮对甲苯的吸附性能研究. 杭州:浙江工业大学,2013.

[30] Yoo Y J,Kim H S,Han M H. Toluene and MEK adsorption behavior of the adsorption system using honeycomb adsorption rotor. Separ Sci Technol,2005,40(8):1635-1651.

[31] Pires J,Carvalho A,de Carvalho M B. Adsorption of volatile organic compounds in Y zeolites and pillared clays. Micropor Mesopor Mat,2001,43(3):277-287.

[32] Wan Y,Zhao D Y. On the controllable soft-templating approach to mesoporous silicates. Chem Rev,2007,107(7):2821-2860.

[33] Wang X,Guo Q J,Kong T T. Tetraethylenepentamine-modified MCM-41/silica gel with hierarchical mesoporous structure for CO_2 capture. Chem Eng J,2015,273:472-480.

[34] Zhao X S,Lu G Q. Modification of MCM-41 by surface silylation with trimethylchlorosilane and adsorption study. J Phys Chem B,1998,102(9):1556-1561.

[35] Liu S,Chen J,Peng Y,et al. Studies on toluene adsorption performance and hydrophobic property in phenyl functionalized KIT-6. Chem Eng J,2018,334:191-197.

[36] Liu S,Peng Y,Chen J,et al. Engineering surface functional groups on mesoporous silica:towards a humidity-resistant hydrophobic adsorbent. Journal of Materials Chemistry A,2018,6(28):13769-13777.

[37] Hu Q,Li J J,Hao Z P,et al. Dynamic adsorption of volatile organic compounds on organofunctionalized SBA-15 materials. Chem Eng J,2009,149(1-3):281-288.

[38] Dou B J,Hu Q,Li J J,et al. Adsorption performance of VOCs in ordered mesoporous silicas with different pore structures and surface chemistry. J Hazard Mater,2011,186(2-3):1615-1624.

[39] Zhou L Y,Fan J,Cui G K,et al. Highly efficient and reversible CO_2 adsorption by amine-grafted platelet SBA-15 with expanded pore diameters and short mesochannels. Green Chem,2014,16(8):4009-4016.

[40] Liu Y S,Li Z Y,Yang X,et al. Performance of mesoporous silicas (MCM-41 and SBA-15) and

carbon (CMK-3) in the removal of gas-phase naphthalene: adsorption capacity, rate and regenerability. Rsc Adv, 2016, 6(25): 21193-21203.

[41] Kosuge K, Kubo S, Kikukawa N, et al. Effect of pore structure in mesoporous silicas on VOC dynamic adsorption/desorption performance. Langmuir, 2007, 23(6): 3095-3102.

[42] Qin Y, Wang Y, Wang H Q, et al. Effect of morphology and pore structure of SBA-15 on toluene dynamic adsorption/desorption performance. Procedia Environ Sci, 2013, 18: 366-371.

[43] Hoffmann F, Cornelius M, Morell J, et al. Silica-based mesoporous organic-inorganic hybrid materials. Angew Chem Int Edit, 2006, 45(20): 3216-3251.

[44] Cadiau A, Adil K, Bhatt P M, et al. A metal-organic framework-based splitter for separating propylene from propane. Science, 2016, 353(6295): 137-140.

[45] Wang J, Wang G, Wang W, et al. Hydrophobic conjugated microporous polymer as a novel adsorbent for removal of volatile organic compounds. J Mater Chem A, 2014, 2 (34): 14028-14037.

[46] Jhung S H, Lee J H, Yoon J W, et al. Microwave synthesis of chromium terephthalate MIL-101 and its benzene sorption ability. Adv Mater, 2007, 19(1): 121.

[47] 汪智伟, 陈明功, 王旭浩, 等. 挥发性有机物处理技术研究现状与进展. 现代化工, 2018, 38(7): 79-83.

[48] Cotte F, Fanlo J L, Lecloirec P, et al. Absorption of odorous molecules in aqueous-solutions of polyethylene-glycol. Environ Technol, 1995, 16(2): 127-136.

[49] Blach P, Fourmentin S, Landy D, et al. Cyclodextrins: A new efficient absorbent to treat waste gas streams. Chemosphere, 2008, 70(3): 374-380.

[50] Chiang C Y, Chen Y S, Liang M S, et al. Absorption of ethanol into water and glycerol/water solution in a rotating packed bed. J Taiwan Inst Chem E, 2009, 40(4): 418-423.

[51] Carlowitz O. Grundlagen der thermischen Abgasreinigung. Technische Mitteilungen, 1989, 82(5): 325-333.

[52] Yang J, Chen Y, Cao L, et al. Development and field-scale optimization of a honeycomb zeolite rotor concentrator/recuperative oxidizer for the abatement of volatile organic carbons from semiconductor industry. Environmental science & technology, 2011, 46(1): 441-446.

[53] 罗晓, 杜玮, 谢安国. 蓄热体结构分析及其内部气体流动特性的数值研究. 节能技术, 2012, 30(3): 239-244.

[54] 张振兴, 刘永启, 高振强, 等. 陶瓷蓄热体的流动与传热特性模拟研究. 内燃机与动力装置, 2010, (2): 18-22.

[55] 中国建筑材料联合会. 蜂窝陶瓷蓄热体: JC/T 2135—2012. 北京: 中国建材工业出版社, 2013.

[56] 宋婧, 曾令可, 刘艳春, 等. 陶瓷蓄热体的研究现状及应用. 中国陶瓷, 2007, (6): 7-10+13.

[57] Lewandowski D A. Design of thermal oxidation systems for volatile organic compounds. CRC Press, 2017.

[58] Bastos S, Órfão J, Freitas M, et al. Manganese oxide catalysts synthesized by exotemplating for the

total oxidation of ethanol. Applied Catalysis B:Environmental,2009,93(1-2):30-37.

[59] Kamal M S, Razzak S A, Hossain M M. Catalytic oxidation of volatile organic compounds (VOCs)-A review. Atmospheric Environment,2016,140:117-134.

[60] Huang H, Xu Y, Feng Q, et al. Low temperature catalytic oxidation of volatile organic compounds:a review. Catalysis Science & Technology,2015,5(5):2649-2669.

[61] Marécot P,Fakche A,Kellali B,et al. Propane and propene oxidation over platinum and palladium on alumina:Effects of chloride and water. Applied Catalysis B:Environmental, 1994, 3 (4): 283-294.

[62] Huang H, Hu P, Huang H, et al. Highly dispersed and active supported Pt nanoparticles for gaseous formaldehyde oxidation:influence of particle size. Chemical Engineering Journal,2014, 252:320-326.

[63] Ali A M,Daous M A,Khamis A A,et al. Strong synergism between gold and manganese in an Au-Mn/triple-oxide-support (TOS) oxidation catalyst. Applied Catalysis A: General, 2015, 489: 24-31.

[64] Tabakova T,Ilieva L,Petrova P,et al. Complete benzene oxidation over mono and bimetallic Au-Pd catalysts supported on Fe-modified ceria. Chemical Engineering Journal,2015,260:133-141.

[65] Carabineiro S, Chen X, Martynyuk O, et al. Gold supported on metal oxides for volatile organic compounds total oxidation. Catalysis Today,2015,244:103-114.

[66] Liu G, Li J, Yang K, et al. Effects of cerium incorporation on the catalytic oxidation of benzene over flame-made perovskite $La_{1-x}Ce_xMnO_3$ catalysts. Particuology,2015,19:60-68.

[67] Rui Z,Chen C,Lu Y,et al. Anodic alumina supported Pt catalyst for total oxidation of trace toluene. Chinese Journal of Chemical Engineering,2014,22(8):882-887.

[68] Sedjame H J,Fontaine C,Lafaye G, et al. On the promoting effect of the addition of ceria to platinum based alumina catalysts for VOCs oxidation. Applied Catalysis B:Environmental,2014, 144:233-242.

[69] Joung H J,Kim J H,Oh J S,et al. Catalytic oxidation of VOCs over CNT-supported platinum nanoparticles. Applied Surface Science,2014,290:267-273.

[70] Rooke J C,Barakat T,Brunet J,et al. Hierarchically nanostructured porous group Vb metal oxides from alkoxide precursors and their role in the catalytic remediation of VOCs. Applied Catalysis B: Environmental,2015,162:300-309.

[71] Huang S,Zhang C,He H. Complete oxidation of o-xylene over Pd/Al_2O_3 catalyst at low temperature. Catalysis Today,2008,139(1-2):15-23.

[72] Haruta M, Yamada N, Kobayashi T, et al. Gold catalysts prepared by coprecipitation for low-temperature oxidation of hydrogen and of carbon monoxide. Journal of catalysis, 1989, 115 (2): 301-309.

[73] de Almeida M P, Martins L, Carabineiro S, et al. Homogeneous and heterogenised new gold C-scorpionate complexes as catalysts for cyclohexane oxidation. Catalysis Science & Technology, 2013,3(11):3056-3069.

[74] Waters R, Weimer J, Smith J. An investigation of the activity of coprecipitated gold catalysts for methane oxidation. Catalysis letters, 1994, 30(1-4): 181-188.

[75] Bastos S, Carabineiro S, Órfão J, et al. Total oxidation of ethyl acetate, ethanol and toluene catalyzed by exotemplated manganese and cerium oxides loaded with gold. Catalysis Today, 2012, 180(1): 148-154.

[76] Solsona B, Garcia T, Aylón E, et al. Promoting the activity and selectivity of high surface area Ni-Ce-O mixed oxides by gold deposition for VOC catalytic combustion. Chemical engineering journal, 2011, 175: 271-278.

[77] Jones J, Ross J R. The development of supported vanadia catalysts for the combined catalytic removal of the oxides of nitrogen and of chlorinated hydrocarbons from flue gases. Catalysis today, 1997, 35(1-2): 97-105.

[78] Chen C, Wu Q, Chen F, et al. Aluminium-rich beta zeolite-supported platinum nanoparticles for the low-temperature catalytic removal of toluene. Journal of Materials Chemistry A, 2015, 3(10): 5556-5562.

[79] Zhang C, Liu F, Zhai Y, et al. Alkali-metal-promoted Pt/TiO_2 opens a more efficient pathway to formaldehyde oxidation at ambient temperatures. Angewandte Chemie International Edition, 2012, 51(38): 9628-9632.

[80] Arandiyan H, Dai H, Ji K, et al. Pt nanoparticles embedded in colloidal crystal template derived 3D ordered macroporous $Ce_{0.6}Zr_{0.3}Y_{0.1}O_2$: highly efficient catalysts for methane combustion. ACS Catalysis, 2015, 5(3): 1781-1793.

[81] Peng R, Li S, Sun X, et al. Size effect of Pt nanoparticles on the catalytic oxidation of toluene over Pt/CeO_2 catalysts. Applied Catalysis B: Environmental, 2018, 220: 462-470.

[82] Zhang F, Jiao F, Pan X, et al. Tailoring the oxidation activity of Pt nanoclusters via encapsulation. ACS Catalysis, 2015, 5(2): 1381-1385.

[83] Centi G. Supported palladium catalysts in environmental catalytic technologies for gaseous emissions. Journal of Molecular Catalysis A: Chemical, 2001, 173(1-2): 287-312.

[84] Zhao S, Hu F, Li J. Hierarchical core-shell $Al_2O_3@$ Pd-CoAlO microspheres for low-temperature toluene combustion. ACS Catalysis, 2016, 6(6): 3433-3441.

[85] Wang Y, Zhang C, Liu F, et al. Well-dispersed palladium supported on ordered mesoporous Co_3O_4 for catalytic oxidation of o-xylene. Applied Catalysis B: Environmental, 2013, 142: 72-79.

[86] Ihm S K, Jun Y D, Kim D C, et al. Low-temperature deactivation and oxidation state of Pd/γ-Al_2O_3 catalysts for total oxidation of n-hexane. Catalysis today, 2004, 93: 149-154.

[87] Li J, Qu Z, Qin Y, et al. Effect of MnO_2 morphology on the catalytic oxidation of toluene over Ag/MnO_2 catalysts. Applied Surface Science, 2016, 385: 234-240.

[88] Deng J, He S, Xie S, et al. Ultralow loading of silver nanoparticles on Mn_2O_3 nanowires derived with molten salts: a high-efficiency catalyst for the oxidative removal of toluene. Environmental science & technology, 2015, 49(18): 11089-11095.

[89] Liu M, Wu X, Liu S, et al. Study of Ag/CeO_2 catalysts for naphthalene oxidation: Balancing the

oxygen availability and oxygen regeneration capacity. Applied Catalysis B: Environmental, 2017, 219:231-240.

[90] Zimowska M, Michalik Zym A, Janik R, et al. Catalytic combustion of toluene over mixed Cu-Mn oxides. Catalysis Today, 2007, 119(1-4):321-326.

[91] Chen H, Zhang H, Yan Y. Fabrication of porous copper/manganese binary oxides modified ZSM-5 membrane catalyst and potential application in the removal of VOCs. Chemical Engineering Journal, 2014, 254:133-142.

[92] Assebban M, Tian Z Y, El Kasmi A, et al. Catalytic complete oxidation of acetylene and propene over clay versus cordierite honeycomb monoliths without and with chemical vapor deposited cobalt oxide. Chemical Engineering Journal, 2015, 262:1252-1259.

[93] de Rivas B, López-Fonseca R, Jiménez-González C, et al. Highly active behaviour of nanocrystalline Co_3O_4 from oxalate nanorods in the oxidation of chlorinated short chain alkanes. Chemical Engineering Journal, 2012, 184, 184-192.

[94] Chen X, Carabineiro S, Bastos S, et al. Exotemplated copper, cobalt, iron, lanthanum and nickel oxides for catalytic oxidation of ethyl acetate. Journal of Environmental Chemical Engineering, 2013, 1(4):795-804.

[95] Lin L Y, Wang C, Bai H. A comparative investigation on the low-temperature catalytic oxidation of acetone over porous aluminosilicate-supported cerium oxides. Chemical Engineering Journal, 2015, 264:835-844.

[96] Hu F, Chen J, Peng Y, et al. Novel nanowire self-assembled hierarchical CeO_2 microspheres for low temperature toluene catalytic combustion. Chemical Engineering Journal, 2018, 331:425-434.

[97] Bai B, Li J, Hao J. 1D-MnO_2, 2D-MnO_2 and 3D-MnO_2 for low-temperature oxidation of ethanol. Applied Catalysis B: Environmental, 2015, 164:241-250.

[98] Zhang J, Li Y, Wang L, et al. Catalytic oxidation of formaldehyde over manganese oxides with different crystal structures. Catalysis Science & Technology, 2015, 5(4):2305-2313.

[99] Liu Q, Wang L C, Chen M, et al. Dry citrate-precursor synthesized nanocrystalline cobalt oxide as highly active catalyst for total oxidation of propane. Journal of Catalysis, 2009, 263(1):104-113.

[100] Wyrwalski F, Lamonier J F, Perez-Zurita M, et al. Influence of the ethylenediamine addition on the activity, dispersion and reducibility of cobalt oxide catalysts supported over ZrO_2 for complete VOC oxidation. Catalysis letters, 2006, 108(1-2):87-95.

[101] Krishnamoorthy S, Rivas J A, Amiridis M D. Catalytic oxidation of 1,2-dichlorobenzene over supported transition metal oxides. Journal of Catalysis, 2000, 193(2):264-272.

[102] Hu F, Peng Y, Chen J, et al. Low content of CoO_x supported on nanocrystalline CeO_2 for toluene combustion: The importance of interfaces between active sites and supports. Applied Catalysis B: Environmental, 2019, 240:329-336.

[103] de Rivas B, López-Fonseca R, Jiménez-González C, Gutiérrez-Ortiz J I. Synthesis, characterisation and catalytic performance of nanocrystalline Co_3O_4 for gas-phase chlorinated VOC abatement. J Catal, 2011, 281(1):88-97.

[104] Conesa J. Computer modeling of surfaces and defects on cerium dioxide. Surface Science,1995, 339(3):337-352.

[105] López J M,Gilbank A L,García T,et al. The prevalence of surface oxygen vacancies over the mobility of bulk oxygen in nanostructured ceria for the total toluene oxidation. Applied Catalysis B:Environmental,2015,174,403-412.

[106] Garcia T,Solsona B,Taylor S H. Nano-crystalline ceria catalysts for the abatement of polycyclic aromatic hydrocarbons. Catalysis Letters,2005,105(3-4):183-189.

[107] Sun H,Liu Z,Chen S,et al. The role of lattice oxygen on the activity and selectivity of the OMS-2 catalyst for the total oxidation of toluene. Chemical Engineering Journal,2015,270:58-65.

[108] Kim S C,Shim W G. Catalytic combustion of VOCs over a series of manganese oxide catalysts. Applied Catalysis B:Environmental,2010,98(3-4):180-185.

[109] Wang F,Dai H,Deng J,et al. Manganese oxides with rod-,wire-,tube-,and flower-like morphologies:highly effective catalysts for the removal of toluene. Environmental Science & Technology,2012,46(7):4034-4041.

[110] Cordi E M,O'Neill P J,Falconer J L. Transient oxidation of volatile organic compounds on a CuO/Al$_2$O$_3$ catalyst. Applied Catalysis B:Environmental,1997,14(1-2):23-36.

[111] Heynderickx P M,Thybaut J W,Poelman H,et al. The total oxidation of propane over supported Cu and Ce oxides:A comparison of single and binary metal oxides. Journal of catalysis,2010, 272(1):109-120.

[112] Cordi E M,O'Neill P J,Falconer J L. Transient oxidation of volatile organic compounds on a CuO/Al$_2$O$_3$ catalyst. Applied Catalysis B-Environmental,1997,14(1-2):23-36.

[113] Kim S C,Park Y K,Nah J W. Property of a highly active bimetallic catalyst based on a supported manganese oxide for the complete oxidation of toluene. Powder Technol,2014,266: 292-298.

[114] Krishnamoorthy S,Rivas J A,Amiridis M D. Catalytic oxidation of 1,2-dichlorobenzene over supported transition metal oxides. Journal of Catalysis,2000,193(2):264-272.

[115] Rotter H,Landau M V,Carrera M,et al. High surface area chromia aerogel efficient catalyst and catalyst support for ethylacetate combustion. Applied Catalysis B-Environmental,2004,47(2): 111-126.

[116] Rotter H,Landau M V,Herskowitz M. Combustion of chlorinated VOC on nanostructured chromia aerogel as catalyst and catalyst support. Environmental Science & Technology,2005, 39(17):6845-6850.

[117] Sinha A K,Suzuki K. Novel mesoporous chromium oxide for VOCs elimination. Applied Catalysis B-Environmental,2007,70(1-4):417-422.

[118] Padilla A M,Corella J,Toledo J M. Total oxidation of some chlorinated hydrocarbons with commercial chromia based catalysts. Applied Catalysis B-Environmental,1999,22(2): 107-121.

[119] Li W B,Wang J X,Gong H. Catalytic combustion of VOCs on non-noble metal catalysts.

Catalysis Today,2009,148(1-2):81-87.

[120] Fresno F,Hernandez- Alonso M D,Tudela D,et al. Photocatalytic degradation of toluene over doped and coupled (Ti,M)O(2) (M = Sn or Zr) nanocrystalline oxides:Influence of the heteroatom distribution on deactivation. Applied Catalysis B- Environmental,2008,84(3-4): 598-606.

[121] Cho C H,Ihm S K. Development of new vanadium- based oxide catalysts for decomposition of chlorinated aromatic pollutants. Environmental Science & Technology,2002,36(7):1600-1606.

[122] Krishnamoorthy S,Baker J P,Amiridis M D. Catalytic oxidation of 1,2- dichlorobenzene over V_2O_5/TiO_2- based catalysts. Catalysis Today,1998,40(1):39-46.

[123] Bastos S S T,Orfao J J M,Freitas M M A,et al. Manganese oxide catalysts synthesized by exo- templating for the total oxidation of ethanol. Applied Catalysis B- Environmental,2009,93(1- 2):30-37.

[124] Saqer S M,Kondarides D I,Verykios X E. Catalytic oxidation of toluene over binary mixtures of copper,manganese and cerium oxides supported on gamma- Al_2O_3. Applied Catalysis B-Environ- mental,2011,103(3-4):275-286.

[125] Asgari N, Haghighi M, Shafiei S. Synthesis and physicochemical characterization of nanostructured Pd/ceria- clinoptilolite catalyst used for p- xylene abatement from waste gas streams at low temperature. Journal of Chemical Technology and Biotechnology,2013,88(4): 690-703.

[126] Gluhoi A C,Bogdanchikova N,Nieuwenhuys B E. The effect of different types of additives on the catalytic activity of Au/Al_2O_3 in propene total oxidation: transition metal oxides and ceria. Journal of Catalysis,2005,229(1):154-162.

[127] Avgouropoulos G,Ioannides T. Selective CO oxidation over CuO-CeO_2 catalysts prepared via the urea- nitrate combustion method. Applied Catalysis a- General,2003,244(1):155-167.

[128] He C,Yu Y K,Yue L,et al. Low-temperature removal of toluene and propanal over highly active mesoporous $CuCeO_x$ catalysts synthesized via a simple self- precipitation protocol. Applied Catalysis B- Environmental,2014,147:156-166.

[129] Delimaris D,Ioannides T. VOC oxidation over MnO_x- CeO_2 catalysts prepared by a combustion method. Applied Catalysis B- Environmental,2008,84(1-2):303-312.

[130] Yang P,Shi Z N,Yang S S,et al. High catalytic performances of CeO_2- CrO_x catalysts for chlorinated VOCs elimination. Chemical Engineering Science,2015,126:361-369.

[131] Ma L,Seo C Y,Chen X Y,et al. Indium-doped Co_3O_4 nanorods for catalytic oxidation of CO and C_3H_6 towards diesel exhaust. Applied Catalysis B- Environmental,2018,222:44-58.

[132] Chen C,Yu Y,Li W,et al. Mesoporous $Ce_{1-x}Zr_xO_2$ solid solution nanofibers as high efficiency catalysts for the catalytic combustion of VOCs. Journal of Materials Chemistry,2011,21(34): 12836-12841.

[133] Li T Y,Chiang S J,Liaw B J,et al. Catalytic oxidation of benzene over CuO/$Ce_{1-x}Mn_xO_2$ cata- lysts. Applied Catalysis B:Environmental,2011,103(1-2):143-148.

[134] Carrillo A M, Carriazo J G. Cu and Co oxides supported on halloysite for the total oxidation of toluene. Applied Catalysis B-Environmental, 2015, 164:443-452.

[135] Kim D C, Ihm S K. Application of spinel-type cobalt chromite as a novel catalyst for combustion of chlorinated organic pollutants. Environmental Science & Technology, 2001, 35(1):222-226.

[136] Hosseini S A, Niaei A, Salari D, et al. Nanocrystalline AMn(2)O(4) (A = Co, Ni, Cu) spinels for remediation of volatile organic compounds-synthesis, characterization and catalytic performance. Ceram Int, 2012, 38(2):1655-1661.

[137] Chen M, Zheng X M. The effect of K and Al over NiCo(2)O(4) catalyst on its character and catalytic oxidation of VOCs. Journal of Molecular Catalysis a-Chemical, 2004, 221(1-2):77-80.

[138] Worayingyong A, Kangvansura P, Ausadasuk S, et al. The effect of preparation: Pechini and Schiff base methods, on adsorbed oxygen of $LaCoO_3$ perovskite oxidation catalysts. Colloid Surface A, 2008, 315(1-3):217-225.

[139] Arai H, Yamada T, Eguchi K, et al. Catalytic combustion of methane over various perovskite-type oxides. Applied catalysis, 1986, 26:265-276.

[140] Alifanti M, Auer R, Kirchnerova J, et al. Activity in methane combustion and sensitivity to sulfur poisoning of $La_{1-x}Ce_xMn_{1-y}Co_yO_3$ perovskite oxides. Applied Catalysis B-Environmental, 2003, 41(1-2):71-81.

[141] Blasin-Aube V, Belkouch J, Monceaux L. General study of catalytic oxidation of various VOCs over $La_{0.8}Sr_{0.2}MnO_{3+x}$ perovskite catalyst - influence of mixture. Applied Catalysis B-Environmental, 2003, 43(2):175-186.

[142] Merino N A, Barbero B P, Ruiz P, et al. Synthesis, characterisation, catalytic activity and structural stability of $LaCo_{1-y}Fe_yO_3$+/-lambda perovskite catalysts for combustion of ethanol and propane. Journal of Catalysis, 2006, 240(2):245-257.

[143] Si W Z, Wang Y, Zhao S, et al. A facile method for in situ preparation of the $MnO_2/LaMnO_3$ catalyst for the removal of toluene. Environmental Science & Technology, 2016, 50(8):4572-4578.

[144] Gallastegi-Villa M, Aranzabal A, Romero-Saez M, et al. Catalytic activity of regenerated catalyst after the oxidation of 1,2-dichloroethane and trichloroethylene. Chemical Engineering Journal, 2014, 241:200-206.

[145] Neyestanaki A K, Klingstedt F, Salmi T, et al. Deactivation of postcombustion catalysts, a review. Fuel, 2004, 83(4-5):395-408.

[146] 赵华侨. 等离子体化学与工艺. 合肥:中国科技大学出版社,1993.

[147] 梁文俊,李晶欣,竹涛. 低温等离子体大气污染控制技术及应用. 北京:化学工业出版社,2016.

[148] 许根慧,姜恩永,盛京. 等离子体技术与应用. 北京:化学工业出版社,2006.

[149] Xiao G, Xu W, Wu R, et al. Non-thermal plasmas for VOCs abatement. Plasma Chem. Plasma Process, 2014, 34(5):1033-1065.

[150] 孙万启,宋华,韩素玲,等. 废气治理低温等离子体反应器的研究进展. 化工进展,2011,

　　　　30(5):930-935.

[151] Neyts E C. Plasma-surface interactions in plasma catalysis. Plasma Chem. Plasma Process,2015, 36(1):185-212.

[152] 杜长明. 低温等离子体净化有机废气技术. 北京:化学工业出版社,2017.

[153] 宋华,王保伟,许根慧. 低温等离子体处理挥发性有机物的研究进展. 化学工业与工程, 2007,24(4):356-361.

[154] Takaki K, Shimizu M, Mukaigawa S, et al. Effect of electrode shape in dielectric barrier discharge plasma reactor for NO_x removal. IEEE Transactions on Plasma Science,2004,32(1): 32-38.

[155] Wang M, Zhu T, Luo H, et al. Oxidation of gaseous elemental mercury in a high voltage discharge reactor. Journal of Environmental Sciences,2009,21(12):1652-1657.

[156] Oda T. Non- thermal plasma processing for environmental protection:decomposition of dilute VOCs in air. Journal of Electrostatics,2003,57:293-311.

[157] 孙万启,宋华,白书培,等. 线-板式介质阻挡放电反应器的优化. 环境工程学报,2016, 10(10):5828-5832.

[158] Moon J D,Jung J S. Effective corona discharge and ozone generation from a wire-plate discharge system with a slit dielectric barrier. Journal of Electrostatics,2007,65(10-11):660-666.

[159] Qin C, Huang X, Zhao J, et al. Removal of toluene by sequential adsorption- plasma oxidation: Mixed support and catalyst deactivation. J. Hazard. Mater,2017,334:29-38.

[160] Zhu R, Mao Y, Jiang L, et al. Performance of chlorobenzene removal in a nonthermal plasma catalysis reactor and evaluation of its byproducts. Chem Eng J,2015,279:463-471.

[161] Chung W, Mei D, Tu X, et al. Removal of VOCs from gas streams via plasma and catalysis. Catalysis Reviews Science and Engineering,2019.

[162] Jiang N,Hu J,Li J,et al. Plasma- catalytic degradation of benzene over Ag- Ce bimetallic oxide catalysts using hybrid surface/packed-bed discharge plasmas. Applied Catalysis B: Environmental,2016,184:355-363.

[163] Yao X, Zhang J, Liang X, Long C. Plasma- catalytic removal of toluene over the supported manganese oxides in DBD reactor:Effect of the structure of zeolites support. Chemosphere, 2018,208:922-930.

[164] Karuppiah J,Reddy E L,Reddy P M,et al. Abatement of mixture of volatile organic compounds (VOCs) in a catalytic non-thermal plasma reactor. J Hazard Mater,2012:237-238,283-289.

[165] Feng F, Ye L, Liu J, et al. Non- thermal plasma generation by using back corona discharge on catalyst. Journal of Electrostatics,2013,71(3):179-184.

[166] Vandenbroucke A M, Mora M, Jiménez- Sanchidrián C, et al. TCE abatement with a plasma-catalytic combined system using MnO_2 as catalyst. Appl. Catal. B: Environ,2014:156-157, 94-100.

[167] Dinh M T N,Giraudon J M,Vandenbroucke A M,et al. Post plasma-catalysis for total oxidation of trichloroethylene over Ce- Mn based oxides synthesized by a modified "redox- precipitation

route". Appl Catal B:Environ,2015:172-173,65-72.

[168] Wang B,Xu X,Xu W,et al. The mechanism of non-thermal plasma catalysis on volatile organic compounds removal. Catal Surv Asia,2018,22(2):73-94.

[169] Feng X,Liu H,He C,et al. Synergistic effects and mechanism of a non-thermal plasma catalysis system in volatile organic compound removal:a review. Catal Sci Technol,2018,8(4):936-954.

[170] Wang B,Chi C,Xu M,et al. Plasma-catalytic removal of toluene over CeO_2-MnO_x catalysts in an atmosphere dielectric barrier discharge. Chem Eng J,2017,322:679-692.

[171] Jiang N,Qiu C,Guo L,et al. Post plasma-catalysis of low concentration VOC over alumina-supported silver catalysts in a surface/packed-bed hybrid discharge reactor. Water,Air,& Soil Pollution,2017,228(3):113.

[172] Wang W,Wang H,Zhu T,et al. Removal of gas phase low-concentration toluene over Mn,Ag and Ce modified HZSM-5 catalysts by periodical operation of adsorption and non-thermal plasma regeneration. Journal of Hazardous Materials,2015,292:70-78.

[173] Wang L,He H,Zhang C,et al. Effects of precursors for manganese-loaded γ-Al_2O_3 catalysts on plasma-catalytic removal of o-xylene. Chemical Engineering Journal,2016,288:406-413.

[174] Dinh M T N,Giraudon T M,Vandenbroucke A M,et al. Manganese oxide octahedral molecular sieve K-OMS-2 as catalyst in post plasma-catalysis for trichloroethylene degradation in humid air. Journal of Hazardous Materials,2016,314:88-94.

[175] Li Y,Fan Z,Shi J,et al. Modified manganese oxide octahedral molecular sieves M'-OMS-2 (M' =Co,Ce,Cu) as catalysts in post plasma-catalysis for acetaldehyde degradation. Catal. Today, 2015,256:178-185.

[176] Vigneron S,Hermia J,Chaouki J. Characterization and control of odours and VOC in the process industries. Elsevier,1994:Vol. 61.

第6章 重金属污染排放控制技术

大气中常见的有害重金属元素包括铅、汞、砷、镉和铬等,其中绝大部分重金属元素存在于可吸入颗粒物(PM_{10})中,且颗粒越小的可吸入颗粒物中重金属含量越高。重金属元素一旦被排放到大气环境中,其迁移转化过程中只涉及价态之间的转化,往往难以有效分解去除。工业生产过程中产生的"三废"中如含有重金属元素,经过大气循环和水循环等自然循环进入土壤、水体和大气中,再经过食物链或农作物富集至人体,从而造成危害人体健康。因此,加严不同行业重金属排放限值,加快重金属污染治理技术研发,实施有效的减排措施成为学术界和工业界关注重点。

6.1 工业烟气重金属排放及控制概况

重金属是指密度大于$5g/cm^3$的金属元素,大气中常见的有害重金属元素包括铅(Pb)、汞(Hg)、砷(As)、镉(Cd)和铬(Cr)等。其中砷虽然不是金属元素,但是其具有与重金属元素相似的性质,因此也被归属于重金属元素中。大气中绝大部分(75%~90%)的重金属元素存在于可吸入颗粒物(PM_{10})中,且颗粒越小的可吸入颗粒物中重金属含量越高[1]。重金属元素一旦被排放到大气环境中,最终会进入土壤、水体和大气中,再经过食物链或农作物富集至人体,从而显著危害人体健康[2]。

近年来,重金属污染问题愈发受到关注,各国政府也开始逐步重视重金属污染物的排放控制。美国环境保护署于2005年颁布了世界上第一个燃煤汞污染排放控制标准,同时美国20余个州都颁布了各自的燃煤汞污染排放标准,2011年美国环境保护署进一步提高了汞污染排放限值。联合国环境规划署于2013年公布了世界汞排放量分布图[3],我国的汞污染排放尤其严重。我国于2011年颁布的最新《火电厂大气污染物排放标准》中,针对燃煤锅炉排放的汞及其化合物提出了排放限值。2013年10月联合国环境规划署在日本的熊本市主办了"汞条约外交会议",会议上包括中国在内的87个国家和地区共同签署了《水俣公约》,旨在控制全球的汞污染排放,这一公约已于2017年8月16日正式生效。除汞污染外,许多国家针对垃圾焚烧烟气中重金属污染物浓度进行限制,如美国于1986年和1990年分别颁布了《资源保持与回收法案》和《清洁空气法案》,针对As、Cd、Pb、Se、Ni等重金属进行控制。我国于2000年首次颁布的《生活垃圾焚烧污染控制标准》中就包含了 Hg、Cd 和 Pb 的排放限值,该标准于2014年进行了修订,大幅收紧了重金属的排放限值。总而言之,了解工业烟气中重金属的来源与归趋,研究和应用工业烟气重金属排放控制技术对保障我国乃至全球大气环境与人体健康尤为重要。

6.1.1　工业烟气中重金属的形成及迁移转化

1. 重金属的分类

工业烟气中重金属的主要来源是燃料的燃烧。重金属种类繁多,且具有不同的物化性质,Clarke 和 Sloss[4]根据重金属的挥发性对燃料中的重金属元素进行了分类(图6-1)。

第一类:不挥发元素,主要为 Mn、Eu 和 Zr 等,这类元素在燃料燃烧过程中不易挥发,大多存在于底灰中,几乎不存在于工业烟气中。

第二类:中等挥发元素,主要含有 Cd、Pb、Sb、As 和 Zn 等,在燃料燃烧过程中可挥发至烟气中,但随着烟气温度下降,这类重金属元素可逐渐冷凝在飞灰表面,最终经过除尘装置去除,但少量未被去除的飞灰可携带这类重金属排放至大气环境中。

第三类:易挥发元素,主要为 Hg。Hg 在工业烟气中主要以气态形式存在,几乎不可经冷凝作用沉积在飞灰上,但少量 Hg 可通过吸附作用吸附在飞灰中。若工业烟气未经处理,绝大部分的 Hg 元素都会被直接排放到大气环境中。

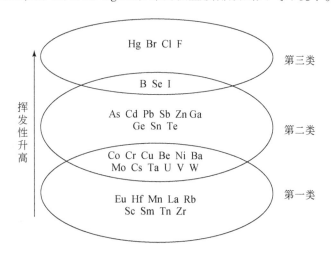

图6-1　燃料中痕量元素挥发性分类[4]

图6-2是燃料燃烧过程中重金属和其他痕量元素的迁移和转化行为简图[5]。燃料燃烧过程中,易挥发和中等挥发性元素气化进入烟气中,剩余的不易挥发元素

沉积在底灰中。中等挥发性元素在烟气中逐步冷凝成核,随后凝结凝聚在飞灰中,易挥发元素部分被吸附进入飞灰中,剩余部分随烟气排出。

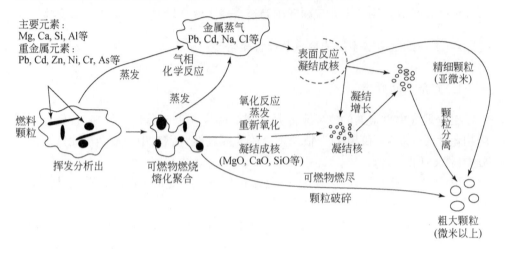

图 6-2　燃料中痕量元素的迁移和转化路径[5]

2. 易挥发重金属 Hg 的形成及迁移转化

重金属污染中汞污染的排放和控制最受关注,因此汞污染的迁移和转化机制研究也最为透彻。烟气中汞主要以三种形式存在,分别是气相的元素汞(Hg^0)和二价汞(Hg^{2+})及吸附在飞灰等颗粒物表面的固相颗粒汞(Hg_p)[6]。如图 6-3 所

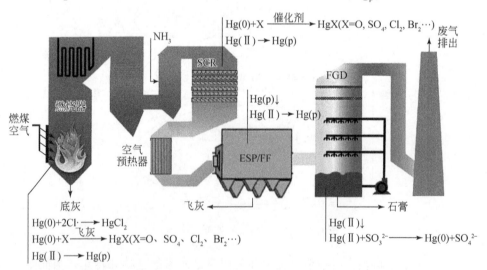

图 6-3　燃烧烟气中汞迁移转化示意图[10]

示,在燃料燃烧过程中,燃料中的汞主要以 Hg^0 的形式进入烟气中,随后部分 Hg^0 被氧化,主要的氧化产物是 Hg^{2+}, Hg^{2+} 易溶于水,可以被湿法洗涤系统去除。Hg^0 和 Hg^{2+} 都可以被烟气中的飞灰等颗粒物吸附形成颗粒态 Hg,随后与飞灰一起被除尘装置去除。剩余的 Hg^0 挥发性极强,且不易溶于水,若不经处理可随烟气排放至大气环境中。工业烟气中往往含有卤族元素,其中 Cl 和 Br 等元素的含量与烟气中 Hg^0 氧化为 Hg^{2+} 的反应密切相关。由于现有的烟气排放控制设施对 Hg^0 污染的去除能力有限,因此向烟气中添加 Hg^0 吸附剂或添加卤族元素将 Hg^0 氧化为 Hg^{2+},可有效控制工业烟气中重金属 Hg 的排放[7]。此外,工业烟气中 Hg 的形态和各形态间的比例可受到多种因素影响,如燃烧条件、燃料化学组成(如卤族元素的含量及成分)、烟气中其他组分(如 SO_2 和 NO_x)、烟气温度、烟气污染控制设施的控制方式、接触时间等[8,9]。

燃料种类不同会导致烟气中 Hg 的形态分布产生明显差异。如烟煤燃烧产生的烟气中,重金属 Hg 主要以 Hg^{2+} 的形态存在,约占 65%~70%,剩余部分主要形态为 Hg^0,几乎不存在颗粒态 Hg[11,12]。与之相反的是褐煤燃烧产生的烟气中 Hg 的主要存在形态是 Hg^0[13]。以无烟煤为燃料时产生的烟气中 Hg^{2+} 与 Hg^{0+} 的比例几乎一致[14]。

即使是同一行业,若生产过程中燃料燃烧采取了不同的燃烧方式,尾气处理时应用了不同的污染控制技术,其最终排放至大气中的汞形态差异也极为明显。例如,在高温条件下运行的煤粉炉和旋风炉,煤炭在其中燃烧后会将所含的汞元素全部释放,但是在这两种燃烧设备中释放出的汞形态就有显著差异,旋风炉中燃烧后产生的烟气中颗粒态 Hg 的含量显著高于煤粉炉。主要原因是两种燃烧炉中燃烧产生的飞灰量和性质完全不同,而飞灰的量和性质是影响烟气中颗粒态 Hg 含量的最主要因素[15]。旋风炉中大部分不可燃物质都将被转化为熔渣,熔融状态的熔渣可从燃烧设备的底部去除,因此最终旋风炉中生成的飞灰量较少[16]。但煤粉炉中的燃烧状态与旋风炉完全不同,煤粉炉中约 90% 的不可燃物质都可转化为飞灰,此外煤粉炉中燃料与空气的接触相较于司炉和链条炉更为充分,燃烧效率较高,因此燃料中 Hg 的释放率也较高,最终形成的烟气中重金属 Hg 的含量较高,而残留在底渣中的 Hg 含量较低。燃料中卤素的含量也将显著影响烟气中 Hg 的形态分布,卤素中的 Cl 和 Br 等都可显著促进 Hg^0 至 Hg^{2+} 的转化,尤其是 Br 的氧化能力往往是 Cl 的 10 倍以上,燃料中卤素含量较高则烟气中 Hg^{2+} 所占的比例也较高。整体而言,决定工业烟气排放到大气中的汞含量和特性的主要影响因素包括烟气净化装置的类型和排布、进入烟气净化装置的烟气中汞的含量和形态、烟气中影响组分(如 Cl、HCl、HBr、NH_3、H_2O 和 NO_x 等)的含量等[17]。

工业烟气的后处理设施对重金属汞的排放也有重要影响。这里主要讨论常规的烟气除尘脱硫脱硝设施的影响。

正常运行的电除尘和布袋除尘设备能够有效地捕集工业烟气中的颗粒物,从而能够有效去除烟气中的颗粒态 Hg。工业烟气中颗粒态 Hg 的形成机制是飞灰能够吸附部分气态 Hg^0 和 Hg^{2+},但飞灰的成分对于飞灰的吸汞能力有显著影响。目前的研究表明含有多种活性炭的飞灰对于烟气中气态汞的吸附作用最为明显,而含有惰性碳的飞灰对气态汞几乎没有吸附作用[18]。此外,除尘设备对于汞的脱除效率与飞灰温度及除尘器的运行温度有明显联系,一般来说,温度越高,汞的脱除效率越低。同时烟气通过除尘设备时,约有 5% 的气态 Hg^0 可以被飞灰中的部分活性金属组分催化氧化为气态 Hg^{2+},气态 Hg^{2+} 易溶于水,可在后续的湿法烟气处理设施中去除[19]。布袋除尘器往往用于去除高比电阻粉尘和细粉尘,尤其是针对细粉尘的脱除有较好的效果。而颗粒态 Hg 往往也会富集在细颗粒的粉尘中,因此布袋除尘器对于脱除烟气中的颗粒态 Hg 有良好的效果。研究显示布袋除尘器的平均脱汞效率约为 58%,明显优于电除尘器汞脱除效率[20]。但布袋除尘器的工作条件和耐久性往往依赖于烟气温度和烟气中的腐蚀性元素含量。目前工业烟气的温度大多情况下都超过了布袋除尘器的承受能力,大大限制了布袋除尘器的应用。除去电除尘和布袋除尘设备外,机械除尘器和湿式除尘器对汞的脱硝效果都较差,仅有 6% 和 0.1% 左右,主要原因是这两类除尘器的除尘效率差,对重金属汞富集的细颗粒物的脱除效果不佳,从而使得脱汞效率较差[21]。

烟气脱硫设备主要分为湿法和干法两大类,其中湿法烟气脱硫设备对于烟气中可溶性的 Hg^{2+} 有良好的脱除效果。湿法烟气脱硫设备包括石灰石氧化(LSFO)法和镁石灰石过滤器(MEL)法,无论使用石灰还是石灰石等脱硫剂,湿法烟气脱硫设备都能够脱除 90% 以上的可溶性气态 Hg^{2+},但对于气态 Hg^0 没有明显的去除效果。在最为常见的湿法烟气脱硫(WFGD)装置中,气态 Hg^0 的含量不但不会降低,反而有可能因为部分 Hg^{2+} 被还原为 Hg^0 而轻微增加[8]。研究者为了探究湿法烟气处理设施对汞减排的效果,必须要避免湿法烟气处理设施中 Hg^{2+} 被还原为 Hg^0 这一过程,因此在研究过程中向湿法烟气处理设施中添加了硫化氢钠,成功阻止了 Hg^{2+} 的还原过程[19],这一方法已经尝试应用在实际运行的电厂中,目前为止应用效果良好。例如,美国密歇根州的 Endicott 发电站(机组容量 55MW,燃料为高硫煤,脱硫方法为石灰石氧化法)的湿法脱硫装备能去除约 96% 的 Hg^{2+}(约占总 Hg 量的 76% ~ 79%),在这一条件下投加 NaHS 有效抑制了捕获的 Hg^{2+} 的还原过程,减少了 Hg^{2+} 的再释放[22]。位于美国俄亥俄州的 Zimmer 发电厂(机组容量 1300MW,燃料为高硫煤,脱硫方法为镁石灰过滤和氧化)的湿法脱硫系统对 Hg^{2+} 的去除率仅有 87%,明显低于 Endicott 发电站。此外,该发电厂的烟气经过脱硫系统后气态 Hg^0 的浓度升高了 40%,投加 NaHS 后 Hg^{2+} 还原为 Hg^0 这一释放作用也没有被完全抑制[22]。SCR 脱硝装置与湿法脱硫装置联用往往也被视为有效的 Hg^0 控制方式,有研究者在 Mount Storm 的中心电站(机组容量 2563MW,燃料为中硫煤,脱硫方法为石灰石氧化法,脱硝方式为选择性催化还原法)探究了 SCR 协同湿法脱硫及投加 NaHS 法的共同脱汞能力。研究表明关闭选择性催化还原脱硝装置同时不投加 NaHS 时,湿法脱硫系统能捕集约90%的 Hg^{2+},但被捕集的 Hg^{2+} 会发生明显的还原作用,被还原为气态的 Hg^{0+} 重新释放至大气中。投加 NaHS 后湿法脱硫系统不仅维持了约90%的 Hg^{2+} 脱除效率,还有效抑制了 Hg^{2+} 的还原反应,阻止了重金属 Hg 被重新释放到大气中。开启选择性催化还原脱硝装置,无论是否投加 NaHS,湿法烟气脱硫设备的 Hg^{2+} 脱除效率都在95%以上,总汞的去除效率也能提高至约90%。这说明在一定的烟气组分和运行条件下,选择性催化还原脱硝装置与湿法脱硫系统联合使用,能够有效控制汞的排放[22-24]。

氮氧化物控制技术主要包括低氮燃烧、选择性催化(SCR)、选择性非催化还原(SNCR)等。目前主流的观点认为选择性催化还原装置中的脱硝催化剂能够在还原去除 NO_x 的同时催化氧化气态 Hg^0 生成可溶性的 Hg^{2+}。美国环境保护署曾测量了部分同时安装有 SCR 和 SNCR 脱硝装置的工厂的大气汞排放情况及其去除效果,但是不同情况下测试的结果相差极大,各种脱硝技术对于汞污染排放控制的效果目前暂无定论[25,26]。SCR 脱硝装置对于烟气中 Hg^0 的催化氧化效果可受到 SCR 反应器中的烟气温度、干扰物质的浓度(如 NH_3、SO_2 等)、促进物质的浓度(如 Cl、Br 等)、含水量及脱硝催化剂的优劣等因素影响,一般来说 SCR 催化剂的 Hg^0 氧化效率约为45%~85%。目前也有研究表明仅用 SCR 脱硝装置就能够脱除烟气中35%~50%的 Hg^0[27,28]。其他的研究报道也显示燃煤电厂的除尘、脱硝和脱硫装置的联合使用,能够使汞脱除效率在65%~90%[29-31]。此外,低氮燃烧工艺也对烟气中汞的形态有重要影响,这主要是因为低氮燃烧器为了降低烟气中 NO_x 的含量,燃烧温度较低,此时的飞灰中未燃烧完全碳的含量较高,这将显著促进飞灰对 Hg 的吸附,提高烟气中颗粒态 Hg 所占比例[32,33]。不同的燃料形成的飞灰中含碳量也大不相同,从而导致烟气中汞的脱除效率也有明显差异。例如,烟煤燃烧产生的烟气中汞的去除效率能达到85%,但亚烟煤燃烧产生的烟气中汞的去除效率则较低,仅为约30%~50%[34]。因此,烟煤燃烧结合低氮燃烧技术,从而产生未燃碳含量较高的飞灰,能够有效去除烟气中的重金属汞。

3. 其他重金属的形成及迁移转化

随着近年来各国对重金属污染物排放的逐步重视,有大量研究者通过监测、实验和理论计算等方式探究除汞外其他重金属元素的化学性质和迁移转化行为。理论计算结果[35]表明,Cd 在烟气中主要以氯化物形式存在,在烟气温度为 300~600K 时主要以固态 $CdCl_2$ 形式存在,而烟气温度在 600~1200K 时则主要是气态的 $CdCl_2$,当烟气温度高于 1200K 时,Cd 元素主要以气态单质 Cd 和 CdO 两种形态存在。此外,烟气温度较低时 Cd 更倾向于与气溶胶结合形成颗粒物,因此 Cd 在除尘装置中的脱除效率也极为可观,约有96%的 Cd 能够被布袋除尘器捕获。As 在烟气温度低于 1300K 时主要以 $Ca_3(AsO_4)$ 颗粒形态存在,这一形态极为稳定,在 1300～1400K 时才逐步分解形成 AsO,在 1400K 以上时主要以气态 AsO 形态存在。因此,在烟气除尘装置入口的烟气中 As 主要以颗粒物的形式吸附或沉积在飞灰中,能够被除尘装置高效捕获。Pb 在烟气温度低于 550K 时主要以颗粒态或液态的 $PbCl_2$ 形式存在,温度为 550～650K 时逐步挥发,当温度高于 650K 转化为气态 $PbCl_2$,而温度高于 1100K 时 $PbCl_2$ 分解,Pb 主要以气态 PbO、PbCl 和单质 Pb 形式存在。因此,烟气除尘装置对 Pb 的捕集能力取决于烟气温度,同时捕集作用相对较差。重金属元素 Zn 的热力学分布更为复杂,在烟气温度低于 440K 时,Zn 主要以固态或气态的 $ZnCl_2$ 形式存在,当温度升高至 550K 时,部分 Zn 可与 Si 结合形成 $2ZnO \cdot SiO_2$、$2ZnO \cdot SiO_2$,随着温度升高至 980K 时逐渐转化为气态 $ZnCl_2$,当温度进一步升高至 1400K 时,$ZnCl_2$ 逐渐分解形成气态的单质 Zn。

除烟气温度外,烟气中的 S、Cl 等元素都对烟气中重金属的形态及其迁移转化行为有显著影响。例如,S 元素在燃烧过程中可与重金属反应形成重金属的硫化物,研究发现 Cd、Zn、Pb 等重金属在 300℃ 以下可以与 S 反应形成重金属硫酸盐,但温度升高后重金属硫酸盐会逐渐分解[36]。此外,重金属硫酸盐的挥发性比重金属氯化物差,S 含量的增加将导致重金属更易形成难挥发的重金属硫酸盐,从而显著抑制重金属的挥发性[37]。相反的,若 Cl 的含量增加则可提高重金属元素的挥发性。不同种类的氯化物对重金属的挥发性也有显著影响,如垃圾焚烧过程中加入一定量的 NaCl 后,飞灰中的 Pb 主要以 PbO 的形式存在,但加入有机含氯 PVC 后,飞灰中的 Pb 形态由 PbO 转化为 $PbOCl_2$ 和 Pb_2OCl_2[38]。

6.1.2　工业烟气重金属排放监测技术

1. Hg 排放监测技术

目前国内常见的工业烟气汞排放监测技术主要有三种,分别是安大略法(OHM)、吸附管法(30B)和连续在线监测(Hg-CEMS)。安大略法(OHM)是由美国材料与试验协会(ASTM)发布的 D6784 标准方法,该方法的流程图如图 6-4 所示。采样装置从工业烟气中等速采样,采样管恒温 120℃ 以上,以保证烟气中的 Hg 不会在采样管路中冷凝。随后 Hg_p 被石英纤维滤纸捕集,随后换算为烟气中 Hg_p 浓度。气态的 Hg^{2+} 易溶于水,可被前三个吸收瓶(KCl,1mol/L)吸收。四号吸收瓶主要成分为 5% $HNO_{3(aq)}$ +10% $H_2O_{2(aq)}$,可以吸收烟气中的 SO_2,防止 SO_2 对后续吸收瓶的影响,五号至七号吸收瓶为 4% $KMnO_{4(aq)}$ +10% $H_2SO_{4(aq)}$,可将 Hg^0 氧化为 Hg^{2+} 吸收。

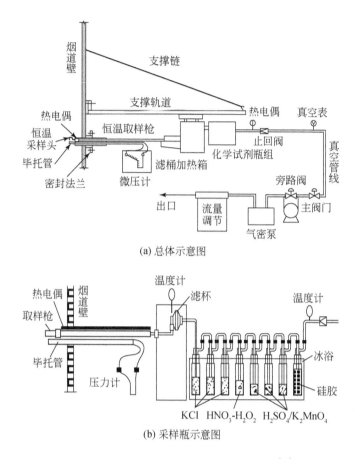

(a) 总体示意图

(b) 采样瓶示意图

图6-4　安大略法(OHM)采样装置示意图[39]

吸附管法(30B)是由美国环境保护署(EPA)发布的工业烟气汞排放监测法 EPA Method 30B。其工作原理是将两根吸附管装入采样烟枪前端,将采样烟枪伸入烟道内,抽取固定提及的烟气,烟气流经吸附管时气态汞被吸附,从而实现气态汞的采集。

连续在线监测(Hg-CMES)是由美国环境保护署(EPA)发布的工业烟气汞排放在线监测方法 EPA Method 30A。其工作原理是从烟道中抽取含汞烟气,通过过滤去除烟气中的颗粒物后将烟气送入汞转换器,在高温下将烟气中的 Hg^{2+} 还原为 Hg^0,所有烟气管路全程伴热在 180℃ 以上,以保证 Hg 不发生冷凝。最后,将烟气送入分析仪,可以测定烟气中的总 Hg 和 Hg^0 浓度,再通过差值计算 Hg^{2+} 浓度。

这三种监测方法各有优劣,具体如表6-1所示,在实际测试中应按照实际条件和需求选用所需的采样测试方法。

表 6-1　三种常见 Hg 排放监测技术优缺点比较[40]

方法名称	优点	缺点
OHM	测量精确,能够区分烟气中三种形态汞的含量	测试费用较高,操作复杂,耗费人力资源较高,同时会引入人为操作误差
30B	操作简便,测量精度较高	只能测定烟气中总汞浓度,此外进口吸附管的价格较高
Hg-CEMS	操作简便,可以区分烟气中的气态 Hg^0 和 Hg^{2+}	固定资产投入较高,同时需要定时以 OHM 法或 30B 法校正

采集后的样品分析方法主要包括冷蒸气原子吸收分光光度法(CVAAS)、原子发射光谱法(AES)和冷蒸气原子荧光光谱法(CVAFS)等。其中 CVAAS 和 CVAFS 可以分析固态、液态和气态的样品,但仅能测试 Hg^0 浓度,因此在测试前需要将样品中氧化态的汞还原为 Hg^0,需要对样品进行合适的预处理。AES 法的优点是可在不经过任何预处理的情况下测定各种形态的 Hg 浓度,但缺点是测试精确度相对较差,该方法也未能广泛应用。

2. 其他重金属排放监测技术

我国目前针对工业烟气中重金属的采样方法主要参考的是《固定污染源排气中颗粒物和气态污染物采样方法 GB/T 16157—1996》《固定源废气监测技术规范 HJ/T 397—2007》《锅炉烟尘测试方法 GB 5468—91》等其他相关颗粒物的采样方法标准。而国际上采用的工业烟气重金属采样方法是由美国环境保护署(EPA)发布的 EPA Method 29,该方法可以经采样后测定工业烟气中 Hg、Cd、Pb、Ni、Cr 等重金属元素含量。其采样装置如图 6-5 所示。采样过程中从烟道内等速采集样品,烟气经过采样管/过滤器系统,该系统恒温在 120℃,以防止 Hg 的冷凝。随后,烟气经过一组处于冰浴状态的撞击瓶序列,第一个撞击瓶为空瓶,第二个和第三个撞击瓶装有 5% $HNO_{3(aq)}$+10% $H_2O_{2(aq)}$,第四个撞击瓶也为空瓶,第五个和第六个撞击瓶装有 4% $KMnO_{4(aq)}$+10% $H_2SO_{4(aq)}$,第七个撞击瓶装有硅胶。颗粒态的 Cd、Pb、Ni、Cr 和 Hg^{2+} 可被前三个撞击瓶采集,气态 Hg^0 可被后三个撞击瓶采集。采集到的样品经过回收、消解等预处理步骤后,可通过各种测定重金属的分析方法对其进行检测。根据 EPA Method 29 中提及的检测方法,Pb、Sb、As、Cr、Co、Cd、Tl、Ba 等重金属元素可采用电感耦合等离子体发射光谱(ICP)或原子吸收光谱(AAS)测定,若需提高检测精度,还可采用电感耦合等离子体并联质谱法(ICP-MS)进行分析检测。

3. 重金属在线监测技术

采用重金属的在线监测技术,可是实时确定工业烟气中重金属的含量是否能

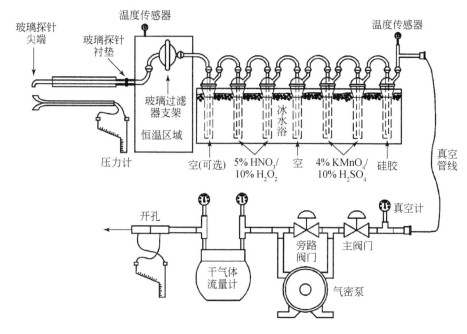

图 6-5　EPA method 29 采样装置示意图[41]

够达到排放标准,这对于环境监管具有重大意义。目前,美国的 Tekran 和赛默飞(Thermo Scientific)等公司已成功研发出了汞排放的连续在线监测系统,并已在燃煤电厂、水泥、钢铁等行业和工业领域成功应用。但是,目前市场上几乎没有成熟的针对其他重金属的在线监测设备,现有的监测手段大多是通过吸收或吸附等方式富集一定量烟气中的重金属,再对吸收、吸附后的样品消解测定。这种监测方法只能通过抽样的方式进行采样,再离线测量具体的重金属浓度。取样过程烦琐,耗时较长,分析和测定过程步骤非常复杂,往往需要数十个小时,只能测算一段时间内重金属的平均排放值,无法测试重金属排放在短时间内的浓度波动情况,难以满足工业烟气污染物排放的监控要求[42]。

近年来工业烟气排放标准愈加严格,短时间内获得重金属排放实时浓度的需求也日益增加,重金属的在线监测技术就显得愈发重要。相较于离线监测技术,在线监测技术的首要难题是采样问题。采样管路大多以惰性材料制造,同时需要给采样管路保持一定的温度,防止待测元素在采样管路中冷凝产生误差。此外,工业烟气中部分金属元素(如 Na、K、V 和 Fe 等)可与采样管或反应器的构成材料反应,最终导致样品损失。目前尚未有任何技术能够完全避免采样过程中产生的误差和损失,至今为止最有效的方式仍旧是通过给采样管伴热以减少重金属的冷凝。工业烟气重金属在线监测技术的第二个难点是难以建立校准方法和制备适用于该校准方法的标准样品。重金属实时分析中最常见的分析方法是光学分析法,其原理是利用待测样品的光谱图对比标准曲线,从而得到待测组分浓度的分析方法,这也是工业烟气重金属在线监测技术的首选分析方式。这种分析方法的响应时间短,几秒至几十秒就可以进行一次测量,能够满足在线监测的需求。但是光学分析方法应用中最大的限制是必须完成待测组分的标准曲线。在常规的液体样品分析过程中,可以通过测量 3 ~ 7 个已知浓度的重金属溶液从而建立标准曲线,但是针对烟气重金属的在线监测来说,目前很难找到含有固定重金属浓度的标准烟气,因此也无法直接建立烟气重金属测试的标准曲线。此外,如何保证校准过程和分析过程的温度、气体的物化性质、化学组分等完全一致也是烟气中重金属在线监测的难点,这些因素的变化很可能会显著影响标准曲线的精确性[43,44]。工业烟气重金属在线监测技术的第三个难点是检测限。实际烟气中重金属的浓度很低,而且随着近年来各国对烟气中重金属污染的重视,相关的环保法规也愈加严格,实际监测过程中的测量浓度往往是 ppb 级别。与此同时,烟气中重金属浓度受到燃烧温度、烟气中 Cl、S 浓度等影响,波动性较大,重金属的浓度的瞬时值很可能高达几个 ppm,这要求在线监测时检测仪器的检测限要足够低,同时还需要保证足够的动态波动范围。

总体而言,工业烟气中重金属浓度的在线监测技术在理想状态下应包括以下几个特点:具有连续在线测量能力,响应迅速,校准方式简便且易与重复,极低的检测限和较高的灵敏度,足够宽的动态响应范围,耐用性高,操作简便。目前重金属在线监测设备的研究主要分为三大类:电感耦合等离子体(ICP)监测技术、微波等离子体(MIP)监测技术和激光(LIBS)监测技术。

以电感耦合等离子体(ICP)为检测手段的重金属在线监测技术研究方向主要是通过对电感耦合等离子体发射光谱仪的进样系统和炬管等进行改造,再通过标准样品建立烟气分析的标准曲线和校准方法,再构建合理的操作和运行参数,最终使得传统的液体测量系统能够直接应用于测量烟气中重金属浓度。在分析的过程中就能够对样品气体进行预处理,从而得到符合校准方法使用条件的标准化待测样品,再将样品送入等离子体。待测样品被激发后利用光谱仪测定元素的特征谱图,对比标准曲线都定量分析气体中的重金属浓度。根据工作时载气的不同,目前已开发出了基于空气和氩气的电感耦合等离子体在线监测系统,其优点是检测限低,分析的灵敏度高,同时可测量多种重金属的浓度,但其缺点也极为突出,即系统的干扰效应明显。

以微波等离子体(MIP)为检测手段的重金属在线监测技术与电感耦合等离子体技术类似,主要研究方向是改造微波等离子体发射光谱仪,以使其适用于气体的在线检测[45]。其主要原理是微波等离子体发射光谱仪内部的磁控管产生微波,送至电极上后在电极的顶端形成等离子体光源。待测气体被送入真空室,通过喷嘴产生超音速喷射流,射流通过电极顶端的等离子体光源后被激发,产生特征光谱,对比标准曲线之后即可分析待测气体组分[46]。基于微波等离子体(MIP)的重金属在线监测技术优点是不仅能够测试金属元素含量,还可以精确测量 F、Cl、S、P、C 等非金属元素,若与气相色谱仪或液相色谱仪联用,可以精确测定烟气中各物质的化学成分。此外,该系统的使用功率低,微波功率仅约为 100W,用电需求低。其工作气体要求不高,可以选用 Ar、N_2、He 等多种惰性气体,且工作气体消耗量低,仅需求 0.5~2.0L/min,能有效降低在线监测的使用成本。但是,微波等离子体系统的主要缺陷是对金属的检测限较高,其分析灵敏度远低于电感耦合等离子体。此外还存在显著的基体效应,实际工况下容易受到其他干扰气体组分的干扰,测量误差较大。

以激光(LIBS)技术为基础的工业烟气重金属在线监测技术优点是检测限较低。此外该技术不需要使用等离子体激发待测烟气,因此检测过程中受到的干扰较小[47]。LIBS 技术检测中其信号不需要依赖经验校准曲线,因此适用范围极广,可适用于固态、气态和液态样品的分析检测。但其缺点与微波等离子体光谱仪类似,分析灵敏度较低,且激光的传导效率会明显受到烟气中颗粒物的浓度和粒径影响[48]。

早在 1994 年,美国能源部和环境保护署已联合 8 家权威机构,针对多种重金属,如 Hg、Pb、Cd、As、Be 等的检测限、灵敏度和动态响应范围等分析参数进行评估,分析了电感耦合等离子体发射光谱、激光穿透光谱、微波等离子体光谱和 X 射线荧光光谱等重金属检测方式在烟气重金属在线监测方面的应用潜力。结果显示,以电感耦合等离子体发射光谱为检测器的在线监测方式可同时监测烟气中多种重金属的浓度,且测量结果灵敏度高、检测限低、测量结果准确,是最具有应用潜力的烟气中金属在线监测方法[49]。截至目前,我国在重金属在线监测方法和系统的建立方面研究较少,而国外的研究者已对重金属在线监测技术进行了研究并取得了一些相关的研究成果。

在电感耦合等离子体发射光谱仪中,待测样品溶于介质中,随后被等离子体高温雾化,产生发射光谱,最终通过光谱仪检测。若需要针对烟气进行在线监测,可以考虑将烟气采样后直接送入电感耦合等离子体发射光谱仪中激发测试。已有研究者详细论证了电感耦合等离子体对空气或燃烧后气体中重金属浓度进行连续在线监测的可行性[50]。早在 1981 年就有研究者采用将烟气直接送入电感耦合等离子体发射光谱仪中激发测试烟气中重金属浓度,这是历史上首次针对烟气重金属在线监测问题进行的设备改造,但可惜的是实际分析结果不尽人意。20 世纪 90 年代时 Nore 等对空气冷却的电感耦合等离子体设备进行改造[51],将含有金属溶胶的空气替代 ICP 设备中的冷却气,同时作为样品气测量。这一方法大幅提高了设备的检出限,但是由于校准过程中难以使得注入的重金属溶胶和空气均匀混合,使得建立的测量方法重复性较差。此外由于注入的空气量过大,导致样品激发温度较低,因此该设备只在原子谱线区域的测量效果较好,整体而言测量范围偏低。随后 Seltzer 和 Green 通过特制的采样接口来维持较低的进样流量,并在校准过程中采用超声波雾化器改善样品和冷却气的混合程度,最终有效提高了系统的检测限和重复性,并用以监测垃圾焚烧的烟气组分[49]。近年来,大量研究者进一步探究了在线监测过程中烟气组分、温度等因素对测量结果的影响,评估了各项改造手段对仪器检测性能的提升程度。研究结果表明以 Ar 为冷却气的 ICP 技术系统最为稳定,综合考虑检测限、灵敏度、动态响应范围和基体效应等,该系统具有较高的发展潜力[52-56]。

6.1.3 重金属排放控制技术概况

1. Hg 排放控制技术概况

Hg 是最易排放至大气环境的重金属,具有难降解性和生物累积性,对人体和环境的危害最为严重。因此,重金属中 Hg 的排放控制技术最受关注,研究也最为全面。目前 Hg 的排放控制技术主要分为三大类,分别为吸附法、催化氧化法和利用现有烟气净化设备脱汞法。

吸附法中常用的吸附剂为飞灰、活性炭、钙基吸附剂和沸石等。其中,研究最为成熟的是采用活性炭和改性活性炭作为吸附剂,其优点是方法简便,无需新建污染控制设备、施工成本低。烟气中的影响气氛,如 SO_2、H_2O、NO_x 等都可抑制活性炭的 Hg 吸附性能,最主要的原因是影响气氛会与 Hg 竞争活性炭表面的吸附位点,从而抑制汞的吸附[57]。相较于普通活性炭而言,卤素改性的活性炭往往具有更为优异的 Hg 吸附性能。已有研究表明碘改性的活性炭,其脱汞效率显著升高,最佳脱汞效率可达90%,此外卤化物与 Hg 反应后生成的物质更为稳定,不易从活性炭表面二次溢出[58,59]。但是以活性炭或改性活性炭为吸附剂的运行成本较高、吸附剂消耗量大、热力学稳定性差、不易再生、产生的固体废物难以处理,因此工业上未进行广泛的应用。飞灰中含有的未燃尽炭往往具有良好的孔隙结构和较大的比表面积,因此具有一定的 Hg 吸附性能,同时飞灰的成本极低,因此以飞灰为吸附剂除汞的研究也是目前的研究热点之一。但是,不同来源飞灰的 Hg 吸附性能往往具有较大差异,如亚烟煤飞灰的汞去除率可达到约85%,但烟煤飞灰的汞去除率仅有10%[60]。其原因主要是不同来源的飞灰中的活性炭和卤素含量不同,导致 Hg 的吸附性能差异巨大[61]。钙基吸附剂也是常见的 Hg 吸附剂,早在 1998 年就有研究报道了 $Ca(OH)_2$ 的 Hg^{2+} 吸附效率可达85%,但其对于 Hg^0 的吸附效率极低[62]。近年来,有研究者结合飞灰和钙基吸附剂,以提高其 Hg^0 的吸附性能,研究表明飞灰和 CaO 的比例为 2∶1 时其 Hg^0 吸附性能最佳,可达34%,但也远远达不到工业烟气的净化需求,仍需进一步研究[63]。

催化氧化法脱汞最早于 1926 年提出,研究发现 Hg^0 和 O_2 能发生光氧化反应,随后又发现 HCl、H_2O 和 CO_2 等都可在紫外光下与汞发生光氧化[64]。目前,美国的 FirstEnergy 和 Powerspan 公司已联合研发了一整套的电催化氧化联合处理设备,该设备的核心的是介质阻挡放电反应器,该反应器中烟气污染物(主要针对 NO_x、SO_2、Hg 和其他重金属)瞬间被高度氧化,形成易溶于水或易去除的产物[65]。近年来,还有研究者发现烟气中的 Hg^0 可在 SCR 催化剂表面被 HCl 氧化生成水溶性的 Hg^{2+},因此利用 SCR 催化剂协同氧化脱汞也是目前的研究热点之一。有研究者利用 Fe-Ti-Mn 尖晶石协同脱硝脱汞,其在纯 N_2 条件下 Hg^0 的氧化效率可达 100%,在烟气中含有 SO_2、H_2O、NO_x 和 NH_3 等影响因素的条件下,Hg^0 的氧化效率也可达到 90%[6]。

我国工业烟气的脱硫和除尘设备普及率较高,因此可利用现有的烟气净化设备协同脱汞,从而实现对烟气中 Hg^0 的脱除,提高 Hg^{2+} 和 Hg_p 的去除率。目前,主要的改造方式有两大类:

①利用湿法烟气脱硫装备(WFGD)脱汞,其工艺原理是在 WFGD 装备中添加特殊的添加剂,从而提高 Hg 的去除效率。例如,可在 WFGD 中添加 O_3,当 O_3 和 NO 的浓度比为 1.5 时,Hg^0 的氧化效率仅为 39.7%,但当 O_3 和 NO 的浓度比提高至 2 时,Hg^0 的氧化效率可提高至 95%[66]。高锰酸钾溶液也具有较高的 Hg^0 氧化效率,此外 SO_2 的存在还可提高高锰酸钾的 Hg^0 氧化性能。其反应机理是酸性条件下高锰酸钾中的锰易还原为 Mn^{2+},Mn^{2+} 具有自催化作用,可与 Hg^0 发生反应[67]。

②利用 SCR 脱硝装置协同氧化除汞。其反应原理与催化氧化除汞完全相同,核心是改良原有的 SCR 催化剂或在 SCR 催化剂后接少量的汞氧化催化剂。目前的商业 V_2O_5-WO_3/TiO_2 催化剂已具有一定的 Hg^0 氧化性能,但整体而言 V_2O_5-WO_3/TiO_2 催化剂的 Hg^0 氧化能力较差。烟气中卤素的含量对催化氧化脱汞性能影响也较为明显,若烟气中卤素含量较高,汞氧化效率往往也较高[68],此外卤素 Br 的氧化零价汞性能是 Cl 的 10 倍以上[69]。

2. 其他重金属排放控制技术概况

除 Hg 外,工业烟气中铅(Pb)和镉(Cd)的脱除目前也是社会关注的热点。目前主要的铅冶炼烟气的综合治理措施如表 6-2 所示[70]。

表 6-2　铅冶炼烟气治理工艺流程

炉窑名称	烟气含尘量/(g/m^3)	烟气处理工艺流程	排放烟气中粉尘浓度/(g/m^3)
原料制备废气	5~10(铅尘 2~5)	集气罩→袋式除尘→鼓风机→烟囱	<50

续表

炉窑名称	烟气含尘量/(g/m³)	烟气处理工艺流程	排放烟气中粉尘浓度/(g/m³)
还原炉废气	8~30(铅尘2~10)	烟气→余热锅炉→袋式除尘→脱硫→烟囱	<50(铅尘<8)
熔炼炉废气	100~200(铅尘30~80)	烟气→余热锅炉→电除尘→鼓风机→制酸工艺	
烟化炉废气	50~100(铅尘4~10)	烟气→余热锅炉→表面冷却→袋式除尘→鼓风机→烟囱	<50(铅尘<8)

除去常规的脱硫、除尘协同脱铅方法外,其他应用较为广泛的铅脱除方法主要可以分为两大类,分别是生物法和化学法。生物法主要是利用绿色植物或苔藓类植物吸收大气中的铅离子,但难以用于工业烟气中铅的去除。有研究者对比分析了南京市化工园区和林科院区14种绿化植物对大气中重金属的吸附能力,研究表明不同树种对大气中重金属的吸附能力相差明显,其中对铅吸附能力较高的树种主要包括杨树、女贞、广玉兰和紫叶李[71]。化学法是利用酸碱、天然矿物或有机螯合剂作为吸附剂吸附污染烟气中的重金属,使毒性较大、易挥发的重金属离子转化为较为稳定或无毒、低毒的状态,随后可对重金属离子回收利用。目前用于铅吸附的吸附材料主要包括钙基吸附剂、活性炭吸附剂和硅铝基吸附剂等,其中钙基吸附剂主要包括 $CaCO_3$ 和 CaO 等,硅铝基吸附剂主要是膨润土、高岭土、磷石灰、石英、沸石等。目前研究表明,硅铝基吸附剂中高岭土对重金属铅的吸附率较高,其吸附效率远高于钙基吸附剂。且温度越高,其吸附效率越高,但950℃时吸附效率也仅有50%[72]。活性炭吸附剂中载硫活性炭纤维对烟气中的铅吸附效率较高,其对于颗粒态铅的吸附是物理吸附,吸附效率可达65%,而针对气态铅离子主要是化学吸附,其脱除效率可达80%[73]。

大气镉污染主要源于有色金属冶炼、石油燃烧和垃圾焚烧烟气,但是目前工业烟气中镉污染的治理技术并不成熟,仍旧是在借鉴水体中重金属镉的控制技术,处于实验室模拟实验阶段。水中重金属镉的处理方法主要有两种,分别是沉淀法和吸附法。沉淀法是加入硫化物、氢氧化物和聚合硫酸铁等沉淀剂与镉离子反应形成沉淀去除。吸附法是指利用比表面积较大、吸附能力较强的吸附剂吸附脱除重金属镉,常见的吸附剂包括钙基吸附剂、金属纳米颗粒、硅铝基吸附剂和交换树脂等[74]。

6.2　吸收法控制重金属 Hg 排放

吸收法适用于烟气中汞浓度较高(mg/m^3 级)时对汞的深度脱除,是有色金属冶炼烟气中应用最为广泛的汞脱除方法,其往往与冷凝法联用,能够有效控制有色金属冶炼烟气中汞的排放。

6.2.1　氯化汞吸收法

吸收法中氯化汞吸收法是应用最为广泛的有色金属冶炼烟气脱汞方法,其中最具代表性的技术是由挪威的锌公司和瑞典的玻利登公司联合研究开发,又被称为波立登-诺辛克除汞法,目前在全球已有广泛应用[75,76]。

波立登-诺辛克除汞法工艺流程图如图6-6所示。

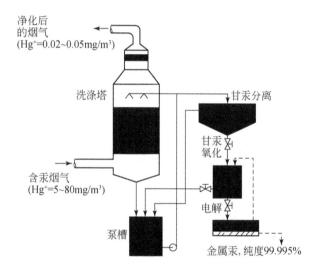

图6-6　波立登-诺辛克除汞法工艺流程图[76]

首先将有色金属冶炼烟气通过降温冷凝、除尘、洗涤和除雾等步骤后引入洗涤塔,利用吸收液对烟气进行反复洗涤。吸收液的主要成分为酸性的氯化汞络合物($HgCl_n^{2-n}$),吸收反应的主要过程可以下列方程简要描述[77]:

$$2HgCl_n^{2-n}+2Hg^0 \longrightarrow 2Hg_2Cl_2 \downarrow +(n-2)Cl^- \tag{6-1}$$

吸收气态零价汞产生的氯化亚汞沉淀经过沉降分离后,一部分可作为产品销售,达到气态 Hg^0 回收再利用的目的。另一部分氯化亚汞可通入 Cl_2 氧化,生成新的酸性氯化汞络合物,重新投入至洗涤塔中进行循环利用。酸性氯化汞络合物的形成过程可用以下方程简要描述[78]:

$$Hg_2Cl_2+Cl_2 \longrightarrow 2HgCl_2 \tag{6-2}$$

$$HgCl_2+(n-2)Cl^- \longrightarrow HgCl_n^{2-n} \tag{6-3}$$

波立登-诺辛克除汞法对气态 Hg^0 的去除效率可达95%以上,且吸收液中的主要成分可以循环使用,因此该方法的性能和经济性都具有明显优势,因此已在世界范围内广泛使用。但是该技术仍一定的局限性,首先是传质阻力问题,烟气中气态 Hg^0 与溶液中的氯化汞接触过程中传质阻力较大。其次是吸收塔的带沫问题,使得尾气中 Hg^0 浓度较高。最后是有色金属冶炼烟气中往往还存在高浓度的 SO_2,SO_2 可以与吸收液的主要成分氯化汞反应,将二价的液态汞还原为零价的气态汞,显著降低汞的去除效率[79]。

6.2.2 碘络合吸收法

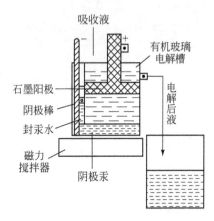

我国广东有色金属研究院等单位于 1979 年就开发出了碘络合法吸收有色金属冶炼烟气中的气态汞。碘络合法吸收烟气中的气态汞主要包括两道工序,分别为吸收和电解。吸收工序是指利用 KI 溶液中的卤素 I^- 与烟气中的气态 Hg^0 发生络合反应,从而能够大量吸收烟气中的气态 Hg^0,完成吸收反应后的吸收液经过脱硫后被送入电解工序进行再生。电解工序中,吸收后产生的络合态汞被提取为产品粗汞,而溶液中的 I^- 被再生,送回吸收工序进行重复利用。电解工艺设备示意图如图 6-7 所示[80]。

图 6-7　碘络合吸收法电解设备示意图

碘络合吸收法脱除烟气中 Hg^0 的主要反应式[81,82]:

$$H_2SO_3 + 2Hg_{(g)} + 4H^+ + 8I^- \longrightarrow 2[HgI_4]^{2-} + S \downarrow + 3H_2O \tag{6-4}$$

$$[HgI_4]^{2-} \longrightarrow Hg + I_2 + 2I^- \tag{6-5}$$

$$I_2 + H_2SO_3 + H_2O \longrightarrow 2HI + H_2SO_4 \tag{6-6}$$

吸收循环液的母液也需要进行处理,处理过程是向废液中添加硝酸汞,让汞碘络合物与硝酸钾反应生成碘化汞沉淀,经过分离和洗涤等步骤后得到相对较纯的碘化汞,可以加入吸收液中作为对主要吸收成分 I^- 的补充。这一处理过程的主要化学反应式如下。

$$硝酸汞的制备:3Hg + 8HNO_3 \longrightarrow 3Hg(NO_3)_2 + 2NO + 4H_2O \tag{6-7}$$

$$获得碘化汞沉淀:K_2[HgI_4] + Hg(NO_3)_2 \longrightarrow 2HgI_2 \downarrow + 2KNO_3 \tag{6-8}$$

$$碘化汞的溶解:HgI_2 + 2I^- \longrightarrow [HgI_4]^{2-} \tag{6-9}$$

这一碘络合脱除有色金属烟气气态汞的方法具有流程简单、可回收利用汞、运行费用低和吸收剂可循环等优点,可适用于 SO_2 存在条件下的含汞烟气。但是,该方法由于有电解这一流程,因此存在能耗高、效率低及除汞效率不稳定等缺点。此外,工艺流程中产生的含汞废酸还需另外处理,因此本方法仍需进一步改进[83]。

日本的东邦锌公司在碘络合除汞的基础上,开发出了硫化钠–碘化钾复合脱汞技术。这一工艺相较于碘络合除汞更为复杂,主要分为三个部分:第一步是将硫化钠溶液喷入烟气中,将烟气中的气态汞转化为硫化汞沉淀分离,经处理后的烟气可送入制酸工艺制造硫酸,该方法生产出的硫酸中含汞量较低。第二步是向生产的硫酸中加入碘化钾,碘化钾与残留的汞发生络合反应,生成汞碘络合物沉淀。第三步是处理第一步和第二步产生的废渣和洗涤废液。硫化钠-碘化钾复合脱汞工艺的优点是处理流程完整可靠,废液废渣处理简便,废水可经一般处理即可排放,废渣无人体毒性,便于运输。但该工艺的缺点是无法对汞进行回收利用,且工艺复杂,投入成本和运行成本都较高。

6.2.3　漂白粉吸收法

漂白粉吸收法,顾名思义是以漂白粉为主要的吸收活性剂对烟气中的气态汞进行吸收的汞脱除方法。漂白粉中的主要汞吸收成分是次氯酸钙,次氯酸钙含有次氯酸根,是一种强氧化物质。次氯酸根可与烟气中的气态 Hg^0 反应,将其氧化为氯化亚汞沉淀。此外,有色金属冶炼烟气中的酸性气体,如 CO_2、SO_2 等都可以与次氯酸根发生反应,生成原子态的活性氯(Cl^*)。原子态的活性氯能够进一步与烟气中的气态 Hg^0 反应,促进氯化亚汞的生成,从而提高漂白粉吸收法的除汞效率。这一脱汞反应的主要流程可用如下化学方程式简要描述[84]:

$$2Ca(ClO)_2 + CO_2 \longrightarrow CaCO_3 + Cl_2 + 1/2O_2 \qquad (6-10)$$

$$2Ca(ClO)_2 + SO_2 \longrightarrow CaSO_4 + Cl_2 \qquad (6-11)$$

$$Ca(ClO)_2 + 3Hg + H_2O \longrightarrow Hg_2Cl_2 + Ca(OH)_2 + HgO \qquad (6-12)$$

$$2Hg_2Cl_2 + 3Ca(ClO)_2 + 2H_2O \longrightarrow 4HgCl + CaCl_2 + 2Ca(OH)_2 + 3O_2 \qquad (6-13)$$

漂白粉法处理烟气中的气态汞成本极其低廉,设备简单,但缺点同样是脱汞效率相对较差,废液和废渣处理困难,无法回收利用汞。与漂白粉法类似的汞脱除方法还有次氯酸钠吸收法,其反应原理与漂白粉法基本相同。迄今为止,此类方法都仅在实验室规模进行一些模拟实验,工艺较不成熟,还未有大规模的应用。

6.2.4　高锰酸钾吸收法

利用高锰酸钾吸收烟气中的气态汞,其原理与漂白粉法类似,本质上都是利用了吸收液的强氧化性能。高锰酸钾是一种强氧化剂,能够将气态 Hg^0 氧化为氧化汞,同时自身被还原为二氧化锰。二氧化锰还能够与气态 Hg^0 反应生成络合物,能够进一步提高高锰酸钾吸收法的汞去除效率[85]。高锰酸钾溶液吸收气态 Hg^0 产生的氧化汞和汞络合物可通过絮凝的方法沉降分离,含汞的废渣在累积到一定量之后可通过燃烧处理,最终达到汞脱除的目的[86]。高锰酸剂吸收法的主要工艺流程是将含汞烟气经过冷凝法进行预脱汞,同时将烟气温度降低至 30℃ 以下。随后将烟气通入吸收塔进行循环吸收,吸收塔中的吸收液为高锰酸钾溶液。烟气经过吸收塔后再经过除雾器即可排放,而吸收塔中的废液需添加絮凝剂,将废液中的氧化汞和络合态汞絮凝沉降,随后进行分离。最后补充吸收塔中的高锰酸钾溶液,再进行下一循环的烟气汞脱除。这一工艺流程中涉及的主要化学反应可简要表示为[67]:

$$2KMnO_4+3Hg+H_2O \longrightarrow 2KOH+2MnO_2+3HgO \qquad (6-14)$$

$$MnO_2+2Hg \longrightarrow Hg_2MnO_2 \qquad (6-15)$$

这一方法的主要优点是装置简单、脱汞效率高。但是其缺点是操作较为复杂,需要不断添加补充高锰酸钾溶液,同时还要向废液中添加絮凝剂,完成絮凝、沉淀、分离等处理过程。此外,有色金属冶炼烟气中含有极高浓度的 SO_2, SO_2 会先于气态 Hg^0 与高锰酸钾反应,从而会额外消耗大量的高锰酸钾药剂。高锰酸钾在该处理方法中也无法循环利用,药剂的价格也较为昂贵,因此从经济角度来看高锰酸钾吸收法很难实际应用。

6.2.5　硫酸软锰矿吸收法

硫酸软锰矿的主要成分为氧化锰和硫酸,其脱汞过程主要分为两步,第一步是经过常规的气液接触,利用软锰矿中的二氧化锰吸附烟气中的气态零价汞,随后利用烟气中的 SO_2 和溶液中的硫酸,与吸附的汞进一步反应生成硫酸汞和硫酸亚汞,其中硫酸亚汞还可以与二氧化锰反应生成硫酸汞。硫酸软锰矿吸收有色金属烟气中气态 Hg^0 的主要反应流程可表示为[87]:

$$MnO_2+2Hg \longrightarrow Hg_2MnO_2 \qquad (6-16)$$

$$Hg_2MnO_2+4H_2SO_4+MnO_2 \longrightarrow 2HgSO_4+2MnSO_4+4H_2O \qquad (6-17)$$

$$HgSO_4+Hg \longrightarrow Hg_2SO_4 \qquad (6-18)$$

$$Hg_2SO_4+MnO_2+2H_2SO_4 \longrightarrow MnSO_4+2HgSO_4+2H_2O \qquad (6-19)$$

本工艺中生成的 $HgSO_4$ 既是吸收烟气中气态 Hg^0 的产物,也是去除烟气中气态 Hg^0 的反应物之一。随着反应的不断进行,吸收液中 $HgSO_4$ 的浓度不断升高,使得该工艺对烟气中气态 Hg^0 的去除能力也不断升高,最终对烟气中汞的脱除效率可达96%左右,且操作、运行和维护都较为简单。

6.2.6　硒洗涤器法

瑞典的玻利登公司针对烟气脱汞进行了多方面研究后,提出了一种被称为硒洗涤器法的烟气脱汞方法。该方法的工艺原理是将无定形的固态硒与20%~40%浓度的硫酸混合,将其喷入洗涤塔作为吸收液吸收烟气中的气态 Hg^0。该工艺能够去除约90%的气态 Hg^0,适用于高汞浓度的有色金属冶炼烟气。该方法的核心是必须注意吸收液中硫酸的浓度,如果硫酸浓度过高,则会导致硒化汞被硫酸氧化为亚硒酸盐和二氧化硒,硫酸浓度过低则会导致产生易溶性的硒硫化合物[80]。这一工艺目前仅在国内进行过类似的工业试验,还未见实际工程应用中有相关报道。

6.3　吸附法控制重金属 Hg 排放

吸附法是一种利用比表面积较大、多孔或具有化学吸附能力的固态物质来处理常规污染物的常用方法。吸附过程往往包含物理吸附和化学吸附两部分,且实际应用中两种过程往往同时存在。考虑到经济性等原因,吸附法更适用于控制痕量气态汞排放,如燃煤烟气、生物质燃烧、水煤气变换等方面。目前,以活性炭、飞灰等常规吸附材料吸附气态汞的工艺研究较为成熟,且已在燃煤电厂进行了部分现场测试研究。例如,美国 EPA/DOE/FETC 已经提出了以活性炭为吸附材料的吸附法控制烟气中汞排放的完整脱汞方案,其工艺流程的核心是在静电除尘器之前喷入吸附剂,吸附烟气中的气态汞后在静电除尘器被去除。或是在静电除尘器之后、布袋除尘器之前喷入吸附材料,此时烟气温度较低,能够显著提高活性炭吸附材料的汞吸附性能,吸附后的活性炭在布袋除尘器处去除。其他吸附材料的应用工艺流程与活性炭吸附法也基本相同,因此吸附法控制重金属 Hg 排放研究的核心是吸附材料的研发与改性。应用在烟气中汞吸附的吸附剂主要包括常规的活性炭、飞灰等,以及主要通过化学吸附吸附气态汞的过渡金属氧化物和可进行再生的磁性材料等,这些材料的主要优缺点如表 6-3 所示。

表 6-3　各类汞吸附材料的优缺点对比

	吸附容量	主要优点	主要缺点
碳基吸附材料	大	工艺成熟,操作简便,吸附性能优异	运行费用较高
飞灰吸附材料	小	工艺成熟,操作简便,运行费用低	脱汞性能较差,性能不稳定
金属吸附材料	中	可针对性进行性能调控	工艺较不成熟,没有进行商业化生产,运行费用较高
磁性吸附材料	中	可针对性进行性能调控,可进行分离再生,运行费用低	工艺较不成熟,没有进行商业化生产

6.3.1　碳基吸附材料

碳基吸附材料中应用最为广泛的就是活性炭。活性炭具有极大的比表面积 $(500 \sim 1500 \mathrm{m}^2/\mathrm{g})$,因此往往对污染物都有极为理想的吸附性能。研究者已广泛研究了活性炭的汞吸附性能,研究结果表明活性炭的孔结构、比表面积、颗粒粒径和化学性质等都会影响其吸附性能,图 6-8 为汞在活性炭表面的吸附机理[88]。

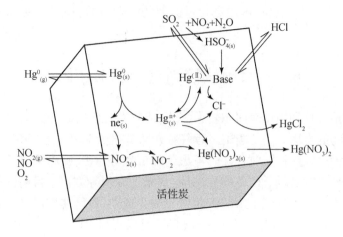

图 6-8　汞在活性炭表面的吸附反应机理

化学改性是提高活性炭吸附效率的最有效方法之一。例如,在活性炭中加入硫基可以提高其汞的吸附能力[89-91]。如果硫化活性炭的过程中添加了多种硫物种,如元素硫(S)、水相硫化钠(Na₂S)或硫化氢(H₂S)等,则最终形成的硫化活性炭中硫物种的状态极为复杂,可能会包含硫化物、亚砜、元素硫、砜、噻吩和硫酸盐等物

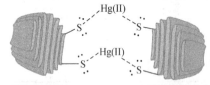

硫化活性炭　　　　　硫化活性炭
图 6-9　硫化活性炭吸附 Hg^{2+} 机制示意图

种。与未改性的活性炭相比,这些含硫活性炭都表现出了较高的汞吸附能力[92,93]。目前,已有研究者深入探究了活性炭表面硫化后提高脱汞效率的反应机制,认为引入的—S—基团和Hg(II)之间的相互作用能够显著促进吸附剂对汞的吸附能力(图6-9)[94]。

活性炭吸附剂的比表面积、孔体积、孔径、孔数等物理性质都会影响其吸附能力。但是,活性炭的硫化会减少微孔的数量,从而抑制其吸附能力。为了保持改性后活性炭的多孔结构,可以对活性炭同时进行硫化/活化处理。经过硫化/活化处理后的活性炭在表面具有丰富的含硫官能团,同时还具有较高的比表面积,因此能够显著提高其汞吸附性能[95]。除含硫官能团外,活性炭表面的其他官能团如—NH₂、—NHCOCH₃、—Br、—Cl、—I、—C=N、—OH 等也能够提高活性炭的汞吸附性能[96,97]。NaI、CuCl₂、CuBr₂ 和 FeCl₃ 等物质都可用于将卤素官能团浸渍至活性炭吸附剂表面,引入的卤族元素官能团的给电子能力有助于提高吸附剂的吸附能力,因此卤族元素对活性炭吸附剂汞吸附能力的促进作用顺序为 I>Br>Cl[98]。

活性炭纤维的比表面积大,且密度相对活性炭更低,因此活性炭纤维也被视为高效的吸附剂之一。近年来已有部分研究者将活性炭纤维应用于吸附气态汞。此外,有研究者以二甲基亚砜(DMSO)、四硫化钠(Na₂S₄)、硫氢化钠(NaSH)和硫蒸

气为硫源,对活性炭纤维进行改性。改性后的含硫活性炭纤维具有更为优异的汞吸附性能,再次证明了含硫官能团能够有效提高碳基吸附剂的汞吸附性能[99]。

由于传统吸附剂粒径较大,传质阻力大,吸附能力相对较差,为了克服这一缺点,将吸附剂粒径控制在纳米层面的纳米吸附材料引起了广泛关注。纳米吸附剂的粒径较小,因此展现出了许多不同于常规吸附剂的物理化学性质,其中包括比表面积大、吸附能力强、稳定性高、机械强度高等。凭借其优异的物化性质,各种碳基纳米颗粒已被尝试应用于去除和吸附重金属离子。其中最受关注的是碳纳米管和石墨烯材料。已有研究者将官能团引入碳纳米管表面,从而提高其吸附性能。例如,壳聚糖功能化后的空心碳纳米管,包括多壁空心碳纳米管和单壁空心碳纳米管都具有更为优异的汞吸附性能[100]。多壁碳纳米管表面的氨基和硫醇官能团具有一定的给电子能力,因此引入氨基和硫醇官能团后的多壁碳纳米管对汞也具有更高的吸附能力[101,102]。含硫醇的单壁碳纳米管的汞吸附性能是未经改性单壁碳纳米管的 4 倍,是普通活性炭的 5 倍[103]。石墨烯和氧化石墨烯是近年来最为热门的碳基纳米材料,其比表面积大、表面氧官能团丰富,因此石墨烯和氧化石墨烯也被广泛应用于吸附领域。此外,为了提高石墨烯的吸附性能,也可对其进行改性。例如,在石墨烯表面引入壳聚糖后,其汞吸附容量提高了约 1 倍[104]。类似于其他碳基材料,酸处理后的石墨烯也表现出更为优异的汞吸附性能[105]。导电聚合物具有生产成本低、官能团丰富、形状结构多样、吸附能力强、易于加工等特点,因此在吸附领域也已有广泛应用。有研究者将导电聚合物与石墨烯结合,开发出更为优异的吸附材料。例如,结合聚苯胺和石墨烯氧化物构建的聚苯胺–石墨烯复合材料,其在液相中对汞的吸附能力最高可达 $1000\mathrm{mg/g}$,远远高于单纯的聚苯胺或石墨烯材料,因此也有望应用于气相中汞的吸附[106]。

整体而言,使用活性炭作为吸附剂脱汞的运行费用较高。为了解决活性炭造价昂贵的问题,近些年有学者利用各种有机物质在无氧条件下热解得到与活性炭性能相似的活性焦。活性焦指的是将生物质(尤其是植物)或有机组分,经过高温裂解所形成具有良好空隙结构的含碳物质。活性焦成分复杂且表面含有大量官能团可能有利于 Hg^0 氧化吸附。活性焦的来源极为广泛,价格低廉,是性质优越的吸附剂,应用于烟气汞吸附具有良好的前景。然而目前活性焦研究主要集中在热解后采用物理活化和化学改性增加活性焦汞吸附性能,很少有研究关注热解前驱物含有的活性组分对热解焦汞吸附性能影响。对活性焦前驱物活性组分的忽略可能会因为改性处理造成活性组分的丢失或失活。废旧轮胎和中药废渣中含有大量 S 组分,棉花秸秆具有较高的 O 含量,而生活垃圾具有较高的 Cl 含量,这些组分可以形成活性位点促进 Hg^0 的吸附[107]。废旧轮胎、棉花秸秆、中药废渣和生活垃圾富含 O、S 和 Cl 等活性组分。因此,筛选这四种废物为前驱物,并进行热解产生活性焦(编号顺序为 T6、C6、M6 和 W6)。对这四种活性焦的汞吸附性能进行了对比研究(图 6-10)发现,T6 初始汞吸附效率达到 88.3%,并且在 300min 后依然保持在 66.3% 以上。活性焦 C6、M6 和 W6 表现出相似的汞吸附效率,但初始汞吸附效率分别为 35.1%,22.2% 和 12.8%。这说明 T6 表现出良好的汞吸附性能而其他三种未改性的原活性焦对 Hg^0 的吸附性能较差。

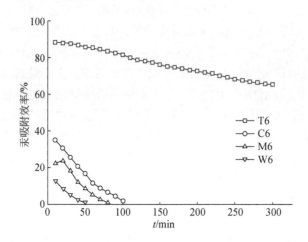

图 6-10　四种不同前驱体制备活性焦的汞吸附性能[107]

6.3.2　飞灰吸附材料

　　飞灰是指燃料燃烧过程中产生的微小固态颗粒,其中往往含有大量的未燃尽碳物种,研究表明这些未燃尽碳物种对于烟气中的气态汞有较强的氧化和吸附能力,此外,飞灰中含有的卤素、过渡金属氧化物等物质都能够促进飞灰的汞吸附和氧化性能[108,109]。除飞灰的成分外,飞灰的颗粒粒径和比表面积等物理性质也对其脱汞能力有显著影响。研究发现,飞灰的汞吸附能力随着比表面积的增加而显著增强,但除比表面积的影响外,飞灰的汞去除能力还会受到比表面积利用率的显著限制[110,111]。

　　目前,大多数研究者认为飞灰粒径越低,其汞吸附性能越为优异。但是,有小部分研究者通过对不同粒度层级飞灰的脱汞性能研究发现,部分大粒径的飞灰的汞吸附性能明显优于细粒飞灰,这是因为大粒径的飞灰往往含有更高含量的未燃尽碳。此外气态汞与飞灰之间的传质作用会显著影响飞灰的汞吸附性能,而适当粒径的飞灰才能获得最低的传质阻力,从而得到最优异的汞吸附能力,而粒径过大或过小都会显著提高传质难度,从而抑制飞灰的汞吸附能力[112,113]。

　　除飞灰粒径外,飞灰中未燃尽炭的含量与飞灰的汞吸附性能之间的联系也是研究重点。以往的研究者普遍认为飞灰的汞吸附能力与飞灰中未燃尽碳的含量呈简单的正相关关系。但近年来的研究发现飞灰的汞吸附性能与未燃尽碳含量并不是简单的线性相关。例如,有研究者探究了来源于不同煤种的飞灰,发现飞灰的汞吸附性能与未燃尽碳含量无明显的关联性[114]。研究结果显示除飞灰中未燃尽碳含量外,未燃尽碳的碳质结构和岩相组分也对飞灰的汞吸附性能有显著影响。飞灰中未燃尽碳根据结构特征的不同可以分为各向同性和各向异性未燃尽炭两种,研究表明其中各向异性未燃尽炭的含量与飞灰的汞吸附性能呈正相关,这一相关性在外界气态汞浓度较高时更为显著[115,116]。

　　整体而言,以飞灰作为汞吸附材料的吸附技术成本低廉、操作简便,同时不需要新增新的后续处理工段。但是由于飞灰自身的汞吸附性能往往低于其他汞吸附材料,因此仍需对飞灰性能进行改性或选择具有较高汞吸附性能的飞灰,以达到较为理想的汞脱除效率。

6.3.3　金属吸附材料

　　目前针对烟气中痕量汞的吸附材料研究大多都是在关注吸附剂的吸附和氧化性能。但若是要实际应用,考虑材料的经济性也十分重要。若开发的吸附材料可进行循环使用,那么将大大降低运行成本,使得吸附法控制烟气中痕量气态汞这一方法更为可行。研究者也针对可再生的吸附材料进行了相应研究,如图 6-11 所示,研究主要集中在以贵金属或金属氧化物为吸附剂在较低温度下吸附气态汞,当吸附剂吸附饱和失活后在特定气氛和温度下再生,从而保证吸附剂的循环使用。

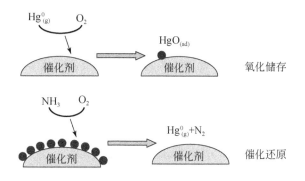

图 6-11　硫化活性炭吸附 Hg^{2+} 机制示意图

　　贵金属 Pd、Pt、Ag 和 Au 等都可以与汞发生汞齐效应,从而快速高效地去除烟气中的气态汞。吸附后的催化剂在惰性气氛的保护下加热至一定温度,汞齐即可分解释放出汞,从而实现汞的集中控制和吸附剂的再生。例如,贵金属吸附剂中,Pd/Al_2O_3 吸附剂在 270℃下可吸附去除烟气中 90% 以上的气态汞,吸附完成后在 N_2 氛围保护下,于 400℃加热 1h 即可实现汞与贵金属吸附剂的分离,使得催化剂再生。在实验室研究中,这一循环过程循环 5 次后,Pd/Al_2O_3 吸附剂的汞吸附性能无明显降低[117]。有研究者采用原位合成法将纳米 Ag 颗粒负载至石墨烯表面,制备出的 Ag/石墨烯吸附剂在室温(25℃)条件下即具有极为优异的汞吸附性能,其汞吸附量可达到 4.2mg/g。随着吸附温度的升高,Ag/石墨烯吸附剂的汞吸附性能随之显著下降,当温度由室温(25℃)升至 100℃时,其汞脱除效率可由 90% 降低至 64%。吸附饱和后的 Ag/石墨烯吸附剂在 150℃ 即可再生,多次循环实验结果显示 Ag/石墨烯吸附剂的再生性能极为优异[118]。此外,还有报道显示 Au 负载活性炭吸附剂也具有优异的汞吸附性能和循环再生能力[119]。但由于贵金属价格昂贵,将其用于气态汞吸附的经济性能极差,难以将其实际应用,因此近年来的研究重点集中在普通金属氧化物吸附材料的研发与改性。

金属氧化物,尤其是过渡金属氧化物可以利用晶格氧或吸附氧将气态 Hg^0 氧化为不易挥发的 HgO。吸附剂吸附完成后可经过热处理再生,将吸附剂表面吸附的 HgO 分解为气态 Hg^0,实现汞的集中控制,同时使吸附剂再生。近年来研究者开发出了大量可循环利用的金属氧化物吸附剂,例如 MnO_x/石墨烯汞吸附剂在 150℃ 的模拟空气条件下具有较为优异的汞吸附性能,能够脱除烟气中 90% 以上的气态汞,并且可再生重复利用[120]。采用共沉淀法合成的 Sn-Mn 复合氧化物吸附剂可将气态汞吸附在表面,随后将吸附态的汞氧化并沉积,沉积的汞物种也可通过热处理分解,使 Sn-Mn 复合氧化物吸附剂再生[121]。还有研究者将 Mn-Ce 复合氧化物浸渍在活性焦表面,所得的吸附剂在 190℃ 的模拟空气条件下汞脱除效率可达约 95%。在零价汞氧化吸附过程中,Mn 氧化物作为活性中心,Ce 氧化物表面的活性氧可以促进 Mn 氧化物的氧化还原循环,从而促进 MnCe/活性焦吸附剂的汞化学吸附性能,随后 Ce 氧化物在氧化性气氛中迅速再生[122]。

无论是贵金属还是普通金属氧化物吸附剂,虽然它们都具有优异的汞吸附性能和可再生性能,但若将其应用于目前成熟的吸附剂喷射技术,吸附剂将难以从飞灰中分离,使得吸附剂无法进行再生操作,因此导致该技术难以实际应用。而以贵金属或普通金属氧化物为吸附剂的固定床吸附技术的操作较为烦琐、工艺投资成本较高,且工艺并不成熟,因此目前看来贵金属吸附剂和普通金属氧化物吸附剂都难以成功应用于实际烟气中气态汞的去除。

6.3.4　磁性吸附材料

为了解决普通金属氧化物难以从飞灰中分离再生的问题,使用含有磁性的汞吸附材料是最为有效的解决途径。磁性吸附材料可以借助目前成熟的吸附剂喷射技术,与含汞烟气混合均匀后迅速吸附烟气中的气态汞,随后磁性吸附材料与飞灰一同被除尘器捕集,再经过磁分选后即可将磁性吸附材料从飞灰中分离,经再生后即可重复使用,磁性可再生吸附材料用以吸附气态汞的工艺流程图如图 6-12 所示。

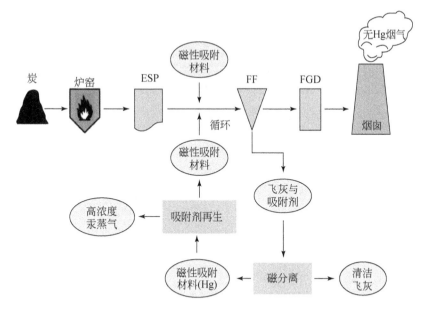

图 6-12　磁性可再生吸附材料用以吸附气态汞工艺流程图[123]

铁氧化物,如磁赤铁矿、磁铁矿等,具有低人体毒性、价格低廉、比表面积大、具有磁性及易于表面改性等优点。普通铁氧化物的汞吸附性能较差,因此可利用表面改性等方式提高其汞吸附能力。例如,可将含硫官能团负载再铁氧化物表面,以提高铁氧化物表面的汞亲和力,从而提高其汞吸附性能,同时还保留了铁氧化物的磁性[124]。多功能材料组装也是利用铁氧化物磁性的一种有效方式,如可以具有超顺磁性的 Fe_3O_4 为核心,将具有亲水性的二氧化硅分子筛为壳层,合成的核壳结构 $Fe_3O_4@SiO_2$ 纳米复合材料就具有极强的汞吸附性能[125]。此外,利用硫醇基修饰的 $Fe_3O_4@SiO_2$、芘修饰的 $Fe_3O_4@SiO_2$,以及硫醇基修饰的核壳结构纳米磁性四氧化三铁聚合物都能够在保证磁性的同时,提高铁氧化物的汞吸附性能[126]。

针对磁性铁氧化物进行掺杂、负载等改性方式也是在保持 Fe 氧化物磁性的同时提高汞吸附性能的方式之一。例如利用天然沸石为载体,将纳米 Ag 和磁性 Fe_3O_4 纳米颗粒混合,得到了具有磁性的 Ag-Fe_3O_4 沸石吸附剂,其具有优异的汞吸附性能,同时多次循环再生实验还证明其汞吸附性能会随着循环次数而缓慢提高。对磁性铁基尖晶石掺杂活性组分或助剂也可显著提高其汞吸附性能,如合成的 Mn/Fe、Fe-Ti、Fe-Mn、Fe-Ti-Mn 催化剂都具有良好的汞吸附性能和超顺磁性,且吸附后的 Fe 基尖晶石可通过水洗–加热两步法再生并循环使用[123,127,128]。

6.4　催化氧化法控制重金属 Hg 排放

催化氧化法控制烟气中痕量汞的排放是一种新思路,其工艺原理是利用 SCR 脱硝反应单元,结合烟气中存在的少量卤族元素(如 HCl、HBr),将气态的 Hg^0 氧化为水溶性的 Hg^{2+},随后经过后续的湿法处理设施,将水溶性的 Hg^{2+} 溶解去除,从而达到去除烟气中气态 Hg^0 的目的。这一工艺的有效性已被大量的全尺寸实验和实地采样结果所证明[129-131],实验和采样结果还表明采用电除尘器、SCR 和烟气脱硫相结合的方法可以有效地去除烟气中的 Hg^0,若关闭电除尘器、SCR 和烟气脱硫中的任一部分,其烟气脱汞效率都会受到显著影响。其中影响最为显著的即为 SCR 脱硝单元,其氧化机理示意图如图 6-13 所示。当 SCR 脱硝单元关闭后,烟气后处理设施的脱汞效率可从 61% 降低至 47%。有研究者深入比较了催化氧化技术和活性炭吸附技术的汞去除成本,结果显示采用选择性催化还原脱硝系统氧化脱除气态 Hg^0 的成本明显低于活性炭吸附法[132]。因此,结合 SCR 脱硝系统和后续的湿法处理工艺是控制工业烟气中痕量气态 Hg 最经济的方法,近年来研究者也针对这一工艺进行了大量研究,结果显示贵金属催化剂和普通金属氧化物催化剂仍是最为有效的汞氧化催化剂。

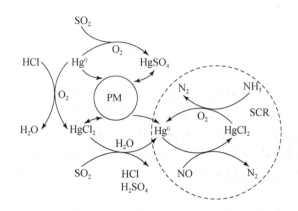

图 6-13　利用 SCR 反应氧化去除烟气中的 Hg^0 机理示意图

6.4.1　贵金属氧化材料

贵金属(如金、钯、铂、铑等)催化剂具有较强的氧化性,同时还具有较高的热稳定性和再生性能,因此是优异的汞氧化催化剂。目前,已有大规模的研究报道了贵金属催化剂的 Hg^0 氧化性能和反应机制。为了提高贵金属催化剂的比表面积,需要将贵金属元素负载在各种多孔材料载体上,如氧化铝、二氧化硅、氧化锆、二氧化钛、碳和沸石分子筛等。8% Pd 负载的氧化铝催化剂在烟气温度高于 270℃时即可吸附去除 90% 以上的汞[117],同时 Pd 也具有极强的汞催化氧化性能,被视为活性最为优异的汞氧化活性元素。Pd 的汞催化氧化活性与气态 HCl 的浓度没有明显联系,当 HCl 的浓度由 50ppm 增加至 100ppm 时,Pd 的汞催化性能基本保持不变[133]。当烟气中不含有 HCl 时,Pd 仍能够催化氧化 Hg^0,但是其反应速率明显下降。因此,可以认为 HCl 和 Hg 之间的相互作用发生在 Pd 催化剂的界面上,能够促进 Pd 催化剂的 Hg^0 氧化性能。

Au 可以吸附气态 Hg^0 并反应生成汞齐,同时 Au 还具有优异的氧化能力,因此 Au 也被视为一种优异的汞催化氧化催化剂。Au 负载在氧化钛载体表面,可以达到 40% ~60% 的汞氧化效率[134]。研究者通过 DFT 理论计算得到汞氧化过程的活化能,认为吸附在 Au 催化剂表面的 Hg^0 与 Cl_2(或 HCl)的反应主要通过 Langmuir-Hinshelwood 机制进行,其主要的反应途径为一个两步过程,即 Hg 被氧化为 HgCl,随后被进一步氧化为 $HgCl_2$,其中存在过渡态 TS1 和 TS2(图6-14)。在这一反应过程中,与第一个 Cl 原子的结合是放热反应,与第二个 Cl 原子的结合是吸热反应。经过这一反应路径的中间态(TS1 和 TS2)能量远低于一步氧化过程的中间态 TS3,表明 Hg^0 在 Au 催化剂表面的氧化过程更倾向于经过两步氧化途径。已有其他研究者也得到了类似结果[135],结果显示活性 Cl 原子是汞氧化过程中重要的中间体,Hg^0 与活性 Cl 原子反应生成 HgCl,随后再被另一个活性 Cl 原子氧化生成 $HgCl_2$。

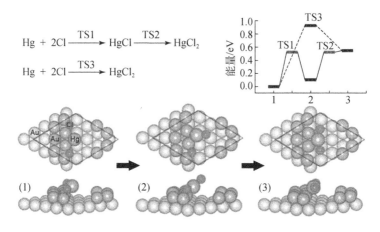

图6-14　Au(111)晶面上的汞氧化路径示意图[136]

6.4.2　钒系 SCR 催化剂

选择性催化还原(SCR)脱硝是最有效的工业烟气 NO_x 控制工艺。我国近年来推行的超低排放要求使得 SCR 装置将广泛应用于各个行业的烟气脱硝领域。贵金属催化剂曾应用于选择性催化还原脱除 NO$_x$,但由于贵金属价格昂贵,难以在工业上广泛使用。近年来,利用普通金属氧化物取代贵金属已成为新的研究热点,钒基催化剂也已取代贵金属催化剂,成为目前商用的选择性催化还原脱硝催化剂。因此,研究商业 SCR 催化剂的协同脱汞能力显得极为重要。

商业 SCR 催化剂催化氧化汞的过程示意图如图 6-15 所示,其主要活性组分为五氧化二钒(V$_2$O$_5$),载体为二氧化钛(TiO$_2$),助剂为三氧化钨(WO$_3$)或三氧化钼(MoO$_3$)。其中活性组分 V$_2$O$_5$ 物种不但具有催化氮氧化物还原为 N$_2$ 的能力,还同时具有催化氧化 Hg^0 的性能。已有研究[138]表明商业 SCR 催化剂的 Hg^0 氧化能力与催化剂表面 V$_2$O$_5$ 物种浓度呈正相关,其中 SCR 催化剂表面负载 2.6% 的 V$_2$O$_5$ 物种催化剂具有最为优异的 Hg^0 氧化性能,其氧化活性可达 86.6m/h,而几乎不含有 V$_2$O$_5$ 活性物种的试验催化剂汞氧化能力最低,仅有约 8.2m/h。其他研究者也获得了相似结论,研究表明商业 SCR 催化剂的汞催化氧化性能与催化剂表面 V$_2$O$_5$ 活性物种浓度线性相关,这一线性相关直到 V$_2$O$_5$ 活性物种达到 10% 前都可保持[139]。商业 SCR 催化剂中的助剂 WO$_3$ 不具有明显的催化性能,主要起抑制载体 TiO$_2$ 烧结的作用,同时还能提高催化剂的抗 SO$_2$ 中毒能力,增加催化剂表面酸位,这些作用对于 Hg^0 的催化氧化也有一定促进作用。同样,助剂 MoO$_3$ 不能直接催化氧化 Hg^0,但高价钼有助于低价钒的氧化,从而增加汞氧化的晶格氧数量。这将促进商业 SCR 催化剂表面 Hg^0 经 Mars-Maessen 机制氧化[140]。

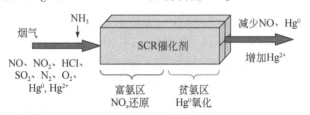

图 6-15　商业蜂窝状 SCR 催化剂汞氧化过程示意图[137]

尽管 SCR 脱硝催化剂能够控制工业烟气中氮氧化物排放,同时具有一定的氧化气态 Hg^0 性能,但是商业 SCR 催化剂中的活性物种 V$_2$O$_5$ 具有生物毒性,且其制备和操作过程中钒的损失难以避免,对人体和环境健康都有一定的影响[141]。传统 SCR 催化剂还具有活性温度窗口较窄,在烟气中 HCl 浓度较低时对 Hg^0 氧化性能较差的问题,烟气中其他因素,如 H$_2$O、SO$_2$ 和 NH$_3$ 等对传统 SCR 催化剂的汞氧化能力也有显著抑制作用[142]。为了克服这些缺点,研究者通过掺杂等方式对商业 SCR 催化剂进行改性,以提高催化剂的汞氧化性能。研究发现氧化钌(RuO$_2$)不但自身具有优异的催化氧化 Hg^0 性能,其与商业 SCR 催化剂还有协同作用,能够显著促进商业 SCR 催化剂的汞氧化能力[143]。RuO$_2$ 改性后的商业 SCR 催化剂还具有

优异的抗硫和抗 NH_3 能力,降低了 SO_2 和 NH_3 对催化剂汞氧化性能的影响,同时还没有影响催化剂的 SO_2 氧化率。除 RuO_2 外,研究者还系统探究了其他金属、尤其是过渡金属(如 Cr_2O_3、ZnO、CuO、NiO、MnO)改性的商业 SCR 催化剂的汞氧化性能。结果显示改性后的商业 SCR 催化剂往往具有更为优异的汞氧化性能,尤其是 CuO 改性的商业 SCR 催化剂的 Hg^0 氧化活性最为优异[144]。

6.4.3　其他普通金属氧化物催化剂

由于贵金属催化剂价格昂贵,难以进行大规模的工业化应用,而商业 SCR 催化剂的汞氧化性能相对较差,对其改性又往往不可避免地会影响其 SCR 反应性能、抗硫性能和机械强度等性质,因此在 SCR 催化剂后添加少量的汞氧化催化剂是目前一种较为可行的提高汞氧化效率的方法。

目前研究发现许多金属氧化物、尤其是过渡金属氧化物催化剂在烟气中含有充足的 HCl 时,都具有一定的催化氧化气态 Hg^0 性能。因此,近年来研究者针对金属氧化物催化剂(如 V_2O_5、MnO_2、Co_3O_4、CuO、TiO_2 等)[128,145-148]的气态 Hg^0 氧化性能进行了大量详细的研究,以开发出具有优异 Hg^0 氧化性能和抗中毒能力的汞氧化催化剂。研究发现过渡金属氧化物相较于贵金属催化剂,其经济型较好,同时也能保证较强的汞氧化能力。

过渡金属氧化物作为活性组分,还需负载在催化剂载体表面才能有效应用于汞氧化反应中,常用的催化剂载体包括氧化铝、二氧化硅、二氧化钛、碳、沸石分子筛等多种材料,其中应用最多的氧化铝和二氧化钛载体。催化剂载体的主要作用是保证活性金属组分的稳定性和高分散性,部分载体自身也具有助剂作用,能够参与 Hg^0 氧化反应[137]。有文献[149]报道了一系列过渡金属氧化物(1% MO_x,M = V、Cr、Mn、Fe、Ni、Cu 和 Mo)负载在锐钛矿型二氧化钛表面后催化氧化 Hg^0 的反应活性,研究发现所有的过渡金属活性组分在载体二氧化钛表面的分散性都较好,其中 V_2O_5/TiO_2 等催化剂不但具有一定的 Hg^0 氧化性能,还具有优秀的脱硝性能。

在金属氧化物催化剂中,Mn 基催化剂体系具有优异的催化性能,同时还具有生产简单、成本低廉等优势,因此 Mn 基催化剂被认为是最有应用前景的 Hg^0 氧化催化剂之一[150]。Mn 基催化剂往往具有复合价态的 Mn 物种,因此其具有多种类型活性氧,这些活性氧在催化反应中往往起到极为重要的作用[151,152],目前 Mn 基催化剂在低温 SCR 领域已受到广泛研究。当然,Mn 基低温 SCR 催化剂也具有优异协同氧化汞性能。研究显示二氧化钛载体表面负载的 MnO_x 催化剂能够有效的吸附和氧化气态 Hg^0,MnO_x/TiO_2 催化剂可以在保证 97% 的 NO_x 还原能力的同时捕获约 90% 的汞[145]。但是工业烟气中往往含有一定浓度的 SO_2,而 SO_2 会导致锰基催化剂中毒,抑制催化剂的氧化还原能力,从而抑制锰基催化剂的 SCR 脱硝性能和汞氧化能力。为了提高 Mn 基催化剂的抗硫性能,最常用的方式采用几种金属元素(如 CeO_2、WO_3、MoO_3 等)作为掺杂剂对锰基催化剂进行改性。CeO_2 掺杂的锰基催化剂在低温下往往表现出更为优异的抗硫性能[153],特别是 Mn-Ce 复合金属氧化物表现出良好的 Hg^0 去除能力。MnO_x 和 CeO_2 之间具有明显的交互协同作用,能够显著促进 Hg^0 氧化反应。Mn-Ce/Ti 催化剂在模拟烟气和 SCR 烟气条件下,在相对低温($150 \sim 250℃$)下就具有很高的 Hg^0 氧化活性,在 200℃时其在模拟烟气条件下的 Hg^0 氧化效率可达 92% 以上,SCR 气氛对 Mn-Ce/Ti 催化剂的汞氧化能力有一定的抑制作用,其 Hg^0 氧化效率轻微降低至约 60%[150]。Mo 掺杂的 Mn 基催化剂也具有较强的 Hg^0 性能和抗硫中毒能力,在烟气氛围中含有 5ppm HCl 时,即使烟气中含有 SO_2,Mo 掺杂的 Mn 基催化剂也能达到较高的汞氧化效率[154]。

　　氧化铈(CeO_x)具有优异的储氧能力,在氧化或还原氛围下,CeO_x 中的 Ce^{4+} 和 Ce^{3+} 之间可以发生氧化还原循环,从而保证优异的氧化还原性能[155]。因此,CeO_x 已广泛应用于催化领域。此外,CeO_x 基氧化物催化剂还具有优异的抗 H_2O 能力[156],CeO_x 掺杂还能显著提高催化剂的抗二氧化硫中毒能力[157]。整体而言,CeO_x 基催化剂也被视为一类优异的汞氧化催化剂。例如,采用 CeO_2 作为活性物种、WO_3 作为助剂和 TiO_2 作为载体的 CeO_2-WO_3/TiO_2 纳米复合材料,在模拟烟气中含有氧气和 HCl 的条件下可以达到 95% 以上的 Hg^0 氧化效率[158]。研究还显示水对 CeO_2-WO_3/TiO_2 纳米复合材料的汞脱除性能影响较小,二氧化硫甚至对其脱汞性能有一定的促进作用。简单的 CeO_2-TiO_2 复合材料就具有出色的汞捕获能力[157],其最可能的原因是氧化铈占据两种氧化状态[CeO_2(Ce^{4+})与 Ce_2O_3(Ce^{3+})],因此 CeO_2-TiO_2 复合材料中可以储存大量的吸附氧物种,Hg^0 经吸附作用吸附在 CeO_2-TiO_2 复合材料表面,随后被储存的吸附氧物种氧化生成 HgO。有研究者认为 CeO_2-TiO_2 复合催化剂表面的 Hg^0 氧化遵循 Mars-Maessen 机制,具体的反应机制和影响因素的影响机制如图 6-16 所示[159]。但其他研究者也有一些不同的看法,例如有研究者提出 CeO_2-TiO_2 催化剂表面的 Hg^0 氧化主要遵循 Langmuir-Hinshelwood 机制,即吸附态的 Hg^0 与吸附态的活性物种反应,最终完成汞的氧化反应[160]。

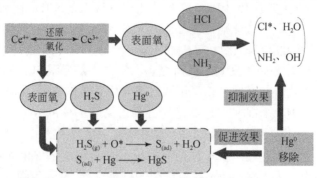

图 6-16　CeO_2-TiO_2 复合催化剂表面可能的 Hg^0 氧化路径和影响气氛的影响机制

6.5　冷凝法控制重金属 Hg 排放

　　汞在常温下是一种易挥发的液体,但是汞蒸气的蒸气压力随温度的变化极为显著(表 6-4),例如汞在 200℃时的饱和蒸气压力是 20℃时的约 9000 倍。有色金属冶炼烟气中的汞浓度较高,能达到数百 mg/m³,且烟气温度也很高,能够达到上千摄氏度。因此,在有色金属冶炼烟气的后处理过程中,烟气温度需要降低至烟气后处理设施能够承受的水平,在这一过程中,可以利用降温使得汞的饱和蒸气压显著下降,使汞蒸气在相对较低的温度下冷凝,从而进行去除和回收利用。由于冷凝法利用的是汞的饱和蒸气压变化,因此要求烟气中汞浓度必须处于较高水平,目前仅有有色金属冶炼烟气可采用冷凝法对烟气中的汞进行处理与处置。

表 6-4　汞的饱和蒸气压与温度之间的关系

温度/℃	蒸气压/(mg/m³)	温度/℃	蒸气压/(mg/m³)
−10	0.74	50	126
0	2.18	70	453
10	5.88	100	2360
20	13.20	200	118000
30	29.40	300	1390000
40	62.60		

　　利用冷凝法从有色金属冶炼烟气中回收金属汞,其工艺流程是在除尘器和除雾器之间安装冷凝器,使烟气迅速冷却。工业上常用的方式是利用冷却水进行循环冷却,显著降低汞的饱和蒸气压,使得部分汞在冷凝器中冷凝沉降,最终达到分离回收烟气中汞的目的。冷凝器一般设置有两级冷却塔,第一级冷却塔中烟气温度迅速下降至 60℃,同时可冷凝去除约 20% 的气态汞,此时烟气中汞浓度仍大于200mg/m³。随后烟气经过第二级冷却塔,可再去除约 65% 的气态汞,整体而言,冷凝法的整体汞去除效率可以达到约 85%。

　　冷凝法去除有色金属冶炼烟气中气态汞的优势是装置简单,运行几乎没有成本,同时还能够回收部分气态汞进行再利用。但该方法的缺点也同样显著,有色金属冶炼烟气中的汞浓度极高,其浓度比燃煤电厂等燃煤烟气中气态汞浓度高 3~5个数量级。即使冷凝法能够去除 85% 以上有色金属冶炼烟气中的气态汞,烟气中剩余的汞浓度依然远远高于排放标准。若想要仅利用冷凝法达到预期的汞去除效率,需要将烟气温度降低至 0℃甚至更低,此时冷凝法的运行成本将极大提高,在实际的工业生产中难以承受。因此,冷凝法是对有色金属冶炼烟气进行汞的预脱除,其往往还需要与后续的脱汞技术联用,以达到高效的汞排放控制能力。

6.6　其他重金属的排放控制技术

除汞外,烟气中还有多种对人体危害显著的重金属元素,如 Pb、As、Cd 和 Cr 等。这些重金属元素的排放控制技术大致相同,都可分为两大类:吸附法和吸收法。其中吸附法为利用吸附剂吸附烟气中的重金属元素,随后被除尘器捕集脱除,从而去除烟气中的重金属污染物。常见的吸附剂包括活性炭、飞灰和钙基吸附剂,这些吸附剂对所有重金属元素都有一定的捕集作用。吸收法则针对性较强,需针对去除的污染物选择吸收剂,从而高效去除烟气中高浓度的重金属污染。以 H_2O 为吸收剂往往也可显著降低烟气中的重金属含量。下面将以铅和砷为例简单介绍吸附法和吸收法在重金属污染控制中的应用。

6.6.1　铅排放控制技术

铅是一种重要的重金属污染物,可通过呼吸道、消化道和皮肤等吸收进入人体,进入人体后很难代谢,对人体几乎所有器官都有损害作用,尤其是大脑和肾脏。目前工业烟气中铅排放控制的方式主要有两大类:吸收法和吸附法。吸收法的工艺原理是利用稀醋酸、草酸或碱液与铅发生化学反应,从而大量捕集烟气中的铅,因此吸收法更适用于烟气中铅含量较高的情况。利用稀醋酸吸收法脱除烟气中铅的化学式可简单表述为[161]:

$$PbO+2HAC \longrightarrow Pb(AC)_2+H_2O \tag{6-20}$$

$$Pb+2HAC \longrightarrow Pb(AC)_2+H_2 \tag{6-21}$$

该方法以斜孔板塔作为吸收装置,废气入塔之前需要经过除尘脱除较大颗粒,稀醋酸的浓度约为 0.25%~0.3%。这一方法的优势是装置简单,操作简便,净化效率高达 90% 以上。但缺点是酸类吸收剂的腐蚀性较强,设备需要采用防腐措施。此外,醋酸吸收法生成的醋酸铅毒性较大,且易溶于水,因此吸收液不可直接排放,需要选用氢氧化钠溶液对废液进行处理。废液处理的反应机理为:

$$Pb(AC)_2+2NaOH \longrightarrow Pb(OH)_2 \downarrow +2NaAC \tag{6-22}$$

反应生成的醋酸钠易溶于水,属于无毒物质,可以直接排放。可采用硝酸处理反应生成的氢氧化铅沉淀,产生的硝酸铅可回收利用。

利用碱液吸收烟气中铅的化学反应式为:

$$2Pb+O_2 \longrightarrow 2PbO \tag{6-23}$$

$$PbO+2NaOH \longrightarrow Na_2PbO_2+H_2O \tag{6-24}$$

吸收液中 NaOH 的浓度为 1%,吸收器可采用冲击式净化器。该吸收反应产物为亚铅酸钠,工艺特点是能够在同一设备中同时完成除尘和吸收铅。此外,采用碱液作为吸收剂还可以兼顾除油,适用于含铅烟气中油含量较高的情况。该工艺设备简单,净化效率可达 85% ~99%。但缺点是接触时间短,且烟气中铅浓度较低(小于 0.5mg/m³)时净化效率低,产物亚铅酸钠不可回收,仍会导致环境污染问题。

利用水作为吸收液也可脱除部分烟气中的铅,其工艺原理是利用含铅粉尘比重大、不溶于水的特点,利用物理方法吸收脱除。由于其工艺简单,因此应用较为广泛,但其脱除效率要低于醋酸和碱吸收液。

利用吸附法脱除烟气中的重金属铅,其工艺原理与吸附法脱汞类似。吸附法的核心在于吸附剂,目前最为常用的吸附剂仍是活性炭、飞灰、钙基吸附剂、金属氧化物等吸附剂也都有一定的吸附效果。但由于烟气中的 PbO、PbSO₄ 和 PbCO₃ 等铅物种多以亚微米颗粒形态存在,仅有约 30% 左右的铅物种可被活性炭和布袋除尘器捕捉,其余约 70% 的固态铅物种则会被直接排放至大气。因此,进一步控制细颗粒粉尘的排放也可显著控制重金属的排放。

6.6.2　砷排放控制技术

砷在烟气中以痕量形式存在,很难检测其存在形态。目前主流的方法是以热力学平衡的方式估测烟气中砷的存在形态,研究表明温度高于 1000℃时,砷主要以 AsO 形式存在,500~800℃ 可能存在 AsO、AsH₃、As₄ 和 As₂ 等形态。与其他重金属的排放控制技术相同,主流的砷排放控制技术也可以分为两大类:吸附法和氧化吸收法。吸附法中常用的吸附剂仍是活性炭、钙基吸附剂、飞灰和金属氧化物等,其中最常用的是钙基吸附剂和活性炭。钙基吸附剂适用于在较高温度(>500℃)条件下吸附烟气中的砷物种,生成的产物为砷酸钙,吸附过程为化学吸附。活性炭吸附剂表面主要发生物理吸附,因此活性炭更适用于温度较低时(200℃以下) As 的吸附,且吸附性能随温度升高显著下降。也可对活性炭进行改性,如载入 MnO₂ 和 FeCl₃ 等活性组分,从而提高活性炭的化学吸附能力。烟气中的 HCl 和 H₂S 对砷吸附的抑制作用较为显著[162]。

吸收法去除烟气中的重金属砷的工艺原理是利用氧化剂,如 H₂O₂、NaClO、NaClO₂、Ca(ClO)₂ 和 KMnO₄ 等将烟气中不易溶于水的砷物种氧化为易溶于水的砷酸盐,从而从烟气中脱除。以水直接作为吸收剂,也可一定程度上去除烟气中的砷[163]。

参 考 文 献

[1] Mohanraj R,Azeez P,Priscilla T. Heavy metals in airborne particulate matter of urban Coimbatore. Archives of Environmental Contamination and Toxicology,2004,47(2):162-167.

[2] 刘烨,宁平,李凯,等. 工业烟气重金属离子脱除方法研究进展. 材料导报,2014,28(17):106-110.

[3] Global mercury assessment 2013. UNEP,2013.

[4] Clarke L B,Sloss L L. Trace elements:emissions from coal combustion and gasification. IEA Coal Research London,1992.

[5] Lockwood F,Yousif S. A model for the particulate matter enrichment with toxic metals in solid fuel flames. Fuel Processing Technology,2000,65:439-457.

[6] Xiong S C, Xiao X, Huang N, et al. Elemental mercury oxidation over Fe-Ti-Mn spinel: Performance, mechanism, and reaction kinetics. Environmental Science & Technology, 2016, 51(1):531-539.

[7] Yan N Q,Qu Z,Chi Y,et al. Enhanced elemental mercury removal from coal- fired flue gas by sulfur-chlorine compounds. Environmental Science & Technology,2009,43(14):5410-5415.

[8] Pavlish J H,Sondreal E A,Mann M D,et al. Status review of mercury control options for coal-fired power plants. Fuel Processing Technology,2003,82(2-3):89-165.

[9] Galbreath K C, Zygarlicke C J. Mercury transformations in coal combustion flue gas. Fuel Processing Technology,2000,65:289-310.

[10] 廖勇. 磁性可循环吸附剂集中控制燃煤烟气零价汞污染的研究. 南京:南京理工大学,2017.

[11] Senior C L,Sarofim A F,Zeng T,et al. Gas-phase transformations of mercury in coal-fired power plants. Fuel Processing Technology,2000,63(2-3):197-213.

[12] Laudal D L, Brown T D, Nott B R. Effects of flue gas constituents on mercury speciation. Fuel Processing Technology,2000,65:157-165.

[13] Pavlish J H, Holmes M J, Benson S A, et al. Application of sorbents for mercury control for utilities burning lignite coal. Fuel Processing Technology,2004,85(6-7):563-576.

[14] Wang J,Clements B,Zanganeh K. An interpretation of flue-gas mercury speciation data from a kinetic point of view. Fuel,2003,82(8):1009-1011.

[15] Liu K L,Gao Y,Riley J T,et al. An investigation of mercury emission from FBC systems fired with high-chlorine coals. Energy & Fuels,2001,15(5):1173-1180.

[16] Hall B. The gas phase oxidation of elemental mercury by ozone. Mercury as a Global Pollutant, Springer:1995:301-315.

[17] Wang S X,Zhang L,Li G H,et al. Mercury emission and speciation of coal-fired power plants in China. Atmospheric Chemistry and Physics,2010,10(3):1183-1192.

[18] Hower J C,Maroto- Valer M M,Taulbee D N,et al. Mercury capture by distinct fly ash carbon forms. Energy & Fuels,2000,14(1):224-226.

[19] Xin M,Gustin M S,Ladwig K. Laboratory study of air-water-coal combustion product(fly ash and FGD solid)mercury exchange. Fuel,2006,85(16):2260-2267.

[20] Chen L,Duan Y F,Zhuo Y Q,et al. Mercury transformation across particulate control devices in six power plants of China:The co- effect of chlorine and ash composition. Fuel,2007,86(4):603-610.

[21] Reynolds J. Mercury removal via wet ESP. Power,2004,148(8):54.

[22] Keating M H, Mahaffey K R, Schoeny R, et al. Mercury study report to Congress. Volume 1. Executive summary; Environmental Protection Agency, Research Triangle Park, NC (United States):1997.

[23] Keating M. Mercury study report to Congress. Volume 2. An inventory of anthropogenic mercury emissions in the United States; Environmental Protection Agency, Research Triangle Park, NC (United States):1997.

[24] French C L, Maxwell W H. Study of hazardous air pollutant emissions from electric utility steam generating units: final report to congress. United States Environmental Protection Agency, Office of Air Quality Planning and Standards, 1998.

[25] Ghorishi S B, Keeney R M, Serre S D, et al. Development of a Cl-impregnated activated carbon for entrained- flow capture of elemental mercury. Environmental Science & Technology, 2002, 36(20):4454-4459.

[26] Liu W, Vidic R D, Brown T D. Optimization of high temperature sulfur impregnation on activated carbon for permanent sequestration of elemental mercury vapors. Environmental Science & Technology, 2000, 34(3):483-488.

[27] Presto A A, Granite E J. Survey of catalysts for oxidation of mercury in flue gas. Environmental Science & Technology, 2006, 40(18):5601-5609.

[28] Nolan P S, Redinger K E, Amrhein G T, et al. Demonstration of additive use for enhanced mercury emissions control in wet FGD systems. Fuel Processing Technology, 2004, 85(6-7):587-600.

[29] Scala F, Clack H L. Mercury emissions from coal combustion: Modeling and comparison of Hg capture in a fabric filter versus an electrostatic precipitator. Journal of Hazardous Materials 2008, 152(2):616-623.

[30] Yang H Q, Xu Z H, Fan M H, et al. Adsorbents for capturing mercury in coal- fired boiler flue gas. Journal of Hazardous Materials, 2007, 146(1-2):1-11.

[31] O'Dowd W J, Hargis R A, Granite E J, et al. Recent advances in mercury removal technology at the National Energy Technology Laboratory. Fuel Processing Technology 2004, 85 (6- 7): 533-548.

[32] Sommar J, Lindqvist O, Strömberg D. Distribution equilibrium of mercury (II) chloride between water and air applied to flue gas scrubbing. Journal of the Air & Waste Management Association, 2000, 50(9):1663-1666.

[33] Kilgroe J D, Sedman C B, Srivastava R K, et al. Control of mercury emissions from coal- fired electric utility boilers: interim report including errata dated 3-21-02. US Environmental Protection Agency, 2002.

[34] Staudt J E, Jozewicz W, Srivastava R K. Performance and cost of mercury and multipollutant emission control technology applications on electric utility boilers. US Environmental Protection Agency, Office of Research and Development, 2003.

[35] Sørum L, Frandsen F J, Hustad J E. On the fate of heavy metals in municipal solid waste combustion. Part II. From furnace to filter. Fuel, 2004, 83(11-12):1703-1710.

［36］ Verhulst D, Buekens A, Spencer P J, et al. Thermodynamic behavior of metal chlorides and sulfates under the conditions of incineration furnaces. Environmental Science & Technology, 1995,30(1):50-56.

［37］ Chiang K Y,Wang K S,Tsai C C,et al. Formation of heavy metal species during PVC-containing simulated MSW incineration. Journal of Environmental Science and Health,Part A 2001,36(5): 833-844.

［38］ Chiang K Y,Wang K S,Lin F L,et al. Chloride effects on the speciation and partitioning of heavy metal during the municipal solid waste incineration process. Science of the Total Environment, 1997,203(2):129-140.

［39］ Standard test method for elemental, oxidized, particle- bound, and total mercury in flue gas generated from coal- fired stationary sources (Ontarlo- Hydro). Standard, ASTM. Designation: D6784-02,2008.

［40］ 易秋,薛志钢,宋凯,等. 燃煤电厂烟气重金属排放与控制研究. 环境与可持续发展,2015, 40(5):118-123.

［41］ Determination of metals emissions from stationary sources. US Environmental Protection Agency, method 29,2000.

［42］ 屈文麒. 燃烧过程中重金属在线监测、释放和吸附机理的研究. 武汉:华中科技大学,2013.

［43］ Iken H,Kirsanov D,Legin A,et al. Novel thin-film polymeric materials for the detection of heavy metals. Procedia Engineering,2012,47:322-325.

［44］ Hassaine S,Trassy C,Proulx P. Continuous emission monitoring of metals in flue gases by ICP-OES:role of calibration and sample gas. High Temperature Material Processes, 2001, 5(3): 313-331.

［45］ Woskov P P, Rhee D Y, Thomas P, et al. Microwave plasma continuous emissions monitor for trace- metals in furnace exhaust. Review of scientific instruments,1996,67(10):3700-3707.

［46］ Picoloto R S, Wiltsche H, Knapp G, et al. Determination of inorganic pollutants in soil after volatilization using microwave- induced combustion. Spectrochimica Acta Part B: Atomic Spectroscopy,2013,86:123-130.

［47］ Järvinen S T,Saarela J,Toivonen J. Detection of zinc and lead in water using evaporative precon-centration and single- particle laser- induced breakdown spectroscopy. Spectrochimica Acta Part B:Atomic Spectroscopy,2013,86:55-59.

［48］ Radziemski L, Cremers D. A brief history of laser- induced breakdown spectroscopy:from the concept of atoms to LIBS 2012. Spectrochimica Acta Part B: Atomic Spectroscopy, 2013, 87: 3-10.

［49］ Seltzer M D, Green R B. Instrumentation for continuous emissions monitoring of airborne metals. Process Control and Quality,1994,6(1):37-46.

［50］ Cremers D A,Yueh F Y,Singh J P,et al. Laser-induced breakdown spectroscopy,elemental anal-ysis. Encyclopedia of Analytical Chemistry:Applications,Theory and Instrumentation,2006.

[51] Nore D, Gomes A M, Bacri J, et al. Development of an apparatus for the detection and measurement of the metallic aerosol concentrations in atmospheric air in situ and in real time: preliminary results. Spectrochimica Acta Part B:Atomic Spectroscopy,1993,48(11):1411-1419.

[52] Seltzer M D. Continuous air monitoring using inductively coupled plasma atomic emission spectrometry:Correction of spectral interferences arising from CN emission. Applied spectroscopy, 1998,52(2):195-199.

[53] Trassy C C, Diemiaszonek R C. On-line analysis of elemental pollutants in gaseous effluents by inductively coupled plasma optical emission spectrometry: thermodynamic aspects. Journal of Analytical Atomic Spectrometry,1995,10(9):661-669.

[54] Gomes A M, Almi A, Teulet P, et al. The effects of natural moisture and of argon addition on the plasma temperature and on the detection limits of an apparatus for online control of metal pollutants by air inductively coupled plasma. Spectrochimica Acta Part B:Atomic Spectroscopy, 1998,53(11):1567-1582.

[55] Seltzer M D, Meyer G A. Inductively coupled argon plasma continuous emissions monitor for hazardous air pollutant metals. Environmental science & technology,1997,31(9):2665-2672.

[56] Gomes A M, Sarrette J P, Madon L, et al. Continuous emission monitoring of metal aerosol concentrations in atmospheric air. Spectrochimica Acta Part B: Atomic Spectroscopy, 1996, 51 (13): 1695-1705.

[57] Carey T R, Jr O W H, Richardson C F, et al. Factors affecting mercury control in utility flue gas using activated carbon. Journal of the Air & Waste Management Association, 1998, 48 (12): 1166-1174.

[58] Vidic R D, Siler D P. Vapor-phase elemental mercury adsorption by activated carbon impregnated with chloride and chelating agents. Carbon,2001,39(1):3-14.

[59] Chi Y, Yan N, Qu Z, et al. The performance of iodine on the removal of elemental mercury from the simulated coal-fired flue gas. Journal of Hazardous Materials,2009,166(2-3):776-781.

[60] Felsvang K, Gleiser R, Juip G, et al. Activated carbon injection in spray dryer/ESP/FF for mercury and toxics control. Fuel Processing Technology,1994,39(1-3):417-430.

[61] 江贻满,段钰锋,杨祥花,等. ESP 飞灰对燃煤锅炉烟气汞的吸附特性. 东南大学学报:自然科学版,2007,37(3):436-440.

[62] Ghorishi S B, Sedman C B. Low concentration mercury sorption mechanisms and control by calcium-based sorbents: application in coal-fired processes. Journal of the Air & Waste Management Association,1998,48(12):1191-1198.

[63] 刁永发,孟婧,王欢,等. 滤料负载飞灰-CaO 吸附剂脱除 Hg⁰ 的试验研究. 东华大学学报:自然科学版,2013,39(2):223-229.

[64] Jeon S H, Eom Y, Lee T G. Photocatalytic oxidation of gas-phase elemental mercury by nanotitanosilicate fibers. Chemosphere,2008,71(5):969-974.

[65] McLarnon C R, Granite E J, Pennline H W. The PCO process for photochemical removal of mercury from flue gas. Fuel Processing Technology,2005,87(1):85-89.

[66] Wang Z H, Zhou J H, Zhu Y Q, et al. Simultaneous removal of NO_x, SO_2 and Hg in nitrogen flow in a narrow reactor by ozone injection: Experimental results. Fuel Processing Technology, 2007, 88(8): 817-823.

[67] 叶群峰, 王成云, 徐新华, 等. 高锰酸钾吸收气态汞的传质-反应研究. 浙江大学学报: 工学版, 2007, 41(5): 831-835.

[68] Cao Y, Gao Z Y, Zhu J S, et al. Impacts of halogen additions on mercury oxidation, in a slipstream selective catalyst reduction(SCR), reactor when burning sub-bituminous coal. Environmental science & technology, 2007, 42(1): 256-261.

[69] Niksa S, Naik C V, Berry M S, et al. Interpreting enhanced Hg oxidation with Br addition at plant miller. Fuel Processing Technology, 2009, 90(11): 1372-1377.

[70] 彭容秋, 任鸿九, 张训鹏. 铅锌冶金学. 北京: 科学出版社, 2003.

[71] 王爱霞, 张敏, 黄利斌, 等. 南京市 14 种绿化树种对空气中重金属的累积能力. 植物研究, 2009, (3): 368-374.

[72] Yao H, Mkilaha I S, Naruse I. Screening of sorbents and capture of lead and cadmium compounds during sewage sludge combustion. Fuel, 2004, 83(7-8): 1001-1007.

[73] 闵玉涛, 袁丽, 刘阳生. 载硫活性炭纤维(ACF/S)吸附脱除模拟焚烧烟气中的铅. 北京大学学报: 自然科学版, 2012, 48(6): 989-997.

[74] Alimohammadi N, Shadizadeh S R, Kazeminezhad I. Removal of cadmium from drilling fluid using nano-adsorbent. Fuel, 2013, 111: 505-509.

[75] Wang S X, Song J X, Li G H, et al. Estimating mercury emissions from a zinc smelter in relation to China's mercury control policies. Environmental pollution, 2010, 158(10): 3347-3353.

[76] 朱烨. 波立登-诺辛克除汞技术. 有色金属, 1999, 51(3): 93-95.

[77] Hylander L D, Herbert R B. Global emission and production of mercury during the pyrometallurgical extraction of nonferrous sulfide ores. Environmental Science & Technology, 2008, 42(16): 5971-5977.

[78] Dyvik F. Mercury removal and control-application of the Boliden-Norzink process in sulphuric acid manufacture. Extraction Metallurgy, 1985, 85: 189-198.

[79] 陶国辉. 氯化除汞技术在锌冶炼烟气制酸中的应用. 湖南有色金属, 2004, 20(3): 12-14.

[80] 资振生, 武金丽, 王湧淦. 酸性碘络合液电解脱汞. 中国有色冶金, 1981, 9: 24-29.

[81] 薛文平, 龙振坤. 岩金矿山汞污染及防治. 黄金, 1994, 15(3): 58-60.

[82] 唐冠华. 碘络合-电解法除汞在硫酸生产中的应用. 有色冶金设计与研究, 2010, 31(3): 23-24.

[83] 孟昭华. 冶炼烟气制酸的除汞技术. 硫酸工业, 1986, 2: 12-16.

[84] 唐德保. 用漂白粉法净化火法炼汞尾气试验. 工业安全与环保, 1981, 4: 11-13.

[85] Ye Q F, Wang C Y, Xu X H, et al. Mass transfer-reaction of Hg^0 absorption in potassium permanganate. Journal-Zhejiang University Engineering Science, 2007, 41(5): 831.

[86] Fang P, Cen C P, Tang Z J. Experimental study on the oxidative absorption of Hg^0 by $KMnO_4$ solution. Chemical Engineering Journal, 2012, 198: 95-102.

[87] 唐德保. 炼汞尾气的净化. 环境污染与防治,1981,3:6.

[88] Olson E S, Azenkeng A, Laumb J D, et al. New developments in the theory and modeling of mercury oxidation and binding on activated carbons in flue gas. Fuel Processing Technology, 2009,90(11):1360-1363.

[89] Asasian N, Kaghazchi T. Optimization of activated carbon sulfurization to reach adsorbent with the highest capacity for mercury adsorption. Separation Science and Technology, 2013, 48 (13): 2059-2072.

[90] Hsi H C, Chen C T. Influences of acidic/oxidizing gases on elemental mercury adsorption equilibrium and kinetics of sulfur-impregnated activated carbon. Fuel,2012,98:229-235.

[91] Morris E A, Kirk D W, Jia C Q, M et al. Roles of sulfuric acid in elemental mercury removal by activated carbon and sulfur-impregnated activated carbon. Environmental Science & Technology, 2012,46(14):7905-7912.

[92] Feng W, Borguet E, Vidic R D. Sulfurization of a carbon surface for vapor phase mercury removal-II:Sulfur forms and mercury uptake. Carbon,2006,44(14):2998-3004.

[93] Feng W, Borguet E, Vidic R D. Sulfurization of carbon surface for vapor phase mercury removal-I: Effect of temperature and sulfurization protocol. Carbon,2006,44(14):2990-2997.

[94] Yu J G, Yue B Y, Wu X W, et al. Removal of mercury by adsorption:a review. Environmental Science and Pollution Research,2016,23(6):5056-5076.

[95] ShamsiJazeyi H, Kaghazchi T. Simultaneous activation/sulfurization method for production of sulfurized activated carbons:characterization and Hg(II) adsorption capacity. Water Science and Technology,2014,69(3):546-552.

[96] Hsi H C, Rood M J, Rostam-Abadi M, et al. Effects of sulfur, nitric acid, and thermal treatments on the properties and mercury adsorption of activated carbons from bituminous coals. Aerosol Air Qual Res,2013,13(2):730-738.

[97] Suresh Kumar Reddy K, Al Shoaibi A, Srinivasakannan C. Elemental mercury adsorption on sulfur-impregnated porous carbon-A review. Environmental Technology,2014,35(1):18-26.

[98] De M, Azargohar R, Dalai A K, et al. Mercury removal by bio-char based modified activated carbons. Fuel,2013,103:570-578.

[99] Yao Y, Velpari V, Economy J. Design of sulfur treated activated carbon fibers for gas phase elemental mercury removal. Fuel,2014,116:560-565.

[100] Shawky H A, El Aassar A H M, Abo Zeid D E. Chitosan/carbon nanotube composite beads: Preparation,characterization,and cost evaluation for mercury removal from wastewater of some industrial cities in Egypt. Journal of Applied Polymer Science,2012,125(S1):E93-E101.

[101] Hadavifar M, Bahramifar N, Younesi H, et al. Adsorption of mercury ions from synthetic and real wastewater aqueous solution by functionalized multi-walled carbon nanotube with both amino and thiolated groups. Chemical Engineering Journal,2014,237:217-228.

[102] Shadbad M J, Mohebbi A, Soltani A. Mercury(II) removal from aqueous solutions by adsorption on multi-walled carbon nanotubes. Korean Journal of Chemical Engineering, 2011, 28 (4):

1029-1034.

[103] Bandaru N M, Reta N, Dalal H, et al. Enhanced adsorption of mercury ions on thiol derivatized single wall carbon nanotubes. Journal of Hazardous Materials, 2013, 261: 534-541.

[104] Kyzas G Z, Travlou N A, Deliyanni E A. The role of chitosan as nanofiller of graphite oxide for the removal of toxic mercury ions. Colloids and Surfaces B: Biointerfaces, 2014, 113: 467-476.

[105] Thakur S, Das G, Raul P K. et al. Green one-step approach to prepare sulfur/reduced graphene oxide nanohybrid for effective mercury ions removal. The Journal of Physical Chemistry C, 2013, 117(15): 7636-7642.

[106] Li R J, Liu L F, Yang F L. Preparation of polyaniline/reduced graphene oxide nanocomposite and its application in adsorption of aqueous Hg(II). Chemical Engineering Journal, 2013, 229: 460-468.

[107] Reddy K S, Shoaibi A A, Srinivasakannan C. Elemental mercury adsorption on sulfur-impregnated porous carbon-a review. Environmental Technology, 2014, 35(1): 18-26.

[108] Fuente-Cuesta A, Lopez-Anton M, Diaz-Somoano M, et al. Retention of mercury by low-cost sorbents: Influence of flue gas composition and fly ash occurrence. Chemical Engineering Journal, 2012, 213: 16-21.

[109] López-Antón M A, Díaz-Somoano M, Martínez Tarazona M R. Mercury retention by fly ashes from coal combustion: influence of the unburned carbon content. Industrial & Engineering Chemistry Research, 2007, 46(3): 927-931.

[110] 杨建平, 赵永椿, 张军营, 等. 燃煤电站飞灰对汞的氧化和捕获的研究进展. 动力工程学报, 2014, (5): 337-345.

[111] Dunham G E, DeWall R A, Senior C L. Fixed-bed studies of the interactions between mercury and coal combustion fly ash. Fuel Processing Technology, 2003, 82(2-3): 197-213.

[112] Zhao Y C, Zhang J Y, Liu J, et al. Study on mechanism of mercury oxidation by fly ash from coal combustion. Chinese Science Bulletin, 2010, 55(2): 163-167.

[113] 孟素丽, 段钰锋, 黄治军, 等. 燃煤飞灰的物化性质及其吸附汞影响因素的试验研究. 热力发电, 2009, 38(8): 46-51.

[114] Goodarzi F, Hower J C. Classification of carbon in Canadian fly ashes and their implications in the capture of mercury. Fuel, 2008, 87(10-11): 1949-1957.

[115] López-Antón M A, Abad-Valle P, Díaz-Somoano M, et al. The influence of carbon particle type in fly ashes on mercury adsorption. Fuel, 2009, 88(7): 1194-1200.

[116] Zhao Y C, Zhang J Y, Liu, J, et al. Experimental study on fly ash capture mercury in flue gas. Science China Technological Sciences, 2010, 53(4): 976-983.

[117] Hou W H, Zhou J S, Yu C J, et al. Pd/Al_2O_3 sorbents for elemental mercury capture at high temperatures in syngas. Industrial & Engineering Chemistry Research, 2014, 53(23): 9909-9914.

[118] Xu H M, Qu Z, Huang W J, et al. Regenerable Ag/graphene sorbent for elemental mercury capture at ambient temperature. Colloids and Surfaces A: Physicochemical and Engineering Aspects, 2015, 476: 83-89.

[119] Rodríguez-Pérez J, López-Antón M A, Díaz-Somoano M, et al. Regenerable sorbents for mercury capture in simulated coal combustion flue gas. Journal of Hazardous Materials, 2013, 260: 869-877.

[120] Xu H M, Qu Z, Zong C X, et al. MnO$_x$/graphene for the catalytic oxidation and adsorption of elemental mercury. Environmental Science & Technology, 2015, 49(11): 6823-6830.

[121] Xie J K, Xu H M, Qu Z, et al. Sn-Mn binary metal oxides as non-carbon sorbent for mercury removal in a wide-temperature window. Journal of Colloid and Interface Science, 2014, 428: 121-127.

[122] Xie Y, Li C T, Zhao L K, et al. Experimental study on Hg^0 removal from flue gas over columnar MnO$_x$-CeO$_2$/activated coke. Applied Surface Science, 2015, 333: 59-67.

[123] Liao Y, Xiong S C, Dang H, et al. The centralized control of elemental mercury emission from the flue gas by a magnetic rengenerable Fe-Ti-Mn spinel. Journal of Hazardous Materials, 2015, 299: 740-746.

[124] Figueira P, Lopes C B, Daniel-da-Silva A L, et al. Removal of mercury(II) by dithiocarbamate surface functionalized magnetite particles: application to synthetic and natural spiked waters. Water Research, 2011, 45(17): 5773-5784.

[125] Jing-po Y, Jun Y, Han L, et al. Fast response Hg(II) sensing and removal core-shell nanocomposite: Construction, characterization and performance. Dyes and Pigments, 2014, 106: 168-175.

[126] Hakami O, Zhang Y, Banks C J. Thiol-functionalised mesoporous silica-coated magnetite nanoparticles for high efficiency removal and recovery of Hg from water. Water Research, 2012, 46(12): 3913-3922.

[127] Yang S J, Guo Y F, Yan N Q, et al. Capture of gaseous elemental mercury from flue gas using a magnetic and sulfur poisoning resistant sorbent Mn/γ-Fe$_2$O$_3$ at lower temperatures. Journal of Hazardous Materials, 2011, 186(1): 508-515.

[128] Yang S J, Guo Y F, Yan N Q, et al. Remarkable effect of the incorporation of titanium on the catalytic activity and SO$_2$ poisoning resistance of magnetic Mn-Fe spinel for elemental mercury capture. Applied Catalysis B: Environmental, 2011, 101(3-4): 698-708.

[129] Pudasainee D, Lee S J, Lee S H, et al. Effect of selective catalytic reactor on oxidation and enhanced removal of mercury in coal-fired power plants. Fuel, 2010, 89(4): 804-809.

[130] Pudasainee D, Kim J H, Yoon Y S, et al. Oxidation, reemission and mass distribution of mercury in bituminous coal-fired power plants with SCR, CS-ESP and wet FGD. Fuel, 2012, 93: 312-318.

[131] Zhao S J, Ma Y P, Qu Z, et al. The performance of Ag doped V$_2$O$_5$-TiO$_2$ catalyst on the catalytic oxidation of gaseous elemental mercury. Catalysis Science & Technology, 2014, 4(11): 4036-4044.

[132] Blythe G, Braman C, Dombrowski K, et al. Pilot testing of mercury oxidation catalysts for upstream of wet FGD systems. Urs Group, Incorporated: 2010.

[133] Presto A A, Granite E J. Noble metal catalysts for mercury oxidation in utility flue gas. Platinum metals review, 2008, 52(3):144-154.

[134] Hrdlicka J A, Seames W S, Mann M D, et al. Mercury oxidation in flue gas using gold and palladium catalysts on fabric filters. Environmental Science & Technology, 2008, 42(17): 6677-6682.

[135] Zhao Y X, Mann M D, Pavlish J H, et al. Application of gold catalyst for mercury oxidation by chlorine. Environmental Science & Technology, 2006, 40(5):1603-1608.

[136] Lim D H, Wilcox J. Heterogeneous mercury oxidation on Au(111) from first principles. Environmental Science & Technology, 2013, 47(15):8515-8522.

[137] Dranga B A, Lazar L, Koeser H. Oxidation catalysts for elemental mercury in flue gases—a review. Catalysts, 2012, 2(1):139-170.

[138] Stolle R, Koeser H, Gutberlet H. Oxidation and reduction of mercury by SCR deNO$_x$ catalysts under flue gas conditions in coal fired power plants. Applied Catalysis B:Environmental, 2014, 144:486-497.

[139] Kamata H, Ueno S i, Naito T, et al. Mercury oxidation by hydrochloric acid over a VO$_x$/TiO$_2$ catalyst. Catalysis Communications, 2008, 9(14):2441-2444.

[140] Zhao B, Liu X W, Zhou Z J, et al. Effect of molybdenum on mercury oxidized by V$_2$O$_5$-MoO$_3$/TiO$_2$ catalysts. Chemical Engineering, Journal, 2014, 253:508-517.

[141] Gao X, Du X S, Cui L W, et al. A Ce-Cu-Ti oxide catalyst for the selective catalytic reduction of NO with NH$_3$. Catalysis Communications, 2010, 12(4):255-258.

[142] Kamata H, Ueno S i, Naito T, et al. Mercury oxidation over the V$_2$O$_5$(WO$_3$)/TiO$_2$ commercial SCR catalyst. Industrial & Engineering Chemistry Research, 2008, 47(21):8136-8141.

[143] Yan N Q, Chen W M, Chen J, et al. Significance of RuO$_2$ modified SCR catalyst for elemental mercury oxidation in coal-fired flue gas. Environmental Science & Technology, 2011, 45(13): 5725-5730.

[144] Zhao L K, Li C T, Zhang X N, et al. A review on oxidation of elemental mercury from coal-fired flue gas with selective catalytic reduction catalysts. Catalysis Science & Technology, 2015, 5(7):3459-3472.

[145] Ji L, Sreekanth P M, Smirniotis P G, et al. Manganese oxide/titania materials for removal of NO$_x$ and elemental mercury from flue gas. Energy & Fuels, 2008, 22(4):2299-2306.

[146] Liu Y, Wang Y J, Wang H Q, et al. Catalytic oxidation of gas-phase mercury over Co/TiO$_2$ catalysts prepared by sol-gel method. Catalysis Communications, 2011, 12(14):1291-1294.

[147] He J, Reddy G K, Thiel S W, et al. Ceria-modified manganese oxide/titania materials for removal of elemental and oxidized mercury from flue gas. Journal of Physical Chemistry C, 2011, 115(49):24300-24309.

[148] Xu W Q, Wang H R, Zhou X, et al. CuO/TiO$_2$ catalysts for gas-phase Hg^0 catalytic oxidation. Chemical Engineering Journal, 2014, 243:380-385.

[149] Kamata H, Ueno S i, Sato N, et al. Mercury oxidation by hydrochloric acid over TiO$_2$ supported

metal oxide catalysts in coal combustion flue gas. Fuel Processing Technology,2009,90(7-8):947-951.

[150] Li H L,Wu C Y,Li Y,et al. Superior activity of MnO_x-CeO_2/TiO_2 catalyst for catalytic oxidation of elemental mercury at low flue gas temperatures. Applied Catalysis B: Environmental,2012, 111:381-388.

[151] Wu Z B,Jiang B Q,Liu Y,et al. Experimental study on a low-temperature SCR catalyst based on MnO_x/TiO_2 prepared by sol-gel method. Journal of Hazardous Materials, 2007, 145 (3): 488-494.

[152] Jin R B,Liu Y,Wu Z B,et al. Low-temperature selective catalytic reduction of NO with NH_3 over MnCe oxides supported on TiO_2 and Al_2O_3: a comparative study. Chemosphere, 2010, 78(9):1160-1166.

[153] Qi G,Yang R T,Chang R. MnO_x-CeO_2 mixed oxides prepared by co-precipitation for selective catalytic reduction of NO with NH_3 at low temperatures. Applied Catalysis B: Environmental, 2004,51(2):93-106.

[154] Li J F,Yan N Q,Qu Z,et al. Catalytic oxidation of elemental mercury over the modified catalyst Mn/α-Al_2O_3 at lower temperatures. Environmental Science & Technology, 2009, 44 (1): 426-431.

[155] Li C T,Li Q,Lu P,et al. Characterization and performance of V_2O_5/CeO_2 for NH_3-SCR of NO at low temperatures. Frontiers of Environmental Science & Engineering,2012,6(2):156-161.

[156] Xu W Q,Yu Y B,Zhang C B,et al. Selective catalytic reduction of NO by NH_3 over a Ce/TiO_2 catalyst. Catalysis Communications,2008,9(6):1453-1457.

[157] He J,Reddy G K,Thiel S W,et al. Simultaneous removal of elemental mercury and NO from flue gas using CeO_2 modified MnO_x/TiO_2 materials. Energy & Fuels,2013,27(8):4832-4839.

[158] Wan Q,Duan L,He K B,et al. Removal of gaseous elemental mercury over a CeO_2-WO_3/TiO_2 nanocomposite in simulated coal-fired flue gas. Chemical Engineering Journal,2011,170(2-3): 512-517.

[159] Zhou J S,Hou W H,Qi P,et al. CeO_2-TiO_2 sorbents for the removal of elemental mercury from syngas. Environmental Science & Technology,2013,47(17):10056-10062.

[160] Li H L,Wu C Y,Li Y,et al. CeO_2-TiO_2 catalysts for catalytic oxidation of elemental mercury in low-rank coal combustion flue gas. Environmental Science & Technology, 2011, 45 (17): 7394-7400.

[161] 马建锋,李英柳. 大气污染控制工程. 北京:中国石化出版社,2013.

[162] 张淑会,吕庆,胡晓. 吸附剂烟气脱砷的研究现状. 环境科学与技术,2011,(3):197-204.

[163] 欧阳辉. 贵溪冶炼厂引进亚砷酸工艺含砷废气的净化. 环境保护,1998,(2):17-18.

第7章 烟气多污染物协同控制技术

各类燃烧源排放的烟气成分复杂,常常同时包含 PM、SO$_2$、NO$_x$、VOCs 和重金属等多种污染物。从国内外技术发展来看,烟气治理领域已经由针对单一污染物的控制策略转向开发高效、经济的多种污染物协同脱除技术[1-3]。目前学术界和工业界一直努力研究 PM、SO$_2$、NO$_x$ 及非常规污染物的协同控制,研发新技术或装备,并在烧结炉、水泥窑、垃圾焚烧炉、燃煤锅炉等多个领域开展多污染物协同治理示范工程的建设,为烟气多污染物深度减排提供了关键技术支撑。

7.1 活性炭法多污染物协同控制技术

近年来,以活性炭法为基础的多污染物协同控制技术,引起了学术界和工业界的持续关注,通过吸附催化转化污染物,既可以实现 SO$_2$、NO$_x$ 及非常规污染物的协同控制,也能实现硫的资源化利用。基于活性炭法的多污染物协同控制技术,已经运用在国内外的众多烟气净化工程中,取得了良好的效果,成为钢铁烧结、焦化、建材等重点行业烟气治理的先进污染防治技术。

7.1.1 活性炭法多污染物协同控制技术概况

1. 活性炭法净化污染物历程

从 18 世纪开始,人们就发现碳基材料具有良好的吸附性能并广泛使用,活性炭在液相脱色、提纯精制、异味吸附等领域都发挥了重要的作用。第一次世界大战期间,针对防毒面具用活性炭的研究,开创了活性炭作为催化剂及催化剂载体应用的先河。作为性价比最高的吸附剂之一,活性炭在环境领域也备受关注,早在 20世纪 60 年代开始,活性炭就被用于工业烟气的吸附脱硫,但由于再生、强度等方面的限制,并没有广泛推广使用。但同时,以活性炭为吸附剂,治理烟气中的汞、砷、二噁英等非常规有害成分的技术获得了一定研究和发展[4-6]。

20 世纪 80 年代,国外研究人员针对活性炭法同时脱硫脱硝进行了大量研究,Knoboauch K 等[7]研究了活性炭同时脱硫脱硝的反应条件对性能的影响,Mochida I 等[8]研究了活性炭纤维同时脱硫脱硝的反应条件影响及碳纤维的制备方法。Illangomex M J 等[9-13]考察了活性炭的孔容、孔径分布及比表面积等对活性炭脱硝性能的影响,并考察了活性炭表面负载钾、钙、铁等元素对脱硝性能的影响。同时他也针对活性炭催化剂非催化脱硝反应进行了机理研究[15],以及在氧气气氛下,煤制半焦作为催化剂对脱硝的影响[14]。

活性炭联合脱硫脱硝技术不仅在科学研究上受到了广泛关注,在工程应用上也得到了长足发展,成为已经商业化运行的联合脱除技术[16]。活性炭法脱硫脱硝工艺最早由德国 Bergbau-Forschung 公司在 20 世纪 50 年代开发,通过企业合作和技术转移,在世界各地推广,其中,以日本研发和使用最多。日本三井矿山公司首先引入 BF 公司的专利,研发活性炭干法脱硫、脱硝技术,开发了脱硫率接近100%,脱硝率80%以上的同时脱硫脱硝工艺(三井-BF工艺)[6]。到80年代后期,日本率先将活性炭脱硫脱硝技术推广应用到实际工程中,建立了大中型脱硫脱硝装置[5],可以实现 95% 以上的脱硫效率和 50% ~ 80% 的脱硝效率。1976 ~ 1984年,日本住友重工(SHI)开始研发活性炭烟气净化工艺,该工艺第一阶段采用传统的 SCR 技术脱除 NO,注入的 NH_3 中 2/3 与 NO_x 反应,1/3 被 O_2 氧化。为了防止过量的 NH_3 形成硫酸氢铵沉积腐蚀设备,第二阶段在吸收塔上游继续注入 NH_3,并采用脱硝同时脱硫的一体化系统。活性炭再生采用不完全燃烧的 LPG 惰性气体提供热源,产生的 SRG 气体通过制酸工艺制备硫酸[17]。德国也于 1988 年将活性炭联合脱硫脱硝工艺成功用于 Arzberg 燃煤电厂的两台机组,烟气处理量分别达到450 000Nm³/h 和 660 000Nm³/h,实现了 95% 以上的脱硫效率和 60% 左右的脱硝效率。表 7-1 列出了国外活性炭干法烟气净化技术的典型应用案例。

表 7-1　国外活性炭干法烟气净化技术工业应用进展

用户	国家	烟气类型	烟气量 /(10^4m³/h)	脱硫率/%	脱硝率/%	副产物	投运时间
日本矶子电厂新1#	日本	燃煤烟气	180.6	95	85	硫酸	2002 年 4 月
新日铁大分一烧	日本	烧结烟气	130	>95	85	硫酸	2003 年
新日铁君津三烧	日本	烧结烟气	165	>95	—	硫酸	2004 年
浦项钢铁	韩国	烧结烟气	135	95	—	—	2004 年 4 月
博思格钢铁集团	澳大利亚	烧结烟气	470×10⁴t/a	750t/a	—	—	2004 年 9 月
神户加古川三烧	日本	烧结烟气	150	>95	—	硫酸	2010 年

目前,活性炭烟气净化工艺的装置主要分为固定床和移动床[18]。其中,固定床水洗再生工艺包括德国的 Lurgi 法,日本的日立-东电法、化研法,移动床加再生工艺包括日本的日立造船法、住友-关电法、德国的 BF/Uhde 法等。固定床的操作简单,脱硫效率高,但是设备庞大,连续性较差;移动床的占地空间较小,连续性好,但结构相对复杂,同时活性炭在移动过程中容易出现机械磨损。活性炭的再生方法主要采用水洗法和加热法,水洗再生法操作简单,再生效率高,但需要消耗一定

水,废水可能造成二次污染和设备腐蚀;加热再生法需要将活性炭加热到 300 ~ 500℃,可以将吸附的硫酸还原成 SO_2,并实现资源化利用,但是再生过程中能量消耗较大,同时也会造成活性炭的消耗。如图 7-1 所示为活性炭法多污染物协同控制技术示意图。

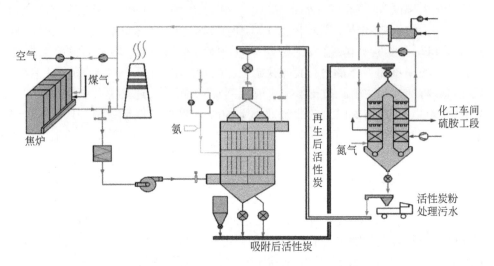

图 7-1　活性炭法多污染物协同控制技术示意图

　　我国于 20 世纪 80 年代开展了活性炭法用于烟气脱硫技术的研究,远达环保在 2005 年建立了烟气处理量达到 200 000Nm³/h 的烟气脱硫示范工程,脱硫率达到 95% 以上。目前随着非电力行业环保政策逐渐加严,活性炭法协同脱硫脱硝技术重新引起了大家的关注。清华大学、中冶长天、宝山钢铁等产学研合作,进行了活性炭低温协同脱硫脱硝技术攻关,研究提高活性炭强度的同时,提高其硫容和脱硝效率,开发出具有完全自主知识产权的活性炭技术及装备。该技术已在上海宝钢、邯钢、安钢等地的烧结机和焦炉中建立了示范工程,取得了良好效果。

　　2. 活性炭脱除多污染物技术原理

　　在工业烟气治理中,活性炭法协同控制技术可以同时脱除净化 SO_2、NO_x、VOCs、粉尘和重金属等多种污染物。下面针对活性炭对各类污染物的脱除原理进行简要介绍。

　　(1)脱硫技术原理

　　活性炭对二氧化硫的脱除主要通过吸附作用,在低温(<100℃)段主要表现为物理吸附,依靠活性炭巨大的比表面积和丰富的孔结构吸附 SO_2;在中温段(100 ~ 160℃)主要表现为化学吸附,活性炭表面官能团对 SO_2 的氧化有一定催化作用,促

进其转变为 SO_3 并与水结合生成硫酸或者进一步转化为硫酸盐被吸附;在高温段(>250℃)基本只有化学吸附的贡献。活性炭脱硫是一个物理吸附和化学吸附同时存在的过程,在活性炭表面存在一系列复杂的化学反应。关于其脱硫机理也有很多说法,主流观点一般认为, SO_2 在表面吸附后,催化氧化为 SO_3 ,再与水反应生成 H_2SO_4 ;在过量水的作用下, H_2SO_4 从表面脱除或转入活性炭孔道内部,空出 SO_2 的吸附位点,使 SO_2 的吸附、氧化、水合及 H_2SO_4 的生成和转移的循环过程持续不断地进行。此外,在气相中存在 NH_3 气氛时,气相液滴中会溶入 $(NH_4)_2SO_4$, SO_4^{2-} 可以与活性炭发生相互作用,在活性炭微孔内壁的活性中心上与活性炭内的阴离子发生离子交换,从而吸附在活性炭上。

活性炭对 SO_2 的物理吸附很大程度上取决于活性炭的比表面积和孔容,通过改进制备方式和恰当的后处理提高其比表面积和孔容,可以显著提高活性炭的脱硫性能。另一方面,活性炭对 SO_2 的氧化能力随着含氧官能团的减少而提高[22],除去含氧官能团形成的表面缺陷很可能是 SO_2 氧化的活性位点,因此,通过高温热处理消除含氧官能团有助于活性炭对 SO_2 的吸附。也有报道指出,向碳六角形骨架中掺杂氮原子,或是提高活性炭的疏水性都有助于活性炭对 SO_2 的吸附。同时,在活性炭表面负载氧化物或碘也可以大幅提高其脱硫性能,其可以促进活性炭对 SO_2 氧化的催化作用,提高化学吸附的作用。化学吸附产生的硫酸和硫酸盐物种会阻塞活性炭的孔结构,影响其吸附性能,因此活性炭在脱硫过程中需要再生。再生方式可以分为水洗法和加热法,水洗法将硫酸及硫酸盐物种洗出,再将活性炭干燥;加热法通过升温(>400℃)促进硫酸与碳反应,还原出 SO_2 并回收利用。

(2)脱硝技术原理

活性炭脱硝原理可以分为 non-SCR 途径和 SCR 途径。其中,non-SCR 途径通过喷入的氨气与吸附在活性炭上的 SO_2 发生反应,生成 NH_4HSO_4 或 $(NH_4)_2SO_4$,其在再生过程中会在细孔中残存—NH_n 基化合物。这类—NH_n 基还原性物质,随活性炭循环到吸附反应后,可以与烟气中的 NO 直接发生氧化还原反应生成 N_2 。这种活性炭特有的脱硝反应,被称为 non-SCR 反应,即 NO+C-red $\longrightarrow N_2$,式中,C-red 为 C-reduction 的简写,表示活性炭上的还原性物质[19]。

活性炭的 SCR 脱硝途径与氧化物催化剂类似,通过氨气将 NO 还原为 N_2 ,即 $4NO+4NH_3+O_2 \longrightarrow 4N_2+6H_2O$ 。其中,NO 在低温下即可被氧化成 NO_2 吸附在活性炭表面,再与吸附的氨气反应生成硝酸盐物种,并进一步还原为 N_2 。由于氨气可以吸附在炭表面的极性部位或溶解在表面水中参与反应,因此低温下氨气的吸附能力对 SCR 活性影响较小,而对 NO 的氧化和吸附能力被认为是影响活性炭低温 SCR 活性的主要因素。类似于脱硫原理中提到的,对活性炭进行高温热处理一方面可以促进 NO 的氧化性能,另一方面可以提高疏水性从而减少水的吸附,进而提高 SCR 反应的活性。

（3）脱二噁英技术原理

活性炭移动层工艺法不仅可以脱硫和脱硝,而且同时具有吸附脱除二噁英等一机多能的功效。二噁英是 polychlorodibenzo p- dioixins（PCDDs）和 polychlorodibenzo furans（PCDFs）的总称,通常称为 dioxins and frans,其中含有高毒性的氯元素,成为被限制排放的对象。17 种二噁英类物质因其氯元素的含量不同,各自的沸点与熔点也不同,在废气中分别以气体、液体或固体形式存在,而气体与液体形式的二噁英类物质都会被活性炭物理吸附。液体形式的二噁英类物质既有单独存在的情况,也有与废气中的尘粒冲撞吸附的情况。固体形式的二噁英类物质是极微小的颗粒,吸附性很高,吸附在废气中尘粒上的可能性很大。被废气中尘粒吸附的液体形式和固体形式二噁英类物质称为粒子状二噁英,这种粒子状二噁英会通过活性炭移动层的集尘作用（冲撞捕集与扩散捕集）而去除。总之,活性炭移动层干法工艺去除二噁英类物质,当废气温度高时以吸附作用为主,废气温度低时以集尘作用为主[19]。吸附捕集二噁英的活性炭经过高温热解后,吸附的二噁英分解为二氧化碳和水,以及少量氯气或氯化物,实现活性炭的再生利用和二噁英的彻底分解。

（4）除尘和重金属技术原理

与常规过滤集尘类似,活性炭移动层通过碰撞、遮挡及扩散捕集实现除尘功能。通常超过 $1\mu m$ 粒径的灰尘颗粒通过碰撞进行捕集,而$<1\mu m$ 粒径的灰尘颗粒则通过遮挡及扩散捕集来实现,因此,活性炭移动层需要具有一定的进深长度。由于灰尘颗粒在前面的电除尘装置内已经通过静电凝集而发生粒径长大,所以活性炭移动层具有比理论值更高的除尘效果[19]。

对于烟气中以砷、汞等为代表的重金属治理,活性炭也能起到较好的脱除效果。砷同样以物理吸附的方式被活性炭捕集,可以通过热空气解析回收。活性炭脱汞则一般先用活性炭吸附易与汞反应的氯气,当含汞废气通过预处理的活性炭后,汞与活性炭上的氯反应生成氯化汞附着在活性炭表面,从而将废气中的汞去除。除此以外,将活性炭浸渍碘化钾和硫酸铜,或者负载硫黄,可以将汞转化为碘化汞铜或硫化汞沉淀,实现吸附脱除。

7.1.2　活性炭催化剂研发进展

1. 活性炭的吸附及催化作用

（1）活性炭的吸附作用

活性炭对烟气中多污染物的脱除主要通过吸附作用和催化作用实现。烟气中的污染物经过活性炭吸附后,可以在解析塔中升温脱附出来,富集后集中处理或资源化利用。某些不易脱附的污染物可随磨损的活性炭粉末排出,集中燃烧或掩埋处理。同时,活性炭表面的官能团具有一定的氧化还原能力,可以促进 NO_x 被 NH_3 还原为 N_2 的 SCR 反应。

活性炭由于其孔道结构发达、比表面积大、强度高的特点,广泛用作吸附脱除或回收气相中某种或某些组分的吸附剂。吸附质分子一般停留在吸附剂的表面(包括几何外表面和由孔隙产生的内表面),而不进入吸附剂的晶格或晶格的原子间隙。而进入吸附剂的晶格或原子间隙的过程被称为吸收。在某些情况下,吸附和吸收可以同时发生或者通过某些吸附剂成分参与的化学反应(如浸渍有催化作用成分的活性炭)或其他吸附质结合机理(如蒸气的毛细凝聚或离子交换)联系起来。

活性炭的吸附是以活性炭作为吸附剂的吸附。吸附的作用力是主要通过吸附剂与吸附质电子的相互作用产生,吸附剂和吸附质的性质共同决定了吸附时的相互作用,其种类可以大致分为 5 类,即伦敦色散力、诱导力、取向力、氢键及共价键,常见物理吸附作用力如图 7-2 所示。偶极子相互作用是由于表面上电负性(电子的亲和性)不同的原子化学结合在一起时,电子的分布偏向负电性大的原子一方造成的,与 r^{-3} 成正比。当一个氢原子与两个以上的其他原子结合时就会形成氢键,其强度约为前两种作用力的 5 ~ 10 倍。共价键是较强的化学键相互作用。

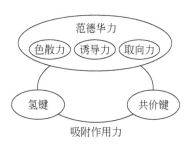

图 7-2　物理吸附作用力

根据吸附剂与吸附质相互作用的方式,吸附作用通常分为物理吸附与化学吸附两类。物理吸附主要是由范德华力引起的,相互作用较弱,分子结构变化不大,接近于原气体或液体中分子的状态。化学吸附则伴随电荷相互作用或者生成化学键的吸附,可以在吸附剂表面形成表面络合物,对分子结构有较大影响,并且可以降低反应活化能,加快反应速率。在物理吸附中,吸附质与吸附剂表面原子间微弱的相互作用可以在表面附近形成分子层,往往发生多分子层吸附;而化学吸附则源自吸附分子的分子轨道与吸附剂表面的电子轨道的特异的相互作用,结果多生成单分子层。活性炭应用在气相吸附中时,往往以物理吸附为主,而在液相吸附中,发生化学吸附的场合较多。因此,用于气相吸附的活性炭也更容易通过低温加热处理或者水蒸气加热处理实现再生。同时,由于气相吸附是一个放热过程,在以活性炭为吸附剂进行吸附时,会出现发热现象,要防止局部温度过高带来的隐患。

众所周知,活性炭的孔隙具有多分散性,分为大孔、中孔和微孔三种孔隙,其中微孔的尺寸与被吸附气体或蒸气分子属于同一数量级,因此,活性炭在对气体或蒸气进行吸附时,不存在微孔表面的多分子层吸附和毛细凝聚,而是以微孔充填的方式来完成吸附。因此,在众多吸附模型中,相比以单分子层和多分子层吸附模型建立起来的 Langmuir 和 BET 理论,吸附势理论和以此为基础由 Dubinin 等发展起来的微孔容积充填理论更加适用于微孔活性炭吸附剂的吸附。然而,中孔和大孔的作用同样不能忽视。在上述提到的吸附过程中,颗粒内传质速率是影响吸附速率的重要因素,而丰富的中孔和大孔非常有利于吸附质的颗粒内扩散,从而提高传质速率,加快污染物的去除速率。因此,制备大孔、中孔、微孔兼备的多级次孔结构的活性炭,在未来的气相吸附领域将是研究热点且极具应用潜力[20]。

　　活性炭表面基团对气体吸附也有着重要影响。前面提到,气体分子在活性炭上的吸附主要以范德华力(包括伦敦色散力、偶极子相互作用力)为主。而与其他吸附剂相比,活性炭电荷非常弱从而表面无法形成明显的电场和电场梯度。因此,活性炭对非极性或弱极性气体分子具有较好的吸附能力,而表面基团仅仅对极性气体分子的吸附有明显的作用。SO_2 和 NO_x 是酸性极性气体分子,具有永久性偶极矩,当活性炭引入极性官能团(含氧含氮官能团等极性官能团),这些极性分子的吸附作用会明显增加。尤其是在低分压下,活性炭的孔结构性质还未成为极性分子吸附量的主导因素,含氧含氮官能团等极性官能团的数量则是吸附量的主导因素。当 SO_2 和 NO_x 等极性气体分压逐渐增加后,会出现微孔容积填充现象,此时,含氧含氮官能团等极性官能团的数量则不再是吸附量的主导因素,反之,活性炭的孔结构性质(如微孔容、总孔容、比表面积等)则成为吸附量的主导因素。同时,活性炭对大部分 VOCs 也有良好的吸附作用,包括烷烃、醇类、醚类、醛类、酮类、酯类、芳烃类等。活性炭对 VOCs 的吸附能力从每克十几到几百毫克不等,取决于活性炭的孔结构和有机物的极性,以及温度、水分等。图 7-3[21] 表现了活性炭对有机物吸附的相互作用。

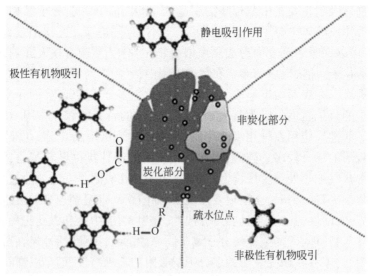

图 7-3　活性炭对有机物吸附的相互作用

（2）活性炭的催化作用

活性炭除了具备优秀的吸附性能，也具备表面化学性质易调变和经济绿色的特点，因此与分子筛和氧化铝一样，广泛用作催化剂和催化剂载体等。活性炭作为催化剂时其催化活性主要来源于炭的表面和表面化合物及灰分的作用，主要应用于异构化、聚合、氧化和卤化反应中。活性炭用作催化剂载体，即将有催化活性的物质负载在活性炭上，一起作为催化剂使用。此时，活性炭不仅起到提高负载催化剂强度的作用，还可以作为催化助剂提高催化剂的活性、选择性和使用寿命等。

活性炭对于很多化学反应都有催化能力，研究表明很多金属和金属氧化物的催化活性中心在于结晶的缺陷。活性炭中的微晶存在大量的不饱和价键（特别是沿着晶格的边缘），它们具有类似于结晶缺陷的结构，从而成为活性炭催化活性的来源。活性炭的催化作用位点大体上可以分为电子传导性和基于电子传导性的表面自由基，以及表面氧化为官能团（包括酸性官能团、中性官能团和碱性官能团等）。活性炭的电子传导作用来自于活化时的高温处理，形成了 $1.5 \sim 8.0nm$ 的结晶，导带和 π-区域的能量范围在 $0.15 \sim 0.30eV$，位于半导体区域。高温处理给活性炭带来的半导体区域，有助于其在吸附物之间、载体之间或者载体和吸附物之间进行电子传递，提高催化效率。活性炭的表面自由基来自于活性炭表面的不对称电子，其 g 值和自由电子的 g 值接近，活性炭表面自由基的数量与活化方法及热处理温度都存在密切的关系。活性炭的表面自由基可以加快分子内不对称电子的移动，促进吸附物转化为反应中间物种，如在氧化反应中，促进氧的吸附：$O_2 + X \cdot \longrightarrow X—O—O \cdot$。活性炭本身表面上就具有酸性氧化物和碱性氧化物，如羧基、羟基（酚羟基）等是酸性的，并表现出作为固体酸的催化作用。通过氧化处理等方式可以大幅提高活性炭表面的酸性官能团，氧化处理主要包括液相氧化法和气相氧化法，在合适的温度下与氧化剂反应后，在活性炭表面可以形成大量含氧基团。在隔绝空气或惰性气氛下高温热处理可以将酸性官能团转化为碱性官能团。高温下，活性炭的石墨化程度增加，表面杂原子基团裂解，活性炭的碱性和疏水性都会提高。合理调变活性炭表面的官能团种类和数目，对于特定反应的催化有显著影响。

活性炭具有的无序的微晶堆积结构，造成了活性炭孔道结构的多样性、高强度性、外观多样性[22-24]。石墨微晶结构带来的电子传导性和表面自由基，以及活性炭的表面官能团，共同造就了活性炭作为催化剂和催化剂载体的优势：第一，活性炭具有高比表面积、丰富的孔道结构和微晶结构，使其具有优异的吸附性能并可以作为催化剂使用，提供了更多反应活性位；第二，活性炭具有丰富的表面化学基团并易于调变，可以根据催化反应或催化活性组分的需要进行相应的化学处理，达到需要的表面性能；第三，活性炭具有良好的耐酸、碱性，不会在强酸、强碱条件下溶解或腐蚀。

在活性炭上负载活性组分可用以改善催化活性。活性炭负载催化剂的性能受负载活性组分的方法、前驱体浓度、干燥方式(传统方式或微波辅助的方式)和载体接触活性组分的时间等许多因素的影响。Gálvez 等[25]报道同时掺杂了钒化合物和石油焦的活性炭可以用于 NH_3-SCR 反应。通过 CO_2-TPD 证实,掺杂钒化合物以后活性炭表面的活性位增加。负载 V_2O_5 后的样品化学吸附 NH_3 的量相对于未负载的活性炭增加很多。该研究的实验结果表明负载钒的催化剂在 125℃时具有40%以上的 NO 转化率,在 200℃时具有 80%以上的活性;而对于没有负载钒的催化剂在 200℃仅有 43%的 NO 转化率。

　　Li 等研究了不同比例钒负载、不同过渡金属负载及不同焙烧条件对负载型活性炭催化剂的影响,如图 7-4 所示,研究发现,V 负载量提高可以促进活性炭的脱硝效果;其他过渡金属氧化物负载同样对活性炭脱硝效果有显著提高,其中以 Fe效果最好;焙烧温度为 250℃的活性炭催化剂有最好的催化活性。而随着焙烧温度的提升,到了 350℃时催化活性有明显的降低。

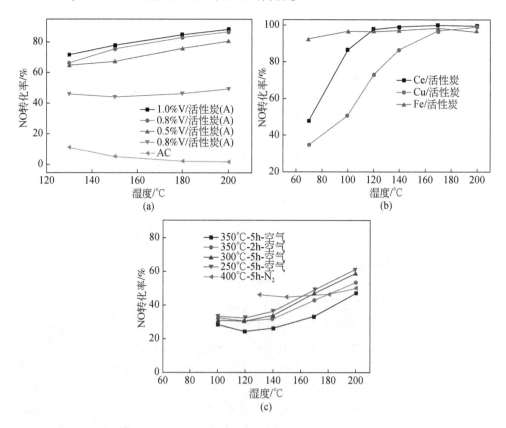

图 7-4 (a)负载不同比例钒的改性活性炭 NH_3-SCR 活性;(b)负载不同过渡金属的活性炭 NH_3-SCR 活性;(c)不同焙烧条件下 0.8V/活性炭的 NH_3-SCR 活性(反应条件:[NO]=500ppm,
[NH_3]=550ppm,[O_2]=5%,N_2 为平衡气,GHSV=6 000h^{-1})

　　不少研究者也对活性炭负载的整体催化剂进行了深入研究和分析。在负载活性组分过程中,超声微波常被用来辅助分散活性组分[26]。Valdés-Solýs 等[27,28]用活性炭/陶瓷(activated carbon/ceramic,AC/C)做载体,利用浸渍法在上面负载钒和锰等活性组分用于 SCR 反应,实验结果表明,125℃时该催化剂的活性高于其他类似催化剂。

　　贵金属催化剂也有用活性炭做载体的研究案例。负载在活性炭上在一定程度上可以促进贵金属催化剂的低温活性和抗硫性能。An 等[29]制备了一系列 Pt/FAC(fluorinated activated carbon)陶瓷盘状催化剂。结果表明该催化剂在 170～210℃范围内具有 90% 以上的 NO 转化率,而且 NH_3 也可以完全转化。

　　Huang 等[30]研究了钒改性活性炭在低温脱硝中的影响机制,如图 7-5 所示。他们发现在没有 SO_2 存在时,由于水和氨的竞争吸附作用,水的加入会抑制催化活性。SO_2 存在会促进 SCR 脱硝的活性,并且随着温度的升高这种促进作用越来越明显;但水硫同时存在时,SO_2 仍然会在一定程度上抑制脱硝活性。SO_2 的这种双重作用是由于催化剂表面形成了 SO_4^{2-},并且以硫酸铵盐的形式存在在催化剂表面。当没有水存在时,少量的硫酸铵沉积在催化剂表面可以促进脱硝活性;但当水存在时,硫酸铵大量生成,堵塞催化剂孔结构使催化剂失活。

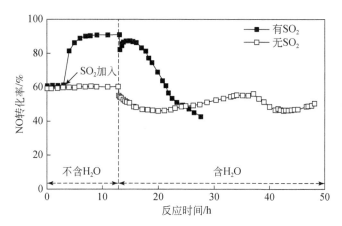

图 7-5　H_2O 和 SO_2 对 V_2O_5/活性炭脱硝效果的影响(反应条件:[NO] = 500ppm,[NH_3] = 600ppm,[O_2] = 3.4%,[SO_2] = 500ppm,[H_2O] = 2.5%,250℃,Ar 为平衡气,GHSV = 90 000h^{-1})

　　综上所述,活性炭材料是非常有效的低温脱硝催化剂载体,利用活性组分钒改性的活性炭具有很好的低温脱硝效果。

2. 活性炭制备工艺

　　煤基大颗粒脱硫脱硝活性炭的主要生产工艺一般都包括备煤(破碎、磨粉)、捏合、成型、干燥、炭化、活化、成品处理几个过程。其中成品处理主要包括将活化料筛分、包装处理,均为比较常见的辅助工艺单元。生产工艺流程中成型、炭化和活化工序为最核心的工艺单元,生产工艺流程框图见图7-6。

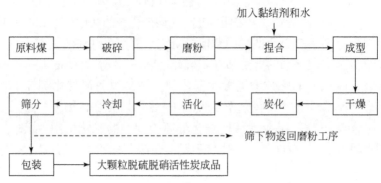

图 7-6　大颗粒脱硫脱硝活性炭生产工艺流程框图

本工艺是煤基活性炭生产中较为成熟的一种生产工艺,在国内外规模化工业生产已有几十年的历史,工艺技术比较成熟,应用比较广泛。本工艺在中国国内的发展始于 20 世纪 50 年代后期,当时由太原新华化工厂从前苏联引进斯列普活化炉生产线生产煤基颗粒活性炭,经过国内几代活性炭技术人员的努力,该工艺得到了长足的提高和完善,尤其是 20 世纪 80 年代中期以后,该工艺在国内取得了飞速发展。目前该工艺在国内应用比较普遍,尤其是山西、宁夏和内蒙古地区的煤基活性炭生产厂商基本都是采用此工艺[31]。

(1)选煤工序

选煤工序主要是针对生产脱硫脱硝活性炭而言,需要对原料进行一定的分析,从而筛选出适合制备活性炭的原料,以保证产品的品质,而原料筛选最重要的就是对原煤和黏结剂的筛选。

①原煤。

煤基活性炭生产原料用煤来源广泛,一般来说,腐殖煤中泥炭、褐煤、烟煤、无烟煤都可作为生产活性炭的原料,但由于原料煤性质不同,不同煤种生产的活性炭性质差别很大,其应用领域也不相同[32]。尽管我国的煤炭种类非常丰富,但由于试样的综合性能不能达到商用活性炭的基本要求,许多煤种都不能用来单独制造活性炭产品,因此,配煤法成为一种制备工艺。为满足活性炭在不同应用领域的吸附应用需要,要求其杂质含量少、吸附性能好、强度高,并且生产成本低。因此对原料煤质量有较高的要求,对活性炭产品质量影响较大的原料煤质量指标有水分、灰分、挥发分、固定碳、可磨性、反应性等[33]。

根据研究发现,不是任意两种原煤都可以随意掺混的,还需考虑到原煤的其他性能,以及需要考虑最终活性炭的综合性能尤其是机械物理性能。例如,采用无烟煤和褐煤这两种都不具备黏结性的煤种作为原料时,即便添加了大量的黏合剂,最终制品的机械耐磨强度亦是很低的,因为两者的煤化程度差异太大了,不会产生足够的"连接力"。总体来看,随着原煤煤化程度的加深(即成煤年代的久远),原煤的原始孔隙结构中,大中孔率呈递减趋势,微孔则呈递增趋势,相应地,最终活性炭的孔隙分布特征亦会呈同一变化趋势[34]。采用最简单的"配煤法",通过向某一主要煤种原料中添加其他种类的原煤,在理论上就可以获得符合预期孔分布特征的活性炭产品。

②黏合剂。

在配煤法制造活性炭的研究中,黏合剂的选择也很重要的,不论是煤系、植物系还是石油系黏合剂,会在很大程度上影响最终产品的孔结构、表面性能,以及宏观应用性能[35]。当前工业生产中常用的成型黏合剂为煤焦油。煤焦油中的沥青质是活性炭制造的有效黏合成分,因其与煤炭的同源性,可对煤粉进行充分浸润,在后继的加工过程(如炭化、活化)中成型料的机械性能优良。因此煤焦油几乎是柱状活性炭生产的必备原料。

活性炭制造要求煤焦油的有效成分沥青质含量应不少于55%,蒽油含量应不高于10%。若焦油沥青质含量>60%时,应选用防腐油、重油或绿油做稀释剂予以稀释,且稀释剂应符合相应的标准规定。若煤焦油沥青含量<50%时,应选择固体沥青粉做调整剂,加入适量沥青粉后加热搅拌使溶解均匀,然后使用。表7-2为制备活性炭用煤焦油的技术指标[36]。

表 7-2 　焦油的技术指标

序号	指标名称	技术指标	备注
1	密度 $\rho 20$	1.12 ~ 1.20	
2	甲苯不溶物(无水基)	4.5 ~ 8.0	游离碳
3	灰分/%	≤0.13	
4	水分/%	≤4.0	
5	黏度(E80)	≤5.0	
6	沥青含量	58% ~ 65%	

(2)备煤工序

备煤工序主要是对活性炭生产所用的原料煤进行处理以保证后续工序的正常运行。在备煤工序中,用于大颗粒脱硫脱硝活性炭生产的计量原料煤要经破碎、磨粉后才能送往成型工序进行成型处理。

①原料煤的破碎。

生产大颗粒脱硫脱硝活性炭的原料煤需先经过破碎至合格粒度后再送至磨粉

设备进行磨粉生产,即原煤破碎是大颗粒脱硫脱硝活性炭生产的第一道工序。

②原料煤的磨粉。

磨粉是为成型造粒做准备,磨粉工序的要求应该是在工业条件允许的情况下尽可能把原料煤磨得细一些,这样可以使原料均匀,增大煤粉的外表面积,捏合时在水和黏结剂的存在下产生界面化学凝聚,易于成型和提高产品强度。一般要求煤粉的细度为95%以上通过180目即可完全达到生产工艺要求[37]。

(3)成型工序

成型工序就是将原料煤粉与黏结剂、水混捏均匀后,挤压成条[37]。

捏合:捏合是在煤粉中混入一定比例的黏结剂和水进行充分搅拌,使得混合物凝聚成膏状物料,具有可塑性。

挤条(造粒):挤条是将捏合好的膏状物料投入成型设备,使物料在一定压强下通过特定规格的模具,最终成条状被挤出。

干燥:刚成型好的炭条由于温度较高,水分较多,因此强度较差,自然风干后成型物料内部的水分扩散到表面并蒸发,同时物料冷缩并形成界面化学凝聚,使得物料内部结构致密化,提高强度。

(4)炭化工序

炭化工序是把原料隔绝空气加热,进一步除去挥发分,使非碳元素减少,形成大孔骨架结构,以方便后续的活化工序,包括炭化和尾气处理两部分[37]。

①成型物料的炭化。

炭化的主要工艺条件包括炭化初终温和升温速度、加料速度及炭化时间。炭化工序实际上是物料的低温干馏,在该过程中,物料在一定的低温和隔绝空气的条件下逐步升温,物料中的小分子物质首先挥发,然后煤及煤焦油沥青分解和固化[38,39]。整个炭化过程中物料会发生一系列复杂的物理变化和化学变化,其中物理变化主要是脱水、脱气和干燥过程;化学变化主要是热分解和热缩聚两类反应。物料在热分解和热缩聚反应过程中析出煤气和煤焦油,其中有机化合物的含氧官能团被缩聚去除,同时形成高强度的交联碳分子结构。因此,炭化的目的就是使形成多孔的骨架并具有很好的机械强度。

②炭化尾气处理。

炭化过程产生的炭化尾气主要为两部分:其一,加热燃料燃烧产生的气体,主要为 CO_2、H_2O、N_2 及少量的 SO_2 和 CO;其二,物料热分解时所产生的挥发物组分,如 CO、CH_4、烷烃、烯烃、煤焦油等。这些尾气中含有大量有毒有害气体,需要处理后排放,否则将会对周围环境造成严重的污染。

目前,炭化尾气主要处理方法为焚烧法。将炭化尾气导入焚烧炉,通入过量空气,在 800~950℃ 的高温下进行充分燃烧,使得尾气中仅含有二氧化碳和水蒸气,可直接排入大气。焚烧炉可用煤气、天然气、柴油、重油加热,也可用煤加热,燃烧产生的热量可通过废热锅炉进行回收产生蒸气。焚烧法虽然焦油未能回收,但投资少,操作简单,尾气处理彻底,同时可以产生后续生产所需要的蒸气。因此焚烧法在活性炭生产中被普遍采用。焚烧法主要流程如图7-7所示。

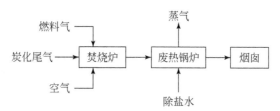

图 7-7　焚烧法处理炭化尾气流程示意图

(5)活化工序

活化工序是整个活性炭生产过程中操作最复杂、投资最大且最关键的工序,直接影响活性炭的性能、成本和质量。一般来说,活化中采用的活化气体(活化剂)为水蒸气和烟道气[40,41],二者交替活化或混合活化[42,43],其中烟道气是水蒸气在与碳反应过程中产生的氢气和一氧化碳等。

炭化料的骨架已经具备一定的孔隙结构,活化过程中,活化气体进入骨架结构,和碳发生氧化还原反应,侵蚀整个骨架内部的表面,同时反应掉焦油类物质,使炭化料的微细孔隙结构更加发达。活化就是在保持炭粒一定强度的前提下,使得炭粒产生发达的孔隙结构和巨大的比表面积,达到活性炭所要求的技术性能。图7-8是炭化活化系统组成示意图。

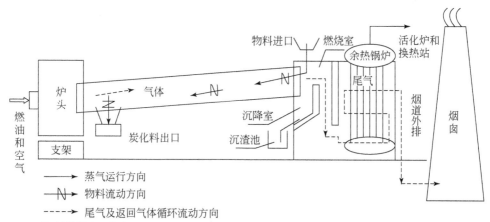

注:换热器出口蒸汽3.0t/h,温度194℃;外排烟道温度250～450℃;炉尾温度350℃;表面温度300℃左右(350～380℃);炉头温度550℃(550～650℃);中间温度450～500℃

图 7-8　炭化活化系统组成示意图

气体活化法制备煤质活性炭,基本原理为水蒸气在高温下与碳发生氧化还原反应而侵蚀碳,生成 CO、CO_2、H_2 和其他碳氢化合物气体而排出,达到在炭粒中造孔的目的。其主要化学反应式如下[44]:

$$C+2H_2O \Longrightarrow 2H_2+CO_2$$
$$C+H_2O \Longrightarrow H_2+CO$$
$$CO_2+C \Longrightarrow 2CO$$

上述三个化学反应均为吸热反应,需通入一定量空气与活化反应产生的煤气燃烧来补充热量,或额外补充热源,以保证活化炉温度不低于800℃,否则温度降低后活化反应难以维持。

目前的研究表明,活化反应主要包括三个阶段[45-48]。

第一,高温下,活化气体首先与无序碳原子及杂原子反应,打开堵塞的孔隙。

第二,打开孔隙后,在该骨架结构上,不断向纵深侵蚀贯通。

第三,随着活化反应的不断进行,石墨微晶表面形成新的不饱和碳原子或活性点,继续与活化气体反应,不断地形成新孔隙。

活化工艺操作条件主要包括活化温度、时间和升温速率,以及活化剂的加料速度、活化炉内的氧含量等[37]。

3. 活性炭再生工艺

活性炭具有发达的孔结构和较大的比表面积,作为吸附剂大量用于废气废水处理。但是,由于成本因素和生产资源的紧缺,如若直接将废旧活性炭丢弃,则会造成资源浪费及二次污染。因此,活性炭的再生具有良好的发展前景。

活性炭的再生是指运用物理、化学或生物化学等方法对吸附饱和后失去活性的炭进行处理,恢复其吸附性能,达到重复使用目的[49]。活性炭的吸附过程是吸附质与活性炭之间由于相互作用力而形成一定的吸附平衡关系,那么再生则是改变平衡条件,使吸附质从活性炭中脱附出来,其途径有①降低吸附质与活性炭表面的亲和力;②用对吸附质亲和力更强的溶剂萃取;③用对活性炭亲和力比吸附质大的物质把吸附质置换出来,再脱除活性炭中的置换物质;④升温加热改变平衡条件;⑤降压脱附;⑥分解或氧化吸附物而除去[50]。采用何种再生方法,主要取决于活性炭的类型和被吸附物质的性质。目前,国内外对活性炭的再生方法主要包括加热再生法、化学药剂再生、生物再生法、催化氧化再生法、微波辐射再生法、电化学再生法等[49]。

在上述多种活性炭再生方法中,热再生法是目前工艺最成熟,工业应用最多的再生方法。加热再生一般经过干燥、炭化、活化 3 个过程。湿活性炭脱水后还有40%～50%的水分,加热至 100～150℃,炭粒中的水分和低沸点有机物开始挥发;温度升高至 150～700℃,多数有机物分别以挥发、分解、炭化的形式被脱除;最后温度升至850℃,水蒸气、二氧化碳气体进行再活化反应。加热法再生效率高,时间短,但也存在再生过程中炭损失较大(一般在5%~10%),再生炭的机械强度下降等现象。因此,再生炉内对氧必须严格控制,从而避免对活性炭的消耗过大使得性能下降[49]。

活性炭法烟气多污染物协同净化技术中,活性炭初装量较大、循环量较高,采用热再生方法能够在短时间内完成再生、再生率高、无再生废液产生、并能实现副产物 SO_2 富集等特点,因此热再生方法是活性炭烟气净化技术的最佳手段。但该技术与普通再生方法又有不同:前面已介绍,烟气中 SO_2 会以硫酸盐、硫酸氢盐的形式在活性炭微孔中生成,粉尘也会聚集在活性炭表面,烟气中的水分会吸附在活性炭表面,因此活性炭再生仅需将硫酸盐物质分解掉即可,并将活性炭吸附的水分分解,相当于对活性炭再次进行活化处理,而硫酸盐分解温度较低,不必升温到800℃以上。

在工程实践中,活性炭循环量大,系统需要连续稳定运行,塔体相对较高,这就对工程中解析塔结构提出了很高的要求。众所周知,活性炭的再生温度一般高于400℃,而活性炭易烧蚀,因此为了严格控制再生过程不引入氧气,需要向塔内通入氮气,并保证塔内为微正压。另外,再生后的活性炭要进入输送机中进行输送,而输送机是没有气密性的,不能够直接运输高温的活性炭,因此要求再生后的高热活性炭需先在解析塔中冷却后才能排出。同时,为了防止出现局部过热的活性炭通过输送系统送往吸附塔,造成安全隐患,需要保证解析塔活性炭下料料流的稳定性。再生过程中另一个关键问题是再生设备的耐腐蚀性。活性炭烟气中含有的 SO_2、SO_3、HCl 等酸性气体使再生解析气露点温度提高,当再生过程将烟温降低到其露点温度以下时,解析气便在净化设备上结露,析出酸性电解质溶液,形成腐蚀性原电池,H^+ 离子和溶解氧的去极化作用促使电化学反应持续发生,再生器容易被腐蚀。同时,解析气中含有大量的 SO_2,可能会与烟气中的水生成 H_2SO_4 腐蚀设备,因此,反应器要严格保证防腐性。

7.1.3　活性炭法多污染物协同控制技术

1. 活性炭多污染物协同控制工艺流程

活性炭多污染物协同控制技术自20世纪60年代开始研究,并在国内外烟气净化,尤其是烧结烟气净化中得到了长足发展和应用。目前,国内外活性炭多污染物协同控制技术按照烟气流动形式可以分为逆流工艺和错流工艺,按照吸附塔数量可分为单极吸附净化工艺和组合式吸附净化工艺。

(1)逆流工艺与错流工艺

逆流工艺最早由奥地利英特佳公司开发,其优势在于可以在一套装置中完成吸附及催化反应过程。烟气自下而上流动,活性炭自上而下传输,两者逆流结束,吸附塔底部排出的活性炭经输送系统进入解析塔解析,再回到吸附塔上部进入系统循环使用。烧结机主抽风机抽入的烟气,通过两台平行变频增压风机增压后进入吸附塔脱硫床层脱硫,然后在脱硫床层后的气室内与雾态氨水混合,再穿过脱硝床层进行脱硝。烟气中的 SO_2 和 NO_x 被活性炭层吸附或经过 SCR 反应生成无害物质,通过主烟囱排入大气。活性炭由塔顶输入吸附塔脱硝段,并在重力和塔底出料装置的作用下向下移动,依次通过脱硝段和脱硫段。吸收了 SO_2、NO_x、二噁英、重金属及粉尘等的活性炭先经过筛分,筛上的大颗粒活性炭通过链斗输送机输送到解析塔进行解析,活性炭吸附的 SO_2 被解析出来送往制酸系统制成 98% 浓硫酸,解析后的活性炭出解析塔后经风筛和振动筛筛除粉尘后,通过链斗输送机输送到吸附塔循环使用,从而完成整个系统的物料循环过程,新活性炭通过活性炭仓经振动给料机加入系统中,用于补充系统损失的活性炭。筛下的小颗粒活性炭、粉尘送入分仓,经气力输送装置输送至烧结配料室作为燃料使用。脱硫脱硝装置分为独立的两个系统,以增加系统的可靠性。其中一台解析塔 100% 备用,正常生产时低负荷操作,一台检修时另一台可以处理全部需再生的活性炭。用焦化蒸氨装置生产的 18%～25% 的浓氨水作为脱硝剂,节省占地且安全性好。硫酸装置生产的 98% 硫酸送焦化装置硫铵工段做原料。

逆流吸附装置示意图如图 7-9 所示,其优点是烟气可以与活性炭充分接触,活性炭利用率及吸附催化效果高,但为了保证活性炭在水平方向上均匀分布和下料,吸附装置内需要布置上万个 100mm 左右的小方格溜槽方便活性炭下料,导致整个吸附装置设备庞大,并且温度难以控制,通道容易堵塞,检修也更加困难。

错流工艺如图 7-10 所示,其大体流程和辅助装置与逆流工艺类似,主要区别在于采取从入口到出口贯通的活性炭通道,按照与烟气接触的顺序,设置前、中、后三个吸附通道,可以分开控制各通道内的活性炭下料速度,使活性炭传输速度整体减慢,可以有效避免活性炭堵塞等缺点。该技术在日本的烧结烟气治理中得到了大面积应用,但同样存在吸附和催化效率略低,投资成本高等问题。

(2)单级吸附净化工艺和组合式吸附净化工艺

活性炭多污染物协同控制技术按照吸附塔的布置形式可以分为单级吸附净化和组合式吸附净化工艺两大类。其中,单级吸附净化采用单级吸附装置,造价较低,占地空间小,而组合式吸附净化工艺通过组合多级吸附装置,可以分段吸附催化烟气中的污染物,达到更高的环保标准。图 7-11 所示为采用单级吸附净化技术的太钢烧结机烟气净化装置工艺流程图,该装置主要由烟气系统(烟气管道、增压风机系统)、脱硫系统(吸附、解析、活性炭的输送、活性炭的补给、热风循环、冷风循环及除尘系统)、脱硝系统(液氨储存、输送、蒸发混合注入),以及相应的电气、仪控(含监测装置)等系统组成。

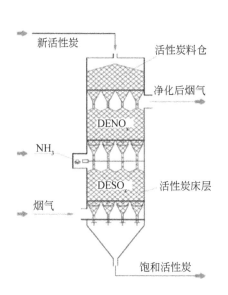

图 7-9　逆流吸附装置结构图

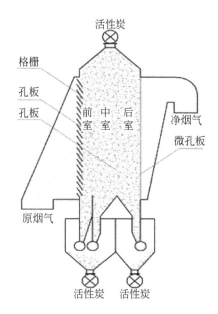

图 7-10　错流吸附装置结构图

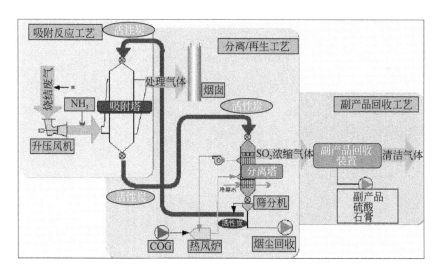

图 7-11　太钢烧结机烟气净化装置工艺流程图

　　组合式吸附净化工艺又可分为串联组合工艺和上下组合工艺,图 7-12 为串联组合工艺示意图及三维图。双塔在同一水平面,烟气串联走向,先通过一级塔,再通过二级塔。在二级吸附塔中,因为污染物浓度较低,烟气侧吸附推动力较低,吸附塔中采用从解析塔中解析出来的新鲜活性炭,重点用于脱硝;而在一级吸附塔中,污染物浓度高,烟气侧吸附推动力高,吸附塔中采用在二级吸附塔吸附了少量污染物的活性炭,重点用于脱硫,活性炭输送顺序的合理配置大大降低了活性炭的循环量,最大限度地降低解析系统的解析负荷。采用两级活性炭吸附工艺,一方面为选择性喷氨、选择性脱除烟气有害物质创造了有利条件,另一方面也为提高氨气利用效率、低温脱硝创造了条件[51]。该技术已经成功应用到钢厂烧结烟气净化工艺中,达到了烧结烟气超低排放的标准,上下段组合式活性炭脱硫脱硝烟气净化以MET-MITSUI-BF 工艺为代表,其示意图如图 7-13 所示。吸收塔由上下两段组成,上段为脱硝塔,下段为脱硫塔,活性炭从上往下运动;烟气先经过脱硫塔脱除 SO_2,然后进入脱硝塔除去 NO_x,在进入脱硝塔时加入氨气。工艺流程如图,脱硫脱硝反应器为移动床反应器,反应温度为 100~200℃,烟气与活性炭垂直逆流移动,烟气先经过脱硫反应器脱硫后加入还原剂 NH_3,再经过脱硝反应器脱硝后通过烟囱排入大气;活性炭在反应器内从上到下依靠重力缓慢移动,吸附饱和后从底部排出,送入再生反应器进行再生。再生反应器也为移动反应器,以间接加热的形式把吸附过 SO_2 的活性炭加热到 300~500℃,使活性炭得到再生,反应器内活性炭从上往下移动,停留一段时间后排出反应器,再经筛分送回活性炭脱硫反应器循环使用;产生的高浓度 SO_2 气体送到气体回收生产装置,生产硫酸或其他化工产品。此套装置在一定工艺条件下脱硫效率可达 95% 以上,脱硝效率可达 70% 以上。

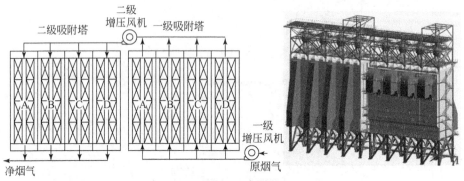

图 7-12　串联组合工艺示意图及三维图

2. 活性炭多污染物协同控制系统及装备

活性炭多污染物协同控制系统主要由烟气系统、吸附系统、解析系统、活性炭储运系统、除尘热循环等辅助系统组成。

(1)烟气系统

烟气系统从烧结机主抽风机后的烟道到烟气排出烟囱,通过风机等设备将烧结烟气引入吸附装置,经过活性炭脱硫脱硝后由回风烟道排出,如图 7-14 所示。

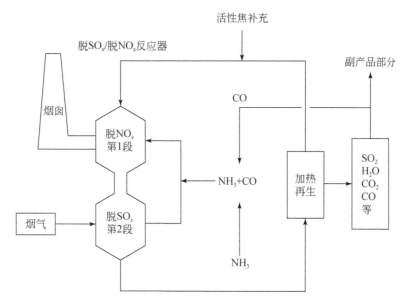

图 7-13 上下组合式净化工艺示意图

每套烟气系统对应一台主抽风机,烟气经过增压风机(静叶可调轴流风机)加压后进入吸附塔,每台增压风机可以对应多个吸附装置,并配备独立运行的入口烟气挡板。在增压风机入口前设置了冷风吸入阀装置,通过调整阀门开度来均衡烟气温度和流量。为保证烧结系统稳定运行,整个吸附装置内设有原烟气、净烟气及旁路烟气三个挡板。当烟气净化系统大修或发生其他意外情况时,烟气可暂时不通过烟气净化系统,经旁路挡板门至烧结烟囱排放。此时关闭原烟气挡板与净烟气挡板关,不影响烧结系统生产。同时,为了保证入塔烟气温度不大于 135℃,烟道系统内还需要设置自动雾化喷水降温装置。

(2)吸附系统

吸附系统从上至下包括活性炭给料阀、布料仓、吸附模块、圆辊卸料机、下料仓、下料阀等设备。每台烧结机可以设置多套吸附系统,每套吸附系统与烟气系统对应,并由多个吸附单元共同组成一个吸附塔体。吸附塔是整个烟气净化系统的核心设备之一,每个吸附单元由左右对称的共六个反应室组成,分别为前室、中室和后室,在不同的部位设有入口格栅、中间多孔板及出口微格栅。吸附塔空塔流速一般设置为 0.15 ~ 0.20m/s。图 7-15 所示是建设中的吸附塔系统,从图 7-15 可以看到吸附塔的内部结构,两块相邻壳体之间的部分即为一个吸附单元,烧结烟气从左右两个模块中间进入,SO_2、NO_x、二噁英、粉尘等污染物的吸附全部在吸附塔内完成。烟气从吸附单元中间垂直于活性炭运动的方向进入吸附塔,首先通过前室和中室,主要进行脱硫、除尘、除重金属和脱二噁英,最后进入后室,主要以脱硝为

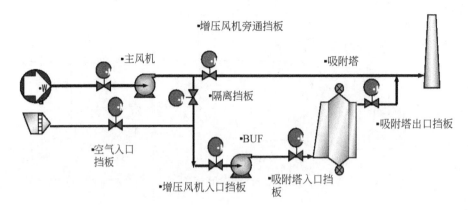

图 7-14　烟气系统示意图

主[52,53]。将有害物质脱除后,经吸附塔出口进入总烟道,经净烟气挡板后由烧结主烟囱排放。烧结烟气每个反应室中活性炭的移动速度由各自的圆辊卸料机控制,活性炭自上而下缓慢输送,吸附烟气中的有害成分。为了避免烟气泄露,在吸附塔的上下部设置旋转阀与外部环境隔离[51]。

图 7-15　建设中的吸附系统实景图

(3)解析系统

解析系统包括活性炭给料阀、进料仓、解析塔本体、圆辊卸料机、下料仓、卸料阀、振动筛、炭粉仓等设备。每套解析系统对应吸附系统,包含并排布置的 1 个或多个解析塔,每个解析塔内包含进料段、加热段(解析段)、过渡段、冷却段和下料仓,解析段与冷却段均为列管换热器。图 7-16 为解析塔内冷热风送风流程和内外部结构示意图。

从图 7-16 可以看到,热风炉内燃烧高炉煤气产生热烟气,送入解析塔加热段进行加热。加热段的热风通道由外壳和内部水平布置的隔离钢板组成,热烟气在加热段通过热交换加热烟道烟气。在加热段,吸附了污染物的活性炭被加热到 400℃以上,并停留超过 3h。在解析塔内,活性炭上吸附的 SO_2 脱附出来,产生 SO_2 浓度高的 SRG 气体,通过下部过渡段被输送到制酸单元制取 H_2SO_4。活性炭上吸附的未反应的 NO_x 和 NH_3 或相关物种,在解析塔内进一步发生 SCR 或 SNCR 反应,生成无害的 N_2 和 H_2O。吸附在活性炭上的二噁英或其他 VOCs,在活性炭上催化氧化,裂解生成无害物质。解析后的活性炭进入下部冷却段,冷却风机通过鼓入空气间接冷却将活性炭降温。活性炭在冷

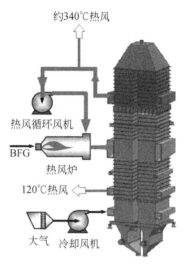

图 7-16　解析塔内冷热风送风流程和内外部结构示意图

却段冷却到 120℃以下后通过圆辊给料机定量卸到下料仓,再通过下部卸料阀送入活性炭振动筛。筛分后的小于 1.2mm 的破碎活性炭颗粒或粉尘被去除,通过输送机进入炭粉仓,运输回加热段的高炉喷煤系统内作为燃料利用[51]。筛上保留的活性炭颗粒较大,吸附和催化能力几乎完全保留,通过输送机回到吸附塔循环使用。解析过程中要特别注意氮气保护,防止活性炭在高温下被氧化甚至燃烧,同时,氮气作为载气也可以将解析出来的 SO_2 等气体输送到制酸系统资源化利用。

(4)储运系统

活性炭多污染物协同控制技术中,吸附系统和解析系统通过储运系统联系为一个整体,同时,在系统整体投运前,需要将活性炭通过储运系统输送至解析塔进行预活化处理,再输送至吸附塔内参与反应。除此以外,系统运行过程中,活性炭在吸附和解析的过程中存在化学消耗和物理消耗,为了保证活性炭总量不变,也要通过储运系统补充新的活性炭。储运系统主要由卸料存储系统和输送机系统组成,对应下料仓和储料仓,储料仓内一般存储 7 天用量的活性炭。存储补给系统由活性炭储存仓下部的辊式给料机和电子秤皮带联合控制,当解析塔内活性炭料位低于设计值时,自动启动输送补给活性炭。输送机一般采用两条链斗运输机,运输机 A 将从解析塔卸料的活性炭输送至吸附塔塔顶,运输机 B 将从吸附塔卸料的活性炭输送至解析塔塔顶。其中,A 为多点卸料输送机,B 为单点卸料输送机,运输机均为"Z"型,由链条斗式提升机和散料刮板机组成。这种设计降低了活性炭的摔损,能够实现活性炭的连续运输,结构紧凑且效率高[51]。

（5）辅助系统

辅助系统包括供氨系统、制酸系统、废水处理系统、除尘系统和热循环系统等。液氨储存和供应系统包括液氨卸料压缩机、液氨储罐、液氨气化器、氨气缓冲罐等。氨气通过"氨气/空气混合器"与稀释风机鼓入的空气混合，使 NH_3 浓度低于爆炸下限，稀释后的氨气由格栅均匀喷入吸附单元入口烟道[51]。制酸系统一般采用喷淋塔结合泡沫柱洗涤的净化装置，通过湿法脱硫将脱附出来的高浓度 SO_2 回收并资源化利用。制酸尾气中污染物主要为 SO_2，尾气被送入烟气净化系统烟气系统增压风机前的烟道，对制酸尾气中的 SO_2 再进行循环净化。制酸废水中污染物主要为高浓度的 NH_4^+、F^-、悬浮物和重金属离子，废水处理采用"化学沉淀+磁混凝+二级过滤+膜吸收"的净化方法，处理后的废水的固体悬浮物、氨氮和重金属离子等达到相关规定的排放要求。除尘系统采用布袋除尘模式，包括布袋除尘器、粉尘收集风机等，并设计为全密闭结构，负责捕集在运输、装载活性炭等过程中出现的粉尘炭。粉尘炭可直接用于烧结燃料或高炉喷煤燃料，降低原料成本。热循环系统包含服务于解析塔上段和下段的两个子系统，如图 7-17 所示，主要目的是实现解析塔的加热和冷却功能。热烟气在加热段与活性炭间接换热后，通过热气循环风机返回热气发生器，以回收余热。冷却段由冷却风机鼓入冷风实现活性炭降温。

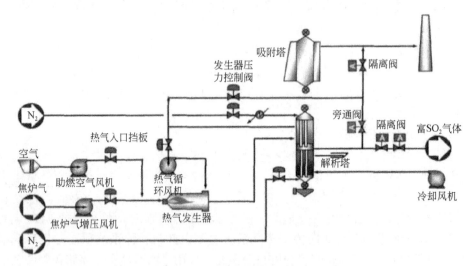

图 7-17　热循环系统示意图

3. 活性炭多污染物协同控制技术优化

结合活性炭多污染物协同控制技术在烟气多污染物治理中的巨大优势和市场价值，针对我国相关技术面临的核心装备缺失、关键技术缺乏等问题，在国家"863"计划项目支持下，通过产学研用合作，清华大学联合中冶长天、宝钢等单位，开展了相关基础理论研究、关键技术攻关、核心装备研制及系统集成应用,形成了多污染物协同去除效率高、投资及运行费用低、能源介质利用率高、运行安全稳定、副产物可资源化利用的活性炭法烟气净化技术体系,并建立示范工程取得了良好的烟气净化效果。

结合前期小试实验对技术原理的论证和验证,对工艺条件和关键设备进行了优化和改进后,在宝钢股份搭建了国内首套活性炭多污染物协同治理中试平台。平台处理烟气量可达 $30000\,\mathrm{Nm^3/h}$,且烟气完全取自烧结主排风机之后,中试研究了循环量、喷氨量等不同工况条件下烟气净化效果,研究了吸附反应塔与再生塔匹配关系,进行吸附塔、解析塔、输送系统三次大型改造和三十多次小的改善和优化,取得了良好的成果。

针对活性炭床层对不同污染物的吸附规律,开发了分层、多室且速度可控的整流下料技术,将活性炭床层分为前、中、后三层,采用多联辊式布料装置实现活性炭的多层可控,保证了不同床层内活性炭的不同移动速度,针对不同床层的污染物特征实现了更佳的吸附效果,如图 7-18 所示。

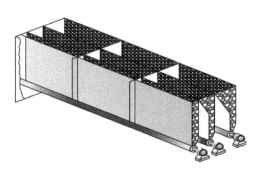

图 7-18　多联辊式布料装置示意图

实际应用中,移动床层高度可达 $20\sim30\mathrm{m}$,结合吸附塔不同高度的烟气特征及活性炭的催化效果,开发了多层喷氨技术,对不同部位分别喷氨。氨气喷入前,与鼓入的空气混合,由喷氨格栅均匀喷入。同时,根据实验数据和现场数据调控喷氨量,保证了烟气和氨气的充分混合,改善了吸附塔内脱硫和脱硝反应的动力学条件,大幅提高脱硝效率且降低了氨水用量。

活性炭烟气净化工艺中,要经历吸附-解析循环,即活性炭先在塔内吸附烟气中的二氧化硫,生成硫酸,然后在再生塔进行加热再生,进行完整的预酸化处理过程。而对活性炭粉进行酸化处理,发现脱硝率比未酸化的活性炭粉末提高 30%,如图 7-19 所示,说明酸化处理能够提高脱硝活性。在实际工程应用中,运行 5 次循环过程中,不加氨,脱硝率很低,脱硫率约 80%,在此过程中对活性炭进行了酸化处理,5 次循环后加入氨,脱硝率与脱硫率均逐渐上升,其中脱硫率达到了 95%,脱硝率达到了40%。

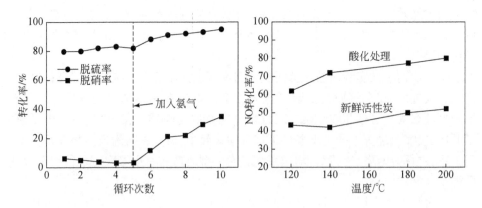

图 7-19　酸化和加氨对脱硝性能的影响

为保证活性炭层各室间气流的通畅,针对各室活性炭下料速度各异的特点,开发了低阻高效抑尘式孔板技术,在三个相邻室之间采用不同的多孔板进行分隔,其中前层与烟气进气室采用百叶窗结构分隔,保证了烟气的最大流通面积,同时活性炭及粉尘不会进入进气室,杜绝了活性炭或者粉尘堵塞进气室;中层与前层、后层之间采用圆孔多孔板进行分隔,透风面积大,活性炭不会堵塞孔板,副产物硫酸铵或硫酸氢氨也不会黏附在孔板上,后层与烟气出气室之间采用扁孔多孔板进行分隔,其开孔率大于国外同类技术,并且阻力小、透风均匀、能有效减少粉末的二次夹带,据此开发了低阻高效抑尘孔板技术。相比国外同类技术,圆孔多孔板在开孔率相当的情况下强度更好,扁孔多孔板开孔率更大,还具有良好的抑尘作用,均取得了较好的工程应用效果。

除此之外,为了减少活性炭在吸附塔作业及输送过程中的损耗,开发了吸附塔防摔损均匀布料技术。通过分析固体颗粒流动特性,改变活性炭的落下路径,降低活性炭的摔落速度。针对这一点开发了新型给料仓,避免了物料较大距离的跌落,让活性炭尽量顺着溜槽滑落并减速。同时,根据活性炭的堆积特性,研究了活性炭的自然堆积和流通问题,开发了大跨度布料的多管均匀布料技术。从料仓底部分出多支分布管,保证每个分布管角度大于自然堆积角度,使活性炭可以在重力作用下均匀布置在吸附塔上方。

最后,为了保障活性炭多污染物协同控制系统安全稳定运行,开发了吸附系统安全运行保护技术。由于吸附和催化氧化都是放热过程,当床层温度过高时,可能导致热量积累,出现吸附塔床层超温或局部过热现象,如不及时采取保护措施,可能会使活性炭温度超过着火点,引发安全事故。因此,在入口烟道上设置了温度自动控制系统,通过雾化喷水降温和补空气降温,灵活调整吸附塔内温度。

4. 活性炭多污染物协同控制应用案例——湛钢单塔活性炭多污染物协同控制示范工程

随着活性炭多污染物协同控制技术的发展和完善,其凭借净化效率高、多污染物协同脱除、改造方便等优势在国内烧结、焦化等烟气治理中得到了广泛应用。下面以湛钢单塔活性炭协同控制示范工程为例,介绍其在实际工程中的应用和效果。

宝钢湛江钢铁有限公司主体工程占地面积 12.59km², 其中,烧结车间配备 2 台 550m² 烧结机,烧结机烟气中含有 SO_2、NO_x、二噁英、重金属及粉尘等多种污染物,经过多次筛选比较,最终确定采用中冶长天国际工程有限责任公司的活性炭多污染物协同控制技术进行烧结烟气治理。

烟气净化系统采取全烟气净化,要求技术先进,造价经济、合理,系统便于运行维护。整个系统的设计基本原则为:

①通过对烧结机机头烟气加装烟气净化装置,使烟气中的 SO_2、NO_x、二噁英、粉尘等达到《钢铁烧结、球团工业大气污染物排放标准》(GB 28662—2012)的要求;

②烟气净化系统遵循"运行稳定,脱硫、脱硝效率高,无二次污染"的原则;

③装置能快速投入运行,适应风量及 SO_2、NO_x 负荷波动能力强;

④采用活性炭作为吸附剂;

⑤副产物制取浓硫酸;

⑥采用液氨作为脱硝还原剂。

单台烧结机的烟气净化设计参数如表 7-3 所示。

表 7-3　烧结烟气净化设计参数

项目	数值	设计值	备注
主抽铭牌风量/(m³/min)	2×25 500		主抽风量
主抽入口温度/℃	100~150	100	
主抽入口风压/Pa	−19 000	−19 000	
折合标态风量/(Nm³/h)	1 793 000		
系统入口温度/℃	110~150	115	
系统入口压力/Pa	0~500	0	
SO_2 浓度/(mg/Nm³)	300~1 000	600	
NO_x 浓度/(mg/Nm³)	100~500	450	
粉尘浓度/(mg/Nm³)	~50	50	
二噁英当量浓度/(ng-TEQ/m³)	≤6	5	
烧结机作业率/h	8 232		94%

对净化后的烟气设计参数要求为 SO_2 排放浓度≤50mg/Nm^3，NO_x 排放浓度≤150mg/Nm^3，粉尘排放浓度≤20mg/Nm^3，二噁英当量排放浓度≤0.5ng-TEQ/m^3，烧结机同步率≥95%。

烧结机机头烟气净化采用活性炭净化工艺，烟气经过活性炭吸附塔净化后由烧结主烟囱排放，吸附了污染物的活性炭经解析塔解析后循环利用，烟气净化后从烟囱排空，活性炭吸附下来的 SO_2 在解析再生塔内解析成为富集 SO_2 烟气，送至制酸工段，生产98%硫酸。每台烧结机烟气净化系统处理烟气量 $2×2.55$ 万 m^3/min，折算成标态为180万 Nm^3/h，计划年减排 $SO_2 = 2×7744t$，减排 $NO_x = 2×4224t$，年生产副产物硫酸(浓度98%)约2.3万t。

如图7-20所示为湛钢活性炭多污染物协同控制工艺流程图，烟气由增压风机引入吸附塔，吸附塔入口前喷入氨气，烟气依次经过吸附塔的前、中、后三个通道，烟气中的污染物被活性炭层吸附或催化反应生成无害物质，净化后的烟气进入烧结主烟囱排放。活性炭由塔顶加入吸附塔中，并在重力和塔底出料装置的作用下向下移动。吸收了 SO_2、NO_x、二噁英、重金属及粉尘等的活性炭经输送装置送往解析塔。在解析塔内 SO_2 被高温解析释放出来，NO_x 在解析塔内与氨气进行氧化还原反应，生成无害的 N_2 与 H_2O，同时在适宜的温度下，二噁英在活性炭内催化剂的作用下将苯环间的氧基破坏，使之发生结构转变裂解为无害物质。解析后的活性

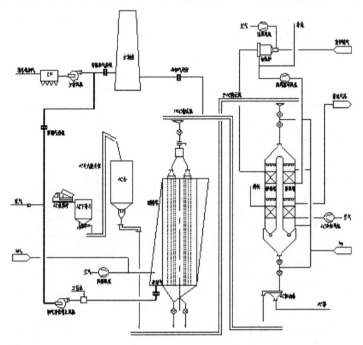

图7-20　湛钢活性炭多污染物协同控制工艺流程图

炭经解析塔底端的振动筛筛分,大颗粒活性炭落入输送机输送至吸附塔循环利用,小颗粒活性炭粉送入粉仓,用罐车运输至高炉系统作为燃料使用[54]。

装置投产运行后,连续稳定运行并取得了一流的多污染物净化效果,与烧结机的同步运转率达到100%,出口污染物 SO_2 排放浓度≤20mg/Nm^3,NO_x 排放浓度≤150mg/Nm^3,粉尘排放浓度≤20mg/Nm^3,二噁英当量排放浓度≤0.35ng-TEQ/m^3,均低于国家特别排放限值的要求。同时,该工程在2016年5月11日至2016年6月29日期间,由第三方测试机构进行了严格的测试,验证测试过程中,采集的废气样品共计258个。评价结果如下:在验证评价测试期间,系统运行平稳,未出现影响工艺正常运行的重大故障,活性炭法烧结烟气净化技术在验证评价期间,可达到以下效果:

①按照《钢铁烧结、球团工业大气污染物排放标准》(GB 28662—2012)考核,烟气排放指标:颗粒物、SO_2、NO_x、氟化物和二噁英的排放浓度满足标准中排放限值要求。结果见表7-4。

②吸附塔烟气进口污染物浓度为颗粒物33.5~44.8mg/m^3、SO_2 361~429mg/m^3、NO_x 257~294mg/m^3 时,出口颗粒物排放浓度≤20mg/m^3、SO_2 排放浓度≤50mg/m^3、NO_x 排放浓度≤150mg/m^3。

③烟气污染物处理效率具有颗粒物去除率≥60%、SO_2 去除率≥96%、NO_x 去除率≥74%、氟化物去除率≥29%、二噁英去除率≥84%、汞去除率≥73%的技术性能。

④2套活性炭烟气净化系统的处理能力可以达到180万 Nm^3/h。

⑤为期近2个月内的技术验证期间,活性炭消耗量、电消耗量、煤气消耗量、氨消耗量、氮气消耗量总体变化不大,该技术日均电耗为104416kW·h;物料的日均用量分别为煤气14875m^3/d、氮气31272m^3/d、氨气4344kg/d、活性炭12.60t/d;钢铁烧结机的产能为687.50t/h,则烧结机烟气采取活性炭治理装置后,每生产1t烧结矿,可同时减排颗粒物0.06kg、SO_2 21.01kg、NO_x 0.62kg,所需要的运行成本(不含设备折旧费用)为8.39元/(1t烧结矿)。

表7-4　湛钢烧结烟气净化测试结果

参考文件	烟气指标	出口浓度/(mg/m^3)	排放限值/(mg/m^3)	达标率/%	平均去除率/%
GB 28662—2012	颗粒物	10.2~19.8	40	100	60.21
	SO_2	10.5~19.4	180		96.23
	NO_x	61.5~101	300		74.18
	氟化物	0.53~1.48	4.0		29.06
	二噁英	0.24~0.31ng-TEQ/m^3	0.5		84.17

参考文件	烟气指标	出口浓度/(mg/m³)	排放限值/(mg/m³)	达标率/%	平均去除率/%
	氨	0.25 ~ 1.69			
	汞	<0.0025 ~ 0.0085			73.55

7.2　除尘协同控制技术

除尘设备为烟气污染综合治理的关键装备,常见的有电除尘、电除尘及电袋复合除尘,不同行业结合各自烟气排放特征可以优化选择。除尘大都采用干式除尘设备,具有稳定高效的除尘功能和对多种污染物的协同控制能力,以"袋式除尘为核心的多污染物协同控制技术路线"专注的是过程各环节的有效控制和相互匹配,高效除尘过程中优化提升对重金属的脱除。

7.2.1　除尘协同脱硝技术

1. 技术原理

烟气治理领域,研究开发除尘协同脱硝技术与装备是当前工业烟气净化领域的发展趋势。其中陶瓷纤维滤管具有耐高温、过滤阻力低、化学性能稳定、表面有致密的微米级孔道结构,具有良好的过滤分离效果,可去除99%以上的烟气粉尘。同时通过特殊的工艺将催化剂负载在陶瓷纤维滤芯支撑体内部形成具有催化作用的陶瓷过滤材料,可实现除尘脱硝一体化。在实际应用中,工业烟气进行预脱硫后进入含有催化剂的陶瓷滤管,在滤管表面形成滤饼层除去粉尘,同时烟气中的 NH_3 和 NO_x 在陶瓷纤维滤管所负载的催化剂作用下,发生氧化还原反应,生成氮气和水,从而完成整个脱硫、脱硝除尘过程。

2. 工艺流程

如图 7-21 所示为除尘协同脱硝技术工艺路线图,主要包括以下系统。

干法脱硫系统:采用干法调质脱硫系统进行脱硫。干法调质脱硫塔是保证将 SO_x 降低到合理水平的关键核心设备;采用底部进气,塔前烟道加入熟石灰粉末,烟道内设置混合器使得熟石灰与烟气充分混合后,进入干法调质塔内进行调质脱硫,经脱硫后的烟气进入下游除尘脱硝一体化系统。

氨气输送喷射系统:主线供应的氨气接入喷射系统设置的流量调节阀组,能根据烟气不同的工况进行调节氨气流量,调节后的氨气与稀释风机送入的空气按一定比例经过混合器、分配系统混合均匀后进入脱硝系统上游的喷氨格栅。在 SCR

系统上游,氨气通过喷氨格栅喷入烟气中,通过与烟气充分混合确保氨气与 NO_x 均匀分布均匀。

催化功能陶瓷纤维滤管除尘脱硝系统:主要包括除尘与脱硝两部分。催化功能陶瓷纤维滤管除尘器是将安装于空气污染防治设备中的干式陶瓷纤维滤管,直接安装到集尘器的孔板。

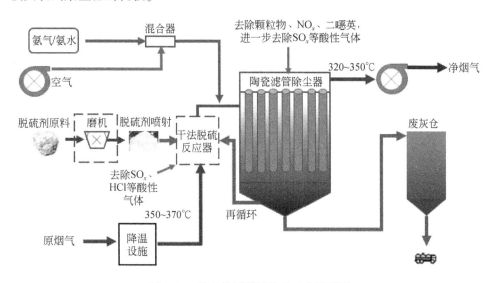

图 7-21　除尘协同脱硝技术工艺路线图

除尘:经烟气干法调质脱硫后的烟气进入催化功能陶瓷纤维滤管除尘器,在除尘器中,烟尘从烟气中分离出来,烟气经过除尘器处理后烟尘浓度可以迅速降低。除掉的烟尘收集在除尘装置的料斗中,由气力输送系统送至废料仓中。

脱硝:催化功能陶瓷纤维滤管是在原陶瓷纤维滤管中复合催化剂组分,陶瓷纤维滤管的比表面积大,所有催化剂均匀分布在陶瓷纤维滤管表面,提高了催化剂的活性负载表面积及反应速率。此该工艺系统最佳操作温度为 $330\sim350℃$。在催化剂的作用下烟气中的 NO_x 与 NH_3 发生催化反应生成 N_2 和 H_2O,从而起到脱硝作用。此催化剂由于附在陶瓷纤维滤管上,在催化剂外层还会有纤维层保护,这样可降低重金属砷(As)、硒(Se)及汞(Hg)对催化剂的毒化作用。

7.2.2　除尘协同脱汞技术

1. 技术原理

在工业烟气中汞的存在形态分为两种:气相汞(主要以 Hg^0、Hg^{2+} 的形态存在)和部分固相汞(附着颗粒物的形态)。研究发现,除尘器可在保持原有除尘效率的基础上提高气态汞的脱除率,此外还可以使用吸附剂技术协同脱除汞及其化合物。除尘设备协同脱汞主要通过吸附剂吸附烟气中的 Hg^{2+} 和少量 Hg^0 一起形成 Hg_p,然后被除尘器收集,从而达到去除的目的。通过长期的研究发现:与干式电除尘器和湿式电除尘器相比,布袋除尘器对 Hg_p 的脱除效率更高,这是由 Hg^{2+} 与除尘器内的吸附剂接触时间决定的,接触时间越长,越容易形成 Hg_p。同时表 7-5 可以看出,Hg_p 占汞排放总量的比例很小,并且当颗粒为亚微米颗粒(粒径 $0.1 \sim 1.0\mu m$)时,去除 Hg_p 效率最高。但电除尘器(ESP)对此类颗粒物的去除效果很差,从而导致脱汞效率仅为 30%,因此电除尘器的脱汞能力有限。而布袋除尘器(FF)主要通过可以脱除高比电阻烟尘和微细烟尘的致密织物来捕获烟气中的飞灰颗粒,因此对此类颗粒物的捕集效果也很好;在烟气通过 FF 的同时,粉尘已在滤袋中形成飞灰层,可以有效吸附 Hg^0 并与烟气中的 HCl 发生反应,从而达到脱除的效果。因此,FF 不仅能够吸附烟气中的 Hg_p,而且具备氧化 Hg^0、吸附 Hg^0 和 Hg^{2+} 的能力。

表 7-5　ESP 对烟气中汞的形态分布的影响

机组	ESP 入口				ESP 出口			
	汞浓度 /($\mu g/m^3$)	汞形态比例/%			汞浓度 /($\mu g/m^3$)	汞形态比例/%		
		Hg^0	Hg^{2+}	Hg_p		Hg^0	Hg^{2+}	Hg_p
1	16.66	38.27	44.92	16.80	13.53	40.64	57.88	1.48
2	18.75	33.97	37.39	28.64	12.16	43.62	52.50	3.88
4	21.70	1.30	33.72	54.98	13.17	43.74	49.01	7.24
6	14.53	5.81	75.34	18.84	16.92	6.49	85.19	8.32

2. 工艺流程

近年来许多学者深入研究除尘与脱汞协同处理技术,并取得了良好的去除效果。将除尘设备与吸附剂联合使用是目前研究最热的一种烟气脱汞技术,具有高效除尘的同时去汞的能力。此技术通过在除尘设备的前部增添一些具有氧化能力的吸附剂,例如活性炭、飞灰和钙基吸附剂等,促使烟气中的 Hg^0 氧化成 Hg^{2+},也可以吸附烟气中的 Hg^{2+} 形成 Hg_p,进一步在除尘设备(如电除尘 ESP、湿式电除尘 WESP、布袋除尘 FF)中进行脱除。

活性炭材料拥有发达的孔道结构及较高的比表面积,因而作为吸附材料被广泛应用于各个领域中。其中,活性炭脱除汞的能力与活性炭自身的物理化学性质(活性炭表面的活性官能团分布、孔道结构与分布及比表面积)、烟气成分、汞的含量及状态等因素密切相关。由于活性炭中的活性中心容易中毒,使活性炭吸附汞的能力大幅度降低,因此,有研究通过金属(氧化铈、氧化钴和氧化锰等)、非金属

(硼、磷和氮)改性来提高脱汞的性能。

表7-6为不同除尘技术的脱汞效率[55-57]。表7-6数据表明,袋式除尘器(FF)的脱汞效率(58%~80%)比电除尘器(ESP)的脱汞效率(24%~27%)要高,这是因为脱汞效率与除尘效率及粉尘粒径都有关联。与ESP相比,FF捕集粉尘的效果很好,0.1μm以上的颗粒均可被其捕集到;其次,FF中烟气中汞与粉尘之间接触时间较长。有研究表明,烟气中的飞灰对Hg^0有一定的氧化能力,主要是飞灰中含有未燃烧完全碳和各种无机化合物造成的。其中未燃烧完全碳对Hg^{2+}具有良好的吸附作用,而各种无机化合物对Hg^0具有良好的催化氧化作用。在相同条件下,相比于活性炭,飞灰可吸附汞的量较低;但实际烟气中由于飞灰含量较大,因此飞灰仍然可以吸附大量的汞。

表7-6　现有各种协同控制汞的技术及去除率

控制技术	平均去除率/%	控制技术	平均去除率/%
ESP_{COLD}	27	半干法+FF	28
ESP_{COLD}+W FGD	49	ESP_{HOT}+W FGD	26
ESP_{HOT}	4	FF+W FGD	88
FF	58	半干法+ESP	18

注:表7-5由国内远达、重大专家所测数据,表7-6源自美国电力研究协会2000年数据。

此外,除了添加活性炭来吸附烟气中的Hg^{2+},还可添加钙基吸附剂[CaO、$Ca(OH)_2$、$CaCO_3$、$CaSO_4$]。有研究发现,$Ca(OH)_2$的强碱性能较好地吸附烟气中的酸性$HgCl_2$,CaO同样也可以对Hg^{2+}具有优异的吸附作用,但此二者却对Hg^0的吸附效果却很差。有人进一步将具有一定吸附能力的CaO或$Ca(OH)_2$与具有强氧化Hg^0能力的$KMnO_4$、$NaClO_2$、HCl等与能吸附Hg^0、Hg^{2+}的飞灰制备成改性的复合钙基吸附剂,在很大程度上提高了钙基吸附剂对汞的去除效果[58]。

3. 湛江电厂300MW机组2号炉除尘协同脱汞工程

(1)工程概况

1995年为了满足当时的除尘需求,湛江电力有限公司将2号机组尾气端配备一套静电除尘器,当时的设计除尘效率高达99%,由于该电除尘器老化及工艺的改进,经静电除尘器处理后的出口尘浓度高达500mg/Nm³,远达不到当前的环保要求,急需进行改造。经过多次筛选对比,最后决定选择分室定位反吹袋式除尘技术,将静电除尘器改造为袋式除尘器[57,59]。

(2)设计方案

为了充分利用分室定位反吹袋式除尘器结构的特性,采用4台单机除尘器组合结构,使改造后的除尘器满足了最新除尘的需求。其设计主要性能参数见表 7-7。

表 7-7　袋式除尘器主要设计参数

项目	单位	设计参数
处理烟气量	×10⁴ m³/h	230
烟气温度	℃	145
进口含尘浓度	×10⁴ mg/Nm³	2.2
滤料材质		100% PPS 滤料表面做 PTF 乳液浸渍处理
除尘器组合台数	台	4 单台
分室定位反吹机构台数	台	12
过滤面积	m²	44850
过滤速度	m/min	0.85
袋式数	个	192
滤袋数	条	5104
排放浓度	mg/Nm³	<25
漏风率	%	≤2

(3)运行结果

委托实测电改袋前后的运行参数对比见表 7-8、表 7-9。

表 7-8　1#锅炉烟气布袋除尘器脱汞性能测试结果

运行负荷	汞形态	汞含量/(μg/Nm³)			袋式除尘脱汞效率/%	脱硫塔脱汞效率/%	除尘脱硫脱总汞率/%
		除尘前	除尘后	脱硫后			
180MW	气态汞	27.93	14.44	9.32	48.30	35.46	66.63
	颗粒态汞	9.98	0.01	0	99.90	100.00	100.00
	总汞	47.91	14.45	9.32	69.84	35.50	80.55
233MW	气态汞	33.29	17.76	11.81	46.65	33.50	64.52
	颗粒态工	10.47	0.01	0.01	99.90	0.00	99.90
	总汞	53.76	17.77	11.82	66.95	33.48	78.01
300MW	气态汞	47.32	25.87	17.2	45.33	33.51	63.65
	颗粒态汞	12.02	0.01	0.01	99.92	0.00	99.92
	总汞	59.34	25.88	17.21	56.39	33.50	71.00

表 7-9　1#锅炉电除尘器脱汞性能测试结果

负荷	汞形态	汞含量/(μg/Nm³)			静电除尘器脱汞效率/%	脱硫塔脱汞效率/%	除尘脱硫总脱汞效率/%
		除尘前	除尘后	脱硫后			
210MW	气态汞	32.16	21.88	15.44	31.97	29.43	51.99
	颗粒态汞	10.12	2.34	1.04	76.88	55.56	89.72
	总汞	42.28	24.22	16.48	42.72	31.96	61.02

研究结果表明,当细颗粒物的尺寸在 10μm 以下时,汞容易吸附在其表面,这说明要想提高对烟气中颗粒态汞的去除效果,提高除尘器对细颗粒物的去除率是一种可行的手段。测试的结果同样证明上述结论,同时也比较了袋式除尘器与电除尘器在协同脱汞方面的差异。根据测试结果,无论是烟气中气态汞、颗粒态汞还是总汞去除率,袋式除尘器的脱除效率都比静电除尘器的高。综上所述可以得出袋式除尘器比电除尘器脱汞效率要高。

4. 上海外高桥 1 电厂 300MW 机组除尘协同脱汞工程

将原有 1#锅炉的静电除尘器改造为袋式除尘器后,烟尘浓度从 136.06mg/Nm³ 降低到 12.71mg/Nm³,除尘效率可达 99.91%,见表 7-10。锅炉袋式除尘器脱汞性能测试结果见表 7-11,静电除尘器脱汞性能测试结果如表 7-12[57]。

表 7-10　1#、2#炉除尘器效率

项目	烟尘浓度/(mg/Nm³)		除尘效率/%
	除尘器进口	除尘器出口	
1#袋式除尘器	13375	12.71	99.91
2#静电除尘器	11899	136.06	98.86

表 7-11　1#锅炉袋式除尘器脱汞性能测试结果

运行负荷	汞形态	汞含量/(μg/Nm³)			布袋脱汞效率/%	脱硫塔脱汞效率/%	脱汞总效率/%
		布袋进口	布袋出口	脱硫塔出口			
198MW	气态汞	7.16	4.98	3.26	30.45	34.54	54.47
	颗粒态汞	9.69	0.27	0.06	97.21	77.78	99.38
	总汞	16.85	5.25	3.32	68.84	36.76	80.30
259MW	气态汞	7.88	5.15	3.84	34.64	25.44	51.27
	颗粒态汞	11.36	0.19	0.09	98.33	52.63	99.21
	总汞	19.24	5.34	3.93	72.25	26.40	79.57

续表

运行负荷	汞形态	汞含量/(μg/Nm³)			布袋脱汞效率/%	脱硫塔脱汞效率/%	脱汞总效率/%
		布袋进口	布袋出口	脱硫塔出口			
329MW	气态汞	8.46	5.48	3.85	35.22	29.74	54.49
	颗粒态汞	13.25	0.48	0.27	96.38	43.75	97.96
	总汞	21.71	5.96	4.12	72.55	30.87	81.02

表 7-12　2#锅炉静电除尘器脱汞性能测试结果

运行负荷	汞形态	汞含量/(μg/Nm³)			电除尘脱汞效率/%	脱硫塔脱汞效率/%	脱汞总效率/%
		除尘器进口	除尘器出口	脱硫塔出口			
317MW	气态汞	8.24	6.26	4.41	24.03	29.55	46.48
	颗粒态汞	9.69	0.83	0.64	91.43	22.89	93.40
	总汞	17.93	7.09	5.05	60.46	28.77	71.83

表 7-11 为布袋除尘器在不同负荷下的脱汞效率,从中可以看出,在不同负荷下,袋式除尘器对颗粒态汞的除去率较高,可达到 96% 以上;而对气态汞的去除率仅为 34% 左右。另外,总汞的脱除率均维持在 70%,说明袋式除尘器具有良好的脱汞性能。此外,对比表 7-11、表 7-12 可知,在相同的运行负荷情况下,与电除尘器相比,袋式除尘器无论对烟气中气态汞还是颗粒态汞的去除效果要好。因此在选择除尘协同脱汞除尘器时,袋式除尘器表现出良好的性能。

7.2.3　干式除尘协同脱硫技术

1. 技术原理

循环流化床(circulating fluidized bed,CFB)烟气脱硫技术是目前世界上比较成熟、实用性较高的一种烟气脱硫工艺技术路线。该技术根据循化流化床原理,通过物料的循环利用使反应塔内碱性吸附剂和灰分形成浓相的床态,同时,向反应塔中喷入增湿水,烟气中多种污染物在反应塔内发生物理吸附或者化学反应,此时烟气中的二氧化硫(SO_2)和几乎全部的三氧化硫(SO_3)、氯化氢(HCl)、氟化氢(HF)等酸性气体被吸收除去,生成 $CaSO_3 \cdot 1/2\ H_2O$、$CaSO_4 \cdot 1/2\ H_2O$ 等副产物。经反应塔净化后,烟气进入下游的除尘器,烟气中的粉尘被捕集在滤袋的外表面,当滤袋表面粉尘达到一定厚度时,用脉冲气流清吹布袋内壁,将布袋外表面上的粉饼层吹落,跌入灰斗,使滤袋重新恢复过滤功能。通过"循环流化床吸收塔+布袋除尘器"的组合形式保证了脱硫除尘一体化超净排放的实现。

2. 工艺流程

烟气循环流化床脱硫除尘工艺流程如图 7-22 所示,脱硫烟气从锅炉引风机出口的汇风烟道引出原烟气,然后从底部进入脱硫塔进行脱硫,脱硫后烟气从脱硫塔顶部进入脱硫布袋除尘器除尘,除尘后的烟气经脱硫引风机排往烟道。

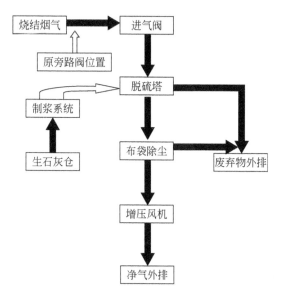

图 7-22　烟气除尘协同脱硫工艺流程图

工艺关键设施主要包括烟气系统、脱硫剂供给系统、吸收塔系统、布袋除尘器系统、脱硫灰循环及排放系统、控制系统等。

烟气系统:烟气从烧结机出口经反应塔、旋风分离器到达布袋除尘器,再经过增压风机排入烟囱。增压风机出口引出烟气循环烟道,返回反应塔入口构成烟气系统。当烧结机低负荷和变负荷运行时,净化烟气由增压风机引入反应塔与待净化烟气混合,使反应塔气流量和物料保持最佳状态。

脱硫剂供给系统:脱硫剂供给系统包括气力卸料、石灰料仓、仓顶除尘器、容积给料器、消化器、浆料除砂机、浆料罐等。由制浆系统制得的浆液经浆液泵输向脱硫喷嘴,浆液供给泵和水泵在保证固定压力条件下可灵活调节浆液流量,做到脱硫率和反应塔温度的精确把控。

吸收塔系统:烟气由吸收塔底部进入,增湿水经雾化器雾化后喷入吸收塔,以很高的传质速率与烟气混合,促进气液固三相离子之间的相互作用。活化后的氢氧化钙颗粒与烟气中二氧化硫(SO_2)等酸性物质混合反应,最大限度地吸附二氧化硫等酸性气体。

布袋除尘器系统：除尘器一般采用下进风、上排风圆形袋外滤式。根据现场工艺的需求，也可采用上进风，中、底部进风等多种进风方式。采用 PLC 控制烟气净化系统控制所有相关设备的启动停运、参数调节、自动控制和安全保护等。

3. 汇流河电厂干式除尘协同脱硫案例

(1) 工程概况

安泰热电有限责任公司汇流河发电厂 2×300MW 循环流化床机组于 2012 年投运，为满足国家发改委、能源局、环境保护部三部委联合下发《煤电节能减排升级与改造行动计划(2014—2020 年)》的要求，至 2020 年，燃煤机组基本实现大气污染物排放浓度达到燃气机组排放浓度标准，即 $SO_2<35mg/Nm^3$、烟尘 $<10mg/Nm^3$。因此决定对两台 300MW CFB 机组进行环保升级改造，实现 $NO_x<50mg/Nm^3$、$SO_2<35mg/Nm^3$、烟尘 $<5mg/Nm^3$、$SO_3<5mg/Nm^3$、$Hg<3\mu g/Nm^3$ 和零废水的超净排放要求。8 号机组超净改造工程于 2014 年 6 月开始实施，2015 年 6 月顺利投运，7 号机组改造工程于 2014 年 12 月开始实施，于 2015 年 11 月重新投运。

(2) 设计条件及参数

最终工程设计指标确定为：炉后烟气净化装置实现 SO_2 小于 $35mg/Nm^3$、粉尘低于 $5mg/Nm^3$，零废水排放，详见表 7-13 和表 7-14。

表 7-13　煤质成分分析一览表

	项目	单位	设计煤质	校核煤质
工业分析	收到基低位发热值 $Q_{net.ar}$	kJ/kg	11771	15848
	收到基全水分 M_t	%	39.50	32.1
	收到基灰分 A_{ar}	%	12.09	7.47
	收到基挥发分 V_{ar}	%	21.77	43.14
	空气干燥基水分 M_{ad}	%	11.10	15.13
元素分析	收到基碳 C_{ar}	%	33.59	43.59
	收到基氢 H_{ar}	%	2.03	2.98
	收到基氧 O_{ar}	%	11.30	12.13
	收到基氮 N_{ar}	%	0.35	0.48
	收到基全硫 $S_{t.ar}$	%	0.14	0.25
	可磨性系数 HGI	℃	77.8	66
	灰变形温度 DT(T_1)	℃	1155	1110
	灰软化温度 ST(T_2)	℃	1210	1150
	灰熔化温度 FT(T_3)	℃	1243	1170

表 7-14　改造设计烟气参数表

项目	单位	数据
入口烟气量(一台炉,工况)	m³/h	560000
入口 SO_2 浓度(标态,干基,6%含氧量)	mg/m³	750
入口粉尘浓度	mg/m³	1064
入口烟气压力	Pa	−3000
入口烟气温度	℃	最小 180,平均 195,最大 217
出口 SO_2 浓度(标态,干基,6%含氧量)	mg/m³	<100
设计脱硫率	%	≥90
出口粉尘浓度(标态,干基,6%含氧量)	mg/m³	<30

(3)工艺流程说明

该电厂 CFB 炉的改造方案为:对原电袋除尘器袋区,拆除原锅炉引风机,炉内增设 SNCR 系统,炉后增设 DSC-M 干式超净装置和引风机,锅炉和烟气超净装置共用引风机,实现烟气的超净排放,工艺技术路线如图 7-23 所示:炉内脱硫→SNCR 脱硝→"DSC-M"型烟气干式超净技术+COA 协同脱硝(预留接口)。

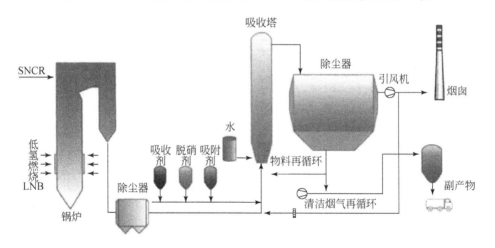

图 7-23　"DSC-M"型烟气干式超净技术工艺流程图

该项目干式烟气超净装置增设于原有电除尘器与引风机之间,烟气流程(图 7-23):煤粉锅炉→预电除尘器→烟气循环流化床干式脱硫塔→布袋除尘器→引风机(改造)→烟囱。图 7-24 为项目机组脱硫除尘改造后全景图。

(4)运行及验收情况

脱硫方面,通过炉内脱硫+炉后干式超净的协同控制,或单独采用炉后干式超

图 7-24　汇流河电厂 CFB 机组脱硫除尘升级改造后全景图

净装置,脱硫岛出口 SO_2 浓度可实现低于 $35mg/Nm^3$ 的超净排放。

除尘方面,经后级超滤布袋除尘器除尘后,稳定实现粉尘浓度小于 $5mg/Nm^3$ 的超净排放,详见表 7-15。

表 7-15　改造后烟气参数表

项目	CFB 锅炉烟气净化前	CFB 锅炉烟气净化后	去除率/%
二氧化硫/(mg/m^3)	605	5	99.17
氮氧化物/(mg/m^3)	25.1	20	20.32
烟尘/(mg/m^3)	24.2	0.746	96.92
砷/(mg/m^3)	7.40×10^{-3}	1.40×10^{-4}	98.11
镉/(mg/m^3)	1.84×10^{-4}	$1.16\times10{-4}$	36.96
铅/(mg/m^3)	6.53×10^{-3}	1.72×10^{-3}	73.70
铬/(mg/m^3)	4.80×10^{-2}	3.39×10^{-2}	29.38
铜/(mg/m^3)	5.38×10^{-3}	3.00×10^{-3}	44.24
锌/(mg/m^3)	3.46×10^{-2}	1.08×10^{-2}	68.79
汞/($\mu g/m^3$)	2.33	0.74	68.24
硫酸雾/(mg/m^3)	4.97	0.118	97.63

该技术优势如下[60]:

①SO_2 超净排放。"DSC-M"型烟气干式超净工艺基于新型循环流化床工艺的原理及运行特点,能够实现 SO_2 超净排放。龙净公司新型循环流化床能够在反应物料浓度、喷水点控制、停留时间等方面做到精确把控,实现了干法脱硫超高效率

的突破。此外,龙净利用几百套实际工程应用中总结的经验,针对工程对循环流化床吸收塔结构设计及运行控制精细化进行提升,可满足小于 $35mg/Nm^3$ 超净排放脱除效率要求。汇流河电厂 3#、4#锅炉在投运期间稳定实现 $SO_2 < 35mg/Nm^3$ 的排放要求。

②粉尘超净排放。在循环流化床吸收塔反应喷水过程中,烟气中细颗粒可在雾化水环境下絮凝为粗颗粒。且循环流化床吸收塔顶及出口的稳流特殊结构设计等,保证了絮凝后的颗粒不易被破坏,便于被后级布袋除尘器的过滤。此外,选用的高精细纤维滤袋,可进一步提高布袋的过滤效率。通过"循环流化床吸收塔+布袋除尘器"的组合形式保证了出口烟尘小于 $5mg/Nm^3$ 的稳定运行。

③可预留 NO_x 提效能力。汇流河电厂对锅炉进行低氮燃烧改造,在原基础上设置 SNCR 脱硝工艺可实现较高脱硝效率。但从锅炉经济运行考虑,炉内 SNCR 效率提升有一定局限性。在"DSC-M"型超净工艺中,创新开发了协同循环氧化脱硝的 COA 工艺,该工艺可在保证锅炉效率前提下,实现脱硝效率进一步提高。龙净 COA 协同脱硝工艺经实验及工程应用运行,已验证可稳定实现 40%~60% 的脱硝效率。工程根据试运情况,锅炉出口烟气 NO_x 可实现低于超净排放 $50mg/Nm^3$ 要求,在炉后烟气净化装置中没有同步设置 COA 系统,但在系统中预留了 COA 脱硝接口。

④多污染物协同超净排放。"DSC-M"型烟气干式超净工艺不仅能够高效地脱除 SO_2,同时具有脱除 SO_3 等酸性污染物质的能力,通过升级脱硫控制设计、优化吸收塔结构及调整吸收剂加入量等措施,可实现 SO_3 小于 $5mg/Nm^3$ 的超净排放指标要求。工程根据煤质汞含量分析结果,在超净排放升级改造时,增设了吸附剂添加系统,用于燃用含量较高煤种情况下脱汞。从已运行装置试验检测结果看,该工艺同时具有明显的同步脱汞性能。

⑤烟囱无需防腐,零废水排放。汇流河电厂 $2 \times 55MW$ 机组锅炉烟气经"DSC-M"型干式超净装置处理后,排烟温度高于露点温度,烟气可直接烟囱排放,不需防腐。烟囱出口排放透明,无视觉污染,无"烟囱雨"和拖尾烟迹现象。此外,工艺采用干态的生石灰作为吸收剂,在岛内直接消化成消石灰,脱硫副产物为干态,整个系统无废水产生。

7.3 SCR 脱硝协同控制技术

选择性催化还原脱硝装备是烟气综合治理的主要环节,其核心是 SCR 脱硝催化剂。该技术是利用氨作为还原剂,在催化剂的作用下将 NO_x 还原成 N_2 和 H_2O,实现氮氧化物达标排放。脱硝催化剂除选择性还原 NO_x 功能外,同时具有一定的氧化性能,在一定的温度下可以将烟气中二噁英深度裂解为 CO_2、H_2O 和 HCl,以及将零价汞氧化为二价汞,从而实现脱硝协同脱汞和脱二噁英的效果。

7.3.1　SCR 协同脱除二噁英(S-SCR 技术)

1. 技术原理

烟气选择性催化还原脱硝脱二噁英技术(以下简称 S-SCR 技术),利用氨作为还原剂,在催化剂的作用下将 NO_x 还原成 N_2 和 H_2O,将二噁英深度裂解为 CO_2、H_2O 和 HCl,从而实现脱硝协同脱二噁英的效果。

脱硝脱二噁英是在温度 250℃ 以上反应,其主要化学反应式为:

$$4NO+4NH_3+O_2 \longrightarrow 4N_2+6H_2O$$
$$6NO_2+8NH_3 \longrightarrow 7N_2+12H_2O$$
$$NO+NO_2+2NH_3 \longrightarrow 2N_2+3H_2O$$
$$DXN(dioxins\ or\ furans) \longrightarrow CO_2+H_2O+HCl$$

SCR 脱硝与二噁英催化氧化技术的核心均为催化剂,且两者均对催化剂低温氧化还原性具有较高需求。如能基于 SCR 技术,通过氧化还原性定向调控实现中低温催化体系可控设计,有望实现在同一种催化剂、同一台设备中实现 NO_x 和二噁英的联合去除。清华大学李俊华等提出定向设计氧化还原性能可控的钒基催化体系,并以氯苯(模拟二噁英)为探针,在该催化体系下实现了 NO_x 与 VOCs 的协同去除,研究并揭示了 NO_x 与 VOCs 相互作用机理与协同条件下 SCR 反应抑制机制,如图 7-25 所示。研究发现[61]:基于钒基催化剂的 SCR 协同 VOCs 催化氧化实验中,氯苯的引入在 150 ~ 300℃ 温度区间对 SCR 反应起到明显抑制作用;DRIFTS 实验表明,氯苯在钒基催化剂表面吸附作用并不明显,其与 NH_3 之间的竞争吸附并非抑制 SCR 反应的主要原因;当氯苯优先接触催化剂表面时,氯苯发生脱氯反应,游离吸附的 Cl 促进了 NH_3 吸附并在催化剂表面形成 NH_4Cl,NH_4Cl 物种难以作为活性物种继续参与反应,从而钝化部分活性位,使 SCR 反应活性降低。与此同时,开环且未完全氧化的氯苯片段在催化剂表面发生 3 类化学变化:①亲核互换(生成苯等);②亲电互换(生成 1,3-二甲基苯、2-氯苯酚等);③直接氧化(生成苯甲醛、苯基腈等)。各类反应产物将对该协同反应产生不同影响。该项研究工作主要探究了钒基催化剂作用下,NO_x 与二噁英协同去除机制与相互作用机理,在此基础上,对此类双功能催化剂中不同活性组分作用及贡献进行研究,结果验证了 NO_x 与二噁英协同去除的可行性。然而,NO_x 与二噁英共同存在条件下,SCR 脱硝与二噁英催化氧化的协同反应速率仍有待提升;两类气体污染物的相互作用机制仍需深入探索。

2. 工艺流程

如图 7-26 所示为 S-SCR 脱硝协同二噁英工艺流程示意图及宝钢钢烧结机工程实景图。

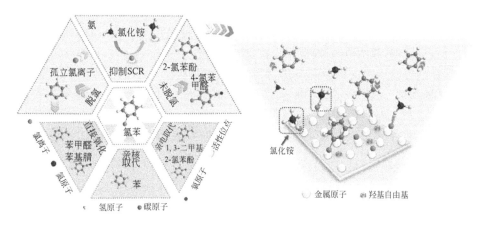

图 7-25 SCR 协同氯苯催化氧化相互作用机制

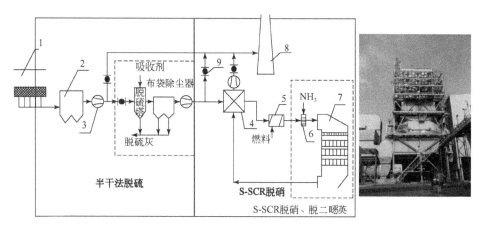

图 7-26 上海宝钢烧结机 S-SCR 脱硝协同脱二噁英工艺流程及实景图

1-烧结机/球团机;2-电除尘器;3-主抽风机;4-回转式烟气换热器;5-烟气再加热装置;
6-氨喷射格栅;7-烟气混合器;8-SCR 反应器;9-烟道挡板

　　系统主要由烟气换热系统、烟气再加热系统、氨的供应及稀释系统、氨喷射混合系统、SCR 反应器系统、烟气增压系统等组成[62]。由于烧结烟气温度偏低,无法满足 SCR 脱硝催化剂反应温度需求,因此,烧结烟气进行 SCR 脱硝脱二噁英之前需要增加再加热系统,利用燃料燃烧产生的热量将烟气进行升温,同时,为减少加热烟气时燃料的消耗,在脱硝反应器进出口烟气之间设置 GGH 烟气换热器,从而使脱硝脱二噁英后烟气的热量保留于反应器系统内;烧结烟气 SCR 脱硝脱二噁英系统流程长,系统阻力较大,原烧结烟气系统无法克服增加的阻力,因此需要增设烟气加压系统。烧结机出口烟气经脱硫装置脱硫后,自脱硫装置出口烟道引出,经 GGH 换热器与脱硝后的净烟气换热升温至 250℃,进入脱硝反应器入口烟道,与加热炉送来的高温烟气充分混合升温至 280℃, 升温后的烟气继而与稀释风机送入的氨空气混合气混合, 在静态混合器的扰动下得以充分混合, 再经过整流器整流后进入脱硝反应器; 氨与烟气中的 NO_x 在催化剂表面发生氮氧化物的还原反应, 二噁英在催化剂表面发生深度裂解反应, 脱硝脱二噁英后的净烟气由脱硝出口烟道送至 GGH 换热器, 与原烟气换热降温, 最后由脱硝系统引风机送至原烟囱排放[62]。工艺路线总结为: 脱硫后的烧结/球团烟气→GGH 一次换热升温→加热炉补热二次升温→脱硝塔喷氨→脱硝脱二噁英反应→GGH 换热降温→引风机→烟囱达标排放。

7.3.2　SCR 脱硝协同脱汞技术

1. 技术原理

选择性催化还原(SCR)装置利用催化作用在还原 NO_x 的同时, 能够将部分的元素汞氧化成二价汞脱除。美国 EPA 曾测量了一些装有 SCR 和 SNCR 的电厂的大气汞排放状况和烟气中汞的去除效果, 不同电厂的结果偏差很大, 不同脱硝技术的脱汞效果优劣尚无定论[63-66]。SCR 装置对燃煤电厂元素汞的催化氧化效率从 45% ~85% 不等, 氧化效率的高低受催化反应器的反应温度、氨的浓度、烟气流中氯的浓度等因素影响[67]。这也使在 SCR 装置上和控制氮氧化物一起, 联合脱除 Hg^0 的技术成为最优化的脱汞方式之一, 这一方面可以减少场地及装置的再建和运行费用, 另外也可减少含汞飞灰等电厂副产品的二次污染, 实现集中控制。

催化剂的优化改性是研发 NO_x 和元素汞协同控制的技术核心, 目前商用 SCR 催化剂的主要成分是 V_2O_5-WO_3/TiO_2, 其对烟气中汞的脱除效果已经得到大量研究[68-71], 研究表明, SCR 催化剂确实可以有效氧化零价汞, 且烟气组分, 尤其是含氯气体的浓度对脱汞效率的促进影响最为显著, 而氨浓度则会抑制脱汞效率。同时, 烟气中的 HCl/SO_2 会使脱汞产物部分转化为 $HgCl_2$ 和 $HgSO_4$。SCR 催化剂的脱汞机制目前尚不明确, 但一般认为 SCR 催化剂还原 NO_x 及氧化元素汞是在两个区域进行的, NO_x 的还原主要在入口附近, 因为这里的 NH_3 浓度高, 催化剂表面的活性位主要被氨占据; 在催化剂的后半程, 大部分 NH_3 被消耗, 此时占据催化剂表面的主要是 HCl 或者 Cl_2, 在这个区域实现元素汞的氧化反应。针对传统 SCR 催化剂进行优化改性, 可以进一步提高其脱硝脱汞性能, 如图 7-27 所示, Ce 改性后的催化剂脱汞效率有了明显提升, 在 300 ~400℃ 范围内的脱汞效率超过 95%。同时, 气氛中的 H_2O 由于竞争吸附起到抑制作用, 而 SO_2 由于增加新的酸性位点起到促进作用。

2. 电厂脱硝协同脱汞工程案例

顺义城西电厂锅炉类型、污染控制设备及主要设计参数如表 7-16 所示。

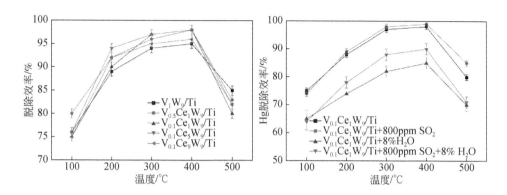

图7-27 改性SCR催化剂脱汞效率及水硫的影响(反应条件:80~100μg/m³ Hg⁰,O₂ 4%~8%,
HCl 5~40ppm,NO 100~800ppm,NH₃ 100~800ppm,SO₂ 100~800ppm,
H₂O 7%~8%,N₂ 为平衡气,空速 10 000h⁻¹)

表7-16 顺义城西电厂主要设计参数64MW 链条燃煤热水锅炉
(干法布袋式除尘+湿式镁法脱硫)

参数	单位	设计数据
排烟温度	℃	110~180
烟气排放量	m³/h	≤230000
初始烟尘浓度	mg/Nm³	≤1800
出口烟尘浓度	mg/Nm³	≤15(99.2%)
初始 SO₂ 浓度	mg/Nm³	≤800
出口 SO₂ 浓度	mg/Nm³	≤50(93.8%)
炉膛出口过剩空气系数	α	≤1.8
MgO 粒度	目	≤200
MgO 纯度	%	≥85%

在该电厂进行了SCR催化剂脱硝协同脱汞效果的测试,测试布设如图7-28所示。

图7-29给出了在该电厂除尘器前300℃条件下,不同催化剂样品(V_2O_5-WO_3/TiO_2 蜂窝样、CeO_2-WO_3/TiO_2 粉末样)对烟气 Hg^0 的转化活性。从图7-29可见,在该条件下 V-W/Ti 蜂窝样(3#~11#)对烟气 Hg^0 的转化活性较好,其变化不大,从74%~85.2%不等。第二类 V-W/Ti 蜂窝样(Wa#-Wc#)的脱汞效率和前者类似,脱汞效率是71%~85%;Ce_5-W_9/Ti 粉末样对烟气 Hg^0 的脱除效果为85.7%。

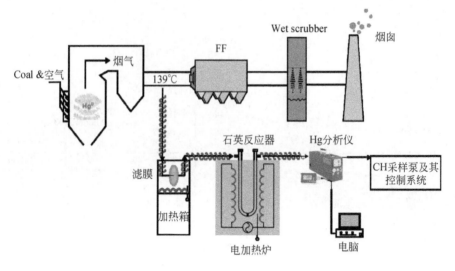

图 7-28　顺义城西电厂脱硝协同脱汞实测示意图

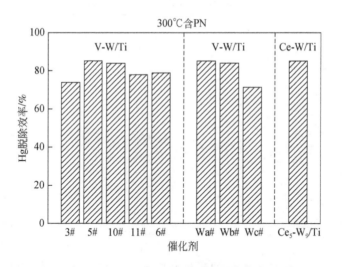

图 7-29　顺义城西电厂催化剂脱汞的现场测试结果

　　为了比较烟气成分对脱硝协同脱汞效率的影响,在唐山三友电厂测试进行对比。图 7-30 给出了 CeO_2-WO_3/TiO_2 粉末样在不同电厂除尘器前后的脱汞测试结果,与实验室模拟颗粒物条件下的脱汞效率对比。一般而言,颗粒物会附着在催化剂表面,形成物理堵塞;另外颗粒物飞灰中含有一定量的碱金属氧化物,即使在很短的时间内也会在催化剂表面聚集,或与催化剂中的活性物质发生反应造成催化剂中毒。从本实验结果来看,含尘和不含尘条件下的区别较明显,唐山三友电厂测试结果显示,含尘时催化剂脱汞效果 51% ,不含尘时脱汞效果 55% ,但没有导致催化剂脱汞失活和中毒;顺义城西电厂的测试结果显示,含尘时脱汞效果 85% ,不含尘时脱汞效果 86% ,也没有导致催化剂脱汞失活和中毒。

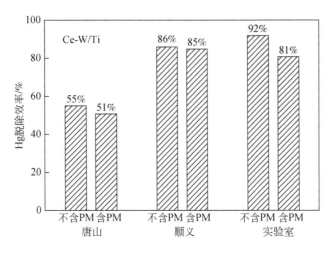

图 7-30　不同电厂现场和实验室模拟除尘前后对催化剂脱汞效果的影响

结合同期的烟气成分测试结果(表 7-17),发现两个电厂烟气组分中 SO_2、HCl、NO、NO_2 和 NH_3 差别较大,其他组分差别不明显。综合前面烟气组分和脱汞效率之间的影响发现,顺义电厂较高含量的 HCl、NO 和 NO_2 浓度可能是脱汞效率优于唐山电厂的主要原因,而唐山电厂高含量的 SO_2 和 NH_3 可能对脱汞效率有一定的抑制作用。因此认为测试的烟气气体组分是影响催化剂脱汞效率的主要因素之一。

表 7-17　测试现场电厂烟气成分结果

烟气组分	唐山电厂	顺义电厂
O_2	4%	4.9%
CO_2	12.3%	10.1%
H_2O	6.6%	5.87%
SO_2	937ppm	305.2ppm
NO_2	0ppm	3.6ppm
NO	66.5ppm	146.2ppm
NH_3	1.9ppm	0.03ppm
HCl	7.6ppm	0.57ppm
HF	2.5ppm	3.32ppm

7.4　湿法脱硫协同控制技术

烟气湿法脱硫(WFGD)以其脱硫效率高、脱硫产物可回收利用、结构简单及运行稳定等特点,在国内外的燃煤电厂得到广泛应用[72]。根据国际能源机构煤炭研究组织的统计,安装湿法脱硫装置的机组占世界烟气脱硫(FGD)机组总容量的85%[73]。同时,在中国的燃煤电厂中,采用石灰石-石膏湿法脱硫的机组占90%左右[74]。

7.4.1　技术原理

汞在燃煤烟气中主要存在三种形态,即颗粒态汞、单质汞和二价汞[75,76]。颗粒态汞易与烟气中的飞灰一起被除尘装置捕集。二价汞由于其易溶于水的特性可被湿法脱硫及湿式除尘工艺脱除[77]。对于二价汞来说,湿式脱硫及除尘设备可去除大约80%~95%。单质汞是最难去除的汞的形态,因为它具有易挥发且不溶于水的特质[78,79]。将单质汞氧化为二价汞进而脱除是湿式脱硫设备去除单质汞的主要手段,但是单质汞的氧化效率并不稳定,这是制约单质汞脱除的重要因素。且不同的工艺参数对单质汞的氧化效率影响极大,因此若要采用 WFGD 工艺实现单质汞的协同脱除,需进一步研究该系统的工艺参数对单质汞的氧化效率影响,为工程应用提供技术指导。

湿法脱硫的温度对单质汞的氧化效率具有重要影响[79]。湿法脱硫的温度区间在 50~60℃,在此区间内对单质汞的脱除效率进行研究,发现单质汞的脱除效率在 40%~60%,并在 55℃时达到最佳温度,此时 SO_2 及单质汞的脱除效率均在最佳范围内,这对于工程应用提供了非常重要的指导。

烟气中 O_2 的体积分数也是影响单质汞脱除效率的重要参数。随烟气中 O_2 浓度的升高,单质汞的脱除效率缓慢增加,当 O_2 浓度达到 15% 时,单质汞脱除效率达到了 35%。在该工艺过程中,还存在单质汞和二价汞的循环。湿式脱硫中,SO_2被脱硫液吸收后生成的亚硫酸盐和亚硫酸氢盐可将溶液中的二价汞还原为单质汞,O_2 可将溶液中的亚硫酸盐和亚硫酸氢盐氧化为硫酸盐,硫酸盐可进一步与二价汞反应生成硫酸汞,这促进了单质汞的氧化过程,提高了单质汞的脱除效率。

烟气中 SO_2 的增多会降低单质汞的脱除效率。这是因为 SO_2 被脱硫液吸收后生成的亚硫酸盐和亚硫酸氢盐可将溶液中的二价汞还原为单质汞。而 SO_2 浓度的增加会使脱硫液中生成的亚硫酸根和亚硫酸氢根浓度增加,促进二价汞的还原,使单质汞的脱除效率下降,进而降低 WFGD 的脱汞效率。主要反应式如下式所示:

$$Hg^{2+}+SO_3^{2-}\longrightarrow HgSO_3$$
$$HSO_3^-+H_2O+Hg^{2+}\longrightarrow Hg^0+SO_4^{2-}+3H^+$$

7.4.2　工艺流程

WFGD 工艺系统由烟气系统、SO_2 吸收系统、石灰石浆液制备系统、石膏脱水系统、工艺水系统、杂用和仪用压缩空气系统、排空及浆液抛弃系统、废水处理系统等组成。

1. 烟气系统

从锅炉引风机后的总烟道上引出的烟气通过增压风机升压后接入烟气换热器降温,然后再进入吸收塔。在吸收塔内脱硫净化,经除雾器除去水雾后,又经烟气换热器将从吸收塔出来的 50℃ 左右的脱硫烟气升温至 82℃ 以上,再接入主体发电工程的烟道经烟囱排入大气。在主体发电工程烟道上设置旁路挡板门,当锅炉启动、FGD 装置故障、检修停运时,烟气由旁路挡板经烟囱排放。

当锅炉从 45% BMCR 到 100% BMCR 工况条件下,FGD 装置的烟气系统都能正常运行,并留有一定的余量,当烟气温度超过限定的温度 180℃ 时,烟气旁路系统启运。每台炉 FGD 系统中设置一台静叶可调轴流式增压风机,其性能能适应锅炉负荷变化的要求。设置回转式烟气换热器,利用原烟气的热量加热净烟气。在设计条件下保证烟囱入口的烟气温度不低于 80℃。

烟气系统主要设备包括增压风机、烟气换热器、烟气挡板以及烟道及其附件。

(1)增压风机

每台炉配置一台增压风机,用于克服 FGD 装置系统内造成的烟气压降。增压风机采用静叶可调轴流风机。增压风机设计在 FGD 装置进口原烟气侧(高温烟气侧)运行。增压风机的性能保证能适应锅炉 45% BMCR 到 100% BMCR 各种变工况下正常运行。增压风机在设计流量情况下的效率大于 85%。增压风机的辅助设备有增压风机、密封风机,每台增压风机配有两台密封风机,一用一备。

(2)烟气换热器

烟气换热器采用为回转式烟气再热器。蓄热元件采用涂有搪瓷的零碳钢板。采取防泄漏密封系统,减小未处理烟气对洁净烟气的污染。GGH 漏风率始终保持小于 1%。配有全套清扫装置。当 FGD 进口原烟气温度在大于或等于设计温度时,GGH 出口的净烟气温度不低于 83℃。烟气-烟气换热器的辅助设备有低泄漏风机、密封风机、吹灰器和高压水冲洗水泵。正常运行时采用压缩空气对换热器进行吹扫;烟尘浓度过高、换热器压损超过设计值时采用高压水对换热器进行在线吹扫;停机后采用工业水吹扫。

(3)烟气挡板

烟气挡板包括入口原烟气挡板、出口净烟气挡板、旁路烟气挡板,挡板的设计能承受各种工况下烟气的温度和压力,并且不会有变形或泄漏。烟道旁路挡板采用单轴双叶片挡板门。旁路挡板具有快速开启的功能,全关到全开的开启时间15s。FGD入口原烟气挡板和出口净烟气挡板为双叶片挡板电,100%的气密性,全开到全关的关闭时间25s。

(4)烟道及其附件

烟道根据可能发生的最差运行条件(例如,温度、压力、流量、污染物含量等)进行设计。烟道设计的最小承受压力等于风机最大压力加1000Pa。烟道设计考虑所有荷载,如内压荷载、自重、风荷载、积灰、地震、腐蚀、内衬、保温和外装。烟道最小壁厚按6mm设计,并考虑了一定的腐蚀余量。烟道设计符合《火力发电厂烟风煤粉管道设计技术规程》(DL/T 5121—2000)规定,烟道内烟气流速不超过15m/s。烟道是具有气密性的焊接结构,所有非法兰连接的接口都进行连续焊接,与挡板门的配对法兰连接处也实施密封焊。所有不可能接触到低温饱和烟气冷凝液或从吸收塔带来的雾气和液滴的烟道,用碳钢或相当材料制作,所有可能接触到低温饱和烟气冷凝液或从吸收塔带来的雾气和液滴的烟道,采用可靠的内衬(鳞片树脂)进行防腐保护。旁路烟道(从旁路挡板到烟囱)也采取了防腐措施,防腐材料能够长时间耐受180℃烟气温度。烟道提供低位点的排水和预防收集措施。烟气系统的设计保证灰尘在烟道的沉积不对运行产生影响,在烟道必要的地方(低位)设置清灰装置。另外,对于烟道中粉尘的聚集,考虑附加的积灰荷重。

2. 吸收系统

石灰石浆液通过循环泵从吸收塔浆池送至塔内喷嘴系统,与烟气接触发生化学反应,吸收烟气中的SO_2。在吸收塔循环浆池中生成石膏的过程中采取强制氧化,设置氧化风机将浆液中未氧化的H_2SO_3和SO_2氧化成SO_3。石膏排出泵将石膏浆液从吸收塔送到石膏脱水系统。脱硫后的烟气夹带的液滴在吸收塔出口的除雾器中收集,使净烟气的液滴含量不超过保证值。SO_2吸收系统包括吸收塔、吸收塔浆液循环及搅拌、石膏浆液排出、烟气除雾和氧化空气等部分,还包括辅助的放空、排空设施。吸收塔内浆液最大Cl^-浓度为20g/L。

(1)吸收塔

吸收塔采用液柱塔。

(2)吸收塔浆液循环泵

吸收塔浆液循环泵为离心泵。每套FGD配置4台循环泵。在泵的每个吸入端、出口端装设自动关断阀,吸入口配备临时滤网。

(3)氧化风机

氧化风机能提供足够的氧化空气,氧化风管布置合理,使吸收塔内的亚硫酸钙充分氧化成硫酸钙。氧化风机为两塔三台,两台运行,共用一台备用。

(4)石膏浆液排出泵

石膏浆液排出泵为离心泵。每个吸收塔设置两台石膏排出泵,一运一备。

3. 石灰石浆液制备系统

用石灰石粉密闭罐车将石灰石粉送入石灰石粉仓,经旋转卸料阀控制给料量而后进入称重皮带给料机计量,经计量后石灰石粉落入位于石灰石粉仓下面的石灰石浆液池,用搅拌机搅拌制成质量浓度为 30% 的浆液,然后用石灰石浆液用泵输送到吸收塔。其中,石灰石粉的卸料量由 FGD 入口 SO_2 浓度和锅炉负荷信号控制。石灰石浆液浓度由浓度计控制。

石灰石浆液池的有效容量满足燃煤机组烟气脱硫岛燃用设计煤种情况下 4h 的石灰石浆液用量。两台炉共设 4 台,两运一备(其中一台为公共备用)。

4. 石膏脱水系统

吸收塔的石膏浆液质量浓度为 30% ,经吸收塔石膏浆液泵直接送入真空皮带脱水机,进入真空皮带脱水机的石膏浆液经脱水处理后表面含水率小于 10% ,由石膏均仓皮带输送机送入石膏仓库存放待运,可供综合利用。为控制脱硫石膏中氯等成分的含量,确保石膏品质,在石膏脱水过程中用水对石膏及滤布进行冲洗,石膏过滤水收集在滤液池中,然后用滤液泵送到废水处理系统、石灰石制浆系统和返回吸收塔。石膏脱水系统的主要设备有真空皮带脱水机和真空泵等。

(1)真空皮带脱水机

设计为浆液重力自流进入滤布。输送机支撑滤布,同时提供干燥凹槽和过滤抽吸的干燥孔及输送带的真空密封。真空皮带脱水机的辅助设备主要有真空泵、真空罐、滤饼和滤布冲洗水泵、冲洗水箱。设有滤液池一个及配套搅拌器、两台滤液回收泵,一用一备。

(2)石膏储存

石膏仓库的容量按储存 3 天以上石膏产量设计。石膏库房一个,包括所有必要的装置。石膏由载重卡车运出电厂。

5. 工艺水系统

脱硫岛的工艺水与电厂的接口位置在电厂水工回水池,然后用水工回水池泵送至脱硫岛工艺水箱。工艺水系统负责向下列设备供水:吸收塔除雾器冲洗、各设备冷却水、石灰石制浆和吸收塔氧化浆池液位调整、石膏脱水建筑冲洗、石膏及真空皮带脱水机冲洗、脱硫场地冲洗、氧化空气管道冲洗、吸收塔干湿界面冲洗、与浆液接触的阀门和管道的冲洗。

6. 压缩空气系统

脱硫岛仪表用气和杂用气源由在脱硫岛内的脱硫空压机提供。脱硫岛内按需要设置足够容量的储气罐;仪用储气罐和杂用储气罐各一个。仪用储气罐的供气能力能够满足当全部空气压缩机停运时,依靠储气罐的储备,能维持整个脱硫控制设备继续工作不小于 15min 的耗气量。储气罐工作压力按 0.8MPa 考虑。GGH 吹灰用压缩空气由单独的空压机提供。

7. 脱硫装置、烟道及浆液管道的防腐

对于石灰石浆液、石膏浆液、滤液、工业水管道进吸收塔的一次阀门与吸收塔之间的管道及管件,由于管内有固体颗粒及腐蚀性介质,对管道内壁有防腐耐磨的要求。这部分介质管道使用普通碳钢管道内衬丁基橡胶或 FRP 管道。对小口径管道,衬胶加工较困难,允许采用具有耐磨防腐的不锈钢(或合金钢)管道或 FRP 管道替代。对工业水、普通压缩空气等无防腐要求的管道,用普通的碳钢钢管。部分品质要求较高的仪表用压缩空气管道,用不锈钢钢管(或铜管)。

7.4.3　某电厂脱硫协同脱汞技术案例

目前电厂的脱硫塔负担较大,主要是因为高峰季用电量的增加及电厂的煤品质较理论值差别较大。解决方式有两种,一是针对脱硫塔进行增容改造,但需要大量成本;二是增加氧化过程以提高脱硫效率。某电厂 700MW 机组湿法脱硫系统(wet flue gas desulfurization, WFGD)添加了氧化增效剂,为了解氧化增效剂对WFGD 系统脱硫脱汞效率的影响,对该机组进行了氧化增效剂的添加实验,分析增效剂对 WFGD 系统脱硫和脱汞效率的影响[80]。

1. 设备简介

主蒸气温度为 570℃,最大连续蒸发量(BMCR)2100t/h。每台锅炉配置 5 台中速磨煤机,5 台磨煤机共用 1 台密封风机,一台密封风机备用。燃烧系统在热态运行中,一、二次风喷口均可上下摆动。油燃烧器的总输入热量按 30% BMCR 计算。布置三层油燃烧器,共 12 支,点火方式为高能电火花点燃轻油,然后点燃煤粉。每支油枪出力为 3500kg/h。燃油枪采用机械雾化,喷嘴保证燃油雾化良好,避免油滴落入炉底或带入尾部烟道。设计煤种元素分析的收到基全硫为 1%,对应的脱硫塔入口烟气二氧化硫为 1500mg/m³。

2. 测点布置

如图 7-31 所示,采样测点分别布置在 WFGD 入口和出口处。测试总汞的含量和烟气中二氧化硫的浓度,用于判断增效剂对脱汞和脱硫效率的影响。测试总汞浓度时,将测试仪器连接就绪,选取 3 个点进行测试。

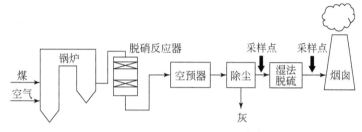

图 7-31　采样测点布置位置[80]

3. 测试结果

在 650MW 负荷下,在 WFGD 入口、WFGD 出口处进行 3 次平行工况的测量,分别将三次结果取平均值,脱硫测试数据见表 7-18。

表 7-18　氧化增效剂对脱硫系统前后二氧化硫浓度的影响

采样点	原始 SO_2	加氧化工艺后 SO_2
脱硫系统入口/(g/m^3)	1570	1620
脱硫系统出口/(g/m^3)	150	87
脱硫效率/%	90.32	94.63

从表 7-18 可以看出添加氧化增效剂后,WFGD 系统对二氧化硫的脱除效率提高了 4.31%,因此增效剂对二氧化硫的脱除拥有明显的促进作用。湿法脱硫装置脱除二氧化硫是因为发生了如下的反应:

$$SO_2+H_2O \Longrightarrow H^++HSO_3^- \Longrightarrow 2H^++SO_3^{2-}$$
$$2HSO_3^-+O_2 \Longrightarrow 2SO_3^{2-}+2H^+$$
$$CaCO_3 \Longrightarrow Ca^{2+}+CO_3^{2-}$$

在 650MW 负荷下,在 WFGD 入口、出口处进行 3 次平行工况的测量,分别将三次结果取平均值,脱汞的测试数据见表 7-19。

表 7-19　氧化增效剂对脱硫系统前后汞浓度的影响

采样点	原始汞	加氧化工艺后汞
脱硫系统入口/(g/m^3)	6.73	7.34
脱硫系统出口/(g/m^3)	2.46	1.88
脱汞效率/%	63.45	74.39

从表 7-19 可以看出在 WFGD 系统中增加了氧化工艺段后,脱汞效率提高了 11%。湿法脱硫在初期一直存在脱汞效率低下的问题,主要原因在于 SO_2 在吸附液中生成具有还原性的亚硫酸盐及亚硫酸氢盐,这些物质能够再次还原二价汞生成单质汞,被还原为单质汞二次释放,而目前的各种设备对单质汞均没有很好地脱除效果。添加氧化工段后,脱硫浆液里的二价汞发生了络合反应,降低了溶液中的二价汞浓度从而抑制了汞的二次释放。氧化增效剂能显著提高 WFGD 装置的脱硫、脱汞效果,脱硫效率提高了 4%,脱汞效率提高了 11%。同时,氧化工段的增加可以提高电厂对不同煤种的适应性,并减少脱硫塔循环浆液的喷淋量,降低运行成本。

目前常用的氧化增效剂主要有四种:表面活性剂、助溶剂、催化剂和化学轨道形成剂。其作用原理均是削弱双膜效应与溶解度对脱除率的影响。表面活性剂可以改变碳酸钙颗粒表面的湿润度,增强界面处的传质效果。助溶剂的主要作用是促进碳酸钙颗粒的溶解,加快其和溶液中碳酸根离子的反应。催化剂可以降低反应活化能加快反应的进行,而化学轨道形成剂则是在碳酸钙颗粒表面制造微孔和裂纹,这些微孔就是液体中的硫进入碳酸钙颗粒内部的通道。大大加快了硫的传质,从而加快了反应的速度。

7.5　等离子体协同脱硫脱硝技术

低温等离子体烟气脱硫脱硝技术产生于 20 世纪 70 年代,可以协同脱硫脱硝脱汞,具有设备投资低,可回收副产品等特点被广泛研发。近年来随着研究的不断深入,低温等离子体技术呈现出广阔的发展空间。目前有三项生产工艺被工业当中应用,分别是电子束工艺、直流电晕放电工艺及脉冲电晕放电工艺。

7.5.1　电子束烟气脱硫脱硝技术

1. 技术原理

电子束烟尘脱硫脱硝技术最早是由日本提出。在 20 世纪的末期曾应用于烟气处理中,对于 30 万 Nm^3/h 烟气当中的污染物处理效率高达 81%。在处理过程中,烟气首先经过静电除尘,在冷却后锅炉排烟喷入氨气并照射电子束实现污染物脱硫脱硝,并将处理过程中产生的副产物氨肥进行回收[81]。电子束烟气脱硫脱硝技术的优点主要体现在:第一,在同一设备中完成脱硫脱硝过程,且反应迅速,具有较高的脱除效率,尤其比较适合处理 SO_2、NO_x 浓度较高的复杂烟气,设备投资成本低。第二,该技术属于干法脱除污染物,无需排水处理装置,无二次污染且不会出现腐蚀问题。同时,产生的副产品可直接用作化肥,不会产生废弃物[82]。

电子束脱硫脱硝的原理是由高能电子束产生多种活性基团,这些活性基团可以进一步将烟气中的 SO_2 和 NO_x 氧化,然后与烟气中的水分和喷入的氨气反应形成相应的副产物,作为化肥资源化利用,相应的机理如下:

$$烟气(O_2,H_2O)\longrightarrow OH\cdot,O\cdot,HO_2\cdot$$

$$SO_2,NO_x \xrightarrow{\ OH\cdot,O\cdot,HO_2\cdot\ } SO_3+NO_2$$

$$SO_3,NO_2 \xrightarrow{\ NH_3,H_2O\ } (NH_4)_2SO_4,NH_4NO_3$$

2. 工艺流程

电子束烟气脱硫脱硝的主要装置包括烟气调质系统、加速器辐照系统、副产物处理系统、供氨系统、控制系统和辅助装置等,如图 7-32 所示。烟气在烟气调制塔内调节温度和湿度后,流经反应器并加氨,在反应器内,电子加速器产生的高能电子束将 SO_2 和 NO_x 氧化,在副产物收集塔中与 NH_3 反应转化为氨肥。

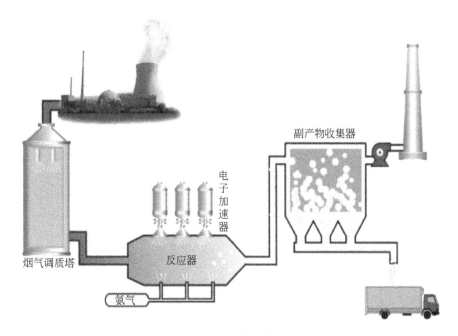

图 7-32　电子束烟气脱硫脱硝工艺流程图

烟气调质系统:烟气经反应塔进入静电除尘器除尘后,再经过增压风机流经烟气调质塔,向塔内喷雾或水蒸气控制烟气的湿度,同时将烟气温度降低至 65 ~ 70℃。调质塔内以喷雾形式降温时,喷雾水循环使用;以水蒸气形式降温时,水完全蒸发,两种方法均不会产生废水。

加速器辐照系统:由电子束发生装置、辐照反应器及辅助装置等构成,电子束发生装置包括产生电子的直流高压电源,电子加速器和冷却装置,电子在高真空的加速管内由高电压加速,透射过一次窗箔进入二次窗箔照射烟气,窗箔装置经冷却装置喷入空气降温。辐照反应器内配有加氨系统,储罐中的液氨蒸发为氨气后经多个喷头喷入反应器内,喷入量可以根据烟气中的 SO_2 和 NO_x 的浓度调节,辅助装置包括清扫风口和冷却水系统等。

副产物处理系统:采用静电除尘和机械脱附的方式收集反应器产生的 $(NH_4)_2SO_4$ 和 NH_4NO_3,由于反应器生成的氨盐含水量较高,很容易黏在静电除尘器的极板上,因此需要用机械脱附的方式将其震落并收集。

7.5.2　脉冲电晕放电烟尘脱硫脱硝技术

1. 技术原理

脉冲电晕技术于 20 世纪 80 年代产生并在近年快速发展,该技术是在电子束烟气脱硫脱硝技术的基础上发展而来,原理基本相似,区别在于高能电子的产生方式,是由 ns 级窄脉冲电源产生高电压脉冲,在反应器电极之间产生强电场,使部分烟气分子电离。在强电场的作用下,这些电子获得能量并加速,成为高能电子(5～20eV)。由于脉冲电晕法提供的能量大多用于产生高能电子,因而能量效率较电子束法高。同时,电子发生装置内由于不使用电子加速器,可以不用考虑电子枪更换和 X 射线屏蔽作用等问题,从而降低投资和运行成本。

脉冲电晕产生的高能电子可以进一步激活、裂解、电离其他烟气分子,产生 $OH·$、$O·$、$HO_2·$ 等多种活性粒子和自由基。在反应器里,烟气中的 SO_2、NO_x 被活性粒子和自由基氧化为高阶氧化物 SO_3、NO_2,与烟气中的 H_2O 相遇后形成 H_2SO_4 和 HNO_3,在有 NH_3 或其他中和物注入情况下生成 $(NH_4)_2SO_4/NH_4NO_3$ 的气溶胶,再由收尘器收集[83]。

2. 工艺流程

脉冲电晕放电脱硫脱硝技术的工艺流程与电子束法相似,包括烟气调质系统、等离子体反应器、控制系统、副产品收集系统和脉冲高压电源系统等组成部分。系统中的反应过程为:烟气经过静电除尘后,进入调质塔中进行湿度与温度的调节,再进入等离子体当中进行脱硫脱硝反应,同时对副产品进行回收,并将其制成肥料进行再利用[84]。具有装置简单、运行成本低、污染物脱除效率高、无二次污染等优点。在燃煤电厂、化工、冶金、建材等行业具有广泛的关注。

这项技术在实际应用中,既可以实现污染物的高效脱除也可减少污染物的产生,因此具有广阔的应用前景。且该技术的操作过程相对简单,产生的副产品当中能够再利用,减少了二次的污染。近年来,脉冲电晕放电烟尘脱硫脱硝技术的研究工作日益丰富,为工业应用奠定了基础。但它也存在自由基存活时间短、能耗较大、效率不高、难以长期稳定运行等缺点[85]。

7.5.3　直流电晕放电烟气脱硫脱硝技术

直流电晕放电烟气脱硫脱硝技术是一项新型的多污染物协同处理技术。其相对于高压脉冲而言电源造价更低廉,在现代的生产工艺当中更容易实现。目前针对直流电晕烟气污染物处理技术还停留在实验室阶段,但研究方向和应用领域不断扩展,具有良好的应用前景。在实验过程中,使用直流电压对喷嘴电极进行供电,将电晕放电喷嘴与实际烟气混合,观察其在反应器中的处理效果。实验结果表明,自由基的注入能够有效减少氨气泄漏,控制氨逃逸,提高脱硫脱硝效率[86]。

综上所述,在低温等离子体烟气脱硫脱硝技术当中,电子束工艺、直流电晕放电工艺及脉冲电晕放电工艺的应用能够有效对烟气中的污染物进行高效脱除,同时还能减少污染物的排放。但针对三种工艺的研究目前大多停留在实验室阶段,电子束工艺与脉冲电晕放电工艺在实际应用当中具有一定的可行性,同时也是未来的发展趋势。两项技术存在的问题还要在实际的发展中不断进行解决和处理,使得相应工艺性能方面得到相应提升,推动我国工业烟气多污染物治理水平的不断提高。

参 考 文 献

[1]岳涛,庄德安,杨明珍,等. 我国燃煤火电厂烟气脱硫脱硝技术发展现状. 能源研究与信息, 2008,(3):125.

[2]李培,王新,柴发合,等. 我国城市大气污染控制综合管理对策. 环境与可持续发展,2011, 36(5):8.

[3]高翔,吴祖良,杜振,等. 烟气中多种污染物协同脱除的研究. 环境污染与防治,2009,31 (12):84.

[4]日本碳素材料学会,高尚愚,陈维. 活性炭基础与应用. 北京:中国林业出版社,1984.

[5]蒋剑春. 活性炭应用理论与技术. 北京:化学工业出版社,2010.

[6]立本英机,高尚愚. 活性炭的应用技术:其维持管理及存在问题. 南京:东南大学出版社,2002.

[7]Knoblauch K, Richter E, Jüntgen H. Application of active coke in processes of SO_2- and NO_x- removal from flue gases. Fuel,1981,60(9):832-838.

[8]Mochida I, Korai Y, Shirahama M, et al. Removal of SO_x and NO_x over activated carbon fibers. Carbon,2000,38(2):227-239.

[9]Illán-Gómez M J, Linares-Solano A, Salinas-Martínez de Lecea C, et al. Nitrogen oxide (NO) reduction by activated carbons. 1. The role of carbon porosity and surface area. Energy & Fuels,

1993,7(1):146-154.

[10] Illan-Gomez M J, Linares-Solano A, Radovic L R, et al. NO reduction by activated carbons. 2. Catalytic effect of potassium. Energy & Fuels,1995,9(1):97-103.

[11] Illan-Gomez M J, Linares-Solano A, Radovic L R, et al. NO reduction by activated carbons. 3. Influence of catalyst loading on the catalytic effect of potassium. Energy & Fuels,1995, 9(1):104-111.

[12] Illan-Gomez M J, Linares-Solano A, Radovic L R, et al. NO reduction by activated carbons. 4. Catalysis by calcium. Energy & Fuels,1995,9(1):112-118.

[13] Illan-Gomez M J, Linares-Solano A, Radovic L R, et al. NO reduction by activated carbons. 5. Catalytic effect of iron. Energy & Fuels,1995,9(3):540-548.

[14] Illan-Gomez M J, Linares-Solano A, Salinas-Martinez de Lecea C. NO reduction by activated carbon. 6. Catalysis by transition metals. Energy & Fuels,1995,9(6):976-983.

[15] Illán-Gómez M J, Linares-Solano A, Radovic L R, et al. NO reduction by activated carbons. 7. Some mechanistic aspects of uncatalyzed and catalyzed reaction. Energy & fuels,1996, 10(1):158-168.

[16] 魏进超,李俊华,叶恒棣. 活性炭法烧结烟气净化技术研究与应用. 北京:清华大学,2016.

[17] 涂瑞,李强,葛帅华. 太钢烧结烟气脱硫富集 SO_2 烟气制酸装置的设计与运行. 硫酸工业, 2012,(2):26-30.

[18] 梁大明. 中国煤质活性炭. 北京:化学工业出版社,2008.

[19] 柴田宪司,山田森夫,森本启太. 活性炭移动层式烧结机烟气处理技术. 华西冶金论坛,2010.

[20] Shim W G, Lee J W, Moon H. Performance evaluation of carbon adsorbents for automobile canisters. Korean Journal of Chemical Engineering,1998,15(3):297-303.

[21] Zhang X, Gao B, Creamer A E, et al. Adsorption of VOCs onto engineered carbon materials:A review. Journal of hazardous materials,2017,338:102-123.

[22] Lee J J, Han S, Kim H, et al. Performance of CoMoS catalysts supported on nanoporous carbon in the hydrodesulfurization of dibenzothiophene and 4,6-dimethyldibenzothiophene. Catalysis today, 2003,86(1-4):141-149.

[23] Ferrari M, Delmon B, Grange P. Influence of the active phase loading in carbon supported molybdenum-cobalt catalysts for hydrodeoxygenation reactions. Microporous and Mesoporous Materials,2002,56(3):279-290.

[24] Iwasa N, Mayanagi T, Nomura W, et al. Effect of Zn addition to supported Pd catalysts in the steam reforming of methanol. Applied Catalysis A:General,2003,248(1-2):153-160.

[25] Gálvez M E, Lázaro M J, Moliner R. Novel activated carbon-based catalyst for the selective catalytic reduction of nitrogen oxide. Catal Today,2005,102-103:142-147.

[26] Ouzzine M, Cifredo G A, Gatica J M, et al. Original carbon-based honeycomb monoliths as support of Cu or Mn catalysts for low-temperature SCR of NO:Effects of preparation variables. Appl Catal A-Gen,2008,342:150-158.

[27] Valdés-Solís T, Marbán G, Fuertes A B. Low-temperature SCR of NO$_x$ with NH$_3$ over carbon-ceramic supported catalysts. Appl Catal B-Environ,2003,46:261-271.

[28] Valdés-Solís T, Marbán G, Fuertes A B. Kinetics and mechanism of low-temperature SCR of NO$_x$ with NH$_3$ over vanadium oxide supported on carbon-ceramic cellular monoliths. Ind Eng Chem Res,2004,43:2349-2355.

[29] An W Z, Zhang Q L, Chuang K T, et al. A hydrophobic Pt/fluorinated carbon catalyst for reaction of NO with NH$_3$. Ind Eng Chem Res,2001,41:27-31.

[30] Z G Huang, Z P Zhu, Z Y Liu. Combined effect of H$_2$O and SO$_2$ on V$_2$O$_5$/AC catalysts for NO reduction with ammonia at lower temperatures. Appl Catal B-Environ,2002,39:361-368.

[31] 百度文库. 柱状活性炭生产工艺流程详解图. https://wenku. baidu. com/view/77bbf3e4970 590c69ec3d5bbfd0a79563c1ed4be. html,2018. 10. 22.

[32] 陈鹏. 中国煤炭性质、分类和应用. 北京:化学工业出版社,2001.

[33] 何彩群,覃丽娟,田玲玲,等. 煤基活性炭生产与再生研究. 工业安全与环保,2009, 35(11):45-47.

[34] 李怀珠,田熙良,程清俊,等. 煤质活性炭的原料、预处理及成型技术综述. 煤化工,2007, 35(5):38-41.

[35] 王宜望. 活性炭碱性的来源、增强及其催化双氧水分解的研究. 南京:南京林业大学,2015.

[36] 蒋剑春. 活性炭制造与应用技术. 北京:化学工业出版社,2017.

[37] 百度文库. 年产 2 万吨煤基活性炭项目的机器配置方案及工艺流程. https:// wenku. baidu. com/view/e14ff4963186bceb19e8bbce. html,2014. 03. 08.

[38] Sethia G, Sayari A. Activated carbon with optimum pore size distribution for hydrogen storage. Carbon,2016,99:289-294.

[39] 蒋剑春,孙康. 活性炭制备技术及应用研究综述. 林产化学与工业,2017,37(1):1-13.

[40] Li G, Tian F, Zhang Y, et al. Bamboo/lignite-based activated carbons produced by steam activation with and without ammonia for SO$_2$ adsorption. Carbon,2015,85:448.

[41] Lopez Ch L T, Chejne F, Bhatia S K. Effect of activating agents: flue gas and CO$_2$ on the preparation of activated carbon for methane storage. Energy & Fuels,2015,29(10):6296-6305.

[42] Al Bahri M, Calvo L, Gilarranz M A, et al. Diuron multilayer adsorption on activated carbon from CO$_2$ activation of grape seeds. Chemical Engineering Communications,2016,203(1):103-113.

[43] Li H, Yuan D, Tang C, et al. Lignin-derived interconnected hierarchical porous carbon monolith with large areal/volumetric capacitances for supercapacitor. Carbon,2016,100:151-157.

[44] 古可隆,李国君,古政荣,等. 活性炭. 北京:教育科学出版社,2008.

[45] 丁佳丽. 非沥青黏结剂煤质活性炭的制备及其用于烟气脱硫的研究. 太原:太原理工大学,2013.

[46] 杨坤彬. 物理活化法制备椰壳基活性炭及其孔结构演变. 昆明:昆明理工大学,2010.

[47] Hesas R H, Arami-Niya A, Daud W M A W, et al. Microwave-assisted production of activated carbons from oil palm shell in the presence of CO$_2$ or N$_2$ for CO$_2$ adsorption. Journal of Industrial

and Engineering Chemistry,2015,24:196-205.

[48] Wu M,Li R,He X,et al. Microwave-assisted preparation of peanut shell-based activated carbons and their use in electrochemical capacitors. New Carbon Materials,2015,30(1):86-91.

[49] 孙康,蒋剑春. 活性炭再生方法及工艺设备的研究进展. 生物质化学工程,2008,42(6):55-60.

[50] 林冠烽,牟大庆,程捷,等. 活性炭再生技术研究进展. 林业科学,2008,44(2):150-154.

[51] 汪庆国,黎前程,李勇. 两级活性炭吸附法烧结烟气净化系统工艺和装备. 烧结球团,2018.

[52] Wang Ling-shi,Huang Ji-min. The Application of desulfurization and denitrification by activated coke. Coal Chemical Industry,2016,44(4):22.

[53] Gao Ji-xian,Wang Tie-feng,Wang Jin-fu,et al. Effect of SO_2 volume fraction in flue gas on the adsorption behaviors adsorbed by ZL50 activated carbon and kinetic analysis. Environmental Science,2010,31(5):1152.

[54] 周茂军,张代华. 宝钢烧结工序技术升级改造实践//第十届中国钢铁年会暨第六届宝钢学术年会论文集 II. 2015.

[55] 陈纪玲,王志轩. 燃煤电厂烟气中汞的排放与控制研究进展. 电力科技与环保. 2007,23:45-48.

[56] 吴其荣,杜云贵,聂华,等. 燃煤电厂汞的控制与脱除. 热力发电. 2012,41:8-11.

[57] 江得厚,王贺岑,董雪峰,等. 燃煤电厂 $PM_{2.5}$ 控制技术分析与应用. 全国袋式除尘技术研讨会,2013.

[58] 付康丽,赵婷雯,姚明宇,等. 燃煤烟气脱汞技术研究进展. 热力发电,2017,46:1-5.

[59] 林水生,高境,周立年. 分室定位反吹袋式除尘器在湛江电厂300MW机组的运行实效. 中国电业(技术版),2011,58-61.

[60] 余华龙. 2×55MW机组烟气干式超净项目的设计与应用. 节能与环保,2017,(6):75-77.

[61] D Wang,J Chen,Y Peng,et al. Dechlorination of chloroben zene on vanadium-based catalysts for low temperature SCR. Chem Commun,2018,54:2032.

[62] 陈活虎. 烧结机烟气脱硝脱二噁英技术及应用. 世界金属导报,2016-01-05(B10).

[63] U S Environmental Protection Agency. Mercury Study Report to Congress, Volume I: Excessive Summary;EPA-452/R-97-003;U S Government Printing Office,Washington,DC,1997.

[64] U S Environmental Protection Agency. Mercury Study Report to Congress, Volume II: An Inventory of Anthropogenic Mercury Emissions in the United States;EPA-452/R-97-004,1997.

[65] Ghorishi S B,Keeney R M,Serre S D,et al. Development of a Cl-impregnated activated carbon for entrained-flow capture of elemental mercury. Environmental Science & Technology, 2002, 36:4454-4459.

[66] Liu W,Vidic R D,Brown T D. Optimization of high temperature sulfur impregnation on activated carbon for permanent sequestration of elemental mercury vapors. Environmental Science & Technology,2000,34:483-488.

[67] 吴其荣,杜云贵,聂华,等. 燃煤电厂汞的控制及脱除. 热力发电,2012,41(1):8-11.

[68] Eswaran S, Stenger H G. Understanding mercury conversion in selective catalytic reduction(SCR) catalysts. Energy & Fuels, 2005, 19:2328-2334.

[69] Lee C W, Srivastava R K, Ghorishi S B, et al. Investigation of selective catalytic reduction impact on mercury speciation under simulated NO_x emission control conditions. Journal of the Air & Waste Management Association, 2004, 54:1560-1566.

[70] Richardson C, Machalek T, Miller S, et al. Effect of NO_x control processes on mercury speciation in utility flue gas. Journal of the Air & Waste Management Association, 2002, 52:941-947.

[71] Benson S A, Laumb J D, Crocker C R, et al. SCR catalyst performance in flue gases derived from subbituminous and lignite coals. Fuel Processing Technology, 2005, 86:577-613.

[72] 杨宏旻, Liu Kunlei, Cao Yan, 等. 电站烟气脱硫装置的脱汞特性试验. 动力工程, 2006, (4):554-557, 567.

[73] 岳焕玲, 原永涛, 宏哲. 石灰石-石膏湿法烟气脱硫喷淋塔除尘机理分析. 电力环境保护, 2006, (6):13-15.

[74] 陈泽峰, 冯铁玲. 定州电厂烟气湿法脱硫废水的处理. 电力建设, 2005, (11):53-55.

[75] Presto A A, Granite E J. Survey of catalysts for oxidation of mercury in flue gas. Environmental Science & Technology, 2006, 40(18):5601.

[76] Lu D Y, Granatstein D L, Rose D J. Study of mercury speciation from simulated coal gasification. Industrial & Engineering Chemistry Research, 2004, 43(17):5400-5404.

[77] Suarez Negreira A, Wilcox J. Uncertainty analysis of the mercury oxidation over a standard SCR catalyst through a labscale kinetic study. Energy & Fuels, 2015, 29(1):369-376.

[78] Yang Yingju, Liu Jing, Zhang Bingkai, et al. Density functional theory study on the heterogeneous reaction between Hg^0 and HCl over spinel-type $MnFe_2O_4$. Chemical Engineering Journal, 2017, 308:897-903.

[79] 梁大镁, 安城, 刘晶. 湿法脱硫参数对 Hg^0 脱除效率的影响. 能源研究与管理, 2018, (11):39-43.

[80] 金玉群, 雷静, 陈智佳, 等. 氧化增效剂对湿法脱硫系统脱硫脱汞效率的影响. 发电技术, 2018, (4):64-66.

[81] 王丹. 烟气脱硫脱硝一体化技术研究进展. 漯河职业技术学院学报, 2013, 11(5):117-118.

[82] 李长青. 火电厂烟气脱硫脱硝一体化技术探析. 山东工业技术, 2018, 265(11):165.

[83] 霍云飞, 吴礼义. 湿气体净化电晕装置的结构及工业应用. 硫酸工业, 2017, (3):52-56.

[84] 喻文烯. 等离子体脱硫脱硝及其用于船舶柴油机尾气处理的研究. 武汉:武汉纺织大学, 2013.

[85] 胡勇, 李秀峰. 火电厂锅炉烟气脱硫脱硝协同控制技术研究进展和建议. 江西化工, 2011, 11(2):127-131.

[86] 姚健锋. 燃煤电厂烟气脱硫脱硝技术的研究与发展. 科技资讯, 2011, 12(24):142-145.

第8章 重点行业深度减排技术集成示范

前面重点阐述了粉尘颗粒物、二氧化硫、氮氧化物排放与控制技术的理论,在此基础上,本章从钢铁烧结、焦化、建材等行业出发,详尽介绍重点行业污染物深度减排技术集成及示范,并对典型重点行业工业烟气深度减排工程案例的设计思路、工程装备及现场情况进行分析。希望通过本章工程案例的分析介绍,能够为相关行业企业选取适宜污染物治理技术提供帮助,并为工业烟气污染物控制的管理、研究和工程技术人员提供设计参考和借鉴。

8.1 宝钢错流式烧结烟气活性炭法净化多污染物工艺

8.1.1 项目概述

烧结机机头烟气中含有粉尘、SO_2、NO_x、二噁英及重金属等污染物,按照《钢铁烧结、球团工业大气污染物排放标准》(GB 28662—2012)及地方环保排放要求,宝山钢铁股份有限公司(简称宝钢)600m²烧结机的机头烟气需要进行综合治理。宝钢 600m²烧结机的机头烟气拟采用"活性炭烟气净化工艺"进行烟气净化,活性炭烟气净化工艺是一种资源回收型综合烟气治理技术,既能脱除多种污染物,又能回收硫资源制得浓硫酸产品。烧结烟气净化系统布置在烧结机主烟囱西侧,烧结烟气根据污染物浓度情况灵活选择采用两级活性炭净化工艺,经净化后烟气返回主烟囱排放。下面介绍宝钢 600m²烧结机烟气活性炭法净化多污染物工艺的设计条件、工艺系统和运行效果[1-5]。

8.1.2 设计条件

600m²烧结机机头烟气净化采用双级活性炭净化工艺,烧结烟气净化后从烧结主烟囱排空,活性炭吸附下来的二氧化硫在解析塔内再生,解析塔内产生的富集二氧化硫烟气送至制酸工段,生产浓度为 98%的硫酸。活性炭烟气净化系统处理烟气量 2×3 万 m³/min(标态为 216 万 Nm³/h),处理前二氧化硫浓度为 600mg/Nm³,NO_x 浓度为 450mg/Nm³。自主抽风机消音器后段烟道取气,经增压风机增压,分别通过 1 级、2 级吸附塔脱除污染物后返回至烧结主烟囱排放的全部设备、建筑物及相关的辅助系统。烟气净化主要装置包含烟气系统、吸附系统、解析系统、活性炭输送系统。生产辅助装置包括活性炭卸料存储系统、热风炉系统、除尘系统、制酸系统、废水处理系统等。压缩空气、蒸气、水、高炉煤气、焦炉煤气、氮气等能源介质由烧结系统送至烟气净化区域,计量仪表均在本系统范围内。电由烧结系统送至烟气净化系统受电柜上,活性炭由汽车运至活性炭仓;废水处理回收的硫酸铵溶液定期用罐车运送至焦化车间利用,含盐废水送至烟气净化红线范围外 1m。

烧结烟气净化系统的设计基本原理为:通过对烧结机机头烟气加装烟气净化装置,使烟气中的粉尘、SO_2、NO_x、二噁英等污染物的排放指标达到《钢铁烧结、球团工业大气污染物排放标准》(GB 28662—2012)的要求。烟气净化系统遵循"运行稳定、脱硫、脱硝效率高、无二次污染"的原则。装置能快速投入运行,适应风量及二氧化硫、氮氧化物负荷波动能力强;分别采用活性炭和氨作为吸附剂和脱硝还原剂。本项目中,对烧结烟气中二氧化硫和氮氧化物的净化主要采用活性炭烟气净化技术。对生产及转运环节的产尘点位进行密闭处理,设置抽风罩或密闭罩,并采用机械抽风系统,确保系统和罩内负压,以控制粉尘外逸。制酸产生的废水经处理后,达《钢铁工业水污染物排放标准》(GB 13456—2012)中规定的特别排放限值后排入厂区污水管网。解析塔含硫气体输送制酸系统,通过净化、干燥、转化、吸收等工序,从而达到环保、节能的目的。

(1)工程设计参数

烧结烟气经过活性炭吸附塔净化后由烧结主烟囱排放,吸附了污染物的活性炭经解析塔解析后循环利用,解析塔出来的高浓度二氧化硫气体送制酸系统制取98%的硫酸。设计参数如表 8-1 所示。

表 8-1　烧结烟气净化设计参数

序号	项目	单位	数值	设计值	备注
1	主抽铭牌风量	m^3/min	2×30000		主抽风量
	主抽入口温度	℃	100 ~ 150	100	
	主抽入口负压	Pa	−18500	−18500	
	折算到标态风量	Nm^3/h	2×1080600	2×1080600	
2	装置入口温度	℃	110 ~ 150	115	
	装置入口压力	Pa	0 ~ 500	0	
3	SO_2 浓度	mg/Nm^3	300 ~ 1000	600	
4	NO_x 浓度	mg/Nm^3	100 ~ 500	450	
5	粉尘浓度	mg/Nm^3	~ 50	50	
6	二噁英当量浓度	$ng\text{-}TEQ/m^3$	≤6	5	
7	烧结机作业率		8234h		94%

本项目使用的吸附剂为添加了活化成分的柱状活性炭吸附剂。活性炭为圆柱形颗粒物,尺寸约为 $\phi9mm×10mm$ 左右。活性炭其他技术指标如表 8-2 所示。

表8-2　活性炭相关参数

项目	技术指标	测试方法标准代号
水分/%	≤3%	GB/T 7702. 1—1997
装填密度/(g/L)	550~680	GB/T 7702. 4—1997
灰分/%	≤20%	GB/T 7702. 15—2008
脱硫值/(mg/g)	≥16mg/g	
耐压强度/kgf	≥30	Q/SDNZ. H. TL. J1—2007
着火点/℃	≥430	

(2)工程设计原理

活性炭净化法利用活性炭吸附性能,能同时吸附多种有害物质(二氧化硫、氮氧化物、二噁英、重金属及粉尘),在活性炭中添加催化剂,能使部分有害物质反应生成无害物质。活性炭净化主要包括 SO_2 吸附、活性炭解析再生和活性炭脱硝。SO_2 吸附具体过程如下(* 表示吸附状态)。

①物理吸附(SO_2 分子的向活性炭细孔移动)

$$SO_2 \longrightarrow SO_2 *$$

②化学吸附(在活性炭细孔内的化学反应)

$$SO_2 * +O * \longrightarrow SO_3 *$$

$$SO_3 * +nH_2O * \longrightarrow H_2SO_4 * +(n-1)H_2O *$$

③向硫酸盐转化

$$H_2SO_4 * +NH_3 \longrightarrow NH_4HSO_4 *$$

$$NH_4HSO_4 * +NH_3 \longrightarrow (NH_4)_2SO_4 *$$

解析再生过程包括硫酸的分解反应、酸性硫铵的分解反应、碱性化合物(还原性物质)的生成和表面氧化物的生成和消灭。解析再生各个反应如下所示。

①硫酸的分解反应

$$H_2SO_4 \cdot H_2O \longrightarrow SO_3 +2H_2O$$

$$SO_3 +1/2C \longrightarrow SO_2 +1/2CO_2(化学损耗)$$

$$H_2SO_4 \cdot H_2O +1/2C \longrightarrow SO_2 +2H_2O +1/2CO_2$$

②酸性硫铵的分解反应

$$NH_4HSO_4 \longrightarrow SO_3 +NH_3 +H_2O$$

$$SO_3 +2/3NH_3 \longrightarrow SO_2 +H_2O +1/3N_2$$

$$NH_4HSO_4 \longrightarrow SO_2 +2H_2O +1/3N_2 +1/3NH_3$$

③碱性化合物(还原性物质)的生成

$$-C \cdot \cdot O +NH_3 =\!=\!= -C \cdot \cdot Red +H_2O$$

④表面氧化物的生成和消灭

$$-C\cdot\cdot+O =\!=\!=\!=\!=-C\cdot\cdot O$$

$$-C\cdot\cdot O+2/3NH_3 =\!=\!=\!=\!=-C\cdot\cdot+H_2O+1/3N_2$$

活性炭脱硝过程包括了 SCR 反应和 non-SCR 反应。脱硝过程主要在解析塔内进行。烧结烟气中二噁英在吸附塔内被活性炭移动层的过滤集尘功能捕集,气态的二噁英被活性炭吸附。吸附了二噁英的活性炭在解析塔内加热到 400℃ 以上,并停留 3h 以上,在催化剂的作用下将苯环间的氧基破坏,使二噁英结构发生转变并裂解为无害物质。

8.1.3　工艺系统

活性炭烟气净化工艺主要由烟气系统、吸附系统、解析系统、活性炭输送系统、活性炭卸料存储系统组成,辅助系统有制酸系统等。活性炭双级多污染物协同控制工艺实景图如图 8-1 所示。

图 8-1　活性炭烟气净化工艺实景图

活性炭双级多污染物协同控制工艺流程图如图 8-2 所示。由图 8-2 可知,烧结烟气由增压风机增压后依次送入 1 级、2 级吸附塔,每级吸附塔入口前喷入氨气,烟气依次经过吸附塔的前、中、后三个通道,烟气中的污染物被活性炭层吸附或催化反应生成无害物质,净化后的烟气进入烧结主烟囱排放。活性炭由塔顶加入吸附塔中,并在重力和塔底出料装置的作用下向下移动。吸收了二氧化硫、氮氧化物、二噁英、重金属及粉尘等的活性炭经输送装置送往解析塔。解析塔的作用是恢复活性炭的活性,同时释放或分解有害物质。在解析塔内二氧化硫被高温解析释放出来,氮氧化物在解析塔内与氨气进行氧化还原反应,生成无害的氮气和水,同时在适宜的温度下,二噁英在活性炭内的催化剂的作用下将苯环间的氧基破坏,使之发生结构转变裂解为无害物质。解析后的活性炭经解析塔底端的振动筛筛分，大颗粒活性炭落入输送机输送至吸附塔循环利用，小颗粒活性炭粉送入粉仓，用吸引式罐车运输至高炉系统作为燃料使用。

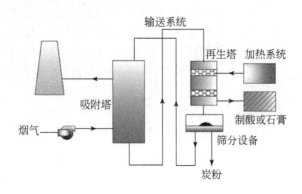

图 8-2　活性炭烟气净化工艺流程图

（1）烧结烟气系统

烧结烟气系统是指从烧结机主抽风机后的烟道引出到净化后烟气进入烟囱的整个烟道系统及设备。烧结机主抽风机的烟气从与烟囱相连的烟道中引出后，依次进入 1 级、2 级吸附塔，烟气在吸附塔中得到净化，净化后的烟气通过烟囱排放。净化系统的风压损失由增压风机克服。增压风机为静叶可调轴流风机，安装在吸附塔前。为不影响烧结系统运行，整个吸附系统设置有原烟气、净烟气及旁路挡板。在烟气净化系统检修或其他意外情况时，烟气可不通过烟气净化系统，经旁路挡板门至原烧结烟囱排放，此时原烟气挡板与净烟气挡板关闭，不影响烧结系统生产。烟道挡板采用单轴双挡板，并配套有密封空气系统，密封空气系统含挡板密封风机及密封空气加热器。旁路烟气挡板门为双百叶挡板，当挡板关闭时，在挡板中鼓入密封空气，来隔绝挡板两侧的烟气，使得挡板不漏烟气。

本项目共设置 2 套烟气系统，分别对应 2 台主抽风机。每套烟气系统设置 1 台烟气净化增压风机，增压风机烟气量与烧结主抽风机烟气量对应，每台增压风机对应 4 个 1 级吸附单元及 4 个 2 级吸附单元，每个吸附单元都设置有进出口烟气挡板，运行相对独立，2 级吸附单元设置有旁路挡板，当 2 级吸附单元需要检修或污染物浓度较低时，开启旁路挡板，烟气可不经过 2 级吸附单元直接从烟囱排放。氨气通过"氨气/空气混合器"与稀释风机鼓入的空气混合，使氨气浓度低于爆炸下限，稀释后的氨气在吸附单元入口加入烟道，由喷氨格栅均匀喷入。本烟气净化系统所用氨气由宝钢送至烧结红线范围 1m，氨气耗量为 0.6t/h，设计压力为 0.2MPa，对应接管管径为 DN125。稀释氨气通过喷射格栅喷入吸附塔前烟道，每个吸附单元对应一组喷氨格栅，即将烟道截面分成若干个大小不同的控制区域，每个区域有若干个喷射孔，每个区域的流量单独可以调节,同时喷氨格栅包括喷氨管道、支撑、配件等。烟道内烟气温度高于烟气酸露点,烟道内无需防腐耐磨涂层,烟道外设置 50mm 岩棉厚保温层。

(2)吸附系统

烧结烟气中 SO_2、NO_x、二噁英、重金属及粉尘等污染物的吸附全部在吸附塔内完成。吸附塔是整个烟气净化的一个关键设备。吸附系统整体装备如图 8-3 所示。

图 8-3　吸附系统整体装备图

由图 8-3 可知,吸附塔采用分层移动型吸附塔,烟气垂直于活性炭运动的方向进入吸附塔,分别经过前、中、后三个通道,将有害物质脱除后,经吸附塔进入总烟道,经净烟气挡板后由烧结主烟囱排放。本项目设置 2 套吸附系统,每套吸附系统与烟气系统对应。每套吸附系统由 8 个吸附单元组成,其中 1 级吸附单元和 2 级吸附单元各 4 个。每个吸附单元由三个通道组成,分别为前、中、后三个通道,在不同的部位设有百叶窗、多孔板及格栅。烧结烟气首先通过前通道,主要发生脱硫、除尘、除重金属作用,进入中间通道后以脱硫、除尘、除重金属脱二噁英为主,最后进入后通道脱硝、防止收集烟尘的再飞散,后通道内活性炭层的移动速度非常慢,可防止活性炭粉二次扬尘。每个反应通道中活性炭的移动速度由各自的辊式出料器控制。

每个吸附单元从上至下含吸附塔活性炭布料仓、活性炭给料阀、活性炭吸附模块、活性炭下料辊、活性炭下料仓、活性炭下料阀。设置有两级吸附塔,根据 1 级、2 级吸附塔污染物的浓度不同,在第 2 级吸附塔中,因为污染物浓度较低,烟气侧吸附推动力较低,吸附塔中采用从解析塔中解析出来的新鲜活性炭,而在第1级吸附塔中,污染物浓度高,烟气侧吸附推动力高,吸附塔中采用在2级吸附塔吸附了少量污染物的活性炭,合理的配置大大降低了活性炭的循环量,最大限度地降低了解析系统的解析负荷。

(3)解析系统

解析系统主要含解析段、冷却段、筛分系统等。解析段与冷却段均为列管换热器。本工程设置2套解析系统,每套解析系统与吸附系统对应。建设过程中的解析塔如图8-4所示。

图8-4　建设过程中的解析塔

由图8-4可知,每套解析系统含1个解析塔,每个解析塔由2个解析单元组成,每个解析塔由上至下主要有双层给料阀、进料仓、加热段、冷却段、下料仓、振动筛、粉仓。在解析塔上部,吸附了污染物质的活性炭被加热到400℃以上,并保持3h以上,被活性炭吸附的SO_2被释放出来,生成富含二氧化硫的气体(SRG),SRG输送至制酸工段制取H_2SO_4。被活性炭吸附的氮氧化物发生SCR或者SNCR反应,生成N_2与H_2O;被活性炭吸附的二噁英,在活性炭内的催化剂的作用下,高温下将苯环间的氧基破坏,使之发生结构转变裂解为无害物质。

解析并得到活化后的活性炭进入解析塔下部的冷却段,进行间接冷却。在冷却段,冷却风机鼓入空气将活性炭的热量带出。活性炭冷却到150℃以下经圆辊给料机定量卸到下料仓,再通过下部双层锁风卸料机送入活性炭振动筛。每套解析塔系统对应设置一台冷却风机。解析塔解析后的活性炭经过活性炭振动筛筛分,将小于 1.2mm 的细小活性炭颗粒及粉尘去除,筛上的活性炭通过输送机输送至吸附塔循环利用,筛下物则进入筛下仓,再输送至活性炭粉仓。本工程共有 2 个活性炭振动筛,每个振动筛对应一组活性炭解析塔。解析过程中需要用氮气进行保护,氮气同时作为载体将解析出来的二氧化硫等有害气体带出。

(4)热风炉系统和活性炭输送、卸料存储系统

在热风炉系统中,烧结烟气净化设施设有两组解析塔,每组解析塔配 1 台热风炉,共 2 台热风炉。热风炉以高炉煤气为燃料,焦炉煤气点火。焦炉煤气热值以 18520kJ/Nm³ 计,压力大于 5.5kPa,接口管径 DN100,接自烧结焦炉煤气管道。煤气吹扫采用氮气,氮气管路随煤气管敷设。在活性炭输送系统中,每套吸附/解析系统的活性炭输送工作主要由 3 条链斗输送机组成。活性炭输送机 A 将解析塔下料活性炭输送至 1、2 级吸附塔塔顶。活性炭输送机 B 将 2 级吸附塔下料活性炭输送至 1 级吸附塔塔顶。活性炭输送机 C 将 1 级吸附塔下料活性炭输送至解析塔塔顶。活性炭输送机示意图如图 8-5 所示。

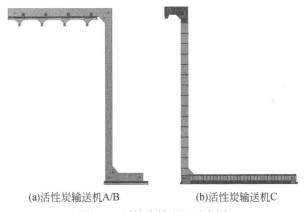

(a)活性炭输送机A/B　　　　　　　(b)活性炭输送机C

图 8-5　活性炭输送机示意图

其中,活性炭输送机 A 为多点卸料输送机,两台活性炭输送机均为"Z"型输送机,"Z"型输送系统由链条斗式提升机和散料刮板输送机组成。这种设计降低了活性炭的摔损,能够实现活性炭的连续运输,结构紧凑,效率高。

在吸附、解析过程中,活性炭存在化学消耗和物理消耗,为了保证吸附、解析系统正常活性炭用量,需向系统补充一定量的新鲜的活性炭,新鲜的活性炭因暴露在大气中时间比较长,可能吸附了水分及其他气体,因此补充的活性炭先经过解析塔高温活化后再补充进入吸附塔。外购的活性炭采用吨袋包装,卡车将活性炭输送至活性炭存储系统,再用叉车将活性炭输送至下料斗,通过下料斗、斗式提升机输送至活性炭储仓存储待用。当系统需要活性炭时,通过仓底部计量输送系统,向活

性炭输送机 C 加料。设置 2 套活性炭卸料存储系统,每套活性炭卸料存储系统与吸附解析系统对应设置一个活性炭储仓,共设置 2 个 $\phi5\times11.5H$(筒体高 8m),有效容积为 150m³ 的活性炭仓。

(5)吸附塔与解析塔

一个吸附塔单元分左右对称布置,含污染物烟气从中间进气通道进入塔内,烟气通过位于进气通道两侧的活性炭床层,被活性炭吸附净化,经净化后的烟气通过位于活性炭床层两侧的出气通道,汇集后经过烟囱排放到大气。其中每一侧的活性炭床层都按气流流向,从进气通道到出气通道,中间分为前、中、后三个活性炭通道,三个通道分别由百叶窗、多孔板及格栅构成。

三个通道中的活性炭从吸附塔上部入口进入吸附塔,烟气通过活性炭三个通道的时候,烟气中的污染物被活性炭吸附。吸附了污染物的活性炭从吸附塔下部的活性炭出口排出去。每一个通道内的活性炭都由一个圆辊给料机来控制活性炭的排出量。吸附塔壳体设计最高温度为 200℃,实际进入吸附塔的烟气温度在 110 ~ 150℃之间,烟气温度远高于酸露点,烟气对壳体无腐蚀性,壳体可选用 Q235B 材质,中间多孔板、百叶窗选用 0Cr18Ni9 不锈钢。本工程共 16 个吸附塔,每台主抽风机对应 8 个吸附塔,其中 4 个 1 级吸附塔,4 个 2 级吸附塔。

解析塔主要包括加热段和冷却段,两者都是由多管换热器组成。活性炭在加热器中加热到 400℃以上,释放或者分解析附的污染物,从而达到活性炭再生的目的。再生的活性炭,在冷却段中冷却到 150℃以下后,输送至活性炭振动筛。解析塔内温度较高,为了防止解析塔内的活性炭自燃,在解析塔内通入氮气隔绝氧气,防止活性炭自燃。

(6)活性炭输送机和增压风机

单套吸附解析系统共需 3 台活性炭链斗式输送机,为活性炭输送机 A/B/C,活性炭输送机 A 为 8 点卸料输送机,正常输送量为 20t/h;活性炭输送机 B 为 4 点卸料输送机,正常输送量为 20t/h;活性炭输送机 C 为单点卸料输送机,正常输送量为 20t/h。每台增压风机风量对应一台主抽风机,主抽风机入口温度为 100℃时,铭牌风量为 30000m³/min,负压为 -18.5kPa,考虑到当地大气压为 101.61kPa,则主抽风量折算到标态风量为 18010Nm³/min。

(7)通风系统

根据生产工艺及设备配置,对生产过程中活性炭各转运点、产尘设备及其他产尘环节进行除尘设计,对解析塔振动筛下的活性炭粉尘进行气力输送。脱硫工艺的活性炭转运过程中会散发粉尘,对环境产生污染。为加强环境保护,改善生产作业环境,设计对生产过程中活性炭各产尘点、产尘设备及转运环节采取综合有效措施,控制其粉尘扩散外逸,使生产环境得以改善,使含尘气体经净化设备处理后的废气排放浓度符合国家《钢铁烧结、球团工业大气污染物排放标准》(GB 28662—

2012)的排放要求:各袋式除尘系统废气排放浓度小于20mg/Nm³。

本设计采取如下技术措施:对产尘设备及产尘点采取必要的尘源密闭措施,设置抽风罩或密闭罩,并采用机械抽风系统,确保系统和罩内负压,以控制粉尘外逸。采用高效率的脉冲袋式除尘器为净化设备。保证废气的排放浓度满足排放标准。采用集中除尘系统,便于管理和维护。除尘系统采用技术先进的除尘管道阻力平衡专有技术,有效控制系统各分支管的阻力平衡发生失调现象,确保系统运行可靠。依据《钢铁企业采暖通风设计手册》及类似规模的烧结脱硫工程实际运行情况,确定各产尘点、产尘设备及转运环节的除尘风量。

根据产尘点的分布及产尘情况等进行除尘系统的配置。除尘系统主要为环境袋式除尘系统。除尘系统对应于1#烟气处理单元,本系统包括活性炭进料环节、各活性炭输送机产尘点及粉尘仓等处共约 27 个扬尘点,系统设计总风量约40500m³/h(工况)。系统选用过滤面积为950m²的脉冲袋式除尘器 1 台,净化后的废气经D式离心风机由高出除尘器本体3m 的排气筒排入大气。除尘器收下的粉尘先卸至粉尘仓,再通过罐车外运。活性炭粉气力输送系统 1 对应于1#烟气处理单元,本系统包括解析塔下振动筛筛仓等处共 1 个粉尘集中点的粉尘输送。系统选用 XCX-Φ500 旋风除尘器作为初级处理设备,再通过过滤面积为 60m² 的袋式脉冲除尘器 1 台,净化后的废气经罗茨风机由高出除尘器本体 3m 的排气筒排入大气。除尘器收下的粉尘先卸至粉尘仓,再通过罐车外运。

8.1.4　运行效果

首套两级串联吸附塔活性炭烟气净化设备在宝钢600m³ 烧结机得到了成功应用,装置运行稳定,与主线烧结机的设备同步运转率达到100%,烟气出口污染物排放浓度 $SO_2 < 10mg/Nm^3$、$NO_x < 50mg/Nm^3$、二噁英 ≤ 0.05ng-TEQ/Nm³,粉尘 < 10mg/Nm³,均低于国家特别排放限值。经第三方检测,宝钢烧结机大修改造烟气净化设施的脱硫效率、脱硝效率、烟囱出口的 SO_2 排放浓度、NO_x 排放浓度、粉尘排放浓度、氟化物排放浓度、氨逃逸量、二噁英排放毒性当量浓度、烟囱出口的 SO_2 小时浓度合格率、NO_x 小时浓度合格率、粉尘小时浓度合格率、活性炭消耗量、氨气消耗量、电耗均达到了性能保证值。该工程烧结矿运行成本为 12 元/t,综合成本为16 元/t,产生副产物硫酸 1.3 万 t/年,年最大减排 SO_2 8950t,减排 NO_x 5533t,活性炭法多污染物协同控制技术在该烧结机烟气治理工程中效果显著。

8.2　邯钢逆流式活性焦烧结烟气净化工艺

8.2.1　项目概述

为了使钢铁企业的二氧化硫、氮氧化物达到超低排放,2017 年 3 月,河北钢铁集团邯郸钢铁集团有限责任公司(简称邯钢)在400m²烧结机上自主设计、建成投运了国内第一套逆流式活性焦脱硫脱硝(CSCR)一体化工艺,项目总投资3.1亿元,运行效果较好。鉴于逆流式CSCR系统的高效净化效果,2018年2月,邯钢投运了第二套CSCR工艺。邯钢采用活性炭逆流脱硫脱硝技术,该技术工艺中烧结烟气与活性炭逆向流动,在烧结烟气排出净化装置前二氧化硫含量较低,烟气中剩余的二氧化硫可被顶部不断装入的新活性炭所吸附,因此脱硫效率较高。同时,该种工艺烧结烟气和活性炭的逆流,使得活性炭床层最下部的排料装置能够将脱硫床层下吸附饱和与含尘量高的活性炭迅速连续地排出,从而系统压降较小。此外,饱和活性炭和粉尘能够迅速排出,因此净化装置内的烧结烟气分布较为均匀,而且床层高度可调,可以适应不同浓度的烧结烟气。下面介绍邯钢逆流式活性焦烧结烟气净化工艺的设计条件、工艺系统及运行效果[6-8]。

8.2.2 设计条件

活性炭逆流脱硫脱硝技术脱硫段和脱硝段原理如图8-6所示。相比其他钢铁企业烧结烟气硫脱硝工艺而言,邯钢活性炭逆流脱硫脱硝技术共用一套装料、排料装置,与单层相比装备复杂程度增加很少。同时,避免硫酸氢铵等铵盐生成,解决了困扰交叉流的活性焦板结问题。此外,设备上部只承担脱硝任务,有利于烧结烟气净化效率的提高。

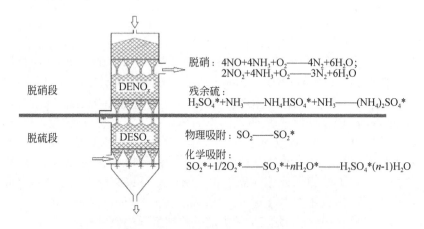

图 8-6 活性炭逆流脱硫脱硝技术脱硫段和脱硝段原理

8.2.3 工艺系统

邯钢烧结烟气活性炭逆流脱硫脱硝技术工艺流程图如图8-7所示。

由图8-7可知,烟气通过增压风机(变频调速)增压进入吸附塔,为控制吸附塔

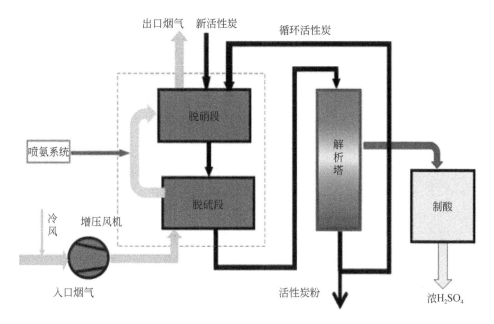

图 8-7　活性炭逆流脱硫脱硝技术工艺流程图

入口烟气温度为 140℃,系统设置了兑冷风装置。整个烟气净化系统包括 2 组吸附塔,由 64 组模块组成。每组模块由脱硫段和脱硝段叠加而成。饱和的活性炭从吸附塔排出后通过输送系统送入解析塔系统。活性炭首先在解析塔内被加热至 390 ~ 450℃,去除吸附的污染物及硫化物,被活性炭吸附的二氧化硫被释放出来,生成富含二氧化硫的气体送至制酸工段制取硫酸,解析后的活性炭经冷却后,经过筛分后送回到吸附塔循环使用。

8.2.4　运行效果

2018 年上半年,邯钢烧结烟气进口和出口的各项污染物指标(颗粒物、二氧化硫、氮氧化物)如表 8-3 所示。

表 8-3　2018 年上半年烧结烟气进口和出口的各项污染物指标

月份	入口浓度/(mg/m³)			出口浓度/(mg/m³)		
	颗粒物	SO₂	NOₓ	颗粒物	SO₂	NOₓ
1 月	72	895	381	11.9	6.1	34
2 月	128	852	402	12.5	1.5	41
3 月	76	908	403	12.2	5.9	36

续表

月份	入口浓度/（mg/m³）			出口浓度/（mg/m³）		
	颗粒物	SO₂	NO_x	颗粒物	SO₂	NO_x
4 月	38	631	315	9.9	7.4	40
5 月	52	763	381	5.5	9.2	51
6 月	53	775	416	9.4	5.6	39

　　邯钢烧结烟气活性炭逆流脱硫脱硝技术的脱硫效率达到96%以上,脱硝率达到80%以上,经过活性炭逆流脱硫脱硝处理后的烧结烟气中二氧化硫、氮氧化物浓度完全可以稳定达到超低排放要求,并且副产品浓硫酸可全部企业内部消化使用,变废为宝,节约成本,为冶金烧结领域实现循环经济提供了成功范例,该工艺具有适应范围广、气流分布均匀、系统压降小等优点,在冶金行业烧结烟气脱硫脱硝技术方面具有推广意义。

8.3　宝钢烧结烟气 SCR 净化工艺

8.3.1　项目概述

　　宝山钢铁股份有限公司宝山基地炼铁厂600m² 烧结机,设计处理烟气量 $194 \times 10^4 \mathrm{Nm}^3/\mathrm{h}$,烟气中排放的 NO_x 约450mg/Nm³、二噁英 ≤3ng-TEQ/Nm³、烟气温度在 250～300℃,由于前端已经采用半干法脱硫,因而烟气中 SO₂ 含量较低,经过方案论证、技术比选及工程案例考察,针对烟气中主要污染物 NO_x 和二噁英的脱除,决定采用 S-SCR 技术进行烟气净化。工厂最终设计参数为:NO_x ≤100mg/Nm³（可长期稳定≤50mg/Nm³ 运行）、二噁英 ≤0.5ng-TEQ/Nm³、氨逃逸≤3ppm、SO₂ 转化率 ≤1%。下面介绍宝钢烧结烟气 SCR 净化工艺的设计条件、工艺系统及运行效果[9-12]。

8.3.2　工艺系统

　　(1)烟气系统[9-10]

　　烧结烟气系统流程如图8-8 所示。烧结烟气系统将循环流化床脱硫系统和 SCR 脱硝系统有序稳定地联系在一起。该系统通过烟气联箱、引风机、阀门和烟道等设备将经过循环流化床脱硫的烧结烟气引至催化剂反应层,净烟气通过 GGH 换热器由烟囱排入大气。

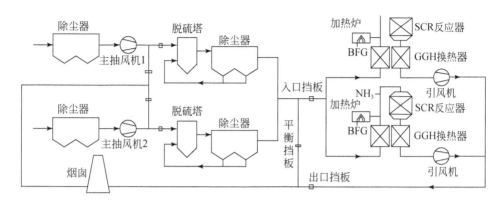

图 8-8　烧结烟气系统流程图

烧结机 SCR 烟气脱硝工艺在设计上有如下特点:将 SCR 脱硝装置布置在静电除尘和脱硫装置之后,烧结机烟气先经静电除尘后进入循环流化床脱硫装置,烧结烟气经过脱硫后进入 SCR 脱硝系统。在 SCR 系统内通过 GGH 换热器烟气温度提升至 250℃,再与加热炉产生的热烟气混合升温至 280℃左右进入 SCR 反应器催化层进行脱硝,出来的净烟气与入口烟道内的低温烟气换热降温,经烟囱排出。设置平衡挡板调节脱硝烟气量。经过脱硫的烟气可以通过平衡挡板,一部分进入 SCR 脱硝,一部分可以直接通过烟囱排出。这样,可以通过控制进入 SCR 脱硝系统烟气量,调整加热炉的煤气流量和喷氨量,从而减少加热能耗、提高能源综合利用效率。

(2)GGH 换热器

通过 GGH 换热器(简称 GGH)对进出脱硝系统的原、净烟气进行换热,使脱硝系统需要的热量绝大部分留在脱硝系统内部循环使用。GGH 结构示意图如图 8-9所示。从而降低烟气再热需要的能量,减少加热炉的负荷要求,大大降低脱硝系统的运行费用。原烟气侧,烟气进入 GGH 预热至约 250℃后,进入脱硝反应器入口烟道与加热炉送来的高温烟气混合后达到 280℃;净烟气侧,经 SCR 反应器处理后的净烟气通过 GGH 换热降温至不低于 100℃,高于烟气水蒸气露点,因此,净烟气经过 GGH 后基本没有冷凝水凝聚现象,可通过原烟囱排放。为防止 GGH 在运行过程中,原烟气泄漏到净烟气中而影响脱硝效率,系统配置了低泄漏风机,将一部分净烟气增压送回至 GGH 中部,来避免原烟气泄漏到净烟气中。

(3)加热炉系统

烧结机设置两套 SCR 烟气脱硝系统,每套脱硝系统配置一台燃气加热炉对烧结烟气进行补热。通过加热炉补热后,整个进入脱硝反应器的烟气温度不低于280℃,并且能保证启动和正常运行等各个工况稳定运行;脱硝系统正常运行时,进

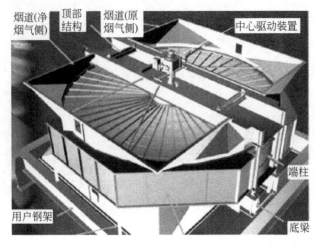

图 8-9　GGH 结构

入加热炉烟气混合段的原烟气温度为 250℃,通过加热炉烟气的一次加热和混合,进入脱硝反应器的烟气温度达到 280℃;脱硝系统启动阶段,进入加热炉混合段的原烟气温度不高于 100℃,经过加热炉烟气补热及后续 GGH 对进入加热炉混合段烟气的换热逐步升高进入反应器的烟气温度,最终使进入反应器的烟气温度稳定在 280℃。该系统主要有如下特点:

热负荷配置。两台加热炉分别为两套脱硝系统进行烟气加热,每台加热炉设置一个燃烧控制段,加热炉加热能力考虑了一定的富裕能力,便于各段炉温制度的调节和加热能力提升。正常运行时加热炉的热负荷配置如表 8-4 所示。

表 8-4　加热炉的热负荷配置表

待脱硝烟气量/(Nm³/h)	加热前烟气温度/℃	加热后烟气温度/℃	烧嘴个数/个	烧嘴功率/(kW/个)
970000	250	280	4	5370

采用高炉煤气直燃烧嘴,每个烧嘴配置一个点火烧嘴,点火燃料为高热值的焦炉煤气,以保证点火的可靠性。每个烧嘴配置三个火焰检测,其中一个检测点火烧嘴火焰,两个检测主烧嘴火焰,在检测到火焰熄灭时能及时切断燃气,以保证烧嘴燃烧的安全性。主烧嘴和点火烧嘴的控制通过 PLC 实现,现场设置若干烧嘴控制箱。在启炉阶段炉温较低,系统仍处于调试阶段,点火烧嘴需要常开。而正常生产时由于加热炉炉内温度较高,可部分或全部关闭点火烧嘴以降低焦炉煤气用量。

(4)喷氨系统

喷氨系统包括静态混合器和喷射格栅,并经数模计算和流场分析,以保证氨气和烟气混合均匀,达到设定目标(NH_3/NO_x混合不均匀性$\leqslant 5\%$)。氨和空气在混合器和管路内借流体动力原理将二者充分混合,再将混合物导入气氨分配总管内。氨喷射系统包括供应箱、喷氨格栅和喷孔等。喷射系统配有手动调节阀来调节氨的合理分布,在对NO_x浓度进行连续分析的同时,调节必要的氨量从喷氨格栅中喷出,通过格栅使氨与烟气混合均匀。喷射系统具有良好的热膨胀性、抗热变形性和和抗震性,喷入反应器烟道的氨气应为空气稀释后的含 5% 左右NH_3的混合气体。NH_3和 NO 的反应物质的量比不大于 1,根据烟气条件及脱硝系统性能要求,4#烧结机烟气脱硝系统氨气耗量不大于 250kg/h。

（5）SCR 反应器

SCR 反应器内烟气竖直向下流动,反应器进出口段设置导流板,入口处设气流均布整流装置,以保证催化剂对烟气分布、流向、温度分布等的要求。催化剂安装在反应器内并配备蒸气吹灰器,反应器剖视图如图 8-10 所示。

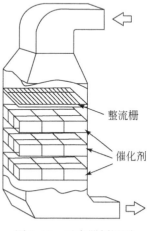

整流栅

催化剂

图 8-10　反应器剖视图

（6）催化剂

根据烧结烟气中粉尘浓度低、温度低等特性,且要同步脱硝脱二噁英等技术要求,采用国际先进的波纹板式催化剂。按照 3+1 布置的方式,即初次装填 3 层,预留一层加装催化剂的空间。催化剂内烟气流速范围为 4～8m/s,脱硝效率为 80%。催化剂相关技术数据如表 8-5 所示。

表 8-5　催化剂技术数据

技术参数	数据
形式	波纹板式
基材	玻璃纤维
活性化学成分	五氧化二钒
反应器内催化剂层数（初始/将来）	3/1
催化剂比表面积/（m^2/m^3）	741
设计使用温度/℃	280
允许使用温度范围/（min/max）	260/420
运行温度变化速率/（℃/min）	150
初始脱硝效率/%	$\geqslant 85$
压降(干净)/（Pa/层）	低于 350
压降(脏,24000h 后)/（Pa/层）	低于 35

8.3.3 运行效果

宝钢股份宝山基地 4#烧结机 SCR 烟气脱硝装置投运后,经过生产技术摸索与攻关,各污染物排放均达到了设计要求。其中 NO_x 排放浓度最低达到 $34mg/Nm^3$,满足国家对烧结烟气 NO_x 超低排放的要求。充分证明该技术具有适应性强、运行稳定、脱硝效率高等特点,为 SCR 脱硝技术在烧结烟气协同处理中的应用提供了成功范例。

8.4 邯宝焦化厂半干法脱硫+低温 SCR 脱硝多污染物一体化工艺

8.4.1 项目概述

邯钢集团邯宝钢铁有限公司(简称邯宝)焦化厂 1# ~ 4#焦炉为 4 套 4×42 孔 7m 顶装焦炉,年产焦炭 206 万 t,原焦炉烟气配置两个烟囱,每个烟囱烟气量为 30 万 Nm^3/h。为响应国家环保新政策,打赢蓝天保卫战,实施钢铁行业超低排放,2017 年该焦化厂焦炉烟气脱硫脱硝除尘多污染物协同项目开始建设,新建了 2 套焦炉烟气脱硫、脱硝和除尘净化装置示范工程,示范工程自 2017 年 12 月投产以来,系统运行稳定,装置运行可靠,排放指标达到超低排放要求。下面介绍邯宝焦化厂半干法脱硫+低温 SCR 脱硝多污染物一体化工艺的设计条件、工艺系统及运行效果[13,14]。

8.4.2 设计条件

该焦化厂焦炉设计条件及原始数据如表 8-6 和表 8-7 所示。

表 8-6 焦化厂焦炉设计条件

炉号	炉型/孔	产量/(万 t/a)	加热方式	焦炉结焦时间/h	烟气量/(万 Nm^3/h)	烟气温度/℃
1#、2#	JNX70-Ⅱ型 84 孔	103	焦炉煤气	19	27	180 ~ 240
3#、4#	JNX70-Ⅱ型 84 孔	103	焦炉煤气	19	27	180 ~ 240

表 8-7 焦化厂焦炉原始数据

炉号	炉型/孔	烟气含水量/%	烟气 O_2 含量/%	烟气 SO_2 含量/(mg/m^3)	烟气 NO_x 含量/(mg/m^3)
1#、2#	JNX70-Ⅱ型 84 孔	12 ~ 17	5 ~ 6	200 ~ 800	400 ~ 1000
3#、4#	JNX70-Ⅱ型 84 孔	12 ~ 17	5 ~ 6	200 ~ 800	400 ~ 1000

8.4.3　工艺系统

该焦化厂的焦炉烟气净化工艺为 SDA 半干法脱硫+BF 除尘+SCR 中低脱硝,技术路线图如图 8-11 所示。

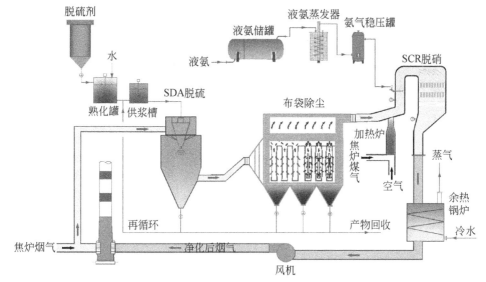

图 8-11　焦炉烟气净化工艺

由图 8-11 可知,焦炉烟气先进入 SDA 脱硫塔,通过旋转喷雾对烟气进行脱硫,即采用高速旋转的雾化器将碳酸钠碱性浆液雾化,与烟气接触反应,达到脱除 SO_2 的目的;反应生成物及雾滴被烟气干燥呈固体颗粒物随烟气进入 BF 袋式除尘器被捕集,除尘器灰斗收集到的除尘灰部分重新进入浆液制备系统,以提高吸收剂的利用率;脱硫除尘后烟气进入 SCR 脱硝,在脱硝入口喷入稀释氨气,根据脱硝反应器运行温度和效率,判断是否需要热风炉加热,控制脱硝反应器温度在催化的活性温度窗口内,保障脱硝效率;最后,烟气通过烟囱达标外排。

该焦化厂焦炉烟气脱硫、脱硝和除尘净化装置示范工程如图 8-12 所示。

8.4.4　运行效果

邯钢集团邯宝钢铁有限公司 1#~4#焦炉烟道气脱硫脱硝工程项目投运成功以来,相对于温度较低的焦化烟气而言,采用 SDA 半干法脱硫+BF 除尘+SCR 中低脱硝工艺,解决了焦化烟气脱硫脱硝除尘问题,实现了超低排放,技术路线可行、有效。通过前置脱硫除尘,有效去除了二氧化硫和焦油等物质,大大减缓了催化剂的失活速率,保证脱硝的正常进行;焦化烟囱需要热备,若采用传统湿法脱硫,温降较大,需要提供大量热能方能保持烟囱出口烟气在 160℃ 左右,耗能较大。半干法脱

图 8-12　脱硫、脱硝和除尘净化装置示范工程图

硫烟气温降低,可最大限度地利用余热,从而热备烟囱不需要再单独加热,避免出现白烟。采用高温袋式除尘器,在 180℃的高温情况下对烟气进行过滤,通过保温措施使温降小于 10℃,热量损失少,为脱硝创造了良好条件。投运以来系统运行稳定,装置运行可靠,SO_2 排放约为 10.29mg/Nm^3,NO_x 排放浓度约为 27.53mg/Nm^3,颗粒物排放浓度 3.35mg/Nm^3,现实了焦炉烟道气的超低排放。

8.5　安钢逆流活性炭焦化烟气净化工艺

8.5.1　项目概述

　　安阳钢铁股份公司(安钢)5#、6#焦炉(炭化室高度 4.3m、2×42 孔)、7#、8#焦炉(炭化室高度 6m、2×55 孔)和 9#、10#焦炉(炭化室高度 7m、2×60 孔)排放烟气中含有二氧化硫、氮氧化物及粉尘等污染物,按照《炼焦化学工业污染物排放标准》(GB 16171—2012)及当地环保排放要求,需对焦炉烟气进行综合治理。拟采用"活性炭-烟气逆流集成净化技术(简称 CCMB 技术)"进行烟气净化,活性炭-烟气逆流集成净化工艺能同时脱除焦炉烟气中二氧化硫、氮氧化物及粉尘等多种污染物,且能回收硫资源制得硫铵溶液,是一种资源回收型综合烟气治理技术。每座焦炉烟囱附近建造 1 套烟气脱硫脱硝装置,6 座焦炉共需建设 5 套烟气脱硫脱硝装置,净化后烟气返回主烟囱排放。经过活性炭-烟气逆流集成净化工艺处理后,焦炉烟气中粉尘颗粒物排放浓度不高于 15mg/Nm^3,二氧化硫排放浓度不高于 30mg/Nm^3,氮氧化物排放浓度不高于 130mg/Nm^3。下面介绍安钢逆流活性炭焦化烟气净化工艺的设计条件、工艺系统及运行效果[15,16]。

8.5.2　设计条件

焦炉烟气净化系统的设计条件为:焦炉烟气净化采用活性炭-烟气逆流集成净化工艺,烟气净化换热后不低于150℃,返回原烟囱排放,活性炭吸附下来的二氧化硫在再生塔内再生,再生塔内产生的富集二氧化硫烟气送至硫铵溶液制备设备,硫酸铵溶液送往焦化厂现有硫铵工序制取硫酸铵。活性炭烟气净化系统处理烟气二氧化硫浓度为 50 ~ 150mg/Nm^3,NO$_x$ 浓度为 400 ~ 600mg/Nm^3。将焦炉烟道气从焦炉焦侧和机侧的地下烟道翻板阀上游引出,每个支路烟道上设置一台电动蝶阀。焦侧和机侧烟气合并后进入换热器。200 ~ 220℃高温焦炉烟道气进入一台烟气-烟气换热器,高温焦炉烟道气降温至 150 ~ 190℃后,再进入烟气-空气换热器降温至 130℃左右,然后进入活性炭烟气净化装置,从烟气净化装置出来的处理后的焦炉烟道气回前端烟气-烟气换热器升温至 150 ~ 170℃,再通过增压风机送回烟囱排放,保证烟囱排放的烟气温度高于150℃,不影响烟囱热备。活性炭烟气净化装置使用活性炭作为吸附剂,喷 NH$_3$ 进行脱硝。活性炭解析释放的 SO$_2$ 制备硫酸铵溶液,活性炭在装置内循环使用。

烟气净化主要设施包含烟气系统、吸附系统、解析系统、活性炭输送系统、副产物制备系统等。压缩空气、蒸气、水、焦炉煤气、氮气等能源介质由焦化车间送至烟气净化区域,计量仪表均在本系统范围内。电由车间送至烟气净化系统受电柜上,活性炭由汽车运至活性炭仓;硫铵溶液通过管道送至焦化硫铵车间母液槽。焦炉烟气净化系统的设计基本原则为:通过对焦炉烟气加装烟气净化装置,使烟气中的二氧化硫、氮氧化物、粉尘等污染物的排放指标达到《炼焦化学工业污染物排放标准》(GB 16171—2012)的要求。烟气净化系统遵循"运行稳定,脱硫、脱硝效率高,无二次污染"的原则。装置能快速投入运行,适应风量及二氧化硫、氮氧化物负荷波动能力强;分别采用活性炭和氨作为吸附剂和脱硝还原剂。

本项目中,对焦炉烟气中二氧化硫和氮氧化物的净化采用活性炭-烟气逆流集成净化技术。增压风机设置在净化装置下游,确保净化塔和物料输送设备内负压,以控制粉尘外逸。装置无外排废水产生。

1. 工程设计参数

焦化烟气经过活性炭净化塔净化后由主烟囱排放,吸附了污染物的活性炭经再生塔解析后循环利用,再生塔出来的高浓度二氧化硫气体送至副产物系统制取硫铵溶液。设计参数如表8-8 所示。

表8-8 焦炉烟气净化设计参数

序号	项目名称	单位	数量				
			5#、6#	7#	8#	9#	10#
1	焦炉孔数	孔	2×42	2×55	2×55	2×60	2×60
2	年焦炭产能	万 t	55	55	55	75	75
3	废气量	Nm^3/h	140000	140000	140000	180000	180000
4	废气含氧量	%	5 ~ 8				
5	废气温度	℃	200 ~ 220				
6	废气 SO_2 含量	mg/Nm^3	50 ~ 150				
7	NO_x 含量	mg/Nm^3	400 ~ 600				
8	尘含量	mg/Nm^3	10 ~ 20				
	排放指标						
9	颗粒物	mg/Nm^3	≤15				
	SO_2 含量	mg/Nm^3	≤30				
	NO_x 含量	mg/Nm^3	≤130				
	氨	mg/Nm^3	≤10				
	年操作时间	h	8760				

活性炭为圆柱形颗粒物,尺寸约为 $\phi5mm×8mm$ 左右。活性炭其他技术指标如表8-9所示。

表8-9 活性炭相关参数

项目	技术指标	测试方法标准代号
水分/%	≤3%	GB/T 7702.1—1997
装填密度/(g/L)	570 ~ 700	GB/T 30202.1—2013
灰分/%	≤20%	GB/T 7702.15—2008
脱硫值/(mg/g)	≥10mg/g	
耐压强度/kgf	≥25	GB/T 30202.1—2013
着火点/℃	≥430	

2. 工程设计原理

CCMB净化技术主要原料为专用脱硫脱硝活性炭,与常规活性炭不同,专用脱硫脱硝活性炭是一种综合强度(耐压、耐磨损、耐冲击)比常规活性炭高、比表面积比常规活性炭小的吸附材料。与常规活性炭相比,专用脱硫脱硝活性炭具有更好的脱硫、脱硝性能,且使用过程中,加热再生相当于对活性炭进行再次活化,因此,脱硫、脱硝性能还会有所增加。

(1)SO$_2$ 吸附原理

基于 SO$_2$ 在活性炭表面的吸附和催化作用,烟气中的 SO$_2$ 在 120~160℃的温度下,与烟气中氧气、水蒸气发生反应为硫酸吸附在活性炭孔隙内。

①物理吸附。

$$SO_2 \longrightarrow SO_2(SO_2\ 吸附在活性炭微细孔中)$$

②化学吸附。

$$SO_2+O_2 \longrightarrow SO_3$$
$$SO_3+nH_2O \longrightarrow H_2SO_4+(n-1)H_2O$$

③脱硝时喷 NH$_3$,向硫酸盐转化(靠 NH$_3$/SO$_2$)。

$$H_2SO_4+NH_3 \longrightarrow NH_4HSO_4$$
$$NH_4HSO_4+NH_3 \longrightarrow (NH_4)_2SO_4$$

(2)脱硝原理

喷氨气进行脱硝,活性炭作为脱除 NO$_x$ 的载体和催化剂,NO$_x$ 和 NH$_3$ 在温度约 107~167℃下,在焦基表面发生催化反应,将 NO$_x$ 分解为 N$_2$ 和 H$_2$O,或硫酸铵,吸附于活性炭上,主要反应式如下:

$$4NO+O_2+4NH_3 \longrightarrow 4N_2+6H_2O$$
$$6NO+3O_2+8NH_3 \longrightarrow 7N_2+12H_2O$$
$$2NO+2O_2+4NH_3 \longrightarrow 3N_2+6H_2O$$
$$6NO_2+8NH_3 \longrightarrow 7N_2+12H_2O$$
$$NH_4HSO_4+NH_3 \longrightarrow (NH_4)_2SO_4$$

(3)解析再生原理

活性炭循环使用,吸附 SO$_2$ 后的活性炭输送到再生塔,被加热至400℃左右时,释放出 SO$_2$,解析反应如下:

①硫酸的分解反应。

$$H_2SO_4 \cdot H_2O \longrightarrow SO_3+2H_2O$$
$$SO_3+1/2C(化学损耗) \longrightarrow SO_2+1/2CO_2$$
$$H_2SO_4 \cdot H_2O+1/2C(化学损耗) \longrightarrow SO_2+2H_2O+1/2CO_2$$

②酸性硫铵的分解反应。

$$NH_4HSO_4 \longrightarrow SO_3+NH_3+H_2O$$
$$SO_3+2/3NH_3 \longrightarrow SO_2+H_2O+1/3N_2$$
$$NH_4HSO_4 \longrightarrow SO_2+2H_2O+1/3N_2+1/3NH_3$$

③碱性化合物(还原性物质)的生成。

$$-C\cdots O+NH_3 =\!=\!= -C\cdots NH+H_2O$$

活性炭加热再生反应释放出高浓度 SO_2 气体。脱硫、脱硝过程中没有"废水、废气、废渣"产生。

活性炭的加热再生反应相当于对活性炭进行再次活化,吸附和催化活性得到恢复。经过解析再生后的活性炭,被冷却至 150℃ 以下,由链斗输送机送至净化塔循环使用。

(4)除尘原理

由于活性炭自身的吸附特性,活性炭吸附层相当于高效颗粒层过滤器,在惯性碰撞和拦截效应作用下,烟气中的大部分粉尘颗粒在床层内部不同部位被活性炭的大孔吸附,完成烟气除尘净化过程。活性炭吸附的粉尘和细小的活性炭从再生反应器里通过振动筛一同排出。

8.5.3　工艺系统

活性炭烟气净化工艺主要由烟气系统、吸附系统、解析系统、活性炭输送系统、副产物制备系统组成。投运后的焦化烟气活性炭净化系统如图 8-13 所示。

图 8-13　活性炭烟气净化工艺系统

由图 8-13 可知,焦炉烟气经烟气–烟气换热器及烟气–换热器降温,净化塔前烟道内喷入氨,烟气与氨充分混合均匀后进入净化塔,烟气中的污染物在净化塔内被活性炭层吸附或催化反应生成无害物质,净化后的烟气经过烟气–烟气换热器抬高温度,经增压风机送入焦炉主烟囱排放。活性炭由塔顶加入净化塔中,并在重力和塔底出料装置的作用下向下移动。吸收了二氧化硫、氮氧化物及粉尘等的活性炭经输送装置送往再生塔。再生塔的作用是恢复活性炭的活性,同时释放或分解有害物质。在再生塔内二氧化硫被高温解析释放出来。解析后的活性炭经再生塔底端的振动筛筛分,大颗粒活性炭落入输送机输送至净化塔循环利用,小颗粒活性炭粉送入灰罐。

(1)烟气系统

烟气系统是指烟气净化系统的整个烟道系统及相关设备,包含换热器、烟气管道、烟道膨胀节、烟道蝶阀、在线仪表等设备。烟气从焦侧和机侧地下翻板阀上游引出来后,进入烟气-烟气换热器降温到 170～190℃,再通过烟气-空气换热器降温到 130℃后,进入活性炭净化装置脱硫脱硝除尘,净化后烟气回到烟气-烟气换热器升温到 150℃以上,再进增压风机回烟囱。

净化系统的风压损失由增压风机克服。增压风机为离心风机,安装在净化塔后。为不影响焦炉运行,烟气系统设置有原烟气、净烟气及旁路阀门。在烟气净化系统检修或其他意外情况时,烟气可不通过烟气净化系统,经旁路阀门至原烟囱排放,此时原烟气阀门与净烟气阀门关闭,不影响焦炉系统生产。脱硝还原剂——氨气通过氨水气化的方式提供,将 20% 氨水送入原烟气中,利用原烟气热量将氨水气化,气化后的氨气与原烟气直接充分混合,分布到活性炭净化塔内脱除 NO_x。烟气经过活性炭净化装置后,温度略有上升,烟气湿度不增加。烟气温度高于酸露点温度,不会对烟气系统产生腐蚀,烟道及烟囱不需要做特殊防腐。烟道外设置80mm 岩棉厚保温层。

(2)吸附系统

吸附系统主要设备由净化塔及其附属件组成。净化塔是烟气净化系统的关键设备。SO_2、NO_x、汞、粉尘等污染物的吸附脱除全部在净化塔内完成。烟气进入净化塔,脱除其中的大部分 SO_2、NO_x,净化后的烟气汇至烟道并通过烟囱排出。净化塔从上至下含活性炭给料阀、活性炭给料仓、活性炭吸附模块、活性炭下料设备、活性炭下料仓、活性炭下部给料阀。

南京泽众结合多个工程经验,开发了适合逆流技术的烟气净化装置。采用合理的布气与布料方式,烟气与活性炭逆流接触,净化塔底部达到饱和后的活性炭可以快速排到再生塔,传质过程更加合理,传质推动力得到合理的运用,可以有效提高活性炭的利用率,避免了错流床形式存在的不足,保证净化塔内全部是吸附活性较高的活性炭,吸附饱和度高的活性炭优先被排到再生塔。净化塔采用移动床塔,本项目每台净化塔包含 3 个吸附单元。烟气与活性炭运动的方向相逆进入净化塔,有害物质脱除后,进入总烟道,经净烟气阀门后由焦化主烟囱排放。每套焦炉对应 1 套吸附系统,每套吸附系统含两台净化塔。

（3）解析系统

解析系统主要包括进料卸料器、再生塔、出料卸料器、振动筛，其中再生塔为核心设备。卸料器主要作用是在活性炭颗粒下落过程中减少再生塔中的气体逸出及减小外界空气进入再生塔；振动筛主要用于筛除活性炭中细小颗粒和粉尘，提高活性炭的吸附能力；再生塔主要用于活性炭的再生；活性炭在加热段管程被加热，然后进入酸性气解析段停留一定时间，充分将其中的 SO_2、硫铵解析出来，生成富硫气体，最后活性炭进入冷却段管程，通过壳程的空气降温。

再生塔加热段所需热量由热风炉提供，每组再生塔配 1 台热风炉，通过焦炉煤气燃烧提供的热烟气进行加热。焦炉煤气接自煤气总管。煤气吹扫采用氮气，氮气管路随煤气管敷设。每套解析系统含 1 个再生塔，再生塔由上至下主要有加热段、冷却段，每段相当于列管换热器。在再生塔上部，吸附了污染物质的活性炭被加热到 400℃以上，被活性炭吸附的 SO_2 被释放出来，生成富含二氧化硫的气体，输送至副产物系统制取硫铵溶液。

解析并得到活化后的活性炭进入再生塔下部的冷却段，进行间接冷却。在冷却段，冷却风机鼓入空气将活性炭的热量带出。活性炭冷却到 150℃以下经长轴卸料器定量卸到下料仓，再通过下部双阀芯卸料器送入活性炭振动筛。每套再生塔系统对应设置一台冷却风机。再生塔解析后的活性炭经过活性炭振动筛筛分，将小于 1.2mm 的细小活性炭颗粒及粉尘去除，筛上的活性炭通过输送机输送至净化塔循环利用，筛下物则进入灰罐。解析过程中需要用氮气进行保护，氮气同时作为载体将解析出来的二氧化硫等有害气体带出。

（4）物料循环系统

在活性炭输送系统中，每套吸附/解析系统的活性炭输送工作主要由 2 条链斗输送机和一台电动葫芦组成。一号链斗机将净化塔下料活性炭输送至再生塔塔顶，二号链斗机将再生塔下料活性炭输送至净化塔塔顶。净化塔、再生塔之间输送活性炭的设备采用水平输送+垂直提升+水平输送的链斗机，充分降低活性炭损耗率。振动筛为全封闭形式，与给料设备软连接，设观察孔。保证筛分过程在密闭的空腔中进行，无粉尘外溢、泄漏，无明显噪声。筛分粉尘仓上、下部设置旋转卸料阀。旋转卸料器保证密封性好，不允许出现漏灰，所有法兰连接处要有密封垫。在吸附、解析过程中，活性炭存在化学消耗和物理消耗，为了保证吸附、解析系统正常活性炭用量，需定期向系统补充一定量的新鲜的活性炭。外购的活性炭采用吨袋包装，卡车将活性炭输送至活性炭净化装置吊装区域，通过电动葫芦将活性炭提升到储料仓上部，送入储料仓储存。当系统需要活性炭时，通过储料仓底部卸料器，向净化塔加料。

（5）副产物制备系统

本项目解析系统产生的富含二氧化硫气体采用氨水吸收，制成硫铵溶液，输送至厂区内硫铵母液槽。吸收液–氨水与塔内烟气充分接触,发生传质与吸收反应,烟气中的 SO_2 被吸收。SO_2 吸收中间产物亚硫酸铵经强制空气氧化形成硫铵。化学过程描述如下。

①吸收反应。

烟气与循环浆液在吸收塔内有效接触,循环浆液吸收大部分 SO_2,反应如下:

$$SO_2 + H_2O \longrightarrow H_2SO_3$$
$$H_2SO_3 \Longleftrightarrow H^+ + HSO_3^-$$

②氧化反应。

亚硫酸铵在塔外氧化槽中被氧化空气完全氧化,反应如下:

$$2NH_4HSO_3 + O_2 \longrightarrow 2NH_4HSO_4$$
$$2(NH_4)_2SO_3 + O_2 \longrightarrow 2(NH_4)_2SO_4$$

③中和反应。

吸收剂浆液被引入吸收塔内中和氢离子,使吸收液保持一定的 pH。中和后的浆液在吸收塔内再循环。中和反应如下:

$$NH_4HSO_3 + NH_4OH \longrightarrow (NH_4)_2SO_3 + H_2O$$
$$(NH_4)_2SO_3 + SO_2 + H_2O \longrightarrow 2NH_4HSO_3$$

本项目氨水处理富含二氧化硫气体工艺是在吸收了国内外先进氨–硫酸铵法脱硫工艺的基础上,经过多年的工程实践形成具有自身技术特点的氨法脱硫工艺,采用逆流多功能脱硫塔,塔内浓缩、塔外氧化,工艺流程简单、占地面积小、不产生二次污染。对烟气中 SO_2 含量高的工况,效益尤其明显。

8.5.4　运行效果

安阳钢铁股份公司 5#和 6#焦炉(炭化室高度 4.3m、2×42 孔)、7#和 8#焦炉(炭化室高度 6m、2×55 孔)及 9#、10#焦炉(炭化室高度 7m、2×60 孔)排放烟气,采用"活性炭–烟气逆流集成净化技术(简称 CCMB 技术)"进行烟气净化。经实际检测,安钢焦炉脱硫脱硝项目所有排放指标处于国际国内领先水平,目前运行指标为:净化后颗粒物浓度 $\leqslant 10mg/m^3$、$SO_2 \leqslant 8mg/m^3$、$NO_x \leqslant 100mg/m^3$,排放值远低于设计标准,更低于特别排放限值国家标准,优于预期目标。

8.6　水泥厂烟气超低排放一体化工艺

8.6.1　项目概述

案例 ·:登封市宏昌水泥有限公司(普通水泥厂)现有 1 条日产 4500t 水泥熟料生产线,按一窑一塔新建脱硝系统,脱硝工艺采用选择性催化还原法(SCR),在使用烟煤或无烟煤作为燃料、处理100%烟气量条件下,NO_x的初始浓度为400mg/Nm^3,保证窑尾废气出口NO_x浓度低于50mg/Nm^3,氨逃逸量应控制在3ppm以下;脱硝系统主要包含高温电除尘器系统、氨水输送系统、反应器区域系统、氨水喷射系统、耙式吹灰系统、压缩空气系统及配套的电器控制系统等。

案例二:郑州嘉耐特种铝酸盐有限公司(特种水泥厂)创建于1958年,是国内首家投产运营的铝酸钙水泥厂,已有50多年的生产历史。于2018年9月底前完成建设水泥行业烟气超低排放示范工程(污染物排放浓度:颗粒物≤10mg/m^3、二氧化硫≤50mg/m^3、氮氧化物≤100mg/m^3)。

8.6.2　设计条件

案例一(普通)水泥厂窑烟气超低排放改造方案为:窑尾烟气进入电收尘器,再经SCR系统进一步选择性催化脱硝,最终废气经袋式收尘器后进入105m烟囱外排,其中袋式收尘器滤袋更换为新型超低排放滤袋;窑头废气经袋式收尘器处理后由45m高烟囱外排,窑头收尘滤袋更换为新型超低排放滤袋,具体窑尾烟气超低排放改造工艺见图8-14(图中涂灰部分工艺为本次改造部分)。

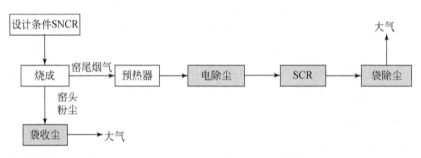

图8-14　烟气污染治理措施工艺流程图

该项目烟气超低排放一体化工艺采用的是"低氮燃烧+SNCR+SCR"协同技术。SCR选择性催化还原法是采用氨(NH_3)作为还原剂,将原系统出预热器烟气引出至新建反应器,在反应器中设置催化剂,在远离反应器的上游烟道中设置还原剂喷射系统(喷枪),使氨与烟气充分均匀混合后进入反应器,氨在反应器中催化剂的作用下,在有氧气的条件下选择性地与烟气中NO_x发生化学反应,生成N_2和H_2O。SCR脱硝效率一般可达到85%以上。该工程SCR工艺方案采用的是中温中尘脱硝布置方案。方案流程图如图8-15所示。

该方案选用的是蜂窝式中温催化剂。废气首先经过窑尾电收尘器去除烟气中的大颗粒粉尘,然后将温度在310℃左右的烟气(烟气量约860000m^3/h),引入脱硝反应器,同时在电收尘器入口的管道上分别设置还原剂喷射系统(喷枪),还原剂采用20%氨水溶液(质量分数),氨在反应器中催化剂的作用下,在有氧气的条件

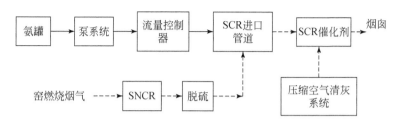

图 8-15　SCR 工艺方案流程图

下选择性地与烟气中 NO_x 发生化学反应,生成 N_2 和 H_2O。经过反应器处理后的烟气最终经过排风机和烟囱外排。

在 SCR 反应器出口设置 CEMS 监测仪表,通过检测得到出 SCR 反应器后的 NO_x 浓度、含氧量及氨的逃逸量。同时在 SCR 反应器进出口及每层催化剂都设置压力和温度监测仪表。同时,由于水泥窑的粉尘与电厂的酸性粉尘不同,其性质为碱性,黏性较大,使用传统的声波吹气器很难将灰吹扫干净,因此配备了耙式吹灰器进行吹灰。利用空压机和储气罐提供压缩空气,同时利用管道加热器将压缩空气加热至 250℃ 以上,减少其对催化剂的影响。本项目窑头粉尘采用袋除尘器处理由 45m 高烟囱外排,本次超低排放改造中将窑头、窑尾袋收尘器全部滤袋进行更换,更换为新型超低排放收尘滤袋,保证颗粒物排放浓度 ≤ $10mg/m^3$。

案例二(特种)水泥厂的 1#窑烟气超低排放改造方案为:窑尾烟气加装增湿塔,降低烟气中含氧量,增湿塔后烟气入旋风收尘器、脱硫系统及袋式收尘器,其中改造方案中将袋式收尘器更换为新型超低排放滤袋,再经新建 SCR 系统进一步非选择性催化脱硝,最终废气经 55m 烟囱外排。具体 1#窑尾改造后污染治理工艺见图 8-16(图中涂灰的工艺为本次改造的部分)。

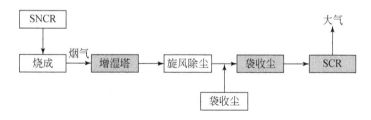

图 8-16　1#窑污染治理措施工艺流程图

2#窑烟气超低排放改造方案为:窑尾烟气经增湿塔降低烟气中含氧量,增湿塔后烟气入电收尘器、脱硫系统及袋式收尘器,其中改造方案中将袋式收尘器更换为新型超低排放滤袋,再经新建 SCR 系统进一步非选择性催化脱硝,最终废气经 50m

烟囱外排;窑头废气经袋式收尘器处理后由20m高排气筒外排,收尘器更换为新型超低排放滤袋,具体2#窑尾烟气超低排放改造工艺见图8-17(图中涂灰的工艺为本次改造的部分)。

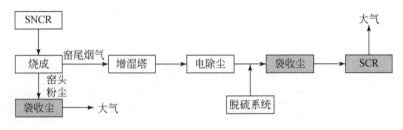

图8-17 2#窑污染治理措施工艺流程图

改造方案污染治理措施工艺如下:

(1)氮氧化物超低改造方案(低氮燃烧+SNCR+SCR)

低氮燃烧器系统设备在2015年6月开始设计和试验,已于2016年4月完成最终设计安装并投入使用。SNCR系统设备已于2016年5月完成安装调试,并于6月投入使用,使用效果良好。低氮燃烧+SNCR于2017年已经通过环保局示范企业标准≤200mg/m³的验收。

本项目SCR系统在2018年6月完成设备采购,2018年9月完成安装调试投入使用,SCR选择性催化还原法[17]是采用氨(NH_3)作为还原剂,将原系统烟道合适区域的烟气引出至新建反应器,在反应器中设置催化剂,在远离反应器的上游烟道中设置还原剂喷射系统(喷枪),使氨与烟气充分均匀混合后进入反应器,氨在反应器中催化剂的作用下,在有氧气的条件下选择性地与烟气中NO_x发生化学反应,生成N_2和H_2O。该工程SCR工艺方案选用的是蜂窝式低温催化剂。废气首先经过窑尾袋式收尘器去除烟气中的大颗粒粉尘,然后将窑尾袋式收尘器出口烟道内温度在220℃左右的烟气,烟气量约120000m³/h(在取风管道上设置高温电动通风蝶阀控制风量),引入脱硝反应器,同时在袋式收尘器出口的管道上分别设置还原剂喷射系统(喷枪),还原剂采用15%~20%氨水溶液(质量分数),氨在反应器中催化剂的作用下,在有氧气的条件下选择性地与烟气中NO_x发生化学反应,生成N_2和H_2O。经过反应器处理后的烟气经过排风机和烟囱外排。

在SCR反应器出口设置CEMS监测仪表,通过检测得到出SCR反应器后的NO_x浓度、含氧量及氨的逃逸量。同时在SCR反应器进出口及每层催化剂都设置压力和温度监测仪表。同时,由于水泥窑的粉尘与电厂的酸性粉尘不同,其性质为碱性,黏性较大,使用传统的声波吹气器很难将灰吹扫干净,因此配备了压缩空气吹灰器进行吹灰。

控制方案及要求如下[17,18]:

①SCR 反应器系统。首先确认氨水供应系统、氨水分配及喷射系统准备就绪,用于喷枪的压缩空气压力满足条件后,待 SCR 反应器温度升高至稳定后,观察 SCR 进出口温度,要求温度在催化剂运行的合适范围(200~280℃)内,且记录下 SCR 反应器进出口压力差,然后打开氨水输送泵,开始供应氨水至氨水分配及喷射系统,控制出口 NO_x 浓度≤100mg/Nm³,相应调整氨水输送泵频率和回水量,直至达到控制的 NO_x 浓度以下。由于催化剂的运行有一个最佳温度范围,当运行温度高于催化剂的最高温度限值时,陶瓷材质的蜂窝式催化剂将发生烧结和脆裂;当运行温度低于催化剂的最低温度限值时,容易生成硫酸氢铵附着在催化剂表面堵塞催化剂孔,导致催化剂活性降低,影响脱硝效率。本方案选用中温催化剂,其适用温度范围为200~280℃,运行温度低于200℃或高于280℃时,此时应停止向烟气中喷入氨,停运 SCR 脱硝装置。同时观察进出口压力和每层催化剂的压力。压差的变化是判断催化剂是否积灰的重要参数,决定了是否需要使用吹灰系统。反应器进出口的压力传感器主要用于测量催化剂进出口压降,该压降不超过新装催化剂设计值的120%。本项目中温低尘方案 SCR 脱硝装置中温催化剂压降设计值为每层125Pa,4 层500Pa,则当压降超过600Pa 时,系统将发出差压高位报警信号。该报警设定值按安装4层催化剂设定,当系统发出差压高位报警信号后应立即投入使用吹灰系统。

②吹灰系统。吹灰系统设置一台空压机,额定排气量 1.1m³/min,额定功率7.5kW,电压380V,频率50Hz。运行过程间歇提供压缩空气,每隔5min 启动一次,每次启动 1min 充满后方储气罐。储气罐和空压机之后设置空气加热器,加热器一直处于开启状态,可以使经过加热器的压缩空气加热至150℃。每层吹灰系统设置一个电磁阀组,共4 个电磁阀,每隔5min 开启一层电磁阀,4 层电磁阀轮流开启,每小时每个电磁阀开启3 次,每次开启20s。当 SCR 脱硝装置停运后,吹灰系统也相应停运。

③控制系统。SCR 脱硝系统采用 PLC 控制,本脱硝系统设一套 PLC 及上位机控制系统。控制系统能够完成整个脱硝装置内所有的测量、监视、操作、自动控制、报警及保护和连锁、记录等功能。根据 SCR 反应器出口的 NO_x 浓度及脱硝效率等要求,实现对氨水供应和 SCR 运行的控制,并对关键参数进行监测。

(2)二氧化硫超低排放改造方案

该特种水泥厂采用尾气管道直接喷入技术。该技术为干法脱硫技术,使用的脱硫剂可选择碳酸氢钠或氢氧化钙等,反应过程是在气体和固体颗粒悬浮状态下进行,具有结构简单、反应效率高、脱硫效果好等特点,2016 年4 月投入使用,实测排放浓度能够满足≤50mg/m³ 的要求。

（3）窑尾粉尘超低排放改造方案

为保证 1#、2#窑粉尘治理的效果，在脱硫、脱硝的基础上，对窑尾进行改造，使其排放全面达标。收尘系统采用两段收尘工艺，一段使用旋风收尘器（电收尘），二段使用袋收尘器，两段收尘之间设置脱硫塔，实施脱硫工艺，这样既能保障粉尘的收尘效果，也能实现脱硫系统的同步运行。为了进一步降低颗粒物排放，本次烟气超低排放改造中将 1#、2#窑尾袋收尘器全部滤袋进行更换，更换为新型超低排放收尘滤袋，保证颗粒物排放浓度 $\leqslant 10\mathrm{mg/m}^3$。

（4）窑头粉尘超低排放改造方案

本项目 2#窑窑头粉尘采用袋除尘器处理由 20m 高排气筒外排，本次超低排放改造中将 2#头尾袋收尘器全部滤袋进行更换，更换为新型超低排放收尘滤袋，保证颗粒物排放浓度 $\leqslant 10\mathrm{mg/m}^3$。

8.6.3　工艺系统

案例一（普通）水泥厂：窑尾安装 1 套电收尘系统、1 套 SCR 脱硝系统，同时窑头、窑尾袋式收尘器滤袋更换为新型超低排放收尘滤袋。具体超低排放改造环保设施新建设备如表 8-10 所示。主要原辅材料用量如表 8-11 所示。

表 8-10　超低排放环保设施新建设备一览表

污染源	安装位置	设备名称	数量	规格型号
废气	窑尾	高温电收尘+SCR 脱硝系统	1 套	—
		新型超低排放收尘滤袋+袋笼	4320 条	—
	窑头	新型超低排放收尘滤袋+袋笼	3000 条	—

表 8-11　超低排放环保设施新增原辅材料一览表

序号	名称	规格	用量	备注
1	氨水	20%	≤450kg/h	—
2	催化剂	—	98t	3 年更换一次
3	滤袋	—	7320 条	3 年更换一次

案例二（特种）水泥厂：项目 1#、2#窑尾分别安装 1 套增湿塔系统、1 套 SCR 脱销系统，同时更换了 1#窑尾袋式收尘和 2#窑头、窑尾袋式收尘为新型超低排放收尘滤袋。具体超低排放改造环保设施新建设备如表 8-12 所示，主要原辅材料用量如表 8-13 所示。

表 8-12　1#、2#窑超低排放环保设施新建设备一览表

污染源	安装位置	设备名称	数量	规格型号
1#窑	窑尾	SCR 脱硝系统	1 套	—
		新型超低排放收尘滤袋	720 条	—
		增湿塔系统	1 套	φ3.2 * 32
2#窑	窑尾	SCR 脱硝系统	1 套	—
		新型超低排放收尘滤袋	864 条	
	窑头	新型超低排放收尘滤袋	560 条	

表 8-13　1#、2#窑超低排放环保设施新增原辅材料一览表

序号	名称	规格	用量	备注
1	氨水	15% ~20%	700kg/d	—
2	催化剂	—	2.7t/台	2 年更换一次
3	滤袋	—	1285 条	2 年更换一次

8.6.4　运行效果

案例一(普通)水泥厂:水泥厂烟气超低排放一体化工艺改造后,生产运行工况稳定,环保设施运行正常,实际生产负荷达到 80% 以上,满足《建设项目竣工环境保护验收技术规范水泥制造》(HJ/T 256—2006)验收监测期间工况稳定,生产负荷达到设计的 80% 以上、环保设施运转正常的要求。窑尾和窑头有组织排放废气监测结果如表 8-14 和表 8-15 所示。

表 8-14　窑尾有组织排放废气监测结果一览表

污染源	污染物	出口		排放特征
		mg/m³	kg/h	
窑尾	废气量	488145 ~606684m³/h		$H=105m$ $T=82 \sim 85℃$
	颗粒物	3.0 ~3.9	1.83 ~2.58	
	SO₂	2 ~9	0.8 ~5.8	
	NOₓ	24.7 ~27.3	15.0 ~18.3	
	氟化物	0.03 ~0.03	0.0177 ~0.0180	
	汞及其化合物	$5.2×10^{-5} \sim 5.7×10^{-5}$	$3.46×10^{-5} \sim 3.80×10^{-5}$	
	氨	6.56 ~6.60	3.98 ~4.44	
	林格曼黑度<1			

由表 8-14 可得,本项目窑尾的有组织排放颗粒物、二氧化硫、氮氧化物监测结果满足《郑州市 2018 年大气污染防治攻坚战实施方案》,2018 年 9 月前建设水泥行业烟气超低排放示范工程(污染物排放浓度颗粒物 ≤10mg/m³、二氧化硫 ≤50mg/m³、氮氧化物 ≤100mg/m³)要求;氟化物、汞、氨监测结果满足《水泥工业大气污染物排放标准》(GB 4915—2013)的(水泥窑及窑尾余热利用系统:氟化物 ≤3mg/m³、汞及其化合物 ≤0.05mg/m³、氨 ≤8mg/m³)限值要求(表 8-15)。

表 8-15　窑头废气监测结果一览表

检测点位	检测因子	出口		排放特征
		mg/m³	kg/h	$H=20m$ $T=93 \sim 99℃$
窑头	废气量	255298 ~ 264618m³/h		
	颗粒物	0.5 ~ 0.5	0.129 ~ 0.130	

由表 8-15 可知,本项目窑头的有组织颗粒物监测结果满足 2018 年 9 月底前建设水泥行业烟气超低排放示范工程(污染物排放浓度颗粒物 ≤10mg/m³)要求。SCR 脱硝前后废气监测结果和袋式除尘前后废气监测结果如表 8-16 和表 8-17 所示。

表 8-16　SCR 脱硝前后废气监测结果

检测点位	检测因子	进口		出口		净化效率/%
		mg/m³	kg/h	mg/m³	kg/h	
SCR 脱硝前	废气量	384516 ~ 571882m³/h		226120 ~ 393978m³/h		
	氮氧化物	198 ~ 201	143 ~ 170	25.9 ~ 26.4	13.3 ~ 15.5	90.88 ~ 90.70
SCR 脱硝后	氨	—		0.71 ~ 0.85	0.407 ~ 0.42	—

表 8-17　袋式除尘前后废气监测结果　　　　　　(单位:kPa)

污染源	检测因子	进口	出口	压差
袋式除尘	全压	-0.04 ~ -0.07	-1.20 ~ -1.22	1.13 ~ 1.16

由表 8-16 和表 8-17 可知,本项目 SCR 脱硝设施脱硝效率>85%,除尘器进出口压差<1200Pa。综合来看,窑尾排气筒出口颗粒物排放浓度为 3.0 ~ 3.9mg/m³,二氧化硫排放浓度为 2 ~ 9mg/m³,氮氧化物排放浓度为 24.7 ~ 27.3mg/m³,窑头排气筒出口颗粒物排放浓度为 0.5mg/m³,水泥窑及窑尾余热利用系统:氟化物浓度不小于 3mg/m³、汞及其化合物浓度不大于 0.05mg/m³、氨浓度不大于 8mg/m³,满足超低排放要求。

案例二(特种)水泥厂:该特种水泥厂 1#窑尾和 2#窑尾的有组织排放颗粒物、二氧化硫、氮氧化物检测结果(污染物排放浓度颗粒物 ≤10mg/m³、二氧化硫 ≤50mg/m³、氮氧化物≤100mg/m³)要求;氟化物、汞、氨检测结果满足《水泥工业大气污染物排放标准》(GB 4915—2013)和(水泥窑及窑尾余热利用系统:氟化物≤3mg/m³、汞≤0.05mg/m³、氨≤8mg/m³)限值要求。2#窑脱硝前后氮氧化物去除率为82.9%～84.9%。

8.7　日用玻璃厂烟气超低排放一体化工艺

8.7.1　项目概述

林州市乾元恒瓶业有限公司成立于2010年3月,主要产品乳玻瓶年产2.2万t,烤花瓶年产0.8万t,喷釉瓶年产0.6万t。现有60m²玻璃窑炉一座,设计产能80t/d,同时转配供料机、行列机、退火炉、高温烤花炉、低温烤花炉、喷釉设备等,厂区、生产线等区域干净整洁,整体工艺装备先进,产品质量可靠,性能稳定。配套麻石水膜除尘器、企业自制脱硝塔、湿式(石灰石-石膏湿法脱硫)设备各1套,年运转时间8760h。2017年10月19日获批煤改气工程,拆除原有的一台煤气发生炉,玻璃熔窑和退火炉改为管道天然气加热。

8.7.2　设计条件

该公司现拥有设计产能80t/d窑炉1台,窑炉后配有麻石水膜除尘器、企业自制脱硝塔、湿式(石灰石-石膏湿法脱硫)设备各1套。企业已经完成天然气改造并采用天然气燃料。石英砂、废玻璃、长石、纯碱采用皮带进场,堆棚存放,倒运方式采用铲车倒运并配喷淋洒水。出产产品为玻璃酒瓶,均采用袋装方式。入口烟气温度160～280℃,二氧化硫20～50mg/Nm³,氧含量14%～16%,水含量8.5～9.5%,氮氧化物150～200mg/Nm³,烟尘浓度10～20mg/Nm³。

8.7.3　工艺系统

(1)窑炉烟气脱硫系统升级改造方案

该公司在产1条年产2.2万t窑炉配套有1套麻石水膜脱硫除尘一体化设备系统。企业已完成天然气改造。截至目前,脱硫系统设备老化陈旧,脱硫设施处理能力不足,影响了烟气净化脱硫效果。从适应超低排放形势需求看,麻石水膜脱硫除尘一体化设备存在脱硫能力不足问题。现有烟气出口SO₂排放浓度高于30mg/Nm³(14.5%氧含量)。若按照基准氧含量9%折算,难以达到深度治理超低标准要求,将使企业面临限产、停产整顿的不利局面。因此,有必要升级原有脱硫设备,保障环保设备高效稳定运行,达到深度治理的要求。在完成天然气改造基础上,窑炉出口1套麻石水膜法除尘脱硫一体化设备升级改造为石灰石石膏法脱硫系统,同时配备高效除雾设备,完成对 SO_2 的深度脱除。

(2)窑炉除尘脱硫系统升级改进

该公司配套有 1 套麻石水膜脱硫除尘一体化设备系统。企业虽已完成天然气改造。但截至目前,未设置独立的除尘设备,原有脱硫除尘一体化系统设备老化陈旧,设施处理能力不足,影响了烟气净化除尘效果。从适应超低排放形势需求看,麻石水膜脱硫除尘一体化设备存在协同脱除颗粒物能力不足问题。公司现有烟气出口颗粒物排放浓度高于 $10mg/Nm^3$(14.5%氧含量)。按照基准氧含量9%折算,难以达到深度治理超低排放标准要求,将使企业面临限产、停产整顿的不利局面。因此,有必要新建高效除尘设备,同时对脱硫系统进行升级改造,保障环保设备高效稳定运行,达到深度治理的要求。在完成升级改造后的石灰石石膏法脱硫系统后,新建 1 套湿电除尘设备,以完成对颗粒物的深度脱除。

(3)窑炉烟气 SCR 脱硝系统升级改造方案

该公司配套有企业自制 SCR 脱硝塔 1 套。企业已完成天然气改造。截至目前,脱硝系统设备维护保养不足,催化剂中低温性能不佳,NH_3 使用量较大,末端未设置氨逃逸测点,系统整体老化陈旧,处理能力不足,影响了烟气净化脱硫效果。从适应超低排放形势需求看,原有催化剂运行稳定性较差、中低温活性低,存在中低温及烟温波动条件下处理能力不足问题。公司现有烟气出口氮氧化物排放浓度约为 $160 \sim 200mg/Nm^3$(氧含量14.5%)。按照基准氧含量9%折算,未达到深度治理超低排放标准要求,将使企业面临限产、停产整顿的不利局面。因此,有必要对原有 SCR 脱硝装置进行升级维护,保障环保设备高效稳定运行,达到深度治理的要求。对自制脱硝塔进行工程评估并完成升级改造,更换现有催化剂,使其可在中低温条件下稳定运行,具有较高抗毒抗磨损性能的催化剂体系,完成对 NO_x 的深度脱除。同时在烟气排口新增 NH_3 检测器,保证氨逃逸处于较低水平。

(4)新增烟气调制系统

玻璃窑炉特征粉尘通常具有较高黏性,易对后续烟道及催化剂造成堵塞、腐蚀,从而影响末端环保设备运行;从适应超低排放形势需求看,氟化物等卤化物的脱除势在必行。该公司现有烟气出口颗粒物浓度虽然最低值未达 $10mg/Nm^3$(氧含量约15%),但仍未达到深度治理超低排放标准要求,将使企业面临限产、停产整顿的不利局面。但并未考量卤化物去除问题,因此,有必要对前部烟道系统进行烟气调制系统建设,保障环保设备高效稳定运行,达到深度治理的要求。现有烟气出口氮氧化物排放浓度约为 $160 \sim 200mg/Nm^3$(氧含量约15%)。按照基准氧含量9%折算,未达到深度治理超低排放标准要求,因此,可在 SCR 前部烟道设置烟气预调质系统,减少黏性粉尘对 SCR 催化剂及尾部烟道的影响;保障环保设备高效稳定运行,达到深度治理的要求。在 SCR 装置前部烟道设置烟气预调质装置,并在 SCR 装置后设置布袋除尘对调质粉尘进行补集,减小粉尘黏性,保障催化剂稳定运行,同时减少对后续设备运行及寿命影响。

(5)原料场等无组织排放改造

该厂的原料场虽已封闭,且内部增设喷雾抑尘装置,但除尘设施能力无法满足深度治理超低排放标准要求,且存在一定程度上的无组织排放问题。原料场的无组织排放将会给周围环境空气质量造成较大影响,且除尘能力不足也将导致作业场所存在较大的扬尘。因此,需对现有原料场的除尘设施进行优化,对大幅缓解整个工序的无组织排放具有十分重要的意义。增加原料场内喷雾抑尘的密度,对场内车辆卸料处及其他扬尘较大的区域增设抽风管和布袋除尘器,最大限度地减少车辆卸料及输送原料时产生的无组织排放。每天定时对原料场内车辆进出通道进行洒水清理,以避免车辆进出时产生大量扬尘。对部分铲车倒运改造成为全封闭皮带运输,在场内重点部位增设监控视频。

8.7.4　运行效果

窑炉烟气除尘系统升级改造后,烟气洁净度大幅提高,烟气经治理后颗粒物可稳定达标,满足深度治理超低排放标准,同时提高了系统自动化控制,降低人力成本。窑炉烟气 SCR 脱硝系统升级改造后,SCR 装置中低温运行稳定性提高,同时降低系统氨逃逸,烟气经治理后可满足深度治理超低排放标准。同时提高了系统自动化控制,降低氨耗,减少运行成本。原料场等无组织排放改造后,原料场整体除尘设施能力达到深度治理超低排放标准要求,除尘设施实现全覆盖,经袋式除尘器处理后出口颗粒物排放浓度控制在深度治理超低排放标准要求内,最大限度地消除工序无组织排放。

8.8　平板玻璃企业熔窑烟气脱硫除尘脱硝一体化处理工程

8.8.1　项目概述

洛玻龙昊玻璃有限公司 650t/d 浮法玻璃生产线以天然气为燃料,其熔窑烟气中含有二氧化硫、氮氧化物、颗粒物等污染物,按照《平板玻璃工业大气污染物排放标准》(GB 26453—2011)及地方要求,需对熔窑烟气进行综合治理。拟采用"干法脱硫+陶瓷纤维滤管除尘脱硝一体化技术"进行烟气处理,经过处理后烟气中二氧化硫排放浓度不高于 $100mg/Nm^3$,氮氧化物排放浓度不高于 $200mg/Nm^3$,颗粒物排放浓度不高于 $10mg/Nm^3$。

8.8.2　设计条件

(1)工程设计参数

设计参数如表 8-18 所示。

表 8-18　熔窑烟气设计参数

序号	项目	单位	数值	设计值	备注
1	烟气量	Nm³/h	125000	125000	
2	装置入口温度	℃	350~360	360	
3	SO₂浓度	mg/Nm³	300~600	600	
4	NO$_x$浓度	mg/Nm³	2500~2800	2800	
5	颗粒物浓度	mg/Nm³	100~400	400	

（2）工程设计原理

来自熔窑蓄热室的高温烟气先经高温换热器调节温度至 360℃，再与喷入的熟石灰、氨气进行充分混合后进入干法脱硫塔、陶瓷滤管除尘器，SO₂ 与滤管表面饼层进一步反应以提高干法脱硫效率，NH₃ 和 NO$_x$ 在触媒催化剂作用下进行脱硝，处理达标的烟气经引风机外排（图 8-18）。

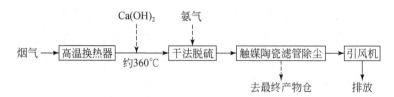

图 8-18　工程设计原理图

脱硫过程的化学方程如下：

$$Ca(OH)_2 + SO_2 \longrightarrow CaSO_3 \cdot 1/2H_2O + 1/2H_2O$$
$$Ca(OH)_2 + SO_3 \longrightarrow CaSO_4 \cdot 1/2H_2O + 1/2H_2O$$
$$CaSO_3 \cdot 1/2H_2O + 1/2O_2 \longrightarrow CaSO_4 \cdot 1/2H_2O$$

脱硝过程的化学方程如下：

$$2NO + 2NH_4OH + 1/2O_2 \longrightarrow 2N_2 + 5H_2O$$
$$2NO_2 + 2NH_4OH \longrightarrow 2N_2 + 5H_2O + 1/2O_2$$

8.8.3　工艺系统

工艺系统组成主要包括高温换热器、干法脱硫塔、触媒陶瓷滤管除尘器、喷氨装置等。

（1）高温换热器

高温换热器是由若干根热管组合而成。热管的受热段和烟气接触，高温烟气横掠热管受热段，烟气的热量由热管传到热管放热段，再传给冷侧的空气，将空气加热,达到烟气降温的目的。

（2）干法脱硫塔

干法脱硫塔是保证将 SO_2 降低到合理水平的关键核心设备,根据多年的工程经验,采用底部进气,塔前烟道加入熟石灰粉末与烟气充分混合后,进入干法脱硫塔内进行脱硫。

（3）触媒陶瓷滤管除尘器

触媒陶瓷滤管除尘器类似传统的布袋除尘器,滤管表面形成残存层饼与颗粒层饼两层。其中残存层饼紧贴陶瓷纤维滤管表面,厚度为 $1\sim2mm$,防止粉尘渗透到滤管,提升脱硫和过滤效率。较外层的颗粒层饼可通过反向脉冲清洗,使粉尘颗粒脱离。

钒-钛系作为触媒(催化剂)分布在滤管表面和内壁中,大大增加了催化剂的活性表面积,提高了脱硝效率、降低氨逃逸。而且,滤管外层还会有层饼形成,这样可降低有害成分对触媒的毒化作用。

（4）喷氨装置

氨水罐车进场后,通过卸氨泵将氨水罐车内氨水输入氨水储存罐内储存使用;氨水储存罐内的氨水通过氨水输送泵输送至流量调节模组,调节模组后氨水与压缩空气一起进入雾化喷枪,经过压缩空气雾化后的 NH_3 喷入烟道中,混合充分后进入下游脱硝系统。

8.8.4　运行效果

运行设备如图 8-19 所示。

图 8-19　运行设备图

此玻璃企业650t/d浮法玻璃生产线熔窑烟气采用"干法脱硫+陶瓷纤维滤管除尘脱硝一体化工艺"进行处理后,烟气中二氧化硫排放浓度不高于100mg/Nm³,氮氧化物排放浓度不高于200mg/Nm³,颗粒物排放浓度不高于10mg/Nm³,满足了《平板玻璃工业大气污染物排放标准》(GB 26453—2011)及地方要求。

8.9　陶瓷厂烟气超低排放一体化工艺

8.9.1　项目概述

广东蒙娜丽莎陶瓷厂专门生产内墙砖和地砖,该厂拥有2条2.6万m²/d的陶瓷生产线和2条4万m²/d的陶瓷生产线。近年来,陶瓷厂配套有布袋除尘、双碱法脱硫等环保设施,厂区、生产线等区域干净整洁,整体工艺装备先进。企业主要工艺装备及配套环保设施:三台5000型的喷雾干燥塔(1区)和3台6000型喷雾干燥塔(2区),并各配套一台热风炉。1区、2区喷雾塔后分别配套布袋除尘器,并和两条窑炉公用一套双碱法脱硫系统。压制车间、生产车间抛光段均配套有布袋除尘器。

8.9.2　设计条件

广东蒙娜丽莎陶瓷厂目前在烟囱处安装有自动在线监测设施,根据自动在线监测数据显示,汇总烟气出口颗粒物、SO₂和NOₓ排放浓度均值达到10mg/Nm³、35mg/Nm³和150mg/Nm³。其余无监测数据的压制车间、抛光段等排污点,根据配套环保设施工艺参数和现场情况初步判断,基本能够达到国家许可排放限值,部分袋式除尘器颗粒物浓度在15mg/Nm³左右。除有组织排放源外,企业也存在无组织排放问题,主要表现在煤场、原料场扬尘与汽车运输带来的较为严重的无组织排放。

8.9.3　工艺方案

(1)热风炉-喷雾塔、窑炉烟气净化系统升级改造方案

该陶瓷企业在产1区、2区生产线各配套有1套布袋除尘器和1套双碱法脱硫系统,1区脱硫系统设备老化陈旧,脱硫设施处理能力不足,影响了烟气净化脱硫效果。而且双碱法脱硫存在运行成本高、废水中的硫酸盐难以处理,易形成二次污染、协同脱除颗粒物能力不足等问题。该企业现有烟囱出口在线监测颗粒物、SO₂、NOₓ浓度分别为20mg/m³、30mg/m³和120mg/m³,未达到深度治理超低排放标准要求,将使企业面临限产、停产整顿的不利局面。因此,有必要对脱硫系统进行改造,在热风炉处增设脱硝装置。保障环保设备高效稳定运行,达到深度治理的要求。

对 1 区、2 区 4 台热风炉增设两套 SNCR 脱硝系统,该工艺可在 800～1100℃范围内利用氨水(或尿素)作为还原剂,将烟气中的 NO_x 进行脱除,脱硝效率最高可达 60% 以上。为了达到烟气深度治理的目的,增设中低温 SCR 脱硝系统,对陶瓷窑烟气进行 SCR 脱硝处理。陶瓷窑烟气从烧成段排烟风机处(温度为 200～250℃)引出,经过 SCR 脱硝反应器,再返回干燥窑,达到深度脱除 NO_x 的效果。SCR 脱硝技术的效率可达 80% 以上。新建 1 套湿法脱硫系统。对 SO_2 和粉尘进行深度脱除。对现有布袋除尘器进行检修,检查脉冲阀、提升阀、仪表等设备是否正常使用,检查灰斗下料口处的阀门是否有漏灰现象,检查布袋是否有破损、糊袋现象,以保证布袋除尘器的高效运行。

(2)煤场、原料场、压制车间等无组织排放改造

该厂的煤场、原料场虽已封闭,内部增设喷雾抑尘装置。但除尘设施能力无法满足深度治理超低排放标准要求,且存在一定程度上的无组织排放问题。煤场、原料场的无组织排放将会给周围环境空气质量造成较大影响,且除尘能力不足也将导致作业场所存在较大的扬尘。因此,需对现有煤场、原料场的除尘设施进行优化,对大幅缓解整个工序的无组织排放具有十分重要的意义。增加煤场、原料场内喷雾抑尘的密度,对场内车辆卸料处及其他扬尘较大的区域增设抽风管和布袋除尘器,最大限度地减少车辆卸料及输送原料时产生的无组织排放。每天定时对煤场、原料场内车辆进出通道进行洒水清理,以避免车辆进出时产生大量扬尘。对喷雾塔卸料口、原料传输带进行封闭。在场内重点部位增设监控视频。

8.9.4 运行效果

烟气洁净度提高,烟气经治理后可满足深度治理超低排放标准。同时提高系统自动化控制,降低运行成本。经提标改造后,煤场、原料场整体除尘设施能力达到深度治理超低排放标准要求,除尘设施实现全覆盖,经袋式除尘器处理后出口颗粒物排放浓度控制在深度治理超低排放标准要求内,最大限度地消除工序无组织排放。

8.10 砖瓦厂烟气深度减排工艺

8.10.1 项目概述

林州市乾元恒瓶业有限公司年产粉煤灰烧结砖 12000 万块,主要设备有隧道窑(155m×3.7m×1.6m)1 条、全钢结构真空挤出机 1 台、箱式给料机 1 台等。企业于 2017 年 8 月做了环境影响评价变更分析报告。报告显示项目废气污染物排放、噪声、固体废弃物、废水等处理合适,可满足《砖瓦工业大气污染物排放标准》

（GB 29620—2013）相关排放要求。但该企业大气污染物排放浓度仍较高,需要采取进一步的脱硫除尘设施方能满足该标准要求。

8.10.2　设计条件

该企业为粉煤灰烧结砖生产企业。企业主要原材料包括粉煤灰、黏土等,工艺流程简述如下:首先将黏土用喂土机送入破碎机破碎至一定粒度,按照配比和粉煤灰进行混料,混料后的物料送至对辊机进一步研细,再送入挤砖机中压制成型,并由切条机和切坯机分别切成条状和坯状,再分坯和码坯。成型后的砖坯采用自然干燥方式,经过一定时间的干燥后由窑车送入隧道窑内进行烘干、焙烧、冷却等过程,出隧道窑即为成品的烧结砖。烧结过程中产生的废气和烘干过程中产生的水汽通过引风机抽出隧道窑,经过双碱法脱硫系统排出。目前,企业两条隧道窑均处于停产状态。

企业主要产生的大气污染物为隧道窑烧结时因煤矸石燃烧产生的 SO_2 和 NO_x,其中 SO_2 的产生量主要取决于原料和燃料中有机硫和硫化物的含量;NO_x 的产生量主要取决于燃烧温度,由于砖瓦企业燃烧最高温度通常在1050℃以下,因此 NO_x 浓度一般较低。此外,还包括原料在运输、破碎、混合时产生的无组织排放粉尘及隧道窑排放烟气中的细颗粒物。该企业目前实际投资建设的环保设施包括:用于治理焙烧、烘干废气中 SO_2 和粉尘的双碱法脱硫系统,通过 NaOH 和 Ca(OH)$_2$ 对烟气中的 SO_2 进行脱除,在此过程中对粉尘进行部分吸收;用于对原料进行半封闭处理的混合棚;治理破碎混合时产生的无组织粉尘排放用的集气罩、带式除尘器和排气筒等。

该企业在隧道窑烟气排放口(排潮口)安装有自动在线检测设施,根据自动在线监测数据,该企业隧道窑排放烟气中颗粒物、SO_2 和 NO_x 排放浓度通常分别为 $7\sim10mg/Nm^3$、$50\sim100mg/Nm^3$ 和 $20\sim50mg/Nm^3$。除此,烟气中氧气浓度通常为 18.5%～20%。根据安阳市超低排放深度治理目标,基于基准含氧量18%的换算,企业隧道窑烟气中颗粒物、SO_2 和 NO_x 排放浓度分别为 $10.2\sim25mg/Nm^3$、$68.2\sim250mg/Nm^3$ 和 $27.3\sim110mg/Nm^3$。由于运行工艺的原因,上述数据波动较大,颗粒物浓度的最高值可达约 $30mg/Nm^3$,SO_2 最高可达近 $300mg/Nm^3$,NO_x 最高值也在 $40mg/Nm^3$。因此,现有技术无法保证颗粒物、SO_2,甚至 NO_x 稳定连续达到超低排放深度治理标准。除有组织排放源外,企业仍存在无组织排放问题,主要表现为原料——黏土采用露天+覆盖的方式,并没有达到封闭储存;粉煤灰及混合后的原料采用彩钢瓦封闭,但是封闭效果并不理想,存在多处漏风口;部分皮带并没有采用封闭运输。根据企业运行现状,目前主要存在的问题是隧道窑排放烟气中颗粒物无法达标,SO_2 无法稳定达标,NO_x 存在无法达标的风险;烘干、烧结烟气中氧气含量波动非常大,通常从 18.8% 波动到 19.8%,平均值为 19.5%,同时最小值仅有

16.86%,最大值达到 19.94%;在原料配料及输送等过程中产生的无组织排放问题。

8.10.3　设计方案

针对隧道窑排放烟气,根据企业实际运行情况,主要从 4 个方面进行改造,一是优化生产工艺,稳定原料及生产系统,稳定并降低排放烟气中过剩空气系数;二是稳定原燃料硫含量,优化双碱法脱硫系统;三是加装管束除尘器并建设湿法电除尘系统,确保颗粒物排放稳定达标;四是建设选择性非催化还原脱硝系统,确保 NO_x 稳定达标排放。下面分别进行阐述。

(1)优化生产工艺,稳定原料及生产系统,稳定并降低排放烟气中过剩空气系数

对隧道窑两侧现有的通风或投料口进行密封处理,对隧道窑窑尾(砖坯出口)处进行有效的砂封处理,并对窑尾窑车与隧道窑内壁的间隙进行堵塞处理,减少无效的侧边漏风。例如某地的测定证明,窑的边隙大于 15cm 以上时,只有 5% 的气流能从坯垛中部穿过,而 95% 的气流从边隙和坯垛周围流走了。在此过程中,需要密切关注隧道窑内烘干段的湿气排出情况。更换现有的隧道窑窑头(砖坯入口)的帆布密封方式,采用电动门进行密封,这样可以在窑车进入后及时关闭电动门,减少空气的漏入;同时,设置自动控制系统,在窑车进入隧道窑时自动打开电动门,窑车进入后自动关闭,减少无效冷风漏入。采用烟气再循环技术,将排放烟气(排风机之前)约 1/5 ~ 1/3 通过管道接入隧道窑冷却段,这部分含氧量较低的烟气可以在不降低整体抽风量的情况下进一步降低排放烟气中的过剩空气系数,从而大大降低大气污染物的排放值。该技术改造可由企业自行设施,但是在试运行的时候需要关注砖坯的烘干、焙烧情况。加强进厂粉煤灰碳含量的监测,稳定粉煤灰碳含量;加强现场监督管理,稳定生产过程参数,减小引风机处 O_2 含量的波动。设置风机变频调速及自动控制系统。根据企业实际运行情况,选取一个较为合适的、O_2 浓度较低的点作为窑尾烟气控制目标值,当在线检测 O_2 浓度高于目标值时,降低风机转速,以使 O_2 浓度降低至目标值;反之,增加风机转速,保证砖坯的烘干和焙烧效果。上述风机自动控制可与窑门的开启、关闭同步。

(2)稳定原燃料硫含量,优化双碱法脱硫系统

稳定原燃料中硫的含量,尤其是有机硫和硫化物的含量。在传统的对三氧化硫含量化学分析方法中,是将试样干燥至恒重,然后在 850℃ 左右的温度下灼烧后对其各种氧化物进行测定。但是此时原燃料中所含的有机硫和硫化物大部分都已发生了分解,并释放出了绝大部分二氧化硫,因此传统化学分析最终测定出的三氧化硫仅是硫酸盐矿物中所含的硫。而硫酸盐矿物中的硫一般在隧道窑内并不会发生分解,因此稳定原燃料中硫含量,指的是稳定原燃料中有机硫和硫化物的含量。

而有机硫和硫化物的含量需要单独进行测量,或者采用全硫与硫酸盐相减来得到。除此,建议企业严格控制煤矸石全硫含量在 0.5% 以下。

对进入隧道窑砖坯、窑车进行吹扫处理。烟气中颗粒物含量的波动除了与末端双碱法脱硫除尘系统运行效率有关外,还与进入隧道窑砖坯、窑车上的粉尘含量有关。现有情况下,经过制砖机压制的砖坯在自然干燥条件下干燥后直接由窑车送入隧道内,而隧道窑内由于是负压操作因此会将窑车、砖坯表面产生的粉尘直接带走,从而加大了颗粒物排放浓度。因此,建议在进入隧道窑之前建设一套收尘系统,窑车在进入隧道窑之前通过收尘系统,经过吹扫、收尘后再进入隧道窑,由此可降低隧道窑内产生的粉尘含量。除此,其他措施,如窑车面铺砖不要用土面、加强砂封槽检查、尽可能用内燃减少外投散煤等对于降低颗粒物排放也具有重要意义。

优化双碱法系统运行参数,提高脱硫、除尘效率。对于双碱法脱硫,当碱液喷入过量时会产生“负除尘”现象,即当喷入脱硫塔的液体含量太多时,因除雾器的限制,部分液滴经过除雾器排出烟囱,而此时在线监测即将这部分液滴作为颗粒物来处理。针对颗粒物排放,建议该企业注重脱硫塔循环水的干净程度,通过强化沉淀来减少循环水中所含的颗粒物。另外,优化脱硫系统除雾器规格参数对于降低颗粒物浓度也有作用。

遵循双碱法系统所建议的液气比、pH 等参数,保证按脱硫塔设计的参数足量添加碱和石灰;同时定期测试脱硫效率等保障措施,做到从工艺、管理上保障脱硫除尘实施的正常运行。除此,可以尝试将部分脱硫浆液直接喷入除湿烟气管道内,利用烟气管道距离长、烟气流速慢等特点,通过布置多层的喷淋层来提高脱硫效率,此时在双碱法脱硫系统内可以通过喷入清水来提高除尘效率。但是该方法的运行前提是排出的烟气温度不能过高,因为烟气温度越高双碱法脱硫效率会越低。

设置脱硫剂自动投加系统,取消现有人工加“药”。由于生产中的种种原因,砖瓦窑的焙烧制度需经常调整,因而烟气流量也随之有所变化。如采取人工凭感觉加“药”,往往造成加入的“药”量与烟气流量不匹配,甚至出现较大误差。为了使加“药”量准确无误,应采取自动加“药”。通过对脱硫剂浓度、pH、液位等的自动测量,耦合窑尾在线监测的 SO_2 浓度,自动调整吸收剂的投加量。在降低脱硫成本的同时,保证 SO_2 排放稳定达标。

(3)加装管束除尘器并建设湿法电除尘系统,确保颗粒物排放稳定达标

在现有双碱法脱硫的下游,增设湿式电除尘器装置,通过高压电晕放电使得粉尘荷电,荷电后的粉尘在电场力的作用下到达集尘板/管,再通过定期冲洗的方式对电极上的积灰进行冲洗,使粉尘随着冲刷液的流动而清除;或在脱硫塔下游加装管束除雾器,减小二次夹带颗粒物数量。

（4）建设选择性非催化还原脱硝系统,确保 NO_x 稳定达标

须选择合适的温度区间,氨水反应温度窗口为 870~1150℃,最佳温度约为 950℃;尿素反应温度窗口较氨水高,最佳温度约为 1000℃。除此,SNCR 脱硝效率还受到气氛、混合情况等因素的影响。建设 SNCR 系统包括还原剂储存系统、还原剂混合及喷射系统、自动控制系统及相应管路等。对于不同企业来讲,需要根据企业实际运行温度等来选择合适的还原剂,如氨水、尿素或者氨气。同时,喷枪喷出的还原剂雾化性质等也需要根据企业实际运行情况进行调整。建议在设置 SNCR 脱硝系统时,在多层位置上安装还原剂喷射系统,以便于系统的调试。

（5）原料配料工序无组织排放治理改造

取消现有的原料——页岩、陶土等遮阳布覆盖方式,建设封闭的彩钢瓦厂方,并在封闭厂方内采用干雾抑尘技术。针对封闭的彩钢瓦厂房可能存在的气压掀翻房顶的风险,一是对屋顶彩钢瓦进行焊接,二是在封闭的彩钢瓦四周（前后左右）分别增设抽风装置,抽风量大小根据厂方密封面积确定,抽出的含粉尘的颗粒送入袋式除尘器处理。针对煤及混合后的原料现有的半封闭储存方式,将四周露天部分经进行完全密封,并在封闭厂方内采用干雾抑尘技术。针对破碎、筛分等工序无除尘措施的问题,在上述位置安装收尘罩及管道,将含粉尘的烟气引入已建好的袋式除尘器内。因烟气量增大可能会引起袋式除尘器出口烟气粉尘含量无法满足限制要求,需要增大袋式除尘器的过滤面积。

8.10.4 运行效果

优化生产工艺,稳定原料及生产系统,稳定并降低排放烟气中过剩空气系数后,能够将排放烟气中的氧气浓度降低到 18.3% 左右,使隧道窑烟气中颗粒物、SO_2 和 NO_x 排放浓度分别降低至 8.94~11mg/Nm^3、16.4~33mg/Nm^3 和 5.6~44mg/Nm^3。如果不能很好地控制窑尾烟气中颗粒物、SO_2、O_2、NO_x 等浓度的波动,颗粒物最高值仍能达到 23.3~43.4mg/Nm^3 以上,SO_2 最高仍能达到 70.4~131.2mg/Nm^3。虽然仍不能稳定满足超低排放的要求,但是大大降低了后续双碱法脱硫及除尘的负担,并能相应降低其运行成本。

通过稳定原燃料硫含量,优化双碱法脱硫系统,降低颗粒物和 SO_2 排放量 10% 以上,同时降低 SO_2 排放浓度。但是由于以上措施多是工艺、管理方面的措施,如果无法稳定入窑颗粒物和原燃料中硫的含量,则仍会使得排放烟气中颗粒物和 SO_2 排放浓度波动较大。因此,以上改造措施的效果与企业管理水平等有较大关系。通过增湿湿式电除尘器可将隧道窑烟气中粉尘含量稳定控制在 10mg/Nm^3 以下。SNCR 脱硝效率为 30%~60%,与还原剂形式、还原剂喷入位置的温度、气体成分、混合情况等有关,二氧化硫和氮氧化物排放达到超低排放要求。

8.11　生活垃圾焚烧发电工程

8.11.1　项目概述

项目名称:宁波市生活垃圾焚烧发电工程,建设单位:宁波环境能源有限公司。设计规模:生活垃圾日处理能力 2250t(3×750t/d)。本项目设计规模日焚烧处理生活垃圾 2250t。焚烧线采用 3 台 750t/d 机械炉排炉。烟气净化采用"SNCR(氨水)+减温塔(NaOH)+干法[Ca(OH)₂/NaHCO₃]+活性炭喷射+袋式除尘器+蒸气烟气再加热器(SGH)+SCR(氨水)+湿法(NaOH)+烟气–烟气换热器(GGH)"的净化工艺;并设置烟气在线监测装置。

8.11.2　设计条件

本工程 SCR 脱硝入口烟气参数及性能要求如表 8-19 和表 8-20 所示,系统性能保证值表 8-21 所示。

表 8-19　SCR 入口烟气条件

序号	设计条件	数值	备注
1	烟气流量/(Nm³/h)	MCR:149317 120% MCR:179181	
2	温度/℃	150	布袋除尘器出口温度 经 SGH 加热至 180℃
3	H_2O/%(体积分数)	23.15	湿基
4	O_2/%(体积分数)	6.66	湿基
5	N_2/%(体积分数)	62.19	湿基
6	CO_2/%(体积分数)	7.99	湿基
7	NO_x/(mg/Nm³)	200(不投 SNCR 时 350)	干基、11%氧量
8	SO_2/(mg/Nm³)	30	干基、11%氧量
9	SO_3 浓度/(mg/Nm³)	2.5	干基、11%氧量
10	HCl/(mg/Nm³)	60	干基、11%氧量
11	含尘量/(mg/Nm³)	10	干基、11%氧量
12	二噁英/(ng-TEQ/Nm³)	0.1	干基、11%氧量

表 8-20　SCR 脱硝系统性能要求一览表

序号	污染物名称	污染物指标	备注
1	出口 NO_x 浓度/ $(mg/Nm^3, 11\%O_2, 干基)$	75	保证值 (SCR 入口 NO_x 浓度为 $200mg/Nm^3$)
	出口 NH_3 浓度/ $(mg/Nm^3, 11\%O_2, 干基)$	2.5	保证值
2	SO_2/SO_3 转化率	<1%	
3	二噁英(ng-TEQ/Nm^3)	0.01(气态)	入口浓度 0.1ng-TEQ/Nm^3 时的保证值为 0.01ng-TEQ/Nm^3

表 8-21　系统性能保证值

验收项目	保证值	期望值	备注
20%氨水消耗/(kg/h)	3×45	3×45	SCR 进口 NO_x 浓度为 $200mg/Nm^3$
氨逃逸率/(mg/Nm^3)	2.5	<2.5	11%O_2,干基值
电力消耗/kW	3×60	<3×60	
压缩空气消耗/(Nm^3/h)	3×20	<3×15	
SCR 系统烟气阻力/Pa	1500	<1500	单台炉,催化剂阻力≤1000Pa,不含 SGH 的阻力

8.11.3　工艺系统

该除尘后的烟气(150℃)进入蒸气烟气加热器(SGH)被蒸气加热到 180℃,再进入 SCR 反应塔。烟气中的 NO_x 在低温催化剂的作用下与氨气反应,净化后的烟气进入洗涤塔,进一步脱酸处理后再经过烟气烟气加热器(GGH)经过引风机排入大气。本工程中设置 3 条烟气净化线,与 3 条焚烧线对应。所有公共设施(熟石灰/碳酸氢钠、活性炭喷射系统、氨水储存及氨气制备系统等)的设置能满足 3 条烟气净化线的要求。

(1)脱硝系统

20%~25%氨水通过氨水加注泵由槽罐车泵送入氨水储罐,同时罐顶部气体由罐顶回到槽车顶部,形成闭合加注;有罐顶呼吸阀保证罐顶稳压,储罐液位开关实现泵启停联锁,防止满溢。

根据锅炉运行负荷及烟气中 NO_x 浓度含量,氨水通过氨水泵送至氨水蒸发混合器。在蒸发混合器中,氨水由雾化喷枪喷入,然后通过热烟气进行混合器汽化。热烟气由稀释风机从 SCR 反应器后烟道中抽取,然后通过电加热器加热后进入蒸发混合器。氨水被气化时,其氨气体积浓度远小于 5%,远离氨气爆炸极限,保证其安全性。在整个氨气制备工艺过程中,并无纯氨气产生,所以不会存在安全隐患。进入蒸发混合器的氨水通过调节阀控制,其输送流量与 SCR 反应器进出口的 NO_x 等参数进行联锁,进行 PID 调节。

(2)SCR 系统

SCR 反应器系统布置在除尘器之后湿法洗涤塔的 GGH 之前,需脱硝的烟气在进入反应器之前先进入一台 SGH(蒸气换热器)进行加热,使其温度达到180℃,以确保其能与催化剂的使用温度窗口相吻合。输送至 SCR 反应区的氨气会首先在蒸发混合器中同烟气进行混合,形成氨气浓度不超过5%的氨气空气混合气体;混合气体通过喷氨格栅注入 SGH 出口的烟气中,在烟道中充分混合后进入 SCR 反应器中,在催化剂的作用下与烟气中的氮氧化物反应,生成无害的氮气与水蒸气后由 SCR 反应器尾部进入 GGH 中。

SCR 反应器本体内装有催化剂。当混合好的烟气与氨进入反应器本体后,在催化剂的催化作用下烟气中的 NO_x 与氨进行氧化还原反应,生成 N_2 和水,达到脱硝的目的。SCR 反应器本体包括配套的法兰、反应器流场优化装置、支撑结构、加固肋、整流装置、催化剂层的支撑(包括预留层)、催化剂层的密封装置、催化剂吊装和处理所需的装置等。脱硝后的净烟气排出 SCR 反应器本体,经 GGH 换热后进入湿法洗涤塔。烟气/空气再加热系统采用蒸气加热。

8.11.4　运行效果

SCR 烟气脱硝装置建成投运后,装置初期性能指标如表 8-22 所示。

表 8-22　SCR 烟气脱硝装置建成投运后装置初期性能指标

验收项目	单位	数据
出口 NO_x 浓度/(mg/Nm^3,11% O_2,干基)	mg/Nm^3	75
氨逃逸率	mg/Nm^3	2.5
SO_2/SO_3 转化率	%	<1
SCR 系统烟气阻力	Pa	1500
二噁英	$ng\text{-}TEQ/Nm^3$	0.01(气态)

在100% MCR 运行工况下,出口 NO_x 浓度、氨逃逸率、SO_2/SO_3 转化率、SCR 系统烟气阻力及二噁英均达到了运行指标。

[1] 汪庆国,朱彤,李勇.宝钢烧结烟气活性炭净化工艺和装备.钢铁,2018,53(3):87-95.
[2] 程伟.活性炭烟气净化技术在宝钢湛江烧结系统中的应用.中国金属通报,2018,(2):

37-38.

[3] 汪庆国,黎前程,李勇．两级活性炭吸附法烧结烟气净化系统工艺和装备．烧结球团,2018,
43(1):66-72.

[4] 赵利明．活性炭烟气净化技术在宝钢股份宝山基地 3#烧结机的应用．烧结球团,2017,
(6):5-10.

[5] 李俊杰,魏进超,刘昌齐．活性炭法多污染物控制技术的工业应用．烧结球团,2017,42
(3):79-85.

[6] 李凤民．邯钢烧结烟气活性炭法脱硫脱硝技术应用实践//2017 京津冀及周边地区钢铁行
业废气排放深度治理和利用技术交流会论文集,2017.

[7] 李凤民,王涛,曾才兵,等．邯钢 2#400m² 烧结机应用 SDA 脱硫工艺技术改进与优化的实践.
烧结球团,2017,42(3):30-35.

[8] 张青．烧结烟气制酸装置概述．低碳世界,2017,(7):16-18.

[9] 吴青贤,魏进超．湛江钢铁烧结烟气净化装置的设计与运行．烧结球团,2017,(6):1-4.

[10] 周茂军,张代华．宝钢烧结工序技术升级改造实践// 第十届中国钢铁年会暨第六届宝钢
学术年会论文集 II,2015.

[11] 王跃飞．宝钢绿色烧结的创建与设想．宝钢技术,2019,(1):1-6.

[12] 赵利明,陈海波．SCR 烟气脱硝技术在宝钢股份 4#烧结机的应用．生态与环境工程,2018,
(6):24-28.

[13] 赵宝杰．国内焦化企业烟气脱硫脱硝技术现状分析．中国新技术新产品,2018,(3):
127-131.

[14] 代兵．几种烟气净化工艺在邯钢烧结上的应用与效果// 2017 京津冀及周边地区钢铁行业
废气排放深度治理和利用技术交流会论文集,2017.

[15] 刘永民．焦炉烟气脱硫脱硝净化技术与工艺探讨．河南冶金,2016,24(4):17-20,29.

[16] 张化强,高庆华,李学志,等．安钢 6m 焦炉活性炭烟气脱硫脱硝一体化技术实践．河南冶
金,2018,26(5):36-37,44.

[17] 赵龙．水泥窑 SCR 脱硝技术的应用与调试．水泥,2016,(4):60-62.

[18] 李晓洁,石兴,丁新淼,等．水泥工业大气污染物及防治技术概述//第五届国内外水泥行业
安全生产技术交流会,2018.

"十三五"国家重点出版物出版规划项目
大气污染控制技术与策略丛书

书名	作者	定价(元)	ISBN 号
大气二次有机气溶胶污染特征及模拟研究	郝吉明等	98	978-7-03-043079-3
突发性大气污染监测预报及应急预案	安俊岭等	68	978-7-03-043684-9
烟气催化脱硝关键技术研发及应用	李俊华等	150	978-7-03-044175-1
长三角区域霾污染特征、来源及调控策略	王书肖等	128	978-7-03-047466-7
大气化学动力学	葛茂发等	128	978-7-03-047628-9
中国大气 $PM_{2.5}$ 污染防治策略与技术途径	郝吉明等	180	978-7-03-048460-4
典型化工有机废气催化净化基础与应用	张润铎等	98	978-7-03-049886-1
挥发性有机污染物排放控制过程、材料与技术	郝郑平等	98	978-7-03-050066-3
工业挥发性有机物的排放与控制	叶代启等	108	978-7-03-054481-0
京津冀大气复合污染防治:联发联控战略及路线图	郝吉明等	180	978-7-03-054884-9
钢铁行业大气污染控制技术与策略	朱廷钰等	138	978-7-03-057297-4
清洁煤电近零排放技术与应用	王树民	118	978-7-03-060104-9
工业烟气多污染物深度治理技术及工程应用	李俊华等	198	978-7-03-061989-1